개정판

미분기하학

윤갑진 지음

KM 경문사

개정판을 내면서

이 책은 2004년에 발간한 책([26])의 개정판으로 복잡한 내용은 더욱 더 명확하게 설명하고 불필요한 내용은 삭제하여 학부과정의 미분기하학에서 꼭 필요한 기본적인 개념을 다루었을 뿐만 아니라, 대학원에 진학하여 미분기하학을 전공하기 위해서 필요한 고등내용을 접할 수 있는 기회를 제공하였다.

학부과정의 미분기하학에서 다루는 기하학적 개념은 크게 곡선이론과 곡면이론이다. 곡선이론은 프랑스의 수학자 프레네(Frenet)와 그의 학파에 의해 발전되었고 곡면이론은 주로 가우스(Gauss)에 의해 발전되었다. 특히, 곡면의 모양을 파악할 수 있는 기하학적 개념인 가우스곡률(Gaussian Curvature)은 가우스에 의해 고안되었고 현대 미분기하학으로 일컬어지는 리만기하학(Riemannian Geometry)에서 곡률개념으로 발전되었다. 본 개정판에서는 곡선이론과 곡면이론에서 다루어야 할 기본적인 내용들을 전판과 똑같이 다루었다. 다만 설명이 애매하여 이해하기 힘들다고 판단되는 부분은 보다 더 명확하게 설명하려고 하였고 문맥을 보다 더 매끄럽게 다듬으려고 노력하였다.

미분기하학에서 다루는 내용을 이해하는데 학생들이 어려움을 겪는 이유 중의 하나는 대수학과 고등미적분학 또는 다변수해석학 등에서 다루는 개념들은 선행학습으로 이해하고 있어야한다는 것이다. 특히, 미분기하학은 벡터공간 및 내적공간과 선형사상을 포함한 선형대수학의 기본적인 이론을 기초로 하고 있으며, 고등미적분학이나 다변수함수론에서 다루는 역함수의 정리와 음함수의 정리 등을 알고 있어야만 곡면이론을 명확하게 이해할 수 있다. 이와 같이 미분기하학은 다른 교과목의 내용을 포함하는 복합적인 교과목의 특성을 갖고 있어 학생들은 미분기하학을 어려운 교과목으로 생각하고 있다. 그러나 미분기하학은 이러한 통합적 성격을 갖고 있는 교과목이기 때문에 수학뿐만 아니라 다른 학문에도 폭넓게 응용되는 매우 유용한 학문이기도 하다. 아인슈타인(Einstein)의 '일반상대성이론'이 그 대표적인 경우라고 말할 수 있다.

본 개정판은 전판과 마찬가지로 두 학기용으로 구성되어 있지만 필요한 내용을 선택하여 한 학기용으로도 사용할 수 있다. 미분기하학 교과목이 두 학기 과정으로 되어 있는 경우에는 대부분의 내용을 강의할 수 있다고 판단된다. 그러나 미분기하학 교과목이 한 학기 과정으로 되어 있는 경우에는 모든 내용을 다루는 것이 불가능하다고 생각된다. 이 경우에는 1장, 2장 1-2절, 3장, 4장 1-2절, 5장 1-2절, 6장을 택하여 강의하면 학부과정의 미분기하학에서 학습해야 할 핵심적인 개념을 다루면서 한 학기에 마칠 수 있는 분량이라고 판단된다.

개정판과 전판과의 가장 큰 차이점을 연습문제이다. 전판의 연습문제가 너무 적다고 판단하여 개정판에서는 새롭고 유용한 문제를 각 절마다 첨가하여 학생들이 기하학의 내용을 이해하는데 도움이 되도록 하였다. 또한, 정의로 사용하는 용어는 가급적이면 가장 보편적인 것으로 택하여 전판의 용어를 바꾸거나 변경하였다. 따라서 개정판에는 전판에서와 같은 의미를 나타내지만 다른 용어를 사용한 경우가 있다.

본 교재를 통하여 학생들이 미분기하학 과정에서 충분한 성과를 거두어 소기의 목적을 달성하기를 바라는 마음 간절하다.

끝으로, 여러 가지 어려움 속에서도 본 교재가 발간될 수 있도록 도와준 경문사 박문규 사장님과 편집부 직원들에게 감사드리고, 원고를 집필하는데 많은 도움을 준 김동호 군에게 고마움을 전한다.

2007년 8월

지은이

머리말

대학교에서 수학을 전공하는 학생들은 대부분 3학년 또는 4학년 때에 '미분기하학' 또는 이와 비슷한 이름의 강좌를 수강한다. 영문으로 되어 있는 미분기하학 책 중에서 학부과정에서 강의할 수 있는 교재로 DoCarmo의 Geometry of Curves and Surfaces ([5])와 O'Neill의 Elementary Differential Geometry ([18])가 있다. 이 두 교재는 매우 좋은 책으로 평가받고 있으며 우리나라뿐만 아니라 전세계적으로 많은 학교에서 교재로 택하여 강의하는 것으로 알고 있다. 이 두책은 비슷한 수준이지만, 곡면에서 정의되는 기하학적 개념인 가우스곡률 등의 접근방법에 있어서 약간의 차이점이 있다. 전자의 책은 좌표함수로부터 가우스 사상을 구하고 그것의 미분으로부터 곡면의 곡률을 정의하였고, 후자의 책은 소위 Cartan의 방법이라 불리우는 틀마당과 그것의 쌍대일차미분형식을 이용하였다. 이 두 방법은 현대미분기하학이라 일컫는 리만기하학에서 아직도 주류를 이루고 있으며 두 가지 방법 모두 장단점을 가지고 있다.

저자는 대학교 3학년 또는 4학년 학생들에게 미분기하학이라는 강좌에서 교재로 채택하여 강의할 목적으로 이 책을 집필하였다. 영문이나 기타 외국어로 되어 있는 미분기하학 책은 많지만 상대적으로 한글로 되어 있는 책은 많지 않다. 위에서 언급한 영문판 교재 중에서 O'Neill의 책은 한글로 번역이 되어서 발간되었고 역자가 역자의 말에서 밝혔듯이 원문의 느낌을 그대로 전달하려고 노력하였다. 그러나 영어와 한글의 언어적 차이로 인하여 원문의 느낌을 그대로 옮기더라도 때로는 그것이 오히려 어색할 수가 있음을 많은 저자나 역자들이 느낄 것으로 생각한다. 이러한 이유로 한글의 어감을 갖고 미분기하학적 개념들을 설명하는 것이 필요하다고 저자는 생각한다. 이 책은 이러한 점에 유의하면서 고전 미분기하학에서 주로 다루는 유클리드 공간에 놓여 있는 곡선과 곡면에 대한 기본적인 개념들에 대하여 설명하였다.

저자의 경험에 비추어보면 학생들은 미분기하학을 매우 어려운 과목으로 생각하고 있고 실제로 공부를 하는데 있어서 애로점을 겪는 것으로 알고 있다. 이러한 이유는 미분기하학을 이해하기 위해서 대수학 뿐만 아니라 다변수함수의 미분 및 적분, 다변수함수에 대한 역함수 정리와 음함수 정리 등, 다변수함수를 다루는 다변수해석학을 이해하는 것을 요구하기 때문이다. 이러한 관점에서 저자는 학생들이 보다 더 쉽게 미분기하학을 이해할 수 있도록 책을 엮는데 노력하였다. 특히 새로운 개념을 도입하는 경우에는 학생들이 쉽게 이해할 수 있도록 예제를 제시하려고 노력하였다. 그리고 미분기하학의 특징 중의 하나인 계산과정을 다른 교재에 비해 상세하게 보여주기 때문에 학생들 혼자서도 스스로 공부할 수 있도록 하였다.

이 책은 미분기하학을 설명하는 방법으로 위에서 설명한 방법 중에서 기본적으로 전자의 방법을 따르고 있다. 하지만 7장에서는 후자의 방법을 도입하여 기하학을 설명하였고 이 두 가지 방법의 차이를 보여주려고 하였다. 그리고 8장에서는 유클리드 기하학과 비유클리드 기하학 및 고전미분기하학을 포함하는 현대미분기하학인 리만기하학에 대하여 현대적 관점에서 간략하게 서술하여 앞으로 미분기하학을 계속 공부하려는 학생들에게 리만기하학의 내용을 경험하도록 하였다.

이 책을 집필하면서 저자가 부딪힌 애로점은 크게 두 가지이다. 첫 번째 애로점은 용어의 사용에 있었다. 많은 기하학적 개념들이 아직도 한글과 되어 있지 않거나 혹은 한글화 되어 있는 것 중에서 매우 낯설게 느껴지는 용어들이 있어서 이러한 문제들을 해결하는데 매우 어려웠던 것으로 기억된다. 이러한 문제를 극복하기 위해서 한글화 되어 있지 않거나 적합지 않은 한글용어에는 반드시 영어용어를 나타내었다. 이 책을 집필하면서 느꼈던 다른 어려웠던 점은 적절한 기호의 사용이 힘들었다는 것이다. 기본적으로 같은 기호를 다른 의미로 사용하지 않으려고 노력하였지만 영문 알파벳이나 그리스 문자의 개수가 많지 않기 때문에 때로는 어색한 기호를 사용한 경우도 있다. 예를 들어 많은 수학책에서 함수의 기호로 보통 영문 알파벳 f를 사용한다. 하지만 이 책의 경우 4장에서 f를 특별한 의미의 기호로 사용하였기 때문에 그 이후에는 함수를 나타내는데 다른 문자를 사용할 수밖에 없었다. 다만 혼동할 염려가 없는 경우에는 함수를 f로 나타내기도 하였다.

이 책은 두 학기용으로 구성하였다. 미분기하학 강좌가 두 학기인 경우에는 모든 내용을 강의할 수 있을 것으로 예상한다. 그러나 미분기하학 강좌가 한 학기만 있는 경우에는 모든 내용을 강의하고 소화하는 것이 불가능 할 것으로 생각된다. 저자의 경험으로 비추어 한 학기인 경우에는 1-3장 전체, 4장 1-2절, 5장 1-2절, 6장 정도를 강의할 수 있을 것으로 예상된다. 이 이외에 다른 부분을 강의할 필요가 있다고 판단될 경우에는 2장에서 1-2절만 다루고 3장 이후에서 2장의 3-5절의 내용이 필요한 경우 필요한 부분만 하면 무난할 것으로 생각된다. 이 책의 단점으로는 연습문제가 매우 적다는 것이다. 연습문제는 본문의 내용을 이해할 수 있는 중요한 부분이다. 각 절이 끝날 때 마다 연습문제를 실었지만 문제수가 적기 때문에 학생들은 다른 참고서를 통하여 많은 문제를 풀어 볼 것을 제안한다. 이 책의 수준과 비슷하거나 조금 어려운 미분기하학 책으로는 [5]과 [18] 이외에 [7], [9], [10], [14], [15], [22], [23], [24] 등이 있다.

끝으로, 책을 집필하면서 늘 느끼지만 오타나 오류를 완벽하게 고칠 수 없어서 고민을 하게 된다. 저자의 생각으로 책은 많은 독자들의 도움이 있어야 점점 더 나은 양서로 거듭 태어날 수 있다. 틀린 내용이나 오타에 대한 많은 비평을 독자에게 바란다.

명지대학교 자연캠퍼스 연구실에서

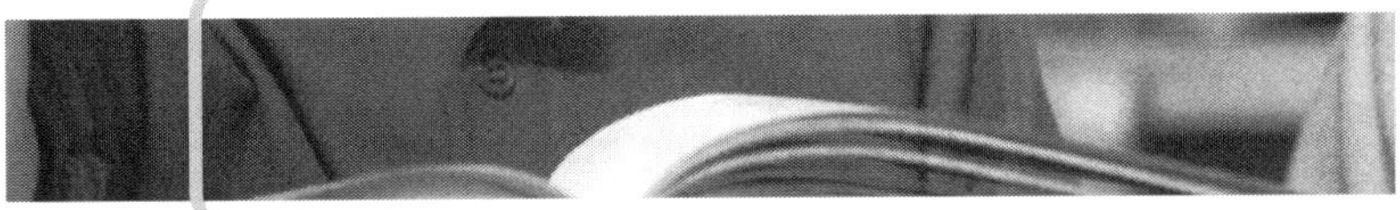

차 례

개정판을 내면서 _ iii

머리말 _ v

제1장 곡선

1.1 유클리드 공간 _ 1

연습문제 • 6

1.2 매개곡선 _ 9

연습문제 • 14

1.3 곡선의 길이 _ 16

연습문제 • 21

1.4 곡선의 벡터장 _ 23

연습문제 • 26

1.5 방향과 벡터곱 _ 28

연습문제 • 35

1.6 곡률과 비틀림 _ 37

연습문제 • 43

1.7 임의속력곡선 _ 47

연습문제 • 56

1.8 등장사상 _ 59

연습문제 • 67

제2장 접벡터와 공변미분

2.1 접벡터 _ 71

연습문제 • 74

2.2 방향도함수 _ 76
연습문제 • 79
2.3 다변수함수의 미분 _ 81
연습문제 • 88
2.4 벡터장 _ 90
연습문제 • 95
2.5 벡터장의 미분 _ 98
연습문제 • 102

제 3 장 정칙곡면

3.1 정칙곡면의 정의 _ 105
연습문제 • 118
3.2 좌표함수의 변환과 곡면함수의 미분 _ 121
연습문제 • 125
3.3 접평면 _ 127
연습문제 • 132
3.4 제1기본형식과 넓이 _ 134
연습문제 • 140
3.5 곡면의 방향 _ 142
연습문제 • 147

제 4 장 국소적 곡면 이론

4.1 가우스사상 및 곡률 _ 150
연습문제 • 168
4.2 곡률공식 _ 170
연습문제 • 183
4.3 주곡률선, 점근곡선 및 측지선 _ 186
연습문제 • 194

제 5 장 여러 가지 곡면

5.1 대역적 곡면이론 _ 197
연습문제 • 205
5.2 회선면 _ 206
연습문제 • 216
5.3 선직면 _ 217
연습문제 • 226
5.4 극소곡면 _ 228
연습문제 • 235

제 6 장 곡면의 불변적 이론

6.1 등장사상 및 등각사상 _ 239
연습문제 • 247
6.2 가우스의 정리 _ 249
연습문제 • 258
6.3 가우스-보네의 정리 _ 259
연습문제 • 276

제 7 장 미분형식과 구조방정식

7.1 일차미분형식 _ 282
연습문제 • 287
7.2 미분형식과 쐐기곱 _ 289
연습문제 • 297
7.3 틀마당 및 연결형식 _ 300
연습문제 • 307
7.4 구조방정식 _ 309
연습문제 • 313
7.5 곡면의 미분형식과 적분 _ 315
연습문제 • 326

7.6 곡면의 구조방정식 _ 328
연습문제 • 339
7.7 곡면의 기본정리 _ 340

제 8 장 리만기하학

8.1 2차원 미분다양체 _ 348
연습문제 • 375
8.2 미분형식과 텐서 _ 377
연습문제 • 384
8.3 리만계량 _ 385
연습문제 • 390
8.4 접속과 곡률텐서 _ 391
연습문제 • 402
8.5 모형공간 _ 403
8.6 틀마당 표현 _ 412
8.7 측지선과 지수사상 _ 417
연습문제 • 437

부록

A. 대칭행렬, 고유값과 고유벡터 _ 439
B. 역함수의 정리와 음함수의 정리 _ 441
C. 상미분방정식과 나팔곡면의 생성곡선 _ 451
D. 정답 및 도움말 _ 453

참고문헌 _ 475
찾아보기 _ 477

제 1 장 곡선

대학교 미분기하학 과정에서 다룰 수 있는 기하학적 대상으로는 고전 미분기하학의 시발점이 되었던 곡선과 3차원 유클리드 공간의 곡면이 있다. 1장에서는 곡선 이론에 대하여 알아본다. 곡선은 실수의 개구간에서 정의된 미분가능한 함수로 일변수함수의 미분법만 알면 곡선 이론을 이해하기에 충분하다. 다시 말해서 곡선 이론은 미적분학 수준에서도 이해할 수 있는 비교적 쉬운 내용이다. 곡선 이론에는 곡선의 형태에 따라서 여러 가지 개념을 도입하고 이를 이용하여 곡선의 성질을 파악하는 다양한 이론이 존재하지만 이러한 모든 개념을 다루는 것은 이 책의 본질을 벗어나므로, 여러 가지 곡선을 구분할 수 있는 도구가 되는 기하학적 개념과 그것의 기본적인 성질 등 가급적이면 간단한 형태의 곡선과 비교적 쉬운 개념만을 다루기로 한다.

1절에서는 이 책에서 주로 다루는 기하학적 대상인 곡선과 곡면을 품고 있는 3차원 유클리드 공간에 대하여 간략하게 알아보고 2절에서는 곡선의 정의와 여러 가지 형태의 곡선을 살펴보기로 한다. 3절에서는 곡선 이론을 공부하는데 있어서 가장 간단한 기하학적 도구인 곡선의 길이에 관하여 알아본다. 4절과 5절에서는 6절을 위한 준비 과정으로 곡선의 벡터장, 유클리드 공간의 방향(orientation) 및 벡터곱에 대하여 설명한다. 6절에서는 곡선 이론에서 가장 중요한 개념인 곡률과 비틀림에 대하여 알아본다. 곡선의 기본정리에 의하면 곡선의 모양은 곡률과 비틀림에 의해 결정된다. 7절에서는 임의속력을 갖는 곡선의 곡률과 비틀림에 관하여 이야기하고, 8절에서는 유클리드 공간에서 거리를 보존하는 사상인 등장사상에 대하여 알아본다. 등장사상에 의해 옮겨지는 기하학적 대상은 모두 같은 기하학적 성질을 갖는다.

1.1 유클리드 공간

벡터공간의 모형이 되는 유클리드 공간은 기하학뿐만 아니라, 대수학, 해석학, 위상수학 등 다른 모든 수학의 분야에서 기본이 되는 매우 중요한 공간이다. 기하학적 대상인 곡선(curve)과 곡면(surface)을 품고 있는 3차원 유클리드 공간에 대하여 간략하게 살펴보자.

정의 1.1.1 3차원 유클리드 공간 $\mathbb{R}^3$은 세 실수의 쌍으로 구성되어 있는 집합이다:

$$\mathbb{R}^3 = \{(x, y, z) | x, y, z \in \mathbb{R}^3\}$$

$\mathbb{R}^3$의 원소를 **벡터** 또는 **점**이라고 한다. 또, $(0, 0, 0) \in \mathbb{R}^3$을 **영벡터**라 하고 0으로 나타낸다. 합기호인 $\sum$를 이용하여 표현할 때는 $x = x_1$, $y = x_2$, $z = x_3$으로 나타내기로 한다(그림 1.1).

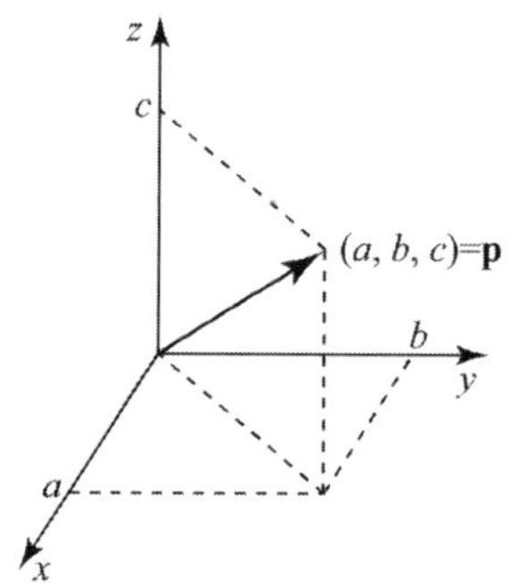

그림 1.1

$\mathbb{R}^3$의 기본적인 연산자를 살펴보자. $\mathbb{R}^3$의 두 벡터 $\mathbf{p} = (p_1, p_2, p_3)$와 $\mathbf{q} = (q_1, q_2, q_3)$에 대하여 $\mathbf{p} + \mathbf{q}$를

$$\mathbf{p} + \mathbf{q} = (p_1 + q_1, p_2 + q_2, p_3 + q_3)$$

로 정의하고 이를 $\mathbf{p}$와 $\mathbf{q}$의 **벡터합**이라고 한다. 또, 실수 $a \in \mathbb{R}$에 대하여 $a\mathbf{p}$를

$$a\mathbf{p} = (ap_1, ap_2, ap_3)$$

로 정의하고 이를 **스칼라곱**이라고 한다. 특히, $a = -1$일 때, $(-1)\mathbf{p} = -\mathbf{p}$로 나타낸다. 정의로부터 임의의 벡터 $\mathbf{p} = (p_1, p_2, p_3)$에 대하여 $0\mathbf{p} = \mathbf{0}$이고 임의의 실수 $a \in \mathbb{R}$에 대하여 $a\mathbf{0} = \mathbf{0}$임을 알 수 있다.

벡터합과 스칼라곱에 대하여 다음 성질이 성립한다.

정리 1.1.2 $\mathbf{p}, \mathbf{q}, \mathbf{r} \in \mathbb{R}^3$와 $a, b \in \mathbb{R}$에 대하여

(A1) $\mathbf{p}+\mathbf{q}=\mathbf{q}+\mathbf{p}$

(A2) $(\mathbf{p}+\mathbf{q})+\mathbf{r}=\mathbf{p}+(\mathbf{q}+\mathbf{r})$

(A3) $\mathbf{0}+\mathbf{p}=\mathbf{p}+\mathbf{0}$

(A4) $\mathbf{p}+(-\mathbf{p})=\mathbf{0}$

(M1) $a(b\mathbf{p})=(ab)\mathbf{p}=ab\mathbf{p}$

(M2) $(a+b)\mathbf{p}=a\mathbf{p}+b\mathbf{p}$

(M3) $a(\mathbf{p}+\mathbf{q})=a\mathbf{p}+a\mathbf{q}$

(M4) $1\mathbf{p}=\mathbf{p}$

한편, 두 벡터 $\mathbf{p}, \mathbf{q} \in \mathbb{R}^3$에 대하여 $\mathbf{p} \cdot \mathbf{q}$를

$$\mathbf{p} \cdot \mathbf{q} = p_1 q_1 + p_2 q_2 + p_3 q_3 = \sum_{i=1}^{3} p_i q_i$$

로 정의하고, 이를 $\mathbf{p}$와 $\mathbf{q}$의 **내적**이라고 한다. 내적 $\mathbf{p} \cdot \mathbf{q}$를 기호 $\langle \mathbf{p}, \mathbf{q} \rangle$로 나타내기도 한다. 벡터의 **크기**(norm)와 두 벡터 사이의 **거리**(distance)는 다음과 같이 정의한다.

$$\|\mathbf{p}\| = \sqrt{\mathbf{p} \cdot \mathbf{p}}, \quad dist(\mathbf{p}, \mathbf{q}) = d(\mathbf{p}, \mathbf{q}) = \|\mathbf{p}-\mathbf{q}\|$$

$\|\mathbf{p}\|=1$인 벡터 $\mathbf{p}$를 **단위벡터**(unit vector)라고 한다. $\mathbf{p}$가 영벡터가 아니면 $\dfrac{\mathbf{p}}{\|\mathbf{p}\|}$는 벡터 $\mathbf{p}$와 방향이 같고 길이가 1인 단위벡터이다.

정리 1.1.3 $\mathbf{p}, \mathbf{q}, \mathbf{r} \in \mathbb{R}^3$와 $a \in \mathbb{R}$에 대하여

(1) $\mathbf{p} \cdot \mathbf{q} = \mathbf{q} \cdot \mathbf{p}$

(2) $(\mathbf{p}+\mathbf{q}) \cdot \mathbf{r} = \mathbf{p} \cdot \mathbf{r} + \mathbf{q} \cdot \mathbf{r}$

(3) $(a\mathbf{p}) \cdot \mathbf{q} = a(\mathbf{p} \cdot \mathbf{q}) = \mathbf{p} \cdot (a\mathbf{q})$

(4) $\|a\mathbf{p}\| = |a|\,\|\mathbf{p}\|$

두 벡터의 내적과 합에 대한 크기에 대하여 다음 성질이 성립한다.

정리 1.1.4	$\mathbf{p}, \mathbf{q} \in \mathbb{R}^3$일 때,	
	(1) $\lvert \mathbf{p} \cdot \mathbf{q} \rvert \le \lVert \mathbf{p} \rVert \lVert \mathbf{q} \rVert$	(코시-슈바르츠 부등식[1])
	(2) $\lVert \mathbf{p} + \mathbf{q} \rVert \le \lVert \mathbf{p} \rVert + \lVert \mathbf{q} \rVert$	(삼각부등식)

$\mathbf{0}$이 아닌 두 벡터 $\mathbf{p}$와 $\mathbf{q}$의 사이각 θ는

$$\cos\theta = \frac{\mathbf{p} \cdot \mathbf{q}}{\lVert \mathbf{p} \rVert \lVert \mathbf{q} \rVert},\ 0 \le \theta \le \pi$$

로 정의한다. $\theta = \frac{\pi}{2}$일 때, $\mathbf{p} \cdot \mathbf{q} = 0$임을 알 수 있고 이때 $\mathbf{p}$와 $\mathbf{q}$는 서로 수직이라고 한다.

n개의 벡터 $\mathbf{v}_1, \mathbf{v}_2, \cdots, \mathbf{v}_n \in \mathbb{R}^3$ $(n = 1, 2, 3)$에 대하여

$$a_1\mathbf{v}_1 + a_2\mathbf{v}_2 + \cdots a_n\mathbf{v}_n = \mathbf{0},\ a_1, a_2, \cdots, a_n \in \mathbb{R}$$

이면 항상 $a_1 = a_2 = \cdots = a_n = 0$일 때, $\mathbf{v}_1, \mathbf{v}_2, \cdots, \mathbf{v}_n$을 **일차독립**(linearly independent)이라고 한다. 또, 일차독립이 아닌 경우 **일차종속**(linearly dependent)이라고 한다. 예를 들면, 단위벡터

(1.1.1) $$\mathbf{e}_1 = (1, 0, 0),\ \mathbf{e}_2 = (0, 1, 0),\ \mathbf{e}_3 = (0, 0, 1)$$

은 일차독립이다. 세 벡터 $\mathbf{v}_1, \mathbf{v}_2, \mathbf{v}_3$에 대하여 실수를 곱해서 합한 형태의 벡터

$$a_1\mathbf{v}_1 + a_2\mathbf{v}_2 + a_3\mathbf{v}_3$$

를 $\mathbf{v}_1, \mathbf{v}_2, \mathbf{v}_3$의 **일차결합**(linear combination)이라고 한다. $\mathbb{R}^3$의 임의의 벡터 $\mathbf{p} = (p_1, p_2, p_3)$는

$$\mathbf{p} = p_1\mathbf{e}_1 + p_2\mathbf{e}_2 + p_3\mathbf{e}_3$$

로 나타낼 수 있다. 여기서 $\mathbf{e}_i$는 식 (1.1.1)에 있는 단위벡터를 나타낸다. $\mathbb{R}^3$의 벡터의

---

1) Cauchy-Schwarz inequality

모임 $\mathscr{B} = \{\mathbf{v}_1, \mathbf{v}_2, \cdots, \mathbf{v}_n\}$이 다음 두 조건을 만족시킬 때, $\mathscr{B}$를 $\mathbb{R}^3$의 **기저**(basis)라고 한다:

(i) $\mathscr{B}$에 속하는 벡터는 일차독립이다

(ii) 임의의 벡터 $\mathbf{p} \in \mathbb{R}^3$은 $\mathscr{B}$에 속하는 벡터의 일차결합으로 나타낼 수 있다.

(ii)의 경우 $\mathscr{B} = \{\mathbf{v}_1, \mathbf{v}_2, \cdots, \mathbf{v}_n\}$이 $\mathbb{R}^3$을 생성(span)한다고 한다. 예를 들어, 위의

$$\mathbf{e}_1 = (1, 0, 0), \ \mathbf{e}_2 = (0, 1, 0), \ \mathbf{e}_3 = (0, 0, 1)$$

은 일차독립이고 $\mathbb{R}^3$을 생성하므로 $\mathbb{R}^3$의 기저이다. $\mathbf{e}_1, \mathbf{e}_2, \mathbf{e}_3$을 $\mathbb{R}^3$의 **표준기저**(standard basis 또는 canonical basis)라고 한다.

3차원 유클리드 공간 $\mathbb{R}^3$에서 자기 자신으로 보내어지는 사상 $A: \mathbb{R}^3 \to \mathbb{R}^3$이 임의의 두 실수 $a, b \in \mathbb{R}$와 임의의 두 벡터 $\mathbf{p}, \mathbf{q} \in \mathbb{R}^3$에 대하여

$$A(a\mathbf{p} + b\mathbf{q}) = aA(\mathbf{p}) + bA(\mathbf{q}) \tag{1.1.2}$$

를 만족시킬 때, A를 **선형사상**(linear map)이라고 한다. 일반적으로 두 벡터공간 V와 W사이에서 정의된 사상 $A: V \to W$가 식 (1.1.2)를 만족시키면 A를 선형사상이라고 한다.

벡터공간을 생성하는 기저에 속하는 벡터의 개수는 항상 일정하다. 다시 말해서,

$$\mathscr{B} = \{\mathbf{v}_1, \cdots, \mathbf{v}_n\}, \ \mathscr{B}' = \{\mathbf{w}_1, \cdots, \mathbf{w}_m\}$$

이 벡터공간 V의 기저이면 $n = m$이다. 이때 n을 벡터공간 V의 **차원**(dimension)이라고 한다. $\mathbf{e}_1 = (1, 0, 0)$, $\mathbf{e}_2 = (0, 1, 0)$, $\mathbf{e}_3 = (0, 0, 1)$이 $\mathbb{R}^3$의 기저이므로 $\mathbb{R}^3$을 3차원 벡터공간이다.

연습문제

01. $\mathbf{p}=(2,\ 1,\ 4)$, $\mathbf{q}=(-3,\ 2,\ 1)$, $\mathbf{r}=(1,\ 0,\ 1)$일 때, 다음을 구하여라.

(1) $\mathbf{p}+\mathbf{q}$, $\mathbf{p}+\mathbf{q}+\mathbf{r}$, $\mathbf{p}+3\mathbf{q}-2\mathbf{r}$

(2) $\mathbf{p}\cdot\mathbf{q}$, $\mathbf{p}\cdot(\mathbf{q}-\mathbf{r})$

(3) $\|\mathbf{p}-\mathbf{r}\|$, $\|\mathbf{p}\|-\|\mathbf{r}\|$

(4) $\|\mathbf{p}\|\|\mathbf{q}\|$, $\|\mathbf{p}\|\mathbf{q}$

02. $\mathbf{p}$, $\mathbf{q}$, $\mathbf{r}$가 서로 수직인 단위벡터이면 $\mathbf{p}+\mathbf{q}+\mathbf{r}$는 $\mathbf{p}$, $\mathbf{q}$, $\mathbf{r}$와 이루는 각이 같음을 증명하여라.

03. $\mathbf{p},\ \mathbf{q}\in\mathbb{R}^3$이면

$$\|\mathbf{p}+\mathbf{q}\|^2+\|\mathbf{p}-\mathbf{q}\|^2=2(\|\mathbf{p}\|^2+\|\mathbf{q}\|^2)$$

이 성립함을 증명하여라.

04. $\mathbf{p},\ \mathbf{q}\in\mathbb{R}^3$이면

$$\|\mathbf{p}+\mathbf{q}\|^2-\|\mathbf{p}-\mathbf{q}\|^2=4(\mathbf{p}\cdot\mathbf{q})$$

이 성립함을 증명하여라.

05. 정리 1.1.4를 증명하여라.

06. $\mathbb{R}^3$의 기저 $\{\mathbf{u}_1, \mathbf{u}_2, \mathbf{u}_3\}$이

$$\mathbf{u}_i \cdot \mathbf{u}_j = \delta_{ij} = \begin{cases} 1 & (i = j) \\ 0 & (i \neq j) \end{cases} \qquad (i, j = 1, 2, 3)$$

을 만족시킬 때, $\{\mathbf{u}_1, \mathbf{u}_2, \mathbf{u}_3\}$을 정규직교기저(orthonormal basis)라고 한다.

이 경우, 임의의 벡터 $\mathbf{v} \in \mathbb{R}^3$은

$$\mathbf{v} = (\mathbf{v} \cdot \mathbf{u}_1)\mathbf{u}_1 + (\mathbf{v} \cdot \mathbf{u}_2)\mathbf{u}_2 + (\mathbf{v} \cdot \mathbf{u}_3)\mathbf{u}_3$$

로 나타낼 수 있음을 증명하여라.

07. $\mathbb{R}^3$의 벡터 $\mathbf{v}_1, \mathbf{v}_2, \mathbf{v}_3$이 일차독립이고 $\mathbf{v} \in \mathbb{R}^3$이

$$\mathbf{v} = a_1\mathbf{v}_1 + a_2\mathbf{v}_2 + a_3\mathbf{v}_3, \ \mathbf{v} = b_1\mathbf{v}_1 + b_2\mathbf{v}_2 + b_3\mathbf{v}_3$$

이면 $a_1 = b_1, \ a_2 = b_2, \ a_3 = b_3$임을 증명하여라.

08. 다음을 증명하여라.

(1) $\mathbb{R}^3$의 세 벡터 $\mathbf{v}_1, \mathbf{v}_2, \mathbf{v}_3$이 일차독립이면 임의의 벡터 $\mathbf{v} \neq \mathbf{0}$에 대하여 $\mathbf{v}_1, \mathbf{v}_2, \mathbf{v}_3, \mathbf{v}$는 일차종속임을 증명하여라(도움말 : $\mathbb{R}^3$의 표준기저 $\mathbf{e}_1, \mathbf{e}_2, \mathbf{e}_3$을 이용하여라).

(2) $\mathbb{R}^3$의 세 벡터 $\mathbf{v}_1, \mathbf{v}_2, \mathbf{v}_3$이 일차독립이면 $\{\mathbf{v}_1, \mathbf{v}_2, \mathbf{v}_3\}$은 $\mathbb{R}^3$의 기저임을 증명하여라.

(3) 역으로, $\mathbb{R}^3$의 기저는 일차독립인 세 벡터로 주어짐을 증명하여라.

09. $\mathbf{v}_1, \mathbf{v}_2, \mathbf{v}_3$을 $\mathbb{R}^3$의 기저라 하고

$$\mathbf{w}_1 = a_{11}\mathbf{v}_1 + a_{21}\mathbf{v}_2 + a_{31}\mathbf{v}_3$$

$$\mathbf{w}_2 = a_{12}\mathbf{v}_1 + a_{22}\mathbf{v}_2 + a_{32}\mathbf{v}_3$$

$$\mathbf{w}_3 = a_{13}\mathbf{v}_1 + a_{23}\mathbf{v}_2 + a_{33}\mathbf{v}_3$$

라 하자. $\mathbf{w}_1$, $\mathbf{w}_2$, $\mathbf{w}_3$이 $\mathbb{R}^3$의 기저일 필요충분조건은

$$\det\begin{pmatrix} a_{11} & a_{12} & a_{13} \\ a_{21} & a_{22} & a_{23} \\ a_{31} & a_{32} & a_{33} \end{pmatrix} \neq 0$$

임을 증명하여라.

10. $\mathbf{u}, \mathbf{v} \in \mathbb{R}^3$이고 $\mathbf{u} \neq \mathbf{0}$일 때, 벡터 $\mathbf{v}$의 $\mathbf{u}$ 위로의 정사영(projection) $\mathrm{P}_{\mathbf{u}}(\mathbf{v})$를

$$\mathrm{P}_{\mathbf{u}}(\mathbf{v}) = \frac{\mathbf{u} \cdot \mathbf{v}}{\|\mathbf{u}\|^2}\mathbf{u}$$

로 정의한다. $\mathbf{u}$, $\mathbf{v}$가 일차독립이면 벡터

$$\mathbf{v} - \mathrm{P}_{\mathbf{u}}(\mathbf{v})$$

는 $\mathbf{u}$와 수직임을 증명하여라(그림 1.2).

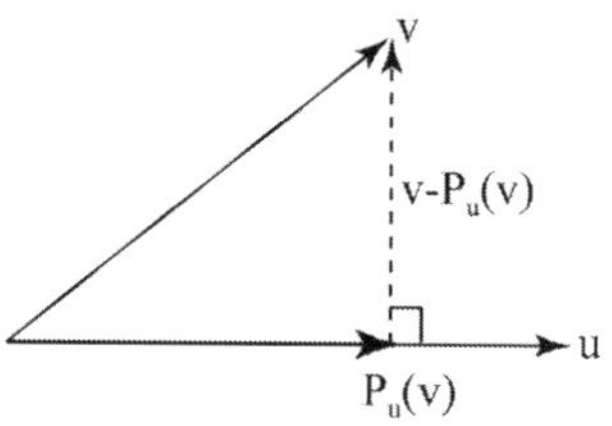

그림 1.2

1.2 매개곡선

"미분기하학"이라는 단어가 의미하듯이 미분기하학에서 다루는 기하학적 대상은 항상 미분가능성을 가정한다. 이 책에서 "미분가능하다"는 것은 "모든 차수의 도함수 또는 편도함수가 존재한다"는 것을 의미한다.

정의 1.2.1	실수의 개구간 $\mathrm{I}=(a, b)$에서 정의된 미분가능한 함수 $\alpha: \mathrm{I} \rightarrow \mathbb{R}^3$을 **미분가능한 매개곡선**(parametrized differentiable curve) 또는 간단히 **곡선**이라고 한다(그림 1.3).

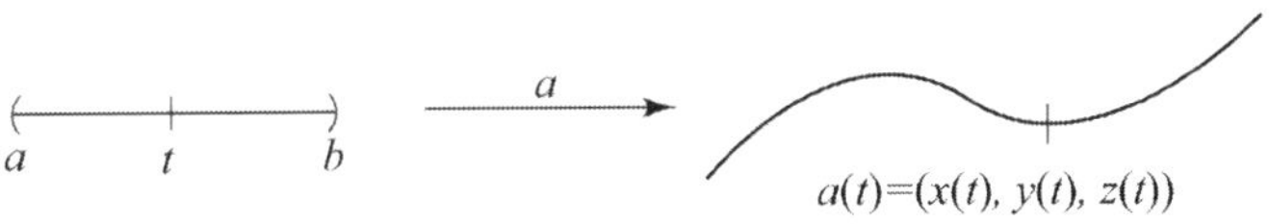

그림 1.3

$\mathbb{R}^3$에서 정의된 미분가능한 곡선 $\alpha=\alpha(t)$를 성분으로 나타내면, 미분가능한 함수 $x(t),\ y(t),\ z(t):(a, b) \rightarrow \mathbb{R}$에 대하여

$$\alpha(t)=(x(t),\ y(t),\ z(t))$$

로 표현할 수 있다.

참고 1.2.2	(1) 실수값을 갖는 함수 $x(t), y(t), z(t):(a, b) \rightarrow \mathbb{R}$가 미분가능하다는 것은 각점에서 모든 차수의 도함수가 존재한다는 것을 의미하고 이때 x, y, z를 C^{∞}함수라고 한다. (2) 개구간 (a, b)는 실수 전체의 집합이어도 된다. 즉, $(a, b)=\mathbb{R}$. (3) 세 번째 성분이 0인 곡선 즉, $\alpha(t)=(x(t), y(t), 0)$인 형태의 곡선을 **평면곡선**(plane curve)이라 하고, 간단히 $\alpha(t)=(x(t), y(t))$로 나타낸다.

일반적으로 평면에 놓여 있는 곡선을 평면곡선이라고 한다. 따라서 $\alpha(t)$가 평면곡선이면 적당한 두 점 $\mathbf{p}$, $\mathbf{q}$가 존재하여

$$(\alpha(t)-\mathbf{p})\cdot\mathbf{q}=0 \tag{1.2.1}$$

을 만족시킨다. 여기서 $\mathbf{p}$는 곡선 α 위의 한 점을 택할 수도 있다(그림 1.4).

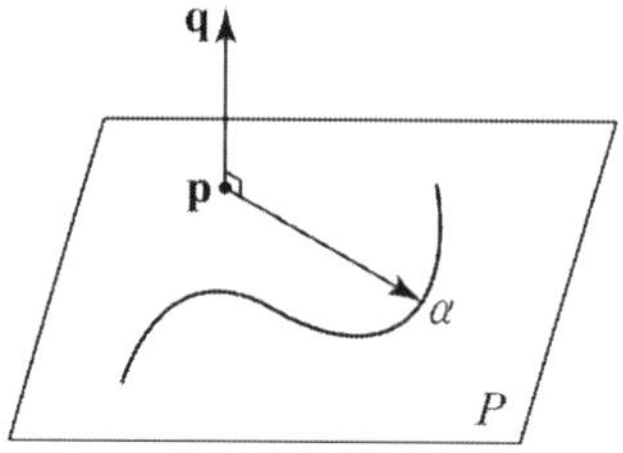

그림 1.4

보기 1.2.3 (1) $\mathbb{R}^3$에서 가장 간단한 곡선은 직선이다. 두 점 $\mathbf{p}, \mathbf{q}\in\mathbb{R}^3$을 지나는 직선은 다음과 같이 주어진다:

$$\alpha(t)=(1-t)\mathbf{p}+t\mathbf{q}, \quad -\infty<t<\infty \tag{1.2.2}$$

식 (1.2.2)로부터 직선은 미분가능한 곡선임을 쉽게 알 수 있다. 실제로,

$$\alpha'(t)=\mathbf{q}-\mathbf{p},\ \alpha''(t)=\mathbf{0}$$

이다(그림1.5).

(2) $\alpha:\mathbb{R}\to\mathbb{R}^2$, $\beta(t)=(\cos t, \sin t)$는 미분가능한 매개곡선이다. 이 곡선은 중심이 원점이고 반지름의 길이가 1인 단위원을 나타낸다(그림 1.6).

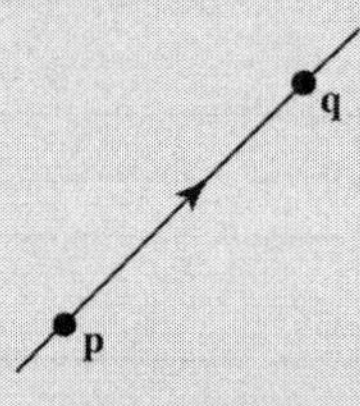

그림 1.5

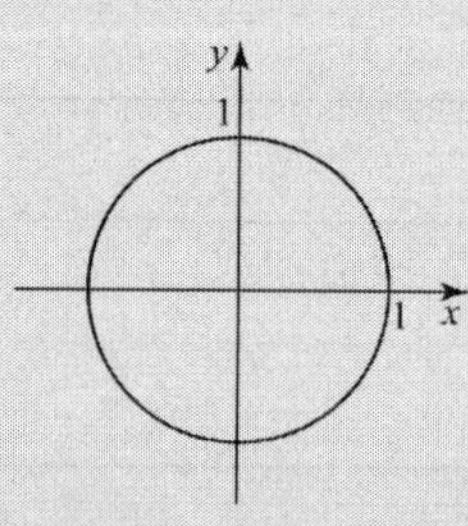

그림 1.6

(3) $a>0$, $b\neq 0$인 두 실수 a, b에 대하여 다음과 같이

$$\gamma(t)=(a\cos t, a\sin t, bt),\ t\in\mathbb{R}$$

정의된 곡선을 생각하자(그림 1.7). 각각의 성분함수가 미분가능하므로 γ는 미분가능한 곡선이다. 이 곡선을 **원형나선**(circular helix) 또는 간단히 **나선**(helix)이라고 한다. 특히, $b>0$이면 원기둥을 오른쪽으로 감고 올라가는 모양이고 $b<0$일 때에는 왼쪽으로 감고 올라가는 모양을 나타낸다.

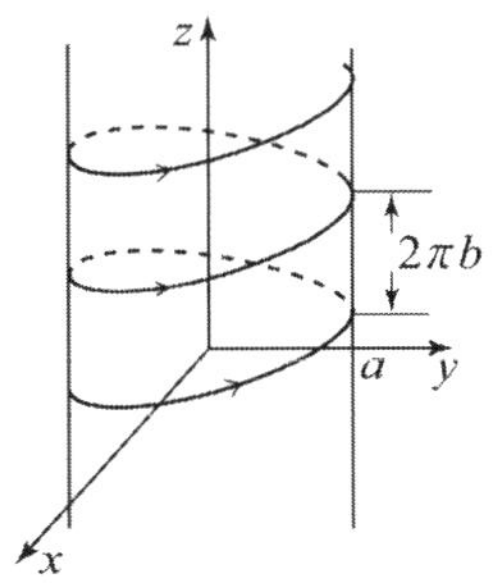

그림 1.7

정의 1.2.4 $\alpha: (a, b) \to \mathbb{R}^3$, $\alpha(t) = (x(t), y(t), z(t))$가 미분가능한 곡선일 때, 그것의 도함수 $\alpha'(t) = (x'(t), y'(t), z'(t))$를 점 t에서 곡선 α의 **속도벡터**(velocity)라고 하고 속도벡터의 크기 $v(t) = \|\alpha'(t)\|$를 **속력**(speed)이라고 한다. 또, 이계도함수 $\alpha''(t)$를 곡선 α의 **가속도벡터**(acceleration)라고 한다.

정의 1.2.5 미분가능한 곡선 $\alpha: (a, b) \to \mathbf{R}^3$, $\alpha(t) = (x(t), y(t), z(t))$에 대하여 모든 $t \in (a, b)$에서 그 속도벡터가 $\mathbf{0}$이 아닐 때, 즉 $\alpha'(t) = (x'(t), y'(t), z'(t)) \neq \mathbf{0}$일 때, α를 **정칙곡선**(regular curve)이라고 한다.

모든 $a < t < b$에 대하여 $\|\alpha'(t)\| = 1$을 만족시키는 곡선을 **단위속력곡선**(unit-speed curve)곡선이라고 한다.

보기 1.2.6 (1) 나선

$$\alpha(t) = (a\cos t,\ a\sin t,\ bt),\ t \in \mathbb{R}\quad a > 0,\ b \neq 0$$

는 정칙곡선이다. 실제로 $a > 0$, $b \neq 0$이므로

$$\alpha'(t) = (-a\sin t,\ a\cos t,\ b) \neq \mathbf{0}$$

특히 $\|\alpha'(t)\| = \sqrt{a^2 + b^2}$ 이다.

(2) $\alpha(t) = (t^3, t^2): \mathbb{R} \to \mathbb{R}^2$는 평면곡선으로 미분가능한 곡선이다. 그러나 $t = 0$에서 $\alpha'(0) = (0, 0)$이므로 정칙곡선은 아니다(그림 1.8).

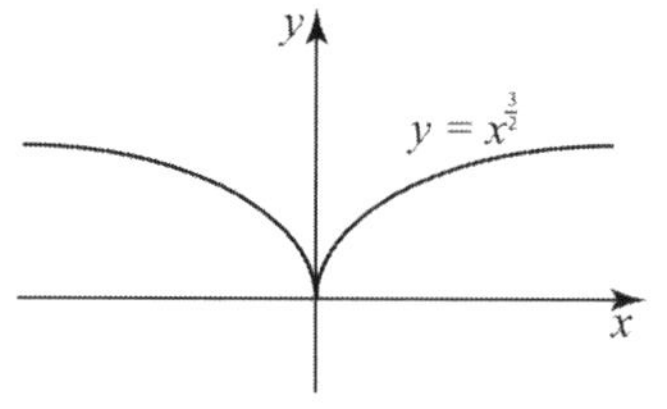

그림 1.8

정의 1.2.7 미분가능한 두 곡선 $\alpha(t): (a, b) \to \mathbb{R}^3$과 $\beta(t): (c, d) \to \mathbb{R}^3$에 대하여, 미분가능한 함수 $h: (c, d) \to (a, b)$, $h'(t) > 0$이 존재하여 $\beta(t) = \alpha \circ h(t)$를 만족시킬 때, β를 α의 **양의 재매개곡선**(positive reparametrization)이라 하고, $h'(t) < 0$이면 **음의 재매개곡선**(negative reparametrization)이라고 한다. 양 또는 음의 재매개곡선을 **재매개곡선**(reparametrization)이라고 한다(그림 1.9).

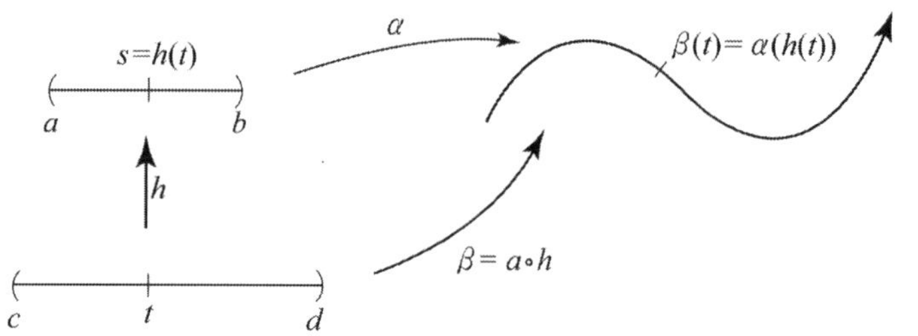

그림 1.9

도움정리 1.2.8 β가 곡선 α의 재매개곡선으로 $\beta(t) = \alpha \circ h(t)$이면

$$\beta'(t) = h'(t)\alpha'(h(t))$$

증명

$\alpha(t) = (x(t),\ y(t),\ z(t))$로 놓으면 정의에 의해

$$\beta(t) = \alpha \circ h(t) = (x \circ h(t),\ y \circ h(t),\ z \circ h(t))$$

일변수함수의 연쇄법칙에 의해

$$\frac{d}{dt}(x \circ h)(t) = x'(h(t))h'(t)$$

$$\frac{d}{dt}(y \circ h)(t) = y'(h(t))h'(t)$$

$$\frac{d}{dt}(z \circ h)(t) = z'(h(t))h'(t)$$

이므로

$$\beta'(t) = h'(t)(x'(h(t)),\ y'(h(t)),\ z'(h(t))) = h'(t)\alpha'(h(t))$$

연습문제

01. 곡선 $\alpha(t)=\left(2t,\ t^2,\ \dfrac{t^3}{3}\right)$에 대하여 다음 물음에 답하여라.

(1) α의 속도벡터, 속력 및 가속도벡터를 구하여라.

(2) α는 정칙곡선인가?

02. $\beta(t)=(\cos t,\ \sin t)$, $\gamma(t)=(\cos 2t,\ \sin 2t)$일 때, γ는 β의 재매개곡선임을 증명하여라.

03. 곡선 $\delta(t)=\left(1+\cos t,\ \sin t,\ 2\sin\dfrac{t}{2}\right)$에 대하여 속도벡터, 속력 및 가속도벡터를 구하여라.

04. 다음 곡선의 속도벡터, 속력 및 가속도벡터를 구하여라. 또한 정칙곡선인가를 판정하여라.

(1) $\alpha: (-1,\ \infty) \to \mathbb{R}^2$, $\alpha(t)=\left(\dfrac{3t}{1+t^3},\ \dfrac{3t^2}{1+t^3}\right)$

(2) $\beta: (-\infty,\ \infty) \to \mathbb{R}^2$, $\beta(t)=(e^{-t}\cos t,\ e^{-t}\sin t)$

05. 좌표평면의 점 (x, y)는 극좌표 (r, θ)로도 나타낼 수 있다. 여기서

$x = r\cos\theta$,

$y = r\sin\theta$ 이다. 극방정식 $r = f(\theta) = 2\sin\theta + 1 \quad (0 \le \theta \le 2\pi)$로 주어지는

곡선에 대하여 다음 물음에 답하여라.

(1) 이 곡선은 정칙곡선인가?

(2) $\theta = \frac{\pi}{4}, \frac{\pi}{2}, \pi$에서의 속도벡터와 가속도벡터를 구하여라.

06. 곡선 $\alpha(t) = (x(t), y(t), z(t))$에 대하여 $P(\alpha)(t) = (x(t), y(t), 0)$을 xy평면으로의 정사영곡선이라고 한다. $\alpha : (a, b) \to \mathbb{R}^3$가 정칙곡선이면 정사영곡선 $P(\alpha)$도 정칙인가?

07. 다음과 같이 정의된 곡선

$$\alpha(t) = \begin{cases} (t, e^{-\frac{1}{t^2}}, 0) & t \neq 0 \\ (0, 0, 0) & t = 0 \end{cases}$$

은 미분가능한 정칙곡선임을 증명하여라(도움말 : $f(t) = e^{-\frac{1}{t^2}}$이라 하면 각 자연수 n에 대하여 $f^{(n)}(0) = 0$이다).

08. 곡선 $\alpha(t) = (t, t^2 + 1, (t-1)^3)$은 미분가능한 정칙곡선임을 증명하여라.

09. 곡선 $\beta(t) = (t - \sin t, 1 - \cos t, 0)$은 정칙곡선인가?

1.3 곡선의 길이

곡선 이론에서 가장 간단하고 기본적인 기하학적 도구는 곡선의 길이를 측정하는 것이다.

정의 1.3.1 미분가능한 곡선 $\alpha : (a, b) \to \mathbb{R}^3$에 대하여 양 끝점에서 속도벡터의 극한값

$$\lim_{t \to a+0} \alpha'(t), \ \lim_{t \to b-0} \alpha'(t) \tag{1.3.1}$$

이 존재한다고 하자. $a \le t_0 < t_1 \le b$일 때, t_0부터 t_1까지 곡선 α의 길이는

$$L_{t_0}^{t_1}(\alpha) = \int_{t_0}^{t_1} \|\alpha'(t)\| dt \tag{1.3.2}$$

로 정의한다.

$t_0 = a$이거나 $t_1 = b$인 경우, 식 (1.3.2)는 특이적분(improper integral)으로 간주하고 식 (1.3.1)에 의해 이 적분값은 항상 존재함을 알 수 있다. 다시 말해서

$$L_a^{t_1}(\alpha) = \lim_{t_0 \to a} L_{t_0}^{t_1}(\alpha), \ L_{t_0}^{b}(\alpha) = \lim_{t_1 \to b} L_{t_0}^{t_1}(\alpha)$$

조건 (1.3.1)을 가정하지 않으면 정의역이 유한일 때, 곡선의 길이가 무한이 될 수 있다. 예를 들어,

$$\alpha(t) = \left(t, \ t\cos\left(\frac{1}{t}\right), \ 0\right), \quad 0 < t \le 1$$

이면 $\lim_{t \to 0+0} \alpha(t) = 0$이지만 $\lim_{t \to 0+0} \alpha'(t)$는 존재하지 않는다. 또한 이 경우에 $L_{t_0}^{t_1}(\alpha)$는 유한값을 갖지 않는다는 것을 보일 수 있다.

수식을 이해하는데 있어서 혼동할 염려가 없는 경우에는 $L_{t_0}^{t_1}(\alpha)$를 간단히 $L(\alpha)$로 나타내기로 한다. 따라서 기호 $L(\alpha)$는 적당한 구간에서 곡선 α의 길이를 나타낸다.

곡선 α의 성분이 $\alpha(t) = (x(t), \ y(t), \ z(t))$이면

$$\|\alpha'(t)\| = \sqrt{(x'(t))^2 + (y'(t))^2 + (z'(t))^2}$$

이므로

$$L(\alpha) = \int_{t_0}^{t_1} \sqrt{(x'(t))^2 + (y'(t))^2 + (z'(t))^2}\, dt$$

이다. 곡선의 길이를 구하는 데 있어서 복잡한 표현을 피하기 위해 곡선의 정의역을 폐구간으로 나다낼 때가 종종 있다. 즉, 곡선 $\alpha : [a, b] \to \mathbb{R}^3$이 미분가능하다는 것은 양수 $\epsilon > 0$이 존재하여 $\alpha : (a-\epsilon, b+\epsilon) \to \mathbb{R}^3$이 미분가능한 곡선이라는 것을 의미한다. 특히, 양 끝점에서의 도함수 $\alpha'(a)$와 $\alpha'(b)$가 존재한다. 그리고 이 경우 점 a부터 b까지 곡선 α의 길이

$$L(\alpha) = \int_a^b \|\alpha'(t)\|\, dt$$

는 잘 정의된다.

다음 정리에 의하면 곡선의 길이는 매개방정식에 관계없이 일정하다.

정리 1.3.2 곡선 β가 α의 재매개곡선이면

$$L(\alpha) = L(\beta)$$

증명

$\alpha : [a, b] \to \mathbb{R}^3$, $\beta : [c, d] \to \mathbb{R}^3$이고 미분가능한 함수 $h : [c, d] \to [a, b]$ 2)에 대하여 $\beta(t) = \alpha \circ h(t)$라고 하자. 이때

$$L_a^b(\alpha) = L_c^d(\beta)$$

임을 보이면 된다.

(i) 양의 재매개변수 경우 : 이 경우 $h'(t) > 0$이므로 $h(c) = a,\ h(d) = b$가 성립한다. 도움정리 1.2.8에 의해

$$\|\beta'(t)\| = |h'(t)|\,\|\alpha'(h(t))\| = h'(t)\|\alpha'(h(t))\|$$

따라서 치환적분법에 의해

$$L_a^b(\alpha) = \int_a^b \|\alpha'(u)\|\, du = \int_c^d \|\alpha'(h(t))\| h'(t)\, dt$$

---

2) 함수 h도 곡선 α, β와 같이 양수 $\epsilon > 0$에 대하여 $h : (c-\epsilon, d+\epsilon) \to (a-\epsilon, b+\epsilon)$에서 정의된 미분가능한 함수임을 가정한다.

$$= \int_c^d \|\beta'(t)\| dt = L_c^d(\beta)$$

(ii) 음의 재매개변수 경우 : 모든 t에 대하여 $h'(t) < 0$이므로 $h(c) = b$, $h(d) = a$이다. 따라서

$$\|\beta'(t)\| = -h'(t)\|\alpha'(h(t))\|$$

이므로

$$\begin{aligned} L_a^b(\alpha) &= \int_a^b \|\alpha'(u)\| du = \int_d^c \|\alpha'(h(t))\| h'(t) dt \\ &= -\int_c^d \|\alpha'(h(t))\| h'(t) dt \\ &= \int_c^d \|\beta'(t)\| dt = L_c^d(\beta) \end{aligned}$$

정의 1.3.3 미분가능한 곡선 $\alpha : (a, b) \to \mathbb{R}^3$과 $a < c < b$에 대하여 점 c에서 시작하는 α의 **호길이함수**(arc-length function) $s = s(t)$는

$$s(t) = \int_c^t \|\alpha'(u)\| du$$

로 정의한다.

정리 1.3.4 미분가능한 곡선 $\alpha : (a, b) \to \mathbb{R}^3$이 정칙곡선이면 단위속력을 갖는 재매개곡선이 존재한다.

증명

한 점 c, $a < c < b$를 고정하고 호길이함수

$$s(t) = \int_c^t \|\alpha'(u)\| du$$

를 생각하자. 미적분학의 기본정리에 의해 호길이함수 $s(t)$의 도함수는 곡선 α의 속력이다. 즉,

$$\frac{ds}{dt} = \|\alpha'(t)\| > 0$$

곡선 α가 정칙곡선이므로 호길이함수 $s(t)$는 순증가함수이고 따라서 역함수가 존재한다. 역함수를 $t = t(s)$라 할 때, 곡선 $\beta = \beta(s)$를

$$\beta(s) = \alpha(t(s))$$

로 정의하면 β는 α의 재매개곡선이다.
β가 단위속력곡선임을 보이자. 역함수의 도함수에 관한 정리에 의해

$$\frac{dt}{ds}(s)=\frac{1}{\dfrac{ds}{dt}(t(s))}=\frac{1}{\|\alpha'(t(s))\|}$$

이므로 도움정리 1.2.8에 의해

$$\|\beta'(s)\|=\frac{dt}{ds}(s)\|\alpha'(t(s))\|=1$$

보기 1.3.5 (1) $\alpha(t)=(a\cos t,\ a\sin t)$, $a>0$일 때, $\|\alpha'(t)\|=a$이므로 호길이함수는

$$s(t)=\int_0^t\|\alpha'(u)\|\mathrm{d}u=at$$

따라서 역함수는 $t=t(s)=\dfrac{s}{a}$이고 단위속력을 갖는 재매개변수곡선은

$$\beta(s)=\alpha(t(s))=\left(a\cos\frac{s}{a},\ a\sin\frac{s}{a}\right)$$

(2) 나선

$$\alpha(t)=(a\cos t,\ a\sin t,\ bt),\ a>0,\ b\neq 0$$

의 단위속력을 갖는 재매개곡선 β를 구하여보자.
보기 1.2.6의 (1)에 의해 $\|\alpha'(t)\|=\sqrt{a^2+b^2}$이므로

$$s(t)=\int_0^t\|\alpha'(u)\|du=ct,\ c=\sqrt{a^2+b^2}$$

따라서 호길이함수의 역함수는 $t=t(s)=\dfrac{s}{c}$이므로 α의 단위속력을 갖는 재매개곡선은

$$\beta(s)=\left(a\cos\frac{s}{c},\ a\sin\frac{s}{c},\frac{bs}{c}\right),\ c=\sqrt{a^2+b^2}$$

참고 1.3.6 $\alpha:(a,b)\to\mathbb{R}^3$이 단위속력곡선이고 $a<c<b$라 하자. 점 c에서 시작하는 곡선 α의 호길이함수는

$$s(t)=\int_c^t\|\alpha'(u)\|du=t-c$$

로 주어진다. 따라서, 곡선 α의 단위속력을 갖는 재매개곡선은 α를 평행이동시킨 같은 곡선 $\beta(s)=\alpha(s+c)$를 나타낸다. 이러한 이유로 단위속력곡선을 **호길이함수로 표현되었다**(parametrized by arc-length). 또는 **호길이에 의한 재매개화**라고 한다.

정리 1.3.4로부터 정칙곡선에 대하여 단위속력을 갖는 재매개곡선이 항상 존재한다는 사실을 기억하면서 앞으로는 정칙곡선만을 다루기로 한다.

끝으로, 같은 곡선을 나타내는 단위속력곡선의 유일성에 대하여 알아보자. 다음 정리에 의하면 시작점과 방향을 생각하지 않을 때 단위속력곡선은 유일하다.

정리 1.3.7 $\alpha: (a, b) \to \mathbb{R}^3$이 단위속력곡선이고 $\beta: (c, d) \to \mathbb{R}^3$이 단위속력을 갖는 α의 재매개곡선이면

$$\beta(t) = \alpha(t+t_0) \text{ 또는 } \beta(t) = \alpha(-t+t_0)$$

를 만족시키는 실수 t_0이 존재한다.

증명

$\beta(t) = \alpha \circ h(t)$, $h: (c, d) \to (a, b)$이고 모든 $t \in (c, d)$에 대하여 $h'(t) \neq 0$이라고 하자. 도움정리 1.2.8에 의해

$$1 = \|\beta'(t)\| = |h'(t)| \|\alpha'(h(t)\| = |h'(t)|$$

따라서 모든 $t \in (c, d)$에 대하여 $h'(t) = \pm 1$이다. 그런데 도함수 $h'(t)$는 어떤 점에서도 0이 아니므로 도함수 h'의 부호는 일정해야만 한다. 즉, 모든 t에 대하여 $h'(t) = 1$이거나 $h'(t) = -1$이다. 그러므로 적당한 t_0이 존재하여

$$h(t) = t + t_0 \text{ 또는 } h(t) = -t + t_0$$

이므로 정리가 성립한다.

연습문제

01. 곡선 $\alpha(t)=(\cosh t,\ \sinh t,\ t)$의 호길이함수와 단위속력을 갖는 재매개곡선을 구하여라.

02. 곡선 $\beta(t)=(2t,\ t^2,\ \ln t),\ t>0$은 점 $(2,\ 1,\ 0)$과 $(4,\ 4,\ \ln 2)$를 지남을 보이고, 이 두 점 사이의 곡선의 길이를 구하여라. 여기서 $\ln t$는 자연로그함수이다.

03. 곡선 $\gamma(t)=(t,\ \cosh t,\ 0)$의 호길이함수와 단위속력을 갖는 재매개곡선을 구하여라.

04. 곡선 $\alpha(t)=(e^t\cosh t,\ e^t\sinh t,\ e^t)$의 호길이함수와 단위속력을 갖는 재매개곡선을 구하여라.

05. 곡선 $\alpha(t)=\left(t,\ t\cos\left(\frac{1}{t}\right),\ 0\right),\ 0<t\leq 1$에 대하여 $L_0^1(\alpha)=\infty$임을 보여라.

06. 곡선 $\alpha(s)=\left(\frac{1}{2}\left(s+\sqrt{s^2+1}\right),\ \frac{1}{2}\frac{1}{s+\sqrt{s^2+1}},\ \frac{\sqrt{2}}{2}\log\left(s+\sqrt{s^2+1}\right)\right)$은 단위속력곡선임을 증명하여라. 또, 단위속력을 갖는 재매개곡선이 $\alpha(s)$가 되는 정칙곡선 $\beta(t)$를 구하여라.

07. 곡선 $\alpha(t)=\left(t,\ \dfrac{t^3}{6}+\dfrac{1}{2t},\ 0\right)$은 정칙곡선임을 증명하고 구간 $1\le t\le 4$에서의 길이를 구하여라.

08. 곡선 $\beta(t)=(t,\ \log\cos t,\ 0)$의 구간 $0\le t\le \dfrac{\pi}{3}$에서의 길이를 구하여라.

09. 곡선 $\gamma(t)=(\log(\sec t+\tan t),\ \log(\csc t-\cot t),\ 0)$의 구간 $\dfrac{\pi}{6}\le t\le \dfrac{\pi}{3}$에서의 길이를 구하여라.

10. 원기둥 $x^2+y^2=1$과 평면 $x+y+z=1$의 교선을 α라 할 때, α의 길이를 적분식으로 나타내어라.

1.4 곡선의 벡터장

정의 1.4.1 곡선 $\alpha: (a, b) \to \mathbb{R}^3$과 각 $a < t < b$에 대하여 $\alpha(t)$에서 하나의 벡터 $Y(t)$를 대응시키는 함수를 곡선 α를 따라 움직이는 벡터장(vector field along α) 또는 α의 **벡터장**이라고 한다(그림 1.10).

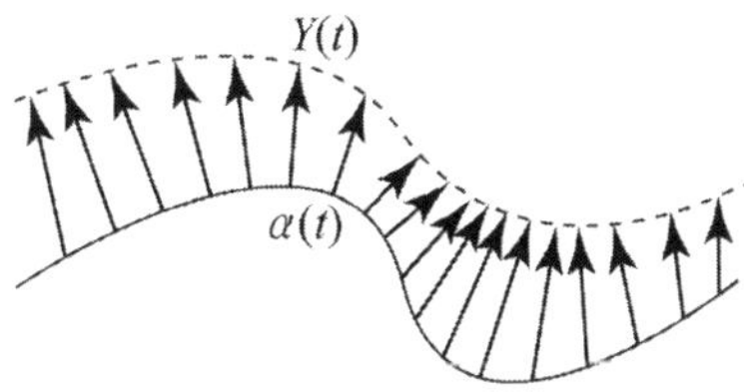

그림 1.10

곡선 α를 따라 움직이는 벡터장을 곡선 α에서 정의된 벡터장이라고도 한다.

곡선 α를 따라 움직이는 벡터장 Y에 대하여 점 $\alpha(t)$에서의 벡터 $Y(t)$와 원점을 시점으로 하는 $Y(t)$와 평행한 벡터인 위치벡터를 구분하지 않는다. 즉, Y가 곡선 α를 따라 움직이는 벡터장이면 Y를 세 성분함수의 쌍

$$Y(t) = (y_1(t),\ y_2(t),\ y_3(t))$$

로 나타낼 수 있다. 이때 벡터장 Y의 성분함수 $y_1,\ y_2,\ y_3$가 모두 미분가능하면 Y가 미분가능하다고 하고 미분 $Y'(t)$는

$$Y'(t) = (y_1'(t),\ y_2'(t),\ y_3'(t))$$

로 정의한다.

보기 1.4.2 미분가능한 곡선 $\alpha: (a, b) \to \mathbb{R}^3$에 대하여 속도벡터 α'과 가속도벡터 α''는 곡선 α를 따라 움직이는 벡터장이다.

다음에는 한 곡선위에서 정의된 두 벡터장에 대한 연산을 알아보자.

미분가능한 곡선 $\alpha: (a, b) \to \mathbb{R}^3$에서 정의된 벡터장의 합, 스칼라곱, 내적 등은 두 함수 또는 벡터의 합이나 곱처럼 명백한 방법으로 정의한다. 예를 들어 $X(t) = (t^2, 0, -t)$이고 $Y(t) = (0, t^2+1, t)$이면

$$(X+Y)(t) = X(t) + Y(t) = (t^2, t^2+1, 0)$$

이고

$$(X \cdot Y)(t) = X(t) \cdot Y(t) = -t^2$$

이다. 한편, $f: (a, b) \to \mathbb{R}$가 미분가능한 함수이면 함수곱 fY는

$$(fY)(t) = f(t)Y(t)$$

로 정의한다. 미분가능한 벡터장의 합, 스칼라곱, 내적과 함수곱에 대한 미분은 함수의 연산에 관한 미분법칙을 따른다.

도움정리 1.4.3 X와 Y가 곡선 α에서 정의된 미분가능한 벡터장이면

(1) $(fY)' = f'Y + fY'$

(2) $(X+Y)' = X' + Y'$

(3) $(X \cdot Y)' = X' \cdot Y + X \cdot Y'$

증명

$Y(t) = (y_1(t), y_2(t), y_3(t))$로 놓으면

$$(fY)(t) = (f(t)y_1(t), f(t)y_2(t), f(t)y_3(t))$$

일변수함수의 미분에 관한 곱셈법칙을 적용하면

$$(fy_i)'(t) = f'(t)y_i(t) + f(t)y_i'(t) \quad (i = 1, 2, 3)$$

이므로

$$(fY)' = f'Y + fY'$$

일변수함수의 미분에 관한 덧셈법칙과 곱셈법칙을 적용하면 (2)와 (3)도 (1)과 같은 방법으로 보일 수 있다.

곱에 대한 미분이 세 번째 등식 (3)과 같은 성질을 만족시킬 때 이것을 **라이프니쯔 성질**(Leibnizian property)이라고 한다. 두 벡터장 X, Y에 대하여 내적 $X \cdot Y$가 상수이면 라이프니쯔 성질에 의해 $X' \cdot Y + X \cdot Y' = 0$이 성립한다. 특히, Y의 크기 $\|Y\|$이 상수이면 Y와 Y'은 각 점에서 서로 수직이다. 실제로 $\|Y\|^2$이 상수이면 $2Y \cdot Y' = 0$이다.

보기 1.4.4 $\alpha : (a, b) \to \mathbb{R}^3$이 미분가능한 곡선이면

$$(\alpha \cdot \alpha)' = 2\alpha \cdot \alpha'$$

또, α가 단위속력곡선이면 속도벡터 α'과 가속도벡터 α''는 서로 수직이다.

미분가능한 벡터장 $Y(t) = (y_1(t),\ y_2(t),\ y_3(t))$에 대하여 모든 성분함수 y_1, y_2, y_3이 상수함수 일 때 Y를 **평행하다**(parallel)고 한다.

다음 도움정리는 함수의 미분에 관한 성질로부터 성립한다.

도움정리 1.4.5

(1) 곡선 α가 상수일 필요충분조건은 속도벡터가 $\alpha'(t) = 0$이다.

(2) 상수가 아닌 곡선 α가 직선일 필요충분조건은 가속도벡터가 $\alpha''(t) = 0$이다.

(3) 벡터장 Y가 평행일 필요충분조건은 $Y'(t) = 0$이다.

연습문제

01. $X(t)=(t,\ e^t,\ t^2-1)$, $Y(t)=(2t,\ 0,\ t^2+1)$가 곡선 $\alpha:(a,\ b)\to\mathbb{R}^3$의 두 벡터장이라 하고, $f(t)=t+2$라 할 때, 다음 물음에 답하여라.

(1) $X(t)$, $Y(t)$는 미분가능한 벡터장임을 보여라.

(2) $X+Y$, $X\cdot Y$, fX, fY를 구하여라.

02. 정칙곡선 $\alpha:(a,\ b)\to\mathbb{R}^3$의 속력이 상수일 필요충분조건은 각각의 $t\in(a,\ b)$에서 $\alpha'(t)$와 $\alpha''(t)$가 수직임을 증명하여라.

03. Y가 곡선 α의 벡터장이고 $\alpha(h)$가 α의 재매개곡선이면 $Y(h)$는 곡선 $\alpha(h)$의 벡터장임을 증명하여라.

04. 단위속력을 갖는 두 곡선 $\alpha,\ \beta:(a,\ b)\to\mathbb{R}^3$에 대하여 각 $s\in(a,\ b)$에서 속도벡터 $\alpha'(s)$와 $\beta'(s)$가 평행하고 한 점 $s_0\in(a,\ b)$에서 $\alpha(s_0)=\beta(s_0)$이면 $\alpha=\beta$임을 증명하여라.

05. $\alpha(t)=\left(\dfrac{2t}{1+t^2},\ \dfrac{1-t^2}{1+t^2},\ 1\right)$일 때, $\alpha(t)$와 $\alpha'(t)$가 이루는 각이 일정함을 보여라.

06. X가 곡선 $\alpha: (a, b) \to \mathbb{R}^3$의 미분가능한 벡터장이고 $f: (c, d) \to (a, b)$가 미분가능한 함수일 때, $(X \circ f)(t) = X(f(t))$로 정의하면 $X \circ f$는 곡선 $\alpha \circ f(t)$의 미분가능한 벡터장이고 $(X \circ f)'(t) = f'(t)X'(f(t))$임을 증명하여라.

07. 다음은 『유클리드 공간 $\mathbb{R}^3$에서 두 점을 연결하는 곡선 중에서 길이가 가장 짧은 곡선이 직선』이라는 사실을 증명하는 단계를 나타낸 것이다. 각 단계를 증명하여라.

$\alpha: [a, b] \to \mathbb{R}^3$을 $\alpha(a) = \mathbf{p}$, $\alpha(b) = \mathbf{q}$인 임의의 곡선이라 하고 $\mathbf{u} = \dfrac{(\mathbf{q} - \mathbf{p})}{\|\mathbf{q} - \mathbf{p}\|}$로 놓자.

(1) σ가 점 $\mathbf{p}$와 $\mathbf{q}$를 연결하는 직선일 때, 즉 $\sigma(t) = (1-t)\mathbf{p} + t\mathbf{q}(0 \le t \le 1)$이면 $L(\sigma) = d(\mathbf{p}, \mathbf{q}) = \|\mathbf{q} - \mathbf{p}\|$임을 보여라.

(2) 코시-슈바르츠 부등식을 이용하여 $\|\alpha'\| \ge \alpha' \cdot \mathbf{u}$임을 보이고 이로부터 $L(\alpha) \ge d(\mathbf{p}, \mathbf{q})$임을 유도하여라.

(3) $L(\alpha) = d(\mathbf{p}, \mathbf{q})$이면 α는 직선임을 증명하여라(도움말 : $\alpha' = (\alpha' \cdot \mathbf{u})\mathbf{u} + Y$로 놓을 수 있다. 여기서 $Y \cdot \mathbf{u} = 0$이다).

1.5 방향과 벡터곱

실수의 폐구간 $[a, b]$에서 정의된 연속함수의 적분은 a부터 시작하여 b까지 분할을 하고 분할에 의해 만들어지는 직사각형들의 넓이의 합에 대한 분할의 극한으로 정의한다. 이러한 일련의 계산과정에는 실수의 집합 $\mathbb{R}$의 방향이 내포되어 있다. 즉, 적분과정에서 왼쪽에서 오른쪽으로 향하는 것을 자연스런 방향으로 택하고 있다. 이것은 적분이 실수의 크기 순서에 의존하고 있기 때문이다. 크기 순서가 없는 좌표평면 $\mathbb{R}^2$에서는 시계방향 또는 반시계방향이라는 용어를 사용한다. 반시계방향을 양의 방향, 시계방향을 음의 방향으로 정의한다. 실수의 집합 $\mathbb{R}$와 좌표평면 $\mathbb{R}^2$의 방향을 토대로 유클리드 공간 $\mathbb{R}^3$의 방향을 정의하자.

$\mathscr{E} = \{\mathbf{u}_1, \mathbf{u}_2, \mathbf{u}_3\}$와 $\mathscr{F} = \{\mathbf{v}_1, \mathbf{v}_2, \mathbf{v}_3\}$을 각각 $\mathbb{R}^3$의 순서기저(ordered basis)라고 하자. 순서기저는 벡터의 밑 첨자의 위치를 바꾸면 서로 다른 기저로 간주한다는 것을 의미한다. $\mathscr{E}$와 $\mathscr{F}$에 의하여 주어지는 전이행렬의 행렬식이 양수일 때, $\mathscr{E}$와 $\mathscr{F}$는 **같은 방향을 갖는다**(same orientation)고 하고 $\mathscr{E} \sim \mathscr{F}$로 나타낸다. 다시 말해서

$$\mathbf{v}_i = \sum_{j=1}^{3} a_{ji}\mathbf{u}_j$$

로 나타낼 때, $\det(a_{ij}) > 0$이면 순서기저 $\mathscr{E}$와 $\mathscr{F}$는 같은 방향을 갖는다고 한다. 그러면 관계 $\sim$는 동치관계이고 따라서 $\mathbb{R}^3$의 순서기저는 동치관계 $\sim$에 의해 **동치류**로 나뉘어진다. 전이행렬의 행렬식은 양수 또는 음수이기 때문에 동치관계 $\sim$에 의한 동치류는 오직 두 가지이고 이때 한 가지의 동치류를 선택하는 것을 $\mathbb{R}^3$에 대한 **방향**(orientation)이라고 정의한다. 따라서, $\mathbb{R}^3$에는 두 가지 방향이 존재하고 표준기저

$$\mathbf{e}_1 = (1, 0, 0), \ \mathbf{e}_2 = (0, 1, 0), \ \mathbf{e}_3 = (0, 0, 1)$$

가 결정하는 동치류를 선택하는 것을 **양의 방향**(positive orientation)이라고 한다. 예를 들어 순서기저 $\{\mathbf{e}_2, \mathbf{e}_1, \mathbf{e}_3\}$는 음의 방향을 나타낸다.

$i = 1, 2, 3$에 대하여 성분이 $\mathbf{u}_i = (a_{i1}, a_{i2}, a_{i3})$인 순서기저 $\mathscr{E} = \{\mathbf{u}_1, \mathbf{u}_2, \mathbf{u}_3\}$이 양의 방향이 되기 위해서는 $\mathscr{E}$가 $\{\mathbf{e}_2, \mathbf{e}_1, \mathbf{e}_3\}$과 같은 동치류에 속해야한다. 따라서 $\mathbf{u}_i = \sum_{j=1}^{3} a_{ij}\mathbf{e}_j$이므로 $\mathscr{E}$이 양의 방향일 필요충분조건은 $\det(a_{ij}) > 0$이다.

다음에는 $\mathbb{R}^3$에서 두 벡터의 벡터곱(외적)에 대하여 알아보자.

정의 1.5.1 $\mathbb{R}^3$의 두 점 $\mathbf{p}=(p_1, p_2, p_3)$과 $\mathbf{q}=(q_1, q_2, q_3)$의 **벡터곱**(cross product) $\mathbf{p}\times\mathbf{q}$는

(1.5.1) $$\mathbf{p}\times\mathbf{q}=(p_2q_3-p_3q_2,\ p_3q_1-p_1q_3,\ p_1q_2-p_2q_1)$$

로 정의한다.

두 벡터의 벡터곱은 다음과 같은 형태로도 나타낼 수 있다: 자연기저 $\{\mathbf{e}_1=(1, 0, 0), \mathbf{e}_2=(0, 1, 0), \mathbf{e}_3=(0, 0, 1)\}$에 대하여

(1.5.2) $$\mathbf{p}\times\mathbf{q}=\det\begin{pmatrix}\mathbf{e}_1 & \mathbf{e}_2 & \mathbf{e}_3\\ p_1 & p_2 & p_3\\ q_1 & q_2 & q_3\end{pmatrix}$$

식 (1.5.2)의 1행은 벡터로 구성되어 있기 때문에 3×3 행렬의 행렬식은 정의에 따른 형식적인 계산을 하면 된다. 다시 말해서 벡터, $\mathbf{e}_i$와 실수 p_j 또는 q_k가 곱해지는 경우는 스칼라곱으로 이해하면 된다.

식 (1.5.2)를 더 구체적으로 나타내면

$$\mathbf{p}\times\mathbf{q}=\det\begin{pmatrix}p_2 & p_3\\ q_2 & q_3\end{pmatrix}\mathbf{e}_1-\det\begin{pmatrix}p_1 & p_3\\ q_1 & q_3\end{pmatrix}\mathbf{e}_2+\det\begin{pmatrix}p_1 & p_2\\ q_1 & q_2\end{pmatrix}\mathbf{e}_3$$

다음 도움정리에 의하면 벡터곱은 다른 방법으로 정의할 수도 있다 .

도움정리 1.5.2 두 벡터 $\mathbf{p}, \mathbf{q}\in\mathbb{R}^3$의 벡터곱 $\mathbf{p}\times\mathbf{q}$는 임의의 벡터 $\mathbf{u}\in\mathbb{R}^3$에 대하여 다음

(1.5.3) $$(\mathbf{p}\times\mathbf{q})\cdot\mathbf{u}=\det(\mathbf{p}, \mathbf{q}, \mathbf{u})$$

을 만족시키는 유일한 벡터이다

여기서 $\mathbf{p}=(p_1, p_2, p_3)$, $\mathbf{q}=(q_1, q_2, q_3)$, $\mathbf{u}=(u_1, u_2, u_3)$일 때,

$$\det(\mathbf{p},\ \mathbf{q},\ \mathbf{u}) = \begin{pmatrix} p_1 & p_2 & p_3 \\ q_1 & q_2 & q_3 \\ u_1 & u_2 & u_3 \end{pmatrix}$$

를 나타낸다.

증명

벡터곱을 식 (1.5.1)로 정의하면 임의의 벡터 $\mathbf{u} = (u_1,\ u_2,\ u_3)$에 대하여 직접 계산하면

$$(\mathbf{p}\times\mathbf{q})\cdot\mathbf{u} = \det(\mathbf{p},\ \mathbf{q},\ \mathbf{u})$$

가 성립함을 알 수 있다. 유일성을 증명하기 위하여 $\mathbf{p}\times\mathbf{q} = (a_1,\ a_2,\ a_3)$으로 놓고 모든 벡터 $\mathbf{u} = (u_1,\ u_2,\ u_3)$에 대하여 식 (1.5.3)을 만족시킨다고 하자. 식 (1.5.3)에 $\mathbf{u} = \mathbf{e}_1 = (1,\ 0,\ 0)$을 대입하면

$$a_1 = \det(\mathbf{p},\ \mathbf{q},\ \mathbf{e}_1) = \det\begin{pmatrix} p_1 & p_2 & p_3 \\ q_1 & q_2 & q_3 \\ 1 & 0 & 0 \end{pmatrix} = p_2q_3 - p_3q_2$$

다음에 $\mathbf{u} = \mathbf{e}_2 = (0,\ 1,\ 0)$과 $\mathbf{u} = \mathbf{e}_3 = (0,\ 0,\ 1)$을 차례로 식 (1.5.3)에 대입하면

$$a_2 = p_3q_1 - p_1q_3,\quad a_3 = p_1q_2 - p_2q_1$$

을 얻는다. 그러므로

$$\mathbf{p}\times\mathbf{q} = (a_1,\ a_2,\ a_3) = (p_2q_3 - p_3q_2,\ p_3q_1 - p_1q_3,\ p_1q_2 - p_2q_1)$$

벡터곱의 정의로부터 다음 성질이 성립함을 쉽게 알 수 있다.

(1) $\mathbf{p}\times\mathbf{q} = \mathbf{0}$일 필요충분조건은 두 벡터 $\mathbf{p}$, $\mathbf{q}$가 일차종속이다.

(2) $(\mathbf{p}\times\mathbf{q})\cdot\mathbf{p} = (\mathbf{p}\times\mathbf{q})\cdot\mathbf{q} = 0$(그림 1.11).

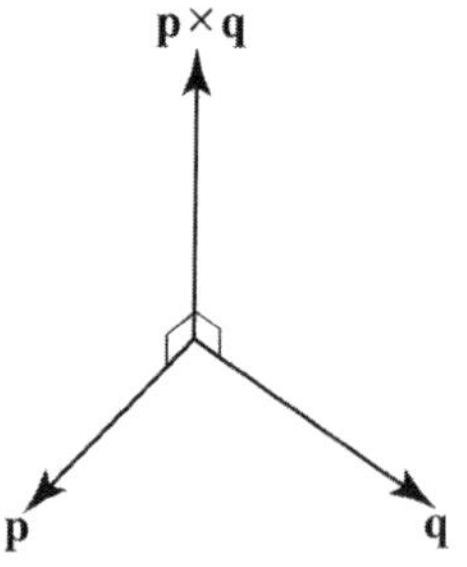

그림 1.11

위의 성질 (1)과 (2)는 두 벡터 p와 q가 일차독립일 때, 그것의 벡터곱은 $\mathbf{p}\times\mathbf{q}\neq\mathbf{0}$ 이고 $\mathbf{p}\times\mathbf{q}$는 두 벡터 $\mathbf{p}$와 $\mathbf{q}$로 만들어지는 평면과 수직이라는 것을 의미한다. 또한, 도움정리 1.5.2에 의해

$$\det(\mathbf{p},\ \mathbf{q},\ \mathbf{p}\times\mathbf{q}) = \|\mathbf{p}\times\mathbf{q}\|^2 > 0$$

이므로 $\{\mathbf{p},\ \mathbf{q},\ \mathbf{p}\times\mathbf{q}\}$는 $\mathbb{R}^3$의 양의 방향을 나타내는 기저이다.

$\mathbb{R}^3$의 벡터곱은 또한 다음과 같은 성질을 가지고 있다.

정리 1.5.3 $\mathbf{p},\ \mathbf{q},\ \mathbf{r},\ \mathbf{s}\in\mathbb{R}^3$과 $a\in\mathbb{R}$에 대하여

(1) $\mathbf{p}\times\mathbf{q} = -\mathbf{q}\times\mathbf{p}$

(2) $(\mathbf{p}+\mathbf{q})\times\mathbf{r} = \mathbf{p}\times\mathbf{r}+\mathbf{q}\times\mathbf{r}$

(3) $(a\mathbf{p})\times\mathbf{q} = a(\mathbf{p}\times\mathbf{q}) = \mathbf{p}\times(a\mathbf{q})$

(4) $(\mathbf{p}\times\mathbf{q})\cdot(\mathbf{r}\times\mathbf{s}) = (\mathbf{p}\cdot\mathbf{r})(\mathbf{q}\cdot\mathbf{s})-(\mathbf{p}\cdot\mathbf{s})(\mathbf{q}\cdot\mathbf{r})$

(5) $\mathbf{p}\times(\mathbf{q}\times\mathbf{r}) = (\mathbf{p}\cdot\mathbf{r})\mathbf{q}-(\mathbf{p}\cdot\mathbf{q})\mathbf{r}$

(6) $(\mathbf{p}\times\mathbf{q})\cdot\mathbf{r} = \mathbf{p}\cdot(\mathbf{q}\times\mathbf{r})$

증명

네 번째 식 (4)를 증명하고 나머지는 연습문제로 남기기로 한다. 선형성질에 의해 $\mathbf{r}$, $\mathbf{s}$가 단위벡터인 $\mathbf{e}_1$, $\mathbf{e}_2$, $\mathbf{e}_3$인 경우에만 증명하면 된다.

$\mathbf{p} = (p_1,\ p_2,\ p_3)$, $\mathbf{q} = (q_1,\ q_2,\ q_3)$이고 $\mathbf{r} = \mathbf{e}_1 = (1,\ 0,\ 0)$, $\mathbf{s} = \mathbf{e}_2 = (0,\ 1,\ 0)$이면 $\mathbf{r}\times\mathbf{s} = \mathbf{e}_1\times\mathbf{e}_2 = \mathbf{e}_3$이므로

$$(\mathbf{p}\times\mathbf{q})\cdot(\mathbf{r}\times\mathbf{s}) = (\mathbf{p}\times\mathbf{q})\cdot\mathbf{e}_3 = p_1q_2-p_2q_1$$

한편, 오른쪽 항은

$$(\mathbf{p}\cdot\mathbf{e}_1)(\mathbf{q}\cdot\mathbf{e}_2)-(\mathbf{p}\cdot\mathbf{e}_2)(\mathbf{q}\cdot\mathbf{e}_1) = p_1q_2-p_2q_1$$

이므로 왼쪽 항과 일치한다. 나머지 경우에도 같은 방법으로 쉽게 증명할 수 있다.

정리 1.5.3에서 식 (4)는 다음과 같이 나타낼 수도 있다.

(1.5.4) $$(\mathbf{p}\times\mathbf{q})\cdot(\mathbf{r}\times\mathbf{s}) = \det\begin{pmatrix}\mathbf{p}\cdot\mathbf{r} & \mathbf{p}\cdot\mathbf{s}\\ \mathbf{q}\cdot\mathbf{r} & \mathbf{q}\cdot\mathbf{s}\end{pmatrix}$$

정리 1.5.4 임의의 두 벡터 $\mathbf{p}, \mathbf{q} \in \mathbb{R}^3$에 대하여

$$\|\mathbf{p}\times\mathbf{q}\|^2 = \|\mathbf{p}\|^2\|\mathbf{q}\|^2 - (\mathbf{p}\cdot\mathbf{q})^2 \tag{1.5.5}$$

증명

정리 1.5.3의 (4)를 적용하면

$$\begin{aligned}\|\mathbf{p}\times\mathbf{q}\|^2 &= (\mathbf{p}\times\mathbf{q})\cdot(\mathbf{p}\times\mathbf{q}) = (\mathbf{p}\cdot\mathbf{p})(\mathbf{q}\cdot\mathbf{q}) - (\mathbf{p}\cdot\mathbf{q})(\mathbf{q}\cdot\mathbf{p}) \\ &= \|\mathbf{p}\|^2\,\|\mathbf{q}\|^2 - (\mathbf{p}\cdot\mathbf{q})^2\end{aligned}$$

식 (1.5.5)는 정리 1.5.3의 (4)를 이용하지 않고 직접 보일 수도 있다. $\mathbf{p} = (p_1, p_2, p_3)$, $\mathbf{q} = (q_1, q_2, q_3)$으로 놓으면

$$\begin{aligned}\|\mathbf{p}\|^2\|\mathbf{q}\|^2 - (\mathbf{p}\cdot\mathbf{q})^2 &= \left(\sum_{i=1}^{3} p_i^2\right)\left(\sum_{j=1}^{3} q_j^2\right) - \left(\sum_{i=1}^{3} p_i q_i\right)^2 \\ &= \sum_{i,\,j} p_i^2 q_j^2 - \left(\sum_{i=1}^{3} p_i^2 q_i^2 + 2\sum_{i<j} p_i q_i p_j q_j\right) \\ &= \sum_{i\neq j} p_i^2 q_j^2 - 2\sum_{i<j} p_i q_i p_j q_j\end{aligned}$$

한편,

$$\begin{aligned}\|\mathbf{p}\times\mathbf{q}\|^2 &= (p_2q_3 - p_3q_2)^2 + (p_3q_1p_1q_3)^2 + (p_1q_2 - p_2q_1)^2 \\ &= \sum_{i\neq j} p_i^2 q_j^2 - 2\sum_{i<j} p_i q_i p_j q_j\end{aligned}$$

이므로 양변이 같다.

일차독립인 두 벡터 $\mathbf{p}$, $\mathbf{q}$의 사이각을 θ라 하면 정리 1.5.4에 의해

$$\begin{aligned}\|\mathbf{p}\times\mathbf{q}\|^2 &= \|\mathbf{p}\|^2\|\mathbf{q}\|^2 - (\mathbf{p}\cdot\mathbf{q})^2 \\ &= \|\mathbf{p}\|^2\|\mathbf{q}\|^2(1-\cos^2\theta) \\ &= \|\mathbf{p}\|^2\|\mathbf{q}\|^2\sin^2\theta\end{aligned} \tag{1.5.6}$$

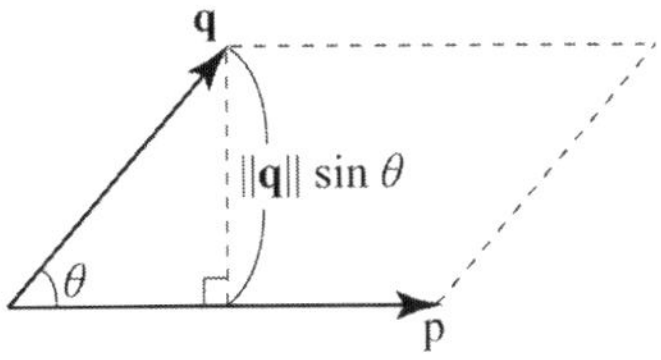

그림 1.12

두 벡터 **p**, **q**로 만들어지는 평행사변형의 넓이는 $\|\mathbf{p}\|\|\mathbf{q}\|\sin\theta$이므로 식 (1.5.6)에 의해 그 값은 $\|\mathbf{p}\times\mathbf{q}\|$와 같다(그림 1.12).

한편, **p**, **q**, **r**이 일차독립이면 $|\mathbf{p}\times\mathbf{q}\cdot\mathbf{r}|$은 세 벡터 **p**, **q**, **r**로 만들어지는 평행육면체의 부피와 같다(그림 1.13).

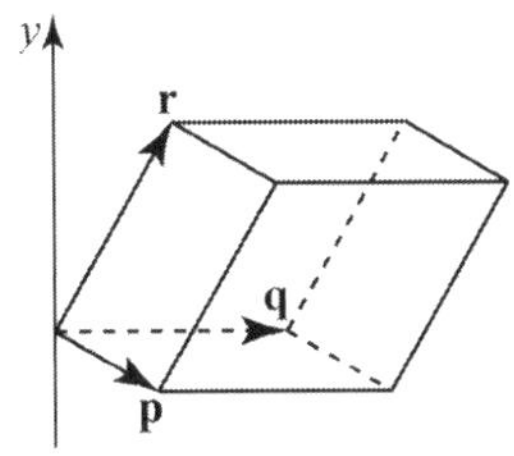

그림 1.13

같은 곡선에서 정의된 두 벡터장 X와 Y에 대하여 그 벡터곱 $X\times Y$는

$$(X\times Y)(t)=X(t)\times Y(t)$$

로 정의하고, 미분가능한 두 곡선 $\alpha,\ \beta:(a,\ b)\to\mathbb{R}^3$의 벡터곱도 같은 방법으로 정의한다. 미분 가능한 두 곡선의 벡터곱은 미분가능한 곡선이고 벡터장의 벡터곱과 두 곡선의 벡터곱에 대한 미분은 곱셈법칙을 따른다.

도움정리 1.5.5	(1) 미분가능한 두 곡선 $\alpha,\ \beta:(a,\ b)\to\mathbb{R}^3$에 대하여 벡터곱 $\alpha\times\beta$는 미분가능한 곡선이고 $$(\alpha\times\beta)'(t)=\alpha'(t)\times\beta(t)+\alpha(t)\times\beta'(t)$$ (2) X와 Y가 곡선 α에서 정의된 미분가능한 벡터장이면 벡터곱 $X\times Y$는 미분가능한 벡터장이고 $$(X\times Y)'(t)=X'(t)\times Y(t)+X(t)\times Y'(t)$$

증명

(1)과 (2)의 증명이 거의 비슷하므로 여기서는 (2)만 증명하기로 한다.

$X(t)=(x_1(t),\ x_2(t),\ x_3(t))$, $Y(t)=(y_1(t),\ y_2(t),\ y_3(t))$라 하면

$$(X\times Y)(t)=(x_2(t)y_3(t)-x_3(t)y_2(t),\ x_3(t)y_1(t)-x_1(t)y_3(t),\ x_1(t)y_2(y)-x_2(t)y_1(t))$$

각각의 성분에 미분에 관한 곱셈법칙을 적용하면, $i=1,\ 2,\ 3$에 대하여

$$\frac{d}{dt}\{x_i(t)y_{i+1}(t)-x_{i+1}(t)y_i(t)\}$$
$$=x_i{}'(t)y_{i+1}(t)-x_{i+1}{}'(t)y_i(t)+x_i(t)y_{i+1}{}'(t)-x_{i+1}(t)y_i{}'(t)$$

(여기서 $i+1=4$는 1로 간주한다)

따라서

$$(X\times Y)'(t)=X'(t)\times Y(t)+X(t)\times Y'(t)$$

연습문제

01. $\mathbf{p}=(1,\ -2,\ 3)$, $\mathbf{q}=(-1,\ 3,\ 0)$일 때, $\mathbf{p}\times\mathbf{q}$를 구하여라.

02. $\mathbf{p}=(-1,\ 1,\ 2)$, $\mathbf{q}=(1,\ 0,\ -1)$일 때, 다음을 구하여라.

(1) $\mathbf{p}\cdot\mathbf{q}$　　(2) $\mathbf{p}\times\mathbf{q}$　　(3) $\dfrac{\mathbf{p}}{\|\mathbf{p}\|},\ \dfrac{\mathbf{q}}{\|\mathbf{q}\|}$

(4) $\|\mathbf{p}\times\mathbf{q}\|$　　(5) $\mathbf{p}$와 $\mathbf{q}$ 사이각에 대한 코사인 값

03. $\{\mathbf{v}_1=(1,\ 0,\ 2),\ \mathbf{v}_2=(0,\ 1,\ 0),\ \mathbf{v}_3=(0,\ 2,\ 1)\}$이 양의 방향인지 음의 방향인지 결정하여라.

04. $\mathbf{e}_1=(1,\ 0,\ 0)$, $\mathbf{e}_2=(0,\ 1,\ 0)$, $\mathbf{e}_3=(0,\ 0,\ 1)$일 때, $\mathbf{e}_1\times\mathbf{e}_2$, $\mathbf{e}_2\times\mathbf{e}_3$, $\mathbf{e}_3\times\mathbf{e}_1$을 구하여라.

05. 정리 1.5.3의 (1)~(3)과 (5),(6)을 증명하여라.

06. $\mathbf{u}=(u_1,\ u_2,\ u_3)$, $\mathbf{v}=(v_1,\ v_2,\ v_3)$, $\mathbf{w}=(w_1,\ w_2,\ w_3)$일 때,

$$\begin{pmatrix} \mathbf{u}\cdot\mathbf{u} & \mathbf{u}\cdot\mathbf{v} & \mathbf{u}\cdot\mathbf{w} \\ \mathbf{v}\cdot\mathbf{u} & \mathbf{v}\cdot\mathbf{u} & \mathbf{v}\cdot\mathbf{w} \\ \mathbf{w}\cdot\mathbf{u} & \mathbf{w}\cdot\mathbf{v} & \mathbf{w}\cdot\mathbf{u} \end{pmatrix}=\begin{pmatrix} u_1 & u_2 & u_3 \\ v_1 & v_2 & v_3 \\ w_1 & w_2 & w_3 \end{pmatrix}\begin{pmatrix} u_1 & u_2 & u_3 \\ v_1 & v_2 & v_3 \\ w_1 & w_2 & w_3 \end{pmatrix}$$

임을 증명하여라.

07. (1) 일차독립인 세 벡터 $\mathbf{u}$, $\mathbf{v}$, $\mathbf{w}$에 의해 만들어지는 평행육면체의 부피 V는

$$V = |\mathbf{u} \times \mathbf{v} \cdot \mathbf{w}|$$

로 주어짐을 증명하여라.

(2) $V^2 = \det\begin{pmatrix} \mathbf{u}\cdot\mathbf{u} & \mathbf{u}\cdot\mathbf{v} & \mathbf{u}\cdot\mathbf{w} \\ \mathbf{v}\cdot\mathbf{u} & \mathbf{v}\cdot\mathbf{u} & \mathbf{v}\cdot\mathbf{w} \\ \mathbf{w}\cdot\mathbf{u} & \mathbf{w}\cdot\mathbf{v} & \mathbf{w}\cdot\mathbf{u} \end{pmatrix}$임을 증명하여라.

1.6 곡률과 비틀림

곡선 $\alpha:(a,\ b)\to\mathbb{R}^3$이 호길이함수 s로 나타내어진 단위속력곡선일 때, 속도벡터 $\alpha'(s)$를 곡선 α에서 정의된 **단위접벡터장**(unit tangent vector field)이라고 하고 $T(s)$로 나타낸다. 즉,

$$\alpha'(s)=T(s)$$

정의에 의해 $\|\alpha'(s)\|=1$이므로 보기 1.4.2에 의하여

$$T'(s)\cdot T(s)=0$$

따라서, $\alpha''(s)$는 $\alpha'(s)$와 서로 수직이므로 $T'(s)=\alpha''(s)$는 각각의 점 s에서 접하는 접벡터 $\alpha'(s)$로부터 주어진 곡선이 얼마나 빨리 벗어나는가를 측정해 준다(그림 1.14). 다시 말해서 곡선 α가 $\mathbb{R}^3$에서 휘어지거나 굽어진 정도를 측정해준다.

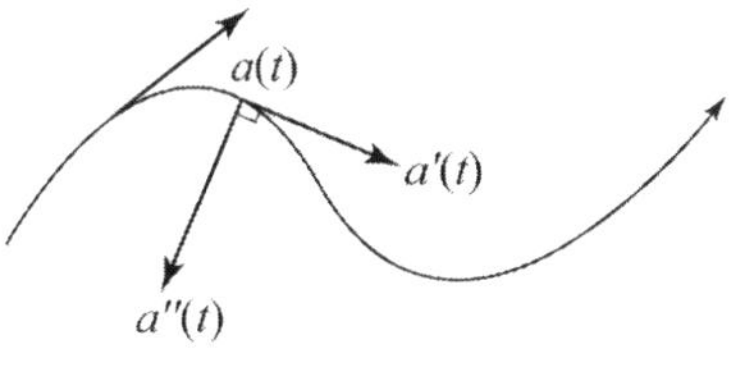

그림 1.14

정의 1.6.1	단위속력곡선 $\alpha:(a,\ b)\to\mathbb{R}^3$에 대하여 $\|T'(s)\|=\|\alpha''(s)\|$를 점 s에서 곡선 α의 **곡률**(curvature)이라 하고, $\kappa(s)$로 나타낸다.

보기 1.6.2	두 벡터 $\mathbf{u},\ \mathbf{v}\in\mathbb{R}^3$, $\|\mathbf{u}\|=1$에 대하여 $\alpha(s)=s\mathbf{u}+\mathbf{v}$가 직선이면 $\alpha'(s)=\mathbf{u}$이고 $\alpha''(s)=\mathbf{0}$이므로 곡률은 0이다. 역도 성립함을 쉽게 알 수 있다. 다시 말해서 곡률이 0인 곡선은 직선이다.

참고 1.6.3	단위속력곡선 α에 대하여 정의로부터 $\kappa\geq 0$임을 알 수 있다. 앞으로 직선을 제외한 곡선의 곡률은 $\kappa>0$임을 가정하기로 한다.

참고 1.6.4 단위속력곡선 $\alpha : (a, b) \to \mathbb{R}^3$에 대하여 곡선 $\beta : (-b, -a) \to \mathbb{R}^3$을

$$\beta(s) = \alpha(-s)$$

로 정의하자. β는 α와 같은 곡선을 나타내고 방향만 반대인 곡선으로 α의 **역방향곡선**(reverse curve)이라고 한다.

이때 $\beta'(s) = -\alpha'(-s)$이고 $\beta''(s) = \alpha''(-s)$이므로 곡률은 곡선의 방향에 따라서 변하지 않는다.

정의 1.6.5 $\kappa > 0$인 단위속력곡선 $\alpha : (a, b) \to \mathbb{R}^3$에 대하여

$$N(s) := \frac{T'(s)}{\|T'(s)\|} = \frac{T'(s)}{\kappa(s)} = \frac{\alpha''(s)}{\kappa(s)}$$

를 α의 **단위법벡터장**(unit normal vector field)이라고 한다. 또

$$B(s) := T(s) \times N(s)$$

를 곡선 α의 **단위종법벡터장**(unit binormal vector field)이라고 한다.

정의로부터

$$T'(s) = \kappa(s) N(s) \tag{1.6.1}$$

가 성립한다.

도움정리 1.6.6 $\alpha : (a, b) \to \mathbb{R}^3$이 단위속력곡선이면 세 벡터장 T, N, B는 각각의 점에서 $\mathbb{R}^3$의 정규직교기저이고 양의 방향이다. T, N, B를 **프레네 틀마당**(Frenet frame filed)이라고 한다.

증명

정의로부터

$$\|T(s)\| = 1 = \|N(s)\|$$

이고 T, N, B는 서로 수직이다. 한편, 정리 1.5.4에 의해 $\|B(s)\| = 1$이다.

$T(s)$와 $N(s)$로 만들어지는 평면을 점 s에서 곡선 α의 **접촉평면**(osculating plane)이라고 한다. 단위종법벡터장 B는 T와 N에 수직이므로 접촉평면에 수직이다. 특히, $\|B\| = 1$이므로 도함수 $B'(s)$는 곡선이 접촉평면으로부터 얼마나 빨리 벗어나는가

를 측정해 준다. 더욱이 다음이 성립한다.

도움정리 1.6.7

B'은 N과 평행하고

$$B' = (B' \cdot N)N$$

이 성립한다.

증명

도움정리 1.6.6과 1장1절의 연습문제 2에 의해 B'을

$$B' = (B' \cdot T)T + (B' \cdot N)N + (B' \cdot B)B$$

로 나타낼 수 있다. $\|B\| = 1$이므로 $B' \cdot B = 0$이다. 한편, $B \cdot T = 0$의 양변을 미분하면

$$0 = B' \cdot T + B \cdot T' = B' \cdot T + \kappa B \cdot N = B' \cdot T$$

따라서

$$B' = (B' \cdot N)N$$

정의 1.6.8

$\alpha : (a, b) \to \mathbb{R}^3$이 단위속력곡선일 때, α의 **비틀림(torsion)** 함수 τ는

$$B'(s) = -\tau(s)N(s) \tag{1.6.2}$$

로 정의한다.[3)]

도움정리 1.6.7에 의하여 $\tau(s) = -B'(s) \cdot N(s)$가 성립한다.

정리 1.6.9 프레네 공식

$\alpha : (a, b) \to \mathbb{R}^3$이 단위속력곡선이면

$$\begin{aligned} T' &= \kappa N \\ N' &= -\kappa T + \tau B \\ B' &= -\tau N \end{aligned}$$

3) 식 (1.6.2)에서 비틀림함수를 부호없이 $B' = \tau N$으로 정의하는 경우도 있다. 부호가 있는 경우와 없는 경우 기하학적으로 차이는 없지만 앞으로 나오는 수식에서 부호만큼의 차이가 있을 수 있다.

증명

첫 번째 식과 세 번째 식은 정의로부터 성립하므로 두 번째 식만 증명하면 된다. 도움 정리 1.6.7에서와 같이 N'을

$$N' = (N' \cdot T)T + (N' \cdot N)N + (N' \cdot B)B$$

으로 나타낼 수 있다.

$N \cdot T = 0$의 양변을 미분하면

$$0 = N' \cdot T + N \cdot T' = N' \cdot T + \kappa N \cdot N$$

이므로 $N' \cdot T = -\kappa$이다. 또, $\|N\| = 1$이므로 $N' \cdot N = 0$이다.

한편, $N \cdot B = 0$의 양변을 미분하면

$$0 = N' \cdot B + N \cdot B' = N' \cdot B - \tau N \cdot N$$

이므로 $N' \cdot B = \tau$이다. 따라서

$$N' = -\kappa T + \tau B$$

보기 1.6.10 단위속력을 갖는 나선

$$\alpha(s) = \left(a\cos\frac{s}{c},\ a\sin\frac{s}{c},\ \frac{bs}{c}\right),\ a > 0,\ c = \sqrt{a^2+b^2}$$

에 대하여 프레네 틀마당 T, N, B와 곡률 κ 및 비틀림 τ를 구하여라.

풀이. α를 미분하면

$$T(s) = \alpha'(s) = \left(-\frac{a}{c}\sin\frac{s}{c},\ \frac{a}{c}\cos\frac{s}{c},\ \frac{b}{c}\right)$$

이고 한번 더 미분하면

$$T'(s) = \left(-\frac{a}{c^2}\cos\frac{s}{c},\ -\frac{a}{c^2}\sin\frac{s}{c},\ 0\right)$$

따라서 곡률은

$$\kappa(s) = \|T'(s)\| = \frac{a}{c^2} = \frac{a}{\sqrt{a^2+b^2}} > 0$$

한편, $T' = \kappa N$으로부터

$$N(s) = \left(-\cos\frac{s}{c},\ -\sin\frac{s}{c},\ 0\right)$$

벡터곱의 정의로부터

$$B(s) = T(s) \times N(s) = \left(\frac{b}{c}\sin\frac{s}{c},\ -\frac{b}{c}\cos\frac{s}{c},\ \frac{a}{c}\right)$$

끝으로 비틀림을 구하기 위하여 $B(s)$를 미분하면

$$B'(s) = \left(\frac{b}{c^2}\cos\frac{s}{c},\ \frac{b}{c^2}\sin\frac{s}{c},\ 0\right)$$

$B' = -\tau N$이므로 B'과 N을 비교해보면

$$\tau(s) = \frac{b}{c^2} = \frac{b}{\sqrt{a^2+b^2}}$$

나선의 곡률과 비틀림은 모두 상수이다.

곡률과 비틀림함수가 곡선의 모양이나 성질에 미치는 영향에 대하여 알아보자. 8절에 의하면 곡률과 비틀림은 거리를 보존하는 사상에 의하여 보존되는 기하학적 불변량이고 곡률과 비틀림함수가 곡선의 모양을 완전히 결정한다.

정리 1.6.11 $\alpha : (a, b) \to \mathbb{R}^3$이 단위속력곡선으로 $\kappa > 0$이라 하자. α가 평면곡선일 필요충분조건은 $\tau = 0$이다.

증명

곡선 α가 평면곡선이면 두 점 $\mathbf{p}$와 $\mathbf{q}$가 존재하여 모든 s에 대하여 평면의 방정식 $(\alpha(s) - \mathbf{p}) \cdot \mathbf{q} = 0$을 만족시킨다. 양변을 s에 관해 미분하면

$$\alpha'(s) \cdot \mathbf{q} = \alpha''(s) \cdot \mathbf{q} = 0$$

이므로 벡터 $\mathbf{q}$는 T와 $N = \dfrac{\alpha''}{\kappa}$에 수직이다. 단위종법벡터장 B도 두 벡터장 T와 N에 수직이므로

$$B = \pm \frac{\mathbf{q}}{\|\mathbf{q}\|}$$

이다. 따라서 $B' = \mathbf{0}$이므로 $\tau = 0$이다.

역으로 $\tau = 0$이면 $B' = \mathbf{0}$이므로 B는 평행한 벡터장이다. 즉, 각각의 성분이 모두 상수인 벡터장이다.

곡선 α가 평면곡선임을 보이기 위해 한 점 $\alpha(s_0)$을 고정하고 다음 식

$$f(s) = (\alpha(s) - \alpha(s_0)) \cdot B$$

을 생각하자. s에 관해 미분하면

$$f'(s) = \alpha'(s) \cdot B = T \cdot B = 0$$

이므로 함수 f는 상수함수이다. $f(s_0) = 0$이므로 $f = 0$이다. 따라서

$$(\alpha(s) - \alpha(s_0)) \cdot B = 0$$

이므로 α는 평면곡선이다.

정리 1.6.12 단위속력곡선 $\alpha : (a, b) \to \mathbb{R}^3$에 대하여 κ가 상수이고 $\tau = 0$이면 α는 반지름의 길이가 $\dfrac{1}{\kappa}$인 원 또는 원의 일부분이다.

증명

$\tau=0$이므로 정리 1.6.11에 의해 곡선 α는 평면곡선이다. α가 원임을 보이기 위해서는 한 고정점으로부터 같은 거리에 놓여 있다는 것을 보이면 충분하다. 이를 위하여 곡선 $\gamma(s)$를 다음과 같이

$$\gamma(s)=\alpha(s)+\frac{1}{\kappa}N$$

정의하자. 그러면

$$\gamma'=\alpha'+\frac{1}{\kappa}N'=T+\frac{1}{\kappa}(-\kappa T)=0$$

이므로 γ는 상수곡선이다. 이 상수곡선을 $\mathbf{c}$로 놓으면

$$d(\mathbf{c},\ \alpha(s))=\|\alpha(s)-\mathbf{c}\|=\left\|\frac{1}{\kappa}N(s)\right\|=\frac{1}{\kappa}$$

정리 1.6.13 단위속력곡선 $\alpha:(a,\ b)\to R^3$이 중심이 원점이고 반지름의 길이가 r인 구 $S^2(r)$ 위에 놓여 있으면 $\kappa\geq\frac{1}{r}$이다.

증명

곡선 α가 구 $S^2(r)$ 위에 놓여 있으므로 $\alpha\cdot\alpha=r^2$을 만족시킨다. 양변을 s에 관해 미분하면 $2\alpha'\cdot\alpha=0$ 즉, $\alpha\cdot T=0$이고 다시 한 번 미분하면

$$\alpha'\cdot T+\alpha\cdot T'=0 \tag{1.6.3}$$

이다. 프레네 공식으로부터 식 (1.6.3)은 $T\cdot T+\kappa\alpha\cdot N=0$이므로

$$\kappa\alpha\cdot N=-1$$

$\kappa>0$이므로 코시-슈바르츠 부등식에 의해

$$1=\kappa|\alpha\cdot N|\leq\kappa\,\|\alpha\|\,\|N\|=\kappa r$$

이므로

$$\kappa\geq\frac{1}{r}$$

연습문제

01. 단위속력곡선

$$\alpha(s) = \left(\frac{4}{5}\cos s,\ 1 - \sin s,\ -\frac{3}{5}\cos s\right)$$

에 대하여 프레네 틀마당 T, N, B과 곡률 κ 및 비틀림 τ를 구하여라.

02. 곡선

$$\beta(s) = \left(\frac{(1+s)^{3/2}}{3},\ \frac{(1-s)^{3/2}}{3},\ \frac{s}{\sqrt{2}}\right),\ -1 < s < 1$$

에 대하여 프레네 틀마당 T, N, B과 곡률 κ 및 비틀림 τ를 구하여라.

03. 단위속력곡선 $\alpha = \alpha(s)$의 비틀림 τ는

$$\tau(s) = \frac{\alpha'(s) \times \alpha''(s) \cdot \alpha'''(s)}{(\kappa(s))^2}$$

임을 증명하여라.

04. $\alpha = \alpha(s)$를 단위속력곡선이라 하자. $\triangle s > 0$일 때, $\triangle\theta$를 $T(s)$와 $T(s+\triangle s)$의 사이각이라고 하자($T(s)$를 점 $\alpha(s+\triangle s)$로 평행이동시켜 $T(s+\triangle s)$와의 사이각을 측정할 수 있다). (그림 1.15). 이때

$$\kappa = \lim_{\triangle s \to 0}\left|\frac{\triangle\theta}{\triangle s}\right|$$

임을 증명하여라.

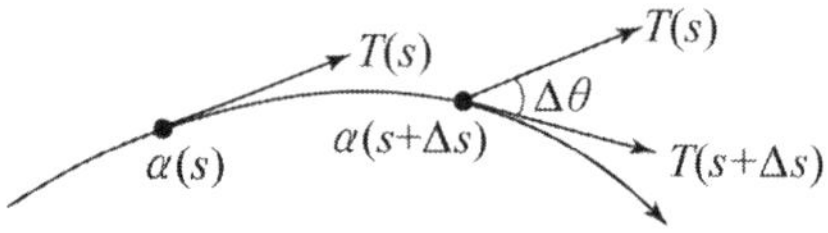

그림 1.15

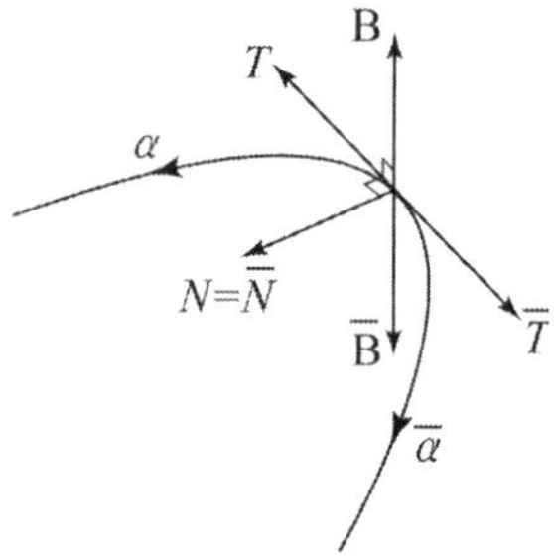

그림 1.16

05. 곡선 $\alpha(s)$와 재매개곡선 $\beta=\alpha(h)$가 모두 단위속력곡선일 때,

$$T_\beta = \pm T(h)$$

$$N_\beta = N(h),\ \kappa_\beta = \kappa(h),\ \tau_\beta = \tau(h)$$

$$B_\beta = \pm B(h)$$

가 성립함을 증명하여라(그림 1.16). 여기서 T_β는 곡선 β의 접벡터장이고 T는 α의 접벡터장을 나타낸다. 다른 식도 같은 의미를 나타낸다.

06. 단위속력을 갖는 평면곡선 $\alpha(s)=(x(s),\ y(s))$에 대하여 $T=\alpha'=(x',\ y')$을 단위접벡터장이라고 하고, 이를 $\frac{\pi}{2}$만큼 회전이동시킨 벡터장을 N_p로 나타내자. 그러면 $N_p=(-y',\ x')$이고 T'과 N_p는 평행한 벡터장이다. $T'=\kappa_p N_p$을 만족시키는 스칼라함수 κ_p를 α의 평면곡률이라고 정의한다.4)

4) α를 $\mathbb{R}^3$의 곡선 $(x(s),\ y(s),\ 0)$으로 이해했을 때 단위법벡터장 N과 N_p는 부호만큼의 차이가 있을 수 있다. 즉, $N=\pm N_p$. 따라서 곡률 κ와 평면곡률 κ_p도 부호의 차이가 있을 수 있다. 곡률은 $\kappa \geq 0$을 가정하지만 평면곡률은 $\kappa_p < 0$일 수도 있다.

(1) $N_p{}' = -\kappa_p T$ 임을 증명하여라.

(2) $\varphi(s)$가 $\alpha'(s)$의 기울기를 나타내는 함수일 때 $\kappa_p = \varphi'$임을 증명하여라 (도움말 : $T = (\cos\varphi,\ \sin\varphi)$로 나타낼 수 있다).

07. $\kappa_p = \kappa(s) > 0$을 양함수라 할 때, κ_p를 평면곡률로 갖는 평면곡선을 구하여라.

08. α가 $\kappa > 0,\ \tau \neq 0$인 단위속력곡선이라 하자.

(1) α가 반지름의 길이가 r이고 중심이 $\mathbf{c}$인 구에 놓여 있으면

$$\alpha - \mathbf{c} = -\rho N - \rho'\sigma B$$

임을 증명하여라. 여기서 $\rho = \dfrac{1}{\kappa}$, $\sigma = \dfrac{1}{\tau}$이다. 또 이로부터 $r^2 = \rho^2 + (\rho'\sigma)^2$이 성립함을 보여라.

(2) 역으로, $\rho' \neq 0$ 이고 $\rho^2 + (\rho'\sigma)^2 = r^2$이 상수이면 α는 반지름의 길이가 r인 구 위의 곡선임을 증명하여라(도움말 : (1)을 이용하여 $\gamma = \alpha + \rho N + \rho'\sigma B$가 상수곡선임을 보여라).

09. (곡선의 근사) 실수 s에 대하여 극한 $\lim\limits_{s \to 0} \dfrac{f(s)}{s^n}$이 존재하는 함수 $f(s)$ 전체의 집합을 $O(s^n)$으로 나타내자. 예를 들면 $s^n \in O(s^n)$, $s^{n-1} \notin O(s^n)$이다. 또, 두 함수 $f,\ g$에 대하여 $f - g \in O(s^n)$일 때, $f = g + O(s^n)$으로 나타내자. 다음 물음에 답하여라.

(1) 단위속력곡선 $\alpha : (-a,\ a) \to \mathbb{R}^3$이 $\alpha(0) = \mathbf{p}$이고 곡선 β를

$$\beta(s) = \mathbf{p} + \left(s - \frac{s^3}{6}\kappa(0)\right)T(0) + \left(\kappa(0)\frac{s^2}{2} + \frac{s^3}{6}\kappa'(0)\right)N(0) + \kappa(0)\tau(0)\frac{s^3}{6}B(0)$$

라 할 때,

$$\alpha(s) - \beta(s) \in O(s^4)$$

임을 증명하여라(도움말 : 테일러 전개를 이용하여라).

s가 충분히 작을 때 각 항의 지배항(dominated term)을 택한 곡선

$$\hat{\beta}(s)=\mathbf{p}+sT(0)+\kappa(0)\frac{s^2}{2}N(0)+\kappa(0)\tau(0)\frac{s^3}{6}B(0)$$

를 곡선 α의 프레네 근사(Frenet approximation)라고 한다.

(2) 곡선 $\gamma(s)=\mathbf{p}+sT(0)+\kappa(0)\frac{s^2}{2}N(0)$는 $\alpha(0)=\mathbf{p}$에서의 접촉평면에 놓여 있는 곡선임을 증명하여라.

1.7 임의속력곡선

$\alpha:(a,\ b)\to\mathbb{R}^3$이 임의속력을 갖는 정칙곡선이고 $\overline{\alpha}$가 단위속력을 갖는 α의 재매개곡선이라 하자. s를 호길이함수라 하면 모든 t에 대하여

$$\alpha(t)=\overline{\alpha}(s(t))$$

이 성립한다. $\overline{\alpha}$의 곡률과 비틀림함수를 각각 $\overline{\kappa}$, $\overline{\tau}$로 나타내고, 프레네 틀마당을 각각 $\overline{T}$, $\overline{N}$, $\overline{B}$라 하자. 이때 임의속력곡선 α의 곡률과 비틀림 그리고 프레네 틀마당을 다음과 같이 정의한다:

곡률함수 : $\kappa=\overline{\kappa}(s)$
비틀림함수 : $\tau=\overline{\tau}(s)$
단위접벡터장 : $T=\overline{T}(s)$
단위법벡터장 : $N=\overline{N}(s)$
단위종법벡터장 : $B=\overline{B}(s)$

곡률함수 $\kappa=\overline{\kappa}(s)$는 $\kappa(t)=\overline{\kappa}(s(t))$를 의미하고 비틀림함수와 프레네 틀마당도 같은 의미를 나타낸다.

정리 1.7.1 $\alpha:(a,\ b)\to\mathbb{R}^3$이 $\kappa>0$인 정칙곡선이면

$$\begin{aligned} T' &= && \kappa vN && \\ N' &= -\kappa vT && + && \tau vB \\ B' &= && -\tau vN && \end{aligned}$$

여기서 $v(t)=\|\alpha'(t)\|=\dfrac{ds}{dt}$를 나타낸다.

증명

$\overline{\alpha}$가 단위속력을 갖는 α의 재매개곡선이고 s가 호길이함수이면 정의로부터 $T=\overline{T}(s)$이다. 연쇄법칙을 적용하면

$$T'=\overline{T}'(s)\frac{ds}{dt}=v(t)\overline{T}'(s)$$

한편, 단위속력곡선에 대한 프레네 공식에 의해

$$\overline{T}'(s)=\overline{\kappa}(s)\overline{N}(s)=\kappa N$$

이므로 $T'=\kappa vN$이다. 나머지 두 식도 같은 방법으로 증명할 수 있다.

도움정리 1.7.2 $\alpha:(a, b) \to \mathbb{R}^3$이 속력 v를 갖는 정칙곡선이면

$$\alpha' = vT, \ \alpha'' = \frac{dv}{dt}T + \kappa v^2 N$$

증명

호길이함수를 s라 하면 $\alpha(t) = \bar{\alpha}(s(t))$이므로 양변을 t에 대하여 미분하면

$$\alpha' = \frac{ds}{dt}\bar{\alpha}'(s) = v(t)\bar{T}(s) = vT$$

한 번 더 미분하면

$$\alpha'' = \frac{dv}{dt}T + vT' = \frac{dv}{dt}T + \kappa v^2 N$$

정리 1.7.3 $\alpha:(a, b) \to \mathbb{R}^3$이 정칙곡선이면

$$T = \frac{\alpha'}{\|\alpha'\|}, \ N = B \times T, \ B = \frac{\alpha' \times \alpha''}{\|\alpha' \times \alpha''\|}$$

$$\kappa = \frac{\|\alpha' \times \alpha''\|}{\|\alpha'\|^3}, \ \tau = \frac{(\alpha' \times \alpha'') \cdot \alpha'''}{\|\alpha' \times \alpha''\|^2}$$

증명

$v = \|\alpha'\| > 0$이므로 첫 번째 식 $T = \dfrac{\alpha'}{\|\alpha'\|}$는 $\alpha' = vT$와 동치이다. 도움정리 1.7.2에 의해

$$\alpha' \times \alpha'' = vT \times \left(\frac{dv}{dt}T + \kappa v^2 N\right) = v\frac{dv}{dt}T \times T + \kappa v^3 T \times N = \kappa v^3 B \qquad (1.7.1)$$

여기서 $T \times T = 0$이라는 사실을 이용하였다. 식 (1.7.1)에서 벡터의 크기를 택하면 $\|B\| = 1$이므로

$$\|\alpha' \times \alpha''\| = \|\kappa v^3 B\| = \kappa v^3 \qquad (1.7.2)$$

따라서

$$B = \frac{\alpha' \times \alpha''}{\kappa v^3} = \frac{\alpha' \times \alpha''}{\|\alpha' \times \alpha''\|}$$

이고 T와 B의 정의로부터 $N = B \times T$이다.

내적 $(\alpha' \times \alpha'') \cdot \alpha'''$을 구하기 위해 모든 식을 정규직교기저 T, N, B의 일차결합으로 나타내면 된다. 그런데 $\alpha' \times \alpha'' = \kappa v^3 B$이고 $T \cdot B = 0 = N \cdot B$이므로 α'''의 성분 중에서 B 방향의 성분만 구하면 된다.

(1.7.3)
$$\begin{aligned}\alpha''' &= \left(\frac{dv}{dt}T + \kappa v^2 N\right)' = \kappa v^2 N' + \cdots \\ &= \kappa v^3 \tau B + \cdots\end{aligned}$$

따라서 식 (1.7.1), (1.7.2), (1.7.3)에 의해

$$\begin{aligned}(\alpha' \times \alpha'') \cdot \alpha''' &= \kappa^2 v^6 \tau \\ &= \|\alpha' \times \alpha''\|^2 \tau\end{aligned}$$

보기 1.7.4 곡선 $\alpha(t) = \left(2t, t^2, \frac{t^3}{3}\right)$에 대하여 프레네 틀마당 T, N, B와 곡률 κ 및 비틀림 τ를 구하여라.

풀이. α를 미분하면

$$\alpha'(t) = (2, 2t, t^2)$$
$$\alpha''(t) = (0, 2, 2t)$$
$$\alpha'''(t) = (0, 0, 2)$$

$\alpha'(t) \cdot \alpha''(t) = 4t + 2t^3$이므로

$$v(t) = \|\alpha'(t)\| = 2 + t^2$$

벡터곱의 정의로부터

$$\alpha'(t) \times \alpha''(t) = 2(t^2, -2t, 2)$$

이므로

$$\|\alpha'(t) \times \alpha''(t)\| = 2(2 + t^2)$$

이고

$$(\alpha' \times \alpha'') \cdot \alpha''' = 8$$

그러므로 프레네 틀마당 및 κ, τ는 다음과 같이 주어진다.

$$T = \frac{(2,\ 2t,\ t^2)}{2 + t^2}$$

$$N = \frac{(-2t,\ 2 - t^2,\ 2t)}{2 + t^2}$$

$$B = \frac{(t^2,\ 2t,\ 2)}{2 + t^2}$$

$$\kappa = \tau = \frac{2}{(2 + t^2)^2}$$

참고 1.7.5 $\|\alpha' \times \alpha''\|$을 구하기 위해 정리 1.5.4의 공식을 이용하여도 된다. 즉,

$$\|\alpha' \times \alpha''\| = \sqrt{\|\alpha'\|^2 \|\alpha''\|^2 - (\alpha' \cdot \alpha'')^2}$$

또한 다음 등식도 성립한다.

$$(\alpha' \times \alpha'') \cdot \alpha''' = \alpha' \cdot (\alpha'' \times \alpha''')$$

곡률과 비틀림이 정칙곡선의 기하학적 모양을 결정한다는 몇 가지 사실을 앞에서 보았다. 이러한 관점에서 보면 비틀림과 곡률의 비 $\frac{\tau}{\kappa}$가 상수인 곡선은 특별한 성질을 갖는다.

정리 1.7.6 정칙곡선 α에 대하여 단위벡터 $\mathbf{u}$와 상수 θ가 존재하여 모든 t에 대하여

$$T(t) \cdot \mathbf{u} = \cos\theta \tag{1.7.4}$$

를 만족시킬 때, α를 **원기둥나선**(cylindrical helix)이라고 한다. 여기서 T는 α의 단위접벡터장이다(그림 1.17).

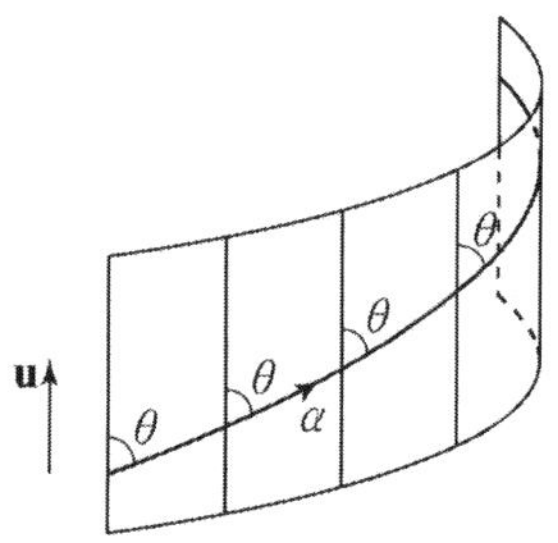

그림 1.17

보기 1.6.10에 의해 단위속력을 갖는 나선은 곡률과 비틀림이 모두 상수이므로 원기둥나선이다. 이 경우 $\mathbf{u} = (0,\ 0,\ 1)$이고 $T(s) \cdot \mathbf{u} = \dfrac{b}{c} = \dfrac{b}{\sqrt{a^2+b^2}}$임을 알 수 있다.

조건 (1.7.4)는 곡선의 재매개곡선에 의해 변하지 않는다. $\beta(t) = \alpha \circ h(t)$라 하면 $\beta(t) = h'(t)\alpha'(h(t))$이므로 α와 β의 단위접벡터장은 같다. 즉,

$$T_\beta(t) = \pm T_\alpha(h(t))$$

따라서

$$T_\beta(t) \cdot \mathbf{u} = T_\alpha(h(t)) \cdot \mathbf{u} = \cos\theta$$

또는

$$T_\beta(t) \cdot \mathbf{u} = -T_\alpha(h(t)) \cdot \mathbf{u} = -\cos\theta = \cos(\pi - \theta)$$

이 성립한다.

정리 1.7.7 $\kappa > 0$인 정칙곡선 α가 원기둥나선일 필요충분조건은 $\frac{\tau}{\kappa}$가 상수이다.

증명

α가 단위속력곡선이라고 가정하자. α가 원기둥나선이므로

(1.7.5) $$T \cdot \mathbf{u} = \cos\theta$$

를 만족시키는 단위벡터 $\mathbf{u}$와 상수 θ가 존재한다. 식 (1.7.5)의 양변을 미분하면

$$0 = (T \cdot \mathbf{u})' = T' \cdot \mathbf{u} = \kappa N \cdot \mathbf{u}$$

$\kappa > 0$이므로 $N \cdot \mathbf{u} = 0$이다. 따라서 단위벡터 $\mathbf{u}$를

(1.7.6) $$\mathbf{u} = \cos\theta T + \sin\theta B$$

로 나타낼 수 있다. 식 (1.7.6)의 양변을 미분하고 프레네 공식을 이용하면

$$0 = (\kappa\cos\theta - \tau\sin\theta)N$$

그러므로 $\frac{\tau}{\kappa} = \cot\theta$는 상수이다.

역으로, $\frac{\tau}{\kappa}$가 상수라고 가정하자. 이때 θ가

$$\cot\theta = \frac{\tau}{\kappa}$$

를 만족시키는 실수라 하고

$$U = \cos\theta T + \sin\theta B$$

로 정의하면 위로부터

$$U' = (\kappa\cos\theta - \tau\sin\theta)N = 0$$

이 성립한다. 따라서 U는 평행한 벡터장이므로 상수인 단위벡터를 나타낸다. $U = \mathbf{u}$로 놓으면

$$T \cdot U = T \cdot \mathbf{u} = \cos\theta$$

보기 1.7.4와 정리 1.7.7로부터 곡선 $\alpha(t)=\left(2t,\ t^2,\ \dfrac{t^3}{3}\right)$은 $\kappa=\tau$이므로 원기둥나선이다. 또한 보기 1.6.10에 의해 나선은 곡률과 비틀림이 모두 상수인 원기둥나선이다. 다음 정리에 의하면 곡률과 비틀림이 모두 상수인 곡선은 나선밖에 없다.

정리 1.7.8 단위속력곡선 α의 곡률 $\kappa>0$와 비틀림 $\tau\neq 0$이 모두 상수이면 α는 나선이다.

정리 1.7.8을 증명하기 위해서는 미분방정식에 관한 다음 도움정리가 필요하다.

도움정리 1.7.9 원점을 포함하는 개구간에서 정의된 미분가능한 함수 f, g가 두 실수 $a, c\in\mathbb{R}$에 대하여

(1.7.7) $$fg'-f'g=\frac{a^2}{c^3},\ f^2+g^2=\frac{a^2}{c^2}$$

과 초기조건

(1.7.8) $$f(0)=0,\ g(0)=\frac{a}{c}$$

를 만족시키면

$$f(t)=-\frac{a}{c}\sin\frac{t}{c},\ g(t)=\frac{a}{c}\cos\frac{t}{c}$$

증명

식 (1.7.7)의 두 번째 식으로부터

(1.7.9) $$ff'+gg'=0$$

이 성립한다.

(단계 1) 함수

(1.7.10) $$-f\sin\frac{t}{c}+g\cos\frac{t}{c}$$

가 상수임을 보이자. 식 (1.7.10)을 t에 관해 미분하면

$$\begin{aligned}(-f\sin\frac{t}{c}+g\cos\frac{t}{c})' &= -f'\sin\frac{t}{c}-\frac{f}{c}cos\frac{t}{c}+g'\cos\frac{t}{c}-\frac{g}{c}sin\frac{t}{c}\\ &= -f'\sin\frac{t}{c}-\frac{c^2}{a^2}f(fg'-f'g)\cos\frac{t}{c}+g'\cos\frac{t}{c}-\frac{c^2}{a^2}g(fg'-f'g)\sin\frac{t}{c}\end{aligned}$$

$$= -f'\sin\frac{t}{c} - \frac{c^2}{a^2}(f^2+g^2)g'\cos\frac{t}{c} + g'\cos\frac{t}{c} + \frac{c^2}{a^2}(f^2+g^2)f'\sin\frac{t}{c}$$

$$= 0$$

위의 두 번째 등식과 세 번째 등식에서 식 (1.7.7)과 (1.7.9)를 각각 대입하였다. 따라서 초기조건 (1.7.8)로부터

$$-f\sin\frac{t}{c} + g\cos\frac{t}{c} = \frac{a}{c} \tag{1.7.11}$$

(단계 2) $\left(f+\frac{a}{c}\sin\frac{t}{c}\right)^2 + \left(g-\frac{a}{c}\cos\frac{t}{c}\right)^2$이 0임을 보이자.

$$\left(f+\frac{a}{c}\sin\frac{t}{c}\right)^2 + \left(g-\frac{a}{c}\cos\frac{t}{c}\right)^2 = f^2+g^2+\frac{a^2}{c^2}+\frac{2a}{c}\left(f\sin\frac{t}{c}-g\cos\frac{t}{c}\right)$$

$$= \frac{2a^2}{c^2} - \frac{2a^2}{c^2} = 0$$

(식 (1.7.11)에 의해)

그러므로

$$f(t) = -\frac{a}{c}\sin\frac{t}{c}, \quad g(t) = \frac{a}{c}\cos\frac{t}{c}$$

정리 1.7.8의

증명

정리 1.7.7에 의해 α는 원기둥나선이므로

$$T \cdot \mathbf{u} = \cos\theta \tag{1.7.12}$$

를 만족시키는 단위벡터 $\mathbf{u}$와 상수 θ가 존재한다.

$\alpha(s) = (x(s), y(s), z(s))$로 놓고 $\mathbf{u} = (0, 0, 1)$, $\alpha(0) = (x_0, 0, 0)$이라 가정하면 식 (1.7.12)는

$$(x', y', z') \cdot (0, 0, 1) = \cos\theta$$

즉,

$$z'(s) = \cos\theta \tag{1.7.13}$$

와 동치이다. a와 b가

$$\kappa = \frac{a}{a^2+b^2}, \quad \tau = \frac{b}{a^2+b^2} \tag{1.7.14}$$

를 만족시키는 실수라고 하자. 실제로 식 (1.7.14)를 풀면

$$a = \frac{\kappa}{\kappa^2+\tau^2}, \quad b = \frac{\tau}{\kappa^2+\tau^2}$$

이다. 정리 1.7.7에 의해

$$\cot\theta = \frac{\tau}{\kappa} = \frac{b}{a}$$

이므로

(1.7.15) $$\cos\theta = \frac{b}{c}, \ \sin\theta = \frac{a}{c}, \ c = \sqrt{a^2+b^2}$$

따라서 식 (1.7.13)과 초기조건 $z(0)=0$으로부터

$$z(s) = \frac{bs}{c}$$

이다.

한편, $\|\alpha'(s)\|=1$이므로

$$\begin{aligned}(x'(t))^2+(y'(t))^2 &= 1-(z'(t))^2 = 1-\cos^2\theta \\ &= \sin^2\theta = \frac{a^2}{c^2}\end{aligned}$$

또,

$$\begin{aligned}B &= T\times N = T\times\frac{T'}{\kappa} \\ &= \frac{1}{\kappa}(x', y', z')\times(x'', y'', z'') \\ &= \frac{1}{\kappa}(y'z''-y''z', x''z'-x'z'', x'y''-x''y')\end{aligned}$$

이고 정리 1.7.7의 증명으로부터 $B\cdot\mathbf{u}=\sin\theta=\dfrac{a}{c}$이므로

$$x'y''-x''y' = \frac{a^2}{c^3}$$

따라서

(1.7.16) $$x'^2+y'^2 = \frac{a^2}{c^2}, \ x'y''-x''y' = \frac{a^2}{c^3}$$

초기 접벡터가 yz-평면에 놓여 있다고 가정하면 식 (1.7.16)의 첫째 식으로부터

$$x'(0)=0, \ y'(0)=\frac{a}{c}$$

이다. 도움정리 1.7.9에 의해

$$x'(s) = -\frac{a}{c}\sin\frac{s}{c}, \ y'(s) = \frac{a}{c}\cos\frac{s}{c}$$

이고 초기조건에 의해

$$x(s) = a\cos\frac{s}{c}, \ y(s) = a\sin\frac{s}{c}$$

이므로 곡선 α는 나선이다.

$\mathbb{R}^3$의 정칙곡선 $\alpha = \alpha(t)$와 곡률 κ 및 비틀림 τ와의 관계에 대하여 요약하면 다음과 같다.

$$\kappa = 0 \Leftrightarrow \alpha\text{는 상수}$$

$$\tau = 0 \Leftrightarrow \alpha\text{는 평면곡선}$$

$$\kappa > 0 \text{ 상수, } \tau = 0 \Leftrightarrow \alpha\text{는 원}$$

$$\kappa > 0 \text{ 상수, } \tau \neq 0 \Leftrightarrow \alpha\text{는 나선}$$

$$\frac{\tau}{\kappa} \text{ 상수} \Leftrightarrow \alpha\text{는 원기둥나선}$$

연습문제

01. 곡선 $\alpha(t) = (3t - t^3,\ 3t^2,\ 3t + t^3)$에 대하여 프레네 틀마당, T, N, B와 곡률 κ 및 비틀림 τ를 구하여라.

02. 곡선 $\beta(t) = (\cosh t,\ \sinh t,\ t)$에 대하여 프레네 틀마당 T, N, B와 곡률 및 비틀림을 구하여라.

03. 정칙곡선 $\alpha : (a,\ b) \to \mathbb{R}^3$의 곡률은

$$\kappa^2 v^4 = \|\alpha''\|^2 - \left(\frac{dv}{dt}\right)^2$$

로 주어짐을 증명하여라. 여기서 $v = \|\alpha'\|$이다.

04. $\alpha(t) = (x(t),\ y(t))$가 평면곡선일 때, 곡률 κ는

$$\kappa = \frac{x'y'' - x''y'}{(x'^2 + y'^2)^{3/2}}$$

임을 증명하여라.

05. 정칙곡선 $\alpha : (a,\ b) \to \mathbb{R}^3$(또는 $\mathbb{R}^2$)의 곡률은

$$\kappa(t) = \frac{1}{\|\alpha'(t)\|} \left\| \frac{d}{dt}\left(\frac{\alpha'(t)}{\|\alpha'(t)\|}\right) \right\|$$

임을 증명하여라.

06. 정칙평면곡선 $\alpha(t)=(x(t),\ y(t))$ 에 대하여 곡선 α^*를 다음과 같이

$$\alpha^* = \alpha + \frac{1}{\kappa}N \ (\text{단, } \kappa > 0)$$

정의하고 이를 곡선 α의 축폐선(evolute)이라고 한다.

(1) t에서의 α^*의 접선은 $\alpha(t)$에서 수직임을 증명하여라.

(2) $\alpha(t)=(t+\sin t,\ 1+\cos t)$, $-\pi < t < \pi$에 대하여 α^*를 구하여라.

07. 미분가능한 함수 $f,\ g:(a,\ b)\to\mathbb{R}$, $f>0$에 대하여 α를

$$\alpha(t)=\left(\int f(t)\sin t dt,\ \int f(t)\cos t dt,\ \int f(t)g(t)dt\right)$$

로 정의할 때 α의 곡률과 비틀림은

$$\kappa = \frac{1}{f}\sqrt{\frac{1+g^2+g'^2}{(1+g^2)^3}},\quad \tau = -\frac{1}{f}\sqrt{\frac{g+g''}{(1+g^2+g'^2)}}$$

임을 보여라.

08. 단위속력곡선 $\alpha=\alpha(s)$에 대하여 σ를 $\sigma(s)=\|T(s)\|$로 정의하면 σ는 단위구 S^2 위의 곡선이다. 이때 σ를 곡선 α의 구면상(spherical image)이라고 한다.

(1) α의 곡률이 양수일 때, σ의 곡률 κ_σ와 비틀림 τ_σ는

$$\kappa_\sigma = \sqrt{1+\left(\frac{\tau}{\kappa}\right)^2},\quad \tau_\sigma = \frac{\dfrac{d}{ds}\left(\dfrac{\tau}{\kappa}\right)}{\kappa\left[1+\left(\dfrac{\tau}{\kappa}\right)^2\right]}$$

임을 증명하여라.

(2) α가 원기둥나선일 필요충분조건은 구면상 σ가 적당한 원에 포함되는 것임을 증명하여라.

09. 평면곡선은 극좌표 $(r,\ \theta)$로 나타낼 수 있다. 극좌표 $r = f(\theta)$로 주어진 곡선의 곡률 $\kappa = \kappa(\theta)$는

$$\kappa = \frac{f^2 + 2f'^2 - ff''}{(f^2 + f'^2)^{3/2}}$$

임을 증명하여라. 여기서 $f' = \dfrac{df}{d\theta},\quad f'' = \dfrac{d^2 f}{d\theta^2}$을 나타낸다(도움말 : $x = r\cos\theta,\ y = r\sin\theta$).

10. 도움정리 1.7.9의 특별한 경우인 다음 정리를 증명하여라.

정리	원점을 포함하는 개구간에서 미분가능한 함수 $f,\ g$가 $$f^2 + g^2 = 1,\ fg' - f'g = 1$$ $$f(0) = 0,\ g(0) = 1$$ 을 만족시키면 $f(t) = -\sin t,\ g(t) = \cos t$이다.

1.8 등장사상

유클리드 공간에서 정의된 등장사상은 점과 점 사이의 거리를 보존하는 사상이다.

정의 1.8.1 사상 $F: \mathbb{R}^3 \to \mathbb{R}^3$이 임의의 두 점 $\mathbf{p}, \mathbf{q} \in \mathbb{R}^3$에 대하여

$$d(F(\mathbf{p}), F(\mathbf{q})) = d(\mathbf{p}, \mathbf{q})$$

를 만족시킬 때, 사상 F를 **등장사상**(isometry)이라고 한다.

두 점 $\mathbf{p}$와 $\mathbf{q}$ 사이의 거리는

$$d(\mathbf{p}, \mathbf{q}) = dist(\mathbf{p}, \mathbf{q}) = \|\mathbf{p} - \mathbf{q}\|$$

로 주어진다.

보기 1.8.2 (1) (평행이동) 고정된 한 점 $\mathbf{a} \in \mathbb{R}^3$에 대하여 사상 $T: \mathbb{R}^3 \to \mathbb{R}^3$을

$$T(\mathbf{p}) = \mathbf{p} + \mathbf{a}$$

로 정의하면 함수 T는 등장사상이다. 실제로,

$$\begin{aligned} d(T(\mathbf{p}), T(\mathbf{q})) &= d(\mathbf{p}+\mathbf{a}, \mathbf{q}+\mathbf{a}) = \|(\mathbf{p}+\mathbf{a}) - (\mathbf{q}+\mathbf{a})\| \\ &= \|\mathbf{p}-\mathbf{q}\| = d(\mathbf{p}, \mathbf{q}) \end{aligned}$$

위와 같이 정의된 평행이동사상 T를 점 $\mathbf{a}$만큼의 평행이동사상이라고 하고 $T_{\mathbf{a}}$로 나타낸다. 평행이동사상은 $T(\mathbf{0})$에 의해 완전히 결정된다.

(2) (회전이동) 실수 θ에 대하여 사상 $R: \mathbb{R}^3 \to \mathbb{R}^3$을

$$R(\mathbf{p}) = R(p_1, p_2, p_3) = (p_1\cos\theta - p_2\sin\theta,\ p_1\sin\theta + p_2\cos\theta,\ p_3)$$

로 정의하자. 그러면 사상 R는 등장사상이다.

도움정리 1.8.3 F와 G가 $\mathbb{R}^3$의 등장사상이면 합성함수 $G \circ F$, $F \circ G$도 등장사상이다.

증명

$G \circ F$가 등장사상임을 보이면 충분하다.

$$\begin{aligned} d(G \circ F(\mathbf{p}), G \circ F(\mathbf{q})) &= d(F(\mathbf{p}), F(\mathbf{q})) \quad (\because G \text{ 등장사상}) \\ &= d(\mathbf{p}, \mathbf{q}) \quad (\because F \text{ 등장사상}) \end{aligned}$$

도움정리 1.8.4

(1) S와 T가 평행이동사상이면 $S \circ T = T \circ S$ 또한 평행이동사상이다.

(2) T가 $\mathbf{a}$만큼의 평행이동사상이면 그 역사상 T^{-1}은 $-\mathbf{a}$만큼의 평행이동사상이다.

(3) 임의의 두 점 $\mathbf{p}$, $\mathbf{q}$에 대하여 $T(\mathbf{p}) = \mathbf{q}$를 만족시키는 평행이동사상이 유일하게 존재한다.

증명

(1) $S(\mathbf{p}) = \mathbf{p} + \mathbf{a}$, $T(\mathbf{p}) = \mathbf{p} + \mathbf{b}$라고 하자. 즉, $S = T_{\mathbf{a}}$, $T = T_{\mathbf{b}}$이면

$$S \circ T(\mathbf{p}) = S(\mathbf{p}+\mathbf{b}) = \mathbf{p}+\mathbf{b}+\mathbf{a} = T_{\mathbf{a}+\mathbf{b}}(\mathbf{p})$$

이고

$$T \circ S(\mathbf{p}) = T(\mathbf{p}+\mathbf{a}) = \mathbf{p}+\mathbf{a}+\mathbf{b} = T_{\mathbf{a}+\mathbf{b}}(\mathbf{p})$$

따라서 $S \circ T = T \circ S$은 $\mathbf{a}+\mathbf{b}$만큼의 평행이동사상이다. 즉,

$$S \circ T = T \circ S = T_{\mathbf{a}+\mathbf{b}}$$

(2) 정의에 의해

$$T \circ T_{-\mathbf{a}}(\mathbf{p}) = T(\mathbf{p}-\mathbf{a}) = \mathbf{p}-\mathbf{a}+\mathbf{a} = \mathbf{p}$$

이고

$$T_{-\mathbf{a}} \circ T(\mathbf{p}) = T_{-\mathbf{a}}(\mathbf{p}+\mathbf{a}) = \mathbf{p}$$

이므로

$$T^{-1} = T_{-\mathbf{a}}$$

(3) $\mathbf{a} = \mathbf{q}-\mathbf{p}$라 할 때, $T = T_{\mathbf{a}}$로 정의하면

$$T(\mathbf{p}) = \mathbf{p}+\mathbf{a} = \mathbf{p}+\mathbf{q}-\mathbf{p} = \mathbf{q}$$

유일성을 증명하기 위해

$$T_{\mathbf{a}}(\mathbf{p}) = \mathbf{q},\ \ T_{\mathbf{b}}(\mathbf{p}) = \mathbf{q}$$

로 놓으면 $\mathbf{a} = \mathbf{b} = \mathbf{q}-\mathbf{p}$이므로 $T_{\mathbf{a}} = T_{\mathbf{b}}$이다.

정의 1.8.5 선형사상 $A: \mathbb{R}^3 \to \mathbb{R}^3$이 임의의 두 점 $\mathbf{p}$, $\mathbf{q} \in \mathbb{R}^3$에 대하여

$$A(\mathbf{p}) \cdot A(\mathbf{q}) = \mathbf{p} \cdot \mathbf{q}$$

를 만족시킬 때, A를 **직교변환**(orthogonal transformation)이라고 한다.

$A: \mathbb{R}^3 \to \mathbb{R}^3$이 직교변환이면 $A^{-1} = A^t$이므로 $\det(A) = \pm 1$임을 알 수 있다. 실제로, 선형사상 A는

$$A(\mathbf{p}) \cdot \mathbf{q} = \mathbf{p} \cdot A^t(\mathbf{q})$$

을 만족시킨다. 따라서 모든 $\mathbf{p}$와 $\mathbf{q}$에 대하여

$$\mathbf{p} \cdot \mathbf{q} = A(\mathbf{p}) \cdot A(\mathbf{q}) = \mathbf{p} \cdot A^t A(\mathbf{q})$$

이므로 $A^t A$는 항등사상이다. 즉, $A^{-1} = A^t$이다.

정리 1.8.6 $A: \mathbb{R}^3 \to \mathbb{R}^3$이 직교변환이면 A는 등장사상이다.

증명

직교변환의 정의에 의해

$$\begin{aligned} \|A(\mathbf{p}) - A(\mathbf{q})\|^2 &= A(\mathbf{p}) \cdot A(\mathbf{p}) - 2A(\mathbf{p}) \cdot A(\mathbf{q}) + A(\mathbf{q}) \cdot A(\mathbf{q}) \\ &= \mathbf{p} \cdot \mathbf{p} - 2\mathbf{p} \cdot \mathbf{q} + \mathbf{q} \cdot \mathbf{q} \\ &= \|\mathbf{p} - \mathbf{q}\|^2 \end{aligned}$$

따라서

$$d(A(\mathbf{p}),\ A(\mathbf{q})) = \|A(\mathbf{p}) - A(\mathbf{q})\| = \|\mathbf{p} - \mathbf{q}\| = d(\mathbf{p},\ \mathbf{q})$$

도움정리 1.8.7 $F: \mathbb{R}^3 \to \mathbb{R}^3$이 $F(\mathbf{0}) = \mathbf{0}$인 등장사상이면 F는 직교변환이다.

증명

임의의 벡터 $\mathbf{p} \in \mathbb{R}^3$에 대하여

$$\begin{aligned} \|F(\mathbf{p})\| &= d(F(\mathbf{p}),\ 0) \\ &= d(F(\mathbf{p}),\ F(0)) = d(\mathbf{p},\ 0) = \|\mathbf{p}\| \end{aligned}$$

따라서

$$\|F(\mathbf{p}) - F(\mathbf{q})\|^2 = \|\mathbf{p}\|^2 - 2F(\mathbf{p}) \cdot F(\mathbf{q}) + \|\mathbf{q}\|^2$$

한편, F가 등장사상이므로

$$\|F(\mathbf{p}) - F(\mathbf{q})\|^2 = \|\mathbf{p} - \mathbf{q}\|^2 = \|\mathbf{p}\|^2 - 2\mathbf{p} \cdot \mathbf{q} + \|\mathbf{q}\|^2$$

위의 두 식을 비교하면

$$F(\mathbf{p}) \cdot F(\mathbf{q}) = \mathbf{p} \cdot \mathbf{q} \tag{1.8.1}$$

가 성립함을 알 수 있다.

F가 선형사상임을 증명하자. $\mathbf{e}_1 = (1, 0, 0)$, $\mathbf{e}_2 = (0, 1, 0)$, $\mathbf{e}_3 = (0, 0, 1)$을 $\mathbb{R}^3$의 표준기저라고 하면 $\mathbf{e}_i \cdot \mathbf{e}_j = \delta_{ij}$이고 함수 F는 내적을 보존하므로

$$\{F(\mathbf{e}_1), F(\mathbf{e}_2), F(\mathbf{e}_3)\}$$

또 $\mathbb{R}^3$의 정규직교기저이다. 따라서 1장 1절의 연습문제 2에 의해 임의의 벡터 $\mathbf{p} = (p_1, p_2, p_3) \in \mathbb{R}^3$에 대하여 $F(\mathbf{p})$는

$$F(\mathbf{p}) = \sum_{i=1}^{3} (F(\mathbf{p}) \cdot F(\mathbf{e}_i)) F(\mathbf{e}_i)$$

으로 나타낼 수 있다. $F(\mathbf{p}) \cdot F(\mathbf{e}_i) = \mathbf{p} \cdot \mathbf{e}_i = p_i$이므로

$$F(\mathbf{p}) = \sum_{i=1}^{3} p_i F(\mathbf{e}_i)$$

따라서 임의의 두 실수 a, b와 두 벡터 $\mathbf{p} = (p_1, p_2, p_3)$, $\mathbf{q} = (q_1, q_2, q_3)$에 대하여

$$\begin{aligned} F(a\mathbf{p} + b\mathbf{q}) &= \sum_{i=1}^{3} (ap_i + bq_i) F(\mathbf{e}_i) \\ &= a\sum_{i=1}^{3} p_i F(\mathbf{e}_i) + b\sum_{i=1}^{3} q_i F(\mathbf{e}_i) \\ &= aF(\mathbf{p}) + bF(\mathbf{q}) \end{aligned} \tag{1.8.2}$$

그러므로 F는 선형사상이다. 결과적으로 식 (1.8.1)과 (1.8.2)에 의해 F는 직교변환이다.

정리 1.8.8 $F: \mathbb{R}^3 \to \mathbb{R}^3$이 등장사상이면

$$F = T \circ A$$

를 만족시키는 평행이동사상 T와 직교변환 A가 유일하게 존재한다.

증명

$F(0) = \mathbf{a}$로 놓고 $T = T_{\mathbf{a}}$라 정의하면 T는 평행이동사상이다. 또, $A : \mathbb{R}^3 \to \mathbb{R}^3$을

$$A = T^{-1} \circ F = T_{-\mathbf{a}} \circ F$$

로 정의하면 도움정리 1.8.3에 의해 A는 등장사상이고 $F = T \circ A$이다. 더욱이, $A(\mathbf{0}) = T_{-\mathbf{a}} \circ F(\mathbf{0}) = \mathbf{0}$이므로 도움정리 1.8.7에 의해 A는 직교변환이다.

유일성을 보이기 위해 평행이동사상 T, S와 직교변환 A, B에 대하여

$$F = T \circ A = S \circ B$$

로 놓자. 그러면 $A(\mathbf{0}) = \mathbf{0} = B(\mathbf{0})$이므로 $T(\mathbf{0}) = S(\mathbf{0}) = F(\mathbf{0})$이다. 따라서 $T = S$이고 $A = B$ 이다.

정리 1.8.8에 의하면 $F(\mathbf{0}) = T(\mathbf{0})$이므로 $F = A + F(\mathbf{0})$로 나타낼 수도 있다.

$F: \mathbb{R}^3 \to \mathbb{R}^3$이 등장사상이고 $\alpha: (a, b) \to \mathbb{R}^3$이 곡선이면 합성사상 $F \circ \alpha: (a, b) \to \mathbb{R}^3$도 새로운 곡선이다. 두 곡선 α와 $F \circ \alpha$의 관계에 대하여 알아보자. 곡선의 곡률과 비틀림함수는 유클리드 등장사상에 의하여 변하지 않는다. 또 곡선은 곡률과 비틀림에 의하여 완전히 결정된다.

도움정리 1.8.9 $A: \mathbb{R}^3 \to \mathbb{R}^3$이 선형사상이고, $\mathbf{p}, \mathbf{q}, \mathbf{r} \in \mathbb{R}^3$이면

$$A(\mathbf{p}) \cdot (A(\mathbf{q}) \times A(\mathbf{r})) = \det(A)(\mathbf{p} \cdot \mathbf{q} \times \mathbf{r})$$

증명

도움정리 1.5.2에 의해

$$\mathbf{p} \cdot \mathbf{q} \times \mathbf{r} = \det(\mathbf{p}, \mathbf{q}, \mathbf{r})$$

따라서

$$\begin{aligned} A(\mathbf{p}) \cdot A(\mathbf{q}) \times A(\mathbf{r}) &= \det(A(\mathbf{p}), A(\mathbf{q}), A(\mathbf{r})) \\ &= \det(A(\mathbf{p}, \mathbf{q}, \mathbf{r})) \\ &= \det(A)\det(\mathbf{p}, \mathbf{q}, \mathbf{r}) \\ &= \det(A)(\mathbf{p} \cdot \mathbf{q} \times \mathbf{r}) \end{aligned}$$

정리 1.8.10 (1) 곡선의 길이는 유클리드 등장사상에 의해 변하지 않는다.
(2) 곡선의 곡률 κ와 비틀림의 절대값 $|\tau|$는 유클리드 등장사상에 의하여 변하지 않는다.

증명

$F: \mathbb{R}^3 \to \mathbb{R}^3$이 유클리드 등장사상이면 정리 1.8.8에 의해 직교변환 A가 존재하여

$$F(\mathbf{p}) = A(\mathbf{p}) + F(\mathbf{0}) \tag{1.8.3}$$

으로 나타낼 수 있다.

(1) 곡선 $\alpha: (a, b) \to \mathbb{R}^3$에 대하여 $\gamma(t) = F \circ \alpha(t)$라 하자. 식 (1.8.3)에 의해

$$\gamma(t) = A(\alpha(t)) + F(\mathbf{0}) \tag{1.8.4}$$

이므로 양변을 미분하면

$$\gamma'(t) = A(\alpha'(t)) \tag{1.8.5}$$

A가 직교변환이므로

$$\|\gamma'(t)\| = \|A(\alpha'(t))\| = \|\alpha'(t)\|$$

따라서 α와 $\gamma = F \circ \alpha$의 길이는 같다.

(2) 곡선 α의 곡률과 비틀림을 각각 κ_α, τ_α라 하고 곡선 γ의 곡률과 비틀림을 각각 κ_γ, τ_γ라 할 때, $\kappa_\alpha = \kappa_\gamma$, $|\tau_\alpha| = |\tau_\gamma|$임을 보이면 된다. 식 (1.8.5)의 양변을 미분하면

$$\gamma''(t) = A(\alpha''(t)), \quad \gamma'''(t) = A(\alpha'''(t))$$

정리 1.7.3에 의해

$$\begin{aligned}
\kappa_\gamma(t) &= \frac{\|\gamma'(t) \times \gamma'(t)\|}{\|\gamma'(t)\|^3} = \frac{\|A(\alpha'(t)) \times A(\alpha''(t))\|}{\|A(\alpha'(t))\|^3} \\
&= \frac{\sqrt{\|A(\alpha'(t))\|^2 \|A(\alpha''(t))\|^2 - (A(\alpha'(t)) \cdot A(\alpha''(t)))}}{\|\alpha'(t)\|^3} \\
&= \frac{\sqrt{\|\alpha'(t)\|^2 \|\alpha''(t)\|^2 - (\alpha'(t) \cdot \alpha''(t))}}{\|\alpha'(t)\|^3} \\
&= \frac{\|\alpha'(t) \times \alpha''(t)\|}{\|\alpha'(t)\|^3} = \kappa_\alpha(t)
\end{aligned}$$

끝으로 비틀림을 계산하면, 도움정리 1.8.9에 의해

$$\begin{aligned}
\tau_\gamma(t) &= \frac{\gamma'(t) \cdot \gamma''(t) \times \gamma'''(t)}{\|\gamma'(t) \times \gamma''(t)\|^2} = \frac{A(\alpha'(t)) \cdot A(\alpha''(t)) \times A(\alpha'''(t))}{\|A(\alpha'(t)) \times A(\alpha''(t))\|^2} \\
&= \frac{\det(A)(\alpha'(t) \cdot \alpha''(t) \times \alpha'''(t))}{\|\alpha'(t) \times \alpha''(t)\|^2} = \pm\tau_\alpha \qquad (\det(A) = \pm 1)
\end{aligned}$$

정리 1.8.10의 역도 성립한다.

정리 1.8.11 (곡선의 기본정리) 두 정칙곡선 $\alpha, \gamma: (a, b) \to \mathbb{R}^3$의 곡률과 비틀림이 같고 곡률이 양수이면

$$F(\alpha) = \gamma$$

를 만족시키는 유클리드 등장사상 $F: \mathbb{R}^3 \to \mathbb{R}^3$이 존재한다.

증명

증명을 다음과 같이 세 단계로 나누어 하자.

(단계 1) 등장사상 F 의 존재성

α, γ가 단위속력곡선이라고 가정하고 α와 γ의 곡률 및 비틀림을 각각 κ, τ라고 하자. 또한 α와 γ의 프레네 틀마당을 각각 $\{T_\alpha, N_\alpha, B_\alpha\}$, $\{T_\gamma, N_\gamma, B_\gamma\}$라고 하면 $\kappa > 0$이므로 프레네 틀마당은 잘 정의된다.

한 점 $s_0 \in (a, b)$를 고정하자. $\{T_\alpha(s_0), N_\alpha(s_0), B_\alpha(s_0)\}$는 점 $\alpha(s_0)$에서 $\mathbb{R}^3$의 정규직교기저이고 $\{T_\gamma(s_0), N_\gamma(s_0), B_\gamma(s_0)\}$는 점 $\gamma(s_0)$에서 $\mathbb{R}^3$의 정규직교기저이므로

$$A(T_\alpha(s_0)) = T_\gamma(s_0),\ A(N_\alpha(s_0)) = N_\gamma(s_0),\ A(B_\alpha(s_0)) = B_\gamma(s_0) \tag{1.8.6}$$

을 만족시키는 직교변환 $A: \mathbb{R}^3 \to \mathbb{R}^3$이 존재한다. 특히, 도움정리 1.8.9에 의해 $\det(A) = 1$이다.
이때 T를

$$T(\mathbf{p}) = \mathbf{p} + \gamma(s_0) - A(\alpha(s_0))$$

로 정의되는 평행이동사상이라 하고 사상 F를 $F = T \circ A$로 정의하자. 그러면 F는 등장사상이고

$$F(\alpha(s_0)) = (T \circ A)(\alpha(s_0)) = \gamma(s_0) \tag{1.8.7}$$

을 만족시킨다(그림 1.18).

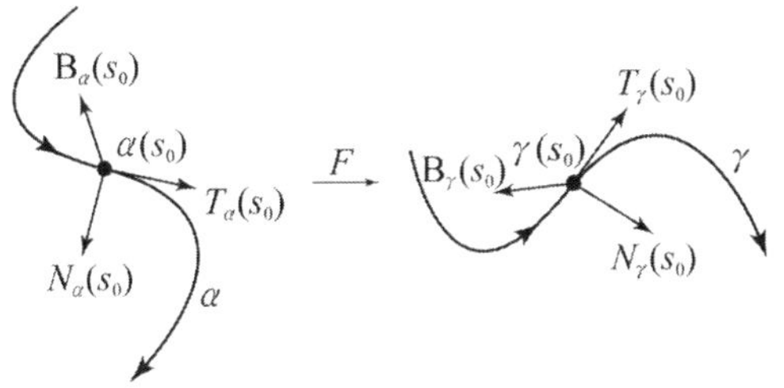

그림 1.18

(단계 2)
$\beta = F \circ \alpha$로 정의하고 β의 프레네 틀마당을 $\{T_\beta, N_\beta, B_\beta\}$라 할 때,

$$T_\beta(s_0) = T_\gamma(s_0),\ N_\beta(s_0) = N_\gamma(s_0),\ B_\beta(s_0) = B_\gamma(s_0) \tag{1.8.8}$$

가 성립함을 보이자.
F가 등장사상이고 $\det(A) = 1$이므로 정리 1.8.10에 의해 곡선 β의 곡률 κ_β과 비틀림 τ_β는 곡선 α의 곡률 및 비틀림과 일치한다. 즉, $\kappa_\beta = \kappa$, $\tau_\beta = \tau$이다.
한편,

$$T_\beta(s) = (F \circ \alpha)'(s) = A(\alpha'(s)) = A(T_\alpha(s))$$

이므로 (1.8.6)에 의해

$$T_\beta(s_0) = A(T_\alpha(s_0)) = T_\gamma(s_0)$$

또한

$$T'_\beta(s) = A(T'_\alpha(s)) = \kappa A(N_\alpha(s))$$

이고 프레네 공식에 의해

$$T'_\beta(s) = \kappa N_\beta(s)$$

이므로

$$N_\beta(s) = A(N_\alpha(s))$$

이다. 따라서 (1.8.6)에 의해

$$N_\beta(s_0) = N_\gamma(s_0)$$

끝으로

$$T_\beta(s) \times N_\beta(s) \cdot B_\beta(s) = \| B_\beta(s) \|^2 = 1$$

이고 도움정리 1.8.9에 의해

$$\begin{aligned} T_\beta(s) \times N_\beta(s) \cdot A(B_\alpha(s)) &= A(T_\alpha(s)) \times A(N_\alpha(s)) \cdot A(B_\alpha(s)) \\ &= \det(A)(T_\alpha(s) \times N_\alpha(s) \cdot B_\alpha(s)) = 1 \end{aligned}$$

따라서 $B_\beta(s) = A(B_\alpha(s))$이고 $B_\beta(s_0) = B_\gamma(s_0)$가 성립한다.

(단계 3) $F \circ \alpha = \beta = \gamma$

(1.8.7)에 의해

$$\beta(s_0) = \gamma(s_0) \tag{1.8.9}$$

이 성립한다. $\beta = \alpha$임을 보이기 위해 각각의 s, $a < s < b$에 대하여 함수 $f(s)$를

$$f(s) = \| T_\beta(s) - T_\gamma(s) \|^2 + \| N_\beta(s) - N_\gamma(s) \|^2 + \| B_\beta(s) - B_\gamma(s) \|^2$$

로 정의하자. 양변을 s에 관해 미분하면

$$\begin{aligned} f'(s) = 2(T_\beta'(s) - T_\gamma'(s)) \cdot (T_\beta(s) - T_\gamma(s)) + 2(N_\beta'(s) - N_\gamma'(s)) \\ \cdot (N_\beta(s) - N_\gamma(s)) + 2(B_\beta'(s) - B_\gamma'(s)) \cdot (B_\beta(s) - B_\gamma(s)) \end{aligned}$$

프레네 틀마당은 모두 단위벡터장이므로

$$T_\beta'(s) \cdot T_\beta(s) = 0 = N_\beta'(s) \cdot N_\beta(s) = B_\beta'(s) \cdot B_\beta(s)$$

이고

$$T_\gamma'(s) \cdot T_\gamma(s) = 0 = N_\gamma'(s) \cdot N_\gamma(s) = B_\gamma'(s) \cdot B_\gamma(s)$$

이다. 따라서

$$\begin{aligned} f'(s) &= -2\{T_\beta'(s) \cdot T_\gamma(s) + T_\beta(s) \cdot T_\gamma'(s) + N_\beta'(s) \cdot N_\gamma(s) \\ &\quad + N_\beta(s) \cdot N_\gamma'(s) + B_\beta'(s) \cdot B_\gamma(s) + B_\beta(s) \cdot B_\gamma'(s)\} \\ &= -2\{\kappa N_\beta(s) \cdot T_\gamma(s) + \kappa T_\beta(s) \cdot N_\gamma(s) - \kappa T_\beta(s) \cdot N_\gamma(s) + \tau B_\beta(s) \cdot N_\gamma(s)\} \\ &\quad - \kappa N_\beta(s) \cdot T_\gamma(s) + \tau N_\beta(s) \cdot B_\gamma(s) - \tau N_\beta(s) \cdot B_\gamma(s) - \tau B_\beta(s) \cdot N_\gamma(s)\} \\ &= 0 \end{aligned}$$

그러므로 함수 f는 상수함수이고 (단계 2)에 의해 $f(s_0) = 0$이므로 함수 f는 항등적으로 0이다. 따라서

$$(F \circ \alpha)'(s) = T_\beta(s) = T_\gamma(s) = \gamma'(s)$$

그러므로 (1.8.9)에 의해 $(F \circ \alpha)(s) = \beta(s) = \gamma(s)$가 성립한다.

연습문제

01. $A : \mathbb{R}^3 \to \mathbb{R}^3$이 직교변환이고 $T_{\mathbf{a}}$가 $\mathbf{a}$만큼의 평행이동사상일 때

$$A \circ T_{\mathbf{a}} = T_{A(\mathbf{a})} \circ A$$

임을 증명하여라.

02. 행렬

$$A = \begin{pmatrix} -\frac{2}{3} & \frac{2}{3} & -\frac{1}{3} \\ \frac{2}{3} & \frac{1}{3} & -\frac{2}{3} \\ \frac{1}{3} & \frac{2}{3} & \frac{2}{3} \end{pmatrix}$$

는 직교변환임을 증명하여라.

03. $\{\mathbf{v}_1, \mathbf{v}_2, \mathbf{v}_3\}$와 $\{\mathbf{w}_1, \mathbf{w}_2, \mathbf{w}_3\}$이 $\mathbb{R}^3$의 정규직교기저이면 $A(\mathbf{v}_i) = \mathbf{w}_i$인 직교변환 $A : \mathbb{R}^3 \to \mathbb{R}^3$이 존재함을 증명하여라.

04. 등장사상 $F = T_{\mathbf{a}} \circ A$는 역사상 F^{-1}을 갖고 역사상 또한 등장사상임을 증명하여라. 그리고 역사상 F^{-1}의 평행이동부분과 직교변환부분을 구하여라.

05. 단위벡터 $\mathbf{a} \in \mathbb{R}^3$에 대하여 $A: \mathbb{R}^3 \to \mathbb{R}^3$을

$$A(\mathbf{p}) = \mathbf{a} \times \mathbf{p} + (\mathbf{p} \cdot \mathbf{a})\mathbf{a}$$

로 정의하면 A는 직교변환임을 증명하여라.

06. $\mathbb{R}^3$의 등장사상 $F = T \circ A$(T는 평행이동, A는 직교변환)에 대하여 F의 부호 $\mathrm{sgn}(F)$를 $\mathrm{sgn}(F) = \det(A)$로 정의한다. 그리고 $\mathrm{sgn}(F) = \det(A) = 1$일 때 F를 방향보존 등장사상(orientation-preserving isometry)이라 하고, $\mathrm{sgn}(F) = \det(A) = -1$일 때 역방향 등장사상(orientation-reversing isometry)이라고 한다.

(1) 평행이동사상은 방향보존 등장사상임을 증명하여라.

(2) 회전이동

$$\begin{pmatrix} \cos\theta & -\sin\theta & 0 \\ \sin\theta & \cos\theta & 0 \\ 0 & 0 & 1 \end{pmatrix}$$

은 방향보존 등장사상임을 보여라.

(3) $F(\mathbf{p}) = F(p_1, p_2, p_3) = (-p_1, p_2, p_3)$는 역방향 등장사상임을 증명하여라.

(4) F와 G가 등장사상일 때

$$\mathrm{sgn}(F \circ G) = \mathrm{sgn}(F) \cdot \mathrm{sgn}(G) = \mathrm{sgn}(G \circ F)$$

임을 보여라.

07. 사상 $F_1, F_2, F_3: \mathbb{R}^3 \to \mathbb{R}^3$을 각각

$$F_1(p_1, p_2, p_3) = (-p_1, p_2, p_3)$$
$$F_2(p_1, p_2, p_3) = (p_1, -p_2, p_3)$$
$$F_3(p_1, p_2, p_3) = (p_1, p_2, -p_3)$$

로 정의하자.

(1) F_1, F_2, F_3은 모두 직교변환임을 증명하여라.

(2) $G(p_1, p_2, p_3) = (-p_1, -p_2, p_3)$, $H(p_1, p_2, p_3) = (-p_1, -p_2, -p_3)$라 정의할 때,

$$G = F_2 \circ F_1 \text{이고 } H = F_3 \circ F_2 \circ F_1$$

임을 증명하여라.

(3) 임의의 직교변환 A는 F_1, F_2, F_3을 여러 번 합성한 형태로 주어짐을 증명하여라.

08. 3×3행렬 $A = (a_{ij})$와 곡선 $\alpha(t) = (x(t),\ y(t),\ z(t))$에 대하여

$$\beta(t) = A(\alpha(t)) = \begin{pmatrix} a_{11} & a_{12} & a_{13} \\ a_{21} & a_{22} & a_{23} \\ a_{31} & a_{32} & a_{33} \end{pmatrix} \begin{pmatrix} x(t) \\ y(t) \\ z(t) \end{pmatrix}$$

로 정의할 때,

$$\beta'(t) = A(\alpha'(t)),\ \beta''(t) = A(\alpha''(t))$$

임을 보여라.

제 2 장 접벡터와 공변미분

곡면 이론에서 다루는 기하학적 개념들은 두 개 이상의 매개변수를 포함하는 경우가 많다. 예를 들어 곡면에서 정의된 함수는 두 개의 독립변수가 필요하다. 독립변수의 개수가 하나인 함수에서 두 개인 함수로 일반화하는 것이 외형적으로는 아무런 문제가 없어 보이지만 실제로는 매우 미묘한 차이를 보일 수도 있다. 독립변수의 개수가 두 개 이상인 함수의 미분과 적분에 관한 수학적 이론을 다루는 것을 고등미적분학 또는 다변수해석학이라고 한다. 곡면 이론을 이해하기 위해서는 다변수해석학이 반드시 필요하다.

이 장에서는 다변수해석학을 기하학적 관점에서 알아보자. 3차원 유클리드 공간에서 정의된 함수의 미분을 기하학적으로 이해하고, 미분기하학에서 가장 기본이 되는 개념인 접벡터의 정의와 성질 및 다변수함수와의 관계 등을 살펴보기로 한다.

끝으로 유클리드 공간에서 정의된 벡터장의 미분법인 공변미분에 대하여 알아본다. 곡면 이론에서 다루는 내용을 정확하게 이해하기 위해서 다변수해석학을 다루고 있는 책을 참고하는 것도 매우 좋은 방법이다. 다변수해석학을 다루고 있는 참고문헌으로는 [8], [13], [17], [20] 등이 있다.

2.1 접벡터

정의 2.1.1 유클리드 공간 $\mathbb{R}^3$의 두 벡터 $\mathbf{p}$와 $\mathbf{v}$의 순서쌍 $(\mathbf{p}, \mathbf{v})$를 $\mathbb{R}^3$의 **접벡터**(tangent vector)라고 하고, $\mathbf{v}$를 **벡터부분**(vector part), $\mathbf{p}$를 **작용점**(point of application)이라고 한다(그림 2.1). 접벡터 $(\mathbf{p}, \mathbf{v})$를 보통 $\mathbf{v}_\mathbf{p}$로 나타낸다.

접벡터 $\mathbf{v}_\mathbf{p}$는 점 $\mathbf{p}$로부터 $\mathbf{p}+\mathbf{v}$까지의 화살표로 이해하면 된다. 예를 들어

$\mathbf{p}=(1,\ 2,\ 1)$이고 $\mathbf{v}=(2,\ -4,\ 5)$이면 $\mathbf{v_p}$는 점 $(1,\ 2,\ 1)$부터 점 $(3,\ -2,\ 6)$까지의 벡터를 나타낸다. 즉, 시점이 $(1,\ 2,\ 1)$이고 종점이 $(3,\ -2,\ 6)$인 벡터를 나타낸다고 말할 수 있다.

두 접벡터 $\mathbf{v_p}$와 $\mathbf{w_q}$에 대하여 $\mathbf{v}=\mathbf{w}$이고 동시에 $\mathbf{p}=\mathbf{q}$일 때 서로 **같다**고 하고 $\mathbf{v_p}=\mathbf{w_q}$로 나타낸다. 벡터부분은 같고 작용점이 다른 두 접벡터를 서로 **평행하다**고 한다.

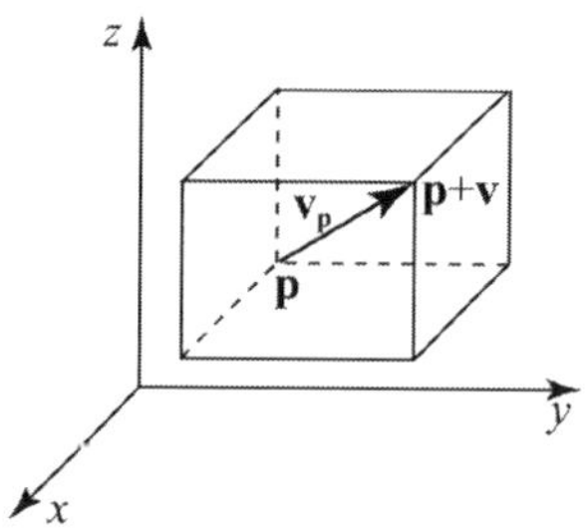

그림 2.1

정의 2.1.2 $\mathbf{p}\in\mathbb{R}^3$일 때 점 $\mathbf{p}$에서 $\mathbb{R}^3$에 접하는 모든 접벡터의 집합을 점 $\mathbf{p}$에서 $\mathbb{R}^3$의 **접공간**(tangent space)이라 하고 $T_{\mathbf{p}}\mathbb{R}^3$로 나타낸다. 즉

$$T_{\mathbf{p}}\mathbb{R}^3=\{\mathbf{v_p}|\mathbf{v}\in\mathbb{R}^3\}$$

주어진 접공간에 속하는 접벡터들은 모두 같은 작용점을 가지므로 벡터공간 $\mathbb{R}^3$에서의 벡터합과 스칼라곱을 접공간에 도입할 수 있다. 접벡터 $\mathbf{v_p},\ \mathbf{w_p}\in T_{\mathbf{p}}\mathbb{R}^3$와 실수 $a\in\mathbb{R}$에 대하여 합과 스칼라곱을 각각 다음과 같이 정의한다.

$$\mathbf{v_p}+\mathbf{w_p}=(\mathbf{v}+\mathbf{w})_{\mathbf{p}},\ a\mathbf{v_p}=(a\mathbf{v})_{\mathbf{p}}$$

합과 스칼라곱을 동반한 접공간 $(T_{\mathbf{p}}\mathbb{R}^3,\ +,\ \cdot\ )$는 벡터공간이 된다. 특히, 사상

$$T_{\mathbf{p}}\mathbb{R}^3\to\mathbb{R}^3,\ \mathbf{v_p}\to\mathbf{v}$$

는 벡터공간 $T_{\mathbf{p}}\mathbb{R}^3$과 $\mathbb{R}^3$ 사이의 선형동형사상(isomorphism)이다. 따라서 접공간 $T_{\mathbf{p}}\mathbb{R}^3$

은 3차원 벡터공간으로 $\mathbb{R}^3$과 같은 벡터구조를 갖는다. 그러므로 $\mathbb{R}^3$에서 정의된 다른 연산자를 접공간 $T_p\mathbb{R}^3$ 위에서 그대로 정의할 수 있다. 예를 들면, 내적은

$$\langle \mathbf{v}_p, \mathbf{w}_p \rangle = \mathbf{v} \cdot \mathbf{w}$$

로 정의하고 벡터곱은

$$\mathbf{v}_p \times \mathbf{w}_p = (\mathbf{v} \times \mathbf{w})_p$$

로 정의한다. 더욱이 $\mathbb{R}^3$에서 성립하는 내적 또는 벡터곱에 관한 항등식이나 부등식이 접공간 $T_p\mathbb{R}^3$에서 그대로 성립한다. 즉, $\|\mathbf{v}_p\|^2 = \langle \mathbf{v}_p, \mathbf{v}_p \rangle = \mathbf{v} \cdot \mathbf{v} = \|\mathbf{v}\|^2$이므로 $\|\mathbf{v}_p\| = \|\mathbf{v}\|$가 성립한다. 또,

$$|\langle \mathbf{v}_p, \mathbf{w}_p \rangle| \le \|\mathbf{v}\| \|\mathbf{w}\|$$

이고

$$\|\mathbf{v}_p \times \mathbf{w}_p\|^2 = \|\mathbf{v} \times \mathbf{w}\|^2 = \|\mathbf{v}\|^2 \|\mathbf{w}\|^2 - (\mathbf{v} \cdot \mathbf{w})^2$$

이 성립한다.

$\alpha = \alpha(t) : (a, b) \to \mathbb{R}^3$이 정칙곡선일 때, 속도벡터 $\alpha'(t)$는 $\alpha(t)$에서의 접벡터라고 말할 수 있다. 즉, $\alpha'(t) = a'(t)_{\alpha(t)}$이고

$$v(t) = \|\alpha'(t)\| = \sqrt{\langle \alpha'(t)_{\alpha(t)}, \alpha'(t)_{\alpha(t)} \rangle}$$

연습문제

01. $\mathbf{v}=(2,\ 1,\ -3)$, $\mathbf{w}=(-1,\ 2,\ 2)$이고 $\mathbf{p}=(1,\ 1,\ 2)$일 때

$$\mathbf{v}_{\mathrm{p}}+\mathbf{w}_{\mathrm{p}},\ \mathbf{v}_{\mathrm{p}}-\mathbf{w}_{\mathrm{p}},\ 2\mathbf{v}_{\mathrm{p}}-3\mathbf{w}_{\mathrm{p}}$$

를 구하여라. 또

$$\langle \mathbf{v}_{\mathrm{p}},\ \mathbf{w}_{\mathrm{p}}\rangle,\ \mathbf{v}_{\mathrm{p}}\times\mathbf{w}_{\mathrm{p}}$$

를 구하여라.

02. $\mathbf{u}=(-1,\ 1,\ 1)$, $\mathbf{v}=(1,\ -1,\ 0)$, $\mathbf{w}=(3,\ -1,\ 1)$, $\mathbf{p}=(2,\ 0,\ -1)$일 때,

$$(\mathbf{u}_{\mathrm{p}}+\mathbf{v}_{\mathrm{p}})\cdot\mathbf{w}_{\mathrm{p}},\ \|\mathbf{v}_{\mathrm{p}}+\mathbf{w}_{\mathrm{p}}\|,\ \|4\mathbf{v}_{\mathrm{p}}-2\mathbf{w}_{\mathrm{p}}\|$$

를 구하여라.

03. $\mathbf{v}=(v_1,\ v_2,\ v_3)$, $\mathbf{p}=(p_1,\ p_2,\ p_3)$일 때,

$$\sum_{i=1}^{3}|v_i|\le\sqrt{3}\,\|\mathbf{v}_{\mathrm{p}}\|$$

임을 증명하여라.

04. $\mathbf{v}$와 $\mathbf{w}$가 점 $\mathbf{p}\in\mathbb{R}^3$에서의 접벡터일 때,

$$\|\mathbf{v}_{\mathrm{p}}+\mathbf{w}_{\mathrm{p}}\|^2+\|\mathbf{v}_{\mathrm{p}}-\mathbf{w}_{\mathrm{p}}\|^2=2(\|\mathbf{v}_{\mathrm{p}}\|^2+\|\mathbf{w}_{\mathrm{p}}\|^2)$$

임을 증명하여라.

05. $\mathbf{v}$와 $\mathbf{w}$가 점 $\mathbf{p} \in \mathbb{R}^3$에서의 접벡터일 때,

$$\|\mathbf{v_p} + \mathbf{w_p}\| + \|\mathbf{v_p} - \mathbf{w_p}\| \leq \|\mathbf{v_p}\|^2 + \|\mathbf{w_p}\|^2$$

임을 증명하여라. 또, 등호가 성립하는 경우는 언제인가?

06. $\mathbb{R}^n = \{(x_1, \cdots, x_n) | x_i \in \mathbb{R}, i = 1, \cdots, n\}$일 때, 두 점 $\mathbf{p} = (p_1, \cdots, p_n)$, $\mathbf{q} = (q_1, \cdots, q_n) \in \mathbb{R}^n$과 실수 $a \in \mathbb{R}$에 대하여

$$\mathbf{p} + \mathbf{q} = (p_1 + q_1, \cdots, p_n + q_n), \ a\mathbf{p} = (ap_1, \cdots, ap_n)$$

으로 정의하면 $\mathbb{R}^n$은 n차원 벡터공간이 된다. $\mathbb{R}^n$의 접벡터를 $\mathbb{R}^3$과 같은 방법으로 정의하고 접공간 $\mathrm{T_p}\mathbb{R}^n$을

$$\mathrm{T_p}\mathbb{R}^n = \{\mathbf{v_p} | \mathbf{v} \in \mathbb{R}^n\}$$

으로 정의하자. 또, 두 접벡터 $\mathbf{v_p}, \mathbf{w_p} \in \mathbb{R}^n$에 대하여

$$\begin{aligned}
&\mathbf{v_p} = \mathbf{w_p} \Leftrightarrow \mathbf{v} = \mathbf{w} \\
&\mathbf{v_p} + \mathbf{w_p} = (\mathbf{v} + \mathbf{w})_\mathbf{p}, \ \langle \mathbf{v_p}, \mathbf{w_p} \rangle = \mathbf{v} \cdot \mathbf{w} \\
&a\mathbf{v_p} = (a\mathbf{v})_\mathbf{p}
\end{aligned}$$

로 정의하자. 이때 $\mathrm{T_p}\mathbb{R}^n$은 $\mathbb{R}^n$과 선형동형임을 증명하여라. 또한,

$$\langle \mathbf{v_p}, \mathbf{w_p} \rangle \leq \|\mathbf{v}\| \|\mathbf{w}\|$$

가 성립함을 증명하여라. 여기서 $\|\mathbf{v}\|$는 $\mathbf{v} = (v_1, v_2, \cdots, v_n)$일 때, $\|\mathbf{v}\| = \sqrt{v_1^2 + \cdots + v_n^2}$을 나타낸다.

2.2 방향도함수

정의 2.2.1 $f: \mathbb{R}^3 \to \mathbb{R}$를 미분가능한 함수라고 하자.[5] 접벡터 $\mathbf{v_p} \in T_\mathbf{p}\mathbb{R}^3$에 대하여 다음과 같이 정의된 값

(2.2.1) $$\mathbf{v_p}[f] = \frac{d}{dt}(f(\mathbf{p}+t\mathbf{v}))\Big|_{t=0}$$

을 방향 $\mathbf{v_p}$에 대한 함수 f의 **방향도함수**(directional derivative)라고 한다.

식 (2.2.1)은

$$\mathbf{v_p}[f] = \lim_{t\to 0}\frac{f(\mathbf{p}+t\mathbf{v})-f(\mathbf{p})}{t}$$

으로 나타낼 수 있다. $\mathbf{e}_1 = (1, 0, 0)$, $\mathbf{e}_2 = (0, 1, 0)$, $\mathbf{e}_3 = (0, 0, 1)$일 때, 각각의 방향도함수는 주어진 함수의 편도함수를 나타낸다. 즉,

(2.2.2) $$(\mathbf{e}_i)_\mathbf{p}[f] = \frac{\partial f}{\partial x_i}(\mathbf{p})$$

보기 2.2.2 $f(x, y, z) = x^2+y+z$이고 $\mathbf{p} = (1, 0, 1)$, $\mathbf{v} = (1, -2, 0)$일 때, $\mathbf{v_p}[f]$를 구하여라.

풀이. $\mathbf{p}+t\mathbf{v} = (1+t, -2t, 1)$이므로 $f(\mathbf{p}+t\mathbf{v}) = t^2+2$이다. 따라서

$$\mathbf{v_p}[f] = \frac{d}{dt}f(\mathbf{p}+t\mathbf{v})\Big|_{t=0} = 0$$

---

5) 함수 $f: \mathbb{R}^3 \to \mathbb{R}$와 점 $\mathbf{p} \in \mathbb{R}^3$에 대하여, 벡터 $\mathbf{a} \in \mathbb{R}^3$이 존재하여 극한

$$\lim_{\mathbf{h}\to 0}\frac{f(\mathbf{p}+\mathbf{h})-f(\mathbf{p})-\mathbf{a}\cdot\mathbf{h}}{\|\mathbf{h}\|} = 0$$

을 만족시킬 때 f가 점 $\mathbf{p}$에서 미분가능하다고 하고 점 $\mathbf{p}$에서 f의 미분(도함수)을 $df(\mathbf{p}) = \mathbf{a}$로 정의한다. 더욱이 미분가능성은 모든 차수의 도함수가 존재하는 것으로 가정했기 때문에 도함수 df의 성분함수가 모두 미분가능할 뿐만 아니라, 이계도함수, 삼차도함수 등도 모두 미분가능한 함수로 구성되어 있어야 한다.

다음 정리는 방향도함수 $\mathbf{v_p}[f]$를 구하는 일반적인 방법을 제공해준다.

도움정리 2.2.3 $\mathbf{v_p} \in T_\mathbf{p}\mathbb{R}^3$, $\mathbf{v} = (v_1, v_2, v_3)$이면

$$\mathbf{v_p}[f] = \sum_{i=1}^{3} v_i \frac{\partial f}{\partial x_i}(\mathbf{p})$$

증명

$\mathbf{p} = (p_1, p_2, p_3)$으로 놓으면 $\mathbf{p} + t\mathbf{v} = (p_1 + tv_1, p_2 + tv_2, p_3 + tv_3)$이고

$$f(\mathbf{p} + t\mathbf{v}) = f(p_1 + tv_1, p_2 + tv_2, p_3 + tv_3) \tag{2.2.3}$$

이다.

$$\frac{d}{dt}(p_i + tv_i) = v_i \quad (i = 1, 2, 3)$$

이므로 식 (2.2.3)에 연쇄법칙(합성함수의 미분법)을 적용하면

$$\frac{d}{dt} f(\mathbf{p} + t\mathbf{v}) = \sum_{i=1}^{3} \frac{\partial f}{\partial x_i}(\mathbf{p} + t\mathbf{v}) \cdot v_i$$

따라서

$$\mathbf{v_p}[f] = \frac{d}{dt} f(\mathbf{p} + t\mathbf{v})\Big|_{t=0} = \sum_{i=1}^{3} v_i \frac{\partial f}{\partial x_i}(\mathbf{p})$$

다음 정리는 방향도함수에 대한 기본적인 성질들을 나타낸다.

정리 2.2.4 접벡터 $\mathbf{v_p}$, $\mathbf{w_p} \in T_\mathbf{p}\mathbb{R}^3$과 실수 a, b에 대하여 $f, g: \mathbb{R}^3 \to \mathbb{R}$가 미분가능한 함수이면

(1) $(a\mathbf{v_p} + b\mathbf{w_p})[f] = a\mathbf{v_p}[f] + b\mathbf{w_p}[f]$

(2) $\mathbf{v_p}[af + bg] = a\mathbf{v_p}[f] + b\mathbf{v_p}[g]$

(3) $\mathbf{v_p}[fg] = \mathbf{v_p}[f]g(\mathbf{p}) + f(\mathbf{p})\mathbf{v_p}[g]$

증명

(1) $\mathbf{v} = (v_1,\ v_2,\ v_3)$, $\mathbf{w} = (w_1,\ w_2,\ w_3)$으로 놓으면

$$a\mathbf{v} + b\mathbf{w} = (av_1 + bw_1,\ av_2 + bv_2,\ av_3 + bw_3)$$

이다. 도움정리 2.2.3에 의해

$$\begin{aligned}(a\mathbf{v_p} + b\mathbf{w_p})[f] &= \sum_{i=1}^{3}(av_i + bw_i)\frac{\partial f}{\partial x_i}(\mathbf{p}) \\ &= a\sum_{i=1}^{3}v_i\frac{\partial f}{\partial x_i}(\mathbf{p}) + b\sum_{i=1}^{3}w_i\frac{\partial f}{\partial x_i}(\mathbf{p}) \\ &= a\mathbf{v_p}[f] + b\mathbf{w_p}[f]\end{aligned}$$

(2) 편미분에 관한 성질에 의해

$$\frac{\partial}{\partial x_i}(af + bg) = a\frac{\partial f}{\partial x_i} + b\frac{\partial g}{\partial x_i}$$

이므로 도움정리 2.2.3로부터 성립한다.

(3) $\mathbf{v} = (v_1,\ v_2,\ v_3)$으로 놓으면 도움정리 2.2.3에 의해

$$\mathbf{v_p}[fg] = \sum_{i=1}^{3}v_i\frac{\partial}{\partial x_i}(fg)(\mathbf{p})$$

이다. 편미분에 관한 곱의 법칙에 의해

$$\frac{\partial}{\partial x_i}(fg) = \frac{\partial f}{\partial x_i}g + f\frac{\partial g}{\partial x_i}$$

이므로

$$\begin{aligned}\mathbf{v_p}[fg] &= \sum_{i=1}^{3}\left(\frac{\partial f}{\partial x_i}(\mathbf{p})g(\mathbf{p}) + f(\mathbf{p})\frac{\partial g}{\partial x_i}(\mathbf{p})\right)\mathbf{v}i \\ &= \mathbf{v_p}[f]g(\mathbf{p}) + f(\mathbf{p})\mathbf{v_p}[g]\end{aligned}$$

연습문제

01. $\mathbf{v}=(2,\ 2,\ 1)$이고 $\mathbf{p}=(3,\ -1,\ 2)$일 때, 다음 함수에 대한 방향도함수 $\mathbf{v}_{\mathbf{p}}[f]$를 구하여라.

(1) $f(x,\ y,\ z)=xy^2z$

(2) $f(x,\ y,\ z)=x^3z$

02. $\mathbf{v}=(1,\ -2,\ 3)$이고 $\mathbf{p}=\left(0,\ \frac{\pi}{2},\ \pi\right)$일 때, 다음 함수에 대한 방향도함수 $\mathbf{v}_{\mathbf{p}}[f]$를 구하여라.

(1) $f(x,\ y,\ z)=e^x\sin y$

(2) $f(x,\ y,\ z)=e^x\cos xy$

03. $\mathbf{v},\ \mathbf{p}\in\mathbb{R}^3$와 미분가능한 함수 $f:\mathbb{R}^3\to\mathbb{R}$에 대하여 함수 $\varphi:\mathbb{R}\to\mathbb{R}$를

$$\varphi(t)=f(\mathbf{p}+t\mathbf{v})$$

로 정의할 때,

$$\varphi'(0)=\mathbf{v}_{\mathbf{p}}[f]$$

임을 증명하여라.

04. 미분가능한 함수 $f: \mathbb{R}^3 \to \mathbb{R}$ 에 대하여 $df: \mathbb{R}^3 \to \mathbb{R}^3$를

$$df(\mathbf{p}) = \left(\frac{\partial f}{\partial x_1}(\mathbf{p}),\ \frac{\partial f}{\partial x_2}(\mathbf{p}),\ \frac{\partial f}{\partial x_3}(\mathbf{p}) \right)$$

로 정의하자. 이때 임의의 벡터 $\mathbf{v}$와 $\mathbf{p}$에 대하여

$$\mathbf{v}_{\mathbf{p}}[f] = df(\mathbf{p}) \cdot \mathbf{v}$$

임을 보여라.

05. $\mathbf{x} = (x,\ y,\ z)$, $\mathbf{a} = (a,\ b,\ c)$, $\mathbf{v} = (4,\ 2,\ -3)$, $\mathbf{p} = (1,\ 2,\ 3)$일 때, 다음 함수의 방향도함수 $\mathbf{v}_{\mathbf{p}}[f]$를 구하여라.

(1) $f(\mathbf{x}) = \mathbf{a} \cdot \mathbf{x}$

(2) $f(\mathbf{x}) = \|\mathbf{x}\|,\ \mathbf{x} \neq \mathbf{0}$

(3) $f(\mathbf{x}) = (\mathbf{a} \cdot \mathbf{x})^2$

06. 곡선 $\alpha: (a,\ b) \to \mathbb{R}^3$과 미분가능한 함수 $f: \mathbb{R}^3 \to \mathbb{R}$ 에 대하여

$$\alpha'(t)[f] = (f \circ \alpha)'(t)$$

가 성립함을 증명하여라.

2.3 다변수함수의 미분

이 절에서는 다변수함수의 미분을 기하학적 관점에서 알아보고 다변수해석학에서 매우 유용한 정리인 역함수의 정리와 음함수의 정리를 소개한다. 역함수의 정리와 음함수의 정리를 기하학적 관점에서 보면 그것의 증명보다는 응용이나 적용이 중요하기 때문에 정리의 증명은 부록에서 소개하고 여기서는 생략하였다.

$1 \leq n,\ m \leq 3$일 때 벡터값을 함수값으로 갖는 다변수함수

$$F: \mathbb{R}^n \rightarrow \mathbb{R}^m$$

을 생각하자. $n=3$이고 $m=1$인 경우 2절에서 접벡터의 방향도함수에 대하여 알아보았다. 실수의 집합으로 사상되는 함수 $f: \mathbb{R}^3 \rightarrow \mathbb{R}$가 점 $\mathbf{p}$에서 일차미분가능하다는 것은 벡터 $\mathbf{a} \in \mathbb{R}^3$가 존재하여 $\mathbf{h} \rightarrow \mathbf{0}$이면

$$\frac{f(\mathbf{p}+\mathbf{h})-f(\mathbf{p})-\mathbf{a}\cdot\mathbf{h}}{\|\mathbf{h}\|} \rightarrow 0$$

일 때를 말한다. $n=2$인 경우에도 같은 방법으로 정의하면 된다. 일차도함수 뿐만 아니라 모든 차수의 도함수가 존재할 때 f가 미분가능하다고 한다.

$n=1$이고 $m=3$인 경우는 1장에서 다루었던 곡선에 해당한다. 따라서 여기서는 다음과 같은 경우

$$\mathbb{R}^2 \rightarrow \mathbb{R}^2,\ \ \mathbb{R}^2 \rightarrow \mathbb{R}^3,\ \ \mathbb{R}^3 \rightarrow \mathbb{R}^3$$

에 함수의 미분에 대하여 알아보기로 한다. 함수 $F: \mathbb{R}^n \rightarrow \mathbb{R}^m$을 성분으로 나타내면

$$F(\mathbf{p}) = (f_1(\mathbf{p}), \cdots, f_m(\mathbf{p}))$$

과 같이 쓸 수 있다. 이때 $f_i: \mathbb{R}^n \rightarrow \mathbb{R}$를 함수 F의 **성분함수**라고 한다.

정의 2.3.1	함수 $F: \mathbb{R}^n \rightarrow \mathbb{R}^m$을 $F=(f_1, \cdots, f_m)$으로 나타낼 때, 모든 $i=1, \cdots, m$에 대하여 $f_i: \mathbb{R}^n \rightarrow \mathbb{R}$가 미분가능하면 함수 F가 미분가능하다고 한다. 또, $n=m$일 때 $F: \mathbb{R}^n \rightarrow \mathbb{R}^n$이 미분가능한 전단사함수이고 역함수 $F^{-1}: \mathbb{R}^n \rightarrow \mathbb{R}^n$가 미분가능하면 함수 F를 **미분동형사상**(diffeomorphism)이라고 한다.

다변수함수의 미분은 국소적으로도 정의할 수 있다. D가 $\mathbb{R}^n$의 부분집합이라 하자. D의 각 점 $\mathbf{p} \in D$에 대하여 집합

$$\{\mathbf{q} \in \mathbb{R}^3 \mid \|\mathbf{q} - \mathbf{p}\| < \epsilon\}$$

이 D에 포함되도록 하는 양수 $\epsilon > 0$이 존재할 때, 집합 D를 **개집합**(open set)이라고 한다.

$D \subset \mathbb{R}^n$을 개집합이라 하고 함수 $F: D \to \mathbb{R}^m$이 $F = (f_1, \cdots, f_m)$일 때, 모든 $i = 1, \cdots, m$에 대하여 $f_i: D \to \mathbb{R}$가 미분가능하면 F가 미분가능하다고 한다. 또, E가 $\mathbb{R}^n$의 다른 개집합일 때 함수 $F: D \to E$의 역함수$F^{-1}: E \to D$가 존재하고 미분가능하면 F를 미분동형사상이라 하고 이 경우 두 집합 D와 E를 **미분동형**(diffeomorphic)이라고 한다. D가 $\mathbb{R}^n$의 개집합일 때 기호 $D \subset \mathbb{R}^n$으로 나타내자.

정리 2.3.2 함 수

$$D \subset \mathbb{R}^n \xrightarrow{F} E \subset \mathbb{R}^m \xrightarrow{G} \mathbb{R}^l$$

이 미분가능하면 합성함수 $G \circ F: D \to \mathbb{R}^l$도 미분가능하다.

증명

다변수해석학 또는 고등미적분학에서 성립하는 기본적인 성질이다.

3차원 유클리드 공간 $\mathbb{R}^3$에서 정의된 벡터를 n차원 유클리드 공간 $\mathbb{R}^n$에 같은 방법으로 정의할 수 있다. 다시 말해서 $\mathbf{v}_\mathbf{p}$가 점 $\mathbf{p} \in \mathbb{R}^n$에서 $\mathbb{R}^n$에 접하는 접벡터라는 것은 $\mathbb{R}^n$의 두 벡터 $\mathbf{v}$와 $\mathbf{p}$로 구성되어 있는 순서쌍을 말한다. 또, 점 $\mathbf{p}$에서 $\mathbb{R}^n$에 접하는 접벡터 전체의 집합을 $T_\mathbf{p}\mathbb{R}^n$으로 나타낸다(2장1절 연습문제 참고).

정의 2.3.3 $D \subset \mathbb{R}^n$을 개집합이라 하고 $F: D \to \mathbb{R}^m$을 미분가능한 함수라 하자. $\mathbf{v}_\mathbf{p} \in T_\mathbf{p}\mathbb{R}^n$에 대하여, $dF_\mathbf{p}(\mathbf{v}_\mathbf{p})$를 곡선 $t \to F(\mathbf{p} + t\mathbf{v})$의 $t = 0$에서의 미분계수로 정의한다. 즉,

$$dF_\mathbf{p}(\mathbf{v}_\mathbf{p}) = (F(\mathbf{p} + t\mathbf{v}))'(0)$$

그리고 사상 $dF_\mathbf{p}: T_\mathbf{p}\mathbb{R}^n \to T_{F(\mathbf{p})}\mathbb{R}^m$을 함수$F$의 **미분사상**(differential)이라고 한다.

정리 2.3.4 $\mathbf{v_p} \in T_\mathbf{p}\mathbb{R}^n$이고 $F: \mathbb{R}^n \to \mathbb{R}^m$, $F = (f_1, \cdots, f_m)$이 미분가능하면

$$dF_\mathbf{p}(\mathbf{v_p}) = (\mathbf{v_p}[f_1], \cdots, \mathbf{v_p}[f_m])_{F(\mathbf{p})} \tag{2.3.1}$$

증명

곡선 β를

$$\beta(t) = F(\mathbf{p}+t\mathbf{v}) = (f_1(\mathbf{p}+t\mathbf{v}), f_2(\mathbf{p}+t\mathbf{v}), \cdots, f_m(\mathbf{p}+t\mathbf{v}))$$

로 정의하면 정의에 의해 $\beta'(0) = dF_\mathbf{p}(\mathbf{v_p})$이다. 방향도함수의 정의에 의해

$$\frac{d}{dt}(f_i(\mathbf{p}+t\mathbf{v}))\bigg|_{t=0} = \mathbf{v_p}[f_i]$$

이므로

$$dF_\mathbf{p}(\mathbf{v}) = (\mathbf{v_p}[f_1], \cdots, \mathbf{v_p}[f_m])$$

따름정리 2.3.5 미분가능한 함수 $F: \mathbb{R}^n \to \mathbb{R}^m$에 대하여 각 점 $\mathbf{p} \in \mathbb{R}^n$에서의 미분사상

$$dF_\mathbf{p}: T_\mathbf{p}\mathbb{R}^n \to T_{F(\mathbf{p})}\mathbb{R}^m$$

은 선형사상이다.

증명

$\mathbf{v}$와 $\mathbf{w}$가 점 $\mathbf{p}$에서의 접벡터라고 할 때, 임의의 두 실수 a, b에 대하여

$$dF_\mathbf{p}(a\mathbf{v}+b\mathbf{w}) = a\,dF_\mathbf{p}(\mathbf{v}) + b\,dF_\mathbf{p}(\mathbf{w})$$

가 성립함을 보이면 된다. 그런데 이것은 정리 2.2.4와 정리 2.3.4에 의해 자명하다.

n차원 유클리드 공간 $\mathbb{R}^n$의 표준기저를

$$\mathbf{e}_1 = (1, 0, \cdots, 0),\ \mathbf{e}_2 = (0, 1, 0, \cdots, 0),\ \cdots,\ \mathbf{e}_n = (0, \cdots, 0, 1)$$

로 놓으면 식 (2.2.2)와 식 (2.3.1)에 의해

$$\begin{aligned} dF_\mathbf{p}((\mathbf{e}_i)_\mathbf{p}) &= ((\mathbf{e}_i)_\mathbf{p}[f_1], \cdots, (\mathbf{e}_i)_\mathbf{p}[f_m]) \\ &= \left(\frac{\partial f_1}{\partial x_i}(\mathbf{p}), \frac{\partial f_2}{\partial x_i}(\mathbf{p}), \cdots, \frac{\partial f_m}{\partial x_i}(\mathbf{p})\right) \end{aligned}$$

이다. 따라서

$$dF_{\mathbf{p}}((\mathbf{e}_i)_p) = \frac{\partial F}{\partial x_i}(\mathbf{p})$$

다음에는 1장에서 배운 곡선과 방향도함수 또는 곡선의 미분에 대한 관계식을 알아보자.

참고 2.3.6 $p \in \mathbb{R}$ 이고 $1_p \in T_p\mathbb{R}$ 를 접벡터라 하자. 임의의 함수 $f: \mathbb{R} \to \mathbb{R}$ 에 대하여

$$1_p[f] = \frac{d}{dt}(f(p+t \cdot 1))\bigg|_{t=0} = f'(p)$$

가 성립한다.

도움정리 2.3.7 $\alpha: (a, b) \to \mathbb{R}^3$이 미분가능한 곡선이면 각 점 $p \in (a, b)$에 대하여

$$d\alpha_p(1_p) = \alpha'(p)$$

증명

곡선 α를 $\alpha(p) = (x(p), y(p), z(p))$로 놓으면 참고 2.3.6에 의해

$$1_p[x] = x'(p), \quad 1_p[y] = y'(p), \quad 1_p[z] = z'(p)$$

이므로 정리 2.3.4로부터

$$d\alpha_p(1_p) = (1_p[x], 1_p[y], 1_p[z]) = (x'(p), y'(p), z'(p)) = \alpha'(p)$$

정리 2.3.8 $F: \mathbb{R}^3 \to \mathbb{R}^m$이 미분가능한 함수이면 미분가능한 곡선 $\alpha: (a, b) \to \mathbb{R}^3$와 모든 $a < t < b$에 대하여

$$(F \circ \alpha)'(t) = dF_{\alpha(t)}(\alpha'(t))$$

증명

$F=(f_1, f_2, \cdots, f_m)$, $f_i: \mathbb{R}^3 \to \mathbb{R}$ 이고 $\alpha(t)=(x_1(t), x_2(t), x_3(t))$라고 하면
$(F \circ \alpha)(t)=(f_1 \circ \alpha(t), f_2 \circ \alpha(t), \cdots, f_m \circ \alpha(t))$
이고 각각의 $i=1, 2, \cdots, m$에 대하여 연쇄법칙과 도움정리 2.2.3을 적용하면

$$\begin{aligned}(f_i \circ \alpha)'(t) &= \sum_{j=1}^{3} \frac{\partial f_i}{\partial x_j} x_j'(t) \\ &= \alpha'(t)[f_i]\end{aligned}$$

따라서 정리 2.3.4에 의해

$$\begin{aligned}(F \circ \alpha)'(t) &= (f_1 \circ \alpha'(t), f_2 \circ \alpha'(t), \cdots, f_m \circ \alpha'(t)) \\ &= (\alpha'(t)[f_1], \alpha'(t)[f_2], \cdots, \alpha'(t)[f_m]) = dF(\alpha'(t))\end{aligned}$$

따름정리 2.3.9 $\mathbf{v_p} \in \mathbb{R}^3$이고 $F: \mathbb{R}^3 \to \mathbb{R}^m$은 미분가능한 함수라고 하자. $\alpha: (a, b) \to \mathbb{R}^3$가 $\alpha(0)=\mathbf{p}$이고 $\alpha'(0)=\mathbf{v_p}$인 곡선이면

$$dF_{\mathbf{p}}(\mathbf{v_p})=(F \circ \alpha)'(0)$$

증명

정리 2.3.8에 의해

$$dF_{\mathbf{p}}(\mathbf{v_p})=dF_{\mathbf{p}}(\alpha'(0))=(F \circ \alpha)'(0)$$

따름정리 2.3.10 함수

$$D \subset \mathbb{R}^3 \xrightarrow{F} E \subset \mathbb{R}^3 \xrightarrow{G} \mathbb{R}^l$$

이 미분가능하면

$$d(G \circ F)=dG \circ dF$$

증명

곡선 α가 $\alpha(0)=\mathbf{p}$ 이고 $\alpha'(0)=\mathbf{v}$이면 따름정리 2.3.9에 의해

$$\begin{aligned}d(G \circ F)_{\mathbf{p}}(\mathbf{v_p}) &= ((G \circ F) \circ \alpha)'(0)=(G \circ (F \circ \alpha))'(0) \\ &= dG_{F(\mathbf{p})}((F \circ \alpha)'(0))=dG_{F(\mathbf{p})}(dF_{\mathbf{p}}(\alpha'(0)) \\ &= dG_{F(\mathbf{p})} \circ dF_{\mathbf{p}}(\mathbf{v_p})\end{aligned}$$

참고 2.3.11 3차원 유클리드 공간에 놓여 있는 곡선만을 생각하였기 때문에 도움정리 2.3.7부터 따름정리 2.3.10까지에서 다변수함수의 정의역을 3차원 유클리드 공간으로 제한하였다. 그러나 곡선을 임의 차원의 유클리드 공간에서 정의하면 위에서 언급한 정리들은 모두 임의 차원의 유클리드 공간에서 성립한다.

정의 2.3.12 $F: \mathbb{R}^n \to \mathbb{R}^m$, $F=(f_1, \cdots, f_m)$이 미분가능한 함수라 하자. 각 점 $\mathbf{p} \in \mathbb{R}^n$에서 F의 **야코비행렬**(Jacobian matrix) $\mathfrak{J}(F)$는 다음과 같이

$$\mathfrak{J}(F)=\begin{pmatrix} \dfrac{\partial f_1}{\partial x_1} & \cdots & \dfrac{\partial f_1}{\partial x_n} \\ \vdots & \ddots & \vdots \\ \dfrac{\partial f_m}{\partial x_1} & \cdots & \dfrac{\partial f_m}{\partial x_n} \end{pmatrix}$$

정의되는 $m \times n$행렬이다.

$\mathbf{p}$, $\mathbf{v} \in \mathbb{R}^n$, $\mathbf{v}=(v_1, v_2, \cdots, v_n)$이면 미분사상 dF의 값 $dF_{\mathbf{p}}(\mathbf{v}_{\mathbf{p}})$는 야코비행렬 $\mathfrak{J}(F)(\mathbf{p})$에 벡터 $\mathbf{v}$를 곱한 벡터

$$\mathfrak{J}(F)(\mathbf{p})(\mathbf{v})=\begin{pmatrix} \dfrac{\partial f_1}{\partial x_1}(\mathbf{p}) & \cdots & \dfrac{\partial f_1}{\partial x_n}(\mathbf{p}) \\ \vdots & \ddots & \vdots \\ \dfrac{\partial f_m}{\partial x_1}(\mathbf{p}) & \cdots & \dfrac{\partial f_m}{\partial x_n}(\mathbf{p}) \end{pmatrix}\begin{pmatrix} v_1 \\ v_2 \\ v_3 \\ \vdots \\ v_n \end{pmatrix}$$

을 행벡터로 간주한 값 같다. 따라서 $dF=\mathfrak{J}(F)$로 생각할 수도 있다.

도움정리 2.3.13 $F: \mathbb{R}^n \to \mathbb{R}^m$을 미분가능한 함수라 하고 $\mathbf{p} \in \mathbb{R}^n$이라고 하자. $dF_{\mathbf{p}}: T_{\mathbf{p}}\mathbb{R}^n \to T_{F(\mathbf{p})}\mathbb{R}^m$이 단사함수일 필요충분조건은 F의 야코비행렬 $\mathfrak{J}(F)(\mathbf{p})$의 계수(rank)가 $\min\{n, m\}$이다.

벡터공간에서 정의된 선형사상 $A: V \to W$의 계수(rank)는 A의 치역의 차원으로 정의한다. 즉, $\mathrm{rank}(A)=\dim(A(V))$으로 정의하고 A의 핵(kernel)을 $\ker(A)=\{v \in V \mid Av=0\}$으로 정의한다. A가 단사함수일 필요충분조건은 $\ker(A)=0$인 것임을 쉽게 증명할 수 있다. 또, 선형사상에 관하여 다음 식이 성립한다.

$$\dim(V) = \ker(A) + \text{rank}(A)$$

따라서 $n > m$이면 선형사상 $dF_{\mathbf{p}}: \mathrm{T}_{\mathbf{p}}\mathbb{R}^n \to \mathrm{T}_{F(\mathbf{p})}\mathbb{R}^m$은 단사함수가 될 수 없다. 즉, 선형사상 $dF_{\mathbf{p}}$이 단사함수이면 $n \le m$이고 이 경우 $dF_{\mathbf{p}}$의 계수는 n이다.

야코비행렬의 행렬식은 다변수함수가 국소적으로 역함수를 갖는지에 대한 조건을 제시해준다.

정리 2.3.14 (역함수의 정리) $F: \mathbb{R}^n \to \mathbb{R}^n$을 미분가능한 함수라 하자. 점 $\mathbf{p} \in \mathbb{R}^n$에서 F의 야코비행렬식 $\det(\mathfrak{J}(F)) = \det(dF_{\mathbf{p}})$가 0이 아니면 $F|_D: D \to F(D)$가 미분동형사상이 되는 점 $\mathbf{p}$의 근방 D가 존재한다.

음함수의 정리도 역함수의 정리와 마찬가지로 임의 차원의 유클리드 공간에서 성립하지만, 여기서는 3차원 유클리드 공간에 대해서만 언급하겠다. $\mathbb{R}^3$를 $\mathbb{R}^2 \times \mathbb{R}$로 간주하고 좌표를 (x, y, z)로 나타내자.

정리 2.3.15 (음함수의 정리) 미분가능한 함수 $f: \mathbb{R}^2 \times \mathbb{R} \to \mathbb{R}$에 대하여 점 $\mathbf{p} = (x_0, y_0, z_0) \in \mathbb{R}$에서 $f(\mathbf{p}) = 0$이고 $\frac{\partial f}{\partial z}(\mathbf{p}) \neq 0$이면 $\mathbb{R}^2$에서 (x_0, y_0)의 적당한 근방 D와 미분가능한 함수 $g: D \to \mathbb{R}$가 존재하여 $z_0 = g(x_0, y_0)$이고 각 점 $(x, y) \in D$에 대하여 $f(x, y, g(x, y)) = 0$을 만족시킨다.

음함수의 정리는 독립변수가 세 개인 함수가 적당한 조건을 만족시키면 한 변수를 다른 두 변수의 함수로 나타낼 수 있음을 의미한다. 정리 2.3.15의 경우에는 집합 D 위에서 세 번째 변수 z를 $z = g(x, y)$의 형태로 나타낼 수 있다는 것을 의미한다.

역함수의 정리와 음함수의 정리의 증명은 이 책의 끝부분에 있는 부록에서 확인할 수 있다.

참고 2.3.16 역함수의 정리와 음함수의 정리는 국소적 성질이므로 유클리드 공간의 개부분집합에서 국소적으로 나타낼 수도 있다.

연습문제

01. 함수 $F: \mathbb{R}^3 \to \mathbb{R}^3$, $F(x, y, z) = (x\cos y, x\sin y, z)$에 대하여 $\mathbf{v}, \mathbf{p} \in \mathbb{R}^3$이 다음과 같이 주어질 때 $dF_{\mathbf{p}}(\mathbf{v})$를 구하여라.

(1) $\mathbf{v} = (2, -1, 3)$, $\mathbf{p} = (0, 0, 0)$

(2) $\mathbf{v} = (2, -1, 3)$, $\mathbf{p} = \left(2, \dfrac{\pi}{2}, \pi\right)$

02. 함수 $F: \mathbb{R}^3 \to \mathbb{R}^3$, $F(x, y, z) = (ye^x, xe^{2y}, z + xy)$에 대하여 $\mathbf{v}, \mathbf{p} \in \mathbb{R}^3$이 다음과 같이 주어질 때, $dF_{\mathbf{p}}(\mathbf{v})$를 구하여라.

(1) $\mathbf{v} = (2, 1, -3)$, $\mathbf{p} = (0, 0, 0)$

(2) $\mathbf{v} = (0, 1, 1)$, $\mathbf{p} = (1, 4, 5)$

(3) $\mathbf{v} = (1, 1, 0)$, $\mathbf{p} = (3, 1, -2)$

03. $F: \mathbb{R}^3 \to \mathbb{R}^2$이 $F(\mathbf{0}) = (1, 2)$, $\mathfrak{J}(F)(\mathbf{p}) = \begin{pmatrix} 1 & 0 & 2 \\ 0 & 1 & 1 \end{pmatrix}$이고 $G: \mathbb{R}^2 \to \mathbb{R}^2$, $G(x, y) = (x + 2y + 1, xy)$일 때, $\mathfrak{J}(G \circ F)(\mathbf{0})$을 구하여라.

04. 함수 $F, G: \mathbb{R}^2 \to \mathbb{R}^2$이 각각 $F(x, y) = (x + y, x - y)$, $G(x, y) = (e^x, e^y)$일 때, $\mathfrak{J}(F)$, $\mathfrak{J}(G)$, $\mathfrak{J}(G \circ F)$를 구하고 $\mathfrak{J}(G \circ F) = \mathfrak{J}(G) \circ \mathfrak{J}(F)$임을 확인하여라. 여기서 $\mathfrak{J}(G) \circ \mathfrak{J}(F)$은 두 행렬의 곱을 나타낸다.

05. $F: \mathbb{R}^2 \to \mathbb{R}^2$, $F(x, y) = (x^2 - y^2, 2xy)$는 $\mathbb{R}^2 - \{(0, 0)\}$에서 국소적 미분동형사상임을 보여라.

06. 함수 $F: \mathbb{R}^2 \to \mathbb{R}^2$이 $F(x, y) = (e^x \cos y, e^x \sin y)$일 때 다음 물음에 답하여라.

(1) 야코비행렬 $\mathfrak{J}(F)$과 야코비행렬식 $\det(\mathfrak{J}(F))$를 구하여라.

(2) $D = \{(x, y) \in \mathbb{R}^2 | -\infty < x < \infty, 0 < y < 2\pi\}$라 할 때 $F_D: D \to \mathbb{R}^2$은 단사함수인가? 치역 $F(D)$를 구하여라.

07. 함수 $G: \mathbb{R}^2 \to \mathbb{R}^2$, $G(x, y) = (\cosh x \cos y, \sinh x \sin y)$일 때,

(1) 야코비행렬 $\mathfrak{J}(G)$와 야코비행렬식 $\det(\mathfrak{J}(G))$를 구하여라.

(2) $D = \{(x, y) \in \mathbb{R}^2 | x > 0\}$이면 G는 D에서 국소적으로 역함수를 가짐을 보여라.

(3) $E = \{(x, y) \in \mathbb{R}^2 | x > 0, 0 < y < 2\pi\}$이면 $G|_E: E \to G(E)$는 미분동형사상임을 보여라. 또, $G(E)$를 구하여라.

2.4 벡터장

미분가능한 곡선에서 정의된 벡터장을 확장하여 3차원 유클리드 공간의 개부분집합에서 정의된 벡터장을 정의하자. 벡터장은 유체의 흐름이나 자기장 등을 설명하는데 필요한 개념이기도 하다.

정의 2.4.1 (1) $\mathbb{R}^3$의 각 점 $\mathbf{p} \in \mathbb{R}^3$에 대하여 접벡터 $V(\mathbf{p}) \in T_{\mathbf{p}}\mathbb{R}^3$을 대응시키는 사상 V를 $\mathbb{R}^3$의 **벡터장**(vector field)이라고 한다.

(2) 벡터장 V와 미분가능한 함수 $f: \mathbb{R}^3 \to \mathbb{R}$에 대하여 $V[f]$는 다음과 같이

$$V[f](\mathbf{p}) = V(\mathbf{p})[f]$$

정의되는 함수이다.

정의 2.4.2 $\mathbb{R}^3$의 **자연좌표함수**(natural coordinate functions)는 좌표축 $x_1 = x$, $x_2 = y$, $x_3 = z$를 나타내는 함수로 점 $\mathbf{p} = (p_1, p_2, p_3)$에 대하여

$$x_i(\mathbf{p}) = p_i \quad (i = 1, 2, 3)$$

로 정의되는 함수이다.

2차원 유클리드 평면 $\mathbb{R}^2$의 자연좌표함수는 종종 (u, v)로 나타낸다.

정의 2.4.3 $\mathbb{R}^3$의 벡터장 $U_i (i = 1, 2, 3)$는 다음과 같이 정의된 벡터장이다.

$$U_1(\mathbf{p}) = (1, 0, 0)_{\mathbf{p}}$$
$$U_2(\mathbf{p}) = (0, 1, 0)_{\mathbf{p}}$$
$$U_3(\mathbf{p}) = (0, 0, 1)_{\mathbf{p}}$$

벡터장 $\{U_1, U_2, U_3\}$을 **자연틀마당**(natural frame field)이라고 한다.

도움정리 2.4.4 미분가능한 함수 $f: \mathbb{R}^3 \to \mathbb{R}$에 대하여

$$U_i[f] = \frac{\partial f}{\partial x_i} \quad (i = 1, 2, 3)$$

이 성립한다. 특히

$$U_i[x_j] = \delta_{ij} = \begin{cases} 1 & i = j \\ 0 & i \neq j \end{cases}$$

증명

$\mathbf{p} \in \mathbb{R}^3$을 임의의 점이라고 하고 $U_i(\mathbf{p})$의 성분을 $U_i(\mathbf{p}) = (v_{1i}, v_{2i}, v_{3i})$로 놓으면

$$v_{ji} = \delta_{ji} = \begin{cases} 1 & i = j \\ 0 & i \neq j \end{cases}$$

이므로 도움정리 2.2.3에 의해

$$\begin{aligned} U_i[f](\mathbf{p}) = U_i(\mathbf{p})[f] &= \sum_{j=1}^{3} v_{ji} \frac{\partial f}{\partial x_j}(\mathbf{p}) \\ &= \frac{\partial f}{\partial x_i}(\mathbf{p}) \end{aligned}$$

따라서 $U_i[f] = \dfrac{\partial f}{\partial x_i}$이므로 특히 $f = x_j$이면

$$U_i[x_j] = \frac{\partial x_j}{\partial x_i} = \delta_{ij}$$

정의 2.4.5 $\mathbb{R}^3$의 벡터장 X와 Y에 대하여 합과 내적을

$$(X + Y)(\mathbf{p}) = X(\mathbf{p}) + Y(\mathbf{p})$$
$$(X \cdot Y)(\mathbf{p}) = X(\mathbf{p}) \cdot Y(\mathbf{p})$$

로 정의한다. 또, 실수 $a \in \mathbb{R}$와 함수 $f: \mathbb{R}^3 \to \mathbb{R}$에 대하여 벡터장의 실수곱과 함수곱을

$$(aX)(\mathbf{p}) = aX(\mathbf{p})$$
$$(fX)(\mathbf{p}) = f(\mathbf{p})X(\mathbf{p})$$

로 정의한다.

다음 정리에 의하면 자연틀마당은 벡터장의 기저가 된다.

정리 2.4.6 V가 $\mathbb{R}^3$의 벡터장이면

$$V = \sum_{i=1}^{3} v_i U_i \tag{2.4.1}$$

를 만족시키는 함수 $v_i : \mathbb{R}^3 \to \mathbb{R}$ $(i = 1, 2, 3)$이 유일하게 존재한다.

증명

각 점 $\mathbf{p} \in \mathbb{R}^3$에 대하여 $V(\mathbf{p}) \in T_{\mathbf{p}}\mathbb{R}^3$이므로 $V(\mathbf{p})$의 성분을

$$(v_1(\mathbf{p}),\ v_2(\mathbf{p}),\ v_3(\mathbf{p}))$$

로 나타낼 수 있다. 따라서

$$\begin{aligned} V(\mathbf{p}) &= (v_1(\mathbf{p}),\ v_2(\mathbf{p}),\ v_3(\mathbf{p}))_{\mathbf{p}} \\ &= v_1(\mathbf{p})(1,\ 0,\ 0)_{\mathbf{p}} + v_2(\mathbf{p})(0,\ 1,\ 0)_{\mathbf{p}} + v_3(\mathbf{p})(0,\ 0,\ 1)_{\mathbf{p}} \\ &= v_1(\mathbf{p})U_1(\mathbf{p}) + v_2(\mathbf{p})U_2(\mathbf{p}) + v_3(\mathbf{p})U_3(\mathbf{p}) \end{aligned}$$

그러므로

$$V = \sum_{i=1}^{3} v_i U_i$$

도움정리 2.4.4에 의해 $V = \sum_{i=1}^{3} v_i U_i$가 $\mathbb{R}^3$의 벡터장이고 $f : \mathbb{R}^3 \to \mathbb{R}$가 미분가능한 함수이면

$$V[f] = \sum_{i=1}^{3} v_i \frac{\partial f}{\partial x_i} \tag{2.4.2}$$

가 성립한다.

정의 2.4.7 벡터장 V를 식 (2.4.1)로 나타내었을 때, 성분함수 v_i $(i = 1, 2, 3)$가 모두 미분 가능하면 V를 미분가능한 벡터장이라고 한다.

정의 2.4.1과 정의 2.4.5에 의하여 다음이 성립한다: 미분가능한 함수 $f,\ g : \mathbb{R}^3 \to \mathbb{R}$와 실수 $a \in \mathbb{R}$에 대하여

$$(X+Y)[f] = X[f] + Y[f]$$
$$(aX)[f] = aX[f]$$
$$(gX)[f] = gX[f]$$

도움정리 2.4.8 X와 Y가 미분가능한 벡터장이면 실수 $a \in \mathbf{R}$와 미분가능한 함수 $f: \mathbb{R}^3 \to \mathbb{R}$에 대하여 $X+Y$, aX, fX도 미분가능한 벡터장이고 $X \cdot Y$는 미분가능한 함수이다.

$\mathbb{R}^3$의 벡터장 X와 Y에 대하여 $X \times Y$를

$$X \times Y(\mathbf{p}) = X(\mathbf{p}) \times Y(\mathbf{p})$$

로 정의하자. X와 Y가 미분가능하면 $X \times Y$도 미분가능한 벡터장임을 알 수 있다.

끝으로, 미분가능한 함수의 그래디언트에 대하여 알아보자.

정의 2.4.9 $g: \mathbb{R}^3 \to \mathbb{R}$가 미분가능한 함수일 때, g의 **그래디언트**(gradient) ∇g는

$$\nabla g = \sum_{i=1}^{3} \frac{\partial g}{\partial x_i} U_i$$

로 정의되는 벡터장이다.

도움정리 2.4.10 미분가능한 함수 $g: \mathbb{R}^3 \to \mathbb{R}$의 그래디언트는 임의의 미분가능한 벡터장 V에 대하여

$$\nabla g \cdot V = V[g]$$

를 만족시키는 유일한 벡터장이다.

증명

$V = \sum_{j=1}^{3} v_j U_j$로 놓으면 식 (2.4.2)에 의해

$$V[g] = \sum_{i=1}^{3} v_i \frac{\partial g}{\partial x_i}$$

정의에 의해

$$\begin{aligned} \nabla g \cdot V &= \left(\sum_{i=1}^{3} \frac{\partial g}{\partial x_i} U_i \right) \cdot \left(\sum_{j=1}^{3} v_j U_j \right) \\ &= \sum_{i,j=1}^{3} v_j \frac{\partial g}{\partial x_i} (U_i \cdot U_j) \\ &= \sum_{i,j=1}^{3} v_j \frac{\partial g}{\partial x_i} \delta_{ij} = \sum_{i=1}^{3} v_i \frac{\partial g}{\partial x_i} \end{aligned}$$

따라서

$$V \cdot \nabla g = V[g]$$

역으로, $\mathbb{R}^3$의 벡터장 $W = \sum_{i=1}^{3} w_i U_i$가 모든 벡터장 V에 대하여 $W \cdot V = V[g]$를 만족시킨다고 가정하면 $W \cdot V = \sum_{i=1}^{3} w_i v_i$이므로

$$\sum_{i=1}^{3} v_i w_i = \sum_{i=1}^{3} v_i \frac{\partial g}{\partial x_i}$$

$V = \sum_{j=1}^{3} v_j U_j$가 임의의 벡터장이므로 각 $i = 1, 2, 3$에 대하여

$$w_i = \frac{\partial g}{\partial x_i}$$

이 성립한다. 따라서

$$W = \sum_{i=1}^{3} w_i U_i = \sum_{i=1}^{3} \frac{\partial g}{\partial x_i} U_i = \nabla g$$

연습문제

01. $V = xU_1 + yU_2$, $W = 2x^2U_2 - U_3$일 때 $W - xV$를 구하고 점 $\mathbf{p} = (-1,\ 0,\ 2)$에서의 값을 계산하여라.

02. $\mathbf{p} = (p_1,\ p_2,\ p_3) \in \mathbb{R}^3$에 대하여 벡터장 $V(\mathbf{p}) = (p_1,\ p_2 - p_1,\ p_3 - p_2)$일 때 V를 $\sum_{i=1}^{3} v_i U_i$의 형태로 나타내어라.

03. $\mathbb{R}^3$의 벡터장 V와 함수 $f: \mathbb{R}^3 \to \mathbb{R}$ 가 다음과 같을 때, $V[f]$를 구하여라.

(1) $V = xU_1 + yU_2 + zU_3$, $f(x,\ y,\ z) = xy - 2xz$

(2) $V = \dfrac{y}{\sqrt{x^2+y^2+z^2}}U_1 + \dfrac{x}{\sqrt{x^2+y^2+z^2}}U_2 + U_3$, $f(x,\ y,\ z) = xy\cos z$

(3) $V = \sin x\, U_1 + \cos y\, U_2 + xzU_3$, $f(x,\ y,\ z) = xe^y \sin z$

(4) $V = y^2U_1 + (2xy + e^{3z})U_2 + 3ye^{3z}U_3$, $f(x, y, z) = z + y + z$

(5) $V = yzU_1 + xzU_2 + xyU_3$, $f(x,\ y,\ z) = x^2y^4 + x^4z^3$

04. 도움정리 2.4.8을 증명하여라.

05. X와 Y가 $\mathbb{R}^3$의 미분가능한 벡터장일 때, $X \times Y$도 미분가능한 벡터장임을 보여라.

06. $f(x,\ y,\ z) = xe^y \cos z$일 때 ∇f를 구하여라.

07. 미분가능한 벡터장 $V = \sum_{i=1}^{3} v_i U_i$에 대하여 회전(curl), $\mathrm{curl}(V)$를

$$\mathrm{curl}(V) = \left(\frac{\partial v_3}{\partial y} - \frac{\partial v_2}{\partial z}\right)U_1 + \left(\frac{\partial v_1}{\partial z} - \frac{\partial v_3}{\partial x}\right)U_2 + \left(\frac{\partial v_2}{\partial x} - \frac{\partial v_1}{\partial y}\right)U_3$$

로 정의한다. 다음 물음에 답하여라.

(1) $V = xzU_1 + xyzU_2 - y^2U_3$일 때, $\mathrm{curl}(V)$를 구하여라.

(2) $f: \mathbb{R}^3 \to \mathbb{R}$가 미분가능한 함수이면

$$\mathrm{curl}(\nabla f) = 0$$

임을 보여라.

08. 미분가능한 벡터장 $V = \sum_{i=1}^{3} v_i U_i$에 대하여 발산(divergence), $\mathrm{div}(V)$를

$$\mathrm{div}(V) = \frac{\partial v_1}{\partial x} + \frac{\partial v_2}{\partial y} + \frac{\partial v_3}{\partial z}$$

로 정의한다. 다음 물음에 답하여라.

(1) $V = yzU_1 + xzU_2 + xyU_3$일 때, $\mathrm{div}(V)$를 구하여라.

(2) $V = (\log x)U_1 + (\log xy)U_2 + (\log xyz)U_3$일 때, $\mathrm{div}(V)$를 구하여라.

09. W가 모든 벡터장 V에 대하여 $\nabla_V W$와 W가 수직이 되는 벡터장이면 $\| W \|$는 상수임을 보여라(도움말 : 함수 $f: \mathbb{R}^3 \to \mathbb{R}$가 상수함수일 필요충분 조건은 $\frac{\partial f}{\partial x_1} = \frac{\partial f}{\partial x_2} = \frac{\partial f}{\partial x_3} = 0$이다).

10. 미분가능한 함수 $f: \mathbb{R}^3 \to \mathbb{R}$ 와 $\mathbf{v}_\mathbf{p} \in T_\mathbf{p}\mathbb{R}^3$에 대하여

$$df_\mathbf{p}(\mathbf{v}_\mathbf{p}) = \mathbf{v}_\mathbf{p}[f]$$

로 정의할 때, 다음 물음에 답하여라.

(1) 좌표함수 $x_1,\ x_2,\ x_3$와 $\mathbf{v}_\mathbf{p} = (v_1,\ v_2,\ v_3)_\mathbf{p} \in T_\mathbf{p}\mathbb{R}^3$에 대하여

$$dx_i(\mathbf{v}_\mathbf{p}) = v_i$$

임을 보여라.

(2) 함수 $f: \mathbb{R}^3 \to \mathbb{R}$ 가 미분가능하면

$$df = \sum_{i=1}^{3} \frac{\partial f}{\partial x_i} dx_i$$

임을 보여라.

(3) 미분가능한 함수 $f,\ g: \mathbb{R}^3 \to \mathbb{R}$ 에 대하여

$$d(f+g) = df + dg,\quad d(fg) = gdf + fdg$$

임을 보여라.

11. 미분가능한 함수 $f: \mathbb{R}^3 \to \mathbb{R}$ 와 벡터장 W에 대하여

$$df(W) = W[f]$$

로 정의할 때, 다음 물음에 답하여라.

(1) $df(U_i) = \dfrac{\partial f}{\partial x_i}$임을 보여라.

(2) $dx_i(U_j) = \delta_{ij}$임을 보여라.

(3) 함수 $g: \mathbb{R}^3 \to \mathbb{R}$ 와 벡터장 W에 대하여

$$df(gW) = gdf(W)$$

임을 보여라.

2.5 벡터장의 미분

이 절에서는 벡터장의 미분에 대하여 알아보자. 벡터장의 미분은 같은 변수에 따라서 움직이는 성분함수들의 미분이기 때문에 흔히 **공변미분**(covariant derivative)이라고 한다.

정의 2.5.1 W를 $\mathbb{R}^3$의 미분가능한 벡터장이라 하고 $\mathbf{v_p} \in T_\mathbf{p}\mathbb{R}^3$을 접벡터라 하자. 방향 $\mathbf{v_p}$에 대한 W의 공변미분은

$$\nabla_\mathbf{v} W = (W(\mathbf{p}+t\mathbf{v}))'(0)$$

로 정의한다(그림 2.2).

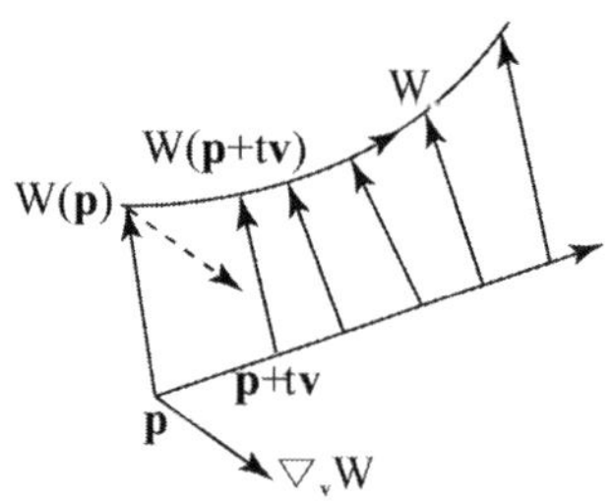

그림 2.2

여기서 $W(\mathbf{p}+t\mathbf{v})$의 미분은 벡터장 W의 점 $\mathbf{p}+t\mathbf{v}$에서의 벡터부분을 미분한 값이다. 따라서 $t=0$를 대입한 값인 공변미분 $\nabla_\mathbf{v} W$는 $T_\mathbf{p}\mathbb{R}^3$의 원소이다.

보기 2.5.2 $W = x^2U_1 + yzU_2 + xyU_3$이고 $\mathbf{p} = (1, 2, -1)$, $\mathbf{v} = (-1, 2, 1)$일 때, 벡터장 W에 대한 $\mathbf{v}$ 방향의 공변미분을 구하여라.

풀이.

$\mathbf{p}+t\mathbf{v} = (1-t, 2+2t, -1+t)$이므로

$W(\mathbf{p}+t\mathbf{v}) = ((1-t)^2, 2(t^2-1), 2(1-t^2))$이다.

따라서

$$\frac{d}{dt} W(\mathbf{p}+t\mathbf{v})\Big|_{t=0} = (-2, 0, 0) = -2U_1(\mathbf{p})$$

정리 2.5.3 $W=\sum w_i U_i$가 미분가능한 벡터장이고 $\mathbf{v_p}\in T_\mathbf{p}\mathbb{R}^3$이면

$$\nabla_\mathbf{v} W=\sum_{i=1}^{3}\mathbf{v_p}[w_i]U_i(\mathbf{p})$$

증명

정의로부터

$$W(\mathbf{p}+t\mathbf{v})=\sum_{i=1}^{3}w_i(\mathbf{p}+t\mathbf{v})U_i(\mathbf{p}+t\mathbf{v})$$

이고 공변미분은 $W(\mathbf{p}+t\mathbf{v})$의 벡터부분인 $w_i(\mathbf{p}+t\mathbf{v})$를 미분하면 된다.

$$\frac{d}{dt}w_i(\mathbf{p}+t\mathbf{v})\Big|_{t=0}=\mathbf{v}[w_i]$$

이므로

$$\frac{d}{dt}W(\mathbf{p}+t\mathbf{v})=\sum_{i=1}^{3}\frac{d}{dt}w_i(\mathbf{p}+t\mathbf{v})\Big|_{t=0}U_i(\mathbf{p})$$
$$=\sum_{i=1}^{3}\mathbf{v}[w_i]U_i(\mathbf{p})$$

정리 2.5.3과 방향도함수에 관한 성질을 나타내는 정리 2.2.4에 의하면 다음이 성립함을 쉽게 알 수 있다.

정리 2.5.4 $\mathbf{v_p}$, $\mathbf{w_p}\in T_\mathbf{p}\mathbb{R}^3$, $f:\mathbb{R}^3\to\mathbb{R}$ 이고 Y와 Z가 미분가능한 벡터장이라 하면 실수 a, $b\in\mathbb{R}$에 대하여

$$\nabla_{a\mathbf{v}+b\mathbf{w}}Y=a\nabla_\mathbf{v}Y+b\nabla_\mathbf{w}Y$$
$$\nabla_\mathbf{v}(aY+bZ)=a\nabla_\mathbf{v}Y+b\nabla_\mathbf{v}Z$$
$$\nabla_\mathbf{v}(fY)=\mathbf{v}[f]Y(\mathbf{p})+f(\mathbf{p})\nabla_\mathbf{v}Y$$
$$\mathbf{v_p}[Y\cdot Z]=\nabla_\mathbf{v}Y\cdot Z(\mathbf{p})+Y(\mathbf{p})\cdot\nabla_\mathbf{v}Z$$

도움정리 2.5.5 Y와 Z가 미분가능한 벡터장이면 $\mathbf{v_p}\in T_\mathbf{p}\mathbb{R}^3$에 대하여

$$\nabla_\mathbf{v}(Y\times Z)=\nabla_\mathbf{v}Y\times Z(\mathbf{p})+Y(\mathbf{p})\times\nabla_\mathbf{v}Z$$

증명

$Y=\sum_{i=1}^{3}y_iU_i,\ \ Z=\sum_{i=1}^{3}z_iU_i$로 놓으면

$$
\begin{aligned}
Y\times Z &= (y_2z_3-y_3z_2,\ y_3z_1-y_1z_3,\ y_1z_2-y_2z_1)\\
&=\sum_{i=1}^{3}(y_{i+1}z_{i+2}-y_{i+2}z_{i+1})\,U_i
\end{aligned}
$$

여기서 $y_4=y_1,\ y_5=y_2,\ z_4=z_1,\ z_5=z_2$이다. 따라서

$$
\begin{aligned}
\nabla_{\mathbf{v}}Y\times Z &= \sum_{i=1}^{3}\mathbf{v}[y_{i+1}z_{i+1}-y_{i+2}z_{i+1}]\,U_i(\mathbf{p})\\
&=\sum_{i=1}^{3}(\mathbf{v}[y_{i+1}]z_{i+2}(\mathbf{p})+y_{i+1}(\mathbf{p})v[z_{i+2}]-v[y_{i+2}]z_{i+1}(\mathbf{p})-y_{i+2}(\mathbf{p})v[z_{i+1}])\,U_i(\mathbf{p})\\
&=\sum_{i=1}^{3}(\mathbf{v}[y_{i+1}]z_{i+2}(\mathbf{p})-v[y_{i+2}]z_{i+1}(\mathbf{p}))\,U_i(p)\\
&\quad+\sum_{i=1}^{3}(y_{i+1}(\mathbf{p})v[z_{i+2}]-y_{i+2}(\mathbf{p})\mathbf{v}[z_{i+1}])\,U_i(p)\\
&=\nabla_{\mathbf{v}}Y\times Z(\mathbf{p})+Y(\mathbf{p})\times\nabla_{\mathbf{v}}Z
\end{aligned}
$$

정의 2.5.6 V와 W가 미분가능한 벡터장일 때, ∇_VW를

$$(\nabla_VW)(\mathbf{p})=\nabla_{V(\mathbf{p})}W$$

로 정의한다.

도움정리 2.5.7 ∇_VW는 벡터장이고 또 $W=\sum_{i=1}^{3}w_iU_i$이면

$$\nabla_VW=\sum_{i=1}^{3}V[w_i]\,U_i$$

증명

정의에 의해 ∇_VW는 벡터장이다. $W=\sum_{i=1}^{3}w_iU_i$ 이면

$$
\begin{aligned}
(\nabla_VW)(\mathbf{p}) &= \nabla_{V(\mathbf{p})}W=\sum_{i=1}^{3}V(\mathbf{p})[w_i]\,U_i(\mathbf{p})\\
&=\sum_{i=1}^{3}V[w_i](\mathbf{p})\,U_i(\mathbf{p})
\end{aligned}
$$

$$= \left(\sum_{i=1}^{3} V[w_i]U_i\right)(\mathbf{p})$$

보기 2.5.8 $V = xyU_1 + (x+z)U_2 + yU_3$, $W = y^2U_1 + xyU_3$일 때, $\nabla_V W$를 구하여라.

풀이. 공변미분의 정의와 성질에 의해

$$V[y^2] = (x+z)U_2[y^2] = 2y(x+z)$$

$$V[xy] = xyU_1[xy] + (x+z)U_2[xy] = x(x+y^2+z)$$

따라서

$$\nabla_V W = 2y(x+z)U_1 + x(x+y^2+z)U_3$$

따름정리 2.5.9 V, W, Y, Z가 각각 미분가능한 벡터장이고 $a, b \in \mathbb{R}$, $f, g: \mathbb{R}^3 \to \mathbb{R}$ 이면

$$\nabla_{fV+gW}Y = f\nabla_V Y + g\nabla_W Y$$

$$\nabla_V(aY+bZ) = a\nabla_V Y + b\nabla_V Z$$

$$\nabla_V(fY) = V[f]Y + f\nabla_V Y$$

$$V[Y \cdot Z] = \nabla_V Y \cdot Z + Y \cdot \nabla_V Z$$

증명

정의 2.5.6과 정리 2.5.4를 이용하면 쉽게 증명할 수 있다.

연습문제

01. $\mathbf{p}=(2,\ 0,\ -1)$, $\boldsymbol{v}=(2,\ 1,\ 1)$일 때, 다음 벡터장 W에 대하여 $\nabla_{\mathrm{v}} W$를 구하여라.

(1) $W=x^2U_1+yU_2$

(2) $W=xU_1+x^2U_2-z^2U_3$

02. $\mathbf{p}=(1,\ 1,\ 1)$, $\mathbf{v}=(3,\ -4,\ 5)$일 때, 다음 벡터장 W에 대하여 $\nabla_{\mathrm{v}} W$를 구하여라.

(1) $W=(y-x^2)U_1+(z-y^2)U_2+(x-z^2)U_3$

(2) $W=xyU_1+yzU_2+xzU_3$

(3) $W=x^2U_1+yzU_2+y^2U_3$

03. $V=-yU_1+zU_2+xU_3$이고 $W=\cos x\,U_1+\sin x\,U_2$일 때, 다음을 구하여라.

(1) $\nabla_V W$

(2) $\nabla_V V$

(3) $\nabla_V(z^2W)$

(4) $\nabla_W V$

(5) $\nabla_V(\nabla_V W)$

(6) $\nabla_V(xV-zW)$

04. $V=(y+z)U_1+(z+x)U_2+(x+y)U_3$,

$W=e^x\cos y\,U_1-e^x\sin y\,U_2+(xy+z)U_3$일 때, 다음을 구하여라.

(1) $\nabla_V W$

(2) $\nabla_W V$

(3) $\nabla_V(\nabla_V W)$

(4) $\nabla_W(\nabla_W V)$

(5) $\nabla_V(\nabla_W V) - \nabla_W(\nabla_V V)$

05. W가 $\mathbb{R}^3$의 미분가능한 벡터장이고 $\alpha : (a, b) \to \mathbb{R}^3$이 곡선일 때,

$$\nabla_{\alpha'(t)} W = (W \circ \alpha)'(t) \in \mathrm{T}_{\alpha(t)}\mathbb{R}^3$$

임을 증명하여라.

06. 두 벡터장 V, W에 대하여 $[V, W]$를

$$[V, W] = \nabla_V W - \nabla_W V$$

로 정의할 때, 다음 항등식을 증명하여라.

(1) $[V, W](f) = VW(f) - WV(f)$(단, $VW(f) = V(W(f))$이다)

(2) $[V, W] = -[W, V]$

(3) $[U, [V, W]] + [V, [W, U]] + [W, [U, V]] = 0$

(4) $[fV, gW] = fV[g]W - gW[f]V + fg[V, W]$

제 3 장 정칙곡면

3장에서는 정칙곡면을 정의하고 곡면 이론에서 필요한 기본적인 개념인 접평면, 제1 기본형식과 곡면의 넓이, 곡면의 방향성 등을 공부한다. 1장에서 배운 곡선의 정의를 살펴보면 곡면은 평면 $\mathbb{R}^2$의 개부분집합에서 $\mathbb{R}^3$으로 사상되는 미분가능한 함수로 정의하는 것이 자연스런 일반화처럼 보인다. 이때 곡면이 자충선(self-intersection)과 같은 이상한 현상이 생기지 않기 위해서는 함수의 조건을 강하게 해야 한다. 그러나 위상동형사상(homeomorphism)과 같이 함수의 조건을 강하게 하면 위상구조를 보존하는 성향이 강해지기 때문에 개집합의 상(image)는 개집합이 된다.

한편, 단위구와 같은 $\mathbb{R}^3$의 옹골집합(compact set)도 곡면의 범주에 포함시키는 것이 자연스럽다. 그러나 옹골집합인 단위구는 폐집합이므로 $\mathbb{R}^2$의 개부분집합에서 $\mathbb{R}^3$으로 사상되는 강한 조건을 갖는 하나의 함수로 표현하는 것이 불가능하다. 이러한 이유 때문에 곡면의 정의는 국소적으로 밖에 할 수 없다. 그리고 곡면을 국소적으로 정의하는 것은 미분기하학의 이론을 전개하는데 기호를 복잡하게 만들어, 이로 인해 미분기하학을 어려운 과목으로 인식하게 만드는 경향이 있다. 그러나 2장에서 공부한 다변수함수의 미분을 정확하게 이해하고 있다면 이러한 어려움은 모두 쉽게 극복할 수 있다.

1절에서는 곡면을 국소적으로 정의하는데 필요한 함수인 좌표함수(coordinate system)를 정의하고 그것의 성질을 알아본다. 2절에서는 곡면 위에서 겹치는 두 좌표함수의 성질과 곡면함수의 미분을 다룬다. 3절에서는 곡면 이론에서 기본이 되는 접평면을 공부하고, 4절에서는 제1기본형식과 넓이를 5절에서는 곡면의 방향성에 대하여 이야기한다.

3.1 정칙곡면의 정의

D가 $\mathbb{R}^2$의 개부분집합이고 $\mathbb{R}^2$의 좌표를 (u, v)로 나타내면 D에서 $\mathbb{R}^3$으로 사상되는 함수 $\mathbf{x} : D \to \mathbb{R}^3$은

$$\mathbf{x}(u, v) = (x(u, v), y(u, v), z(u, v))$$

로 나타낼 수 있다. 이때, $\mathbf{x}$의 성분함수 x, y, z가 모두 미분가능할 때 $\mathbf{x}$가 미분가능하다고 하고 이는 모든 차수의 편도함수들이 존재한다는 것을 의미한다. 따라서 $\mathbf{x}$가 미분가능하면 $\mathbf{x}$의 편도함수들은

$$\mathbf{x}_u(u, v) = \left(\frac{\partial x}{\partial u}(u, v), \frac{\partial y}{\partial u}(u, v), \frac{\partial z}{\partial u}(u, v)\right)$$
$$\mathbf{x}_v(u, v) = \left(\frac{\partial x}{\partial v}(u, v), \frac{\partial y}{\partial v}(u, v), \frac{\partial z}{\partial v}(u, v)\right)$$
$$\mathbf{x}_{uu}(u, v) = \left(\frac{\partial^2 x}{\partial u^2}(u, v), \frac{\partial^2 y}{\partial u^2}(u, v), \frac{\partial^2 z}{\partial u^2}(u, v)\right)$$

와 같이 나타낼 수 있고, $\mathbf{x}_{uv}$, $\mathbf{x}_{vv}$도 같은 방법으로 나타낼 수 있다. 다른 편도함수들도 똑같이 나타낼 수 있다. 한편, 미분가능한 함수

$$\mathbf{x} : D \to \mathbb{R}^3, \quad \mathbf{x}(u, v) = (x(u, v), y(u, v), z(u, v))$$

의 야코비행렬은

(3.1.1)
$$\mathfrak{J}(\mathbf{x}) = d\mathbf{x} = \begin{pmatrix} \frac{\partial x}{\partial u} & \frac{\partial x}{\partial v} \\ \frac{\partial y}{\partial u} & \frac{\partial y}{\partial v} \\ \frac{\partial z}{\partial u} & \frac{\partial z}{\partial v} \end{pmatrix} = \begin{pmatrix} \mathbf{x}_u \\ \mathbf{x}_v \end{pmatrix}$$

으로 주어진다. 따름정리 2.3.5에 의해 각 점 $\mathbf{p} \in D$에서

$$d\mathbf{x}_{\mathbf{p}} : \mathbb{R}^2 \to \mathbb{R}^3$$

은 선형사상이다.

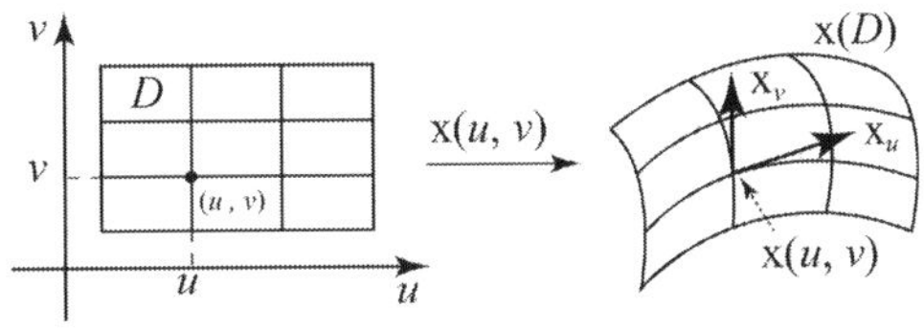

그림 3.1

앞으로 집합의 포함기호인 $D \subset \mathbb{R}^2$은 특별한 언급이 없으면 D가 $\mathbb{R}^2$의 개부분집합임을 나타내는 것으로 한다.

도움정리 3.1.1 미분가능한 함수 $\mathbf{x} : D \subset \mathbb{R}^2 \to \mathbb{R}^3$과 점 $(u_0, v_0) \in D$에 대하여 다음 네 가지 조건은 서로 동치이다.

(1) $\mathbf{x}_u(u_0, v_0)$, $\mathbf{x}_v(u_0, v_0)$는 일차독립이다.

(2) $\mathbf{x}_u(u_0, v_0) \times \mathbf{x}_v(u_0, v_0) \neq \mathbf{0}$

(3) $d\mathbf{x}_{(u_0, v_0)}$의 계수는 2이다.

(4) $d\mathbf{x}_{(u_0, v_0)}$는 단사(one-to-one) 선형사상이다.

증명

(1)과 (2)가 동치인 것은 1장 5절에서 이미 증명하였다. 한편

$$d\mathbf{x} = \begin{pmatrix} \mathbf{x}_u \\ \mathbf{x}_v \end{pmatrix}$$

이므로 도움정리 2.3.13에 의해 (1)과 (3), (3)과 (4)가 동치이다.

선형대수학의 이론에 의하면 점 $\mathbf{p} = (u_0, v_0) \in D$에서 $\mathbf{x}_u \times \mathbf{x}_v \neq \mathbf{0}$일 필요충분조건은 $\mathbf{x}$의 미분사상 $d\mathbf{x}$의 2×2 소행렬(minor matrix) 중의 하나가 점 $\mathbf{p}$에서 역행렬이 갖는 것이다. 즉 (3.1.1)로부터

$$\frac{\partial(x, y)}{\partial(u, v)} := \det\begin{pmatrix} \dfrac{\partial x}{\partial u} & \dfrac{\partial x}{\partial v} \\ \dfrac{\partial y}{\partial u} & \dfrac{\partial y}{\partial v} \end{pmatrix}, \quad \frac{\partial(y, z)}{\partial(u, v)}, \quad \frac{\partial(x, z)}{\partial(u, v)}$$

중 하나가 점 $\mathbf{p}$에서 0이 아니라는 사실과 동치이다.

정의 3.1.2 미분가능한 함수 $\mathbf{x}: D \subset \mathbb{R}^2 \to \mathbb{R}^3$에 대하여 점 $\mathbf{p} \in D$에서 $d\mathbf{x}$의 계수가 2일 때, $\mathbf{x}$를 점 $\mathbf{p}$에서 **정칙**(regular)이라고 한다. 그리고 모든 점 $(u, v) \in D$에서 정칙이면 $\mathbf{x}$를 D에서 정칙이라고 한다.

도움정리 3.1.1과 정의 3.1.2에 의하여 다음이 성립한다.

도움정리 3.1.3 미분가능한 함수 $\mathbf{x}: D \subset \mathbb{R}^2 \to \mathbb{R}^3$가 점 $\mathbf{p} \in D$에서 정칙일 필요충분조건은 $\mathbf{x}_u \times \mathbf{x}_v \neq \mathbf{0}$이다.

정의 3.1.4 $\mathbb{R}^3$의 부분집합 M이 각 점 $\mathbf{p} \in M$에 대하여 근방 $V \subset \mathbb{R}^3$과 미분가능한 함수 $\mathbf{x}: D \subset \mathbb{R}^2 \to V \cap M$이 존재하여 다음 두 가지 조건을 만족시킬 때, M을 **정칙곡면**(regular surface)이라고 한다.

(i) $\mathbf{x}: D \to V \cap M$은 위상동형사상(homeomorphism)이다.

(ii) $\mathbf{x}$는 정칙사상이다.

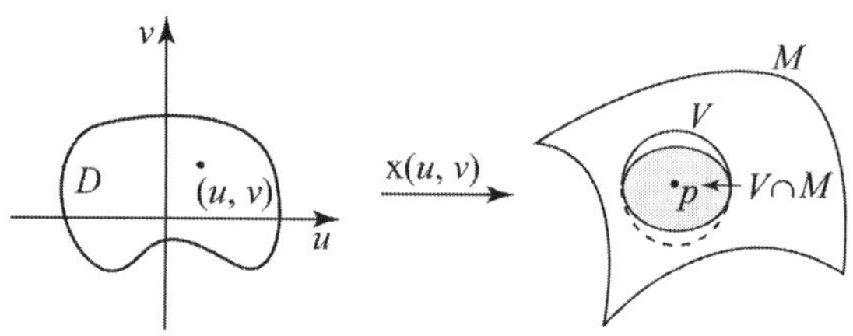

그림 3.2

연속함수 $\mathbf{x}: D \to M$에 대하여 $\mathbf{x}: D \to \mathbf{x}(D) \subset M$이 전단사함수이고 그것의 역함수 $\mathbf{x}^{-1}$도 연속일 때 $\mathbf{x}$가 위상동형사상이라고 한다. 정의 3.1.4에서 정의된 함수 $\mathbf{x}: D \subset \mathbb{R}^2 \to V \cap M$을 **정칙좌표함수** 또는 간단히 **좌표함수**(coordinate system, coordinate patch, paramerization)라고 한다.6)

6) 영어 coordinate system으로부터 **좌표계**라고도 한다.

참고 3.1.5 정의 3.1.4에서 좌표함수의 치역을 $\mathbb{R}^3$의 근방과 주어진 곡면 M의 교집합으로 정의하였다. 그러나 M이 $\mathbb{R}^3$의 부분집합이므로 $\mathbb{R}^3$의 부분위상공간으로 간주할 수 있기 때문에 $\mathbf{x}$의 치역을 곡면 M의 부분집합으로 하여도 된다. 다시 말해서, 각각의 점 $\mathbf{p} \in M$에 대하여 M의 근방 $V \subset M$와 위상동형인 정칙좌표함수 $\mathbf{x}: D \subset \mathbb{R}^2 \to V$가 존재할 때, M을 정칙곡면이라고 정의해도 무방하다.

다음 도움정리에 의하면 정칙곡면의 개부분집합은 모두 정칙곡면이다.

도움정리 3.1.6 $W \subset M$이 정칙곡면 M의 개부분집합이면 W은 정칙곡면이다.

증명

$\mathbf{p} \in W$이면 $\mathbf{p} \in M$이므로 정의 3.1.4의 조건 (i)과 (ii)를 만족시키는 정칙좌표함수 $\mathbf{x}: D \to V \cap M$이 존재한다(그림 3.3).

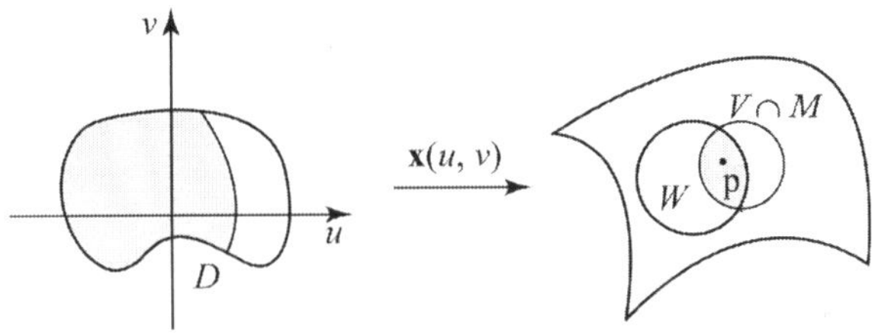

그림 3.3

이때 $\overline{D} = \mathbf{x}^{-1}(V \cap W)$로 놓으면 $\mathbf{x}$가 연속이므로 집합 $\overline{D}$는 D의 개부분집합이다. 따라서 다음과 같이 정의된 함수 $\overline{\mathbf{x}} = \mathbf{x}|_{\overline{D}}: \overline{D} \to V \cap W$는 위상동형인 정칙좌표함수가 된다.

보기 3.1.7 $\mathbb{R}^2 = \{(x, y, 0) \in \mathbb{R}^3 | x, y \in \mathbb{R}\} \subset \mathbb{R}^3$은 정칙곡면이다. 항등사상

$$\mathbf{x}: \mathbb{R}^2 \to \mathbb{R}^3, \ \mathbf{x}(u, v) = (u, v, 0)$$

은 $\mathbb{R}^2$의 정칙좌표함수이다. 실제로, $\mathbf{x}$가 위상동형사상이라는 것을 쉽게 알 수 있다. 또한 $\mathbf{x}_u = (1, 0, 0)$, $\mathbf{x}_v = (0, 1, 0)$이므로

$$\mathbf{x}_u \times \mathbf{x}_v = (0, 0, 1) \neq \mathbf{0}$$

보기 3.1.8 S^2을 단위구라고 하면 즉

$$S^2 = \{(x, y, z) \in \mathbb{R}^3 | x^2+y^2+z^2=1\}$$

이면 S^2은 정칙곡면이다.

증명

(단계 1) $D = \{(u, v) \in \mathbb{R}^2 | u^2+v^2<1\}$이라 하고 사상 $\mathbf{x}: D \to \mathbb{R}^3$을

$$\mathbf{x}(u, v) = \left(u, v, \sqrt{1-u^2-v^2}\right)$$

로 정의하면 사상 $\mathbf{x}$는 미분가능하고 단위원판 D로부터 북반구(upper hemisphere)

$$V_3^+ = \{(x, y, z) \in S^2 | z > 0\}$$

로 사상되는 위상동형사상이다. 더욱이, 역함수는 $\mathbf{x}^{-1}(x, y, z) = (x, y)$로 주어지는 정사영(projection)이다.

한편, $f(u, v) = \sqrt{1-u^2-v^2}$으로 놓으면 $\mathbf{x}$의 야코비행렬은

$$d\mathbf{x} = \begin{pmatrix} 1 & 0 \\ 0 & 1 \\ \dfrac{\partial f}{\partial u} & \dfrac{\partial f}{\partial v} \end{pmatrix}$$

이므로 $\mathbf{x}$는 정칙사상이다.

(단계 2) (단계 1)의 증명은 구 S^2의 북반구 V_3^+에 있는 임의의 점에서 성립한다. 구 S^2을 (단계 1)에서와 비슷한 정칙좌표함수로 덮을 수 있다는 것을 보이자.

$$V_i^{\pm} = \{(x_1, x_2, x_3) \in S^2 | x_i > 0 \text{ 또는 } x_i < 0\}$$

로 놓고 함수 $\mathbf{x}_i^{\pm}: D \to V_i^{\pm}\ \ (i = 1, 2, 3)$을

$$\mathbf{x}_1^{\pm} = \left(\pm\sqrt{1-u^2-v^2}, u, v\right)$$

$$\mathbf{x}_2^{\pm} = \left(u, \pm\sqrt{1-u^2-v^2}, v\right)$$

$$\mathbf{x}_3^{\pm} = \left(u, v, \pm\sqrt{1-u^2-v^2}\right)$$

로 정의하자. 그러면 (단계 1)에 의해 $\mathbf{x}_i^{\pm}$는 모두 정칙좌표함수이고

$$\bigcup_{i=1}^{3} V_i^{\pm} = S^2$$

이므로 S^2는 정칙곡면이다(그림 3.4).

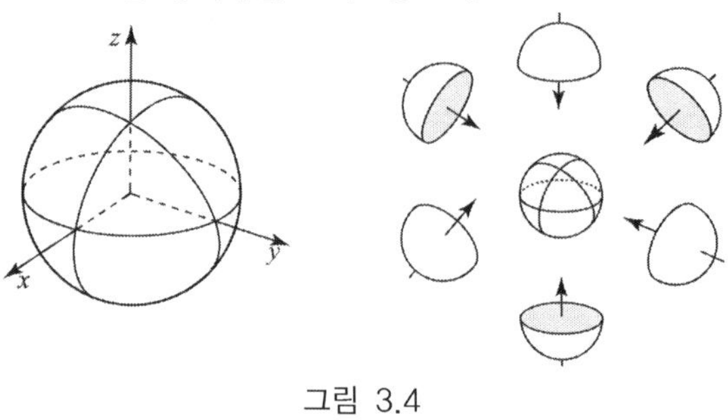

그림 3.4

보기 3.1.9 구면좌표함수

단위구 S^2이 정칙곡면이라는 것을 구면좌표계를 이용하여 보일 수 있다.

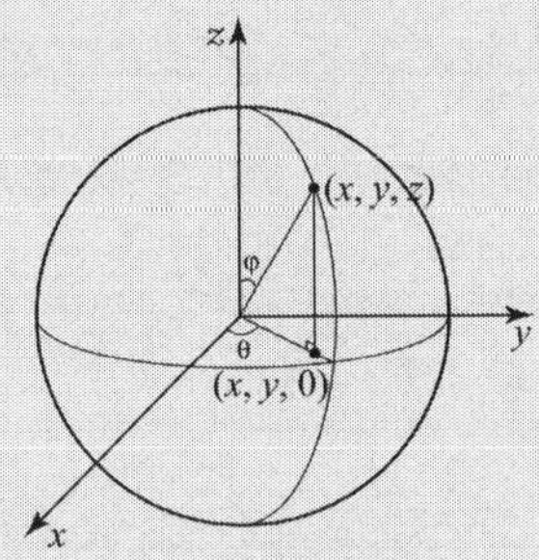

그림 3.5

그림 3.5에서와 같이 점 $(x,\ y,\ z)\in S^2$이 양의 z축과 만드는 각을 φ라 하고, 점 $(x,\ y,\ z)$를 xy−평면에 정사영시킨 점 $(x,\ y,\ 0)$이 양의 x축과 만드는 각을 θ라 하면, 구 S^2의 점 $(x,\ y,\ z)$를 두 변수 φ와 θ로 나타낼 수 있다. 원점으로부터 $(x,\ y,\ z)$의 정사영 점인 $(x,\ y,\ 0)$까지의 거리가 $\sin\varphi$이므로 삼각함수의 정의에 의해

$$x=\sin\varphi\cos\theta,\ \ y=\sin\varphi\sin\theta,\ \ z=\cos\varphi$$

이다. 또, 정의로부터 두 변수 φ와 θ는

$$0\le\varphi\le\pi,\ \ 0\le\theta\le 2\pi$$

이다. 따라서 다음과 같이 정의된 사상

$$\mathbf{x}: D=\{(\varphi,\ \theta)\in\mathbb{R}^2 | 0<\phi<\pi,\ 0<\theta<2\pi\}\to S^2$$

(3.1.2) $$\mathbf{x}(\varphi,\ \theta)=(\sin\varphi\cos\theta,\ \sin\varphi\cos\theta,\ \cos\varphi)$$

는 S^2의 정칙좌표함수가 됨을 보일 수 있다.

식 (3.1.2)의 좌표함수 하나로 구 S^2 전체를 덮을 수는 없다. 즉 $\mathbf{x}$는 전사사상이 아니다. 실제로 $S^2-\mathbf{x}(D)$는 북극점 $(0,\ 0,\ 1)$과 남극점 $(0,\ 0,\ -1)$을 연결하는 대원의 절반으로 그리니치 천문대를 지나는 경도 0인 곡선이다. 따라서 각 φ와 θ를 약간 평행이동시킴으로써 두 좌표함수를 갖고 구면 전체를 덮을 수 있으므로 구면은 정칙곡면이다. 식 (3.1.2)에 있는 좌표함수를 **구면좌표계** (spherical coordinate system)라고 한다. 구면좌표계를 $(\varphi,\ \theta)$ 대신에 $(u,\ v)$로 나타내면 즉, $u=\varphi$, $v=\theta$로 나타내면 식 (3.1.2)는

(3.1.3) $$\mathbf{x}(u,\ v)=(\sin u\cos v,\ \sin u\cos v,\ \cos u)$$

로 나타낼 수 있다.

보기 3.1.10 $C: (x-a)^2+z^2=r^2$, $r<a$를 xz−평면에 놓여 있는 원이라 하자. z축을 중심으로 원 C를 회전시킬 때 생기는 곡면을 **원환면**(torus)이라고 하고 T^2으로 나타낸다. 원환면은 정칙곡면이다(그림 3.6).

풀이. 원환면의 정칙좌표함수 $\mathbf{x}$는 $0<u$, $v<2\pi$일 때

(3.1.4) $$\mathbf{x}(u, v)=((a+r\cos u)\cos v,\ (a+r\cos u)\sin v,\ r\sin u)$$

정의할 수 있다.

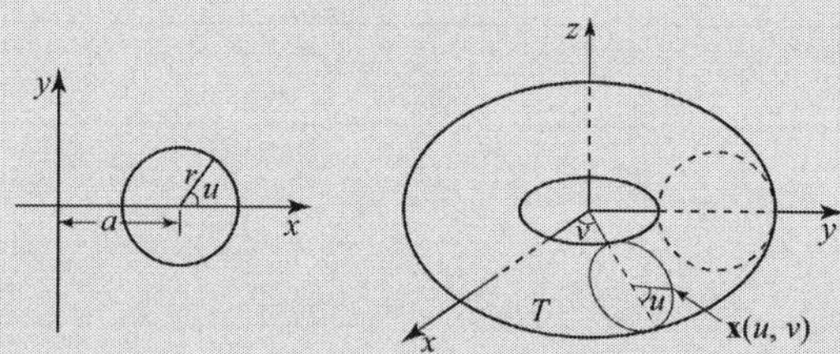

그림 3.6

$0<u$, $v<2\pi$이므로 $\mathbf{x}$는 미분가능한 단사함수이다. 또 변수 u, v에 대한 편미분을 구하면 $a+r\cos u\neq 0$으로부터

$$\mathbf{x}_u\times\mathbf{x}_v\neq\mathbf{0}$$

이므로 $\mathbf{x}$는 정칙사상이다.
$\mathbf{x}$가 위상동형사상임을 보이기 위해

(3.1.5) $$x=(a+r\cos u)\cos v,\ y=(a+r\cos u)\sin v,\ z=r\sin u$$

로 놓으면

(3.1.6) $$\sqrt{x^2+y^2}=a+r\cos u,\ \sin u=\frac{z}{r}$$

$\sqrt{x^2+y^2}\leq a$이면 $\frac{\pi}{2}\leq u\leq\frac{3}{2}\pi$이고 $\sqrt{x^2+y^2}>a$이면 $0<u<\frac{\pi}{2}$ 또는 $\frac{3}{2}\pi<u<2\pi$이다. 따라서 (x, y, z)가 주어지면 식 (3.1.6)에 의해 u, $0<u<\pi$가 유일하게 결정되고 식 (3.1.5)로부터 x, y와 u를 알면 v, $0<v<2\pi$를 구할 수 있다. u와 v는 모두 사인함수(sin)와 코사인함수(cos)의 역함수로 주어지므로 $\mathbf{x}$의 역함수 $\mathbf{x}^{-1}$가 존재하고 $\mathbf{x}^{-1}(x, y, z)=(u, v)$로 놓으면 $\mathbf{x}^{-1}$도 연속이다. 그러므로 $\mathbf{x}$는 위상동형사상이다. 끝으로 u와 v를 평행이동시킴으로써 (3.1.4) 형태의 좌표함수 세 개를 사용하면 원환면 T^2을 덮을 수 있다.

원환면과 같이 한축을 중심으로 곡선을 회전시킬 때 생기는 곡면을 **회전면**(surface of revolution)이라고 한다. 다음 정리 3.1.11에 의하면 모든 회전면은 정칙곡면이다.

정리 3.1.11 $C: \alpha(u) = (g(u), h(u), 0)$, $a < u < b$, $h(u) > 0$를 xy-평면에 놓여 있는 곡선이라 하자. x축을 중심으로 곡선 C를 회전시킬 때 생기는 회전면을 M이라 하면 M은 정칙곡면이다(그림 3.7).

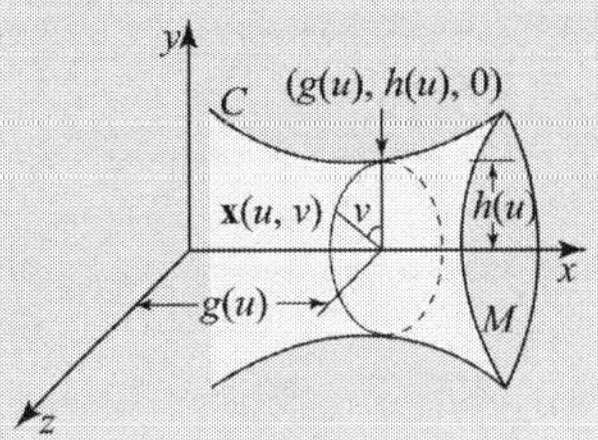

그림 3.7

증명

$a < u < b$, $0 < v < 2\pi$일 때, 사상 $\mathbf{x}$를 다음과 같이

$$\mathbf{x}(u, v) = (g(u), h(u)\cos v, h(u)\sin v)$$

정의하면 $\mathbf{x}$는 정칙좌표함수이다. $\mathbf{x}$가 단사(1-1)인 정칙사상임을 쉽게 보일 수 있다. $\mathbf{x}$의 역함수 $\mathbf{x}^{-1}$을 구하기 위해 $\mathbf{x}^{-1}(x, y, z) = (u, v)$로 놓으면

$$x = g(u), \ y = h(u)\cos v, \ z = h(u)\sin v$$

이고 $\sqrt{y^2 + z^2} = h$이다. 따라서 $v \neq \pi$이면

$$\tan\frac{v}{2} = \frac{\sin\frac{v}{2}}{\cos\frac{v}{2}} = \frac{2\sin\frac{v}{2}cos\frac{v}{2}}{2\cos^2\frac{v}{2}} = \frac{\sin v}{1 + \cos v}$$

$$= \frac{\frac{z}{h(u)}}{1 + \frac{y}{h(u)}} = \frac{z}{\sqrt{y^2 + z^2} + y}$$

그러므로

$$v = 2\tan^{-1}\frac{z}{\sqrt{y^2 + z^2} + y} \tag{3.1.7}$$

또, $\pi - \epsilon < v < \pi + \epsilon$이면

$$\cot\frac{v}{2} = \frac{\cos\frac{v}{2}}{\sin\frac{v}{2}} = \frac{2\sin\frac{v}{2}cos\frac{v}{2}}{2\sin^2\frac{v}{2}} = \frac{\sin v}{1 - \cos v}$$

$$= \frac{\frac{z}{h(u)}}{1 - \frac{y}{h(u)}} = \frac{z}{\sqrt{y^2 + z^2} - y}$$

따라서

(3.1.8) $$\mathrm{v} = 2\cot^{-1}\frac{z}{\sqrt{x^2+y^2}-y}$$

$(x,\ y,\ z)$가 주어지면 v가 결정되고 따라서 u도 결정된다. 그리고 식 (3.1.7)과 (3.1.8)에 의해 $\mathbf{x}^{-1}$은 연속함수이다. 그러므로 $\mathbf{x}$는 위상동형사상이다.

지금부터 좌표함수는 정칙좌표함수를 나타내는 것으로 가정한다.

정리 3.1.12 좌표평면 $\mathbb{R}^2$의 개부분집합 D에서 정의된 미분가능한 함수 $f: D \subset \mathbb{R}^2 \to \mathbb{R}$의 그래프

$$G_f = \{(x\ ,y,\ f(x,\ y)) \mid (x,\ y) \in D\}$$

는 정칙곡면이다(그림 3.8).

증명

$\mathbf{x}: D \to G_f$를 $\mathbf{x}(u,\ v) = (u,\ v,\ f(u,\ v))$로 정의하면

$$d\mathbf{x} = \begin{pmatrix} 1 & 0 \\ 0 & 1 \\ \frac{\partial f}{\partial u} & \frac{\partial f}{\partial v} \end{pmatrix}$$

이므로 $\mathbf{x}$는 정칙좌표함수이다. 또 $\mathbf{x}^{-1}(x,\ y,\ z) = (x,\ y)$, $z = f(x,\ y)$이므로 $\mathbf{x}$는 위상동형사상이다. 따라서 그래프 G_f는 정칙곡면이다.

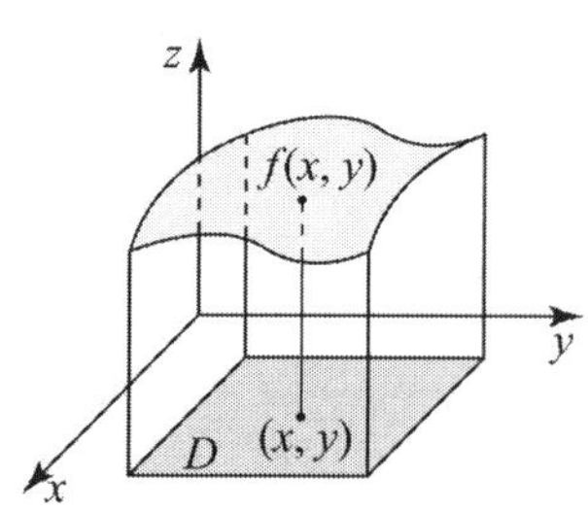

그림 3.8

정리 3.1.12와 같이 미분가능한 함수 f의 그래프에 의해 주어지는 곡면을

$$M: z = f(x,\ y)$$

로 나타낸다.

미분가능한 함수 $g: \mathbb{R}^3 \to \mathbb{R}$ 의 그래디언트 ∇g는

$$\nabla g = \sum_{i=1}^{3} \frac{\partial g}{\partial x_i} U_i$$

로 정의된 벡터장이다.

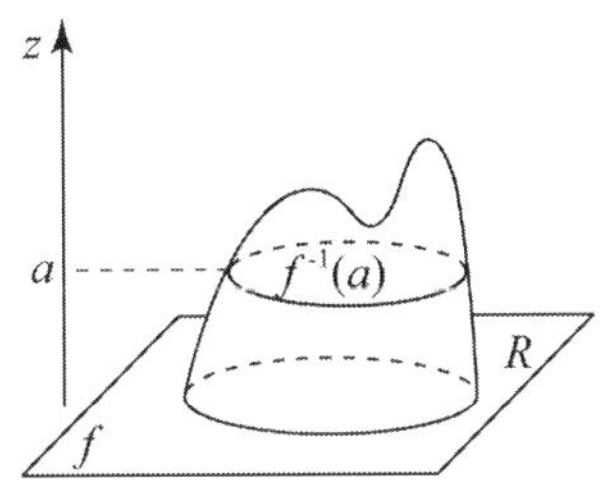

그림 3.9

정리 3.1.13 $U \subset \mathbb{R}^3$이 개부분집합이고 $f: U \to \mathbb{R}$가 미분가능한 함수라고 하자. 실수 $a \in \mathbb{R}$에 대하여 $f^{-1}(a) = \{(x, y, z) \in U | f(x, y, z) = a\}$가 공집합이 아니고, 각 점 $\mathbf{p} \in f^{-1}(a)$에서 $\nabla f(\mathbf{p}) \neq \mathbf{0}$이면 $f^{-1}(a)$는 정칙곡면이다(그림 3.9).

증명

$\mathbf{p} = (p_1, p_2, p_3) \in f^{-1}(a)$라고 하자.

$$\nabla f(\mathbf{p}) = \sum_{i=1}^{3} \frac{\partial f}{\partial x_i}(\mathrm{p}) \mathrm{U_i}(\mathrm{p}) \neq 0$$

이므로 성분함수 중 적어도 하나는 0이 아니다.

$$\frac{\partial f}{\partial x_3}(\mathbf{p}) = \frac{\partial f}{\partial z}(\mathbf{p}) \neq 0$$

이라고 가정하면 음함수의 정리(정리 2.3.15)에 의해 (p_1, p_2)의 근방 $D \subset \mathbb{R}^2$과 함수 $h: D \to \mathbb{R}$가 존재하여 모든 $(u, v) \in D$에 대하여

$$f(u, v, h(u, v)) = a$$

을 만족시킨다. 따라서 $\mathbf{x}: D \to f^{-1}(a)$, $\mathbf{x}(u, v) = (u, v, h(u, v))$는 점 $\mathbf{p}$ 근방에서 정의된 $f^{-1}(a)$의 정칙좌표함수이다. $\mathbf{p}$는 임의의 점이므로 $f^{-1}(a)$는 정칙곡면이다.

정리 3.1.13과 같이 미분가능한 함수의 원상(preimage)으로 주어지는 곡면을

$$M: f(x,\ y,\ z) = a$$

로 나타낸다.

보기 3.1.14 타원체면

$$\frac{x^2}{a^2}+\frac{y^2}{b^2}+\frac{z^2}{c^2}=1$$

은 정칙곡면이다.

풀이. 함수 f를 $f(x,\ y,\ z)=\dfrac{x^2}{a^2}+\dfrac{y^2}{b^2}+\dfrac{z^2}{c^2}-1$로 정의하면 타원체면 M은 $M: f(x,\ y,\ z)=0$으로 주어진다.

$$\nabla f = \left(\frac{2x}{a^2},\ \frac{2y}{b^2},\ \frac{2z}{c^2}\right) = (0,\ 0,\ 0) \Leftrightarrow (x,\ y,\ z) = (0,\ 0,\ 0)$$

이고 $(0,\ 0,\ 0) \not\in M$이므로 임의의 점 $\mathbf{p} \in M$에서 $\nabla f(\mathbf{p}) \neq \mathbf{0}$이다. 따라서 정리 3.1.13에 의해 타원체면 M은 정칙곡면이다.

역함수의 정리를 이용하면 정칙곡면은 국소적으로 이변수함수의 그래프로 주어진다는 사실을 보일 수 있다. 즉, 좌표함수의 정의와 역함수의 정리로부터 정리 3.1.12의 역이 국소적으로 성립함을 보일 수 있다.

정리 3.1.15 $\mathbf{p}$를 정칙곡면 M의 한 점이라 하면 점 $\mathbf{p}$의 근방 $V \subset M$가 존재하여 V는 다음과 같은 형태의 함수 중 하나로 표현된다.

$$z = f(x,\ y),\quad y = g(x,\ z),\quad x = h(y,\ z)$$

증명

$\mathbf{x}: D \subset \mathbb{R}^2 \to M$을 점 $\mathbf{p}$ 근방에서의 좌표함수라 하고 $\mathbf{x}$를

$$\mathbf{x}(u, v) = (x(u, v), y(u, v), z(u, v))$$

로 나타내자. $\mathbf{x}$가 정칙이므로

$$d\mathbf{x} = \begin{pmatrix} \frac{\partial x}{\partial u} & \frac{\partial x}{\partial v} \\ \frac{\partial y}{\partial u} & \frac{\partial y}{\partial v} \\ \frac{\partial z}{\partial u} & \frac{\partial z}{\partial v} \end{pmatrix}$$

는 단사이다. 따라서 점 $\mathbf{q} = \mathbf{x}^{-1}(\mathbf{p})$에서 $d\mathbf{x}$의 2×2 소행렬식 중 적어도 하나는 0이 아니므로

$$\det \begin{pmatrix} \frac{\partial x}{\partial u} & \frac{\partial x}{\partial v} \\ \frac{\partial y}{\partial u} & \frac{\partial y}{\partial v} \end{pmatrix} \neq 0$$

이라고 가정할 수 있다. 그러면 정사영 $\pi(x, y, z) = (x, y)$에 대하여

$$\pi \circ \mathbf{x}: D \to \mathbb{R}^2, \ \mathbf{x}(u, v) = (x(u, v), y(u, v))$$

이고 $\det(d(\pi \circ \mathbf{x})(\mathbf{q})) \neq 0$이므로 역함수의 정리 (정리 2.3.14)를 적용하면 $\mathbf{q} = \mathbf{x}^{-1}(\mathbf{p})$의 근방 $V_1 \subset D$와 $\pi \circ \mathbf{x}(\mathbf{q})$의 근방 $V_2 \subset \mathbb{R}^2$이 존재하여

$$(\pi \circ \mathbf{x})|_{V_1}: V_1 \to V_2$$

가 미분동형사상이다. $\mathbf{x}(V_1) = V$라 하면 $\mathbf{x}$는 위상동형사상이고 V는 점 $\mathbf{p}$에서 곡면 M의 근방이다. 또, V는

$$\left((\pi \circ \mathbf{x})|_{V_1}\right)^{-1}: V_2 \to V_1$$

와 $z = z(u, v)$를 합성한

$$z = z(u, v) = z(u(x, y), v(x, y))$$

의 그래프로 주어진다. 즉,

$$V = \mathbf{x}(V_1) = \{(x, y, z(u(x, y), v(x, y))) | (x, y) \in V_2\}$$

따라서 $f(x, y) = z(u(x, y), v(x, y))$로 정의하면 $V \subset M$는 함수 f의 그래프로 주어진다.

연습문제

01. M을 타원체면

$$M: \frac{x^2}{a^2}+\frac{y^2}{b^2}+\frac{z^2}{c^2}=1$$

이라 하자(그림 3.10). $D: -\frac{\pi}{2}<u<\frac{\pi}{2},\ 0<v<2\pi$일 때,

$$\mathbf{x}(u,\ v)=(a\cos u\cos v,\ a\cos u\sin v,\ c\sin u)$$

는 M의 좌표함수임을 보여라. 그리고 $\mathbf{x}(D)$를 구하여라.

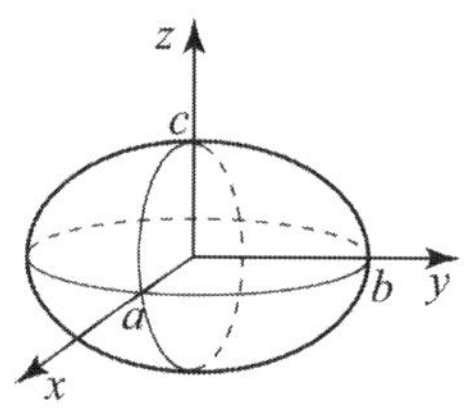

그림 3.10

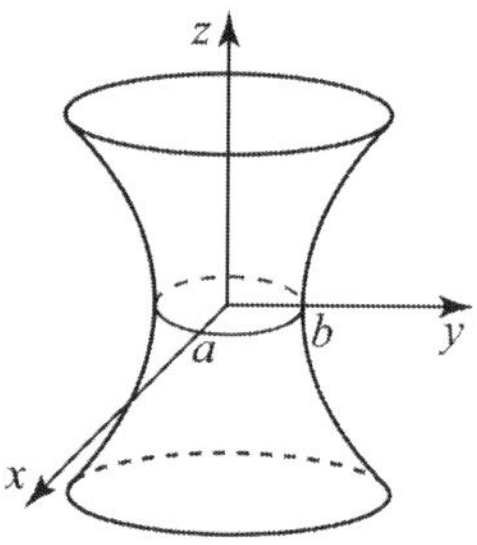

그림 3.11

02. 일엽타원쌍곡면(elliptic hyperboloid of one sheet)

$$M: \frac{x^2}{a^2}+\frac{y^2}{b^2}-\frac{z^2}{c^2}=1$$

은 정칙곡면임을 보여라(그림 3.11). 그리고 $D: -\infty<u<\infty,\ 0<v<2\pi$일 때

$$\mathbf{x}(u,\ v)=(a\cosh u\cos v,\ a\cosh u\sin v,\ c\sinh u)$$

는 M의 좌표함수가 됨을 보이고 $\mathbf{x}(D)$를 구하여라.

03. 이엽타원쌍곡면(elliptic hyperboloid of two sheet)

$$M:\ \frac{x^2}{a^2}+\frac{y^2}{b^2}-\frac{z^2}{c^2}=-1$$

은 정칙곡면임을 보여라(그림 3.12). 그리고 $D:-\infty<u<\infty,\ u\neq 0,$ $0<v<2\pi$일 때

$$\mathbf{x}(u,\ v)=(a\sinh u\cos v,\ a\sinh u\sin v,\ c\cosh u)$$

는 M의 좌표함수가 됨을 보이고 $\mathbf{x}(D)$를 구하여라.

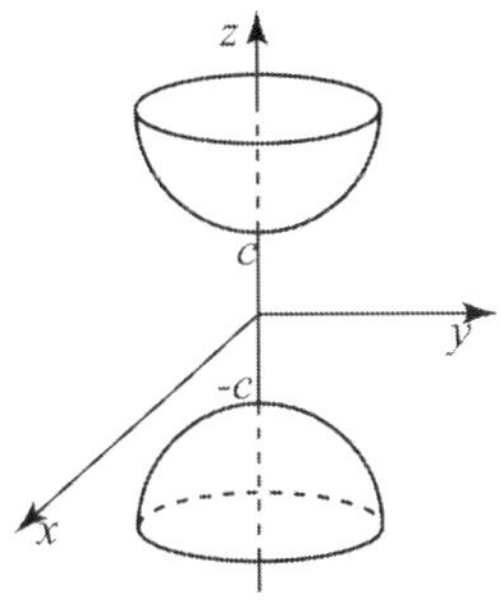

그림 3.12

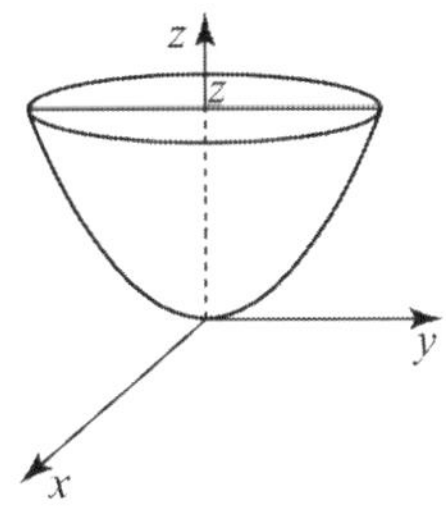

그림 3.13

04. 타원포물면(elliptic paraboloid)

$$M:\ z=\frac{x^2}{a^2}+\frac{y^2}{b^2}$$

은 정칙곡면임을 보여라(그림 3.13). 그리고 $D: 0<u<\infty,\ 0<v<2\pi$일 때

$$\mathbf{x}(u,\ v)=(au\cos v,\ bu\sin v,\ u^2)$$

는 M의 좌표함수가 됨을 보이고 $\mathbf{x}(D)$를 구하여라.

05. 쌍곡포물면(hyperbolic paraboloid)

$$M:\ z=\frac{x^2}{a^2}-\frac{y^2}{b^2}$$

은 정칙곡면임을 보여라(그림 3.14). 그리고

$$\mathbf{x}(u,\ v) = (a(u+v),\ b(u-v),\ 4uv)$$

는 M의 좌표함수가 됨을 보여라.

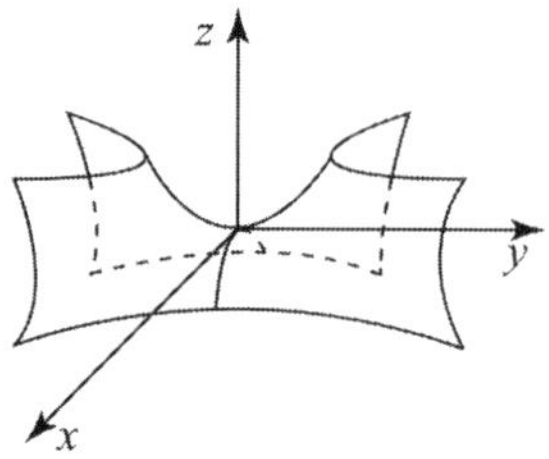

그림 3.14

06. $\alpha = \alpha(u)$를 정칙곡선이라 하고 $W = W(u) \neq \mathbf{0}$을 곡선 α의 벡터장이라 하자. 각각의 u에 대해여 점 $\alpha(u)$를 지나고 $W(u)$에 평행한 직선을 L_u라고 할 때, 곡선 α를 따라 움직이는 직선 L_u에 의해 생성되는 곡면을 선직면(ruled surface)이라고 한다. 이때 L_u를 모선(rulling), α를 기저곡선(base curve), W를 방향벡터(directrix)라고 한다.

(1) 평면과 원기둥은 선직면임을 증명하여라.

(2) 나선 $\alpha(u) = (\cos u,\ \sin u,\ u)$에 대하여 $\alpha(u)$와 점 $(0,\ 0,\ u)$를 지나는 직선을 L_u라 할 때, L_u와 α에 의해 생성되는 선직면은 정칙곡면임을 증명하여라.

(3) $\mathbf{x}(u,\ v) = \alpha(u) + vW(u)$가 주어진 선직면의 좌표함수가 될 조건을 구하여라.

07. $f : U \subset \mathbb{R}^3 \to \mathbb{R}$를 미분가능한 함수라 하자. $f^{-1}(0)$이 정칙곡면이면 임의의 점 $\mathbf{p} \in f^{-1}(0)$에 대하여 $\nabla f(\mathbf{p}) \neq \mathbf{0}$이 성립하는가?

3.2 좌표함수의 변환과 곡면함수의 미분

정칙곡면은 국소적 좌표함수로 표현되므로 곡면에 새로운 기하학적 개념을 정의하기 위해서는 좌표함수를 이용하는 경우가 종종 있다. 그러나 한 점 근방에서의 좌표함수가 유일하지는 않기 때문에 새로이 정의한 기하학적 개념이 의미가 있기 위해서는 치역이 겹치는 두 좌표함수에 대하여 그 개념이 불변이어야만 한다. 이를 위하여 우선 다음과 같은 정리가 필요하다.

정리 3.2.1 $\mathbf{p}$를 정칙곡면 M의 한 점이라 하자. $\mathbf{x}: U\subset \mathbb{R}^2 \to M$과 $\mathbf{y}: V\subset \mathbb{R}^2 \to M$이 점 $\mathbf{p}$의 좌표함수이면 $W:=\mathbf{x}(U)\cap \mathbf{y}(V)$일 때

$$(\mathbf{y}^{-1}\circ \mathbf{x}): \mathbf{x}^{-1}(W) \to \mathbf{y}^{-1}(W)$$

는 미분동형사상이다.

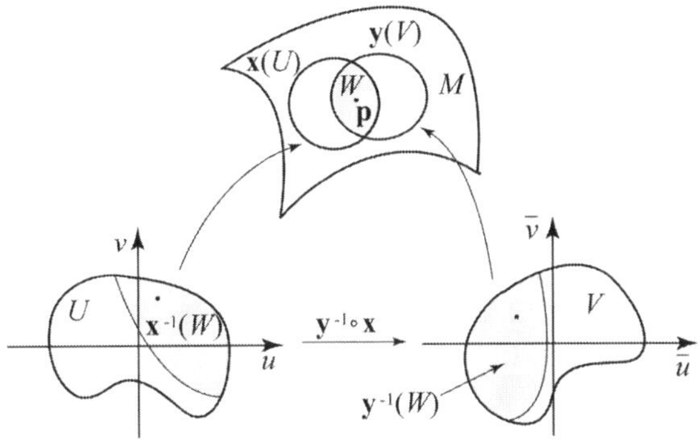

그림 3.15

증명

$\mathbf{x}$와 $\mathbf{y}$가 좌표함수이므로 $\mathbf{y}^{-1}\circ \mathbf{x}:=h$는 위상동형사상이고 $\mathbf{x}$는 미분가능한 함수이다. h가 미분가능하다는 것을 보이기 위해 $\mathbf{y}^{-1}: W\subset M \to \mathbb{R}^2$이 미분가능하다는 것만 보이면 충분하다. 그러나 정칙곡면 M 또는 그것의 개부분집합에서 정의된 함수의 미분가능성을 정의하지 않았기 때문에 $\mathbf{y}^{-1}$이 미분가능하다는 것은 의미가 모호하다. 따라서 유클리드 공간을 도입하여 우회적으로 함수 h가 미분가능하다는 것을 보이고자 한다. 즉, 미분가능한 함수 $F: V\times \mathbb{R} \to \mathbb{R}^3$이 존재하여 국소적으로 $h=F^{-1}\circ \mathbf{x}$이고 집합 $V\times 0=V$에서 $F=\mathbf{y}$임을 보이자.

$\mathbf{q}\in \mathbf{x}^{-1}(W)$이고 $\mathbf{r}=h(\mathbf{q})\in \mathbf{y}^{-1}(W)$라 하자.

$\mathbf{y}(\bar{u}, \bar{v})=\big(x(\bar{u}, \bar{v}), y(\bar{u}, \bar{v}), z(\bar{u}, \bar{v})\big)$로 나타내면 $\mathbf{y}$는 정칙함수이므로 정의에 의해

$$\frac{\partial(x,\ y)}{\partial(\bar{u},\ \bar{v})}(\mathbf{r}) \neq 0$$

이라고 가정해도 된다. 이때 좌표함수 $\mathbf{y}$를 사상 $F: V\times \mathbb{R} \to \mathbb{R}^3$으로 다음과 같이 확장시키자.

$$F(\bar{u},\ \bar{v}\ ,t) = (x(\bar{u},\ \bar{v}),\ y(\bar{u},\ \bar{v}),\ z(\bar{u},\ \bar{v})+t),\ \ (\bar{u},\ \bar{v}) \in V,\ \ t \in \mathbb{R}$$

그러면 함수 F는 미분가능하고 $F|_{V\times 0} = \mathbf{y}$이 성립한다. F의 미분사상 $dF_{\mathbf{r}}$의 행렬식을 구하면

$$\det\begin{pmatrix} \dfrac{\partial x}{\partial \bar{u}} & \dfrac{\partial x}{\partial \bar{v}} & 0 \\ \dfrac{\partial x}{\partial \bar{u}} & \dfrac{\partial x}{\partial \bar{v}} & 1 \\ \dfrac{\partial x}{\partial \bar{u}} & \dfrac{\partial x}{\partial \bar{v}} & 1 \end{pmatrix} = \frac{\partial(x,\ y)}{\partial(\bar{u},\ \bar{v})}(\mathbf{r}) \neq 0$$

따라서 역함수의 정리에 의해 $\mathbb{R}^3$에서 점 $\mathbf{y}(\mathbf{r})$의 근방이 존재하여 그 근방에 F를 제한하면 F^{-1}가 존재하고 미분가능하다.

한편, $\mathbf{x}$의 연속성에 의해 점 $\mathbf{r}$의 근방 D가 U에서 존재하여 $\mathbf{x}(D) \subset M$을 만족시킨다. 함수 h를 집합 D에 제한하면

$$h|_D = F^{-1} \circ \mathbf{x}|_D$$

가 성립하므로 연쇄법칙에 의해 h는 점 $\mathbf{q}$에서 미분가능하다. 점 $\mathbf{q}$는 임의의 점을 나타내므로 함수 h는 미분동형사상이다.

정리 3.2.1에서 U의 좌표를 $(u,\ v)$, V의 좌표를 $(\bar{u},\ \bar{v})$라 하면

$$(\mathbf{y}^{-1} \circ \mathbf{x})(u,\ v) = (\bar{u}(u,\ v),\ \bar{v}(u,\ v))$$

와 같이 나타낼 수 있다. 그러면 연쇄법칙에 의해

$$\mathbf{x}_u = \frac{\partial \bar{u}}{\partial u}\mathbf{y}_{\bar{u}} + \frac{\partial \bar{v}}{\partial u}\mathbf{y}_{\bar{v}},\ \ \mathbf{x}_v = \frac{\partial \bar{u}}{\partial v}\mathbf{y}_{\bar{u}} + \frac{\partial \bar{v}}{\partial v}\mathbf{y}_{\bar{v}} \tag{3.2.1}$$

이 성립한다.

정의 3.2.2 $f: M \to \mathbb{R}$이고 $\mathbf{p} \in M$이라 하자. 좌표함수 $\mathbf{x}: D \subset \mathbb{R}^2 \to M$이 존재하여 $\mathbf{p} \in \mathbf{x}(D)$이고 합성함수 $f \circ \mathbf{x}: D \to \mathbb{R}$가 미분가능할 때 f가 점 $\mathbf{p}$에서 **미분가능하다**고 한다. 그리고 함수 f가 M의 각 점에서 미분가능할 때 f가 M에서 미분가능하다고 한다.

정의 3.2.2는 곡면의 개부분집합에서 정의된 국소적 함수에 대해서도 가능하다. V를 정칙곡면 M의 개부분집합이고 $f: V \to \mathbb{R}$를 집합 V에서 정의된 함수라 하자. 좌표함수 $\mathbf{x}: D \subset \mathbb{R}^2 \to M$이 존재하여 $\mathbf{x}(D) \subset V$이고 합성함수 $f \circ \mathbf{x}: D \to \mathbb{R}$가 미분가능하면 f가 V에서 미분가능한 함수라고 한다.

정의에 의하면 곡면에서 정의된 함수의 미분가능성은 하나의 좌표함수에 대하여 합성함수가 미분가능하면 충분하지만 실제로 한 좌표함수와의 합성함수가 미분가능하면 임의의 좌표함수와의 합성함수가 미분가능하다. 다시 말해서 정의 3.2.2는 좌표함수와 무관하게 잘 정의된 개념이다.

도움정리 3.2.3 정의 3.2.2는 좌표함수의 선택에 무관한 개념이다.

증명

$\mathbf{x}: U \subset \mathbb{R}^2 \to M$과 $\mathbf{y}: V \subset \mathbb{R}^2 \to M$을 $\mathbf{x}(U) \cap \mathbf{y}(V) \neq \phi$인 좌표함수라고 하고 $f \circ \mathbf{x}: U \to \mathbb{R}$가 미분가능하다고 하자. 이 합성함수 $f \circ \mathbf{y}$가 미분가능하다는 것을 보이면 된다.

$$f \circ \mathbf{y} = (f \circ \mathbf{x}) \circ (\mathbf{x}^{-1} \circ \mathbf{y})$$

이고 정리 3.2.1에 의해 $\mathbf{x}^{-1} \circ \mathbf{y}$가 미분동형사상이므로 $f \circ \mathbf{y}$는 미분가능하다.

도움정리 3.2.4 $f: \mathbb{R}^3 \to \mathbb{R}$가 미분가능한 함수이고 M이 정칙곡면이면 M 위로의 제한함수 $f|_M: M \to \mathbb{R}$는 미분가능한 함수이다.

증명

정의 3.2.2에 의해 자명하다.

정의 3.2.5 M과 $\overline{M}$가 정칙곡면이고 $\Phi: M \to \overline{M}$가 연속함수라 하자.

(1) 점 $\mathbf{p} \in M$에 대하여 두 좌표함수

$$\mathbf{x}: D \to M, \ \mathbf{y}: \overline{D} \to \overline{M}$$

가 존재하여 $\mathbf{p} \in \mathbf{x}(D)$, $\Phi(\mathbf{p}) \in \mathbf{y}(\overline{D})$이고 합성함수 $\mathbf{y}^{-1} \circ \Phi \circ \mathbf{x}: D \to \overline{D}$가 점 $\mathbf{q} = \mathbf{x}^{-1}(\mathbf{p})$에서 미분가능할 때 연속함수 $\Phi: M \to \overline{M}$가 점 $\mathbf{p} \in M$

에서 **미분가능하다**고 한다. 또, 연속함수 $\Phi: M \to \overline{M}$가 M의 각 점에서 미분가능할 때 Φ를 미분가능한 함수라고 한다.

(2) $\Phi: M \to \overline{M}$가 미분가능하고 전단사사상이면서 미분가능한 역함수를 가질 때, 두 정칙곡면 M과 $\overline{M}$가 미분동형이라고 한다. 그리고 이 사상 Φ를 **미분동형사상**이라고 한다.

보기 3.2.6 단위구 $S^2: x^2+y^2+z^2=1$와 원기둥면 $M_C: x^2+y^2=1$일 때, $\mathbf{p}=(x, y, z) \in S^2$에 대하여 $z(\mathbf{p})=(0, 0, z)=\mathbf{z}$로 놓자. 함수 $\Phi: S^2 \to M_C$를

$$\Phi(\mathbf{p}) = \overrightarrow{\mathbf{zp}} \cap M_C \quad (\text{단, } \mathbf{p} \neq (0, 0, \pm 1))$$

로 정의하면 Φ는 미분가능한 사상이다.

$$\mathbf{x}(u, v) = (\sin u \cos v, \sin u \sin v, \cos u)$$

와

$$\mathbf{y}(u, v) = (\cos v, \sin v, v)$$

를 각각 S^2의 구면좌표와 원기둥면 M_C의 좌표함수라고 하면 Φ의 정의에 의해

$$\Phi \circ \mathbf{x}(u, v) = (\cos v, \sin v, \cos u)$$

이고 $\mathbf{y}$의 정의에 의해

$$(\cos v, \sin v, \cos u) = \mathbf{y}(v, \cos u)$$

이다. 따라서

$$(\mathbf{y}^{-1} \circ \Phi \circ \mathbf{x})(u, v) = (v, \cos u)$$

이므로 $\mathbf{y}^{-1} \circ \Phi \circ \mathbf{x}$는 미분가능하다. 그러므로 정의에 의해 Φ는 미분가능한 사상이다.

보기 3.2.7 곡면의 점을 추상적으로 표현할 수는 있지만, 곡면에서 정의된 함수를 구체적으로 표현하는 것은 불가능하다. 왜냐하면 곡면은 유클리드 공간과 같은 좌표축을 갖고 있지 않기 때문이다. 따라서 함수의 표현은 좌표함수를 도입해서 할 수 밖에 없다. $f: M \to \mathbb{R}$를 미분가능한 함수라 하고 $\mathbf{x}: D \subset \mathbb{R}^2 \to M$을 점 $\mathbf{p} \in M$ 근방에서 정의된 좌표함수라 하면 함수 f를 다음과 같이

(3.2.2) $$f(u, v) = f \circ \mathbf{x}(u, v)$$

나타낼 수 있다. 이 경우 함수 f의 편도함수들은

$$\frac{\partial f}{\partial u} = \frac{\partial (f \circ \mathbf{x})}{\partial u}, \quad \frac{\partial f}{\partial v} = \frac{\partial (f \circ \mathbf{x})}{\partial v}, \quad \frac{\partial^2 f}{\partial u^2} = \frac{\partial^2 (f \circ \mathbf{x})}{\partial u^2}$$

을 나타낸다. 그리고 이 편도함수들은 식 (3.2.2)와 도움정리 3.2.3에 의해 좌표함수 $\mathbf{x}$의 선택과 관계가 없는 일정한 값을 갖는다.

연습문제

01. $\mathbf{x}=\mathbf{x}(u,\ v)$를 정칙곡면 M의 좌표함수라 하자. $\bar{u}=\bar{u}(u,\ v)$, $\bar{v}=\bar{v}(u,\ v)$를 $u,\ v$의 함수라 하고 $\mathbf{y}(\bar{u},\ \bar{v})=\mathbf{x}(u,\ v)$라 하자. 이때 $\mathbf{y}$가 M의 좌표함수일 필요충분조건은

$$\frac{\partial(\bar{u},\ \bar{v})}{\partial(u,v)}=\det\begin{pmatrix}\dfrac{\bar{u}}{u} & \dfrac{\bar{u}}{v}\\ \dfrac{\bar{v}}{u} & \dfrac{\bar{v}}{v}\end{pmatrix}\neq 0$$

임을 증명하여라.

02. 함수 $\Phi:\ S^2-\{(0,\ 0,\ 1)\}\rightarrow\mathbb{R}^2$을

$$\Phi(x,\ y,\ z)=\left(\frac{x}{1-z},\ \frac{y}{1-z}\right)$$

로 정의할 때 Φ는 미분동형사상임을 증명하여라.

03. $M:\ x^2+y^2-z^2=-1$(단, $z>0$)이고 $\overline{M}=\left\{(x,\ y,\ 0)\in\mathbb{R}^3|x^2+y^2<1\right\}$일 때, M과 $\overline{M}$는 미분동형임을 증명하여라(도움말 : M의 점 $\mathbf{p}$와 원점을 연결하는 직선이 $\left\{(x,\ y,\ -1)\in\mathbb{R}^3|x^2+y^2<1\right\}$과 만나는 점을 $\mathbf{q}$라 할 때, 이 사상은 미분동형임을 보여라).

04. 미분가능한 함수 $\Phi: M \to \overline{M}$에 대하여 각 점 $\mathbf{p} \in M$에서 적당한 근방 U, $\mathbf{p} \in U \subset M$가 존재하여 제한사상 $\Phi_U: U \to \Phi(U)$가 미분동형사상일 때, Φ를 국소적 미분동형사상(local diffeomorphism)이라고 한다.

미분가능한 함수 $\Phi: M \to \overline{M}$에 대하여 각 점 $\mathbf{p} \in M$에서 $d\Phi_{\mathbf{p}}: \mathrm{T}_{\mathbf{p}}M \to \mathrm{T}_{\Phi(\mathbf{p})}\overline{M}$가 선형동형사상(linear isomorphism)이면 Φ는 국소적 미분동형사상임을 증명하여라.

3.3 접평면

실수의 개구간에서 정의된 $\mathbb{R}^3$의 곡선에 대한 미분은 그 점에서 곡선에 접하는 벡터가 된다. 따라서 실수의 개구간에서 곡면으로 사상되는 곡선의 미분은 그 점에서 곡면에 접한다. 정의에 의해 곡면은 $\mathbb{R}^3$의 부분집합이므로 곡면으로 사상되는 곡신의 미분가능성은 $\mathbb{R}^3$로 사상되는 곡선으로 간주하여 미분가능할 때를 말한다.

곡면 위에서 정의된 곡선과 좌표함수와의 관계는 다음과 같이 나타낼 수 있다.

도움정리 3.3.1 $\mathbf{x}: D \subset \mathbb{R}^2 \to M$이 좌표함수이고 $\alpha: (a, b) \to M$가 $\alpha(a, b) \subset \mathbf{x}(D)$인 곡선이면

$$\alpha(t) = \mathbf{x}(u(t), v(t)) \quad (a < t < b)$$

를 만족시키는 평면곡선 $(u(t), v(t)): (a, b) \to D$가 유일하게 존재한다.

증명

D의 좌표를 (u, v)로 나타내면 $\mathbf{x}^{-1} \circ \alpha: (a, b) \to D \subset \mathbb{R}^2$는 평면곡선이므로 함수 $u(t)$, $v(t)$에 대하여

$$(\mathbf{x}^{-1} \circ \alpha)(t) = (u(t), v(t))$$

로 나타낼 수 있다(그림 3.16). 따라서 $\alpha(t) = \mathbf{x}(u(t), v(t))$가 성립한다.

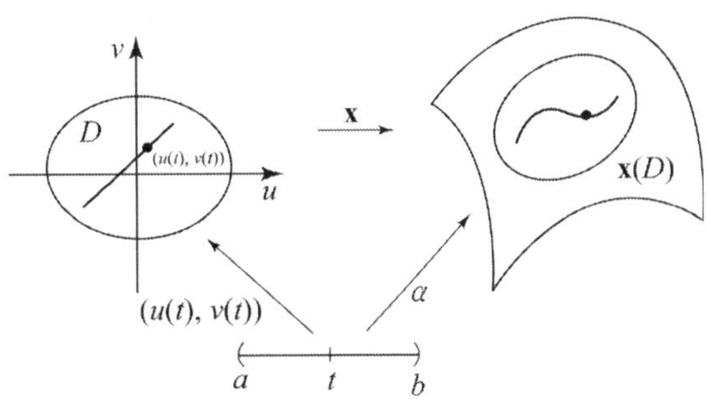

그림 3.16

정의 3.3.2 $\mathrm{p} \in M$이고 $\mathbf{v}_\mathbf{p} \in T_\mathbf{p}\mathbb{R}^3$이라고 하자.

(1) 미분가능한 곡선 $\alpha: (-\epsilon, \epsilon) \to M$, $\alpha(0) = \mathbf{p}$가 존재하여 $\alpha'(0) = \mathbf{v}$일 때 벡터 $\mathbf{v}_\mathbf{p}$를 점 $\mathbf{p}$에서 곡면 M에 접하는 **접벡터**(tangent vector)라고 한다.

(2) 점 $\mathbf{p}$에서 곡면 M에서 접하는 모든 접벡터들의 집합을 점 $\mathbf{p}$에서 곡면 M의 **접평면**(tangent plane)이라고 하고 기호 $T_\mathbf{p}M$으로 나타낸다.

$\mathbf{x}: D \to M$이 $\mathbf{x}(u_0, v_0) = \mathbf{p} \in M$인 좌표함수라고 할 때, 다음과 같이 주어지는 곡선

$$u \to \mathbf{x}(u, v_0)$$

을 u**-매개곡선**(u-parameter curve)이라 하고 곡선

$$\mathbf{v} \to \mathbf{x}(u_0, v)$$

을 v**-매개곡선**(v-parameter curve)이라고 한다.

좌표함수의 정의와 정의 3.3.2에 의하여 u-매개곡선과 v-매개곡선의 속도벡터 $\mathbf{x}_u(u_0, v_0)$과 $\mathbf{x}_v(u_0, v_0)$은 점 $\mathbf{p}$에서 일차독립인 접벡터가 된다.

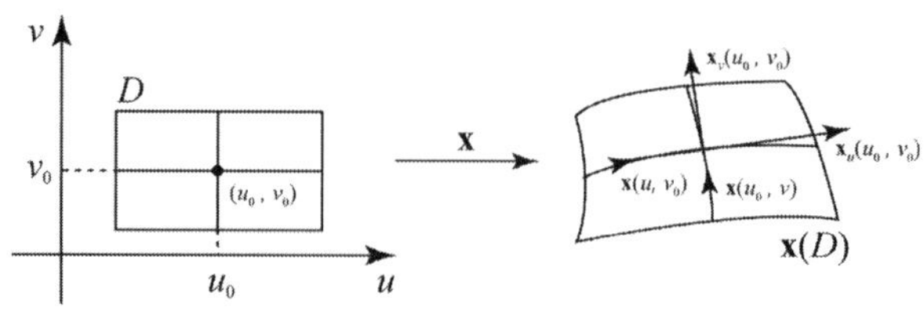

그림 3.17

정리 3.3.3 $\mathbf{p} \in M$이고 $\mathbf{x}: D \to M$을 $\mathbf{x}(u_0, v_0) = \mathbf{p}$인 좌표함수라고 하자. 벡터 $\mathbf{v}_\mathbf{p} \in T_\mathbf{p}\mathbb{R}^3$이 점 $\mathbf{p}$에서 곡면 M의 접벡터일 필요충분조건은 $\mathbf{v}$가 $\mathbf{x}_u(u_0, v_0)$와 $\mathbf{x}_v(u_0, v_0)$의 일차결합으로 표현되는 것이다.

증명

정의에 의해 좌표함수 $\mathbf{x}$의 u-매개곡선과 v-매개곡선의 도함수 $\mathbf{x}_u(u_0, v_0)$와 $\mathbf{x}_v(u_0, v_0)$은 점 $\mathbf{p}$에서 곡면 M의 접벡터이다. 즉, $\mathbf{x}_u(u_0, v_0)$, $\mathbf{x}_u(u_0, v_0) \in T_{\mathbf{p}}M$ 이다.

$\mathbf{v}_{\mathbf{p}} \in T_{\mathbf{p}}M$이면 정의로부터 $\alpha(0) = \mathbf{p}$, $\alpha'(0) = \mathbf{v}$를 만족시키는 곡선 $\alpha : (-\epsilon, \epsilon) \to M$이 존재한다. 도움정리 3.3.1에 의해 평면곡선 $(u(t), v(t))$에 대하여 $\alpha(t) = \mathbf{x}(u(t), v(t))$로 나타낼 수 있다. 연쇄법칙에 의해

$$\alpha'(t) = u'(t)\mathbf{x}_u(u(t), v(t)) + v'(t)\mathbf{x}_v(u(t), v(t))$$

$\alpha(0) = \mathbf{p} = \mathbf{x}(u_0, v_0)$이므로 $u(0) = u_0$, $v(0) = v_0$을 만족시킨다. 따라서

$$\begin{aligned}\mathbf{v} = \alpha'(0) &= u'(0)\mathbf{x}_u(u(0), v(0)) + v'(0)\mathbf{x}_v(u(0), v(0)) \\ &= u'(0)\mathbf{x}_u(u_0, v_0) + v'(0)\mathbf{x}_v(u_0, v_0)\end{aligned}$$

역으로, $\mathbf{v}$가 $\mathbf{x}_u(u_0, v_0)$와 $\mathbf{x}_v(u_0, v_0)$의 일차결합으로 표현된 벡터라고 하자.

$$\mathbf{v} - a\mathbf{x}_u(u_0, v_0) + b\mathbf{x}_v(u_0, v_0)$$

라고 할 때 곡선 $\alpha(t)$를

$$\alpha(t) = \mathbf{x}(u_0 + at, v_0 + bt)$$

로 정의하면 $\alpha(0) = \mathbf{p}$, $\alpha'(0) = \mathbf{v}$를 만족시킨다.

좌표함수의 u-매개곡선과 v-매개곡선의 속도벡터가 일차독립이라는 사실과 정리 3.3.3에 의해 다음 정리가 성립한다.

따름정리 3.3.4 $\mathbf{p} \in M$일 때, 접평면 $T_{\mathbf{p}}M$은 2차원 벡터공간이다.

접평면 $T_{\mathbf{p}}M$에 속하는 임의의 접벡터 $\mathbf{v}$를 $\mathbb{R}^3$의 위치벡터로 이해하면 두 실수 h, k에 대하여

$$\mathbf{v} = \mathbf{p} + h\mathbf{x}_u + k\mathbf{x}_v$$

로 나타낼 수 있다.

다음에는 두 곡면 사이에서 정의된 미분가능한 사상 $\Phi : M \to \overline{M}$의 미분에 대하여 알아보자. 사상 $\Phi : M \to \overline{M}$가 미분가능하고 $\mathbf{p} \in M$이고 $\mathbf{v} \in T_{\mathbf{p}}M$이라 하자.

$\alpha: (-\epsilon, \epsilon) \to M$이 $\alpha(0) = \mathbf{p}$이고 $\alpha'(0) = \mathbf{v}$인 곡선이면 합성함수 $\beta := \Phi \circ \alpha$는 $\beta(0) = \Phi(\mathbf{p})$인 $\overline{M}$의 곡선이다. 즉, $\beta: = \Phi \circ \alpha: (-\epsilon, \epsilon) \to \overline{M}$, $\beta(0) = \Phi(\mathbf{p})$이므로 $\beta'(0)$는 점 $\Phi(\mathbf{p})$에서 곡면 $\overline{M}$에 접하는 접벡터가 된다. 즉, $\beta'(0) \in T_{\Phi(\mathbf{p})}\overline{M}$이 성립한다. 이때 사상 Φ의 미분 $d\Phi$를

$$d\Phi_{\mathbf{p}}(\mathbf{v}) = \beta'(0) \in T_{\Phi(\mathbf{p})}\overline{M}$$

로 정의한다.

정리 3.3.5 접벡터 $\mathbf{v} \in T_{\mathbf{p}}M$에 대하여 $\beta'(0)$는 α의 선택과 무관하다. 즉, $d\Phi_{\mathbf{p}}$는 잘 정의된 사상이다. 또, $d\Phi_{\mathbf{p}}(\mathbf{v}) = \beta'(0)$로 정의된 사상 $d\Phi_{\mathbf{p}}: T_{\mathbf{p}}M \to T_{\Phi(\mathbf{p})}\overline{M}$는 선형사상이다.

증명

좌표함수를 이용하여 $d\Phi_{\mathbf{p}}(\mathbf{v})$를 나타내어 보자. $\mathbf{x}(\mathrm{u}, \mathrm{v})$와 $\overline{\mathbf{x}}(\overline{u}, \overline{v})$를 각각 점 $\mathbf{p} \in M$과 $\Phi(\mathbf{p}) \in \overline{M}$의 근방에서 정의된 좌표함수라고 하자. 참고 3.2.7의 식 (3.2.2)로부터 복잡한 표현식을 피하기 위해 좌표함수를 생략할 수 있다. 즉, 함수 Φ를 매개변수로만 나타내면

$$\Phi(u, v) = (\varphi(u, v), \psi(u, v)) = (\overline{u}, \overline{v})$$

와

$$\alpha(t) = (u(t), v(t))$$

로 쓸 수 있다. 그러면

$$\beta(t) = \Phi \circ \alpha(t) = (\varphi(u(t), v(t)), \psi(u(t), v(t)))$$

이고 양변을 미분하여 기저 $\{\mathbf{x}_u, \mathbf{x}_v\}$의 성분으로 나타내면

$$\beta'(0) = \left(\frac{\partial\varphi}{\partial u}(\mathbf{p})u'(0) + \frac{\partial\varphi}{\partial v}(\mathbf{p})v'(0),\ \frac{\partial\psi}{\partial u}(\mathbf{p})u'(0) + \frac{\partial\psi}{\partial v}(\mathbf{p})v'(0)\right) \tag{3.3.1}$$

따라서 $\beta'(0)$은 사상 Φ와 $\alpha'(0) = (u'(0), v'(0))$에만 의존한다. 그러므로 $\alpha(0) = \overline{\alpha}(0) = \mathbf{p}$이고 $\alpha'(0) = \overline{\alpha}'(0) = \mathbf{v}$이면 $\beta'(0) = \overline{\beta}'(0)$이 성립한다. 여기서 $\overline{\beta} = \Phi \circ \overline{\alpha}$이다. 더욱이 식 (3.3.1)에 의해

$$\beta'(0) = \begin{pmatrix} \dfrac{\partial\varphi}{\partial u} & \dfrac{\partial\varphi}{\partial v} \\ \dfrac{\partial\psi}{\partial u} & \dfrac{\partial\psi}{\partial v} \end{pmatrix} \begin{pmatrix} u'(0) \\ v'(0) \end{pmatrix} = d\Phi_{\mathbf{p}}(\mathbf{v})$$

이므로 $d\Phi_{\mathbf{p}}$는 선형사상이다.

정의 3.3.6 (1) $\mathbb{R}^3$의 벡터장 V가 곡면 M의 각각의 점 $\mathbf{p}$에서 $V(\mathbf{p}) \in \mathrm{T_p M}$일 때 V를 M의 **접벡터장**(tangent vector field)이라고 한다.

(2) 접벡터 $\mathbf{z} \in \mathrm{T_p}\mathbb{R}^3$이 접평면 $T_{\mathbf{p}}M$의 모든 벡터와 수직일 때 점 $\mathbf{p}$에서의 **법벡터**(normal vector)라고 한다.

(3) 곡면 M에서 정의된 벡터장 Z가 각각의 점 $\mathbf{p} \in M$에서 법벡터에 대응될 때, Z를 M의 **법벡터장**(normal vector field)이라 한다.

참고 3.3.7 정의 3.3.6에 있는 벡터장은 국소적으로도 정의할 수 있다. 특히, 좌표함수를 이용하면 국소적 법벡터장을 쉽게 구할 수 있다. $\mathbf{x}: D \to M$이 좌표함수이면 $\mathbf{x}_u$, $\mathbf{x}_v$는 접벡터장이므로 $\mathbf{x}_u \times \mathbf{x}_v$는 (국소적) 법벡터장이다. 따라서

$$Z = Z = \frac{\mathbf{x}_u \times \mathbf{x}_v}{\|\mathbf{x}_u \times \mathbf{x}_v\|}$$

는 $\mathbf{x}(D) \subset M$에서 정의된 단위법벡터장이다.

정리 3.3.8 $M: g(x, y, z) = c$(단, c는 상수)가 정칙곡면이면 그래디언트 $\nabla g = \sum_{i=1}^{3} \frac{\partial g}{\partial x_i} U_i$ 는 곡면 M 전체에서 정의된 법벡터장으로 모든 점에서 $\mathbf{0}$이 아니다.

증명

$\mathbf{p} \in M$이고 $\mathbf{v} \in T_{\mathbf{p}}M$일 때, $\mathbf{v} \cdot \nabla g(\mathbf{p}) = 0$임을 보이면 된다. $\alpha: (-\epsilon, \epsilon) \to M$을 $\alpha(0) = \mathbf{p}$이고 $\alpha'(0) = \mathbf{v}$인 곡선이라고 하면 $(g \circ \alpha)(t) = c$(상수)이므로 t에 관해 미분하면

$$0 = \nabla g(\mathbf{p}) \cdot \alpha'(0) = \nabla g(\mathbf{p}) \cdot \mathbf{v}$$

한편, 정칙곡면의 정의에 의해 각 점 $\mathbf{p} \in M$에서 $\nabla g(\mathbf{p}) \neq \mathbf{0}$이다(정리 3.1.13과 정리 3.1.15 참고).

연습문제

01. $\Phi: M \to \overline{M}$ 가 미분가능한 사상이고 $\mathbf{p} \in M$ 이라고 하자. 임의의 접벡터 $\mathbf{v}_\mathrm{p}, \mathbf{w}_\mathrm{p} \in \mathrm{T}_\mathrm{p}M$ 에 대하여

$$\langle d\Phi_\mathrm{p}(\mathbf{v}_\mathrm{p}),\ d\Phi_\mathrm{p}(\mathbf{w}_\mathrm{p}) \rangle = \langle \mathbf{v}_\mathrm{p},\ \mathbf{w}_\mathrm{p} \rangle$$

를 만족시킬 때, Φ가 점 $\mathbf{p}$에서 내적을 보존한다고 한다. 이때 다음 세 가지 조건이 모두 동치임을 증명하여라.

(1) Φ가 점 $\mathbf{p}$에서 내적을 보존하는 사상이다.

(2) 임의의 접벡터 $\mathbf{v}_\mathrm{p} \in \mathrm{T}_\mathrm{p}M$ 에 대하여

$$\| d\Phi_\mathrm{p}(\mathbf{v}) \| = \| \mathbf{v}_\mathrm{p} \|$$

(3) 일차독립인 특정한 두 벡터 $\mathbf{v}$, $\mathbf{w}$ 에 대하여

$$\| d\Phi_\mathrm{p}(\mathbf{v}) \| = \| \mathbf{v}_\mathrm{p} \|,\ \| d\Phi_\mathrm{p}(\mathbf{w}) \| = \| \mathbf{w}_\mathrm{p} \|$$

이고

$$\langle d\Phi_\mathrm{p}(\mathbf{v}_\mathrm{p}),\ d\Phi_\mathrm{p}(\mathbf{w}_\mathrm{p}) \rangle = \langle \mathbf{v}_\mathrm{p},\ \mathbf{w}_\mathrm{p} \rangle$$

(도움말 : (1) ⇒ (3) ⇒ (2) ⇒ (1)의 순서대로 증명하여라)

02. 다음의 각 경우에 접평면 $\mathrm{T}_\mathrm{p}M$ 에 대한 방정식을 $ax + by + cz = d$ 형태로 나타내어라.

(1) $\mathbf{p} = (0,\ 0,\ 0)$, $M: x^2 + y^2 + (z-1)^2 = 1$

(2) $\mathbf{p} = (1,\ -2,\ 3)$, $M: \dfrac{x^2}{4} + \dfrac{y^2}{16} + \dfrac{z^2}{16} = 1$

(3) $\mathbf{p} = \mathbf{x}\left(2,\ \dfrac{\pi}{4}\right)$, $M: \mathbf{x}(u,\ v) = (u\cos v,\ u\sin v,\ 2v)$

03. $\Psi: S^2 \to S^2$을 $\Psi(\mathbf{p}) = -\mathbf{p}$로 정의할 때 Ψ는 미분동형사상임을 증명하여라. 그리고 $d\Psi_{\mathbf{p}}(\mathbf{v}_{\mathbf{p}}) = (-\mathbf{v})_{-\mathbf{p}}$임을 보여라.

04. 미분가능한 함수 $f: U \subset \mathbb{R}^3 \to \mathbb{R}$에 대하여 $f^{-1}(0) = M$이 정칙곡면이고 $\mathbf{p} = (x_0, y_0, z_0) \in M$이면 접평면 $T_{\mathbf{p}}M$의 방정식은

$$f_x(x_0, y_0, z_0)(x - x_0) + f_y(x_0, y_0, z_0)(y - y_0) + f_z(x_0, y_0, z_0)(z - z_0) = 0$$

임을 증명하여라.

05. $M: z = g(x, y)$가 정칙곡면일 때 임의의 점 $(x_0, y_0, g(x_0, y_0)) \in M$에서의 접평면의 방정식은

$$z = g(x_0, y_0) + g_x(x_0, y_0)(x - x_0) + g_y(x_0, y_0)(y - y_0)$$

임을 증명하여라.

06. $\Phi: M \to \overline{M}$와 $\Psi: \overline{M} \to P$가 미분가능한 사상일 때, 각 점 $\mathbf{p} \in M$에 대하여

$$d(\Psi \circ \Phi)_{\mathbf{p}} = d\Psi_{\Phi(\mathbf{p})} \circ d\Phi_{\mathbf{p}}$$

가 성립함을 증명하여라.

3.4 제1기본형식과 넓이

$M \subset \mathbb{R}^3$이 정칙곡면이고 $\mathbf{p} \in M$일 때, 접벡터 $\mathbf{v}$, $\mathbf{w} \in T_{\mathbf{p}}M$에 대하여 내적을

$$\langle \mathbf{v}, \mathbf{w} \rangle_{\mathbf{p}} = \mathbf{v} \cdot \mathbf{w}$$

로 정의하자. 여기서 $\cdot$은 $\mathbb{R}^3$의 내적을 나타낸다.

정의 3.4.1	사상 $\mathbf{I}_{\mathbf{p}}: T_{\mathbf{p}}M \to \mathbb{R}$, $\mathbf{I}_{\mathbf{p}}(\mathbf{w}) = \langle \mathbf{w}, \mathbf{w} \rangle_{\mathbf{p}}$를 점 $\mathbf{p}$에서 곡면 M의 **제1기본형식** (first fundamental form)이라고 한다.

좌표함수를 이용하여 제1기본형식을 나타내 보자. $\mathbf{x}: D \subset \mathbb{R}^2 \to M$이 점 $\mathbf{p}$ 근방에서 정의된 좌표함수이고 $\mathbf{w} \in T_{\mathbf{p}}M$라고 하자. 정의에 의해 곡선 $\alpha: (-\epsilon, \epsilon) \to M$이 존재하여 $\alpha(0) = \mathbf{p}$이고 $\alpha'(0) = \mathbf{w}$를 만족시킨다. 이때 $\alpha(t) = \mathbf{x}(u(t), v(t))$로 나타내면

$$\begin{aligned} \alpha'(0) &= u'(0)\frac{\partial \mathbf{x}}{\partial u} + v'(0)\frac{\partial \mathbf{x}}{\partial v} \\ &= u'(0)\mathbf{x}_u + v'(0)\mathbf{x}_v \end{aligned}$$

따라서

$$\begin{aligned} \mathbf{I}_{\mathbf{p}}(\mathbf{w}) &= \mathbf{I}_{\mathbf{p}}(\alpha'(0)) = \langle \alpha'(0), \alpha'(0) \rangle_{\mathbf{p}} \\ &= \langle u'(0)\mathbf{x}_u + v'(0)\mathbf{x}_v, u'(0)\mathbf{x}_u + v'(0)\mathbf{x}_v \rangle \\ &= u'(0)^2 \langle \mathbf{x}_u, \mathbf{x}_u \rangle(\mathbf{p}) + 2u'(0)v'(0)\langle \mathbf{x}_u, \mathbf{x}_v \rangle(\mathbf{p}) + v'(0)^2 \langle \mathbf{x}_v, \mathbf{x}_v \rangle(\mathbf{p}) \\ &= u'(0)^2 E(\mathbf{p}) + 2u'(0)v'(0)F(\mathbf{p}) + v'(0)^2 G(\mathbf{p}) \end{aligned} \tag{3.4.1}$$

여기서 $E = \langle \mathbf{x}_u, \mathbf{x}_u \rangle$, $F = \langle \mathbf{x}_u, \mathbf{x}_v \rangle$, $G = \langle \mathbf{x}_v, \mathbf{x}_v \rangle$를 제1기본형식 $\mathbf{I}$의 계수라고 한다. 그리고 $E(\mathbf{p}) = \langle \mathbf{x}_u(u(0), v(0)), \mathbf{x}_u(u(0), v(0)) \rangle$을 나타내고 $F(\mathbf{p})$, $G(\mathbf{p})$도 같은 의미를 나타낸다.

보기 3.4.2 원기둥면 $M = \{(x, y, z) \in \mathbf{R}^3 | x^2 + y^2 = 1\}$의 좌표함수 $\mathbf{x}(u, v) = (\cos u, \sin u, v)$에 대한 제1기본형식을 구하여 보자. 여기서 $\mathbf{x}$의 정의역 D는

$$D = \{(u, v) \in \mathbb{R}^2 | 0 < u < 2\pi, \ -\infty < v < \infty\}$$

이다.

$$\mathbf{x}_u = (-\sin u, \cos u, 0), \ \mathbf{x}_v = (0, 0, 1)$$

이므로 $\mathbf{x}$에 대한 제1기본형식의 계수는

$$E = 1, \ F = 0, \ G = 1$$

보기 3.4.3 단위구 S^2의 구면좌표함수

$$\mathbf{x}(u, v) = (\sin u \cos v, \sin u \sin v, \cos u)$$

에 대한 제1기본형식을 구하여 보자. 여기서 $\mathbf{x}$의 정의역은

$$D = \{(u, v) \in \mathbb{R}^2 | 0 < u < \pi, \ 0 < v < 2\pi\}$$

이다.

$$\mathbf{x}_u = (\cos u \cos v, \cos u \sin v, -\sin u)$$

$$\mathbf{x}_v = (-\sin u \sin v, \sin u \cos v, 0)$$

이므로

$$E = 1, \ F = 0, \ G = \sin^2 u$$

참고 3.4.4 곡선 $\alpha: (a, b) \to M$과 $0 \in (a, b)$일 때, α의 호길이함수 $s = s(t)$를

$$s(t) = \int_0^t \|\alpha'(u)\| du = \int_0^t \sqrt{\mathbf{I}(\alpha'(u))}\, du$$

로 정의하자. 이때 $\alpha(t) = \mathbf{x}(u(t), v(t))$이면

$$s(t) = \int_0^t \sqrt{u'^2 E + 2u'v' F + v'^2 G}\, du$$

로 주어진다.

다음에는 곡면의 넓이에 대하여 알아보자. D를 $\mathbb{R}^3$의 부분집합이라 하자. 임의의 두 점 $\mathbf{p}, \mathbf{q} \in D$에 대하여, 연속인 곡선 $\alpha: [0, 1] \to D$가 존재하여 $\alpha(0) = \mathbf{p}$, $\alpha(1) = \mathbf{q}$를 만족시킬 때, 집합 D를 **연결집합**(connected set)이라고 한다.

정의 3.4.5 (1) 정칙곡면 M의 개부분집합 $D \subset M$이 연결집합이고 그 경계(boundary) ∂D가 원 S^1과 위상동형이고 유한점을 제외한 나머지 집합이 원 S^1의 대응하는 점과 미분동형일 때, D를 **영역**(domain)이라고 한다. 영역 D에 대하여 $D \cup \partial D$를 **닫힌영역**(closed domain)이라고 하고 경계 ∂D가 원 S^1과 미분동형일 때, D를 **정칙영역**(regular domain)이라고 한다.

(2) 영역 $D \subset M$에 대하여 D와 경계 ∂D의 일부 또는 전체를 합한 형태의 집합을 곡면 M의 **일반영역**(region)이라고 한다.

(3) 일반영역 D가 $\mathbb{R}^3$의 공(ball)에 포함될 때 집합 D를 **유계**(bounded)라고 한다.

$\mathbf{x}: D \to M$을 좌표함수라 하고 $R \subset M$을 유계인 닫힌영역으로 $R \subset \mathbf{x}(D)$이라 하자. 집합 $Q \subset D$에 대하여 $R = \mathbf{x}(Q)$로 놓고, ΔQ를 두 변 Δu와 Δv에 의하여 만들어지는 직사각형이라 하자. 그러면 평균값의 정리에 의해

$$\mathbf{x}(u+\Delta u,\ v) - \mathbf{x}(u,\ v) \sim \Delta u\,\mathbf{x}_u$$
$$\mathbf{x}(u,\ v+\Delta v) - \mathbf{x}(u,\ v) \sim \Delta v\,\mathbf{x}_v$$

를 만족시킨다. 여기서 기호 ~는 근사값을 나타낸다. 따라서 닫힌영역 $\mathbf{x}(\Delta Q)$는 두 변이 각각 $\Delta u\mathbf{x}_u$와 $\Delta v\mathbf{x}_v$인 평행사변형으로 근사된다(그림 3.18).

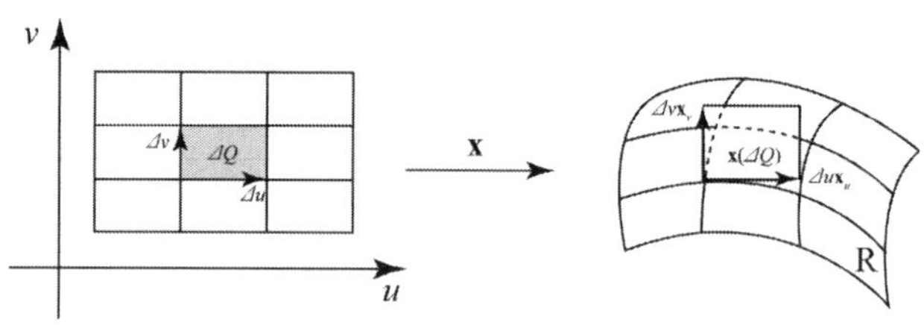

그림 3.18

그러므로 $\mathbf{x}(\Delta Q)$의 넓이는

$$A(\mathbf{x}(\Delta Q)) \sim \|\Delta u\mathbf{x}_u \times \Delta v\mathbf{x}_v\| = \|\mathbf{x}_u \times \mathbf{x}_v\|\Delta u \Delta v \tag{3.4.2}$$

로 근사된다. 식 (3.4.2)로부터 닫힌영역 R의 넓이를 다음과 같이

(3.4.3) $$A(R)=\iint_Q \|\mathbf{x}_u\times\mathbf{x}_v\|\,dudv$$

정의하는 것이 타당함을 알 수 있다.

도움정리 3.4.6 닫힌영역에 대한 넓이의 정의 (3.4.3)은 좌표함수와 무관하게 잘 정의된다.

증명

$\mathbf{x}: D\subset \mathbb{R}^2\to M$과 $\overline{\mathbf{x}}: \overline{D}\subset \mathbb{R}^2\to M$을 두 좌표함수라 하고, $Q\subset D$와 $\overline{Q}\subset \overline{D}$에 대하여 $R=\mathbf{x}(Q)=\mathbf{x}(\overline{Q})$라고 하자. 좌표함수 $\mathbf{x}$와 $\overline{\mathbf{x}}$에 대하여 $\overline{\mathbf{x}}^{-1}\circ\mathbf{x}$를

$$\overline{\mathbf{x}}^{-1}\circ\mathbf{x}(u,\ v)=(\overline{u}(u,\ v),\ \overline{v}(u,\ v))$$

로 나타내면 연쇄법칙 또는 식 (3.2.1)에 의해

$$\mathbf{x}_u=\frac{\partial\overline{u}}{\partial u}\overline{\mathbf{x}}_{\overline{u}}+\frac{\partial\overline{v}}{\partial u}\overline{\mathbf{x}}_{\overline{v}}$$

$$\mathbf{x}_v=\frac{\partial\overline{u}}{\partial v}\overline{\mathbf{x}}_{\overline{u}}+\frac{\partial\overline{v}}{\partial v}\overline{\mathbf{x}}_{\overline{v}}$$

따라서

$$\mathbf{x}_u\times\mathbf{x}_v=\frac{\partial(\overline{u},\ \overline{v})}{\partial(u,\ v)}\overline{\mathbf{x}}_{\overline{u}}\times\overline{\mathbf{x}}_{\overline{v}}$$

여기서 $\dfrac{\partial(\overline{u},\ \overline{v})}{\partial(u,\ v)}$는 좌표함수의 변환 $\overline{\mathbf{x}}^{-1}\circ\mathbf{x}(u,\ v)=(\overline{u}(u,\ v),\ \overline{v}(u,\ v))$의 야코비 행렬식이고

(3.4.4) $$\frac{\partial(u,\ v)}{\partial(\overline{u},\ \overline{v})}=\frac{1}{\dfrac{\partial(\overline{u},\ \overline{v})}{\partial(u,\ v)}}$$

는 $(\mathbf{x}^{-1}\circ\overline{\mathbf{x}})(\overline{u},\ \overline{v})=(u(\overline{u},\ \overline{v}),\ v(\overline{u},\ \overline{v}))$의 야코비 행렬식이다.
다변수함수의 적분에 관한 변수변환공식에 의하면 집합 $\overline{Q}$ 위에서 정의된 연속함수 f에 대하여

(3.4.5) $$\iint_{\overline{Q}} f\,d\overline{u}d\overline{v}=\iint_Q f\circ(\overline{\mathbf{x}}^{-1}\circ\mathbf{x})\left|\frac{\partial(\overline{u},\ \overline{v})}{\partial(u,\ v)}\right|dudv$$

가 성립한다.

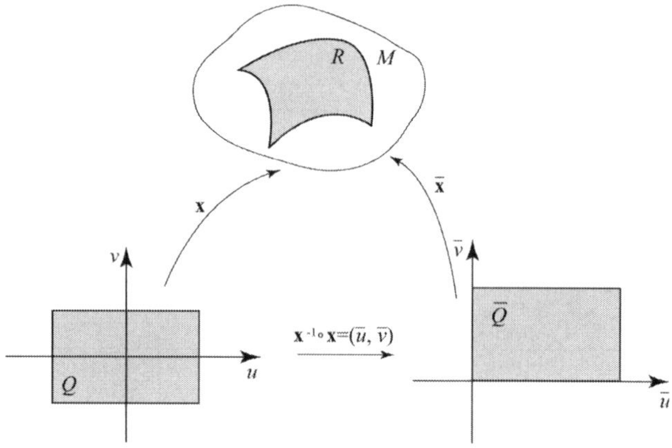

그림 3.19

그러므로 식 (3.4.4)과 변수변환공식 (3.4.5)에 의해

$$A(R)=\iint_{\bar{Q}}\|\bar{\mathbf{x}}_{\bar{u}}\times\bar{\mathbf{x}}_{\bar{v}}\|d\bar{u}\,d\bar{v}$$
$$=\iint_{\bar{Q}}\|\mathbf{x}_u\times\mathbf{x}_v\|\left|\frac{\partial(u,\ v)}{\partial(\bar{u},\ \bar{v})}\right|d\bar{u}d\bar{v}$$
$$=\iint_{Q}\|\mathbf{x}_u\times\mathbf{x}_v\|\,dudv$$

제1기본형식의 계수를 이용하면,

$$\|\mathbf{x}_u\times\mathbf{x}_v\|^2=\|\mathbf{x}_u\|^2\,|\mathbf{x}_v\|^2-\langle\mathbf{x}_u,\ \mathbf{x}_v\rangle^2=EG-F^2$$

이므로

$$\iint_Q\|\mathbf{x}_u\times\mathbf{x}_v\|\,dudv=\iint_Q\sqrt{EG-F^2}\,dudv$$

로 나타낼 수 있다.

보기 3.4.7 구면의 넓 이

반지름의 길이가 r인 구 $S^2(r)$의 넓이를 구하여라.

풀이. $D=\{(u, v)\in \mathbb{R}^2 | 0<u<\pi,\ 0<v<2\pi\}$일 때, $\mathbf{x}: D\to S^2(r)$를

$$\mathbf{x}(u, v)=(r\sin u\cos v,\ r\sin u\sin v,\ r\cos u)$$

로 정의하면 $\mathbf{x}$는 반지름의 길이가 r인 구 $S^2(r)$의 좌표함수가 된다. 특히, $S^2(r)-\mathbf{x}(D)$는 구의 북극점과 남극점을 연결하는 대원의 절반으로 그 넓이는 0이다. 따라서 $S^2(r)$의 넓이는 $\mathbf{x}(D)$의 넓이와 같다. 보기 3.4.3에서와 같이 좌표함수 $\mathbf{x}$의 제1기본형식의 계수를 구하면

$$E=r^2,\ F=0,\ G=r^2\sin^2 u$$

이므로

$$\|\mathbf{x}_u\times\mathbf{x}_v\|=\sqrt{EG-F^2}=r^2\sin u$$

따라서 $S^2(r)$의 넓이 $A(S^2(r))$는

$$A(S^2(r))=\iint_D r^2\sin u\,du\,dv=4\pi r^2$$

보기 3.4.8 원환면의 넓 이

보기 3.1.10에 있는 환원면의 넓이를 구하여라.

풀이. 보기3.1.10에 의해 $D=\{(u, v) | 0<u,\ v<2\pi\}$에서 정의된

$$\mathbf{x}(u, v)=((a+r\cos u)\cos v,\ (a+r\cos u)\sin v,\ r\sin u)$$

는 원환면의 좌표함수가 된다. 특히, $T^2-\mathbf{x}(D)$는 서로 만나는 두 원이고 이원들의 넓이는 0이므로 T^2의 넓이와 $\mathbf{x}(D)$의 넓이는 같다. $\mathbf{x}$에 대한 제1기본형식의 계수를 구하면

$$E=r^2,\ F=0,\ G=(a+r\cos u)^2$$

이므로

$$\sqrt{EG-F^2}=r(a+r\cos u)$$

따라서

$$A(T^2)=\iint_D r(a+r\cos u)\,du\,dv=4\pi^2 ra$$

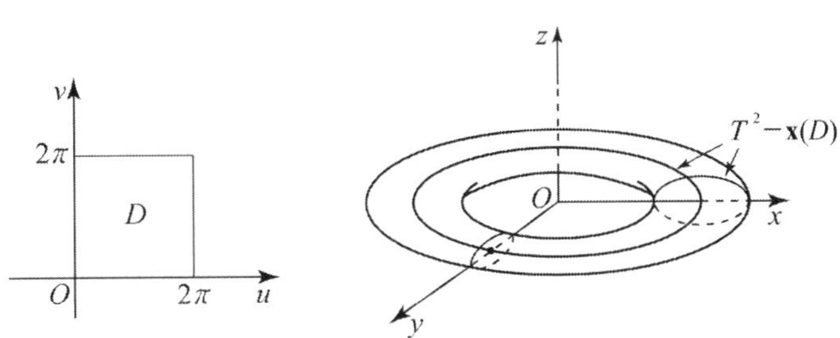

그림 3.20

연습문제

01. 나선 $\alpha(u) = (\cos u,\ \sin u,\ 2u)$(단, $u \in \mathbb{R}$)의 각 점 $\mathbf{p} = (a,\ b,\ c)$와 같은 높이의 z-축의 점 $(0,\ 0,\ c)$를 지나는 직선으로 만들어지는 곡면을 나선면(helicoid)이라고 한다(그림 3.21). 따라서,

$$\mathbf{x}(u,\ v) = (v\cos u,\ v\sin u,\ 2u),\ v \in \mathbb{R}$$

는 나선면의 좌표함수이다. 이 좌표함수에 대한 제1기본형식의 계수를 구하여라.

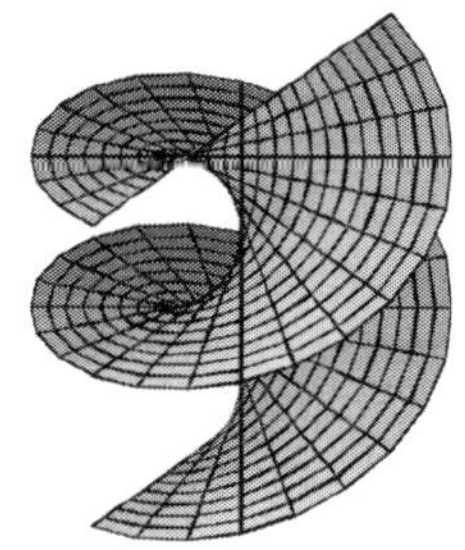

그림 3.21

02. 회전면 $\mathbf{x}(u,\ v) = (g(u),\ h(u)\cos v,\ h(u)\sin v)$에 대한 제1기본형식의 계수 $E,\ F,\ G$를 구하여라.

그래프 $z = f(x,\ y)$로 주어지는 곡면 M의 유계인 영역 $R \subset M$의 넓이는

$$A(R) = \iint_Q \sqrt{1 + f_x^2 + f_y^2}\, dxdy$$

로 주어짐을 증명하여라. 여기서 Q는 R의 xy-평면으로의 정사영이다.

04. 곡선 $\alpha(u)=(u,\ e^{-u},\ 0)$에 의해 생성되는 회전면의 넓이를 구하여라.

05. (곡면함수의 그래디언트)정칙곡면 M에서 정의된 미분가능한 함수 에 $f: M \to \mathbb{R}$ 대하여 f의 그래디언트 $\nabla f: M \to \mathbb{R}^3$은 각 점 $\mathbf{p} \in M$에서 $\nabla f(\mathbf{p}) \in \mathrm{T}_{\mathbf{p}}M$을 대응시키는 사상으로 모든 접벡터 $\mathbf{v} \in \mathrm{T}_{\mathbf{p}}M$에 대하여

$$\langle \nabla f(\mathbf{p}),\ \mathbf{v} \rangle = df_{\mathbf{p}}(\mathbf{v})$$

를 만족시키는 사상이다. 다음 물음에 답하여라.

(1) $\mathbf{x}: D \subset \mathbb{R}^2 \to M$이 좌표함수일 때, $\mathbf{x}(D)$에서 f의 그래디언트 ∇f는

$$\nabla f = \frac{f_u G - f_v F}{EG - F^2}\mathbf{x}_u + \frac{f_v E - f_u F}{EG - F^2}\mathbf{x}_v$$

로 주어짐을 증명하여라. 여기서 $f_u = \frac{\partial}{\partial u}(f \circ \mathbf{x})$, $f_v = \frac{\partial}{\partial v}(f \circ \mathbf{x})$이다.

특히, $M = \mathbb{R}^2$일 때, $\nabla f = (f_u,\ f_v)$임을 확인하여라.

(2) $E = \{\mathbf{v} \in \mathrm{T}_{\mathbf{p}}M \mid \|\mathbf{v}\| = 1\}$일 때, $df_{\mathbf{p}}(\mathbf{v}) = \max_{\mathbf{w} \in E} df_{\mathbf{p}}(\mathbf{w})$일 필요충분조건은

$$\mathbf{v} = \frac{\nabla f(\mathbf{p})}{\|\nabla f(\mathbf{p})\|}$$

임을 증명하여라.

3.5 곡면의 방향

유클리드 공간 $\mathbb{R}^3$의 방향은 순서기저의 동치류를 나타낸다. 같은 방법으로 좌표평면 $\mathbb{R}^2$의 방향은 순서가 있는 일차독립인 두 벡터의 동치류로 정의한다. 이를 이용하면 정칙곡면의 접평면에 방향을 정의할 수 있다. $\mathbf{x}: D \to M$과 $\overline{\mathbf{x}}: \overline{D} \to M$이 점 $\mathbf{p} \in M$ 근방에서 정의된 좌표함수로 $\overline{\mathbf{x}}^{-1} \circ \mathbf{x}(u, v) = (\overline{u}(u, v), \overline{v}(u, v))$이면 식 (3.2.1)에 의해

$$\mathbf{x}_u = \frac{\partial \overline{u}}{\partial u}\overline{\mathbf{x}}_{\overline{u}} + \frac{\partial \overline{v}}{\partial u}\overline{\mathbf{x}}_{\overline{v}}$$

$$\mathbf{x}_v = \frac{\partial \overline{u}}{\partial v}\overline{\mathbf{x}}_{\overline{u}} + \frac{\partial \overline{v}}{\partial v}\overline{\mathbf{x}}_{\overline{v}}$$

이 성립한다. 따라서 기저 $\{\mathbf{x_u}, \mathbf{x_v}\}$와 $\{\overline{\mathbf{x}}_{\overline{u}}, \overline{\mathbf{x}}_{\overline{v}}\}$가 접평면 $T_{\mathbf{p}}M$에서 같은 방향을 결정할 필요충분조건은 전이행렬의 행렬식이 양수이다. 즉,

$$\frac{\partial(\overline{u}, \overline{v})}{\partial(u, v)} = \det\begin{pmatrix} \dfrac{\partial \overline{u}}{\partial u} & \dfrac{\partial \overline{u}}{\partial v} \\ \dfrac{\partial \overline{v}}{\partial u} & \dfrac{\partial \overline{v}}{\partial v} \end{pmatrix} > 0$$

곡면 M의 방향은 위와 같은 조건을 만족시키는 좌표함수들로 곡면 M을 덮을 수 있으면 된다.

정의 3.5.1 정칙곡면 M에 대하여 좌표함수들의 모임 $\chi = \{\mathbf{x}: D \subset \mathbb{R}^2 \to M\}$이 존재하여 다음 두 가지 조건을 만족시킬 때, M을 **가향곡면**(orientable) 또는 M은 **가향이다**라고 한다.

(i) $\displaystyle\bigcup_{\mathbf{x} \in \chi} \mathbf{x}(D) = M$

(ii) $\mathbf{x}, \overline{\mathbf{x}} \in \chi$에 대하여 $\mathbf{p} \in \mathbf{x}(D) \cap \overline{\mathbf{x}}(\overline{D})$이면

$$\frac{\partial(\overline{u}, \overline{v})}{\partial(u, v)}(\mathbf{p}) > 0$$

또 조건 (i), (ii)를 만족시키는 좌표함수들의 모임을 선택했을 때 그것을 M의 **방향**(orientation)이라고 하고, 이러한 선택이 불가능할 때, M을 **비가향곡면**(nonorientable)이라고 한다.

보기 3.5.2 미분가능한 이변수함수의 그래프는 가향곡면이다.

풀이. $M: z=f(x, y)$를 미분가능한 함수 $f: D \subset \mathbb{R}^2 \to \mathbb{R}^3$의 그래프라고 하면 정리 3.1.12에 의해 M은 정칙곡면이고 단 하나의 좌표함수

$$\mathbf{x}: D \subset \mathbb{R}^2 \to M,\ \mathbf{x}(u,v) = (u,\ v,\ f(u,\ v))$$

에 의해 표현되므로 정의 3.5.1의 조건 (i), (ii)를 모두 만족시킨다. 따라서 M은 가향곡면이다.

보기 3.5.3 단위구 S^2은 가향곡면이다.

풀이. $\mathbf{n}=(0,\ 0,\ 1)$과 $\mathbf{s}=(0,\ 0,\ -1)$을 각각 북극점과 남극점이라고 하자. $S^2-\{\mathbf{n}\}$에서 $\mathbb{R}^2$으로 사상되는 함수 φ를

$$\varphi(\mathbf{p}) = \overrightarrow{\mathbf{np}} \cap \mathbb{R}^2$$

로 정의하자. 매개변수를 이용하여 반직선 $\overrightarrow{\mathbf{np}}$의 벡터방정식을 구하여 xy평면과의 교점을 구하면 함수 φ는

$$\varphi(x,\ y,\ z) = \left(\frac{x}{1-z},\ \frac{y}{1-z}\right)$$

로 주어진다. 3장 2절의 연습문제에 의해 φ가 미분동형사상이므로 역함수 φ^{-1}는 단위구 S^2의 좌표함수가 된다. 실제로, 역함수 φ^{-1}는

$$\varphi^{-1}(u,\ v) = \left(\frac{2u}{u^2+v^2+1},\ \frac{2v}{u^2+v^2+1},\ \frac{u^2+v^2-1}{u^2+v^2+1}\right)$$

로 주어진다.

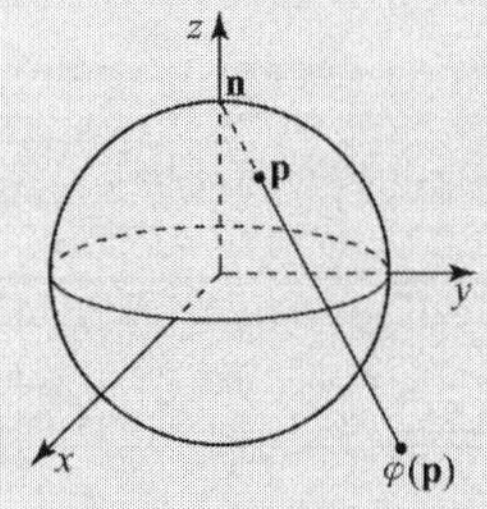

그림 3.22

한편, $S^2-\{\mathbf{s}\}$에서 $\mathbb{R}^2$으로 사상되는 함수 ψ를 φ와 같은 방법으로 정의하면 ψ도 미분동형사상이므로 $\chi=\{\varphi^{-1},\ \psi^{-1}\}$는 단위구 S^2의 좌표함수의 모임으로 $\varphi^{-1}(\mathbb{R}^2) \cup \psi^{-1}(\mathbb{R}^2) = S^2$이고 $\varphi^{-1}(\mathbb{R}^2) \cap \psi^{-1}(\mathbb{R}^2) = S^2-\{\mathbf{n},\ \mathbf{s}\}$는 연결집합이다.

교집합 $\varphi^{-1}(\mathbb{R}^2) \cap \psi^{-1}(\mathbb{R}^2) = S^2-\{\mathbf{n},\ \mathbf{s}\}$의 한 점 $\mathbf{p}$에서 야코비 행렬식이 $\dfrac{\partial(\bar{u},\ \bar{v})}{\partial(u,\ v)}(\mathbf{p}) > 0$일 때, 교집합 전체에서 $\dfrac{\partial(\bar{u},\ \bar{v})}{\partial(u,\ v)}$이 양수임을 보이자. 야코비 행렬식은 모든 점에서 0이 아니고 $\varphi^{-1}(\mathbb{R}^2) \cap \psi^{-1}(\mathbb{R}^2) =$

$S^2-\{\mathbf{n}, \mathbf{s}\}$는 연결집합이므로 중간값의 정리에 의해 모든 점 $\mathbf{q}\in S^2-\{\mathbf{n}, \mathbf{s}\}$에서

$$\frac{\partial(\bar{u}, \bar{v})}{\partial(u, v)}(\mathbf{q}) > 0$$

이어야만 한다. 그러므로 S^2는 가향곡면이다.

참고 3.5.4 $\mathbf{x}: D \to M$이 좌표함수이면 참고 3.3.7에 의해

$$Z = \frac{\mathbf{x}_u \times \mathbf{x}_v}{\|\mathbf{x}_u \times \mathbf{x}_v\|}$$

는 $\mathbf{x}(D) \subset M$에서 정의된 단위법벡터장이다. $\bar{\mathbf{x}}: \bar{D} \to M$이 $\mathbf{x}(D) \cap \bar{\mathbf{x}}(\bar{D}) \neq \phi$인 다른 좌표함수이면

$$\mathbf{x}_u \times \mathbf{x}_v = \frac{\partial(\bar{u}, \bar{v})}{\partial(u, v)} \bar{\mathbf{x}}_{\bar{u}} \times \bar{\mathbf{x}}_{\bar{v}} \tag{3.5.1}$$

이므로 $\dfrac{\partial(\bar{u}, \bar{v})}{\partial(u, v)}$의 부호에 따라 Z의 부호가 보존되거나 바뀐다.

다음 정리에 의하면 정칙곡면 M의 방향은 그 곡면 전체에서 정의된 0이 아닌 법벡터장의 존재성과 동치이다.

정리 3.5.5 정칙곡면 M이 가향일 필요충분조건은 M 전체에서 정의된 0이 아닌 법벡터장 Z가 존재하는 것이다.

증명

M이 가향곡면이라고 하면 정의 3.5.1에 있는 조건 (i), (ii)를 만족시키는 좌표함수들의 모임 $\chi = \{\mathbf{x}: D \to M\}$이 존재한다. 그러면 각 점 $\mathbf{p}\in M$에 대하여 적당한 좌표함수 $\mathbf{x}\in\chi$가 존재하여 $\mathbf{p}\in\mathbf{x}(D)$이다. 이때 $Z(\mathbf{p})$를

$$Z(\mathbf{p}) = \frac{\mathbf{x}_u \times \mathbf{x}_v}{\|\mathbf{x}_u \times \mathbf{x}_v\|}(\mathbf{q}), \quad \mathbf{q} = \mathbf{x}^{-1}(\mathbf{p})$$

로 정의하면 Z는 0이 아닌 M의 법벡터장이다.

Z가 M 전체에서 잘 정의된 법벡터장임을 보이자. $\mathbf{p}\in\mathbf{x}(D)\cap\bar{\mathbf{x}}(\bar{D})$일 때

$$\frac{\mathbf{x}_u \times \mathbf{x}_v}{\|\mathbf{x}_u \times \mathbf{x}_v\|} = \frac{\overline{\mathbf{x}}_{\bar{u}} \times \overline{\mathbf{x}}_{\bar{v}}}{\|\overline{\mathbf{x}}_{\bar{u}} \times \overline{\mathbf{x}}_{\bar{v}}\|}$$

임을 보이면 된다. 조건 (ii)에 의해 점 $\mathbf{p}$에서

$$\frac{\partial(\bar{u},\ \bar{v})}{\partial(u,\ v)}(\mathbf{p}) > 0$$

이다. 따라서 식 (3.5.1)에 의해

$$\frac{\mathbf{x}_u \times \mathbf{x}_v}{\|\mathbf{x}_u \times \mathbf{x}_v\|} = \frac{\dfrac{\partial(\bar{u},\ \bar{v})}{\partial(u,\ v)}}{\left|\dfrac{\partial(\bar{u},\ \bar{v})}{\partial(u,\ v)}\right|} \frac{\overline{\mathbf{x}}_{\bar{u}} \times \overline{\mathbf{x}}_{\bar{v}}}{\|\overline{\mathbf{x}}_{\bar{u}} \times \overline{\mathbf{x}}_{\bar{v}}\|} = \frac{\overline{\mathbf{x}}_{\bar{u}} \times \overline{\mathbf{x}}_{\bar{v}}}{\|\overline{\mathbf{x}}_{\bar{u}} \times \overline{\mathbf{x}}_{\bar{v}}\|}$$

역으로, $Z: M \to \cup T_{\mathbf{p}}\mathbb{R}^3$을 단위법벡터장이라 하자. 정칙곡면의 정의에 의해 M을 유한개 또는 무한개의 좌표함수 $\chi = \{\mathbf{x}: D \to M\}$으로 덮을 수 있다. 참고 3.3.7에 의해 각 점 $\mathbf{x}(u,\ v) = \mathbf{p}$에서

$$Z(\mathbf{p}) = \pm \frac{\mathbf{x}_u \times \mathbf{x}_v}{\|\mathbf{x}_u \times \mathbf{x}_v\|}(\mathbf{x}^{-1}(\mathbf{p}))$$

이므로

$$\left\langle Z,\ \frac{\mathbf{x}_u \times \mathbf{x}_v}{\|\mathbf{x}_u \times \mathbf{x}_v\|} \right\rangle = \pm 1$$

$\mathbf{x}(D)$가 연결집합이므로 필요하면 매개변수 $u,\ v$를 바꾸어서

$$Z = \frac{\mathbf{x}_u \times \mathbf{x}_v}{\|\mathbf{x}_u \times \mathbf{x}_v\|}$$

라 가정해도 된다. 이와 같이 하여 얻은 좌표함수의 모임 $\chi' = \{\mathbf{x}: D \to M\}$에 속하는 두 좌표함수의 교집합에서 야코비 행렬식이 양수임을 보이면 된다.
만일 $\mathbf{p} \in \mathbf{x}(D) \cap \overline{\mathbf{x}}(\overline{D})$에서

$$\frac{\partial(\bar{u},\ \bar{v})}{\partial(u,\ v)}(\mathbf{p}) < 0$$

이면

$$\frac{\mathbf{x}_u \times \mathbf{x}_v}{\|\mathbf{x}_u \times \mathbf{x}_v\|} = Z(\mathbf{p}) = -\frac{\overline{\mathbf{x}}_{\bar{u}} \times \overline{\mathbf{x}}_{\bar{v}}}{\|\overline{\mathbf{x}}_{\bar{u}} \times \overline{\mathbf{x}}_{\bar{v}}\|} = -Z(\mathbf{p})$$

가 되어 모순이다. 따라서 $\mathbf{x}(D) \cap \overline{\mathbf{x}}(\overline{D})$의 각 점에서

$$\frac{\partial(\bar{u},\ \bar{v})}{\partial(u,\ v)} > 0$$

이므로 M은 가향곡면이다.

정칙곡면은 정의에 의해 국소적으로 항상 단위법벡터장이 존재하므로 정리 3.5.5에서 법벡터장이 M 전체에서 정의되어 있다는 것이 중요하다. 또한, 모든 점에서 법벡

터장이 모든 점에서 $\mathbf{0}$이 아니기 때문에 단위법벡터장이 존재하다는 것과 동치이다.

정리 3.5.6 $M: g(x, y, z) = c$가 정칙곡면 M은 가향곡면이다.

증명

정리 3.3.8에 의해 $\nabla g = \sum_{i=1}^{3} \frac{\partial g}{\partial x_i} U_i$는 M 전체에서 정의된 $\mathbf{0}$이 아닌 법벡터장이므로 정리 3.5.5에 의해 M은 가향곡면이다.

보기 3.5.7 뫼비우스 띠는 비가향곡면이다.

풀이. 뫼비우스 띠가 비가향곡면이라는 사실을 직관적으로 설명하기로 한다. 뫼비우스 띠는 사각형의 경계 중에서 마주보는 한 쌍의 두 선분을 방향을 바꾸어서 붙인 곡면이다. 따라서 이 사각형의 가운데에 놓여 있는 직선을 생각하고 그 직선 위에서 법벡터장을 생각하자(그림 3.23).

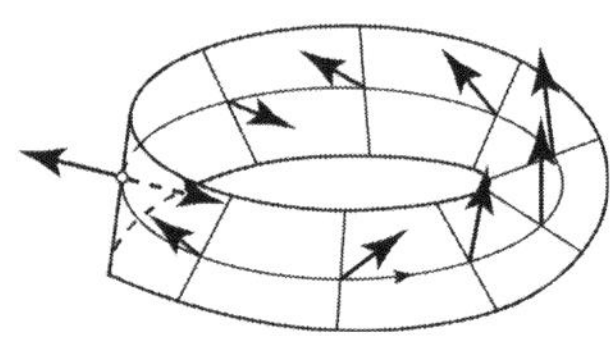

그림 3.23

법벡터장이 출발점에서 뫼비우스 띠의 바깥 방향으로 향하고 있으면 끝나는 점에서는 안쪽으로 위치하게 된다. 끝나는 점과 시작점이 같기 때문에 이러한 법벡터장은 적어도 한 점에서 $\mathbf{0}$이 되어야만 한다. 따라서 정리 3.5.5에 의해 뫼비우스 띠는 비가향곡면이다.[7]

7) 뫼비우스 띠가 비가향 곡면이라는 것에 대한 엄밀한 증명은 [5]를 참고하여라.

연습문제

01. $\Phi: M \to \overline{M}$가 미분동형사상이고 M이 가향곡면이면 $\overline{M}$도 가향곡면임을 증명하여라.

02. $\Phi: M \to \overline{M}$가 국소적 미분동형사상이고 $\overline{M}$가 가향곡면이면 M도 가향곡면임을 증명하여라.

03. 정칙곡면 M의 두 좌표함수 $\mathbf{x}: D \subset \mathbb{R}^2 \to M$과 $\mathbf{y}: E \subset \mathbb{R}^2 \to M$이 존재하여 $\mathbf{x}(D) \cup \mathbf{y}(E) = M$이고 $\mathbf{x}(D) \cap \mathbf{y}(E)$이 연결집합일 때, M은 가향곡면임을 증명하여라.

04. 정칙곡면 M의 두 좌표함수 $\mathbf{x} = \mathbf{x}(u, v): D \subset \mathbb{R}^2 \to M$과 $\mathbf{y} = \mathbf{y}(\bar{u}, \bar{v}): E \subset \mathbb{R}^2 \to M$에 대하여 $\mathbf{x}(D) \cup \mathbf{y}(E) = M$이고 $\mathbf{x}(D) \cup \mathbf{y}(E) = W_1 \cup W_2$라고 가정하자. W_1, W_2가 서로 만나지 않는 연결집합이고 좌표함수의 변환식 $\dfrac{\partial(\bar{u}, \bar{v})}{\partial(u, v)}$가 W_1에서는 양수이고 W_2에서는 음수라 가정하면 M은 비가향곡면임을 증명하여라.

제 4 장 국소적 곡면 이론

1장에 의하면 곡선의 모양을 결정하는 기하학적 개념으로 곡률과 비틀림이 있다. 곡면의 경우도 곡선과 마찬가지로 그 모양을 결정하는 기하학적 개념이 있다. 곡면에는 정의로부터 국소적으로 단위법벡터장 Z가 항상 존재한다. 따라서 단위법벡터장이 좌표함수로 주어지는 경우에 좌표함수의 변수로 이 단위법벡터장을 미분한 값은 곡면의 모양에 대한 변화율을 측정해 준다. 단위법벡터장 Z의 미분사상은 선형사상이고 대수적 방법(행렬식이나 대각합 등등)을 이용하여 기하학적 불변량을 얻을 수 있는데, 이를 가우스곡률(Gaussian curvature)과 평균곡률(mean curvature)이라고 한다. 기하학적으로 곡면의 각 점에서 그 점을 지나는 곡면의 곡선 중 곡률이 가장 큰 값과 가장 작은 값을 구하여 그 두 값을 곱한 것을 가우스곡률이라고 하고, 이 두 값의 평균을 평균곡률이라고 한다.

곡면 기하학은 곡면을 국소적으로 표현하기 때문에 대부분의 기하학적 개념을 국소적으로 나타낸다(이것이 곡면에서 정의되는 기하학적 개념이 모두 국소적이라는 것을 의미하지는 않는다). 그리고 국소적 성질로부터 주어진 곡면에 대한 기하학적 성질을 이끌어 낼 수도 있다. 이와 같이 국소적 곡면 이론은 곡면 전체의 기하학적 모양이나 특징을 파악하는 대역적 곡면 이론과는 달리 곡면의 한 점 근방의 기하학적 모양을 알아보는 것을 말한다. 4장에서는 곡면의 국소적 성질을 파악할 수 있는 기하학적 개념인 가우스곡률에 대한 정의와 성질에 대하여 알아보기로 한다.

1절에서는 단위법벡터장의 성질을 알아보고, 이를 이용하여 가우스곡률을 정의한 다음 가우스곡률과 곡면의 모양과의 관계에 대하여 알아본다. 2절에서는 좌표함수를 이용하여 가우스곡률을 구체적으로 계산할 수 있는 여러 가지 방법에 대하여 알아보고, 3절에서는 곡면의 국소적 모양을 파악하는데 도움이 되는 곡선인 주곡률선, 측지선, 그리고 점근선의 정의와 성질에 대하여 살펴보기로 한다.

4.1 가우스사상 및 곡률

3장에 의하면 정칙곡면 M이 가향일 필요충분조건은 M 전체에서 정의되는 단위법벡터장 Z가 존재하는 것이다. 다시 말해서, 곡면 전체에서 정의된 단위법벡터장의 존재성으로 M에 방향을 줄 수 있다고 말할 수 있다. 그러므로 앞으로는 단위법벡터장의 선택을 M의 방향이라고 부르기로 한다. Z가 단위법벡터장이면 $-Z$도 또한 단위법벡터장이다. 더욱이, $\mathbf{x}: D \subset \mathbb{R}^2 \to M$이 좌표함수일 때 단위법벡터장 Z는 $\mathbf{x}(D)$에서

$$Z(\mathbf{p}) = \pm \frac{\mathbf{x}_u \times \mathbf{x}_v}{\|\mathbf{x}_u \times \mathbf{x}_v\|}(\mathbf{p}), \ \mathbf{p} \in \mathbf{x}(D) \tag{4.1.1}$$

로 주어진다(엄밀히 말하면 식 (4.1.1)에서 점 $\mathbf{p}$는 $\mathbf{x}(\mathbf{q}) = \mathbf{p} \in \mathbf{x}(D)$인 점 $\mathbf{q} \in D$를 대입한 값이다). 따라서 유클리드 공간 $\mathbb{R}^3$에 양의 방향과 음의 방향이 있듯이 곡면에도 두 가지의 방향이 있다.

지금부터 모든 정칙곡면은 항상 가향이라고 가정하기로 한다. 즉, 곡면 전체에서 정의된 단위벡터장 Z가 항상 존재하고, 또 좌표함수 $\mathbf{x}$가 주어졌을 때, 필요하면 매개변수 u, v를 바꾸어, Z가 항상

$$Z(\mathbf{p}) = \frac{\mathbf{x}_u \times \mathbf{x}_v}{\|\mathbf{x}_u \times \mathbf{x}_v\|}(\mathbf{p}), \ \mathbf{p} \in \mathbf{x}(D) \tag{4.1.2}$$

라 가정하자.

정의 4.1.1 $M \subset \mathbb{R}^3$이 방향이 Z인 정칙곡면이면 단위법벡터장 Z는 곡면 M에서 단위구 S^2로 사상되는 함수로 간주할 수 있다. 이 사상 $Z: M \to S^2$을 곡면 M의 **가우스사상**(Gauss mapping)이라고 한다(그림 4.1).

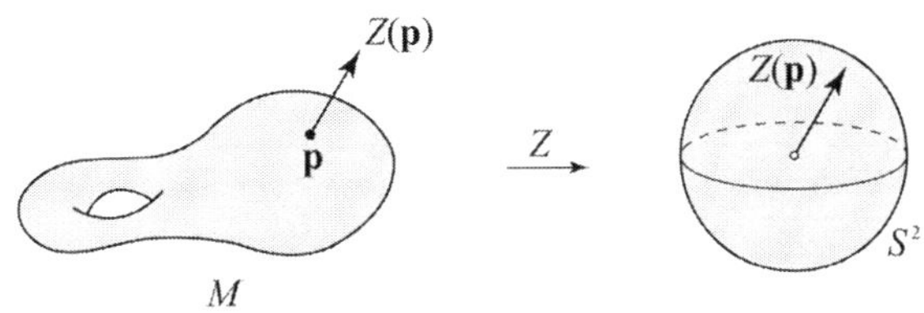

그림 4.1

$M = S^2$인 경우에 가우스사상 Z는 항등사상 또는 음의 항등사상이 됨을 쉽게 알 수 있다. 즉, 모든 점 $\mathbf{p} \in S^2$에 대하여 $Z(\mathbf{p}) = \mathbf{p}$ 또는 $Z(\mathbf{p}) = -\mathbf{p}$이다.

식 (4.1.2)로부터 가우스사상 Z는 미분가능하고 3장 3절에 의해 가우스사상의 미분사상 $dZ_{\mathbf{p}}: T_{\mathbf{p}}M \to T_{Z(\mathbf{p})}S^2$은 선형사상이다. 더욱이 법벡터 $Z(\mathbf{p})$가 접평면 $T_{\mathbf{p}}M$과 $T_{Z(\mathbf{p})}S^2$에 동시에 수직하므로 $T_{\mathbf{p}}M$과 $T_{Z(\mathbf{p})}S^2$은 평행한 평면이다. 따라서 두 평면을 동일시하면 가우스사상의 미분사상은 접평면 $T_{\mathbf{p}}M$에서 자기 자신으로 사상되는 선형사상으로 생각할 수 있다.

선형사상 $dZ\mathbf{p}: T_{\mathbf{p}}M \to T_{\mathbf{p}}M$은 접벡터에 대하여 다음과 같이 작용하는 사상으로 생각할 수 있다. α가 곡면 M에서 정의된 곡선으로 $\alpha(0) = \mathbf{p}$라고 하면 $Z(t) := Z \circ \alpha(t)$는 S^2의 곡선으로 $Z(0) = Z(\mathbf{p}) \in S^2$이다. 이 합성함수를 t에 관해 미분하면

$$Z'(0) = dZ_{\mathbf{p}}(\alpha'(0)) \in T_{Z(\mathbf{p})}S^2 = T_{\mathbf{p}}M$$

이것은 법벡터장 Z를 곡선 α에 제한했을 때 $t = 0$에서의 변화율을 나타낸다.

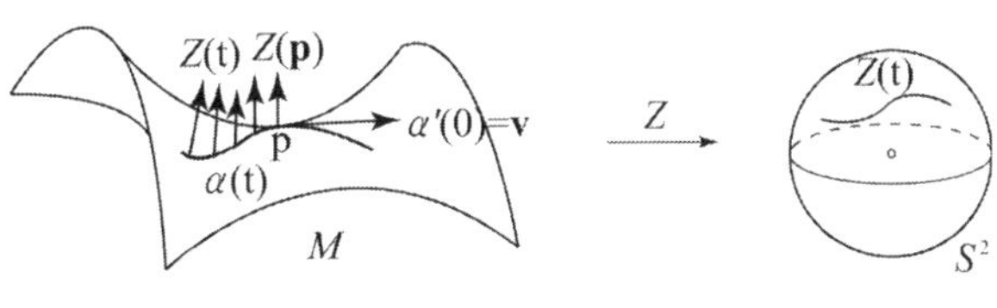

그림 4.2

보기 4.1.2 $P: ax + by + cz + d = 0$이 평면이면 $dZ \equiv 0$이다. 실제로, (a, b, c)는 평면 P에 수직인 벡터이다. 따라서 각각의 점 $\mathbf{p} \in P$에서 가우스사상은

$$Z(\mathbf{p}) = \frac{(a, b, c)}{\|(a, b, c)\|}$$

으로 주어진다. 즉, Z는 상수인 단위법벡터장이므로 $dZ = 0$이다.

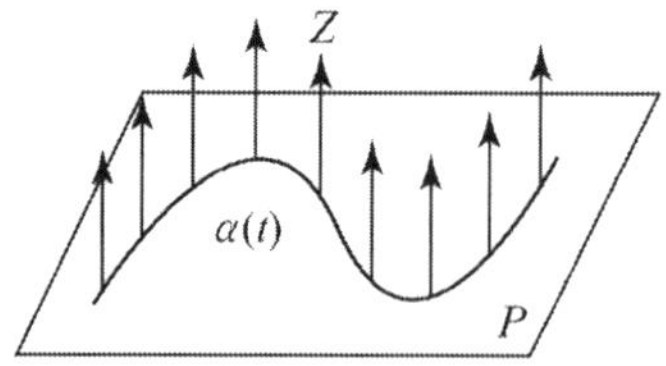

그림 4.3

보기 4.1.3 단위구 S^2에서 dZ를 구하여라.

풀이. 단위구 S^2의 법벡터장을 구하기 위해서 접벡터가 어떠한 형태를 갖는지 알아보자. $\alpha(t)=(x(t),\ y(t),\ z(t))$가 구 S^2의 곡선이면

$$\|\alpha(t)\|^2=(x(t))^2+(y(t))^2+(z(t))^2=1$$

t에 관해 미분하면

$$(x(t),\ y(t),\ z(t))\cdot(x'(t),\ y'(t),\ z'(t))=0$$

곡선 $\alpha(t)$의 미분인 $(x'(t),\ y'(t),\ z'(t))$는 구에 접하는 접벡터를 나타내므로 법벡터는 위치벡터인 $(x(t),\ y(t),\ z(t))$가 된다. 따라서 $Z(t)=Z(\alpha(t))$로 정의하면

$$Z(t)=Z(\alpha(t))=(x(t),\ y(t),\ z(t))$$

이고

$$Z'(t)=Z(\alpha'(t))=(x'(t),\ y'(t),\ z'(t))$$

이다. 그러므로 임의의 접벡터 $\mathbf{v_p}\in T_\mathbf{p}S^2$에 대하여

$$dZ_\mathbf{p}(\mathbf{v_p})=\mathbf{v_p} \tag{4.1.3}$$

식 (4.1.3)을 행렬형태로 나타내면

$$dZ_\mathbf{p}=\begin{pmatrix}1&0\\0&1\end{pmatrix}$$

보기 4.1.4 원기둥면 $M_C=\{(x,\ y,\ z)\in\mathbb{R}^3 | x^2+y^2=1\}$에 대한 가우스사상의 미분사상 dZ를 구하여라.

풀이. 법벡터장을 구하기 위해 $\alpha(t)=(x(t),\ y(t),\ z(t))$를 원기둥면 M_C의 곡선이라고 하자. 그러면 원기둥면의 정의에 의해

$$x(t)^2+y(t)^2=1$$

양변을 t에 관하여 미분하면

$$x(t)x'(t)+y(t)y'(t)=0 \tag{4.1.4}$$

식 (1.4)은 다음과 같이

$$(x'(t),\ y'(t),\ z'(t))\cdot(x(t),\ y(t),\ 0)=0$$

나타낼 수 있다. 따라서 법벡터장은

$$Z(t) = Z(\alpha(t)) = (x(t),\ y(t),\ 0)$$

으로 주어진다. t에 관해 미분하면

$$\begin{aligned} Z'(t) &= \mathrm{d}Z(\alpha'(t)) = \mathrm{d}Z(x'(t),\ y'(t),\ z'(t)) \\ &= (x'(t),\ y'(t),\ 0) \end{aligned} \tag{4.1.5}$$

한편, 원기둥면의 접벡터 중에 $z'(t) = 0$인 경우, 즉 xy평면에 평행한 벡터와 z축에 평행한 벡터는 서로 수직이면서 원기둥면의 접평면을 생성한다(그림 4.4). $\mathbf{v}_\mathbf{p} \in T_\mathbf{p}M_C$가 xy평면에 평행한 벡터이면 $\mathbf{v} = (v_1,\ v_2,\ 0)$의 형태이므로 식 (4.1.5)에 의해 $dZ(\mathbf{v}_\mathbf{p}) = \mathbf{v}_\mathbf{p}$이다. 또, $\mathbf{w}_\mathbf{p}$가 z축에 평행한 접벡터이면 $\mathbf{w} = (0,\ 0,\ w_3)$ 형태이고 식 (4.1.5)에 의해 $dZ(\mathbf{w}_\mathbf{p}) = 0$이다. 따라서 dZ를 행렬로 나타내면

$$dZ_\mathbf{p} = \begin{pmatrix} 1 & 0 \\ 0 & 0 \end{pmatrix}$$

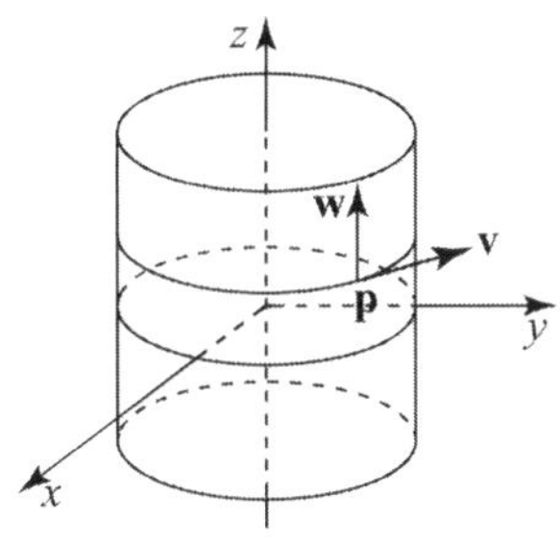

그림 4.4

다음 도움정리는 가우스사상 Z의 미분사상 dZ와 좌표함수 $\mathbf{x}$의 편도함수와의 관계를 나타낸다.

도움정리 4.1.5 $\mathbf{x} = \mathbf{x}(u,\ v)$가 점 $\mathbf{p} \in M$ 근방의 좌표함수일 때, $Z(\mathbf{x}(u,\ v)) = Z(u,\ v)$로 놓으면

$$dZ_\mathbf{p}(\mathbf{x}_u) = Z_u,\quad dZ_\mathbf{p}(\mathbf{x}_v) = Z_v$$

증명

곡면 M의 곡선 $\alpha(t)=\mathbf{x}(u(t),\ v(t))$가 $\alpha(0)=\mathbf{p}$이면 $\alpha'(t)=u'\mathbf{x}_u+v'\mathbf{x}_v$이므로

$$dZ_{\mathbf{p}}(\alpha'(0))=u'(0)\mathrm{d}Z_{\mathbf{p}}(\mathbf{x}_u)+v'(0)\mathrm{d}Z_{\mathbf{p}}(\mathbf{x}_v) \tag{4.1.6}$$

한편,

$$\begin{aligned} dZ_{\mathbf{p}}(\alpha'(0)) &= \frac{d}{dt}Z(\alpha(t))\bigg|_{t=0} = \frac{d}{dt}Z(u(t),\ v(t))\bigg|_{t=0} \\ &= u'(0)Z_u+v'(0)Z_v \end{aligned} \tag{4.1.7}$$

$u'(0)$과 $v'(0)$은 임의의 실수를 나타내므로 식 (4.1.6)과 (4.1.7)로부터

$$dZ_{\mathbf{p}}(\mathbf{x}_u)=Z_u,\quad dZ_{\mathbf{p}}(\mathbf{x}_v)=Z_v$$

정리 4.1.6 가우스사상의 미분사상 $dZ_{\mathbf{p}}:T_{\mathbf{p}}M\to T_{\mathbf{p}}M$은 자기수반(self-adjoint) 선형사상이다. 즉, 임의의 접벡터 $\mathbf{v},\ \mathbf{w}\in T_{\mathbf{p}}M$에 대하여

$$\langle dZ_{\mathbf{p}}(\mathbf{v}),\ \mathbf{w}\rangle=\langle \mathbf{v},\ dZ_{\mathbf{p}}(\mathbf{w})\rangle$$

증명

미분사상 $dZ_{\mathbf{p}}$가 선형사상이고 $\{\mathbf{x}_u,\ \mathbf{x}_v\}$가 각각의 접평면에서 기저이므로

$$\langle dZ_{\mathbf{p}}(\mathbf{x}_u),\ \mathbf{x}_v\rangle=\langle \mathbf{x}_u,\ dZ_{\mathbf{p}}(\mathbf{x}_v)\rangle \tag{4.1.8}$$

를 보이면 충분하다. 도움정리 4.1.5에 의해 식 (4.1.8)은

$$\langle Z_u,\ \mathbf{x}_v\rangle=\langle \mathbf{x}_u,\ Z_v\rangle$$

와 동치이다. $\langle Z,\ \mathbf{x}_u\rangle=0$이므로 v에 관해 편미분하면

$$0=\frac{\partial}{\partial v}\langle Z,\ \mathbf{x}_u\rangle=\langle Z_v,\ \mathbf{x}_u\rangle+\langle Z,\ \mathbf{x}_{uv}\rangle$$

또 $\langle Z,\ \mathbf{x}_v\rangle=0$이므로 u에 관해 편미분하면

$$0=\langle Z_u,\ \mathbf{x}_v\rangle+\langle Z,\ \mathbf{x}_{vu}\rangle$$

따라서

$$\langle Z_v,\ \mathbf{x}_u\rangle=-\langle Z,\ \mathbf{x}_{uv}\rangle=-\langle Z,\ \mathbf{x}_{vu}\rangle=\langle Z_u,\ \mathbf{x}_v\rangle$$

정의 4.1.7 접벡터 $\mathbf{v}\in T_{\mathbf{p}}M$에 대하여

$$\mathrm{II}_{\mathbf{p}}(\mathbf{v})=-\langle dZ_{\mathbf{p}}(\mathbf{v}),\ \mathbf{v}\rangle$$

로 정의된 이차형식 $\mathrm{II}_{\mathbf{p}}$를 점 $\mathbf{p}$에서 곡면 M의 **제2기본형식**(second fundamental form)이라고 한다.

도움정리 4.1.8 $\mathbf{x} = \mathbf{x}(u, v)$가 점 $\mathbf{p} \in M$ 근방의 좌표함수이고 $\alpha(t) = \mathbf{x}(u(t), v(t))$가 $\alpha(0) = \mathbf{p}$인 M의 단위속력곡선이면

$$\begin{aligned} \mathrm{II}_{\mathbf{p}}(\alpha'(0)) = &(u'(0))^2\langle \mathbf{x}_{uu}(u_0, v_0), Z(\mathbf{p})\rangle \\ &+2u'(0)v'(0)\langle \mathbf{x}_{uv}(u_0, v_0), Z(\mathbf{p})\rangle \\ &+(v'(0))^2\langle \mathbf{x}_{vv}(u_0, v_0), Z(\mathbf{p})\rangle \end{aligned} \tag{4.1.9}$$

(단, $u_o = u(0)$, $v_0 = v(0)$)

증명

연쇄법칙에 의해

$$\alpha'(0) = u'(0)\mathbf{x}_u(u_0, v_0) + v'(0)\mathbf{x}_v(u_0, v_0)$$

이므로 도움정리 4.1.5로부터

$$\begin{aligned} \mathrm{II}_{\mathbf{p}}(\alpha'(0)) &= -\langle dZ_{\mathbf{p}}(\alpha'(0)), \alpha'(0)\rangle \\ &= -\langle u'(0)Z_u + v'(0)Z_v, u'(0)\mathbf{x}_u + v'(0)\mathbf{x}_v\rangle \\ &= -(u'(0))^2\langle Z_u, \mathbf{x}_u\rangle - u'(0)v'(0)\langle Z_u, \mathbf{x}_v\rangle \\ &\quad -u'(0)v'(0)\langle Z_v, \mathbf{x}_u\rangle - (v'(0))^2\langle Z_v, \mathbf{x}_v\rangle \end{aligned} \tag{4.1.10}$$

한편, 정리 4.1.6의 증명에 의해

$$\langle Z_u, \mathbf{x}_v\rangle = -\langle Z, \mathbf{x}_{uv}\rangle$$

또 $\langle Z, \mathbf{x}_v\rangle = 0$을 v에 대하여 미분하면

$$\langle Z_v, \mathbf{x}_v\rangle = -\langle Z, \mathbf{x}_{vv}\rangle$$

위의 식을 식 (4.1.10)에 대입하면

$$\mathrm{II}_{\mathbf{p}}(\alpha'(0)) = (u')^2\langle Z, \mathbf{x}_{uu}\rangle + 2u'v'\langle Z, \mathbf{x}_{uv}\rangle + (v')^2\langle Z, \mathbf{x}_{vv}\rangle$$

식 (4.1.9)는 제1기본형식에 관한 성질 (3.4.1)과 비슷한 형태를 갖고 있다. 따라서 그 계수에 해당하는 값을 제2기본형식 II의 계수라고 한다.

정의 4.1.9 정칙곡면 M의 좌표함수 $\mathbf{x} : D \subset \mathbb{R}^2 \to M$에 대하여

$$e = \langle \mathbf{x}_{uu}, Z\rangle,\ f = \langle \mathbf{x}_{uv}, Z\rangle,\ g = \langle \mathbf{x}_{vv}, Z\rangle \tag{4.1.11}$$

를 M의 **제2기본형식 II**의 계수라고 한다.

$\alpha(t)=\mathbf{x}(u(t),\ v(t))$가 $\alpha(0)=\mathbf{p}$, $\alpha'(0)=\mathbf{v}$인 곡면 M의 곡선일 때, 제2기본형식의 계수 e, f, g를 이용하여 제2기본형식의 값 $\mathbf{II}_{\mathbf{p}}(\alpha'(0))=\mathbf{II}(\mathbf{v})$를 나타내면 도움정리 4.1.8에 의해

$$\mathbf{IIp}(\mathbf{v})=e(u'(0))^2+2fu'(0)v'(0)+g(v'(0))^2$$

이 된다. 따라서 제2기본형식 $\mathbf{II}$는 그것의 계수 e, f, g와 접벡터 $\mathbf{v}$에 의해서만 결정된다.

도움정리 4.1.10 $\mathbf{x}: D\subset \mathbb{R}^2\to M$이 좌표함수이면

$$e=-\langle dZ(\mathbf{x}_u),\ \mathbf{x}_u\rangle$$
$$f=-\langle dZ(\mathbf{x}_u),\ \mathbf{x}_v\rangle=-\langle dZ(\mathbf{x}_v),\ \mathbf{x}_u\rangle=\langle \mathbf{x}_{vu},\ Z\rangle$$
$$g=-\langle dZ(\mathbf{x}_v),\ \mathbf{x}_v\rangle$$

증명

도움정리 4.1.5와 4.1.8에 의해 성립한다. 예를 들면,

$$e=\langle \mathbf{x}_{uu},\ Z\rangle=-\langle \mathbf{x}_u,\ Z_u\rangle=-\langle \mathbf{x}_u,\ dZ(\mathbf{x}_u)\rangle$$

f와 g도 같은 방법으로 보일 수 있다.

정의 4.1.11 $\mathbf{v}_{\mathbf{p}}\in T_{\mathbf{p}}M$, $\|\mathbf{v}\|=1$이고 $\alpha: (a,\ b)\to M$이 $\alpha(0)=\mathbf{p}$, $\alpha'(0)=\mathbf{v}$인 단위속력곡선이라고 하자. 이때

$$\langle \kappa(0)N(0),\ Z(\mathbf{p})\rangle$$

을 $\mathbf{v}_{\mathbf{p}}$-방향의 법곡률(normal curvature)이라고 하고, $\kappa_n(\mathbf{v}_{\mathbf{p}})$로 나타낸다. 여기서 $\kappa(0)$은 $s=0$에서 곡선 α의 곡률이고, $N(0)$는 $s=0$에서 곡선 α의 단위법벡터장이다.

$\alpha(s)$가 호길이함수 s로 표현된 곡선, 즉 단위속력곡선이면 $T'=\alpha''=\kappa N$이고 $\|T'\|=\|\alpha''\|=\kappa$이다. 따라서 Z가 단위법벡터장이므로 법곡률 k_n는 곡률벡터 κN을 Z-방향으로 정사영시킨 벡터의 크기를 나타낸다(그림 4.5).

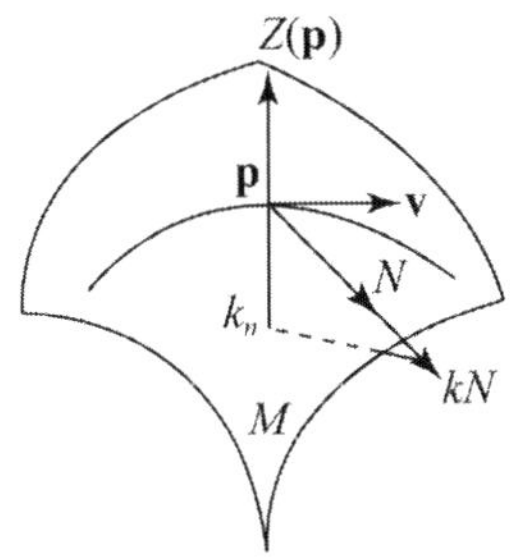

그림 4.5

도움정리 4.1.12 $\alpha: (a, b) \to M$을 정칙곡선이라 하고 $Z(t) = Z \circ \alpha(t)$로 정의하면

$$\langle \alpha''(t), Z(t) \rangle = -\langle dZ(\alpha'(t)), \alpha'(t) \rangle$$

증명

Z는 법벡터장이고 $\alpha'(t)$는 접벡터이므로 $\langle \alpha'(t), Z(t) \rangle = 0$이다. 양변을 t에 관하여 미분하면

$$\langle \alpha''(t), Z(t) \rangle = -\langle Z'(t), \alpha'(t) \rangle = -\langle dZ(\alpha'(t)), \alpha'(t) \rangle$$

정리 4.1.13 $\mathbf{v_p} \in T_\mathbf{p}M$, $\|\mathbf{v}\| = 1$이면

$$\kappa_n(\mathbf{v_p}) = -\langle dZ(\mathbf{v}), \mathbf{v} \rangle = \mathbf{II_p}(\mathbf{v})$$

증명

$\alpha: (-\epsilon, \epsilon) \to M$이 $\alpha(0) = \mathbf{p}$, $\alpha'(0) = \mathbf{v}$인 단위속력곡선이면 정의 4.1.11과 도움정리 4.1.12에 의해

$$\begin{aligned}\kappa_n(\mathbf{v_p}) &= \langle \kappa(0)N(0), Z(\mathbf{p}) \rangle \\ &= \langle \alpha''(0), Z(0) \rangle = -\langle dZ(\alpha'(0)), \alpha'(0) \rangle \\ &= -\langle dZ(\mathbf{v}), \mathbf{v} \rangle = \mathbf{II_p}(\mathbf{v})\end{aligned}$$

여기서 $Z(0) = Z(\alpha(0)) = Z(\mathbf{p})$이다.

정리 4.1.13에 의하면 곡면 위에 놓여 있는 단위속력곡선 α에 대하여 $\alpha'(0) = \mathbf{v_p}$ 방향으로의 법곡률은 $\mathbf{II_p}(\alpha'(0))$으로 주어짐을 알 수 있다. 다시 말해서, $\mathbf{v_p}$-방향의 법곡률은 곡선 α의 선택에는 무관하고, 오직 점 $\mathbf{p}$와 벡터 $\mathbf{v}$에 의존하는 값이므로 법곡률은 잘 정의된 개념이다. 즉, 다음 정리가 성립한다.

정리 4.1.14 Muesnier

α와 β가 곡면 M의 단위속력곡선으로 $\alpha(0) = \beta(0) = \mathbf{p}$이고 $\alpha'(0) = \beta'(0)$이면

$$\langle \kappa_\alpha(0) N_\alpha(0),\ Z(\mathbf{p}) \rangle = \langle \kappa_\beta(0) N_\beta(0),\ Z(\mathbf{p}) \rangle$$

여기서 κ_α, κ_β는 각각 α와 β의 곡률을 나타내고, N_α, N_β는 각각 α와 β의 단위법벡터장을 나타낸다.

증명

정리 4.1.13에 의해

$$\mathbf{II}_{\mathbf{p}}(\alpha'(0)) = \langle Z(0),\ \kappa_\alpha(0) N_\alpha(0) \rangle$$

여기서 $Z(0) = Z(\alpha(0)) = Z(\mathbf{p})$이다. $\alpha(0) = \beta(0) = \mathbf{p}$이므로 같은 이유에 의하여

$$\mathbf{II}_{\mathbf{p}}(\beta'(0)) = \langle Z(0),\ \kappa_\beta(0) N_\beta(0) \rangle$$

이 성립한다. $\alpha'(0) = \beta'(0)$이므로 $\mathbf{II}_{\mathbf{p}}(\alpha'(0)) = \mathbf{II}_{\mathbf{p}}(\beta'(0))$이고 따라서 정리가 성립한다.

일반적으로 연속함수 또는 미분가능한 함수의 성질이나 모양은 그 함수의 최대와 최소 또는 극대와 극소점에 의해서 결정된다. 따라서 법곡률의 성질이나 주어진 곡면의 국소적 모양을 알아보기 위해서는 법곡률 중에서 가장 큰 값과 가장 작은 값을 생각하면 충분하다.

정의 4.1.15 곡면 M의 점 $\mathbf{p}$에서 법곡률 중 최대 법곡률과 최소 법곡률을 점 $\mathbf{p}$에서의 **주곡률**(principal curvature)이라고 하고, 이를 각각 $\kappa_1(\mathbf{p})$와 $\kappa_2(\mathbf{p})$로 나타낸다. 그리고 대응하는 방향 $\mathbf{e}_1$과 $\mathbf{e}_2$를 **주곡률방향**(principal direction)이라고 한다.

법곡률은 접평면의 단위원 $\{\mathbf{v} \in T_{\mathbf{p}}M \mid \|\mathbf{v}\| = 1\}$에서 정의된 연속함수이고 이 단위원은 옹골집합(compact)이므로 항상 최댓값과 최솟값을 갖는다. 그리고 정의에 의해 주곡률 κ_1과 κ_2는 접벡터의 방향과는 무관하고 점 $\mathbf{p}$에만 의존한다. $\mathbf{e}_1$과 $\mathbf{e}_2$가 주곡률방향이면 $-\mathbf{e}_1$, $-\mathbf{e}_2$ 또한 주곡률방향이다. 실제로 $\kappa_n(\mathbf{e}_i) = \kappa_i(\mathbf{p})$이면 정리 4.1.13에 의해

$$\kappa_n(-\mathbf{e}_i) = -\langle dZ(-\mathbf{e}_i),\ -\mathbf{e}_i\rangle = -\langle dZ(\mathbf{e}_i),\ \mathbf{e}_i\rangle = \kappa_n(\mathbf{e}_i)$$

이다. 앞으로 주곡률방향이 $\mathbf{e}_1$, $\mathbf{e}_2$라는 것은 $\pm\mathbf{e}_1$, $\pm\mathbf{e}_2$를 의미하는 것으로 간주한다.

지금부터는 주곡률방향의 직교성과 유일성에 대하여 알아보자. 아래에서 증명할 정리 4.1.17에 의하면 각 접평면 $T_{\mathbf{p}}M$에서 정규직교기저 $\{\mathbf{e}_1,\ \mathbf{e}_2\}$가 존재하여

$$dZ_{\mathbf{p}}(\mathbf{e}_1) = -\kappa_1(\mathbf{p})\mathbf{e}_1,\ dZ_{\mathbf{p}}(\mathbf{e}_2) = -\kappa_2(\mathbf{p})\mathbf{e}_2 \tag{4.1.12}$$

이 성립한다. 이 사실은 $dZ_{\mathbf{p}}$가 자기수반 선형사상이라는 사실과 선형대수학의 이론(내적공간과 이차형식)을 적용하여 증명할 수도 있다(부록 A 참고). 더욱이 정리 4.1.13에 의해 κ_1과 $\kappa_2(\kappa_1 \geq \kappa_2)$는 제2기본형식 $\mathrm{II}_{\mathbf{p}}$를 접평면의 단위원 $\{\mathbf{v}\in T_{\mathbf{p}}M \mid \|\mathbf{v}\| = 1\}$에 제한했을 때의 최댓값과 최솟값이다. 실제로,

$$\mathrm{II}\mathbf{p}(\mathbf{e}_i) = -\langle dZ\mathbf{p}(\mathbf{e}_i),\ \mathbf{e}_i\rangle = \langle \kappa_i(\mathbf{p})\mathbf{e}_i,\ \mathbf{e}_i\rangle = \kappa_i(\mathbf{p})\quad (i = 1,\ 2)$$

정의 4.1.16	점 $\mathbf{p}\in M$에서 $\kappa_1(\mathbf{p}) = \kappa_2(\mathbf{p})$일 때, 점 $\mathbf{p}$를 **배꼽점**(umbilical point)이라고 한다.

예를 들어, 평면의 모든 점은 $\kappa_1(\mathbf{p}) = \kappa_2(\mathbf{p}) = 0$이므로 배꼽점이다. 보기 4.1.3에 의해 단위구의 모든 점 또한 $\kappa_1(\mathbf{p}) = \kappa_2(\mathbf{p})$이므로 배꼽점이다.

κ_1과 κ_2가 법곡률 중 최댓값과 최솟값이므로 $\kappa_1(\mathbf{p}) = \kappa_2(\mathbf{p})$이면, $\mathbf{v}\in T_{\mathbf{p}}M$, $\|\mathbf{v}\| = 1$인 모든 접벡터 $\mathbf{v}$에 대한 법곡률 $\kappa_n(\mathbf{v})$은 상수이다.

정리 4.1.17	(1) $\mathbf{p}\in M$가 배꼽점이면 임의의 접벡터 $\mathbf{v}$에 대하여 $dZ_{\mathbf{p}}(\mathbf{v}) = -k\mathbf{v}$을 만족시킨다. 다시 말해서, $dZ_{\mathbf{p}}$는 행렬 $\begin{pmatrix}-k & 0\\ 0 & -k\end{pmatrix}$로 주어진다. 여기서 $k = \kappa_1(\mathbf{p}) = \kappa_2(\mathbf{p})$이다. (2) $\mathbf{p}\in M$가 배꼽점이 아니면 오직 두 가지 주곡률방향이 존재하고 이것은 서로 수직이다. 더욱이, $\mathbf{e}_1$, $\mathbf{e}_2$가 주곡률방향을 나타내는 단위벡터이면 $dZ_{\mathbf{p}}(\mathbf{e}_1) = -\kappa_1\mathbf{e}_1,\ dZ_{\mathbf{p}}(\mathbf{e}_2) = -\kappa_2\mathbf{e}_2$ 가 성립한다.

증명

법곡률 κ_n이 방향 $\mathbf{e}_1 \in T_{\mathbf{p}}M$에서 최댓값을 갖는다고 하자. 즉,

$$\kappa_1(\mathbf{p}) = \kappa_n(\mathbf{e}_1) = -\langle dZ_{\mathbf{p}}(\mathbf{e}_1),\ \mathbf{e}_1 \rangle \tag{4.1.13}$$

이때 $\mathbf{e}_2 \in T_{\mathbf{p}}M$을 벡터 $\mathbf{e}_1$과 수직인 단위접벡터로 $\{\mathbf{e}_1,\ \mathbf{e}_2\}$가 접평면 $T_{\mathbf{p}}M$의 양의 방향이라고 하면 $\mathbf{e}_2$가 또 하나의 주곡률방향임을 보이자.

$\mathbf{v} \in T_{\mathbf{p}}M$이 임의의 단위접벡터라 하고 $\mathbf{e}_1$과 $\mathbf{v}$의 사이각을 θ라 하면 $\mathbf{v}$를

$$\mathbf{v} = \mathbf{v}(\theta) = \cos\theta\,\mathbf{e}_1 + \sin\theta\,\mathbf{e}_2$$

로 나타낼 수 있다. 그러면 임의의 방향에 대한 법곡률도 각 θ를 이용하여 나타낼 수 있다. 즉,

$$S_{12} = -\langle dZ_{\mathbf{p}}(\mathbf{e}_1),\ \mathbf{e}_2 \rangle = -\langle dZ_{\mathbf{p}}(\mathbf{e}_2),\ \mathbf{e}_1 \rangle,\quad S_{22} = -\langle dZ_{\mathbf{p}}(\mathbf{e}_2),\ \mathbf{e}_2 \rangle$$

로 놓으면 법곡률은

$$\begin{aligned}\kappa_n(\mathbf{v}) = \kappa_n(\theta) &= -\langle dZ_{\mathbf{p}}(\cos\theta\,\mathbf{e}_1 + \sin\theta\,\mathbf{e}_2),\ \cos\theta\,\mathbf{e}_1 + \sin\theta\,\mathbf{e}_2 \rangle \\ &= \kappa_1\cos^2\theta + 2\mathrm{S}_{12}\sin\theta\cos\theta + S_{22}\sin^2\theta\end{aligned}$$

따라서

$$\frac{d\kappa_n}{d\theta} = 2\sin\theta\cos\theta\,(S_{22} - \kappa_1) + 2(\cos^2\theta - \sin^2\theta)S_{12} \tag{4.1.14}$$

$\theta = 0$에서 법곡률 κ_n이 최댓값을 가지므로 $\dfrac{d\kappa_n}{d\theta}(0) = 0$ 즉 $S_{12} = 0$이다. 따라서

$$\kappa_n(\theta) = \kappa_1\cos^2\theta + S_{22}\sin^2\theta \tag{4.1.15}$$

$\{\mathbf{e}_1,\ \mathbf{e}_2\}$이 정규직교기저이고 $S_{12} = 0$이므로 $-dZ_{\mathbf{p}}(\mathbf{e}_1)$과 $-dZ_{\mathbf{p}}(\mathbf{e}_2)$를 $\{\mathbf{e}_1,\ \mathbf{e}_2\}$의 일차결합으로 나타내면

$$-dZ_{\mathbf{p}}(\mathbf{e}_1) = \kappa_1\mathbf{e}_1,\quad -dZ_{\mathbf{p}}(\mathbf{e}_2) = S_{22}\mathbf{e}_2 \tag{4.1.16}$$

이다.

점 $\mathbf{p}$가 배꼽점이면 법곡률이 상수이므로

$$S_{22} = -\langle dZ_{\mathbf{p}}(\mathbf{e}_2),\ \mathbf{e}_2 \rangle = \kappa_n(\mathbf{e}_2) = \kappa_1 = k$$

따라서 $dZ_{\mathbf{p}}(\mathbf{e}_2) = -k\mathbf{e}_2$이고 $\{\mathbf{e}_1,\ \mathbf{e}_2\}$가 기저이므로 임의의 접벡터 $\mathbf{v}$에 대하여

$$dZ_{\mathbf{p}}(\mathbf{v}) = -k\mathbf{v}$$

이 성립한다.

한편, 점 $\mathbf{p}$가 배꼽점이 아니면 $\kappa_n(\theta)$는 상수함수가 아니고 κ_1이 최댓값이므로 식 (4.1.15)에 의해 $\kappa_1 > S_{22}$이고 $\dfrac{d\kappa_n}{d\theta} = 2\sin\theta\cos\theta\,(S_{22} - \kappa_1)$이다. κ_n이 최솟값을 갖는 경우에도 미분값이 0이므로 $\theta = \pm\dfrac{\pi}{2}$일 때, 즉 $\sin\theta = \pm 1$ 일 때 최솟값을 갖고 이때 $\kappa_2(\mathbf{p}) = S_{22}$이다.

주곡률과 주곡률방향을 알면 임의의 방향에 대한 법곡률을 구할 수 있다.

정리 4.1.18 (오일러의 공 식) $\mathbf{v}_\mathbf{p} \in T_\mathbf{p}M$, $\|\mathbf{v}\| = 1$이고 점 $\mathbf{p} \in M$에서의 주곡률방향이 $\mathbf{e}_1$과 $\mathbf{e}_2$라고 하자. $\mathbf{e}_1$과 $\mathbf{v}$의 사이각을 θ라 하면 $\mathbf{v}$-방향의 법곡률은

(4.1.17) $$\kappa_n(\mathbf{v}) = \kappa_1 \cos^2\theta + \kappa_2 \sin^2\theta$$

증명

가정에 의해

$$\mathbf{v} = \mathbf{e}_1 \cos\theta + \mathbf{e}_2 \sin^2\theta$$

로 나타낼 수 있다.

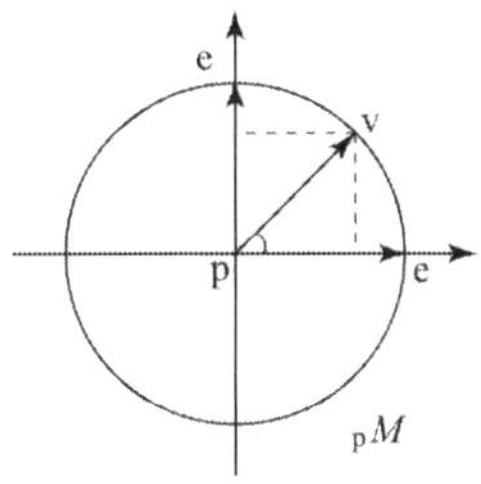

그림 4.6

따라서

$$\begin{aligned} k_n(\mathbf{v}) &= \mathrm{II}_\mathbf{p}(\mathbf{v}) = -\langle dZ_\mathbf{p}(\mathbf{v}),\ \mathbf{v} \rangle \\ &= -\langle dZ_\mathbf{p}(\mathbf{e}_1\cos\theta + \mathbf{e}_2\sin\theta),\ \mathbf{e}_1\cos\theta + \mathbf{e}_2\sin\theta \rangle \\ &= \langle \mathbf{e}_1\kappa_1\cos\theta + \mathbf{e}_2\kappa_2\sin\theta,\ \mathbf{e}_1\cos\theta + \mathbf{e}_2\sin\theta \rangle \\ &= \kappa_1\cos^2\theta + \kappa_2\sin^2\theta \end{aligned}$$

정의 4.1.19 $\mathbf{p} \in M$이고 $dZ_\mathbf{p}: T_\mathbf{p}M \to T_\mathbf{p}M$을 가우스사상의 미분사상이라 하자. $dZ_\mathbf{p}$의 행렬식을 점 $\mathbf{p}$에서 곡면 M의 **가우스곡률**(Gaussian curvature)이라 하고 $K(\mathbf{p})$로 나타낸다. 또 $dZ_\mathbf{p}$의 대각합(trace)에 $-\frac{1}{2}$을 곱한 값을 **평균곡률**(mean curvature)이라 하고 $H(\mathbf{p})$로 나타낸다.

식 (4.1.12)에 의해 $dZ_\mathbf{p}$를 행렬로 나타내면

$$\begin{pmatrix} -\kappa_1 & 0 \\ 0 & -\kappa_2 \end{pmatrix}$$

이다. 따라서 가우스곡률과 평균곡률을 주곡률 κ_1, κ_2를 써서 나타내면

(4.1.18) $$K = \kappa_1 \kappa_2, \ H = \frac{\kappa_1 + \kappa_2}{2}$$

끝으로 가우스곡률의 기하학적 의미를 알아보기 위하여 이차근사곡면에 대하여 알아보자. 정리 3.1.15에 의하면 곡면은 국소적으로 그래프로 주어진다. 점 $\mathbf{p} \in M$ 근방에서 곡면 M이 $z = h(x, y)$의 그래프로 표현되면 함수 h의 테일러의 전개식 중에서 이차식까지만을 이용하여 이차근사곡면을 나타낼 수 있다.

그래프로 주어지는 곡면은 다음과 같은 성질을 갖는다.

도움정리 4.1.20 $M: z = h(x, y)$이고 $h(0, 0) = h_x(0, 0) = h_y(0, 0) = 0$이라 하자.

(1) $\mathbf{e}_1 = (1, 0, 0)$, $\mathbf{e}_2 = (0, 1, 0)$은 점 $\mathbf{p} = \mathbf{0}$에서 곡면 M에 접하는 단위접벡터이고

$$Z = \frac{(-h_x, -h_y, 1)}{\sqrt{1 + h_x^2 + h_y^2}}$$

은 M의 단위법벡터장이다.

(2) 가우스사상의 미분사상 $dZ_{\mathbf{p}}$에 대하여

$$dZ_{\mathbf{p}}(\mathbf{e}_1) = -h_{xx}(0, 0)\mathbf{e}_1 - h_{xy}(0, 0)\mathbf{e}_2$$
$$dZ_{\mathbf{p}}(\mathbf{e}_2) = -h_{yx}(0, 0)\mathbf{e}_1 - h_{yy}(0, 0)\mathbf{e}_2$$

가 성립한다.

증명

(1) $\mathbf{x}(x, y) = (x, y, h(x, y))$는 M의 좌표함수이고 $\mathbf{x}(0, 0) = \mathbf{p} = (0, 0, 0)$이므로

$$\frac{\partial \mathbf{x}}{\partial x}(0, 0) = (1, 0, h_x(0, 0)) = (1, 0, 0) = \mathbf{e}_1$$

$$\frac{\partial \mathbf{x}}{\partial y}(0, 0) = (1, 0, h_y(0, 0)) = (0, 1, 0) = \mathbf{e}_2$$

따라서 $\mathbf{e}_1$, $\mathbf{e}_2$는 접벡터이다. 한편, 직접 계산을 하면

$$Z=\frac{\mathbf{x}_x\times\mathbf{x}_y}{\|\mathbf{x}_x\times\mathbf{x}_y\|}=\frac{(-h_x,\ -h_y,\ 1)}{\sqrt{1+h_x^2+h_y^2}}$$

이 성립한다.

(2) $dZ_{\mathbf{p}}(\mathbf{e}_1)=dZ_{\mathbf{p}}(\mathbf{x}_x(0,\ 0))$이고 매개곡선 $\alpha(x)=\mathbf{x}(x,\ 0)$을 생각하면 $\alpha(0)=\mathbf{p}=\mathbf{0}$이고 $\alpha'(0)=\mathbf{x}_x(0,\ 0)=\mathbf{e}_1$이므로

$$dZ_{\mathbf{p}}(\mathbf{e}_1)=dZ_{\mathbf{p}}(\alpha'(0))=(Z\circ\alpha)'(0)$$

위의 (1)에서

$$(Z\circ\alpha)(x)=\frac{(-h_x(x,\ 0),\ -h_y(x,\ 0),\ 1)}{\sqrt{1+h_x^2(x,\ 0)+h_y^2(x,\ 0)}}$$

이므로 가정 $h_x(0,\ 0)=h_y(0,\ 0)=0$을 이용하면

$$(Z\circ\alpha)'(0)=(-h_{xx}(0,\ 0),\ -h_{yx}(0,\ 0),\ 0)=-h_{xx}(0,\ 0)\mathbf{e}_1-h_{yx}(0,\ 0)\mathbf{e}_2$$

이다. 같은 방법으로

$$dZ_{\mathbf{p}}(\mathbf{e}_2)=-h_{xy}(0,\ 0)\mathbf{e}_1-h_{yy}(0,\ 0)\mathbf{e}_2$$

이 성립함을 보일 수 있다.

곡선의 곡률은 $\mathbb{R}^3$의 등장사상에 의하여 변하지 않는다. 같은 이유로 가우스곡률은 $\mathbb{R}^3$의 등장사상에 의하여 변하지 않는다(6장2절과 7장7절 참고). 따라서 $\mathbb{R}^3$의 좌표축을 잘 선택하여 $h(0,\ 0)=0$이고(따라서 $\mathbf{p}=\mathbf{0}$) 점 $\mathbf{p}$에서 곡면 M에 수직인 방향이 z축과 같다고 가정할 수 있다. 그러면 도움정리 4.1.20에 의해

$$Z(x,\ y)=\frac{(-h_x,\ -h_y,\ 1)}{\sqrt{1+h_x^2+h_y^2}}$$

이고 가정에 의해 $Z(0,\ 0)=Z(\mathbf{p})=(0,\ 0,\ 1)$이므로

$$h_x(0,\ 0)=h_y(0,\ 0)=0$$

이다. 따라서 점 $(0,\ 0)$에서 함수 h의 이차근사는

$$h(x,\ y)\sim\frac{1}{2}(h_{xx}(0,\ 0)x^2+2h_{xy}(0,\ 0)xy+h_{yy}(0,\ 0)y^2)$$

이다.

$\mathbf{e}_1=(1,\ 0,\ 0)$과 $\mathbf{e}_2=(0,\ 1,\ 0)$이 주곡률방향이라고 가정하면 도움정리 4.1.20에 의해

$$h_{xx}(0,\ 0) = \kappa_1,\ h_{yy}(0,\ 0) = \kappa_2,\ h_{xy}(0,\ 0) = 0$$

이므로 점 $\mathbf{p} = \mathbf{0} \in M$ 근방에서

(4.1.19) $$h(x,\ y) \sim \frac{1}{2}(\kappa_1 x^2 + \kappa_2 y^2)$$

이 성립한다. 곡면

(4.1.20) $$\widehat{M}: z = \frac{1}{2}(\kappa_1 x^2 + \kappa_2 y^2)$$

을 점 $\mathbf{p}$에서 곡면 M의 **이차근사곡면(quadratic approximation)**이라고 한다.

보기 4.1.21 곡면 $M: z = e^{x^2+y^2} - 1$의 원점에서의 이차근사곡면을 구하여라.

풀이. $h(x, y) = e^{x^2+y^2} - 1$로 놓으면 함수 h는 도움정리 4.1.20의 조건을 모두 만족시킨다. 특히, $h_{xy} = 4xye^{x^2+y^2}$이므로 $h_{xy}(0, 0) = 0$이다. 따라서

$$\kappa_1(0) = h_{xx}(0, 0) = 2 = h_{yy}(0, 0) = \kappa_2(0)$$

이므로 M의 원점에서의 이차근사곡면은 포물면인

$$\widehat{M}: z = x^2 + y^2$$

이다.

참고 4.1.22 가우스곡률의 부호

(1) 양의 부호 : $\mathbf{p} \in M$에서 $K(\mathbf{p}) > 0$이면

$$\kappa_1(\mathbf{p}) > 0,\ \kappa_2(\mathbf{p}) > 0$$

또는

$$\kappa_1(\mathbf{p}) < 0,\ \kappa_2(\mathbf{p}) < 0$$

이다. 따라서 임의의 접벡터 $\mathbf{v} \in T_{\mathbf{p}}M$, $\|\mathbf{v}\| = 1$에 대하여 $\kappa_n(\mathbf{v}) > 0$이거나 $\kappa_n(\mathbf{v}) < 0$이다. 그러므로 M은 점 $\mathbf{p}$의 모든 방향에서 접평면 $T_{\mathbf{p}}M$으로부터 멀어지는 쪽으로 굽어져 있다(그림 4.7(1)). 그리고 점 $\mathbf{p}$에서의 이차근사곡면은 포물면 $2z = \kappa_1(\mathbf{p})x^2 + \kappa_2(\mathbf{p})y^2$으로 주어진다.

(2) 음의 부호 : $K(\mathbf{p}) < 0$이면 주곡률 $\kappa_1(\mathbf{p})$와 $\kappa_2(\mathbf{p})$는 서로 다른 부호를 가진다. 따라서 M의 점 $\mathbf{p}$에서의 근사곡면은 쌍곡면이 되고, M은 점 $\mathbf{p}$에서 말안장모양을 갖는다(그림 4.7 (2)).

(3) $K(\mathbf{p})=0$

(*i*) $\kappa_1(\mathbf{p})\neq 0,\ \kappa_2(\mathbf{p})=0$

(*ii*) $\kappa_1(\mathbf{p})=\kappa_2(\mathbf{p})=0$

(*i*)의 경우에 이차근사곡면은 포물기둥 $2z=\kappa_1(\mathbf{p})x^2$이고, 따라서 점 $\mathbf{p}$ 근방에서 M은 여물통모양이다(그림 4.7 (3), (*i*)).

(*ii*)의 경우에 이차근사곡면은 평면 $z=0$이고, 따라서 점 $\mathbf{p}$ 근방에서 곡면 M의 모양에 대한 정보가 없다.

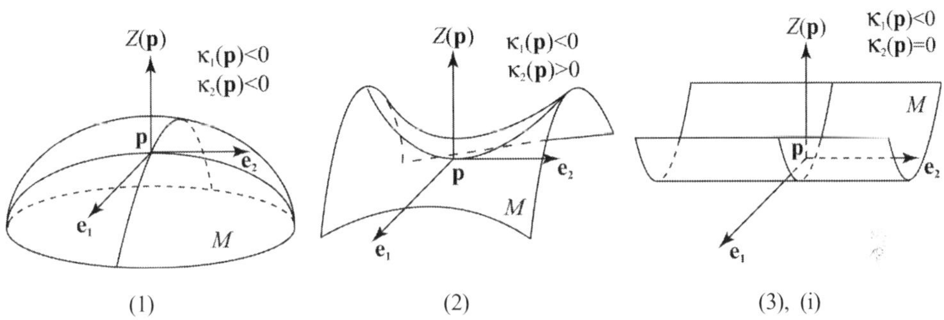

그림 4.7

정의 4.1.23 $\mathbf{p}\in M$일 때

(1) $K(\mathbf{p})>0$이면 점 $\mathbf{p}$를 **타원점**이라고 한다.

(2) $K(\mathbf{p})<0$이면 점 $\mathbf{p}$를 **쌍곡점**이라고 한다.

(3) $K(\mathbf{p})=0$이고 $dZ\mathbf{p}\neq 0$이면 점 $\mathbf{p}$를 **포물점**이라고 한다.

(4) $dZ\mathbf{p}=0$이면 점 $\mathbf{p}$를 **평면점**이라고 한다.

예를 들면, 좌표함수

$$\mathbf{x}(u,\ v)=((a+r\cos u)\cos v,\ (a+r\cos u)\sin v,\ r\sin u)\ (\text{단},\ a>r>0)$$

로 주어지는 원환면은 타원점, 쌍곡점, 포물점을 모두 갖고 있다(그림 4.8).

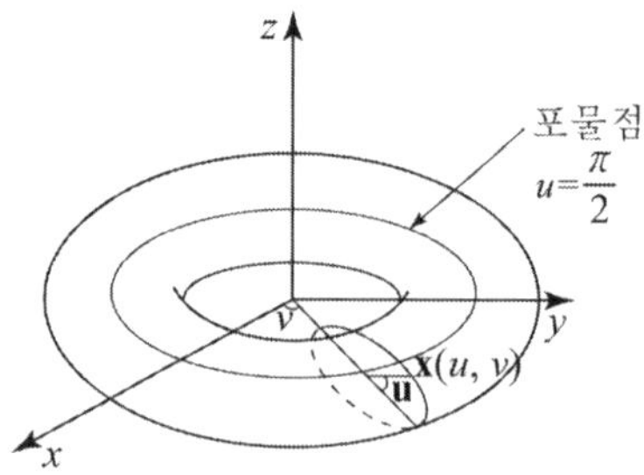

그림 4.8

$u=\pm\frac{\pi}{2}$일 때, 곡선 $\mathbf{x}\left(\frac{\pi}{2},\ v\right)=(a\cos v,\ a\sin v,\ \pm r)$ 위의 점은 포물점이고 $-\frac{\pi}{2}<u<\frac{\pi}{2}$인 영역에서는 $K>0$이고 $\frac{\pi}{2}<u<\frac{3\pi}{2}$인 영역에서는 $K<0$이다. 그러나 원환면은 평면점을 갖고 있지는 않다.

이차근사곡면을 이용하여 가우스곡률의 기하학적 설명을 제시한 참고 4.1.22는 해석학적으로도 엄밀하게 보일 수 있다.

정리 4.1.24 (1) 점 $\mathbf{p}\in M$가 타원점이면 점 $\mathbf{p}$의 근방 $V\subset M$이 존재하여 V의 모든 점이 접평면 $T_{\mathbf{p}}M$의 한쪽에 놓이게 할 수 있다.
(2) 점 $\mathbf{p}\in M$가 쌍곡점이면 점 $\mathbf{p}$의 임의의 근방 V에 대하여 접평면 $T_{\mathbf{p}}M$의 양쪽에 놓이는 점이 각각 존재한다.

증명

$\mathbf{x}=\mathbf{x}(u,\ v)$가 점 $\mathbf{p}$ 근방의 좌표함수로 $\mathbf{x}(0,\ 0)=\mathbf{p}$라 하자. 벡터 $\mathbf{x}(u,\ v)-\mathbf{x}(0,\ 0)$과 $Z(\mathbf{p})$ 사이의 사이각을 나타내는 함수 h를

$$h(u,\ v)=\langle \mathbf{x}(u,\ v)-\mathbf{x}(0,\ 0),\ Z(\mathbf{p})\rangle \tag{4.1.21}$$

로 정의하자. 충분히 작은 모든 $u,\ v(\neq 0)$에 대하여 h의 부호가 양수이거나 음수이면 $\mathbf{x}(u,\ v)-\mathbf{x}(0,\ 0)$과 $Z(\mathbf{p})$ 사이의 사이각이 $\left(0,\ \frac{\pi}{2}\right)$ 또는 $\left(\frac{3}{2}\pi,\ 2\pi\right)$이므로 $\mathbf{p}$의 근방 $V\subset M$가 존재하여 $T_{\mathbf{p}}M$의 한쪽에 놓인다는 것을 알 수 있다. $\mathbf{x}$가 미분가능하므로 테일러의 전개식에 의해

(4.1.22) $$\mathbf{x}(u, v) = \mathbf{x}(0, 0) + u\mathbf{x}_u + v\mathbf{x}_v + \frac{1}{2}\{u^2\mathbf{x}_{uu} + 2uv\mathbf{x}_{uv} + v^2\mathbf{x}_{vv}\} + \mathrm{O}(3)$$

으로 주어진다. 여기서

$$\lim_{(u, v)\to(0, 0)} \frac{\mathrm{O}(3)}{u^2 + v^2} = 0$$

식 (4.1.22)를 (4.1.21)에 대입하고 도움정리 4.1.8과 $\langle \mathrm{x}_u, \mathrm{Z}(\mathbf{p}) \rangle = 0 = \langle \mathrm{x}_v, \mathrm{Z}(\mathbf{p}) \rangle$를 이용하면

$$h(u, v) = \frac{1}{2}\{u^2\langle \mathbf{x}_{uu}, Z(\mathbf{p}) \rangle + 2uv\langle \mathbf{x}_{uv}, Z(\mathbf{p}) \rangle + v^2\langle \mathbf{x}_{vv}, Z(\mathbf{p}) \rangle\} + \langle \mathrm{O}(3), Z(\mathbf{p}) \rangle$$
$$= \frac{1}{2}\mathbf{II}_{\mathbf{p}}(\mathrm{v}) + \mathrm{O}(3)$$

여기서 $\mathrm{v} = u\mathbf{x}_u + v\mathbf{x}_v$이고

(4.1.23) $$\lim_{\mathbf{v}\to\mathbf{0}} \frac{\mathrm{O}(3)}{\|\mathbf{v}\|^2} = 0$$

(1) $\mathbf{p}$가 타원점이면 모든 $\mathrm{w} \in T_{\mathbf{p}}M$에 대하여 $\mathbf{II}_{\mathbf{p}}(\mathbf{w}) > 0$ 또는 $\mathbf{II}_{\mathbf{p}}(\mathbf{w}) < 0$이므로 식 (4.1.23)에 의해 u, v가 충분히 작으면 $h(u, v) > 0$이거나 $h(u, v) < 0$이다. 따라서 정리가 성립한다.

(2) $\mathbf{p}$가 쌍곡점이면 두 점 (u, v)와 $(\bar{u}, \bar{v})$가 존재하여

$$\mathbf{II}_{\mathbf{p}}\left(\frac{\mathbf{v}}{\|\mathbf{v}\|}\right) > 0, \quad \mathbf{II}_{\mathbf{p}}\left(\frac{\bar{\mathbf{v}}}{\|\bar{\mathbf{v}}\|}\right) < 0$$

를 만족시킨다. 여기서 $\mathbf{v} = u\mathbf{x}_u + v\mathbf{x}_v$이고 $\bar{\mathbf{v}} = \bar{u}\mathbf{x}_u + \bar{v}\mathbf{x}_v$이다. 그러면 $h(u, v) > 0$이고 $h(\bar{u}, \bar{v}) < 0$이므로 $\mathbf{x}(u, v)$와 $\mathbf{x}(\bar{u}, \bar{v})$는 접평면 $T_{\mathbf{p}}M$의 한 쪽과 다른 쪽에 놓여 있다.

연습문제

01. 다음 곡면에 대하여 가우스사상의 치역 $Z(M) \subset S^2$를 구하여라.

(1) 원기둥 : $x^2+y^2=r^2$

(2) 원뿔 : $z=\sqrt{x^2+y^2}$ (단, $z>0$)

(3) $M: x+y+z=0$

(4) 구면 : $(x-1)^2+y^2+(z+2)^2=1$

02. 쌍곡포물면 $z=y^2-x^2$에 대하여 원점 $\mathbf{p}=(0,\ 0,\ 0)$에서 가우스사상의 미분 $dZ_{\mathbf{p}}$를 구하여라.

03. M이 $K<0$인 곡면이면 M은 배꼽점을 갖고 있지 않음을 증명하여라. 또한 $K \le 0$인 곡면의 배꼽점은 모두 평면점임을 증명하여라.

04. M이 $K>0$인 정칙곡면일 때, M의 정칙곡선 $\alpha=\alpha(t)$의 곡률 κ는

$$\kappa \ge \min\{|\kappa_1|,\ |\kappa_2|\}$$

를 만족함을 증명하여라.

05. $\mathbf{v_p}, \mathbf{w_p} \in T_pM$, $\|\mathbf{v}\| = \|\mathbf{w}\| = 1$이고 $\langle \mathbf{v}, \mathbf{w} \rangle = 0$이면

$$H(\mathbf{p}) = \frac{\kappa_n(\mathbf{v}) + \kappa_n(\mathbf{w})}{2}$$

임을 증명하여라.

06. 정칙곡면 M의 점 $\mathbf{p}$에서의 평균곡률은

$$H(\mathbf{p}) = \frac{1}{2\pi}\int_0^{2\pi} \kappa_n(\theta)\mathrm{d}\theta$$

로 주어짐을 증명하여라. 여기서 $\kappa_n(\theta)$는 점 $\mathbf{p}$에서 고정된 한 방향과 각 θ을 이루는 방향의 법곡률이다.

07. 포물면 $M: z = x^2 + y^2$에서 원점 $\mathbf{p} = (0, 0, 0)$는 배꼽점임을 보여라.

08. 가우스곡률 K와 평균곡률 H를 이용하여 주곡률 $\kappa_1, \kappa_2 (\kappa_1 \geq \kappa_2)$를 나타내면

$$\kappa_1 = H + \sqrt{H^2 - K}, \quad \kappa_2 = H - \sqrt{H^2 - K}$$

임을 증명하여라.

09. 정칙곡면 M이 $H \equiv 0$이고 평면점이 없다고 가정하면 임의의 점 $\mathbf{p} \in M$과 접벡터 $\mathbf{v}, \mathbf{w} \in \mathrm{T_p}M$에 대하여

$$\langle dZ_{\mathbf{p}}(\mathbf{v}), dZ_{\mathbf{p}}(\mathbf{w}) \rangle = -K(\mathbf{p})\langle \mathbf{v}, \mathbf{w} \rangle$$

가 성립함을 증명하여라.

4.2 곡률공식

가우스곡률은 주어진 점을 지나는 곡선의 법곡률 중 가장 큰 값과 가장 작은 값을 곱한 값이고, 평균곡률은 이 두 값의 평균값이다. 그러나 실제로 가우스곡률과 평균곡률을 구하는데 있어서 이 방법은 효과적이지 못할 뿐만 아니라, 일반적으로 계산하기가 용이하지 않다. 한편, 곡면은 국소적으로 항상 좌표함수 $\mathbf{x}$가 존재하고 좌표함수의 편미분벡터인 $\mathbf{x}_u$, $\mathbf{x}_v$가 대응하는 점에서 접평면의 기저가 되므로 좌표함수를 이용하여 가우스곡률과 평균곡률을 계산할 수 있다.

$\mathbf{x}: D \subset \mathbb{R}^2 \to M$이 좌표함수일 때, $\mathbf{x}$에 대한 제1기본형식의 계수는

$$E = \langle \mathbf{x}_u, \mathbf{x}_u \rangle, \ F = \langle \mathbf{x}_u, \mathbf{x}_v \rangle, \ G = \langle \mathbf{x}_v, \mathbf{x}_v \rangle$$

이고 제2기본형식의 계수는

$$\begin{aligned} e &= -\langle dZ(\mathbf{x}_u), \mathbf{x}_u \rangle = -\langle Z_u, \mathbf{x}_u \rangle \\ f &= -\langle dZ(\mathbf{x}_u), \mathbf{x}_v \rangle = -\langle Z_u, \mathbf{x}_v \rangle \\ g &= -\langle dZ(\mathbf{x}_v), \mathbf{x}_v \rangle = -\langle Z_v, \mathbf{x}_v \rangle \end{aligned}$$

이다. 더욱이 $\langle Z, \mathbf{x}_u \rangle = \langle Z, \mathbf{x}_v \rangle = 0$로부터

$$\begin{aligned} e &= -\langle Z_u, \mathbf{x}_u \rangle = \langle Z, \mathbf{x}_{uu} \rangle \\ f &= -\langle Z_u, \mathbf{x}_v \rangle = \langle Z, \mathbf{x}_{vu} \rangle = \langle Z, \mathbf{x}_{uv} \rangle = -\langle Z_v, \mathbf{x}_u \rangle \\ g &= -\langle Z_v, \mathbf{x}_v \rangle = \langle Z, \mathbf{x}_{vv} \rangle \end{aligned}$$

이 성립한다.

정리 4.2.1 $\mathbf{x}: D \subset \mathbb{R}^2 \to M$이 좌표함수이면 $\mathbf{x}(D) \subset M$에서 가우스곡률과 평균곡률은

$$K = \frac{eg - f^2}{EG - F^2}, \quad H = \frac{eG - 2fF + gE}{2(EG - F^2)} \tag{4.2.1}$$

이다.

증명

가우스사상의 미분사상 dZ를 접평면의 기저인 $\{\mathbf{x}_u, \mathbf{x}_v\}$를 이용하여 행렬로 나타내면 된다. 한 점 $\mathbf{p} \in M$을 고정하고 $\alpha(t) = \mathbf{x}(u(t), v(t))$를 $\alpha(0) = \mathbf{p}$인 M의 곡선이라 하자. 연쇄법칙에 의해

$$\alpha'(t) = u'(t)\mathbf{x}_u + v'(t)\mathbf{x}_v \tag{4.2.2}$$

이므로

$$dZ(\alpha'(t)) = u'dZ(\mathbf{x}_u) + v'dZ(\mathbf{x}_v) = u'Z_u + v'Z_v \tag{4.2.3}$$

점 $\mathbf{p}$에서 $Z_u, Z_v \in T_{\mathbf{p}}M$이므로 이를 기저 $\{\mathbf{x}_u, \mathbf{x}_v\}$의 일차결합으로 나타낼 수 있다. 즉,

$$Z_u = a_{11}\mathbf{x}_u + a_{21}\mathbf{x}_v, \quad Z_v = a_{12}\mathbf{x}_u + a_{22}\mathbf{x}_v \tag{4.2.4}$$

로 나타내면 식 (4.2.3)에 의해

$$dZ(\alpha'(t)) = (u'a_{11} + v'a_{12})\mathbf{x}_u + (u'a_{21} + v'a_{22})\mathbf{x}_v \tag{4.2.5}$$

한편, 식 (4.2.2)에 의해

$$dZ(\alpha'(t)) = dZ(u'\mathbf{x}_u + v'\mathbf{x}_v)$$

이므로 이 식과 식 (4.2.5)를 비교하면

$$dZ\begin{pmatrix} u' \\ v' \end{pmatrix} = \begin{pmatrix} a_{11} & a_{12} \\ a_{21} & a_{22} \end{pmatrix}\begin{pmatrix} u' \\ v' \end{pmatrix}$$

이 성립한다. 따라서

$$K(\mathbf{p}) = \det(dZ_{\mathbf{p}}) = a_{11}a_{22} - a_{12}a_{21} \tag{4.2.6}$$

이고

$$H(\mathbf{p}) = -\frac{a_{11} + a_{22}}{2} \tag{4.2.7}$$

제2기본형식의 계수 e, f, g를 이용하여 성분 a_{ij}을 구하여보자. 정의와 식 (4.2.4)에 의해

$$\begin{aligned} -e &= \langle Z_u, \mathbf{x}_u \rangle = a_{11}E + a_{21}F \\ -f &= \langle Z_u, \mathbf{x}_v \rangle = a_{11}F + a_{21}G \\ -f &= \langle Z_v, \mathbf{x}_u \rangle = a_{12}E + a_{22}F \\ -g &= \langle Z_v, \mathbf{x}_v \rangle = a_{12}F + a_{22}G \end{aligned}$$

위의 네 식을 행렬 형태로 나타내면

$$\begin{pmatrix} -e & -f \\ -f & -g \end{pmatrix} = \begin{pmatrix} a_{11} & a_{21} \\ a_{12} & a_{22} \end{pmatrix}\begin{pmatrix} E & F \\ F & G \end{pmatrix}$$

따라서

$$a_{11} = -\frac{eG - fF}{EG - F^2}, \quad a_{21} = -\frac{-eF + fE}{EG - F^2} \tag{4.2.8}$$

$$(4.2.9) \qquad a_{12} = -\frac{fG - gF}{EG - F^2}, \quad a_{22} = -\frac{-fF + gE}{EG - F^2}$$

식 (4.2.8)과 (4.2.9)를 식 (4.2.6)와 (4.2.7)에 대입하면

$$K(\mathbf{p}) = \frac{eg - f^2}{EG - F^2}, \quad H(\mathbf{p}) = \frac{eG - 2fF + gE}{2(EG - F^2)}$$

1장에서 정의한 벡터곱의 성질에 의하면

$$e = \langle Z, \mathbf{x}_{uu} \rangle = \frac{\langle \mathbf{x}_u \times \mathbf{x}_v, \mathbf{x}_{uu} \rangle}{\|\mathbf{x}_u \times \mathbf{x}_v\|} = \frac{\det(\mathbf{x}_u, \mathbf{x}_v, \mathbf{x}_{uu})}{\|\mathbf{x}_u \times \mathbf{x}_v\|}$$

이고

$$f = \frac{\det(\mathbf{x}_u, \mathbf{x}_v, \mathbf{x}_{uv})}{\|\mathbf{x}_u \times \mathbf{x}_v\|}, \quad g = \frac{\det(\mathbf{x}_u, \mathbf{x}_v, \mathbf{x}_{vv})}{\|\mathbf{x}_u \times \mathbf{x}_v\|}$$

이다. 또 $\|\mathbf{x}_u \times \mathbf{x}_v\|^2 = EG - F^2$ 이므로

$$(4.2.10) \qquad K = \frac{\det(\mathbf{x}_u, \mathbf{x}_v, \mathbf{x}_{uu})\det(\mathbf{x}_u, \mathbf{x}_v, \mathbf{x}_{vv}) - \det(\mathbf{x}_u, \mathbf{x}_v, \mathbf{x}_{uv})^2}{\|\mathbf{x}_u \times \mathbf{x}_v\|^4}$$

이다. 평균곡률 H 도 같은 방법으로 나타내면

$$H = \frac{\langle \mathbf{x}_v, \mathbf{x}_v \rangle \det(\mathbf{x}_u, \mathbf{x}_v, \mathbf{x}_{uu}) - 2\langle \mathbf{x}_u, \mathbf{x}_v \rangle \det(\mathbf{x}_u, \mathbf{x}_v, \mathbf{x}_{uv}) + \langle \mathbf{x}_u, \mathbf{x}_u \rangle \det(\mathbf{x}_u, \mathbf{x}_v, \mathbf{x}_{vv})}{2\|\mathbf{x}_u \times \mathbf{x}_v\|^3}$$

이다.

보기 4.2.2 구면좌표계를 이용하여 반지름의 길이가 r인 구 $S^2(r)$의 가우스곡률과 평균곡률을 구하여라.

풀이. 구면좌표계 $\mathbf{x}(u, v) = (r\sin u\cos v, r\sin u\sin v, r\cos u)$로 부터

$$\mathbf{x}_u = (r\cos u\cos v, r\cos u\sin v, -r\sin u)$$

$$\mathbf{x}_v = (-r\sin u\sin v, r\sin u\cos v, 0)$$

$$\mathbf{x}_{uu} = (-r\sin u\cos v,\ -r\sin u\sin v,\ -r\cos u)$$
$$\mathbf{x}_{uv} = (-r\cos u\sin v,\ r\cos u\cos v,\ 0)$$
$$\mathbf{x}_{vv} = (-r\sin u\cos v,\ -r\sin u\sin v,\ 0)$$

따라서

$$E = r^2,\ F = 0,\ G = r^2\sin^2 u$$

이고

$$\|\mathbf{x}_u \times \mathbf{x}_v\| = \sqrt{EG - F^2} = r^2\sin u$$

또한 가우스사상 Z는

$$Z = \frac{\mathbf{x}_u \times \mathbf{x}_v}{\|\mathbf{x}_u \times \mathbf{x}_v\|} = (\sin u\cos v,\ \sin u\sin v,\ \cos u)$$

끝으로, 제2기본형식의 계수를 구하면

$$e = -r,\ f = 0,\ g = -r\sin^2 u$$

그러므로

$$K = \frac{1}{r^2},\ H = -\frac{1}{r}$$

다음 정리에 의하면 가우스사상의 미분사상 $\mathbf{d}Z$에 대한 벡터곱으로부터 가우스곡률과 평균곡률을 계산할 수도 있다.

정리 4.2.3 $\mathbf{v}, \mathbf{w} \in \mathrm{T}_{\mathbf{p}}M$이 일차독립인 두 접벡터이면

(4.2.11) $$dZ_{\mathbf{p}}(\mathbf{v}) \times dZ_{\mathbf{p}}(\mathbf{w}) = K(\mathbf{p})\mathbf{v} \times \mathbf{w}$$

(4.2.12) $$dZ_{\mathbf{p}}(\mathbf{v}) \times \mathbf{w} + \mathbf{v} \times dZ_{\mathbf{p}}(\mathbf{w}) = -2H(\mathbf{p})\mathbf{v} \times \mathbf{w}$$

증명

$\mathbf{v}$, $\mathbf{w}$가 $T_{\mathbf{p}}M$의 기저이므로

$$dZ_{\mathbf{p}}(\mathbf{v}) = a\mathbf{v} + b\mathbf{w}$$
$$dZ_{\mathbf{p}}(\mathbf{w}) = c\mathbf{v} + d\mathbf{w}$$

로 나타낼 수 있다. 따라서

$$\begin{pmatrix} a & c \\ b & d \end{pmatrix}$$

는 기저 $\mathbf{v}$, $\mathbf{w}$로 선형사상 $dZ_{\mathbf{p}}$를 나타냈을 때의 행렬에 해당한다. 그러므로

$$K(\mathbf{p}) = ad - bc, \quad H(\mathbf{p}) = -\frac{a+d}{2}$$

벡터곱의 성질을 이용하면

$$\begin{aligned} dZ_{\mathbf{p}}(\mathbf{v}) \times dZ_{\mathbf{p}}(\mathbf{w}) &= (a\mathbf{v} + b\mathbf{w}) \times (c\mathbf{v} + d\mathbf{w}) \\ &= (ad - bc)\mathbf{v} \times \mathbf{w} \end{aligned}$$

같은 방법으로 계산하면

$$dZ_{\mathbf{p}}(\mathbf{v}) \times \mathbf{w} + \mathbf{v} \times dZ_{\mathbf{p}}(\mathbf{w}) = -2H(\mathbf{p})\mathbf{v} \times \mathbf{w}$$

식 (4.2.11)의 양변에 $\mathbf{v} \times \mathbf{w}$를 내적하고 식 (1.5.4)를 이용하면

(4.2.13)
$$K(\mathbf{p}) = \frac{dZ_{\mathbf{p}}(\mathbf{v}) \times dZ_{\mathbf{p}}(\mathbf{w}) \cdot \mathbf{v} \times \mathbf{w}}{\|\mathbf{v} \times \mathbf{w}\|^2}$$

(4.2.14)
$$= \frac{\det\begin{pmatrix} dZ_{\mathbf{p}}(\mathbf{v}) \cdot \mathbf{v} & dZ_{\mathbf{p}}(\mathbf{v}) \cdot \mathbf{w} \\ dZ_{\mathbf{p}}(\mathbf{w}) \cdot \mathbf{v} & dZ_{\mathbf{p}}(\mathbf{w}) \cdot \mathbf{w} \end{pmatrix}}{\det\begin{pmatrix} \mathbf{v} \cdot \mathbf{v} & \mathbf{v} \cdot \mathbf{w} \\ \mathbf{w} \cdot \mathbf{v} & \mathbf{w} \cdot \mathbf{w} \end{pmatrix}}$$

로 나타낼 수 있다. 마찬가지로 식 (4.2.12)로부터 평균곡률에 관한 공식

(4.2.15)
$$H(\mathbf{p}) = -\det\frac{\begin{pmatrix} dZ_{\mathbf{p}}(\mathbf{v}) \cdot \mathbf{v} & dZ_{\mathbf{p}}(\mathbf{v}) \cdot \mathbf{w} \\ dZ_{\mathbf{p}}(\mathbf{w}) \cdot \mathbf{v} & dZ_{\mathbf{p}}(\mathbf{w}) \cdot \mathbf{w} \end{pmatrix}}{2\det\begin{pmatrix} \mathbf{v} \cdot \mathbf{v} & \mathbf{v} \cdot \mathbf{w} \\ \mathbf{w} \cdot \mathbf{v} & \mathbf{w} \cdot \mathbf{w} \end{pmatrix}} - \frac{\det\begin{pmatrix} \mathbf{v} \cdot \mathbf{v} & \mathbf{v} \cdot \mathbf{w} \\ dZ_{\mathbf{p}}(\mathbf{w}) \cdot \mathbf{v} & dZ_{\mathbf{p}}(\mathbf{w}) \cdot \mathbf{w} \end{pmatrix}}{2\det\begin{pmatrix} \mathbf{v} \cdot \mathbf{v} & \mathbf{v} \cdot \mathbf{w} \\ \mathbf{w} \cdot \mathbf{v} & \mathbf{w} \cdot \mathbf{w} \end{pmatrix}}$$

을 얻을 수 있다.

가우스곡률과 평균곡률에 대한 위의 식들은 한 점에서만이 아니라 함수형태로 나타낼 수 있다. V가 곡면 M에서 정의된 접벡터장일 때, 가우스사상의 미분사상 $dZ(V)$를

$$dZ(V)(\mathbf{p}) = dZ\mathbf{p}(V(\mathbf{p}))$$

로 정의하면 $dZ(V)$는 곡면 M의 접벡터장이다. 따라서 W가 또 다른 접벡터로 각각의 점에서 V와 일차독립이면 식 (4.2.13)과 식 (4.2.14)는

$$K = \frac{dZ(V)\times dZ(W)\cdot V\times W}{\|V\times W\|^2} \tag{4.2.16}$$

$$= \frac{\det\begin{pmatrix} dZ(V)\cdot V & dZ(V)\cdot W \\ dZ(W)\cdot V & dZ(W)\cdot W \end{pmatrix}}{\det\begin{pmatrix} V\cdot V & V\cdot W \\ W\cdot V & W\cdot W \end{pmatrix}} \tag{4.2.17}$$

로 나타낼 수 있고, 식 (4.2.15)는

$$H = -\frac{(dZ(V)\times W + V\times dZ(W))\cdot(V\times W)}{2\|V\times W\|^2} \tag{4.2.18}$$

$$= -\frac{\det\begin{pmatrix} dZ(V)\cdot V & dZ(V)\cdot W \\ dZ(W)\cdot V & dZ(W)\cdot W \end{pmatrix}}{2\det\begin{pmatrix} V\cdot V & V\cdot W \\ W\cdot V & W\cdot W \end{pmatrix}} - \frac{\det\begin{pmatrix} V\cdot V & V\cdot W \\ dZ(W)\cdot V & dZ(W)\cdot W \end{pmatrix}}{2\det\begin{pmatrix} V\cdot V & V\cdot W \\ W\cdot V & W\cdot W \end{pmatrix}} \tag{4.2.19}$$

으로 나타낼 수 있다.

식 (4.2.17)과 (4.2.19)로부터 정리 4.2.1을 쉽게 이끌어 낼 수 있다. 좌표함수 $\mathbf{x}: D\subset \mathbb{R}^2 \to M$에 대하여

$$V = \mathbf{x}_u, \quad W = \mathbf{x}_v$$

로 놓으면 공식 (4.2.1)을 얻을 수 있다.

식 (4.2.17)과 (4.2.19)는 곡면이 세변수함수의 등위면(level set)으로 주어지는 경우, 즉, $M: g(x, y, z) = c$의 형태로 주어지는 곡면의 가우스곡률과 평균곡률을 효과적으로 계산하는 방법을 제공해 준다. 이와 같은 방법을 알아보기 위하여 우선 가우스사상의 미분사상에 접벡터장을 대입한 값은 공변미분과 같다는 사실을 증명하자.

도움정리 4.2.4	W가 $\mathbb{R}^3$의 벡터장이고 $\alpha: (a, b)\to M$이 $\alpha(0) = \mathbf{p}$이고 $\alpha'(0) = \mathbf{v}$인 곡선이면 $$\nabla_{\mathbf{v}} W = (W\circ\alpha)'(0)$$

증명

$W=\sum_{i=1}^{3} w_i U_i$로 나타내면 정리 2.5.3에 의해

$$\nabla_{\mathbf{v}} W=\sum_{i=1}^{3} \mathbf{v}_{\mathbf{p}}[w_i] U_i(\mathbf{p})$$

그런데 따름정리 2.3.9에 의해

$$\mathbf{v}_{\mathbf{p}}[w_i]=\left.\frac{d}{dt} w_i(\mathbf{p}+t\mathbf{v})\right|_{t=0}=(w_i \circ \alpha)'(0)$$

이므로

$$\nabla_{\mathbf{v}} W=\sum_{i=1}^{3}(w_i \circ \alpha)'(0) U_i(\mathbf{p})=\sum_{i=1}^{3}(w_i \circ \alpha)'(0) U_i(\alpha(0))=(W \circ \alpha)'(0)$$

도움정리 4.2.5 V가 곡면 M의 접벡터장이면

$$dZ(V)=\nabla_V Z$$

여기서 Z는 곡면 M의 가우스사상이다.

증명

각 점 $\mathbf{p} \in M$에 대하여 $dZ(V)(\mathbf{p})=dZ_{\mathbf{p}}(V(\mathbf{p}))$이고 $(\nabla_V Z)(\mathbf{p})=\nabla_{V(\mathbf{P})} Z$이다. 따라서 한 점 $\mathbf{p} \in M$을 고정하고 임의의 접벡터 $\mathbf{v}_{\mathbf{p}} \in T_{\mathbf{p}} M$에 대하여

$$dZ_{\mathbf{p}}(\mathbf{v}_{\mathbf{p}})=\nabla_{\mathbf{v}} Z$$

임을 보이면 충분하다. $\alpha:(a, b) \rightarrow M$이 $\alpha(0)=\mathbf{p}$이고 $\alpha'(0)=\mathbf{v}$인 곡선이면 도움정리 4.2.4에 의해

$$\nabla_{\mathbf{v}} Z=(Z \circ \alpha)'(0)=dZ_{\mathbf{p}}(\alpha'(0))=dZ_{\mathbf{p}}(\mathbf{v})$$

정리 4.2.6 곡면 M의 두 접벡터장 V와 W가 각각의 점에서 일차독립이고 $V \times W=U$로 놓으면 가우스곡률 K와 평균곡률 H는 각각

$$K=\frac{\nabla_V U \times \nabla_W U \cdot U}{\|U\|^4} \tag{4.2.20}$$

이고

$$H=U \cdot \frac{(\nabla_V U \times W+V \times \nabla_W U)}{4\|U\|^3} \tag{4.2.21}$$

증명

두 접벡터 V와 W가 일차독립이므로 벡터곱 $U = V \times W$는 M의 각각의 점에서 $\mathbf{0}$이 아닌 법벡터장이다. 따라서 가우스사상은 $Z = \dfrac{U}{\|U\|}$으로 주어진다.[8] 도움정리 4.2.5에 의해

$$dZ(V) = \nabla_V Z = \nabla_V\left(\frac{U}{\|U\|}\right) = \frac{1}{\|U\|}\nabla_V U + V\left[\frac{1}{\|U\|}\right]U$$

이고

$$dZ(W) = \nabla_W Z = \nabla_W\left(\frac{U}{\|U\|}\right) = \frac{1}{\|U\|}\nabla_W U + W\left[\frac{1}{\|U\|}\right]U$$

U가 법벡터장이므로 $\nabla_V U \times U$와 $\nabla_W U \times U$는 M의 접벡터장이고 또 $U \times U = \mathbf{0}$이므로

$$dZ(V) \times dZ(W) = \frac{1}{\|U\|^2}(\nabla_V U \times \nabla_W U) + X \tag{4.2.22}$$

여기서 X는 M의 접벡터장이다. 그러므로 식 (4.2.22)에 법벡터장 U를 내적하면 식 (4.2.17)과 $X \cdot U = 0$으로부터

$$K = \frac{\nabla_V U \times \nabla_W U \cdot U}{\|U\|^4}$$

가 성립한다. 같은 방법으로 식 (4.2.19)를 이용하면 평균곡률에 관한 공식 (4.2.21)도 유도할 수 있다.

보기 4.2.7 타원체면

$$M: \frac{x^2}{a^2} + \frac{y^2}{b^2} + \frac{z^2}{c^2} = 1$$

의 가우스곡률을 구하여라.

풀이. 함수 $h(x, y, z)$를

$$h(x, y, z) = \frac{x^2}{a^2} + \frac{y^2}{b^2} + \frac{z^2}{c^2} = \sum_{i=1}^{3}\frac{x_i^2}{a_i^2}$$

로 정의하면 정리 3.3.8에 의해 h의 그래디언트

$$\nabla h = \sum_{i=1}^{3}\frac{2x_i}{a_i^2}U_i$$

---

8) 엄밀히 말하면 가우스 사상은 $Z = \dfrac{U}{\|U\|}$ 또는 $Z = -\dfrac{U}{\|U\|}$이다. 따라서 필요하면 V와 W의 순서를 바꾸어 $Z = \dfrac{U}{\|U\|}$로 가정해도 된다.

는 $\mathbf{0}$이 아닌 법벡터장이다. 타원체면 M의 접벡터장 $V=\sum_{i=1}^{3}v_iU_i$와 $W=\sum_{i=1}^{3}w_iU_i$가 일차독립이고

$$V\times W=\frac{1}{2}\nabla h=\sum_{i=1}^{3}\frac{x_i}{a_i^2}U_i:=U$$

라 하자. 도움정리 2.4.4에 의해 $V[x_i]=v_i$이므로

$$\nabla_VU=\sum_{i=1}^{3}\frac{V[x_i]}{a_i^2}U_i=\sum_{i=1}^{3}\frac{v_i}{a_i^2}U_i$$

같은 방법으로

$$\nabla_WU=\sum_{i=1}^{3}\frac{W[x_i]}{a_i^2}U_i=\sum_{i=1}^{3}\frac{w_i}{a_i^2}U_i$$

따라서

$$\nabla_VU\times\nabla_WU\cdot U=\det\begin{pmatrix}\frac{v_1}{a^2} & \frac{v_2}{b^2} & \frac{v_3}{c^2}\\ \frac{w_1}{a^2} & \frac{w_2}{b^2} & \frac{w_3}{c^2}\\ \frac{x}{a^2} & \frac{y}{b^2} & \frac{z}{c^2}\end{pmatrix}=\frac{1}{a^2b^2c^2}V\times W\cdot X$$

여기서 $X=\sum_{i=1}^{3}x_iU_i$이다. 끝으로, $V\times W=U$를 만족시키는 접벡터장 V와 W를 구해야 하지만(이러한 접벡터장은 항상 존재한다) 여기서는

$$V\times W\cdot X=U\cdot X=\sum_{i=1}^{3}\frac{x_i^2}{a_i^2}=1$$

임을 알 수 있다. 그러므로

$$K=\frac{1}{a^2b^2c^2\|U\|^4},\quad \|U\|^4=\left(\sum_{i=1}^{3}\frac{x_i^2}{a_i^4}\right)^2$$

참고 4.1.22에서 이차근사곡면을 이용하여 가우스곡률의 부호와 곡면의 국소적 모양과의 관계에 대하여 알아보았다. 곡면의 넓이를 이용하면 가우스곡률의 기하학적 의미를 나타낼 수 있다.

$r>0$에 대하여 B_r를 중심이 원점 $(0,\ 0)$이고 반지름의 길이가 r인 열린원판(open disk)이라고 하자. 즉,

$$B_r = \{(x,\ y) \in \mathbb{R}^2 \mid x^2 + y^2 < r\}$$

특히, $r = 1$일 때, $B_1 = B$로 나타내자.

도움정리 4.2.5 $h: B \to \mathbb{R}$가 미분가능한 함수이면 임의의 점 $\mathbf{p} = (x,\ y) \in B$에 대하여

$$h(\mathbf{p}) - h(\mathbf{0}) = \nabla h(t\mathbf{p}) \cdot \mathbf{p} \tag{4.2.23}$$

을 만족시키는 실수 t가 개구간 $(0,\ 1)$안에 존재한다.

증명

점 $\mathbf{p} = (x,\ y) \in B$에 대하여 함수 ϕ를 $\phi(t) = h(t\mathbf{p})$로 정의하자. 그러면 ϕ는 구간 $0 < t < 1$에서 미분가능하므로 일변수함수에 대한 평균값의 정리에 의해

$$\phi(1) - \phi(0) = \phi'(t) \tag{4.2.24}$$

을 만족시키는 실수 t가 개구간 $(0,\ 1)$안에 존재한다. 연쇄법칙에 의해

$$\phi'(t) = \nabla h(t\mathbf{p}) \cdot \mathbf{p}$$

이므로 이 식을 식 (4.2.24)에 대입하면 식 (4.2.23)을 얻는다.

좌표평면 $\mathbb{R}^2$에서 반지름의 길이가 r인 열린원판 B_r의 넓이 πr^2을 $A(r)$로 나타내자.

정리 4.2.9 평균값의 정리 함수 $h: B \to \mathbb{R}$가 C^1이면

$$\lim_{r \to 0} \frac{1}{A(r)} \iint_{B_r} h\, dA = h(\mathbf{0}) \tag{4.2.25}$$

증명

함수 h가 C^1이고 $B_{\frac{1}{2}}$의 폐포(closure) $\overline{B_{\frac{1}{2}}}$가 옹골집합이므로 ∇h는 $B_{\frac{1}{2}}$에서 유계이다. 즉, 상수 $C > 0$가 존재하여 모든 점 $\mathbf{p} \in B_{\frac{1}{2}}$에서

$$|\nabla h(\mathbf{p})| \le C$$

임의의 $\epsilon > 0$에 대하여 $r < \dfrac{\epsilon}{C}$인 $r > 0$를 택하고 $r \le \dfrac{1}{2}$이라 가정하자. 도움정리 4.2.8과 코시-슈바르츠 부등식(정리 1.1.4)에 의해

$$\begin{aligned}\left|\frac{1}{A(r)}\iint_{B_r} h(\mathbf{p})dA - h(\mathbf{0})\right| &= \left|\frac{1}{A(r)}\iint_{B_r} (h(\mathbf{p}) - h(\mathbf{0}))dA\right| \\ &= \left|\frac{1}{A(r)}\iint_{B_r} (\nabla h(t\mathbf{p})\cdot\mathbf{p})\,dA\right| \\ &\le \frac{1}{A(r)}\iint_{B_r} |\nabla h(t\mathbf{p})\cdot\mathbf{p}|dA \\ &\le \frac{1}{A(r)}\iint_{B_r} \|\nabla h(t\mathbf{p})\|\|\mathbf{p}\|\,dA \\ &\le \frac{1}{A(r)}\iint_{B_r} Cr\,dA < \epsilon\end{aligned}$$

그러므로

$$\lim_{r\to 0}\frac{1}{A(r)}\iint_{B_r} h\,dA = h(\mathbf{0})$$

참고 4.2.10 도움정리 4.2.9에서 원판 B_r의 중심을 편의상 원점으로 생각하였다. 같은 증명 방법을 이용하면 중심이 임의의 점인 경우에도 성립함을 보일 수 있다. 즉,

$$B_r(\mathbf{p}) = \{\mathbf{q}\in\mathbb{R}^2 \mid \|\mathbf{q}-\mathbf{p}\| < r\}$$

이고 $h: B_r(\mathbf{p})\to\mathbb{R}$가 C^1 함수이면

$$\lim_{r\to 0}\frac{1}{A(r)}\iint_{B_r(\mathbf{p})} h\,dA = h(\mathbf{p})$$

여기서 $A(r)$은 $B_r(\mathbf{p})$의 넓이인 πr^2을 나타낸다.

$\mathbf{p}$가 정칙곡면 M의 한 점이고 가우스곡률이 $K(\mathbf{p})\neq 0$라 하자. 그러면 연속성에 의해 점 $\mathbf{p}$를 포함하는 매우 작은 근방 V에서 가우스곡률 K의 부호가 바뀌지 않는다. 양의 정수 n에 대하여

$$B_n = B_{\frac{1}{n}}(\mathbf{p}) = \left\{(x,\ y,\ z)\in\mathbb{R}^3 \mid \|(x,\ y,\ z)-\mathbf{p}\| < \frac{1}{n}\right\}$$

라 하고 B_n과 V의 교집합을 R_n이라 하자. 즉 $R_n = V\cap B_n$으로 놓으면 $n\to\infty$일 때, 집합 R_n은 점 $\mathbf{p}$로 수렴한다. 또 가우스사상 $Z: M\to S^2$에 대한 집합 R_n의 치역 $Z(R_n)$은 점 $Z(\mathbf{p})$로 수렴한다. 이때 다음이 성립한다.

정리 4.2.11 $K(\mathbf{p}) \neq 0$이면

$$|K(\mathbf{p})| = \lim_{n\to\infty} \frac{A(Z(R_n))}{A(R_n)} \tag{4.2.26}$$

여기서 A는 주어진 영역의 넓이를 나타낸다.

증명

n이 충분히 크면 집합 R_n은 매우 작아지므로 R_n이 하나의 좌표함수 $\mathbf{x}: D \subset \mathbb{R}^2 \to M$로 표현된다고 가정해도 된다. 이때 $\mathbf{x}(Q) = R_n$, $Q \subset D$라 하면 정의에 의해 R_n의 넓이는

$$A(R_n) = \iint_Q \|\mathbf{x}_u \times \mathbf{x}_v\| dudv$$

한편, $K(\mathbf{p}) \neq 0$이고 점 $\mathbf{p}$의 근방에서 가우스곡률 K의 부호가 바뀌지 않으므로 Z는 (국소적)미분동형사상이다. 따라서 $Z \circ \mathbf{x}$는 점 $Z(\mathbf{p}) \in S^2$ 근방의 좌표함수이므로 $Z(R_n)$의 넓이는

$$A(Z(R_n)) = \iint_Q \|Z_u \times Z_v\| dudv \tag{4.2.27}$$

도움정리 4.1.5와 정리 4.2.3에 의해

$$Z_u \times Z_v = dZ(\mathbf{x}_u) \times dZ(\mathbf{x}_v) = K\mathbf{x}_u \times \mathbf{x}_v \tag{4.2.28}$$

이므로 이 식을 식 (4.2.27)에 대입하고 도움정리 4.2.9를 적용하면

$$\begin{aligned} \lim_{n\to\infty} \frac{A(Z(R_n))}{A(R_n)} &= \lim_{n\to\infty} \frac{\iint_Q \|Z_u \times Z_v\| dudv}{\iint_Q \|\mathbf{x}_u \times \mathbf{x}_v\| dudv} \\ &= \lim_{A(R_n)\to 0} \frac{\frac{1}{A(R_n)} \iint_Q |K| \|\mathbf{x}_u \times \mathbf{x}_v\| dudv}{\frac{1}{A(R_n)} \iint_Q \|\mathbf{x}_u \times \mathbf{x}_v\| dudv} \\ &= \frac{|K| \|\mathbf{x}_u \times \mathbf{x}_v\|}{\|\mathbf{x}_u \times \mathbf{x}_v\|}(\mathbf{p}) = |K(\mathbf{p})| \end{aligned} \tag{4.2.29}$$

참고 4.2.12 넓이에 대한 정의를 살펴보면 넓이는 항상 0보다 크거나 같은 실수임을 알 수 있다. 그러나 적분과 유클리드 공간 또는 곡면의 방향을 함께 결부시켜 생각하면 넓이를 양수뿐만 아니라 음수인 수도 사용할 수 있다. $\Phi: M \to \overline{M}$가 국소적 미분동형사상이고 Z와 $\overline{Z}$가 각각 M과 $\overline{M}$의 방향이라 하자. $\mathbf{x}: D \subset \mathbb{R}^2 \to M$가 M의 좌표함수이면 $\mathbf{x}(D) \subset M$의 넓이는

$$A(\mathbf{x}(D)) = \iint_{\mathbf{x}(D)} dA = \iint_D \|\mathbf{x}_u \times \mathbf{x}_v\| dudv$$

로 주어진다. 한편, ϕ는 국소적 미분동형사상이므로 $\overline{\mathbf{x}} = Z \circ \mathbf{x}$가 $\overline{M}$의 좌표함수라 가정해도 된다. 더욱이

$$dZ(\mathbf{x}_u) \times dZ(\mathbf{x}_v) = \overline{\mathbf{x}}_u \times \overline{\mathbf{x}}_v = K\mathbf{x}_u \times \mathbf{x}_v$$

이므로 영역 $Z(\mathbf{x}(D))$의 넓이는

$$\iint_{Z(\mathbf{x}(D))} dA = \iint_D |K| \|\mathbf{x}_u \times \mathbf{x}_v\| dudv \tag{4.2.30}$$

식 (4.2.30)은 넓이의 정의를 양수로 가정했기 때문에 얻어지는 식이다. 그러나 넓이의 정의를 음수도 허용하고 함수 ϕ가 방향을 보존하지 않으며 즉, 역방향사상이면 $\overline{\mathbf{x}}$에 의해 만들어지는 방향은 $\overline{Z}$와 반대방향이다. 따라서 이 경우에는 $Z(\mathbf{x}(D))$의 넓이를

$$\iint_{Z(\mathbf{x}(D))} dA = \iint_D K \|\mathbf{x}_u \times \mathbf{x}_v\| dudv \tag{4.2.31}$$

로 정의하는 것이 더 타당하다. 영역의 넓이를 이와 같이 정의하면 정리 4.2.11의 식 (4.2.26)은

$$K(\mathbf{p}) = \lim_{n \to \infty} \frac{A(Z(R_n))}{A(R_n)} \tag{4.2.32}$$

와 같이 주어진다.

연습문제

01. 원환면의 가우스곡률과 평균곡률을 구하여라.

02. 나선면 $\mathbf{x}(u, v) = (u\cos v, u\sin v, bv)$, $b \neq 0$의 가우스곡률과 평균곡률을 구하여라.

03. 다음 물음에 답하여라.

(1) 좌표함수 $\mathbf{x}: D \subset \mathbb{R}^2 \to M$에 대하여 $F = \langle \mathbf{x}_u, \mathbf{x}_v \rangle = 0$일 때, $\mathbf{x}$를 직교좌표함수(orthogonal)라고 한다. 이 경우

$$dZ(\mathbf{x}_u) = -\frac{e}{E}\mathbf{x}_u - \frac{f}{G}\mathbf{x}_v$$

$$dZ(\mathbf{x}_v) = -\frac{f}{E}\mathbf{x}_u - \frac{g}{G}\mathbf{x}_v$$

임을 증명하여라.

(2) 좌표함수 $\mathbf{x}$가 $F = f = 0$일 때, $\mathbf{x}$를 주좌표함수(principal coordinate patch)라고 한다. 이 경우 $\mathbf{x}_u$와 $\mathbf{x}_v$는 주곡률방향이고 대응하는 주곡률은 $\frac{e}{E}$, $\frac{g}{G}$임을 증명하여라.

04. 에네퍼곡면(Enneper's surface)은 좌표함수

$$\mathbf{x}(u, v) = \left(u - \frac{u^3}{3} + uv^2,\ v - \frac{v^3}{3} + vu^2,\ u^2 - v^2\right)$$

로 주어지는 곡면이다. 다음 물음에 답하여라.

(1) 제1기본형식의 계수 E, F, G를 구하여라.

(2) 제2기본형식의 계수 e, f, g를 구하여라.

(3) 주곡률은

$$\kappa_1 = \frac{2}{(1+u^2+v^2)^2}, \ \kappa_2 = -\frac{2}{(1+u^2+v^2)^2}$$

임을 증명하여라.

(4) 가우스곡률 K과 평균곡률 H를 구하여라.

05. 다음과 같이

$$\mathbf{x}(u, v) = (\varphi(u), h(u)\cos v, h(u)\sin v)$$

주어지는 회전면의 가우스곡률과 평균곡률을 구하여라.

06. $M: z = h(x, y)$가 함수 $h(x, y)$의 그래프로 주어지는 곡면일 때, M의 가우스곡률과 평균곡률을 구하여라.

07. 현수선(catenary) $y = c\cosh\left(\frac{x}{c}\right)$를 x축을 중심으로 회전시킬 때 생기는 회전면을 현수면(catenoid)이라고 한다. 현수면의 가우스곡률을 구하여라.

08. 쌍곡포물선(안장곡면) $M: z = xy$의 가우스곡률 및 평균곡률을 구하여라.

09. 타원포물면 $(\epsilon = 1)$과 쌍곡포물면 $(\epsilon = -1)$

$$M: z = \frac{x^2}{a^2} + \epsilon\frac{y^2}{b^2}$$

의 가우스곡률을 구하여라.

10. $\mathbf{x} : D \subset \mathbb{R}^2 \to M$을 곡면 M의 좌표함수라 하자.

(1) 좌표함수 $\mathbf{x}$에 대한 가우스곡률 K는

$$K = \frac{1}{(EG-F^2)^2}\left\{\det\begin{pmatrix} \mathbf{x}_{uu}\cdot\mathbf{x}_{vv} & \mathbf{x}_{uu}\cdot\mathbf{x}_{u} & \mathbf{x}_{uu}\cdot\mathbf{x}_{v} \\ \mathbf{x}_{u}\cdot\mathbf{x}_{vv} & \mathbf{x}_{u}\cdot\mathbf{x}_{u} & \mathbf{x}_{u}\cdot\mathbf{x}_{v} \\ \mathbf{x}_{v}\cdot\mathbf{x}_{vv} & \mathbf{x}_{v}\cdot\mathbf{x}_{u} & \mathbf{x}_{v}\cdot\mathbf{x}_{v} \end{pmatrix}\right\}$$

$$-\frac{1}{(EG-F^2)^2}\left\{\det\begin{pmatrix} \mathbf{x}_{uv}\cdot\mathbf{x}_{uv} & \mathbf{x}_{uv}\cdot\mathbf{x}_{u} & \mathbf{x}_{uv}\cdot\mathbf{x}_{v} \\ \mathbf{x}_{u}\cdot\mathbf{x}_{uv} & \mathbf{x}_{u}\cdot\mathbf{x}_{u} & \mathbf{x}_{u}\cdot\mathbf{x}_{v} \\ \mathbf{x}_{v}\cdot\mathbf{x}_{uv} & \mathbf{x}_{v}\cdot\mathbf{x}_{u} & \mathbf{x}_{v}\cdot\mathbf{x}_{v} \end{pmatrix}\right\}$$

로 주어짐을 보여라(힌트 : $\mathbf{x} = (x,\ y,\ z)$로 놓고 식 (4.2.10)을 이용하여라).

(2) 다음 식

$$\mathbf{x}_{uu}\cdot\mathbf{x}_{vv} - \mathbf{x}_{uv}\cdot\mathbf{x}_{uv} = -\frac{1}{2}E_{vv} + F_{uv} - \frac{1}{2}G_{uu}$$

가 성립함을 보여라.

(3) 가우스곡률 K가 제1기본형식의 계수 및 미분값인 다음 식

$$K = \frac{1}{(EG-F^2)^2}\left\{\det\begin{pmatrix} -\frac{1}{2}E_{vv} + F_{uv} - \frac{1}{2}G_{uu} & \frac{1}{2}E_u & F_u - \frac{1}{2}E_v \\ F_v - \frac{1}{2}G_u & E & F \\ \frac{1}{2}G_v & F & G \end{pmatrix}\right\}$$

$$-\frac{1}{(EG-F^2)^2}\left\{\det\begin{pmatrix} 0 & \frac{1}{2}E_v & \frac{1}{2}G_u \\ \frac{1}{2}E_v & E & F \\ \frac{1}{2}G_u & F & G \end{pmatrix}\right\}$$

로 주어짐을 보여라.

4.3 주곡률선, 점근곡선 및 측지선

곡면은 곡선을 품고 있기 때문에 곡면의 모양은 그 구성원인 곡선의 성질에 의해 영향을 받는다. 곡면이 품고 있는 특별한 형태의 곡선 중에는 주곡률선, 점근곡선 그리고 측지선이 있다. 이러한 곡선은 주어진 곡면의 모양을 결정짓는 중요한 요소이다.

정의 4.3.1 곡면 M의 곡선 $\alpha=\alpha(t)$와 모든 t에 대하여 $\alpha'(t)$가 점 $\alpha(t)$에서 주곡률방향일 때, 곡선 α를 **주곡률선**(line of curvature 또는 principal curve)이라고 한다.

주곡률선의 정의로부터 다음 정리가 성립함을 쉽게 알 수 있다.

정리 4.3.2 (로드리게스) 곡면 M의 곡선 $\alpha=\alpha(t)$가 주곡률선일 필요충분조건은 단위법벡터장 Z에 대하여

$$Z'(t)=\lambda(t)\alpha'(t)$$

를 만족시키는 미분가능한 함수 $\lambda=\lambda(t): M\to\mathbb{R}$가 존재한다. 여기서 $Z(t)=Z\circ\alpha(t)$이고 $-\lambda(t)$가 $\alpha'(t)$ 방향의 주곡률이다.

정리 4.3.3 곡면 M과 평면 P의 교선 $M\cap P$을 α라 할 때, M과 P의 사이각이 일정하면 α는 M의 주곡률선이다.[9)]

증명

Z와 W를 각각 곡면 M과 평면 P의 단위법벡터장이라 하자.

$$Z(t)=Z\circ\alpha(t),\quad W(t)=W\circ\alpha(t)$$

로 놓으면 가정에 의하여 W는 평행하고, 즉 $W'(t)=0$이고 $\langle Z(t),\ W(t)\rangle$는 상수이다. 따라서

$$0=\langle Z',\ W\rangle+\langle Z,\ W'\rangle=\langle Z',\ W\rangle \tag{4.3.1}$$

9) 두 곡면의 사이각은 각각의 접평면의 사이각을 나타낸다. 따라서 두 곡면의 사이각은 각각의 단위법벡터의 사이각과 같다.

또 $\|Z(t)\| = 1$이므로

(4.3.2) $$\langle Z', Z \rangle = 0$$

이다.

한편, $\alpha = M \cap P$이므로

(4.3.3) $$\langle \alpha', Z \rangle = 0 = \langle \alpha', W \rangle$$

Z와 W가 일차독립이면 식 (4.3.1)–(4.3.3)에 의해 Z'과 α'이 평행하다. 따라서 각각의 t에 대하여 $Z'(t) = \lambda(t)\alpha'(t)$를 만족시키는 함수 $\lambda = \lambda(t)$가 존재하므로 정리 4.3.2에 의해 α는 주곡률선이다.

Z와 W가 일차종속이면 $Z = \pm W$이고 $Z' = 0 = 0 \cdot \alpha'$이므로 이 경우도 α가 주곡률선이다.

정의 4.3.4 $\mathbf{p} \in M$이고 $\mathbf{v} \in T_{\mathbf{p}}M$, $\|\mathbf{v}\| = 1$이라 하자. $\mathbf{v}$ 방향의 법곡률이 0일 때, 즉 $\kappa_n(\mathbf{v}) = 0$일 때 $\mathbf{v}$를 점 $\mathbf{p}$에서 곡면 M의 **점근방향**(asymptotic direction)이라고 한다.

정리 4.3.5 점 $\mathbf{p} \in M$에 대하여

(1) $K(\mathbf{p}) > 0$이면 점 $\mathbf{p}$에서의 점근방향은 존재하지 않는다.

(2) $K(\mathbf{p}) < 0$이면 점 $\mathbf{p}$에서 오직 두 점근방향이 존재하고 이 두 방향은 주곡률방향에 의하여 이등분된다. 또 점근방향과 주곡률방향 사이의 각을 θ라 하면

$$\tan^2\theta = -\frac{\kappa_1(\mathbf{p})}{\kappa_2(\mathbf{p})}$$

를 만족시킨다.

(3) (i) $K(\mathbf{p}) = 0$이고 $\mathbf{p}$가 평면점이면 모든 방향이 점근방향이다.

(ii) $K(\mathbf{p}) = 0$이고 $\mathbf{p}$가 평면점이 아니면 오직 한 점근방향만이 존재하고 이 점근방향은 동시에 주곡률방향이다.

증명

세 가지 경우 모두 오일러 공식

$$\kappa_n(\mathbf{v}) = \kappa_1(\mathbf{p})\cos^2\theta + \kappa_2(\mathbf{p})\sin^2\theta$$

으로부터 얻을 수 있다. 여기서 $\theta = \angle(\mathbf{v}, \mathbf{e_1})$이고, $\{\mathbf{e_1}, \mathbf{e_2}\}$는 주곡률방향이다.

(1) $K(\mathbf{p}) > 0$이면 $\kappa_1(\mathbf{p})$와 $\kappa_2(\mathbf{p})$는 0이 아니고 같은 부호를 갖는다. 따라서 모든 접벡터 $\mathbf{v} \in T_{\mathbf{p}}M$, $\|\mathbf{v}\| = 1$에 대하여 법곡률은 $\kappa_n(\mathbf{v}) \neq 0$이다.

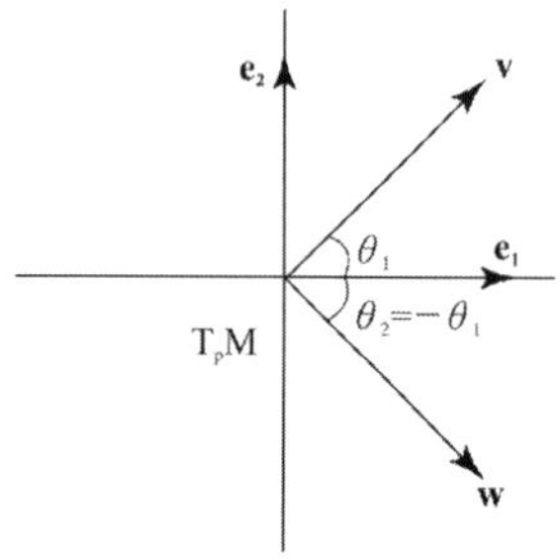

그림 4.9

(2) $K(\mathbf{p}) < 0$이면 $\kappa_1(\mathbf{p})$와 $\kappa_2(\mathbf{p})$는 0이 아니고 서로 다른 부호를 갖는다. 따라서 $\kappa_1(\mathbf{p}) > 0$이고 $\kappa_2(\mathbf{p}) < 0$이다. 방정식

$$0 = \kappa_n(\mathbf{v}) = \kappa_1(\mathbf{p})\sin^2\theta$$

가 정확하게 두 개의 해 θ_1, $\theta_2 = -\theta_1$을 가지므로 대응하는 방향이 점근방향이 되고 이 두 방향은 주곡률방향에 의해 이등분된다. 더욱이, 위의 식으로부터

$$\tan^2\theta = -\frac{\kappa_1(\mathbf{p})}{\kappa_2(\mathbf{p})}$$

이 성립한다.

(3) 점 $\mathbf{p}$가 평면점이면 $\kappa_1(\mathbf{p}) = \kappa_2(\mathbf{p}) = 0$이므로 모든 접벡터 $\mathbf{v} \in T_{\mathbf{p}}M$, $\|\mathbf{v}\| = 1$에 대하여 $\kappa_n(\mathbf{v}) = 0$이다.

$\mathbf{p}$가 평면점이 아니고 $\kappa_1(\mathbf{p}) > \kappa_2(\mathbf{p}) = 0$이면 방정식

$$0 = \kappa_n(\mathbf{v}) = \kappa_1(\mathbf{p})\cos^2\theta$$

의 해는 $\theta = \pm\frac{\pi}{2}$이고 이에 대응하는 방향은 주곡률방향인 $\mathbf{v} = \pm\mathbf{e}_2$이다.

정의 4.3.6 곡면 M의 곡선 $\alpha = \alpha(t)$와 모든 t에 대하여 $\alpha'(t)$가 점근방향일 때, 곡선 α를 **점근곡선**(asymptotic curve)이라고 한다.

$\alpha = \alpha(t)$가 점근곡선일 필요충분조건은 단위속도벡터 $\dfrac{\alpha'(t)}{\|\alpha'(t)\|}$에 대하여

$$0=\kappa_n\left(\frac{\alpha'(t)}{\|\alpha'(t)\|}\right)=\mathbf{II}_{\alpha(t)}\left(\frac{\alpha'(t)}{\|\alpha'(t)\|}\right)=-\left\langle dZ_{\alpha(t)}\left(\frac{\alpha'(t)}{\|\alpha'(t)\|}\right),\ \frac{\alpha'(t)}{\|\alpha'(t)\|}\right\rangle$$
$$=-\frac{1}{\|\alpha'(t)\|^2}\langle Z'(t),\ \alpha'(t)\rangle$$

이다. 즉, $Z(t)=(Z\circ\alpha)(t)$로 놓을 때 곡선 $\alpha(t)$가 점근곡선일 필요충분조건은

$$\langle Z',\ \alpha'\rangle=0 \tag{4.3.4}$$

이다.

도움정리 4.3.7	곡면 M의 곡선 α에 대하여 $\alpha''(t)\in T_{\alpha(t)}M$이면 α는 점근곡선이다.

증명

가정에 의해 $\alpha'(t),\ \alpha''(t)\in T_{\alpha(t)}M$이므로 $\langle\alpha',\ Z\rangle=0=\langle\alpha'',\ Z\rangle$이다. 첫 번째 식을 미분하면

$$0=\langle\alpha'',\ Z\rangle+\langle\alpha',\ Z'\rangle=\langle\alpha',\ Z'\rangle$$

따라서 식 (4.3.4)에 의해 α는 점근곡선이다.

좌표함수의 매개곡선이 점근곡선 또는 주곡률선이 되기 위한 조건에 대하여 알아보자. $\mathbf{x}: D\subset\mathbb{R}^2\to M$을 $\mathbf{x}(0,\ 0)=\mathbf{p}\in M$인 좌표함수라 하고

$$e(u,\ v)=e,\ f(u,\ v)=f,\ g(u,\ v)=g$$

를 좌표함수 $\mathbf{x}$에 대한 제2기본형식의 계수라고 하자.

$\alpha(t)=\mathbf{x}(u(t),\ v(t))$가 점근곡선이면 식 (4.3.4)에 의해 $\mathbf{II}(\alpha'(t))=0$이므로 도움정리 4.1.8에 의해

$$eu'^2+2fu'v'+gv'^2=0 \tag{4.3.5}$$

이 성립한다. 역으로 곡선 $\alpha(t)=\mathbf{x}(u(t),\ v(t))$가 미분방정식 (4.3.5)를 만족시키면 $\mathbf{II}(\alpha'(t))=0$이므로 $\alpha(t)=\mathbf{x}(u(t),\ v(t))$는 점근곡선이다. 이러한 이유로 식 (4.3.5)

를 점근곡선에 대한 미분방정식이라고 한다.

한편, $\mathbf{p}$가 쌍곡점이면 $K(\mathbf{p}) < 0$이고 정리 4.2.1과 연속성에 의해 점 $\mathbf{p}$ 근방에서 $eg - f^2 < 0$이다. 따라서 이 성질과 식 (4.3.5)로부터 다음 정리가 성립한다.

정리 4.3.8 쌍곡점 근방에서 좌표함수의 매개곡선이 점근곡선일 필요충분조건은 $e = g = 0$이다.

증명

u-매개곡선 $u = u(t)$, $v = v_0$(단, v_0는 상수)의 경우 $v' = 0$이므로 식 (4.3.5)로부터 $(u')^2 e = 0$이다. 따라서 $e = 0$이 성립한다. 또 v-매개곡선 $u = u_0$, $v = v(t)$(단, u_0는 상수)의 경우에는 $u' = 0$이므로 $g = 0$이다.

역으로, $\mathbf{p} \in M$이 쌍곡점이고 점 $\mathbf{p}$ 근방에서 $e = g = 0$라고 하면 정리 4.2.1에 의해

$$K(\mathbf{p}) = \frac{eg - f^2}{EG - F^2}(\mathbf{p}) = \frac{-f^2}{EG - F^2}(\mathbf{p}) < 0$$

이므로 특히, $f(\mathbf{p}) \neq 0$이다. $\alpha(t) = \mathbf{x}(u(t), v(t))$를 좌표함수 $\mathbf{x}$의 매개곡선이라고 하자. 가정과 식 (4.3.5)에 의해 $fu'v' = 0$이다. 연속성에 의해 쌍곡점 $\mathbf{p}$ 근방에서 $f \neq 0$이므로 쌍곡점 $\mathbf{p}$ 근방에서 $u' = 0$ 또는 $v' = 0$이다. 그러므로 α는 u-매개곡선 또는 v-매개곡선이다.

한편, $\alpha(t) = \mathbf{x}(u(t), v(t))$가 주곡률선이면 정리 4.3.2에 의해

$$dZ(\alpha'(t)) = \lambda(t)\alpha'(t)$$

를 만족시키는 함수 $\lambda(t)$가 존재한다. 따라서 곡률공식(정리 4.2.1)을 구하는 과정에 있는 식 (4.2.5), (4.2.8)과 (4.2.9)에 의해 $u'(t)$, $v'(t)$는 다음 미분방정식을 만족시킨다.

$$\frac{fF - eG}{EG - F^2}u' + \frac{gF - fG}{EG - F^2}v' = \lambda u'$$
$$\frac{eF - fE}{EG - F^2}u' + \frac{fF - gE}{EG - F^2}v' = \lambda v'$$

위의 연립 미분방정식으로부터 λ를 소거하면(첫째 식에 v'을 곱하고 둘째 식에 u'을 곱한 다음 두 식의 뺄셈을 하면) 다음의 주곡률선에 대한 미분방정식을 얻는다.

(4.3.6) $$(fE-eF)u'^2+(gE-eG)u'v'+(gF-fG)v'^2=0$$

이 식을 행렬의 행렬식으로 나타내면

(4.3.7) $$\det\begin{pmatrix} v'^2 & -u'v' & u'^2 \\ E & F & G \\ e & f & g \end{pmatrix}=0$$

배꼽점이 아닌 점에서의 주곡률방향은 항상 서로 수직이므로 위의 식 (4.3.6) 또는 식 (4.3.7)로부터 다음 정리를 얻는다.

정리 4.3.9 점 $\mathbf{p}\in M$이 배꼽점이 아니고 $\mathbf{x}: D\subset \mathbb{R}^2\to M$이 점 $\mathbf{p}$ 근방의 좌표함수라고 하자.

(1) 매개곡선 $\alpha(t)=\mathbf{x}(u(t),\ v_0)$, $\beta(t)=\mathbf{x}(u_0,\ v(t))$가 주곡률선이면 $F=f=0$ 이다.

(2) 역으로, $F=f=0$이고 곡선 $\alpha(t)=\mathbf{x}(u(t),\ v(t))$가 주곡률선이면 α는 u−매개곡선 또는 v−매개곡선이다.

증명

(1) 점 $\mathbf{p}$가 배꼽점이 아니고 매개곡선 $\alpha(t)=\mathbf{x}(u(t),\ v_0)$, $\beta(t)=\mathbf{x}(u_0,\ v(t))$가 주곡률곡선이라고 하자. 주곡률방향이 서로 수직이므로 $\alpha'(t)$와 $\beta'(t)$는 각각의 점에서 수직이다. 즉, $F=\langle \mathbf{x}_u,\ \mathbf{x}_v\rangle=0$이 성립한다. 또, 곡선 α는 미분방정식 (4.3.6)을 만족시키고 $v'=0$이므로 $fEu'=0$이다. 따라서 $f=0$이다.

(2) 역으로, $F=f=0$이고 $\alpha(t)=\mathbf{x}(u(t),\ v(t))$가 주곡률선이라고 하면 주곡률선 방정식 (4.3.6)은

(4.3.8) $$(gE-eG)u'v'=0$$

이다. 점 $\mathbf{p}$가 배꼽점이 아니므로 4장 2절의 연습문제 3에 의해

$$\frac{e}{E}(\mathbf{p})\neq\frac{g}{G}(\mathbf{p})\Leftrightarrow(gE-eG)(\mathbf{p})\neq 0$$

이다. 따라서, 연속성에 의해 점 $\mathbf{p}$ 근방에서 $gE-eG\neq 0$이므로 $u'v'=0$이다. 그러므로 점 $\mathbf{p}$ 근방에서 $v'=0$ 또는 $u'=0$이므로 $\alpha(t)=\mathbf{x}(u(t),\ v(t))$는 주곡률선이다.

다음에는 측지선(geodesic)에 대하여 알아보자. 직관적으로 보면 측지선은 곡면의 두 점을 연결하는 곡선 중에서 길이가 가장 짧은 곡선을 나타낸다. 이러한 이유로 측지선의 모양이 곡면의 모양을 결정하는데 매우 중요한 요소이다. 정리 4.3.7에 의해 곡선 $\alpha \subset M$의 가속도벡터 α''이 곡면 M의 접벡터이면 α는 점근곡선이다. 이와 반대로 가속도벡터 α''가 M의 법벡터가 되는 경우 α를 측지선이라고 한다.

정의 4.3.10	곡선 $\alpha \subset M$의 가속도벡터 α''이 M에 수직일 때, α를 **측지선**(geodesic)이라고 한다.

곡면에 놓여 있는 곡선의 도함수인 속도벡터는 항상 접벡터이므로 정의로부터 다음 사실을 쉽게 알 수 있다.

도움정리 4.3.11	$\alpha = \alpha(t) \subset M$이 M의 측지선이면 α는 상수속력을 갖는다.

증명

속력의 제곱을 미분하면

$$\frac{d}{dt}\|\alpha'(t)\|^2 = 2\langle \alpha'(t), \alpha''(t) \rangle = 0$$

이므로 $\|\alpha'(t)\|$는 상수이다.

직선 $\alpha(t) = \mathbf{p} + t\mathbf{q}$가 곡면 M에 놓여 있으면 α는 측지선이다. 실제로, $\alpha'' = 0$이므로 가속도벡터는 항상 곡면에 수직이다. 일반적으로 단위속력을 갖는 곡선 $\alpha = \alpha(s) \subset M$이 곡면 M의 측지선이면 $\alpha'' = \kappa N$이 법벡터이므로 $\alpha(s)$ 위에서 $N = \pm Z$가 된다. 따라서 프레네 공식에 의해

(4.3.9) $$dZ(\alpha') = Z' = \pm N' = \pm(-\kappa T + \tau B)$$

보기 4.3.12 평면에서 직선만이 측지선이다.

풀이. 평면 P의 법벡터를 $\mathbf{u}$라고 하고 $\alpha \subset P$가 임의의 곡선이면 $\langle \alpha', \mathbf{u} \rangle = 0$이다. 따라서 한번 더 미분하면

$$\langle \alpha'', \mathbf{u} \rangle = 0 \tag{4.3.10}$$

α가 측지선이면 α''는 P와 수직이므로 α''은 $\mathbf{u}$와 평행하다. 따라서 식 (4.3.10)에 의해 $\alpha'' = 0$이므로 α는 직선이다. 그러므로 평면 P의 측지선은 모두 직선이다.

보기 4.3.13 단위구의 측지선은 대원이나 그것의 일부분이다.

풀이. S^2을 단위구라고 하고 $\alpha = \alpha(s) \subset S^2$을 단위속력을 갖는 측지선이라고 하자. 식 (4.3.9)에 의해

$$dZ(\alpha') = \pm(-\kappa T + \tau B) \tag{4.3.11}$$

한편, 보기 4.1.3에 의해

$$dZ(\alpha') = \alpha' = T \tag{4.3.12}$$

$\kappa > 0$이므로 식 (4.3.11)과 식 (4.3.12)에 의해

$$\kappa = 1, \ \tau = 0$$

따라서 정리 1.6.12에 의해 곡선 α는 반지름의 길이가 1인 단위원 또는 단위원의 일부를 나타낸다. 즉, α는 S^2의 대원(great circle) 또는 그것의 일부분이다.

역으로, 대원을 따라서 움직이면 상수속력을 갖는 곡선 α의 가속도벡터 α''은 그 원의 중심으로 향한다. 대원의 중심은 곡면 S^2의 중심인 원점과 일치하므로 α''은 S^2에 수직이다. 따라서 구 S^2의 측지선은 대원을 나타내는 상수속력을 갖는 곡선들이다.

연습문제

01. 선직면(3장1절 연습문제 참고)은 항상 점근방향을 가짐을 증명하여라. 그리고 이로부터 선직면의 가우스곡률은 $K \leq 0$임을 보여라.

02. 원환면

$\mathbf{x}(u, v) = ((a + r\cos u)\cos v, (a + r\cos u)\sin v, r\sin u)$ (단, $a > r > 0$)

에서 곡선

$$\alpha(v) = \mathbf{x}(0, v), \ \beta(v) = \mathbf{x}\left(\frac{\pi}{2}, v\right)$$

가 주곡률선인지 점근선인지 판정하여라.

03. 회전면

$$\mathbf{x}(u, v) = (\varphi(u), h(u)\cos v, h(u)\sin v)$$

에서 매개곡선 $\alpha(u) = \mathbf{x}(u, v_0)$ (단, v_0은 고정)은 측지선임을 증명하여라.

매개곡선 $\beta(v) = \mathbf{x}(u_0, v)$ (단, u_0은 고정)은 측지선인가?

04. 원기둥면 $M: x^2 + y^2 = 1$의 측지선은

$$\alpha(t) = (\cos(at + b), \sin(at + b), ct + d)$$

의 형태로 주어짐을 다음과 같은 절차를 이용하여 보여라.

(1) α가 원기둥면 M의 곡선이면 α는

$$\alpha(t) = (\cos\theta(t),\ \sin\theta(t),\ h(t))$$

로 나타낼 수 있다. 이때 α가 측지선이면 $h'' = 0$임을 증명하여라.

(2) $\|\alpha'\| = c$ (c는 상수)임을 이용하여 $\theta''(t) = 0$임을 증명하여라.

(3) $a \neq 0$, $c \neq 0$이면 α는 원기둥나선이고, $a = 0$이면 α는 z축과 평행한 직선이고, $c = 0$이면 z축의 높이가 모두 같은 단위원을 나타냄을 보여라.

05. (듀팡 지시곡선) $\mathbf{p} \in M$일 때 접공간 $T_{\mathbf{p}}M$에서 제2기본형식 II의 값이 ± 1이 되는 접벡터 전체의 집합을 듀팡 지시곡선(Dupin indecatrix)이라고 한다. 즉,

$$D = \{\mathbf{v} \in T_{\mathbf{p}}M \mid \mathrm{II}(\mathbf{v}) = \pm 1\}$$

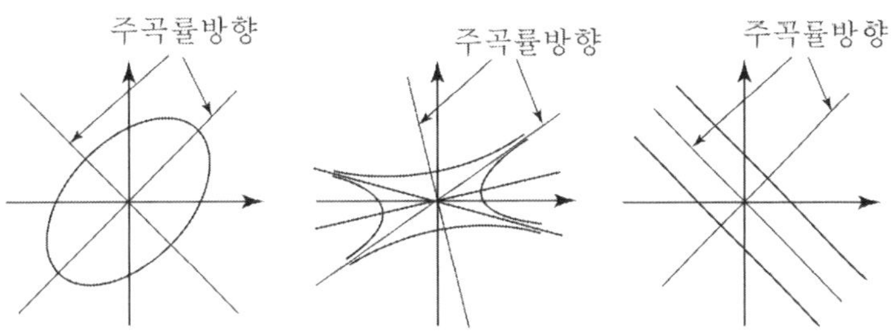

그림 4.10

(1) $\mathbf{e}_1$, $\mathbf{e}_2$를 $T_{\mathbf{p}}M$의 주곡률방향이라 할 때, D는 $T_{\mathbf{p}}M$에서 2차곡선(conics)을 나타냄을 증명하여라(도움말 : $T_{\mathbf{p}}M$에서 $\mathbf{e}_1$, $\mathbf{e}_2$에 대한 직교좌표 및 극좌표와 오일러 공식을 이용하여라).

(2) $\mathbf{p}$가 타원점이면 D는 타원임을 증명하여라.

(3) $\mathbf{p}$가 쌍곡점이면 D는 두 쌍곡선을 나타냄을 증명하여라. 이 경우 주곡률방향이 점근곡선을 이등분함을 증명하여라.

(4) $\mathbf{p}$가 포물점이면 D는 두 개의 평행한 직선임을 증명하여라.

06. $\mathbf{x} : D \subset \mathbb{R}^2 \to M$을 좌표함수라 하고 $\mathbf{v} = a\mathbf{x}_u + b\mathbf{x}_v \in T_{\mathbf{p}}M$이라고 하면 $\mathbf{v}$-방향의 법곡률은

$$\kappa_n(\mathbf{p}) = \frac{ea^2 + 2fab + gb^2}{Ea^2 + 2Fab + Gb^2}(\mathbf{p})$$

임을 증명하여라(도움말 : 단위벡터 $\frac{\mathbf{v}}{\|\mathbf{v}\|}$를 생각하여라).

07. 좌표함수 $\mathbf{x}: D \subset \mathbb{R}^2 \to M$에 대항 접벡터 $\mathbf{v} = a\mathbf{x}_u + b\mathbf{x}_v$가 주곡률방향일 필요충분조건은

$$\det\begin{pmatrix} b^2 & -ab & a^2 \\ E & F & G \\ e & f & g \end{pmatrix} = 0$$

임을 증명하여라(도움말 : $\mathbf{v}$가 주곡률방향이면 $dZ(\mathbf{v}) \times \mathbf{v} = 0$이다).

제 5 장 여러 가지 곡면

함수의 연속성이나 미분가능성은 각각의 점에서 정의되는 국소적 개념이다. 하지만 이를 이용하여 주어진 함수의 정의역 전체에서 연속성이나 미분가능성을 정의하므로 함수의 대역적 성질에 대해서도 이야기 할 수 있다. 같은 이유에 의해 가우스곡률과 평균곡률도 국소적 개념이라고 할 수 있지만 이러한 기하학적 개념이 곡면의 국소적 성질이나 모양에만 영향을 미치는 것은 아니다. 예를 들어, 주어진 곡면의 모든 점에서 가우스곡률이 0이면 이 곡면은 평면이다. 또, 가우스곡률이 모든 점에서 양수인 상수이면 이 곡면은 구 또는 구의 일부이다. 이 장에서는 4장에서 배운 내용을 기초로 곡면의 대역적(global) 성질을 살펴보고 여러 가지 곡면의 예를 통하여 한 단계 더 심화된 곡면 이론에 대하여 알아본다. 1절에서는 곡면의 대역적 성질에 관한 몇 가지 정리를 소개하고 2절에서는 곡면 이론에서 매우 중요한 역할을 하는 회전면(surface of revolution)에 대하여 다룬다. 회전면은 곡선을 고정된 축을 중심으로 회전시켰을 때 생기는 곡면으로 가우스곡률을 비교적 쉽게 구할 수 있다. 또한, 어떤 함수가 주어졌을 때 그 함수를 가우스곡률로 갖는 곡면의 존재성에 관한 문제를 해결해 줄 수 있는 곡면이기도 하다. 3절에서는 곡면의 또 다른 예인 선직면(ruled surface)에 대하여 알아본다. 선직면은 한 곡선과 그 곡선 위에 정의된 벡터장에 의해 만들어지는 곡면으로 가우스곡률이 항상 0보다 작거나 같다. 끝으로 4절에서는 극소곡면(minimal surfaces)에 대하여 알아보기로 한다. 극소곡면은 (국소적으로) 경계를 고정했을 때 넓이가 최소가 되는 곡면이라고 말할 수 있다.

5.1 대역적 곡면이론

대역적(global) 곡면 이론에 관한 몇 가지 정리에 대하여 살펴보자. 여기서는 주로 가우스곡률이 곡면의 위상구조에 어떤 영향을 미치는지에 대하여 알아보기로 한다. 정칙곡면 M은 항상 호연결집합(path connected)이라는 것을 가정한다.

정리 5.1.1 가향 정칙곡면 $M \subset \mathbb{R}^3$의 가우스사상 Z에 대하여 $dZ=0$이면 M은 평면 또는 평면의 일부분이다.

증명

$dZ=0$이므로 가우스사상 Z는 평행한 법벡터장으로 각각의 성분함수가 상수이다. 한 점 $\mathbf{p} \in M$을 고정하고 M이 $\mathbf{p}$를 지나고 Z에 수직인 평면에 포함되는 것을 보이면 된다. $\mathbf{p} \in M$를 임의의 점이라 하면 M은 연결집합이므로 $\alpha(0)=\mathbf{p}$, $\alpha(1)=\mathbf{q}$인 곡선 $\alpha: [0, 1] \to M$이 존재한다. 이때 함수 h를

$$h(t)=\langle \alpha(t)-\mathbf{p},\ Z \rangle$$

로 정의하면 $h(0)=0$이고 함수 h를 $t \in (0, 1)$에 대하여 미분하면

$$h'(t)=\langle \alpha'(t),\ Z \rangle = 0$$

따라서 h는 개구간 $(0, 1)$에서 상수함수이고 $[0, 1]$에서 연속함수이므로 폐구간 $[0, 1]$에서 상수함수이다. $h(0)=0$이므로 모든 $t \in [0, 1]$에 대하여 $h(t)=0$이다. 특히,

$$h(1)=\langle \mathbf{q}-\mathbf{p},\ Z \rangle = 0$$

이고 $\mathbf{q}$는 M의 임의의 점이므로 M은 평면 또는 평면의 일부이다.

점 $\mathbf{p} \in M$이 평면점이면 정의에 의해 $dZ_{\mathbf{p}}=0$이므로 정리 5.1.1은 정칙곡면 M의 모든 점이 평면점이면 M이 평면이라는 것을 보여준다.

법곡률의 최댓값과 최솟값이 일치하는 점을 배꼽점이라고 한다. 예를 들어 평면이나 구의 모든 점은 배꼽점이다(4장1절 참고). 다음 정리에 의하면 그것의 역도 성립한다.

정리 5.1.2 연결 정칙곡면 M의 모든 점이 배꼽점이면 M은 구나 평면 또는 그것의 일부분이다.

증명

(단계 1) 점 $\mathbf{p} \in M$이 배꼽점이면 정리 4.1.17의 증명에 의해 모든 접벡터 $\mathbf{v} \in T_{\mathbf{p}}M$는 주곡률방향이다. 실제로, $\mathbf{p} \in M$에서 $\kappa_1(\mathbf{p})=\kappa_2(\mathbf{p})=k$이고 $\mathbf{e}_1$, $\mathbf{e}_2$를 주곡률방향이라고 하면 임의의 접벡터 $\mathbf{v}=a\mathbf{e}_1+b\mathbf{e}_2 \in T_{\mathbf{p}}M$에 대하여

$$\begin{aligned} dZ_{\mathbf{p}}(\mathbf{v}) &= adZ_{\mathbf{p}}(\mathbf{e}_1) + bdZ_{\mathbf{p}}(\mathbf{e}_2) \\ &= -ak\mathbf{e}_1 - bk\mathbf{e}_2 \\ &= -k\mathbf{v} \end{aligned}$$

(단계 2) $\mathbf{x}: D \subset \mathbb{R}^2 \to M$을 좌표함수라 하고 $V = \mathbf{x}(D)$라 하면 V는 평면 또는 구의 일부분이다.

각 점 $\mathbf{q} \in V$가 배꼽점이므로 (단계 1)에 의해 임의의 집벡터 $\mathbf{v} = a\mathbf{x}_u + b\mathbf{x}_v \in T_{\mathbf{q}}M$에 대하여

$$dZ_{\mathbf{q}}(\mathbf{v}) = \lambda(\mathbf{q})\mathbf{v} \tag{5.1.1}$$

를 만족시킨다. 여기서 $\lambda(\mathbf{q}) = -\kappa_1(\mathbf{q}) = -\kappa_2(\mathbf{q})$는 V에서 정의된 미분가능한 함수이다.

이때 λ가 V에서 상수함수임을 보이자. 식 (5.1.1)를 풀어쓰고 도움정리 4.1.5를 이용하면

$$\begin{aligned} adZ(\mathbf{x}_u) + bdZ(\mathbf{x}_v) &= \lambda(a\mathbf{x}_u + b\mathbf{x}_v) \\ \Leftrightarrow aZ_u + bZ_v &= \lambda(a\mathbf{x}_u + b\mathbf{x}_v) \end{aligned}$$

$\mathbf{v} = a\mathbf{x}_u + b\mathbf{x}_v$는 임의의 접벡터이므로

$$Z_u = \lambda\mathbf{x}_u, \quad Z_v = \lambda\mathbf{x}_v$$

첫째 식을 v에 대하여 미분하고 둘째 식을 u에 대하여 미분하면

$$\begin{aligned} Z_{uv} &= \lambda_v\mathbf{x}_u + \lambda\mathbf{x}_{uv} \\ Z_{vu} &= \lambda_u\mathbf{x}_v + \lambda\mathbf{x}_{vu} \end{aligned}$$

이고 두 식의 뺄셈을 하면 $Z_{uv} = Z_{vu}$이므로

$$\lambda_v\mathbf{x}_u - \lambda_u\mathbf{x}_v = 0$$

이 성립한다. $\mathbf{x}_u$와 $\mathbf{x}_v$가 각각의 접평면에서 일차독립이므로 각 점 $\mathbf{q} \in V$에 대하여

$$\lambda_u = \lambda_v = 0$$

이다. 따라서 V가 연결집합이므로 다변수해석학의 이론에 의해 λ는 집합 V에서 상수함수이다.

(i) $\lambda = 0$이면 $dZ = 0$이므로 정리 5.1.1에 의해 V는 평면 또는 평면의 일부이다.

(ii) $\lambda \neq 0$이라고 하자. $\mathbf{y}(u, v)$를

$$\mathbf{y}(u, v) = \mathbf{x}(u, v) - \frac{1}{\lambda}Z(u, v) \tag{5.1.2}$$

로 정의하면

$$\begin{aligned} \mathbf{y}_u = \mathbf{x}_u - \frac{1}{\lambda}Z_u &= \mathbf{x}_u - \frac{1}{\lambda}dZ(\mathbf{x}_u) \\ &= \mathbf{x}_u - \frac{1}{\lambda}(\lambda\mathbf{x}_u) = 0 \end{aligned}$$

같은 방법으로

$$\mathbf{y}_v = 0$$

이 성립하므로 $\mathbf{y} = \mathbf{y}_0$는 상수벡터이다. 따라서 식 (5.1.2)로부터

$$\|\mathbf{x} - \mathbf{y}\|^2 = \frac{1}{\lambda^2} = \text{상수}$$

즉, $V = \mathbf{x}(D)$는 반지름의 길이가 $\dfrac{1}{|\lambda|}$인 구 또는 구의 일부분이다.

(단계 3) M 전체가 평면이나 구 또는 그것의 일부분임을 증명하자.

한 점 $\mathbf{p} \in M$을 고정하고 $V \subset M$을 $\mathbf{p}$ 근방으로 하나의 좌표함수로 나타낼 수 있는 영역이라고 하자. $\mathbf{q} \in M$를 $\mathbf{q} \neq \mathbf{p}$인 임의의 점이라고 하면 연결집합의 정의에 의해 $\alpha(0) = \mathbf{p}$이고 $\alpha(1) = \mathbf{q}$인 연속인 곡선 $\alpha: [0, 1] \to M$이 존재하다. 각각의 $\alpha(t)$에 대하여 $V_t \subset M$을 하나의 좌표함수로 나타낼 수 있는 $\alpha(t)$의 근방을 택하자. 그러면

$$\bigcup_{t \in [0, 1]} \alpha^{-1}(V_t)$$

는 폐구간 $[0, 1]$의 열린덮개(open covering)이다. $[0, 1]$이 옹골집합이므로 유한개의 열린덮개 $\alpha^{-1}(V_1)$, $\cdots$, $\alpha^{-1}(V_m)$, $V_1 = V$가 존재하여

$$\bigcup_{j=1}^{m} \alpha^{-1}(V_j) = [0, 1]$$

이고, 각 $j = 1, \cdots, m$에 대하여

$$\alpha^{-1}(V_j) \cap \alpha^{-1}(V_{j+1}) \neq \phi \tag{5.1.3}$$

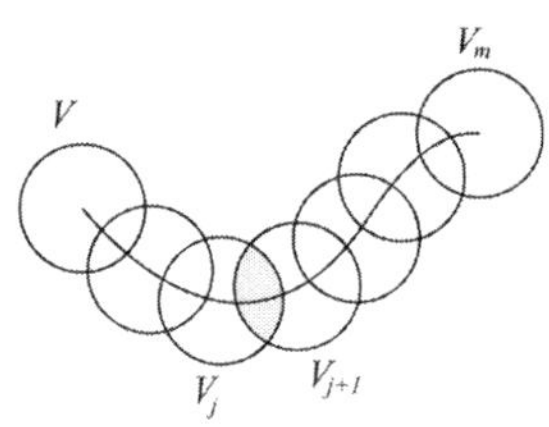

그림 5.1

를 만족시킨다(그림 5.1). 따라서

$$\alpha([0, 1]) \subset \bigcup_{j=1}^{m} V_j$$

(단계 2)에 의해 $V_1 = V$는 평면의 일부이거나 구의 일부이다. 만일 $V_1 = V$가 평면의 일부이면 식 (5.1.3)에 의해 모든 $j = 1, \cdots, m$에 대하여 V_j는 같은 평면의 일부이어야 한다. 따라서 점 $\mathbf{q}$의 근방인 V_m도 같은 평면의 일부이다. 만일 V_1이 구의 일부이면 같은 이유에 의해 모든 j에 대하여 V_j도 같은 구의 일부이어야만 한다. 결과적으로 M 전체는 평면이거나 구 또는 그것의 일부분이다.

정리 5.1.2에 의해 연결집합인 정칙곡면 M의 모든 점이 배꼽점이면 M은 구 또는 평면이다. 따라서 다음 정리가 성립한다.

따름정리 5.1.3 정칙곡면 M의 모든 점이 배꼽점이면 M은 상수인 가우스곡률 $K>0$을 갖는다.

정리 5.1.4 정칙곡면 $M\subset \mathbb{R}^3$의 모든 점이 배꼽점이고 $K>0$이면 M은 반지름의 길이가 $\dfrac{1}{\sqrt{K}}$인 구 또는 구의 일부분이다.

증명

이 정리는 정리 5.1.2와 따름정리 5.1.3에 의해 성립한다. 또한 다음과 같은 방법으로 직접 보일 수도 있다.

가정에 의해 각 점 $\mathbf{p}\in M$에서 $\kappa_1(\mathbf{p})=\kappa_2(\mathbf{p})=k(\mathbf{p})\neq 0$이므로 $\kappa(\mathbf{p})>0$을 가정해도 된다. 한 점 $\mathbf{p}\in M$을 고정하고 점 $\mathbf{c}$를

$$\mathbf{c}=\mathbf{p}+\frac{1}{k(\mathbf{p})}Z(\mathbf{p})$$

로 놓자. 곡면 위의 임의의 점 $\mathbf{q}\in M$에 대하여 M이 연결집합이므로 $\alpha(0)=\mathbf{p}$, $\alpha(1)=\mathbf{q}$인 곡선 $\alpha:[0,\,1]\to M$이 존재한다. 이때 곡선 γ를

$$\gamma(t)=\alpha(t)+\frac{1}{k(\alpha(t))}Z(\alpha(t))=\alpha(t)+\frac{1}{k}Z(t)$$

로 정의하면 도움정리 5.1.3에 의해 $K=k^2$이 상수이므로

$$\gamma'(t)=\alpha'(t)+\frac{1}{k}Z'(t)$$

한편, M의 모든 점이 배꼽점이므로 모든 방향이 주곡률방향이다. 즉,

$$Z'(t)=dZ(\alpha'(t))=-k\alpha'(t)$$

이므로

$$\gamma'(t)=\alpha'(t)+\frac{1}{k}(-k\alpha'(t))=0$$

따라서 γ는 상수곡선이므로

$$\mathbf{c}=\gamma(0)=\gamma(1)=\mathbf{q}+\frac{1}{k}Z(\mathbf{q})$$

즉, $\|\mathbf{q}-\mathbf{c}\|=\dfrac{1}{k}=\dfrac{1}{\sqrt{K}}$이다.

다음 정리는 옹골집합인 정칙곡면 M이 연결 정칙곡면 $\overline{M}$에 포함되면 두 곡면은 일치한다는 사실을 보여준다.

도움정리 5.1.5 M, $\overline{M}$가 정칙곡면이고 $M \subset \overline{M}$라 하자. M이 옹골집합이고 $\overline{M}$가 연결집합이면 $M = \overline{M}$이다.

증명

$M \subset \overline{M}$이고 M이 정칙곡면이므로 M은 개집합이다.[10] 또 M은 옹골집합이므로 폐집합이기도 하다. 연결집합의 부분집합 중에 개집합이면서 동시에 폐집합인 것은 공집합과 자기자신뿐이므로 $M = \overline{M}$이다.

옹골집합인 정칙곡면을 **폐곡면**(closed surface)이라고 한다.[11] 예를 들어, 구나 원환면은 폐곡면이다. 그러나 평면이나 현수면은 폐곡면이 아니다.

따름정리 5.1.6 폐곡면 M의 모든 점이 배꼽점이면 M은 구 전체이다.

증명

M의 모든 점이 배꼽점이고 M이 옹골집합이면, 도움정리 5.1.5에 의해 M은 구 전체이거나 평면 전체이다. M이 옹골집합이므로 평면은 될 수 없다.

정리 5.1.7 M이 폐곡면이면 $K(\mathbf{p}) > 0$인 점 $\mathbf{p} \in M$가 적어도 하나 존재한다.

10) 경계(boundary)를 포함하는 곡면을 생각하면 이것은 더 이상 사실이 아니다. 예를 들어 단위구에서 적도를 포함하는 북반구를 택하면 거짓이라는 것을 쉽게 알 수 있다. 그러나 정칙곡면이라는 것은 경계가 없는 곡면임을 기억하자.

11) 곡면을 이야기할 때에는 경계가 없는 것을 가정한다. 경계가 있는 곡면의 경우 집합적으로는 옹골집합일 수 있지만 폐곡면이라고 하지 않는다.

증명

함수 h를

$$h: M \to \mathbb{R}, \quad h(\mathbf{p}) = \|\mathbf{p}\|^2$$

으로 정의하자. 함수 h가 연속이고 M이 옹골집합이므로 최댓값을 갖는 점 $\mathbf{m} \in M$이 존재한다. 함수 h는 원점으로부터 점 $\mathbf{p}$까지의 거리의 제곱이므로 $r = \|\mathbf{m}\|$으로 놓으면

$$M \subset \{(x, y, z) \in \mathbb{R}^3 \mid x^2 + y^2 + z^2 \leq r^2\}$$

이고 M은 점 $\mathbf{m}$에서 구 $S^2(r)$에 접한다(그림 5.2).

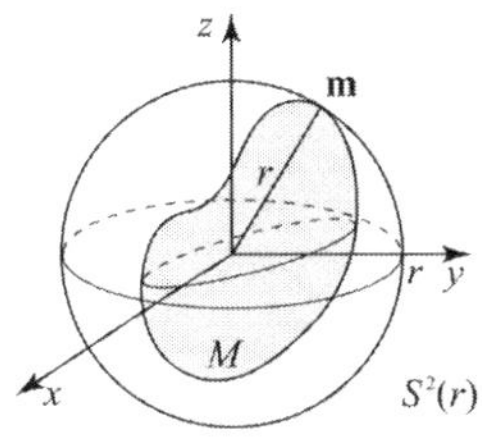

그림 5.2

이때 $K(\mathbf{m}) \geq \dfrac{1}{r^2} > 0$이 성립함을 보이자. $\mathbf{u} \in T_{\mathbf{m}}M$, $\|\mathbf{u}\| = 1$인 단위접벡터 $\mathbf{u}$에 대하여 $\alpha(0) = \mathbf{m}$, $\alpha'(0) = \mathbf{u}$인 단위속력곡선 $\alpha = \alpha(s)$를 택하자. 합성함수 $h \circ \alpha$는 $s = 0$에서 최댓값을 가지므로

$$(h \circ \alpha)'(0) = 0, \ (h \circ \alpha)''(0) \leq 0 \tag{5.1.4}$$

그런데 $h \circ \alpha = \langle \alpha, \alpha \rangle$이므로 $(h \circ \alpha)' = 2\langle \alpha, \alpha' \rangle$이고 따라서

$$0 = (h \circ \alpha)'(0) = 2\langle \alpha(0), \alpha'(0) \rangle = 2\langle \mathbf{m}, \mathbf{u} \rangle$$

이다. $\mathbf{u}$는 임의의 접벡터이므로 점 $\mathbf{m}$을 벡터로 간주하면 위치벡터 $\mathbf{m}$은 점 $\mathbf{m}$에서 곡면 M에 수직인 벡터가 된다. 따라서 $\dfrac{\mathbf{m}}{\|\mathbf{m}\|} = \dfrac{\mathbf{m}}{r}$은 점 $\mathbf{m}$에서 곡면 M에 수직인 단위법벡터이므로 $\left\langle \dfrac{\mathbf{m}}{r}, \alpha''(0) \right\rangle$은 점 $\mathbf{m}$에서 곡면 M에 대한 $\mathbf{u}$방향의 법곡률 $k_n(\mathbf{u})$이다.

더욱이, $(h \circ \alpha)'' = 2\langle \alpha', \alpha' \rangle + 2\langle \alpha, \alpha'' \rangle$이고

$$\begin{aligned} 0 \geq \frac{1}{2}(h \circ \alpha)''(0) &= \langle \alpha'(0), \alpha'(0) \rangle + \langle \alpha(0), \alpha''(0) \rangle \\ &= \langle \mathbf{u}, \mathbf{u} \rangle + \langle \mathbf{m}, \alpha''(0) \rangle \\ &= 1 + \langle \mathbf{m}, \alpha''(0) \rangle \end{aligned} \tag{5.1.5}$$

이므로

$$k_n(\mathbf{u}) = \left\langle \frac{\mathbf{m}}{r}, \alpha''(0) \right\rangle \leq -\frac{1}{r}$$

두 주곡률방향이 모두 이 부등식을 만족시키므로

$$K(\mathbf{m}) \geq \frac{1}{r^2} > 0$$

따름정리 5.1.8

$\mathbb{R}^3$에서 $K \le 0$인 폐곡면은 존재하지 않는다.

정리 5.1.9 힐버트

정칙곡면 M의 점 $\mathbf{p}$가 다음 두 조건
(i) $\kappa_1(\mathbf{p}) > \kappa_2(\mathbf{p})$
(ii) $\mathbf{p}$는 κ_1의 극대점인 동시에 κ_2의 극소점이다.
을 만족시키면 $K(\mathbf{p}) \le 0$이다.

증명

점 $\mathbf{p}$ 근방의 좌표함수 $\mathbf{x}: D \subset \mathbb{R}^2 \to M$에 대하여 $F = f = 0$인 경우, 즉 좌표함수의 매개변수곡선이 주곡률선인 경우에는 6장 2절에서 증명하고 일반적인 경우는 7장 6절에서 증명하기로 한다. 7장에 있는 참고 7.6.15에 의하면 $F = f = 0$인 경우에만 증명해도 충부하다.

정리 5.1.10 리브만

폐곡면 M의 가우스곡률 K가 상수이면 M은 반지름의 길이가 $\dfrac{1}{\sqrt{K}}$인 구이다.

증명

정리 5.1.7에 의해 가우스곡률은 $K = \kappa_1\kappa_2 > 0$인 상수이다. M이 옹골집합이므로 주곡률함수 κ_1이 최댓값을 갖는 점 $\mathbf{m} \in M$이 존재한다. 즉,

$$\kappa_1(\mathbf{m}) = \max\{\kappa_1(\mathbf{p}) \mid \mathbf{p} \in M\}$$

가우스곡률 $K = \kappa_1\kappa_2$가 상수이므로 주곡률함수 κ_2는 점 $\mathbf{m}$에서 최솟값을 가져야만 한다. 다시 말해서,

$$\kappa_2(\mathbf{m}) = \min\{\kappa_1(\mathbf{p}) \mid \mathbf{p} \in M\}$$

$\kappa_1(\mathbf{m}) > \kappa_2(\mathbf{m})$이라 가정하면 정리 5.1.9에 의해 $K = K(\mathbf{m}) \le 0$이므로 K가 양수라는 것에 모순이다. 따라서 곡면 M의 모든 점은 배꼽점이므로 정리 5.1.4와 따름정리 5.1.6에 의해 M은 반지름의 길이가 $\dfrac{1}{\sqrt{K}}$인 구이다.

연습문제

01. M의 가우스곡률과 평균곡률이 모두 0이면 M은 평면 또는 평면의 일부임을 증명하여라.

02. 가향인 폐곡면 M이 $K>0$을 만족시키고 평균곡률이 상수이면 M은 구임을 증명하여라.

5.2 회전면

정리 3.1.11에 의하면 고정된 축을 중심으로 곡선을 회전시킬 때 생기는 회전면은 정칙곡면이다. 회전면은 비교적 간단한 곡면이지만 여러 형태의 기하학적 모형을 제공해 주는 아주 중요한 곡면이다.

$$\alpha(u) = (\varphi(u),\ h(u),\ 0),\ h(u) > 0,\ a < u < b$$

가 미분가능한 정칙곡선일 때, x축을 중심으로 곡선 α를 회전시켰을 때 생기는 회전면에 대한 좌표함수는

$$\mathbf{x}(u,\ v) = (\varphi(u),\ h(u)\cos v,\ h(u)\sin v) \tag{5.1.1}$$

로 주어진다. 이때 α를 **생성곡선**(profile curve)이라고 한다. 예를 들어 φ가 상수함수이면 이것으로부터 얻어지는 회전면은 평면이다.

좌표함수 (5.1.1)로 주어지는 회전면의 주곡률 κ_1, κ_2와 가우스곡률 K를 구하여보자. 함수 φ와 h가 매개변수 u만의 함수이므로

$$\mathbf{x}_u = (\varphi',\ h'\cos v,\ h'\sin v)$$
$$\mathbf{x}_v = (0,\ -h\sin v,\ h\cos v)$$

이고 제1기본형식의 계수는

$$E = \varphi'^2 + h'^2,\ F = 0,\ G = h^2 \tag{5.1.2}$$

이다. 한편,

$$\mathbf{x}_u \times \mathbf{x}_v = (hh',\ -h\varphi'\cos v,\ -h\varphi'\sin v)$$
$$\|\mathbf{x}_u \times \mathbf{x}_v\| = \sqrt{EG - F^2} = h\sqrt{\varphi'^2 + h'^2}$$

이므로

$$Z=\frac{\mathbf{x}_u\times\mathbf{x}_v}{\|\mathbf{x}_u\times\mathbf{x}_v\|}=\frac{1}{\sqrt{\varphi'^2+h'^2}}(h',\ -\varphi'\cos v,\ -\varphi'\sin v)$$

이차편도함수를 구하면

$$\mathbf{x}_{uu}=(\varphi'',\ h''\cos v,\ h''\sin v)$$
$$\mathbf{x}_{uv}=(0,\ -h'\sin v,\ h'\cos v)$$
$$\mathbf{x}_{vv}=(0,\ -h\cos v,\ -h\sin v)$$

따라서 제2기본형식의 계수 e, f, g는

$$e=\frac{-\varphi'h''+\varphi''h'}{\sqrt{\varphi'^2+h'^2}},\ f=0,\ g=\frac{\varphi'h}{\sqrt{\varphi'^2+h'^2}}$$

$F=f=0$이므로 4장 2절의 연습문제 2에 의해

$$dZ(\mathbf{x}_u)=-\frac{e}{E}\mathbf{x}_u,\ dZ(\mathbf{x}_v)=-\frac{g}{G}\mathbf{x}_v$$

가 성립한다. 따라서 주곡률은 $\frac{e}{E}$, $\frac{g}{G}$이고 어느 것이 더 큰지 알지 못하기 때문에 원래의 기호 κ_1, κ_2 대신에 κ_μ, κ_π로 나타내기로 하면

(5.1.3) $$\kappa_\mu=\frac{e}{E}=\frac{-\det\begin{pmatrix}\varphi' & h'\\ \varphi'' & h''\end{pmatrix}}{(\varphi'^2+h'^2)^{\frac{3}{2}}},\ \kappa_\pi=\frac{g}{G}=\frac{\varphi'}{h\sqrt{\varphi'^2+h'^2}}$$

그러므로 가우스곡률은

(5.1.4) $$K=\kappa_\mu\kappa_\pi=\frac{-\varphi'\det\begin{pmatrix}\varphi' & h'\\ \varphi'' & h''\end{pmatrix}}{h(\varphi'^2+h'^2)^2}$$

가우스곡률 K에 관한 공식 (5.1.4)는 K가 생성곡선 α의 정의역인 개구간 $(a,\ b)$에서 정의된 함수로 주어진다는 사실을 보여준다. 따라서 $K(u)$는 점 $\alpha(u)$를 지나는 v-매개곡선 위에 놓여있는 임의의 점의 가우스곡률 $K(\mathbf{x}(u,\ v))$를 나타낸다.

보기 5.2.1 보기 3.1.10에 있는 원환면 T^2는 $\varphi(u)=r\sin u$, $h(u)=a+r\cos u$인 회전면이다. 따라서

$$E=r^2,\ F=0,\ G=(a+r\cos u)^2$$
$$e=r,\ f=0,\ g=(a+r\cos u)\cos u$$
$$\kappa_\mu=\frac{1}{r},\ \kappa_\pi=\frac{\cos u}{a+r\cos u}$$
$$K=\frac{\cos u}{r(a+r\cos u)}$$

한편, 생성곡선이 특별한 형태를 가지면 식 (5.1.3)과 (5.1.4)의 주곡률과 가우스곡률은 더 간단한 형태로 주어진다. 다시 말해서, 생성곡선 α의 첫 번째 성분의 함수가 $\varphi(u)=u$이면 식 (5.1.3)과 (5.1.4)는 각각 다음과 같이 나타낼 수 있다.

(5.1.5) $$\kappa_\mu=\frac{h''}{(1+h'^2)^{\frac{3}{2}}},\ \kappa_\pi=\frac{1}{h(1+h'^2)^{\frac{1}{2}}}$$

(5.1.6) $$K=-\frac{h''}{h(1+h'^2)^2}$$

일반적으로 생성곡선에 대하여 다음 정리가 성립한다.

도움정리 5.2.2 생성곡선이 $\alpha(u)=(\varphi(u),\ h(u),\ 0)$, $h(u)>0$인 회전면을 M이라 하자. 모든 u에 대하여 $\varphi'(u)\neq 0$이면 적당한 함수 $\tilde{h}=\tilde{h}(u)$에 대하여 M을

$$\mathbf{x}(u,\ v)=(u,\ \tilde{h}(u)\cos v,\ \tilde{h}(u)\sin v)$$

형태의 좌표함수로 나타낼 수 있다.

증명

모든 u에 대하여 $\varphi'(u)\neq 0$이므로 φ는 순증가하거나 순감소한다. 따라서 역함수 φ^{-1}가 존재한다. M의 좌표함수를

$$\mathbf{y}(u,\ v)=(\varphi(u),\ h(u)\cos v,\ h(u)\sin v)$$

라 할 때 $\bar{u}=\varphi(u)$, $\bar{v}=v$로 정의하면 $\varphi^{-1}(\bar{u})=u$이고 이때 $\mathbf{x}(\bar{u},\ \bar{v})$를

$$\mathbf{x}(\bar{u},\ \bar{v})=\mathbf{y}(\varphi^{-1}(\bar{u}),\ \bar{v})=(\bar{u},\ (h\circ\varphi^{-1})(\bar{u})\cos\bar{v},\ (h\circ\varphi^{-1})(\bar{u})\sin\bar{v})$$

로 정의하자. φ의 역함수 φ^{-1}가 존재하므로 $\mathbf{x}(\bar{u},\ \bar{v})$는 회전면 M의 좌표함수이다. 따라서 $\tilde{h}(\bar{u})=(h\circ\varphi^{-1})(\bar{u})$로 놓으면

$$\mathbf{x}(\bar{u},\ \bar{v})=(\bar{u},\ \tilde{h}(\bar{u})\cos\bar{v},\ \tilde{h}(\bar{u})\sin\bar{v})$$

보기 5.2.3 현수면(catenoid)는 현수선 $y = c\cosh\left(\frac{x}{c}\right)$ (단, $c > 0$는 상수)로 만들어지는 회전면이다. 따라서 $\varphi(u) = u$, $h(u) = c\cosh\left(\frac{u}{c}\right)$로 놓으면 식 (5.1.5)와 (5.1.6)에 의해

$$-\kappa_\mu = \kappa_\pi = \frac{1}{c\cosh^2\left(\frac{u}{c}\right)}$$

이고

$$K = -\frac{1}{c^2\cosh^4\left(\frac{u}{c}\right)} \qquad (5.1.7)$$

식 (5.1.7)로부터 현수면의 가우스곡률은 $-\frac{1}{c^2} \leq K < 0$이고 가우스곡률의 최솟값은 원 $u = 0$에서 $K = -\frac{1}{c^2}$을 갖는다.

정의 5.2.4 정칙곡면 M의 평균곡률이 $H = 0$일 때 곡면 M을 **극소곡면**(minimal surface)이라고 한다.

보기 5.2.5 평면은 모두 극소곡면이다. 또 보기 5.2.3에 있는 현수면은 $H = \kappa_\mu + \kappa_\pi = 0$이므로 극소곡면이다.

다음 정리는 평면이 아닌 회전면으로 극소곡면인 것은 현수면 뿐이라는 사실을 보여준다.

정리 5.2.6 회전면 M이 극소곡면이면 M은 평면이나 현수면 또는 그것의 일부분이다.

증명

$\mathbf{x}(u, v) = (\varphi(u), h(u)\cos v, h(u)\sin v)$를 회전면 M의 좌표함수라고 하자.

(i) 모든 u에 대하여 $\varphi'(u) = 0$일 때

이 경우 φ는 상수함수이므로 M은 평면 또는 평면의 일부분이다.

(ii) 모든 u에 대하여 $\varphi'(u) \neq 0$일 때

도움정리 5.2.2에 의해 M은

$$\mathbf{y}(u, v) = (u, h(u)\cos v, h(u)\sin v)$$

형태의 좌표함수를 갖는다. M이 극소곡면이므로 $\kappa_\mu + \kappa_\pi = 0$이고 공식 (5.1.5)를 이용하면 이 식은 다음의 이차 비선형 상미분방정식

$$hh'' = 1 + h^2$$

과 동치이다. 이 미분방정식을 풀면

$$h(u) = a\cosh\left(\frac{u}{a} + b\right) \ (\text{단, } a, \ b\text{는 상수이고 } a > 0)$$

이므로 M은 현수면의 일부분이다.

(iii) 끝으로, 적당한 u_0에 대하여 $\varphi'(u_0) = 0$이고 나머지 u에 대해서는 $\varphi'(u) \neq 0$인 경우는 생기지 않는다. $\varphi'(u_0) = 0$이고 $u < u_0$에 대하여 $\varphi'(u) > 0$이면 경우 (ii)에 의해 생성곡선

$$\alpha(u) = (\varphi(u), h(u), 0)$$

은 $u < u_0$에 대하여 현수선이다. 따라서 M이 정칙곡면이므로 점 $u = u_0$에서 $\frac{h'}{\varphi'}$이 무한이 될 수 없다.

생성곡선 $\alpha(u) = (\varphi(u), h(u), 0)$은 정칙곡선이므로 단위속력을 갖는 재매개곡선이 존재한다. 따라서 α의 속력을 $\|\alpha'(u)\| = \sqrt{\varphi'^2 + h'^2} = 1$이라 가정해도 된다. 이와 같이 단위속력을 갖는 생성곡선으로부터 얻어지는 좌표함수 $\mathbf{x}$를 **자연좌표함수**(canonical parametrization)라고 한다.

따름정리 5.2.7

$\mathbf{x}$가 회전면 M의 자연좌표함수이면

$$E = 1, \ F = 0, \ G = h^2$$

이고

(5.1.8) $$K = -\frac{h''}{h}$$

증명

자연좌표함수의 정의와 식 (5.1.2)로부터

$$E=\varphi'^2+h'^2=1,\ \ F=0,\ \ G=h^2$$

또 식 (5.1.4)에 의해

$$K=\frac{\varphi'^2h''+\varphi'\varphi''h'}{h} \tag{5.1.9}$$

$\varphi'^2+h'^2=1$의 양변을 미분하면 $2(\varphi'\varphi''+h'h'')=0$이므로

$$K=\frac{-\varphi'^2h''+\varphi'\varphi''h'}{h}=-\frac{(\varphi'^2+h'^2)h''}{h}=-\frac{h''}{h} \tag{5.1.10}$$

따름정리 5.2.7의 식 (5.1.8)은 어떤 함수가 주어졌을 때, 그 함수를 가우스곡률로 갖는 회전면이 존재하는가 하는 문제에 대한 해결책을 제시해 주고 있다. 다시 말해서, 개구간에서 정의된 함수 K에 대하여 식 (5.1.8)은

$$h''+Kh=0 \tag{5.1.11}$$

로 나타낼 수 있다. 그리고 생성곡선이 되기 위한 조건과 생성곡선이 단위속력을 갖는다는 조건으로부터 미분방정식 (5.1.11)의 초기조건을

$$h(0)>0,\ |h'(0)|<1 \tag{5.1.12}$$

로 놓을 수 있다. 자연좌표함수를 구하기 위해 함수 φ, h에 대하여 $\varphi'^2+h'^2=1$을 가정하면

$$\varphi(u)=\int_0^u\sqrt{1-h'(t)^2}\,dt$$

이다. 따라서 0을 포함하는 개구간에서 초기조건 (5.1.12)를 만족시키는 미분방정식 (5.1.11)의 해를 구함으로써 생성곡선

$$\alpha(u)=(\varphi(u),\ h(u),\ 0)$$

을 찾을 수 있고, 이 곡선으로부터 만들어지는 회전면의 가우스곡률은 $K=-\dfrac{h''}{h}$가 된다.

보기 5.2.8 상수곡률을 갖는 회전면

가우스곡률 K가 상수함수 $\frac{1}{c^2}$인 회전면을 구하여보자.

풀이. 따름정리 5.2.7 또는 식 (5.1.11)에 의해 함수 h는 미분방정식 $h'' + \frac{1}{c^2}h = 0$을 만족시킨다. 이 미분방정식의 일반해는

$$h(u) = a\cos\left(\frac{u}{c} + b\right)$$

으로 주어진다. 상수 b는 단지 삼각함수의 평행이동을 나타내므로 $b = 0$이라 가정해도 된다. 또 $h(u) > 0$이므로 $a > 0$이라 하자. 그러면 생성곡선

$$\varphi(u) = \int_0^u \sqrt{1 - \frac{a^2}{c^2}\sin^2\frac{t}{c}}\,dt,\ \ h(u) = a\cos\frac{u}{c}$$

에 의해 만들어지는 회전면은 상수곡률 $K = \frac{1}{c^2}$을 갖는다.

이때 초기조건 $h(0) > 0$, $|h'(0)| < 1$은 함수 K가 정의되는 개구간 I에 제한을 준다.

첫 번째 경우 : $a = c$

이 경우

$$\varphi(u) = \int_0^u \cos\frac{t}{c}dt = c\sin\frac{u}{c},\ \ h(u) = c\cos\frac{u}{c}$$

이다. 따라서 $h > 0$이므로 개구간 I는 $-\frac{\pi c}{2} < u < \frac{\pi c}{2}$가 된다. 이때 생성곡선 $\alpha(u) = (\varphi(u), h(u), 0)$은 반원이기 때문에(그림 5.4) 이로부터 얻어지는 회전면 M은 반지름의 길이가 c인 구에서 x축에 놓여 있는 두 점을 제외한 곡면이다. 즉,

$$M = S^2(c) - \{(c, 0, 0), (-c, 0, 0)\}$$

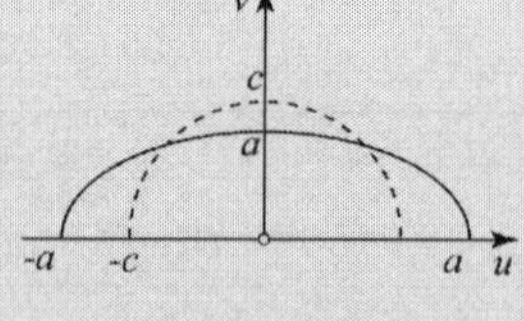

그림 5.3

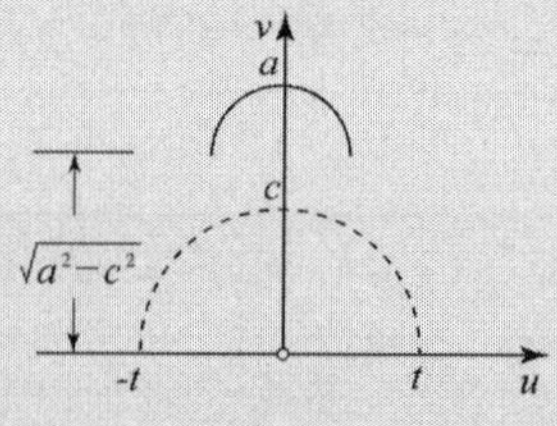

그림 5.4

두 번째 경우 : $0 < a < c$

이 경우도 첫 번째 경우와 같이 개구간 $-\frac{\pi c}{2} < u < \frac{\pi c}{2}$에서 초기조건 $h(0) > 0$과 $|h'(0)| < 1$을 만족시킨다. 따라서 φ는 잘 정의되고 생성곡

선 $\alpha(u)=(\varphi(u),\ h(u),\ 0)$의 길이는 $\frac{\pi c}{2}$이다. 그러나 곡선 α는 원보다 약간 좁은 모양인 타원 형태를 하고 있다(그림 5.4). 또

$$a^{*}=\varphi\left(\frac{\pi c}{2}\right)=\int_{0}^{\frac{\pi c}{2}}\sqrt{1-\frac{a^{2}}{c^{2}}\sin^{2}\frac{\mathrm{t}}{\mathrm{c}}}\,dt$$

라 할 때 생성곡선 α는 x축과 $\pm a^{*}$에서 만난다.

세 번째 경우 : $a>c$

이 경우 $\sin\left(\frac{t^{*}}{c}\right)=\frac{c}{a}<1$인 점 t^{*}에서 함수 φ가 정의되는 피적분함수가 0이므로 개구간 I의 길이는 줄어든다.

$$h(t^{*})=a\cos\left(\frac{t^{*}}{c}\right)=\sqrt{a^{2}-c^{2}}$$

이므로 a가 $a=c$에서부터 증가하면 회전면 M은 원환면의 바깥쪽 절반과 같은 모양을 한다(그림 5.5).

보기 5.2.9 나팔면

곡선 $\alpha=\alpha(u)$가 점 $(0,\ c)$ (단, $c>0$)에서 출발하여 그 곡선의 접선이 정확하게 c만큼 떨어진 점에서 x축과 만난다고 하자. 이 곡선을 생성곡선으로 갖는 회전면을 나팔면(bugle surface)이라고 한다. 나팔면의 가우스곡률은 $K=-\frac{1}{c^{2}}$이다.

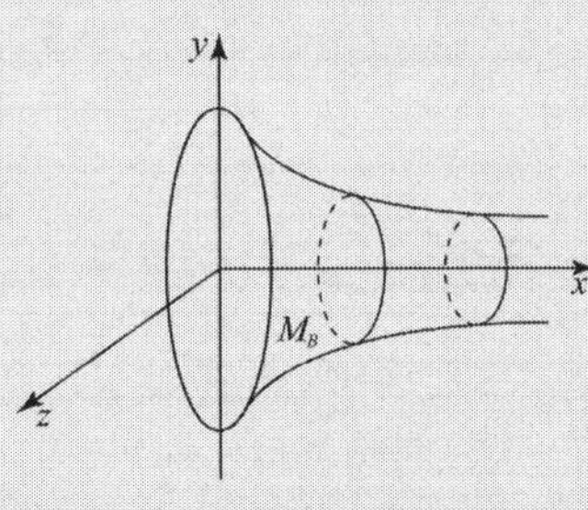

그림 5.5

풀이. 나팔면을 M_B라 하고 곡선 α를 $\alpha(u)=(u,\ h(u),\ 0)$ (단, $u>0$)이라 하면 h는 미분방정식

$$h'=-\frac{h}{\sqrt{c^{2}-h^{2}}}$$

으로 주어지고 $u\to 0$이면 $h(u)\to c$인 함수이다. 위의 미분방정식과 공식 (5.1.5)로부터 나팔면의 주곡률을 계산하면

$$\kappa_{\mu}=\frac{h'}{c},\quad \kappa_{\pi}=-\frac{1}{ch'}$$

이다. 따라서 나팔면 M_B는 음수인 상수곡률 $K=-\frac{1}{c^{2}}$을 갖는다.

보기 5.2.10 음수인 상수곡률을 갖는 회전면

가우스곡률 K가 상수 $-\frac{1}{c^2}$인 회전면을 구하여보자.

풀이. 따름정리 5.2.7 또는 식 (5.1.11)에 의해 주어진 회전면을 생성하는 함수 h는 미분방정식

$$h'' - \frac{1}{c^2}h = 0$$

을 만족시킨다. 초기조건 $h(0) > 0$, $|h'(0)| < 1$로부터 이 미분방정식의 해는 세 가지 형태로 주어진다. 즉,

$$h(u) = a\sinh\frac{u}{c},\ \ 0 < a < c,\ \ u > 0$$

$$h(u) = b\cosh\frac{u}{c},\ \ 0 < b$$

$$h(u) = ce^{\frac{u}{c}},\ \ u < 0$$

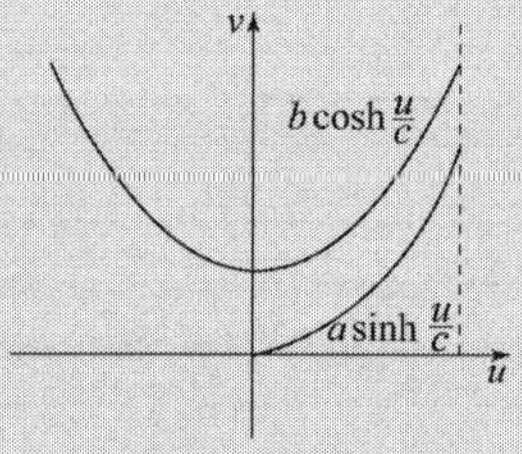

그림 5.6

(i) $h(u) = a\sinh\frac{u}{c},\ \ 0 < a < c,\ \ u > 0$

이 경우 생성곡선 $\alpha(u) = (\varphi(u), h(u), 0)$은 $\varphi'^2 + h'^2 = 1$을 만족시키므로

$$\varphi(u) = \int_0^u \sqrt{1 - \frac{a^2}{c^2}\cosh\frac{t}{c}}\,dt,\ \ h(u) = a\sinh\frac{u}{c}$$

로 주어진다. 출발점에 해당하는 원점에서 도함수를 구하여보면

$$\alpha'(0) = \left(1 - \frac{a^2}{c^2},\ \frac{a}{c},\ 0\right)$$

이므로 기울기가 $\frac{a}{\sqrt{c^2 - a^2}}$이다. 한편, 함수 φ가 $(0, u_*)$에서 잘 정의된다고 하면 점 u_*는

$$\frac{a^2}{c^2}\cosh^2\frac{u_*}{c} = 1$$

을 만족시킨다. 이 $h(u_*) = \sqrt{c^2 - a^2}$이므로 생성곡선 $\alpha(u)$는 원점에서 점 $(\varphi(u_*), h(u_*), 0)$까지 정의된다. 이 생성곡선에 의해 생기는 회전면은 가우스곡률 $K = -\frac{1}{c^2}$을 갖는다.

(ii) $h(u)=b\cosh\dfrac{u}{c}$, $0<b$

이 경우 생성곡선 α는

$$\varphi(u)=\int_0^u\sqrt{1-\frac{b^2}{c^2}\sinh\frac{t}{c}}\,dt,\ h(u)=b\cosh\frac{u}{c}$$

로 주어진다. 이때 생성곡선 α가 잘 정의되는 정의역을 구하면 $\left[-\sqrt{b^2+c^2},\ \sqrt{b^2+c^2}\right]$이다. 이 곡선은 y축에 대하여 대칭이다.

(iii) $h(u)=ce^{\frac{u}{c}}$, $u<0$

이 경우 생성곡선은

$$\varphi(u)=\int_0^u\sqrt{1-e^{-\frac{2t}{c}}}\,dt$$

로 주어지고 α가 잘 정의되는 정의역은 $(-\infty,\ 0)$이고 이 생성곡선에 의해 생기는 회전면은 나팔면이다.

연습문제

01. 곡선 $y = e^{-\frac{x^2}{2}}$ 을 x축을 중심으로 회전시켰을 때 생기는 회전면의 가우스곡률을 구하여라.

02. M이 극소곡면이면서 동시에 $K = 0$이면 M은 평면 또는 평면의 일부분임을 증명하여라.

03. $r = \sqrt{x^2 + y^2}$ 을 xy평면의 극좌표라 하고 $h = h(r)$를 미분가능한 함수라 하면 $M : z = h(r)$은 회전면임을 보여라. 그리고 가우스곡률은

$$K = \frac{h'(r)h''(r)}{r(1 + h'^2(r))^2}$$

임을 증명하여라.

04. 극좌표 방정식 $M : z = e^{-\frac{r^2}{2}}$ 로 주어진 곡면 M의 가우스곡률을 구하여라.

05. 평면이 아닌 회전면 M의 가우스곡률이 0이면 M은 원뿔이나 원기둥의 일부분임을 증명하여라.

5.3 선직면

$I \subset \mathbb{R}$ 를 개구간 또는 폐구간이라 하고 $\alpha : I \to \mathbb{R}^3$을 미분가능한 정칙곡선이라 하자. 또, W를 곡선 α를 따라 움직이는 0이 아닌 벡터장이라 하자. 즉, 각각의 $u \in I$에 대하여 $W(u) \in T_{\alpha(u)}\mathbb{R}^3$, $W(u) \neq \mathbf{0}$라 하자.

각각의 $u \in I$에 대하여 점 $\alpha(u)$를 지나고 벡터 $W(u)$와 평행한 직선을 L_u라고 할 때, 직선 L_u의 모임으로 만들어지는 곡면을 **선직면**(ruled surface)이라고 한다. 선직면은 다음과 같은 형태

$$\mathrm{x}(u, v) = \alpha(u) + vW(u)$$

의 좌표함수를 갖는다. 이때 직선 L_u를 **모선**(ruling), 곡선 $\alpha(u)$를 **기저곡선**(base curve)이라 하고 $W(u)$를 **방향벡터** 또는 **준선**(directrix)이라고 한다.

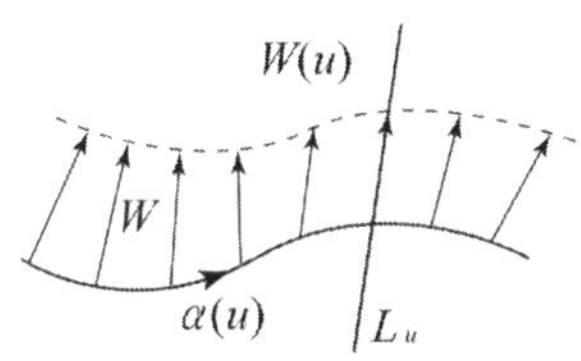

그림 5.7

보기 5.3.1 정칙곡선 $\alpha = \alpha(u)$의 속도벡터 $\alpha'(u)$를 방향벡터로 갖는 선직면을 α의 **접곡면**(tangent surface)이라고 한다.

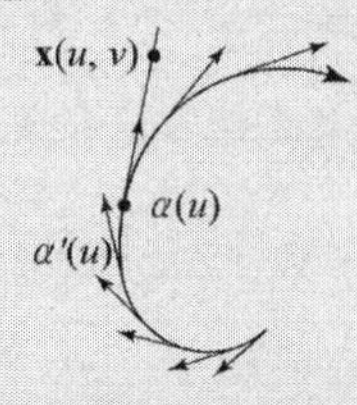

그림 5.8

접곡면은 곡선 $\alpha(u)$에서 접하는 선직면의 가장 간단한 예로

$$\mathbf{x}(u, v) = \alpha(u) + v\alpha'(u)$$

와 같은 좌표함수를 갖는다.

예를 들어, $\alpha(u) = (\cos u, \sin u, 0)$이라 하면 $\alpha'(u) = (-\sin u, \cos u, 0)$이므로

$$\mathbf{x}(u, v) = \alpha(u) + v\alpha'(u) = (\cos u - v\sin u, \sin u + v\cos u, 0)$$

이것은 $\mathbb{R}^2$에서 단위원판(unit disk)를 제외한 곡면이다.

보기 5.3.2 α를 $\alpha(u)=u\mathbf{u}+\mathbf{v}$, $\mathbf{u}$, $\mathbf{v}\in\mathbb{R}^3$인 직선이라 하고 W는 $\langle\mathbf{u}, W\rangle=0$을 만족시키는 방향벡터라고 하자. 즉, W가 평행한 벡터장이다. 이때 기저곡선 α와 방향벡터 W로 만들어지는 선직면은 평면이다.

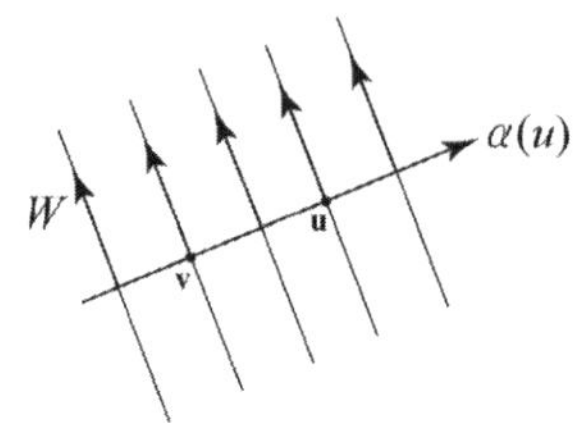

그림 5.9

보기 5.3.3 α가 평면 P에 놓여 있는 곡선이고 W가 평행한 벡터장, 즉 $W'(u)=0$일 때, 기저곡선 α와 방향벡터 W로 만들어지는 선직면을 **일반원기둥면**(generalized cylinder)이라고 한다. 특히, α가 xy평면에 놓여 있는 원이고 $W(u)=(0, 0, 1)$이면 α와 W에 의해 생성되는 선직면은 원기둥면이다.
한편, 모든 모선 L_u가 한 점 $\mathbf{p}\not\in P$를 지날 때, 곡선 α와 모선 L_u로 만들어지는 선직면을 **일반원뿔**(generalized cone)이라고 한다.

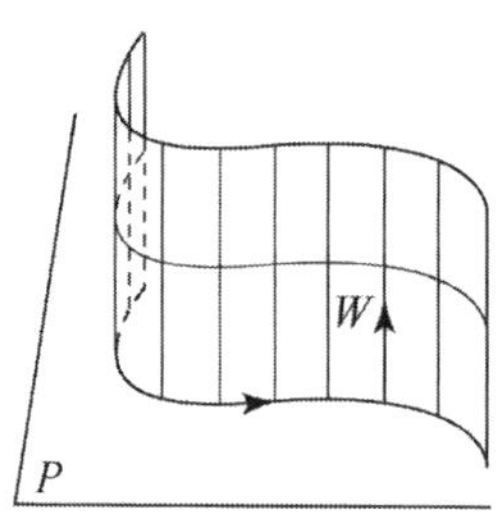

(a)

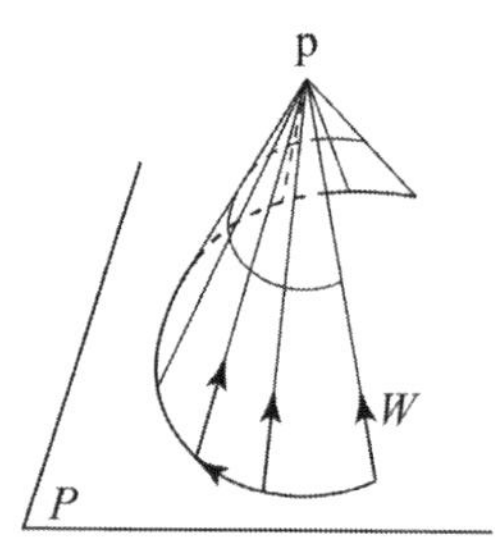

(b)

그림 5.10

보기 5.3.4 $S^1 = \{(x, y, 0) \in \mathbb{R}^3 | x^2 + y^2 = 1\}$을 xy평면의 단위원이라 하고 곡선 α를 S^1의 매개곡선으로 단위속력을 갖는다고 하자. 즉, $\alpha(u) = (\cos u, \sin u, 0)$이라고 하자. 각각의 u에 대하여

$$W(u) = \alpha'(u) + (0, 0, 1) = \alpha'(u) + \mathbf{e}_3$$

으로 정의하면

$$\mathbf{x}(u, v) = \alpha(u) + vW(u) = \alpha(u) + v(\alpha'(u) + \mathbf{e}_3)$$

은 선직면이다. $\mathbf{x}(u, v)$가 어떤 모양의 곡면인지를 알아보기 위해 성분을 써서 나타내면

$$\mathbf{x}(u, v) = (\cos u - v\sin u, \sin u + v\cos u, v)$$

따라서 $x^2 + y^2 - z^2 = 1 + v^2 - v^2 = 1$이므로 $\mathbf{x}(u, v)$는 쌍곡회전면(일엽쌍곡면)이다.

한편, $\overline{W}(u) := -\alpha'(u) + \mathbf{e}_3$으로 정의하면 $\alpha(u)$와 $\overline{W}(u)$에 의해 만들어지는 선식면 또한 같은 쌍곡회전면을 나타낸다. 따라서 쌍곡회전면은 두 가지 모선집합을 갖는다. 이런 경우에 선직면을 **이중선직면**(doubly ruled surface)이라고 한다.

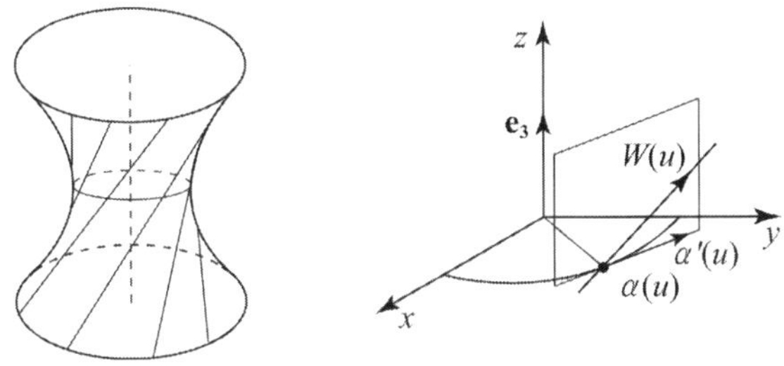

그림 5.11

가우스곡률 공식을 이용하면 선직면의 가우스곡률을 쉽게 구할 수 있다.

정리 5.3.5 좌표함수

$$\mathbf{x}(u, v) = \alpha(u) + vW(u)$$

로 주어지는 선직면의 가우스곡률은

$$K = -\frac{f^2}{EG - F^2} = -\frac{(\alpha' \cdot W' \times W)^2}{l^4} \tag{5.3.1}$$

(단, $l = \|\alpha' \times W + vW' \times W\|$)

증명

일계편도함수와 이계편도함수를 구하면

$$\mathbf{x}_u = \alpha' + vW', \ \mathbf{x}_v(u, v) = W(u)$$

이고

$$\mathbf{x}_{uu} = \alpha'' + vW'', \ \mathbf{x}_{uv} = W', \ \mathbf{x}_{vv} = 0$$

따라서 제1기본형식의 계수는

$$E = \|\alpha' + vW'\|^2, \ F = \langle \alpha' + vW', \ W \rangle, \ G = \|W\|^2$$

또, 가우스사상 Z는

$$Z = \frac{(\alpha' + vW') \times W}{\sqrt{EG - F^2}} = \frac{\alpha' \times W + vW' \times W}{\sqrt{EG - F^2}}$$

이고

$$\begin{aligned} EG - F^2 &= \|\alpha' + vW'\|^2 \|W\|^2 - \langle \alpha' + vW', \ W \rangle^2 \\ &= \|(\alpha' + vW') \times W\|^2 \\ &= \|\alpha' \times W + vW' \times W\|^2 = l^2 \end{aligned}$$

한편, $\mathbf{x}_{vv} = \mathbf{0}$이므로 $g = 0$이다. 따라서 제2기본형식의 계수 중에서 f만 구하면 된다. f는

$$\begin{aligned} f = \langle \mathbf{x}_{uv}, \ Z \rangle &= \frac{\langle W', \ \alpha' \times W \rangle + v \langle W', \ W' \times W \rangle}{\sqrt{EG - F^2}} \\ &= \frac{\langle W', \ \alpha' \times W \rangle}{\sqrt{EG - F^2}} \end{aligned}$$

이므로

$$f^2 = \frac{\langle \alpha' \cdot W' \times W \rangle^2}{EG - F^2}$$

그러므로 가우스곡률은

$$K = -\frac{f^2}{(EG - F^2)^2} = -\frac{(\alpha' \cdot W' \times W)^2}{l^4}$$

여기서 $l = \|\alpha' \times W + vW' \times W\|$이다.

정리 5.3.5로부터 다음 따름정리를 얻는다.

따름정리 5.3.6	선직면의 가우스곡률 K는 0보다 작거나 같다. 즉, $K \le 0$이다.

따름정리 5.3.7	일반원기둥면의 가우스곡률은 $K = 0$이다.

증명

일반원기둥면은 W가 상수인 선직면이므로 $W'=0$이다. 따라서, 정리 5.3.5에 의해 $K=0$이다.

선직면의 경우 기저곡선의 각각의 점에서 방향벡터가 $W(u)\neq \mathbf{0}$이므로 $\|W(u)\|=1$이라 가정해도 된다. $W'(u)\equiv 0$이면 $W(u)$는 평행한 벡터이고 이 경우 선직면은 일반원기둥면이다. 일반원기둥면이 아닌 선직면의 경우 각각의 u에서

(5.3.2) $$W'(u)\neq \mathbf{0}$$

임을 가정하자. 그러면

(5.3.3) $$\mathbf{x}(u,\ v)=\alpha(u)+vW(u)$$

주어지는 곡면은 원기둥면이 아닌 선직면이고 $\|W(u)\|=1$로부터

(5.3.4) $$\langle W,\ W'\rangle=0$$

를 만족시킨다. 식 (5.3.3)과 (5.3.4)로 주어지는 선직면의 가우스곡률을 구하여보자.

도움정리 5.3.8 선직면 $M:\mathbf{x}(u,\ v)=\alpha(u)+vW(u)$에서 각 점 u에 대하여 $W'(u)\neq\mathbf{0}$이면

(5.3.5) $$\langle \beta'(u),\ W'(u)\rangle=0$$

을 만족시키는 곡선 $\beta=\beta(u)\subset M$이 존재한다. 더욱이, β는 기저곡선 α의 선택에 무관하다.

증명

β가 M 위에 놓여 있는 곡선으로 식 (5.3.5)를 만족시키면 β는

$$\beta(u)=\alpha(u)+v(u)W(u) \tag{5.3.6}$$

의 형태로 나타낼 수 있다. 여기서 $v=v(u)$는 미분가능한 함수이다. 그러면

$$\beta'(u)=\alpha'(u)+v'(u)W(u)+v(u)W'(u)$$

한편, 가정에 의해 $\langle W, W'\rangle=0$이므로 식 (5.3.5)를 만족시키려면

$$0=\langle\beta', W'\rangle=\langle\alpha', W'\rangle+v\langle W', W'\rangle$$

이 성립해야 한다. 따라서

$$v=-\frac{\langle\alpha', W'\rangle}{\langle W', W'\rangle} \tag{5.3.7}$$

으로 주어진다.

이제 β가 기저곡선 α의 선택에 무관하다는 것을 보이기 위해

$$\mathbf{x}(u, v)=\alpha(u)+vW(u)=\overline{\alpha}(u)+\overline{v}W(u)=\overline{\mathbf{x}}(u, \overline{v}) \tag{5.3.8}$$

로 놓자. 적당한 함수 $\overline{v}=\overline{v}(u)$에 대하여

$$\overline{\beta}(u)=\overline{\alpha}(u)+\overline{v}(u)W(u) \tag{5.3.9}$$

라 하면 식 (5.3.7)로부터

$$\overline{v}=\overline{v}(u)=-\frac{\langle\overline{\alpha}', W'\rangle}{\langle W', W'\rangle} \tag{5.3.10}$$

식 (5.3.6)-(5.3.7)과 식 (5.3.9)-(5.3.10)에 의해

$$\beta-\overline{\beta}=(\alpha-\overline{\alpha})+\frac{\langle\overline{\alpha}'-\alpha', W'\rangle}{\langle W', W'\rangle}W$$

또한, 식 (5.3.8)에 의해

$$\alpha-\overline{\alpha}=(\overline{v}-v)W(t),\ \ \alpha'-\overline{\alpha}'=(\overline{v}-v)W'$$

이 성립함으로 식 (5.3.4)로부터

$$\beta-\overline{\beta}=\left\{(\overline{v}-v)+\frac{\langle(v-\overline{v})W', W'\rangle}{\langle W', W'\rangle}\right\}W=\mathbf{0}$$

정의 5.3.9 선직면 $\mathbf{x}(u, v)=\alpha(u)+vW(u)$에 대하여 도움정리 5.3.8을 만족시키는 곡선 β를 **압축곡선**[12](striction line)이라고 한다.

도움정리 5.3.8에 의해 선직면의 좌표함수를

12) 완전곡선이라고도 한다.

$$\mathbf{x}(u,\ v) = \beta(u) + vW(u),\ \langle \beta',\ W' \rangle = 0 \tag{5.3.11}$$

로 놓을 수 있다. 이때 선직면의 가우스곡률은 다음과 같이 주어진다.

정리 5.3.10 선직면 $M: \mathbf{x}(u,\ v) = \beta(u) + vW(u)$에서

$$\langle \beta',\ W' \rangle = 0,\ \|W\| = 1$$

이면

$$K = -\frac{\lambda^2}{(\lambda^2+v^2)^2}\ \left(\text{단, } \lambda = \frac{\langle \beta' \times W,\ W' \rangle}{\|W'\|^2}\right) \tag{5.3.12}$$

증명

편도함수를 구하면

$$\mathbf{x}_u = \beta' + vW',\ \mathbf{x}_v = W$$

이고

$$\mathbf{x}_u \times \mathbf{x}_v = \beta' \times W + vW' \times W$$

$\langle W,\ W' \rangle = 0 = \langle \beta',\ W' \rangle$이므로 $\beta' \times W$는 W'과 평행하다. 따라서 적당한 함수 $\lambda = \lambda(t)$가 존재하여

$$\beta' \times W = \lambda W' \tag{5.3.13}$$

따라서

$$\lambda = \frac{\langle \beta' \times W,\ W' \rangle}{\|W'\|^2} = \frac{\det(\beta',\ W,\ W')}{\|W'\|^2} \tag{5.3.14}$$

또한, $\|W\| = 1$, $\langle W,\ W' \rangle = 0$이므로

$$EG - F^2 = \|\mathbf{x}_u \times \mathbf{x}_v\|^2 = (\lambda^2 + v^2)\|W'\|^2 \tag{5.3.15}$$

특히, 정칙곡면의 정의로부터 $\mathbf{x}_u \times \mathbf{x}_v \neq \mathbf{0}$이므로 $\lambda \neq 0$이다.
한편, 제2기본형식의 계수 $e,\ f,\ g$를 구하기 위해 이계편도함수를 구하면

$$\mathbf{x}_{uu} = \beta'' + vW'',\ \mathbf{x}_{uv} = W',\ \mathbf{x}_{vv} = \mathbf{0}$$

이므로

$$g = \langle Z,\ \mathbf{x}_{vv} \rangle = 0$$

이고

$$f = \langle Z,\ \mathbf{x}_{uv} \rangle = \left\langle \frac{\mathbf{x}_u \times \mathbf{x}_v}{\|\mathbf{x}_u \times \mathbf{x}_v\|},\ \mathbf{x}_{uv} \right\rangle = \frac{\det(\beta',\ W,\ W')}{\|\mathbf{x}_u \times \mathbf{x}_v\|} \tag{5.3.16}$$

따라서 식 (5.3.14), (5.3.15)와 (5.3.16)에 의해

$$K = \frac{eg - f^2}{EG - F^2} = -\frac{\lambda^2\|W'\|^4}{(\lambda^2+v^2)^2\|W'\|^4} = -\frac{\lambda^2}{(\lambda^2+v^2)^2}$$

정의 5.3.11 식 (5.3.13)을 만족시키는 함수 $\lambda=\lambda(u)$를 **분포매개변수**(distribution parameter)라고 한다.

보기 5.3.12 쌍곡포물면 $M: z=xy$의 분포매개변수와 가우스곡률을 구하여라.

풀이. $x=u$로 놓으면 직선 $y=\dfrac{z}{u}$는 M에 포함된다. 따라서 이 직선과 xy평면의 교선인 $(u,\ 0,\ 0)$을 기저곡선 $\alpha(u)$로 택할 수 있다. 그리고 방향벡터 $W(u)$는 $y=\dfrac{z}{u}$와 평행한 단위벡터로 택하면

$$\alpha(u)=(u,\ 0,\ 0),\quad W(u)=\frac{1}{\sqrt{1+u^2}}(0,\ 1,\ u)$$

가 된다. 따라서 M의 좌표함수는

$$\mathbf{x}(u,\ v)=\alpha(u)+vW(u)=\left(u,\ \frac{v}{\sqrt{1+u^2}},\ \frac{vu}{\sqrt{1+u^2}}\right) \tag{5.3.17}$$

방향벡터 $W(t)$의 도함수

$$W'(u)=\left(0,\ -\frac{u}{(1+u^2)^{\frac{3}{2}}},\ \frac{1}{(1+u^2)^{\frac{3}{2}}}\right) \tag{5.3.18}$$

이고 $\alpha'(u)=(1,\ 0,\ 0)$이므로 $\langle\alpha',\ W'\rangle=0$이다. 그러므로 압축곡선 β는 $\beta(u)=\alpha(u)$이다.

분포매개변수 λ를 구하기 위해

$$\alpha'\times W=\frac{1}{\sqrt{1+u^2}}(0,\ -u,\ 1)$$

과 식 (5.3.18)을 비교하면

$$\lambda=1+u^2$$

임을 알 수 있다. 따라서

$$K=-\frac{(1+u^2)^2}{\{(1+u^2)^2+v^2\}^2} \tag{5.3.19}$$

쌍곡포물면 $z=xy$의 다른 좌표함수로

$$\mathbf{y}(u,\ \bar{v})=(u,\ \bar{v},\ u\bar{v}) \tag{5.3.20}$$

를 택할 수 있다. 이 경우 가우스곡률은 4장 2절의 연습문제 8에 의해

$$K = -\frac{1}{(1+u^2+\bar{v}^2)^2} \tag{5.3.21}$$

로 주어진다. 좌표함수식 (5.3.17)과 (5.3.20)을 비교하면

$$\bar{v} = \frac{v}{\sqrt{1+u^2}}$$

을 만족시킨다. 이 값을 식 (5.3.21)에 대입하면 식 (5.3.19)를 얻는다. 이것은 가우스곡률이 좌표함수의 선택과는 무관하게 잘 정의되는 기하학적 개념이라는 사실을 간접적으로 보여준다.

연습문제

01. 보기 5.3.4에 있는 쌍곡회전면의 좌표함수

$$\mathbf{x}(u,\ v) = \alpha(u) + v(\alpha'(u) + \mathbf{e}_3),\ \ \alpha(u) = (\cos u,\ \sin u,\ 0)$$

에 대하여 압축곡선 β와 분포매개변수 λ를 구하여라.

02. 일반원뿔(cone)의 가우스곡률은 $K = 0$임을 증명하여라.

03. $\alpha = \alpha(u)$가 단위속력곡선이고 곡률 k가 양수라고 할 때,

$$\mathbf{x}(u,\ v) = \alpha(u) + vT(u),\ \ v > 0$$

로 주어지는 선직면의 가우스곡률은 $K = 0$임을 증명하여라.

04. 사상

$$\mathbf{x}(u,\ v) = \beta(u) + vW(u)$$

$$\langle \beta',\ W' \rangle = 0,\ \| W \| = 1$$

이 정칙곡면의 좌표함수가 아닐 필요충분조건은 $\lambda = v = 0$임을 증명하여라.

05. $M: \mathbf{x}(u, v) = \alpha(u) + vW(u)$를 선직면이라고 하자.

(1) M이 극소곡면이면 다음 식

(a) $\langle W \times W', W'' \rangle = 0$

(b) $\langle W \times W', \alpha'' \rangle = \langle \alpha' \times W, W'' \rangle$

(c) $\langle \alpha' \times W, \alpha'' \rangle = 2\langle \alpha', W \rangle \langle \alpha' \times W, W' \rangle$

이 성립함을 증명하여라.

(2) 각 점 u에서 $W'(u) \neq \mathbf{0}$이면(즉, 원기둥면이 아니면) 도움정리 5.3.8에 의해 좌표함수 $\mathbf{x}$에서 $\|W\| = 1$, $\langle W', \alpha' \rangle = 0$이라 가정해도 된다. 이 경우 M이 극소곡면이면 W는 단위원임을 증명하여라(도움말 : $\langle W, W' \rangle = 0$이고 위의 (1)의 (a)에 의해 $W'' = aW + bW'$로 나타낼 수 있다).

(3) $M: \mathbf{x}(u, v) = \alpha(u) + vW(u)$가 선직선이면서 동시에 극소곡면이면 M은 평면 또는 원기둥나선이거나 이의 일부분임을 증명하여라(도움말 : 위의 (2)에 의해 $W(u) = (\cos u, \sin u, 0)$으로 놓을 수 있다. $\alpha(u) = (x(u), y(u), z(u))$로 놓고 위의 (1)의 (a)~(c)와 W를 이용하여 $x' = y' = 0$과 $z'' = 0$임을 보이면 된다).

5.4 극소곡면

반지름의 길이가 r인 열린원판 $M_1 = \{(x, y, 0) \in \mathbb{R}^3 | x^2 + y^2 < r^2\}$과 반지름의 길이가 r인 구의 북반구 $M_2 = \{(x, y, z) \in \mathbb{R}^3 | x^2 + y^2 + z^2 = r^2, z > 0\}$의 경계(boundary)는 모두 $x^2 + y^2 = r^2$, $z = 0$임을 알 수 있다. 그러나 각각의 넓이를 구하면 열린원판은 πr^2이고 북반구는 $2\pi r^2$으로 두 배의 차이가 난다. 각 곡면의 평균곡률을 계산하면 열린원판은 $H_{M_1} = 0$이고 보기 4.2.2에 의해 북반구는 $H_{M_2} = -\dfrac{1}{r}$이다. 같은 경계를 갖는 곡면이지만 넓이에 차이가 있는 것은 평균곡률이 다르기 때문이라고 말할 수 있다. 정칙곡면 M의 평균곡률이 $H \equiv 0$일 때, M을 극소곡면이라고 한다(5장2절 참고). 즉, M이 극소곡면이면 M의 임의의 좌표함수 $\mathbf{x} = \mathbf{x}(u, v)$에 대하여 $H = \dfrac{eG - 2fF + gE}{2(EG - F^2)} = 0$이다. 5장 2절에 의하면 회전면 중의 하나인 평면과 현수면은 극소곡면이다. 4장 2절의 연습문제에 의하면 원기둥나선면도 극소곡면이다.

철사줄을 이용하여 폐곡선 모양을 만든 다음, 점도가 좋은 비눗물에 담갔다가 꺼냈을 때 생기는 비누막을 생각하면 이 비누막은 평균곡률이 0인 곡면이다. 같은 경계(여기서는 철사줄이 경계이다)를 갖는 곡면 중에서 넓이가 최소가 되는 곡면이 바로 비누막이라고 말할 수 있다. 이러한 이유로 평균곡률이 0인 곡면을 극소곡면이라고 한다. 물론 $H = 0$이라고 반드시 넓이가 최소가 되는 것은 아니다.

정칙곡면 M이 극소곡면이 될 조건에 대하여 알아보자.

$\mathbf{x}: D \subset \mathbb{R}^2 \to \mathbb{R}^3$을 정칙좌표함수라 하고 $Q \subset D$를 유계인 영역이라고 하자. Q의 경계를 ∂Q로 나타내고 $\overline{Q} = Q \cup \partial Q$로 놓자. 또 $\varphi: \overline{Q} \to \mathbb{R}$를 미분가능한 함수라 하자. 함수 $\Phi: \overline{Q} \times (-\epsilon, \epsilon) \to \mathbb{R}^3$을

$$\Phi(u, v, t) = \mathbf{x}(u, v) + t\varphi(u, v) Z(\mathbf{x}(u, v))$$
$$(u, v) \in \overline{Q},\ t \in (-\epsilon, \epsilon),\ \epsilon > 0$$

로 정의할 때 Φ를 함수 φ에 의해 결정되는 **수직변분**(normal variation)이라고 한다.

각각의 $t \in (-\epsilon, \epsilon)$에 대하여 함수 $\mathbf{x}^t: Q \to \mathbb{R}^3$을

$$\mathbf{x}^t(u, v) = \Phi(u, v, t)$$

로 정의하자. $t = 0$일 때 $\mathbf{x}^0 = \mathbf{x}$가 정칙좌표함수이므로 연속성에 의해 t 또는 ϵ이 충분히 작으면 $\mathbf{x}^t$ 또한 정칙좌표함수이고

$$\frac{\partial \mathbf{x}^t}{\partial u} = \mathbf{x}_u + t\varphi Z_u + t\varphi_u Z$$
$$\frac{\partial \mathbf{x}^t}{\partial v} = \mathbf{x}_v + t\varphi Z_v + t\varphi_v Z$$

이 성립한다. $\mathbf{x}^t$에 의해 결정되는 제 1기본형식의 계수를 E^t, F^t, G^t라 하면

$$E^t = E + 2t\varphi\langle \mathbf{x}_u, Z_u\rangle + t^2\varphi^2\langle Z_u, Z_u\rangle + t^2\varphi_u^2$$
$$F^t = F + t\varphi(\langle \mathbf{x}_u, Z_v\rangle + \langle \mathbf{x}_v, Z_u\rangle) + t^2\varphi^2\langle Z_u, Z_v\rangle + t^2\varphi_u\varphi_v$$
$$G^t = G + 2t\varphi\langle \mathbf{x}_v, Z_v\rangle + t^2\varphi^2\langle Z_v, Z_v\rangle + t^2\varphi_v^2$$

여기서 $\langle Z, Z\rangle = 1$과 $\langle Z_u, Z\rangle = \langle Z_v, Z\rangle = 0 = \langle \mathbf{x}_u, Z\rangle = \langle \mathbf{x}_v, Z\rangle$임을 이용하였다. 정의에 의해

$$-e = \langle \mathbf{x}_u, Z_u\rangle, \ -f = \langle \mathbf{x}_u, Z_v\rangle, \ -g = \langle \mathbf{x}_v, Z_v\rangle$$

이고 평균곡률공식은

$$H = \frac{eG - 2fF + gE}{2(EG - F^2)}$$

이므로 이 식을 다음 계산값에 대입하면

$$\begin{aligned} E^tG^t - (F^t)^2 &= EG - F^2 + 2t\varphi E\langle \mathbf{x}_v, Z_v\rangle + 2t\varphi G\langle \mathbf{x}_u, Z_u\rangle \\ &\quad - 2t\varphi F(\langle \mathbf{x}_u, Z_v\rangle + \langle \mathbf{x}_v, Z_u\rangle) + \mathrm{O}(t^2) \\ &= EG - F^2 - 2t\varphi(eG - 2fF + gE) + \mathrm{O}(t^2) \\ &= EG - F^2 - 4t\varphi H(EG - F^2) + \mathrm{O}(t^2) \\ &= (EG - F^2)(1 - 4t\varphi H) + \mathrm{O}(t^2) \end{aligned}$$

여기서 $O(t^2)$는

$$\lim_{t \to 0} \frac{O(t^2)}{t} = 0 \tag{5.4.1}$$

따라서 $\mathbf{x}^t(\overline{Q})$의 넓이를 $A(t)$라 하면

$$\begin{aligned} A(t) &= \iint_{\overline{Q}} \sqrt{E^t G^t - (F^t)^2}\, dudv \\ &= \iint_{\overline{Q}} \sqrt{1 - 4t\varphi H + O(t^2)}\, \sqrt{EG - F^2}\, dudv \end{aligned}$$

$A(t)$를 t에 대하여 미분하면

$$A'(t) = \iint_{\overline{Q}} \frac{-4\varphi H + O(t)}{2\sqrt{1 - 4t\varphi H + O(t^2)}} \sqrt{EG - F^2}\, dudv \tag{5.4.2}$$

이고, $t = 0$을 대입하면

$$A'(0) = -\iint_{\overline{Q}} 2\varphi H \sqrt{EG - F^2}\, dudv \tag{5.4.3}$$

정리 5.4.1 $\mathbf{x}: D \subset \mathbb{R}^2 \to \mathbb{R}^3$이 정칙곡면의 좌표함수라 할 때, $\mathbf{x}$가 극소곡면일 필요충분조건은 임의의 유계인 $Q \subset D$과 $\mathbf{x}(\overline{Q})$의 수직변분에 대하여 $A'(0) = 0$이다.

증명

$\mathbf{x}$가 극소곡면이면 평균곡률이 $H \equiv 0$이다. 따라서 식 (5.4.3)에 의해

$$A'(0) = -\iint_{\overline{Q}} 2\varphi H \sqrt{EG - F^2}\, dudv = 0$$

역으로, 적당한 점 $\mathbf{q} \in D$에서 $H(\mathbf{p}) \neq 0$이라 가정하자. 여기서 점 $\mathbf{q}$와 $\mathbf{p}$는 좌표함수에 의해 대응되는 점이다. 이때, 함수 $\varphi: \overline{Q} \to \mathbb{R}$를 $\varphi(\mathbf{q}) = H(\mathbf{p})$이고 $\mathbf{q}$의 작은 근방을 제외한 부분에서는 $\varphi = 0$이 되도록 택하자(8장 1절에 의하면 이러한 함수 φ는 항상 존재한다).

그러면 연속성과 식 (5.4.3)에 의해 함수 φ에 의해 결정되는 수직변분에 대하여

$$A'(0) < 0$$

이다.

앞에서 언급했듯이 극소곡면은 닫힌 곡선모양의 철사줄을 비눗물에 담갔다가 꺼냈을 때 만들어지는 비누막과 밀접한 관련이 있다. 실제로 실험이 이상적으로 이루어졌다고 가정하면 이 비누막은 극소곡면이 된다. 그리고 바람 또는 외부의 힘에 의해 비누막이 위 또는 아래로 움직이는 것을 수직변분이라 말할 수 있다.

정의 5.4.2 (1) 가우스사상에 평균곡률 H를 곱한 벡터장

$$\mathbf{H} = H \cdot Z$$

를 **평균곡률벡터장**(mean curvature vector field)이라고 한다.

(2) 정칙좌표함수 $\mathbf{x}: D \subset \mathbb{R}^2 \to M$이 $\langle \mathbf{x}_u, \mathbf{x}_u \rangle = \langle \mathbf{x}_v, \mathbf{x}_v \rangle$이고 $\langle \mathbf{x}_u, \mathbf{x}_v \rangle = 0$일 때, $\mathbf{x}$를 **등온좌표함수**(isothermal coordinate system)라고 한다.

정칙곡면에는 등온좌표함수가 항상 존재한다([3], Lecture 3, 3장 11절 또는 [25] 참고). 등온좌표함수를 이용하면 많은 경우에 복잡한 계산을 쉽게 할 수 있으며 식을 간단하게 표현할 수 있다. 지금부터는 등온좌표함수의 존재성을 증명없이 받아들이기로 한다.

정리 5.4.3 $\mathbf{x} = \mathbf{x}(u, v)$가 등온좌표함수이면

$$\mathbf{x}_{uu} + \mathbf{x}_{vv} = 2E\mathbf{H} = 2G\mathbf{H}$$

여기서 $E = \langle \mathbf{x}_u, \mathbf{x}_u \rangle = \langle \mathbf{x}_v, \mathbf{x}_v \rangle = G$이다.

증명

$\mathbf{x}$가 등온좌표함수이면, $\langle \mathbf{x}_u, \mathbf{x}_u \rangle = \langle \mathbf{x}_v, \mathbf{x}_v \rangle$이고 $\langle \mathbf{x}_u \mathbf{x}_v \rangle = 0$이다. 첫 번째 식을 u에 대하여 미분하고 두 번째 식을 v에 대하여 미분하면

$$\langle \mathbf{x}_{uu}, \mathbf{x}_u \rangle = \langle \mathbf{x}_{uu}, \mathbf{x}_v \rangle = -\langle \mathbf{x}_u, \mathbf{x}_{vv} \rangle$$

따라서

$$\langle \mathbf{x}_{uu} + \mathbf{x}_{vv}, \mathbf{x}_u \rangle = 0$$

같은 방법으로 첫 번째 식을 v에 대하여 미분하고 두 번째 식을 u에 대하여 미분하면

$$\langle \mathbf{x}_{uu} + \mathbf{x}_{vv}, \mathbf{x}_v \rangle = 0$$

이다. 따라서 $\mathbf{x}_{uu} + \mathbf{x}_{vv}$는 법방향 Z와 평행하다. Z가 단위법벡터장이므로

(5.4.4) $$\mathbf{x}_{uu} + \mathbf{x}_{vv} = \langle \mathbf{x}_{uu} + \mathbf{x}_{vv}, Z \rangle Z$$

로 나타낼 수 있다.

한편, $\mathbf{x}$가 등온좌표함수이므로

$$H=\frac{eG-2fF+gE}{2(EG-F^2)}=\frac{e+g}{2E}$$

따라서

$$\begin{aligned}2EH=e+g&=\langle Z,\ \mathbf{x}_{uu}\rangle+\langle Z,\ \mathbf{x}_{vv}\rangle\\&=\langle Z,\ \mathbf{x}_{uu}+\mathbf{x}_{vv}\rangle\end{aligned}$$

그러므로 식(5.4.4)로부터

$$\mathbf{x}_{uu}+\mathbf{x}_{vv}=2EHZ=2E\mathbf{H}$$

따름정리 5.4.4 M이 극소곡면이고 $\mathbf{x}=\mathbf{x}(u,\ v)$가 M의 등온좌표함수이면

$$\mathbf{x}_{uu}+\mathbf{x}_{vv}=\mathbf{0}$$

정의 5.4.5 $h:D\subset\mathbb{R}^2\to\mathbb{R}$를 미분가능한 함수라고 하자.

(1) $\Delta h=\dfrac{\partial^2 h}{\partial u^2}+\dfrac{\partial^2 h}{\partial v^2}$로 정의되는 미분연산자 Δ를 **라플라시안**(Laplacian)이라고 한다.

(2) D에서 $\Delta h=0$을 만족시키는 함수 h를 **조화함수**(harmonic function)라고 한다.

예를 들어, 일차함수 $h(u,\ v)=au+bv$ (단, $a,\ b$는 상수)는 $\Delta h=0$이므로 조화함수이다. 같은 이유에 의하여 $k(u,\ v)=u^2-v^2$도 조화함수이다.

따름정리 5.4.6 $\mathbf{x}(u,\ v)=(x(u,\ v),\ y(u,\ v),\ z(u,\ v))$가 등온좌표함수일 때, $\mathbf{x}$가 극소곡면일 필요충분조건은 $x,\ y,\ z$ 모두가 조화함수이다.

증명

$\mathbf{x}$가 극소곡면이면 따름정리 5.4.4에 의해

$$\mathbf{x}_{uu}+\mathbf{x}_{vv}=2E\mathbf{H}=\mathbf{0}$$

그런데 $\mathbf{x}_{uu}+\mathbf{x}_{vv}=(\Delta x,\ \Delta y,\ \Delta z)$이므로 $x,\ y,\ z$는 조화함수이다. 역도 같은 방법으로 증명할 수 있다.

보기 5.4.7 현수면

$$\mathbf{x}(u, v) = (cu, c\cosh u\cos v, c\cosh u\sin v)$$
$$-\infty < u < \infty, \ 0 < v < 2\pi$$

는 극소곡면이다. 실제로

$$x(u, v) = cu, \ y(u, v) = c\cosh u\cos v, \ z(u, v) = c\cosh u\sin v$$

로 놓으면, $E = G$이고 $F = 0$이므로 $\mathbf{x}$는 등온좌표함수이다. $\Delta x = 0 = \Delta y = \Delta z$이므로 따름정리 5.4.6에 의해 현수면은 극소곡면이다.

이변수함수의 그래프로 주어지는 곡면이 극소곡면이 될 조건에 대하여 알아보자. 미분가능한 이변수함수 $h: D \subset \mathbb{R}^2 \to \mathbb{R}$에 대하여 $M: z = h(x, y)$를 정칙곡면이라고 하자. 이때 곡면 M의 좌표함수는

$$\mathbf{x}(x, y) = (x, y, h(x, y)), \ (x, y) \in D$$

로 나타낼 수 있다. 미분하면

$$\mathbf{x}_x = (1, 0, h_x), \ \mathbf{x}_y = (0, 1, h_y)$$

이고

$$\mathbf{x}_{xx} = (0, 0, h_{xx}), \ \mathbf{x}_{xy} = (0, 0, h_{xy}), \ \mathbf{x}_{yy} = (0, 0, h_{yy})$$

따라서 단위법벡터장은

$$Z(x, y) = \frac{\mathbf{x}_x \times \mathbf{x}_y}{\|\mathbf{x}_x \times \mathbf{x}_y\|} = \frac{(-h_x, -h_y, 1)}{\sqrt{1 + h_x^2 + h_y^2}}$$

제2기본형식의 계수 e, f, g를 계산하면

$$e = \frac{h_{xx}}{\sqrt{1 + h_x^2 + h_y^2}}, \ f = \frac{h_{xy}}{\sqrt{1 + h_x^2 + h_y^2}}, \ g = \frac{h_{yy}}{\sqrt{1 + h_x^2 + h_y^2}}$$

이므로

$$(5.4.5) \qquad 2H = \frac{(1+h_y^2)h_{xx} + (1+h_x^2)h_{yy} - 2h_x h_y h_{xy}}{(1+h_x^2+h_y^2)^{3/2}}$$

따라서 $M: z = h(x, y)$가 극소곡면일 필요충분조건은 함수 $h(x, y)$가 미분방정식

$$(5.4.6) \qquad \left(1+h_y^2\right)h_{xx} + \left(1+h_x^2\right)h_{yy} - 2h_x h_y h_{xy} = 0$$

을 만족시키는 것이다. 식 (5.4.6)을 **극소곡면방정식**이라고 한다.

$D = \mathbb{R}^2$인 경우 방정식 (5.4.6)을 만족시키는 함수 h는 일차함수밖에 없다는 사실이 알려져 있다. 증명은 이 책의 수준을 벗어나므로 생략하기로 한다.

정리 5.4.8 (번슈타인) 함수 $h: \mathbb{R}^2 \to \mathbb{R}$가 극소곡면방정식 (5.4.6)을 만족시키면 적당한 상수 $a, b, c \in \mathbb{R}$에 대하여

$$h(x, y) = ax + by + c$$

이 성립한다.

편미분방정식의 해의 존재성에 의해 집합 D가 매우 작은 부분집합이면 극소곡면방정식 (5.4.6)을 만족시키는 함수 $h = h(x, y)$는 일차식이 아닐 수도 있다.

다음 정리는 $\mathbb{R}^3$에서 구나 원환면 등 옹골집합인 곡면은 극소곡면이 될 수 없다는 사실을 보여준다.

정리 5.4.9 $\mathbb{R}^3$에서 극소곡면인 옹골집합은 존재하지 않는다.

증명

M이 극소곡면인 옹골집합이라고 하자. M의 등온좌표함수 $\mathbf{x} = (x, y, z)$를 생각하면 따름정리 5.4.6에 의해 성분함수 x, y, z는 조화함수이다. 한편, 주어진 곡면이 옹골집합이면 함수 x, y, z는 유계인 함수이다. 따라서 잘 알려진 리우비(Liouville)의 정리를 적용하면 x, y, z는 상수함수이므로 모순이다.

연습문제

01. 나선면

$$\mathbf{x}(u,\ v) = (\sinh v \cos u,\ \sin v \sin u,\ u)$$

는 극소곡면임을 증명하여라.

02. 에네퍼곡면(Enneper' surface)

$$\mathbf{x}(u,\ v) = \left(u - \frac{u^3}{3} + uv^2,\ v - \frac{v^3}{3} + u^2 v,\ u^2 - v^2\right)$$

은 극소곡면임을 증명하여라($\mathbf{x}$는 단사함수가 아니므로 엄밀히 얘기하면 좌표함수가 아니다. 그러나 단사함수가 되는 정의역만을 생각하여 계산을 할 수 있다).

03. (곡면의 복소수표현) 이 문제에서는 극소곡면과 복소변수를 갖는 해석함수(analytic function)의 관계를 알아보자. $\mathbb{C}$를 복소평면이라 하고, $(u,\ v) \in \mathbb{R}^2$와 $\zeta = u + iv \in \mathbb{C}$를 같은 점으로 동일시하자(여기서 $i^2 = -1$이다).

정의 5.4.10	복소함수 $f: D \subset \mathbb{C} \to \mathbb{C}$가 다음 두 조건을 만족시킬 때, f를 **해석적**(analytic)이라고 한다. (i) $f(u,\ v) = f_1(u,\ v) + if_2(u,\ v)$로 나타낼 때, f_1과 f_2는 연속인 일차 편도함수를 갖는다. (ii) f_1과 f_2는 **코시-리만**(Cauchy-Riemann) 방정식 $\dfrac{\partial f_1}{\partial u} = \dfrac{\partial f_2}{\partial v},\ \dfrac{\partial f_1}{\partial v} = -\dfrac{\partial f_2}{\partial u}$ 를 만족시킨다.

정칙좌표함수 $\mathbf{x}: D \subset \mathbb{R}^2 \to \mathbb{R}^3$, $\mathbf{x}(u, v) = (x(u, v), y(u, v), z(u, v))$에 대하여 복소함수 ϕ_1, ϕ_2, ϕ_3을 다음과 같이 정의하자.

$$\phi_1(\zeta) = \frac{\partial x}{\partial u} - i\frac{\partial x}{\partial v}$$

$$\phi_2(\zeta) = \frac{\partial y}{\partial u} - i\frac{\partial y}{\partial v}$$

$$\phi_3(\zeta) = \frac{\partial z}{\partial u} - i\frac{\partial z}{\partial v}$$

여기서 $\zeta = u + iv$를 나타낸다. 이때 다음을 증명하여라.

(1) $\mathbf{x}$가 등온좌표함수일 필요충분조건은 $\phi_1^2 + \phi_2^2 + \phi_3^2 = 0$임을 증명하여라.

(2) $\mathbf{x}$가 등온좌표함수일 때, $\mathbf{x}$가 극소곡면일 필요충분조건은 ϕ_1, ϕ_2, ϕ_3가 모두 해석함수임을 증명하여라(도움말: $\phi_1^2 + \phi_2^2 + \phi_3^2 = E - G + 2iF$가 성립한다. 또 $\mathbf{x}_{uu} + \mathbf{x}_{vv} = \mathbf{0}$일 필요충분조건은

$$x_{uu} = -x_{vv},\ y_{uu} = -y_{vv},\ z_{uu} = -z_{vv}$$

이고 이것은 코시-리만 방정식과 동치이다).

04. 복소수 $\zeta = u + iv$, $\zeta \neq \pm 1$, $\zeta \neq \pm i$에 대하여

$$\mathbf{x}(u, v) = \left(\arg\frac{\zeta + i}{\zeta - i},\ \arg\frac{\zeta + 1}{\zeta - 1},\ \log\left|\frac{\zeta^2 + 1}{\zeta^2 - 1}\right|\right)$$

로 주어지는 곡면을 셰크곡면(Scherk's surface)이라고 한다.

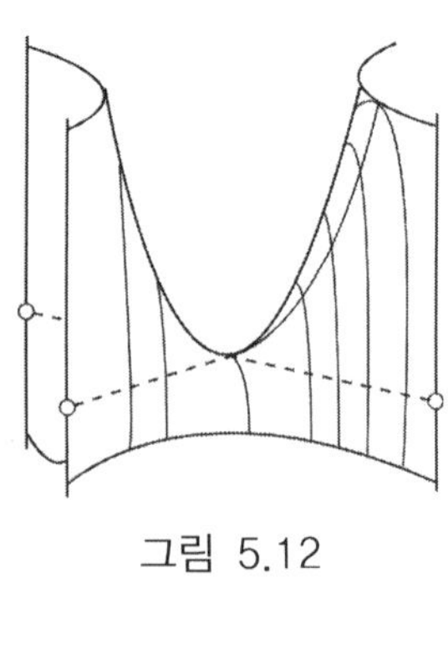

그림 5.12

(1) 다음 식

$$\arg\frac{\zeta+i}{\zeta-i}=\tan^{-1}\frac{2u}{u^2+v^2-1}$$

$$\arg\frac{\zeta+1}{\zeta-1}=\tan^{-1}\frac{-2v}{u^2+v^2-1}$$

$$\log\left|\frac{\zeta^2+1}{\zeta^2-1}\right|=\frac{1}{2}\log\frac{(u^2-v^2+1)^2+4u^2v^2}{(u^2-v^2-1)^2+4u^2v^2}$$

이 성립함을 증명하여라.

(2) ϕ_i를 위의 문제 2에서 정의된 함수라 할 때,

$$\phi_1=\frac{-2}{1+\zeta^2},\ \phi_2=\frac{-2i}{1-\zeta^2},\ \phi_3=\frac{4\zeta}{1-\zeta^4}$$

임을 보여라.

(3) $\mathbf{x}$가 등온좌표함수이고 극소곡면임을 보여라.

(4) $\mathbf{x}(u,\ v)$는 그래프 $M: z=\log\frac{\cos y}{\cos x}$로 주어지는 곡면임을 증명하여라.

제 6 장 곡면의 불변적 이론

유클리드 공간 $\mathbb{R}^3$의 등장사상은 두 점 사이의 거리를 보존하는 함수를 말한다. 이 장에서는 곡면 사이에서 정의된 사상이 곡면의 두 점 사이의 거리를 보존하는 성질에 대하여 알아보고 또 각을 보존하는 사상인 등각사상에 대하여 알아보기로 한다. 특히, 곡면 사이에서 정의된 등장사상과 가우스곡률과의 관계에 대하여 알아본다.

1절에서는 등장사상과 등각사상의 정의와 성질에 대하여 논하고, 2절에서는 가우스곡률은 등장사상에 의하여 변하지 않는다는 가우스의 정리를 증명한다. 3절에서는 곡면의 측지선 및 측지곡률을 정의하고 가우스－보네의 정리를 증명하고 이 정리의 응용에 대하여 살펴보기로 한다.

6.1 등장사상 및 등각사상

$\Phi: M \to \overline{M}$가 두 곡면 M과 $\overline{M}$ 사이에서 정의된 미분가능한 사상일 때, 미분사상 $d\Phi$는 접평면 사이에서 정의된 선형사상으로 다음과 같이 주어진다 : $\mathbf{v} \in T_{\mathrm{p}}M$을 접벡터라 하고 $\alpha: (-\epsilon, \epsilon) \to M$이 $\alpha(0) = \mathbf{p}$, $\alpha'(0) = \mathbf{v}$인 미분가능한 곡선이면

$$d\Phi_{\mathrm{p}}(\mathbf{v}) = (\Phi \circ \alpha)'(0)$$

정의 6.1.1 미분동형사상 $\Phi: M \to \overline{M}$가 각 점 $\mathbf{p} \in M$과 접벡터 $\mathbf{v}, \mathbf{w} \in T_{\mathrm{p}}M$에 대하여

(6.1.1) $$\langle \mathbf{v}, \mathbf{w} \rangle_{\mathrm{p}} = \langle d\Phi_{\mathrm{p}}(\mathbf{v}), d\Phi_{\mathrm{p}}(\mathbf{w}) \rangle_{\Phi(\mathrm{p})}$$

를 만족시킬 때, Φ를 **등장사상**(isometry)이라고 하고, 이때 두 곡면 M과 $\overline{M}$를 (대역적) **거리동형**(isometric)이라고 한다.

식 (6.1.1)은 사상 Φ가 각 점 $\mathbf{p} \in M$에서 임의의 접벡터 $\mathbf{v} \in T_{\mathrm{p}}M$에 대하여

$$\| d\Phi_{\mathrm{p}}(\mathbf{v}) \| = \| \mathbf{v} \|$$

를 만족시키는 것과 동치이다(3장 3절 연습문제). 다시 말해서, 두 곡면 사이의 등장사상은 제1기본형식을 보존하는 사상이다.

도움정리 6.1.2 미분동형사상 $\Phi: M \to \overline{M}$가 등장사상일 필요충분조건은 미분사상 $d\Phi$가 제1기본형식 I를 보존하는 것이다. 즉, 각 $\mathbf{v} \in T_{\mathrm{p}}M$에 대하여

$$\mathrm{I}_{\mathrm{p}}(\mathbf{v}) = \mathrm{I}_{\Phi(\mathrm{p})}(\mathrm{d}\Phi_{\mathrm{p}}(\mathbf{v})) \tag{6.1.2}$$

증명

Φ가 등장사상이면 임의의 접벡터 $\mathbf{v} \in T_{\mathrm{p}}M$에 대하여

$$\mathrm{I}_{\Phi(\mathrm{p})}(\mathrm{d}\Phi_{\mathrm{p}}(\mathbf{v})) = \langle d\Phi_{\mathrm{p}}(\mathbf{v}),\ d\Phi_{\mathrm{p}}(\mathbf{v}) \rangle = \langle \mathbf{v},\ \mathbf{v} \rangle_{\mathrm{p}} = \mathrm{I}_{\mathrm{p}}(\mathbf{v})$$

역으로, 사상 Φ가 식 (6.1.2)를 만족시킨다고 하자. 임의의 접벡터 $\mathbf{v},\ \mathbf{w} \in T_{\mathrm{p}}M$에 대하여

$$\begin{aligned}
\mathrm{I}_{\Phi(\mathrm{p})}(\mathrm{d}\Phi_{\mathrm{p}}(\mathbf{v}+\mathbf{w})) &= \mathrm{I}(d\Phi(\mathbf{v}) + d\Phi(\mathbf{w})) \\
&= \langle d\Phi(\mathbf{v}) + d\Phi(\mathbf{w}),\ d\Phi(\mathbf{v}) + d\Phi(\mathbf{w}) \rangle \\
&= \langle d\Phi(\mathbf{v}),\ d\Phi(\mathbf{v}) \rangle + \langle d\Phi(\mathbf{w}),\ d\Phi(\mathbf{w}) \rangle + 2\langle d\Phi(\mathbf{v}),\ d\Phi(\mathbf{w}) \rangle \\
&= \langle \mathbf{v},\ \mathbf{v} \rangle + \langle \mathbf{w},\ \mathbf{w} \rangle + 2\langle d\Phi(\mathbf{v}),\ d\Phi(\mathbf{w}) \rangle
\end{aligned}$$

한편,

$$\begin{aligned}
\mathrm{I}_{\Phi(\mathrm{p})}(\mathrm{d}\Phi_{\mathrm{p}}(\mathbf{v}+\mathbf{w})) &= \mathrm{I}_{\mathrm{p}}(\mathbf{v}+\mathbf{w}) \\
&= \langle \mathbf{v}+\mathbf{w},\ \mathbf{v}+\mathbf{w} \rangle \\
&= \langle \mathbf{v},\ \mathbf{v} \rangle + \langle \mathbf{w},\ \mathbf{w} \rangle + 2\langle \mathbf{v},\ \mathbf{w} \rangle
\end{aligned}$$

따라서

$$\langle \mathbf{v},\ \mathbf{w} \rangle = \langle \mathrm{d}\Phi(\mathbf{v}),\ \mathrm{d}\Phi(\mathbf{w}) \rangle$$

정의 6.1.3 사상 $\Phi: M \to \overline{M}$가 각 점 $\mathbf{p} \in M$에 대하여 적당한 근방 $V \subset M$이 존재하여 제한사상 $\Phi|_V: V \to \Phi(V) \subset \overline{M}$가 등장사상일 때, Φ를 **국소적 등장사상**(local isometry)이라고 하고 이때 두 곡면 M과 $\overline{M}$를 **국소적 거리동형**(local isometric)이라고 한다.

정의에 의해 미분가능한 사상 $\Phi: M \to \overline{M}$가 등장사상일 필요충분조건은 Φ가 미분동형사상인 동시에 국소적 등장사상인 것이다.

정리 6.1.4 미분가능한 사상 $\Phi: M \to \overline{M}$가 국소적 등장사상일 필요충분조건은 임의의 좌표함수 $\mathbf{x}: D \subset \mathbb{R}^2 \to M$과 $\overline{\mathbf{x}} = \Phi(\mathbf{x}): D \to \overline{M}$에 대하여

$$E = \overline{E},\ F = \overline{F},\ G = \overline{G}$$

이다. 여기서 $\overline{\mathbf{x}}$는 좌표함수가 되지 않을 수도 있지만, $\overline{E}$, $\overline{F}$, $\overline{G}$는 제1기본형식의 계수와 같은 방법으로 정의되는 함수이다. 즉,

$$\overline{E} = \langle \overline{\mathbf{x}_u}, \overline{\mathbf{x}_u} \rangle,\ \overline{F} = \langle \overline{\mathbf{x}_u}, \overline{\mathbf{x}_v} \rangle,\ \overline{G} = \langle \overline{\mathbf{x}_v}, \overline{\mathbf{x}_v} \rangle$$

증명

$\mathbf{x}_u$와 $\mathbf{x}_v$가 일차독립이므로 도움정리 6.1.2 또는 3장 3절의 연습문제에 의해 Φ가 내적을 보존하는 사상일 필요충분조건은

(6.1.3) $$\|\mathbf{x}_u\| = \|d\Phi(\mathbf{x}_u)\|,\ \|\mathbf{x}_v\| = \|d\Phi(\mathbf{x}_v)\|,\ \langle \mathbf{x}_u, \mathbf{x}_v \rangle = \langle d\Phi(\mathbf{x}_u), d\Phi(\mathbf{x}_v) \rangle$$

이다. $\overline{\mathbf{x}} = \Phi(\mathbf{x})$이므로 정의에 의해

$$\overline{\mathbf{x}_u} = d\Phi(\mathbf{x}_u),\ \overline{\mathbf{x}_v} = d\Phi(\mathbf{x}_v)$$

따라서 식 (6.1.3)은 $E = \overline{E}$, $F = \overline{F}$, $G = \overline{G}$와 동치이고 이것은 Φ가 내적을 보존하는 사상이라는 것과 동치이다.

정리 6.1.4는 정의역이 같은 두 좌표함수에 대하여 국소적으로 나타낼 수 있다.

정리 6.1.5 M과 $\overline{M}$의 좌표함수 $\mathbf{x}: U \to M$과 $\overline{\mathbf{x}} = U \to \overline{M}$가 $E = \overline{E}$, $F = \overline{F}$, $G = \overline{G}$를 만족시키면 사상 $\Phi: = \overline{\mathbf{x}} \circ \mathbf{x}^{-1}: \mathbf{x}(U) \to \overline{M}$는 국소적 등장사상이다. 여기서 E, F, G는 $\mathbf{x}$에 대한 제1기본형식의 계수이고, $\overline{E}$, $\overline{F}$, $\overline{G}$는 $\overline{\mathbf{x}}$에 대한 제1기본형식의 계수를 나타낸다.

증명

$\mathbf{p} \in \mathbf{x}(U)$, $\mathbf{v} \in T_{\mathbf{p}}M$이면 곡선 $\alpha(t) = (u(t), v(t))$가 U에 존재하여 $(\mathbf{x} \circ \alpha)(0) = \mathbf{p}$이고

$$\mathbf{v} = (\mathbf{x} \circ \alpha)'(0) = u'(0)\mathbf{x}_u(\mathbf{p}) + v'(0)\mathbf{x}_v(\mathbf{p})$$

를 만족시킨다. 따라서

$$\mathrm{I}_{\mathbf{p}}(\mathbf{v}) = \langle \mathbf{v}, \mathbf{v} \rangle = u'^2E + 2u'v'F + v'^2G$$

한편, 정의에 의해

$$\begin{aligned} d\Phi_{\mathbf{p}}(\mathbf{v}) &= \frac{d}{dt}(\bar{\mathbf{x}} \circ \mathbf{x}^{-1} \circ \mathbf{x}(\alpha(t)))\Big|_{t=0} \\ &= (\bar{\mathbf{x}} \circ \alpha)'(0) = u'(0)\bar{\mathbf{x}}_u + v'(0)\bar{\mathbf{x}}_v \end{aligned}$$

그러므로

$$\begin{aligned} \mathrm{I}_{\mathbf{p}}(d\Phi_{\mathbf{p}}(\mathbf{v})) &= u'^2\bar{E} + 2u'v'\bar{F} + v'^2\bar{G} \\ &= u'^2E + 2u'v'F + v'^2G \\ &= \mathrm{I}_{\mathbf{p}}(\mathbf{v}) \end{aligned}$$

다음 보기는 일반적으로 국소적 등장사상이 등장사상을 의미하지는 않는다는 것을 보여준다.

보기 6.1.6 P를 xy평면, $M_C = \{(x, y, z) \in \mathbb{R}^3 | x^2 + y^2 = 1\}$을 원기둥면이라 하고

$$\mathbf{x}(u, v) = u(1, 0, 0) + v(0, 1, 0)$$

와

$$\bar{\mathbf{x}}(u, v) = (\cos u, \sin u, v)$$

를 각각 xy평면 P와 원기둥면 M_C의 좌표함수라고 하자. 집합 U를

$$U = \{(u, v) \in \mathbb{R}^2 | 0 < u < 2\pi, -\infty < v < \infty\}$$

로 놓으면

$$\Phi := \mathbf{x} \circ \bar{\mathbf{x}}^{-1} : \bar{\mathbf{x}}(U) \to \mathbf{x}(\mathbb{R}^2) = P$$

는 국소적 등장사상이다. 실제로, 좌표함수 $\mathbf{x}$와 $\bar{\mathbf{x}}$에 의해 결정되는 제1기본형식의 계수를 구하면

$$E = \bar{E} = 1, \quad F = \bar{F} = 0, \quad G = \bar{G} = 1$$

이다. 따라서 정리 6.1.5에 의하여 Φ는 국소적 등장사상이고 두 곡면은 국소적 거리동형이다. 그러나 대수적 위상수학(algebraic topology)에 의하면 xy평면과 원기둥면은 위상동형(homeomorphism)이 될 수 없다는 것이 알려져 있다. 그러므로 특히 대역적 거리동형이 아니다.

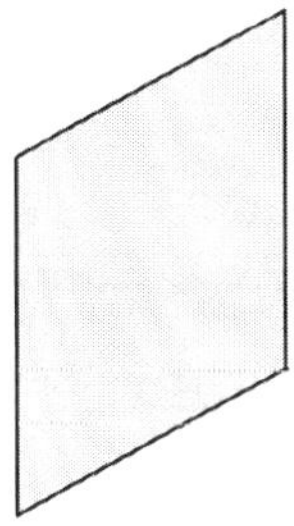

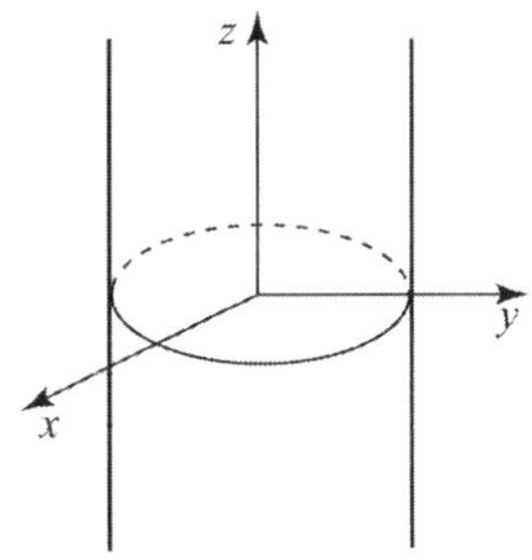

그림 6.1

보기 6.1.7 현수선(catenary) $y = c\cosh\frac{x}{c}$ (단, $c > 0$)을 x축을 중심으로 회선시켰을 때 생기는 현수면(catenoid)은 좌표함수

$$\mathbf{x}(u,\ v) = (cu,\ c\cosh u\cos v,\ c\cosh u\sin v),\ -\infty < u < \infty,\ 0 < v < 2\pi$$

로 표현된다. 한편 나선면(helicoid)은 좌표함수

$$\bar{\mathbf{x}}(\bar{u},\ \bar{v}) = (\bar{v}\cosh\bar{u},\ \bar{v}\sin\bar{v},\ a\bar{u}),\ 0 < \bar{u} < 2\pi,\ -\infty < \bar{v} < \infty$$

로 주어진다(단, $a \neq 0$). 현수면과 나선면은 국소적 거리동형이다.

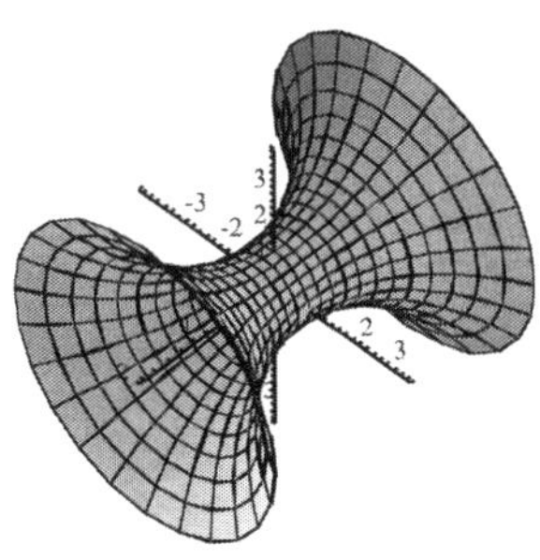

현수면

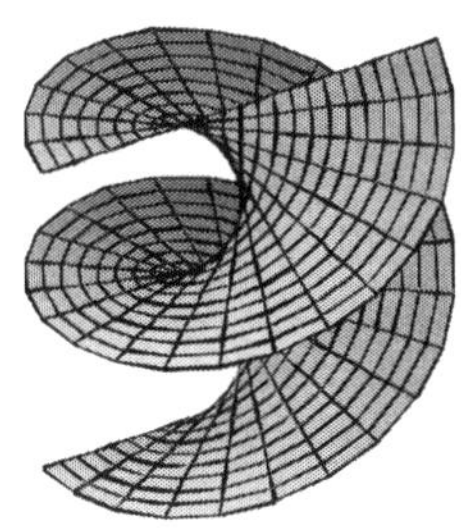
나선면

그림 6.2

$\mathbf{x}$에 대한 제1기본형식의 계수를 구하면

$$E = G = c^2\cosh^2 u,\ F = 0$$

한편, 나선면에 대해서는 다음과 같은 변수변환

$$\bar{u} = v,\ \bar{v} = c\sinh u$$

를 생각하자. 이 변환의 야코비 행렬식을 계산하면

$$\frac{\partial(\bar{u},\ \bar{v})}{\partial(u,\ v)} = \begin{pmatrix} 0 & 1 \\ c\cosh u & 0 \end{pmatrix} = -c\cosh u$$

이므로 모든 점에서 0이 아니다. 따라서 변환 $(\bar{u},\ \bar{v}) = (v,\ c\sinh u)$는 $(0,\ 2\pi)\times\mathbb{R}$ 에서 자기 자신으로 사상되는 미분동형사상이므로

$$\mathbf{x}(u,\ v) = (c\sinh u\cos v,\ c\sinh u\sin v,\ cv)$$

는 나선면의 새로운 좌표함수가 된다. 이 좌표함수에 대한 제1기본형식의 계수를 구하면

$$\overline{E} = \overline{G} = c^2\cosh^2 u,\ \overline{F} = 0$$

$E = \overline{E},\ F = \overline{F},\ G = \overline{G}$이므로 정리 6.1.5에 의해 현수면과 나선면은 국소적 거리동형이다. 그러나 현수면과 나선면은 대역적 거리동형이 아니라는 것이 알려져 있다.

정의 6.1.8 (1) $\Phi: M \to \overline{M}$를 미분동형사상이라 하자. 곡면 M에서 정의된 양함수 $\lambda: M \to \mathbb{R}^+$가 존재하여 각 점 $\mathbf{p}\in M$과 $\mathbf{v},\ \mathbf{w}\in T_{\mathbf{p}}M$에 대하여

$$\langle d\Phi_{\mathbf{p}}(\mathbf{v}),\ d\Phi_{\mathbf{p}}(\mathbf{w})\rangle_{\Phi(\mathbf{p})} = \lambda(\mathbf{p})^2\langle \mathbf{v},\ \mathbf{w}\rangle_{\mathbf{p}}$$

를 만족시킬 때, Φ를 **등각사상**(conformal mapping)이라고 하고 함수 λ를 Φ의 **등각인수**(conformal factor)라고 한다. 그리고 이 경우에 두 곡면 M과 $\overline{M}$를 **등각동형**(conformally equivalent)이라고 한다.

(2) 미분가능한 사상 $\Phi: M \to \overline{M}$가 각각의 점 $\mathbf{p}\in M$에 대하여 근방 $\mathbf{p}\in V\subset M$와 $\overline{V}\subset\overline{M}$이 존재하여 제한사상 $\Phi|_V: V\to\overline{V}$가 등각사상일 때, Φ를 **국소적 등각사상**(locally conformal mapping)이라고 하고 이때 두 곡면 M과 $\overline{M}$를 **국소적 등각동형**(locally conformally equivalent)이라고 한다.

등각사상은 각을 보존하는 사상을 의미한다. 실제로, $\alpha,\ \beta: (-\epsilon,\ \epsilon)\to M$이 $\alpha(0) = \beta(0) = \mathbf{p}$인 곡선이면 점 $\mathbf{p}$에서 두 곡선의 사이각 θ는

$$\cos\theta = \frac{\langle \alpha'(0),\ \beta'(0)\rangle}{\|\alpha'(0)\|\,\|\beta'(0)\|}$$

로 주어진다. $\Phi: M \to \overline{M}$가 등각인수 λ를 갖는 등각사상이고 점 $\Phi(\mathbf{p})$에서 두 곡선 $\Phi \circ \alpha$와 $\Phi \circ \beta$ 사이의 각을 $\overline{\theta}$로 나타내면

$$\cos\overline{\theta} = \frac{\langle d\Phi(\alpha'(0)),\ d\Phi(\beta'(0))\rangle}{\|d\Phi(\alpha'(0))\|\,\|d\Phi(\beta'(0))\|} = \frac{\lambda(\mathbf{p})^2\langle \alpha'(0),\ \beta'(0)\rangle}{\lambda(\mathbf{p})^2\|\alpha'(0)\|\,\|\beta'(0)\|} = \cos\theta$$

이므로 $\theta = \overline{\theta}$가 성립한다.

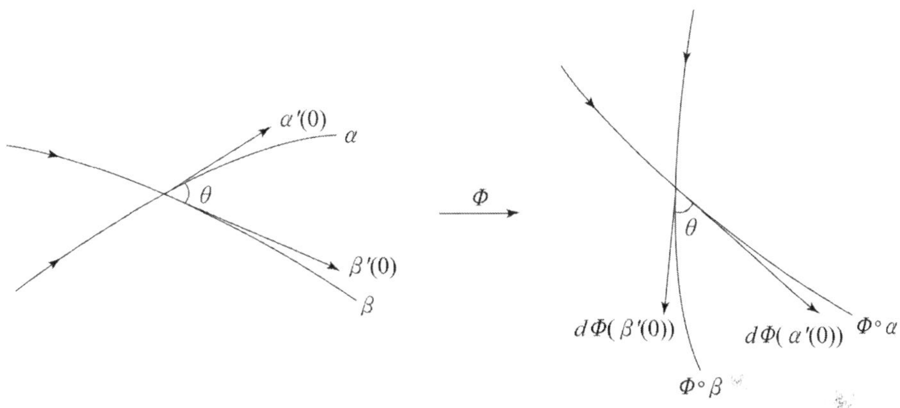

그림 6.3

보기 6.1.9 S^2를 단위구, $S^2(r) = \{(x, y, z) \in \mathbb{R}^3 | x^2 + y^2 + z^2 = r^2\}$을 반지름의 길이가 r인 구라 하면 다음과 같이 정의된 함수

$$\Phi: S^2 \to S^2(r),\ \Phi(x, y, z) = (rx, ry, rz) = r(x, y, z)$$

는 등각사상이다.

풀이. $\alpha: (a, b) \to S^2$, $\alpha(t) = (x(t), y(t), z(t))$를 $\alpha(0) = \mathbf{p}$, $\alpha'(0) = \mathbf{v}$인 단위구의 곡선이라 하면 $\Phi \circ \alpha(t) = r\alpha(t)$이다. 따라서

$$d\Phi_{\mathbf{p}}(\mathbf{v}) = (\Phi \circ \alpha)'(0) = r\mathbf{v}$$

이므로 Φ는 등각인수가 상수 r인 등각사상이다.

정리 6.1.4와 비슷한 방법으로 다음 정리를 증명할 수 있다.

정리 6.1.10 두 좌표함수 $\mathbf{x}: U \to M$과 $\overline{\mathbf{x}}: U \to \overline{M}$에 대하여 양함수 $\lambda: M \to \mathbb{R}^+$가 존재하여 $E = \lambda^2 \overline{E}$, $F = \lambda^2 \overline{F}$, $G = \lambda^2 \overline{G}$를 만족시키면 사상

$$\Phi := \overline{\mathbf{x}} \circ \mathbf{x}^{-1}: \mathbf{x}(U) \to \overline{M}$$

는 국소적 등각사상이다.

연습문제

01. $\Phi : M \to \overline{M}$가 국소적 등장사상이면 M에 놓여 있는 임의의 곡선 α에 대하여

$$\|(\Phi \circ \alpha)'\| = \|\alpha'\|$$

임을 증명하여라.

02. $\mathbf{p}, \mathbf{q} \in M$을 정칙곡면 M의 두 점이라 하자. $\mathbf{p}$와 $\mathbf{q}$를 연결하는 M의 곡선 전체의 집합을 $\Omega(\mathbf{p}, \mathbf{q})$로 나타내자. 즉,

$$\Omega(\mathbf{p}, \mathbf{q}) = \{\alpha : [a, b] \to M \mid \alpha(a) = \mathbf{p},\ \alpha(b) = \mathbf{q}\}$$

이때

$$\rho(\mathbf{p}, \mathbf{q}) = \inf_{\Omega(\mathbf{p}, \mathbf{q})} L(\alpha) = \inf_{\Omega(\mathbf{p}, \mathbf{q})} \int_a^b \|\alpha'(t)\| dt$$

를 M의 내재거리(intrinsic distance)라고 한다.

(1) 임의의 두 점 $\mathbf{p}, \mathbf{q}$에 대하여

$$\|\mathbf{p} - \mathbf{q}\| \le \rho(\mathbf{p}, \mathbf{q})$$

임을 증명하여라. 여기서 $\|\mathbf{p} - \mathbf{q}\|$는 유클리드 거리를 나타낸다.

(2) $\Phi : M \to \overline{M}$가 등장사상이면 임의의 두 점 $\mathbf{p}, \mathbf{q} \in M$에 대하여

$$\rho(\mathbf{p}, \mathbf{q}) = \overline{\rho}(\Phi(\mathbf{p}), \Phi(\mathbf{q}))$$

임을 증명하여라. 여기서 $\overline{\rho}$는 $\overline{M}$의 내재거리를 나타낸다.

03. $M=\{(x,\ y,\ 0)\}-\{(0,\ 0,\ 0)\}$이라 할 때, 두 점 $\mathbf{p}=(1,\ 1,\ 0)$과 $\mathbf{q}=(-1,\ -1,\ 0)$ 사이의 내재거리 $\rho(\mathbf{p},\ \mathbf{q})$를 구하여라. $\rho(\mathbf{p},\ \mathbf{q})$를 길이로 갖는 곡선이 M에 존재하는가?

04. 다음을 증명하여라.

(1) $\Phi: M \rightarrow \overline{M}$가 등장사상이면 역사상 $\Phi^{-1}: \overline{M} \rightarrow M$도 등장사상이다.

(2) $\Phi: M \rightarrow \overline{M}$와 $\Psi: \overline{M} \rightarrow P$가 등장사상이면 합성사상 $\Phi \circ \Psi: M \rightarrow P$도 등장사상이다.

05. $M=\left\{(x,\ y,\ z) \subset \mathbb{R}^3 \mid x^2+y^2+(z-1)^2=1\right\}-\{(0,\ 0,\ 2)\}$이라 할 때, 임의의 점 $\mathbf{p} \in M$에 대하여 $\mathbf{p}$와 점 $(0,\ 0,\ 2)$를 연결하는 직선이 평면 $\mathbb{R}^2=\{(x,\ y,\ 0)\}$와 만나는 점을 $\Phi(\mathbf{p})$로 정의하자. 이러한 방법으로 정의된 사상 $\Phi: M \rightarrow \mathbb{R}^2$는 등각사상임을 증명하여라. 그리고 등각인수를 구하여라.

6.2 가우스(Gauss)의 정리

$\mathbb{R}^3$의 등장사상에 의해 곡선의 곡률과 비틀림이 보존되는 것과 마찬가지로 곡면의 등장사상에 의해 가우스곡률은 변하지 않는다. 이를 가우스의 정리라고 한다.

M이 방향 Z를 갖는 정칙곡면이고 $\mathbf{x}: D \subset \mathbb{R}^2 \to M$이 좌표함수로 방향 Z를 결정한다고 하자. 즉,

$$Z = \frac{\mathbf{x}_u \times \mathbf{x}_v}{\|\mathbf{x}_u \times \mathbf{x}_v\|}$$

그러면 $\{\mathbf{x}_u, \mathbf{x}_v, Z\}$는 각각의 점 $\mathbf{x}(u, v) \in M$에서 $\mathbb{R}^3$의 기저를 이룬다. 따라서 좌표함수 $\mathbf{x}$의 이계편도함수와 Z의 편도함수를 기저 $\{\mathbf{x}_u, \mathbf{x}_v, Z\}$의 일차결합으로 나타낼 수 있다. 다시 말해서,

(6.2.1) $$\mathbf{x}_{uu} = \Gamma_{11}^1 \mathbf{x}_u + \Gamma_{11}^2 \mathbf{x}_v + L_1 Z$$

(6.2.2) $$\mathbf{x}_{uv} = \Gamma_{12}^1 \mathbf{x}_u + \Gamma_{12}^2 \mathbf{x}_v + L_2 Z$$

(6.2.3) $$\mathbf{x}_{vu} = \Gamma_{21}^1 \mathbf{x}_u + \Gamma_{21}^2 \mathbf{x}_v + \overline{L}_2 Z$$

(6.2.4) $$\mathbf{x}_{vv} = \Gamma_{22}^1 \mathbf{x}_u + \Gamma_{22}^2 \mathbf{x}_v + L_3 Z$$

(6.2.5) $$Z_u = dZ(\mathbf{x}_u) = a_{11}\mathbf{x}_u + a_{21}\mathbf{x}_v$$

(6.2.6) $$Z_v = dZ(\mathbf{x}_v) = a_{12}\mathbf{x}_u + a_{22}\mathbf{x}_v$$

이 때 Γ_{jk}^i를 **크리스토펠 기호(Christoffel symbol)**라고 한다. $\mathbf{x}_{uv} = \mathbf{x}_{vu}$이므로

$$\Gamma_{12}^1 = \Gamma_{21}^1, \ \Gamma_{12}^2 = \Gamma_{21}^1$$

이 성립한다. 또 제2기본형식의 계수에 대하여 다음 식

(6.2.7) $$e = \langle Z, \mathbf{x}_{uu} \rangle = L_1$$

(6.2.8) $$f = \langle Z,\ \mathbf{x}_{uv} \rangle = L_2 = \overline{L}_2$$

(6.2.9) $$g = \langle Z,\ \mathbf{x}_{vv} \rangle = L_3$$

이 성립한다.

위의 식을 행렬로 나타내어 크리스토펠 기호 Γ^i_{jk}를 구하여 보자. 식 (6.2.1)-(6.2.4)에 $\mathbf{x}_u$와 $\mathbf{x}_v$를 각각 내적하면

(6.2.10) $$\Gamma^1_{11} E + \Gamma^2_{11} F = \langle \mathbf{x}_{uu},\ \mathbf{x}_u \rangle = \frac{1}{2} E_u$$

(6.2.11) $$\Gamma^1_{11} F + \Gamma^2_{11} G = \langle \mathbf{x}_{uu},\ \mathbf{x}_v \rangle = F_u - \frac{1}{2} E_v$$

(6.2.12) $$\Gamma^1_{12} E + \Gamma^2_{12} G - \langle \mathbf{x}_{uv},\ \mathbf{x}_u \rangle - \frac{1}{2} E_v$$

(6.2.13) $$\Gamma^1_{12} F + \Gamma^2_{12} G = \langle \mathbf{x}_{uv},\ \mathbf{x}_v \rangle = \frac{1}{2} G_u$$

(6.2.14) $$\Gamma^1_{22} E + \Gamma^2_{22} F = \langle \mathbf{x}_{vv},\ \mathbf{x}_u \rangle = F_v - \frac{1}{2} G_u$$

(6.2.15) $$\Gamma^1_{22} F + \Gamma^2_{22} G = \langle \mathbf{x}_{vv},\ \mathbf{x}_v \rangle = \frac{1}{2} G_v$$

식 (6.2.10)-(6.2.15)로부터 크리스토펠 기호를 구할 수 있다. 예를 들어 Γ^1_{11}과 Γ^2_{11}을 구하기 위해 식 (6.2.10)-(6.2.11)을 행렬로 나타내면

$$\begin{pmatrix} E & F \\ F & G \end{pmatrix} \begin{pmatrix} \Gamma^1_{11} \\ \Gamma^2_{11} \end{pmatrix} = \begin{pmatrix} \frac{1}{2} E_u \\ F_u - \frac{1}{2} E_v \end{pmatrix}$$

따라서 역행렬을 이용하면

$$\begin{pmatrix} \Gamma_{11}^1 \\ \Gamma_{11}^2 \end{pmatrix} = \frac{1}{EG-F^2} \begin{pmatrix} G & -F \\ -F & E \end{pmatrix} \begin{pmatrix} \frac{1}{2}E_u \\ F_u - \frac{1}{2}E_v \end{pmatrix} \tag{6.2.16}$$

같은 방법으로 계산을 하면

$$\begin{pmatrix} \Gamma_{12}^1 \\ \Gamma_{12}^2 \end{pmatrix} = \frac{1}{EG-F^2} \begin{pmatrix} G & -F \\ -F & E \end{pmatrix} \begin{pmatrix} \frac{1}{2}E_v \\ \frac{1}{2}G_u \end{pmatrix} \tag{6.2.17}$$

$$\begin{pmatrix} \Gamma_{22}^1 \\ \Gamma_{22}^2 \end{pmatrix} = \frac{1}{EG-F^2} \begin{pmatrix} G & -F \\ -F & E \end{pmatrix} \begin{pmatrix} F_v - \frac{1}{2}G_u \\ \frac{1}{2}G_v \end{pmatrix} \tag{6.2.18}$$

보기 6.2.1 좌표함수

$$\mathbf{x}(u, v) = (\varphi(u), h(u)\cos v, h(u)\sin v)$$

에 의하여 주어지는 회전면에 대한 크리스토펠 기호를 구하여라.

풀이. 5장 2절에 의해

$$E = \varphi'^2 + h'^2, \ F = 0, \ G = h^2$$

따라서

$$EG - F^2 = h^2(\varphi'^2 + h'^2)$$
$$E_u = 2(\varphi'\varphi'' + h'h''), \ E_v = 0$$

이고

$$F_u = F_v = 0, \ G_u = 2hh', \ G_v = 0$$

그러므로 식 (6.2.16)으로부터

$$\begin{pmatrix} \Gamma_{11}^1 \\ \Gamma_{11}^2 \end{pmatrix} = \begin{pmatrix} \dfrac{\varphi'\varphi'' + h'h''}{\varphi'^2 + h'^2} \\ 0 \end{pmatrix} \tag{6.2.19}$$

같은 방법으로 식 (6.2.17) 과 (6.2.18)로부터

$$\begin{pmatrix} \Gamma_{12}^1 \\ \Gamma_{12}^2 \end{pmatrix} = \begin{pmatrix} 0 \\ \dfrac{h'}{h} \end{pmatrix}, \ \begin{pmatrix} \Gamma_{22}^1 \\ \Gamma_{22}^2 \end{pmatrix} = \begin{pmatrix} \dfrac{-hh'}{\varphi'^2 + h'^2} \\ 0 \end{pmatrix} \tag{6.2.20}$$

크리스토펠 기호에 의하면 $\mathbf{x}_u$, $\mathbf{x}_v$, Z의 편도함수들은 제1기본형식 및 제2기본형식의 계수와 그것의 미분으로 주어진다. 좌표함수 $\mathbf{x}$의 삼계편도함수를 생각하면 식 (6.2.1)로부터

$$
\begin{aligned}
(\mathbf{x}_{uu})_v &= (\Gamma^1_{11})_v\mathbf{x}_u + \Gamma^1_{11}\mathbf{x}_{uv} + (\Gamma^2_{11})_v\mathbf{x}_v + \Gamma^2_{11}\mathbf{x}_{vv} + (L_1)_v Z + L_1 Z_v \\
&= ((\Gamma^1_{11})_v + \Gamma^1_{11}\Gamma^1_{12} + \Gamma^2_{11}\Gamma^1_{22} + ea_{12})\mathbf{x}_u + (\Gamma^1_{11}\Gamma^2_{12} + (\Gamma^2_{11})_v + \Gamma^2_{11}\Gamma^2_{22} + ea_{22})\mathbf{x}_v \\
&\quad + (\Gamma^1_{11}f + \Gamma^2_{11}g + e_v)Z
\end{aligned}
$$

식 (6.2.2)로부터 같은 방법으로 계산을 하면

$$
\begin{aligned}
(\mathbf{x}_{uv})_u &= ((\Gamma^1_{12})_u + \Gamma^1_{11}\Gamma^1_{12} + \Gamma^2_{12}\Gamma^1_{12} + fa_{11})\mathbf{x}_u + (\Gamma^1_{12}\Gamma^2_{11} + (\Gamma^2_{12})_u + \Gamma^2_{12}\Gamma^2_{12} + fa_{21})\mathbf{x}_v \\
&\quad + (\Gamma^1_{12}e + \Gamma^2_{12}f + fu)Z
\end{aligned}
$$

$(\mathbf{x}_{uu})_v = (\mathbf{x}_{uv})_u$이고 $\mathbf{x}_u$, $\mathbf{x}_v$, Z가 기저이므로 위의 두 식을 비교해 보면 $\mathbf{x}_v$의 계수가 같아야만 한다. 따라서

$$
(\Gamma^2_{12})_u - (\Gamma^2_{11})_v + \Gamma^1_{12}\Gamma^2_{11} + (\Gamma^2_{12})^2 - \Gamma^1_{11}\Gamma^2_{22} = ea_{22} - fa_{21} \tag{6.2.21}
$$

정리 4.2.1의 증명에 의해

$$
a_{22} = \frac{fF - gE}{EG - F^2}, \quad a_{21} = \frac{eF - fE}{EG - F^2}
$$

이므로 위의 식 (6.2.21)의 오른쪽 항은 $-E \cdot K$이다. 그러므로

$$
-E \cdot K = (\Gamma^2_{12})_u - (\Gamma^2_{11})_v + \Gamma^1_{12}\Gamma^2_{11} + (\Gamma^2_{12})^2 - \Gamma^1_{11}\Gamma^2_{12} - \Gamma^2_{11}\Gamma^2_{22} \tag{6.2.22}
$$

이 등식을 **가우스곡률 방정식**이라고 한다. 가우스곡률 방정식을 이용하면 다음 가우스의 정리를 증명할 수 있다.

정리 6.2.2 Gauss Egregium

정칙곡면의 가우스곡률은 국소적 등장사상에 의하여 변하지 않는다. 특히 거리동형인 두 곡면의 가우스곡률은 같다.

증명

$\Phi: M \to \overline{M}$를 국소적 등장사상이라고 하고 $\mathbf{x}: D \subset \mathbb{R}^2 \to M$을 점 $\mathbf{p} \in M$ 근방의 좌표함수라고 하자. 그러면 $\mathbf{y} = \Phi \circ \mathbf{x}: D \to \overline{M}$는 점 $\Phi(\mathbf{p}) \in \overline{M}$에서 $\overline{M}$의 좌표함수이고(경우에 따라서 필요하면 $\mathbf{x}$의 정의역 D를 축소해야 한다) 점 $\mathbf{p} \in M$와 $\Phi(\mathbf{p}) \in \overline{M}$에서 제1기본형식의 계수가 모두 일치한다. 따라서 그것의 미분도 모두 일치하므로 크리스토펠 기호 Γ^i_{jk}와 그것의 미분도 모두 같다. 그러므로 식 (6.2.22)에 의하여

$$K(\mathbf{p}) = \overline{K}(\Phi(\mathbf{p}))$$

보기 6.1.6에 의하면 평면과 원기둥면은 국소적 거리동형이다. 따라서 가우스의 정리를 적용하면 두 곡면의 대응하는 점에 대한 가우스곡률은 같다. 실제로, 4장에 의해 두 곡면 모두 가우스곡률이 0이다. 한편, 보기 6.1.17에 의해 현수면과 나선면도 국소적 거리동형이므로 대응하는 점에서 가우스곡률은 서로 같다.

다음 정리는 직교좌표로 주어지는 곡면의 가우스곡률을 구하는 공식이다.

정리 6.2.3 $\mathbf{x}: D \subset \mathbb{R}^2 \to M$이 직교좌표함수이면 즉, $F = \langle \mathbf{x}_u, \mathbf{x}_v \rangle = 0$이면 가우스곡률 K는

$$K = -\frac{1}{2\sqrt{EG}}\left\{\left(\frac{E_v}{\sqrt{EG}}\right)_v + \left(\frac{G_u}{\sqrt{EG}}\right)_u\right\}$$

증명

$F = \langle \mathbf{x}_u, \mathbf{x}_v \rangle = 0$이므로 식 (6.2.10)-(6.2.15)로부터

$$\Gamma^1_{11} E = \frac{1}{2} E_u, \quad \Gamma^2_{11} G = -\frac{1}{2} E_v$$

$$\Gamma^1_{12} E = \frac{1}{2} E_v, \quad \Gamma^2_{12} G = \frac{1}{2} G_u$$

$$\Gamma^1_{22} E = -\frac{1}{2} G_u, \quad \Gamma^2_{22} G = \frac{1}{2} G_v$$

따라서 가우스곡률 방정식으로부터

$$-E \cdot K = \left(\frac{G_u}{2G}\right)_u + \left(\frac{E_v}{2G}\right)_v - \left(\frac{E_v}{2E}\right)\left(\frac{E_v}{2G}\right) + \left(\frac{G_u}{2G}\right)^2 - \left(\frac{E_u}{2E}\right)\left(\frac{G_u}{2G}\right) + \left(\frac{E_v}{2G}\right)\left(\frac{G_v}{2G}\right)$$

$$= \frac{G_{uu}}{2G} - \frac{G_u^2}{2G^2} + \frac{E_{vv}}{2G} - \frac{E_v G_v}{2G^2} - \frac{E_v^2}{4EG} + \frac{G_u^2}{4G^2} - \frac{E_u G_u}{4EG} + \frac{E_v G_v}{4G^2}$$

$$= \frac{G_{uu}}{2G} - \frac{G_u^2}{4G^2} - \frac{E_u G_u}{4EG} + \frac{E_{vv}}{2G} - \frac{E_v^2}{4EG} - \frac{E_v G_v}{4G^2}$$

그러므로

$$K = -\frac{1}{2}\left[\left\{\frac{G_{uu}}{EG} - \frac{G_u^2}{2EG^2} - \frac{E_u G_u}{2E^2 G}\right\} + \left\{\frac{E_{vv}}{EG} - \frac{E_v^2}{2E^2 G} - \frac{E_v G_v}{2EG^2}\right\}\right]$$

$$= -\frac{1}{2\sqrt{EG}}\left[\left\{\frac{G_{uu}}{\sqrt{EG}} - \frac{EG_u^2 + E_u G_u G}{2(EG)^{\frac{3}{2}}}\right\} + \left\{\frac{E_{vv}}{\sqrt{EG}} - \frac{E_v^2 G + E_v G_v E}{2(EG)^{\frac{3}{2}}}\right\}\right]$$

$$= -\frac{1}{2\sqrt{EG}}\left\{\left(\frac{G_u}{\sqrt{EG}}\right)_u + \left(\frac{E_v}{\sqrt{EG}}\right)_v\right\}$$

끝으로, 좌표함수에 대한 이계편도함수의 계수인 크리스토펠 기호로부터 얻을 수 있는 매우 유용한 몇 가지 방정식에 대하여 알아보자.

가우스의 정리를 증명하기 위하여 $(\mathbf{x}_{uv})_u = (\mathbf{x}_{uu})_v$로부터 $\mathbf{x}_v$의 계수가 같다는 사실을 이용하였다. 같은 이유에 의해 $\mathbf{x}_u$의 계수도 같으므로

(6.2.23) $$(\Gamma_{12}^1)_u - (\Gamma_{11}^1)_v + \Gamma_{12}^2\Gamma_{12}^1 - \Gamma_{11}^2\Gamma_{22}^1 = ea_{12} - fa_{11}$$

이 성립한다. 정리 4.2.1의 증명에 의하면

$$a_{11} = \frac{fF - eG}{EG - F^2},\ a_{12} = \frac{gF - fG}{EG - F^2}$$

이므로

$$ea_{12} - fa_{11} = F \cdot \frac{eg - f^2}{EG - F^2}$$

이고 따라서 식 (6.2.23)으로부터

$$(\Gamma_{12}^1)_u - (\Gamma_{11}^1)_v + \Gamma_{12}^2\Gamma_{12}^1 - \Gamma_{11}^2\Gamma_{22}^1 = F \cdot K$$

한편, $(\mathbf{x}_{uv})_u = (\mathbf{x}_{uu})_v$에서 Z의 계수도 같아야하므로 다음 식

$$e_v - f_u = e\Gamma_{12}^1 + f(\Gamma_{12}^2 - \Gamma_{11}^1) - g\Gamma_{11}^2 \tag{6.2.24}$$

이 성립한다. 같은 방법으로 $(\mathbf{x}_{vv})_u$와 $(\mathbf{x}_{uu})_v$를 각각 $\mathbf{x}_u$, $\mathbf{x}_v$, Z의 일차결합으로 표현한 다음 $(\mathbf{x}_{vv})_u = (\mathbf{x}_{vu})_v$로부터 Z의 계수를 택하면

$$f_v - g_u = e\Gamma_{22}^1 + f(\Gamma_{22}^2 - \Gamma_{12}^1) - g\Gamma_{12}^2 \tag{6.2.25}$$

이다. 식 (6.2.24)와 (6.2.25)를 **마이나르디-코다찌 방정식**(Mainardi-Codazzi equation)이라고 한다.

더욱이, $F = f = 0$를 만족시키는 좌표함수에 대한 마이나르디-코다찌 방정식은 비교적 간단한 형태로 주어진다. 즉, $F = f = 0$일 때 식 (6.2.24)와 (6.2.25)는 각각

$$e_v = e\Gamma_{12}^1 - g\Gamma_{11}^2, \quad g_u = g\Gamma_{12}^2 - e\Gamma_{22}^1 \tag{6.2.26}$$

가 된다. 또 식 (6.2.11)-(6.2.14)에 의해

$$\Gamma_{11}^2 = -\frac{1}{2}\frac{E_v}{G}, \quad \Gamma_{12}^1 = \frac{1}{2}\frac{E_v}{E}$$
$$\Gamma_{22}^1 = -\frac{1}{2}\frac{G_u}{E}, \quad \Gamma_{12}^2 = \frac{1}{2}\frac{G_v}{G}$$

이 식을 식 (6.2.26)에 대입하면

$$e_v = \frac{E_v}{2}\left(\frac{e}{E} + \frac{g}{G}\right), \quad g_u = \frac{G_u}{2}\left(\frac{e}{E} + \frac{g}{G}\right) \tag{6.2.27}$$

$F = f = 0$이므로 4장 2절의 연습문제에 의해 주곡률은 $\frac{e}{E}$, $\frac{g}{G}$이다. 필요하면 매개변수 u, v를 바꾸어

$$k_1 = \frac{e}{E}, \quad k_2 = \frac{g}{G}$$

라고 가정해도 된다. 따라서 이 식을 미분하고 식 (6.2.27)을 대입하면

$$\begin{aligned}\frac{\partial k_1}{\partial v} &= \frac{e_v E - e E_v}{E^2} = \frac{E_v}{2E}\left(\frac{g}{G} - \frac{e}{E}\right) \\ &= \frac{E_v}{2E}(k_2 - k_1)\end{aligned} \tag{6.2.28}$$

과

$$\begin{aligned}\frac{\partial k_2}{\partial u} &= \frac{g_u G - g G_u}{G^2} = \frac{G_u}{2E}\left(\frac{e}{E} - \frac{g}{G}\right) \\ &= \frac{G_u}{2E}(k_1 - k_2)\end{aligned} \tag{6.2.29}$$

를 얻는다.

Theorem 5.1.9의 증명

$\mathbf{x}$가 점 $\mathbf{p}$ 근방의 좌표함수로 $F = f = 0$이라고 가정하자. $\mathbf{p}$가 k_1의 극대점인 동시에 k_2의 극소점이므로

$$\frac{\partial k_1}{\partial v}(\mathbf{p}) = 0, \quad \frac{\partial^2 k_1}{\partial v^2}(\mathbf{p}) \le 0 \tag{6.2.30}$$

이고

$$\frac{\partial k_2}{\partial u}(\mathbf{p}) = 0, \quad \frac{\partial^2 k_2}{\partial u^2}(\mathbf{p}) \ge 0 \tag{6.2.31}$$

가정에 의해 $k_1(\mathbf{p}) > k_2(\mathbf{p})$이므로 식 (6.2.28)과 (6.2.29)에 의해

$$E_v(\mathbf{p}) = 0, \quad G_u(\mathbf{p}) = 0$$

한편, 식 (6.2.28)과 (6.2.29)를 다시 한 번 미분하면

$$\frac{\partial^2 k_1}{\partial v^2} = \frac{1}{2}\frac{E_{vv}E - E_v^2}{E^2}(k_2 - k_1) + \frac{1}{2}\frac{E_v}{E}\left(\frac{\partial k_2}{\partial v} - \frac{\partial k_1}{\partial v}\right) \tag{6.2.32}$$

$$\frac{\partial^2 k_2}{\partial u^2} = \frac{1}{2}\frac{G_{uu}G - G_u^2}{G^2}(k_1 - k_2) + \frac{1}{2}\frac{G_u}{G}\left(\frac{\partial k_1}{\partial u} - \frac{\partial k_2}{\partial u}\right) \tag{6.2.33}$$

가정 $k_1(\mathbf{p}) > k_2(\mathbf{p})$, 식 (6.2.30)과 (6.2.31) 그리고 식 (6.2.32)와 (6.2.33)으로부터

$$E_{vv}(\mathbf{p}) \geq 0, \quad G_{uu}(\mathbf{p}) \geq 0 \tag{6.2.34}$$

를 얻는다. $F=0$이므로 정리 6.2.3에 의해

$$K = -\frac{1}{2}\{G_{uu} + E_{vv}\}$$

이 식과 식 (6.2.34)에 의해

$$K(\mathbf{p}) \leq 0$$

연습문제

01. 다음 직교좌표함수의 가우스곡률을 구하여라.

(1) $\mathbf{x}(u,\ v) = (u\cos v,\ u\sin v,\ bv)$ (단, b는 상수); 원기둥나선면

(2) $\mathbf{x}(u,\ v) = \left(u\cos v,\ u\sin v,\ \dfrac{u^2}{2}\right)$; 회전포물면

(3) $\mathbf{x}(u,\ v) = (u\cos v,\ u\sin v,\ u)$; 원뿔

02. 직교좌표함수 $\mathbf{x} : D \subset \mathbb{R}^2 \to M$가 $E = 1$을 만족시키면

$$K = \frac{(G_u)^2 \quad 2GG_{uu}}{4G^2}$$

임을 증명하여라.

03. $\mathbf{x} : D \subset \mathbb{R}^2 \to M$가 등온좌표함수이면, 즉 $E = G$이고 $F = 0$이면

$$K = -\frac{\triangle(\log E)}{2E}$$

임을 증명하여라. 여기서 $\triangle$는 라플라시안으로 $\triangle f = f_{uu} + f_{vv}$로 정의된다.

04. $E = G = 1$인 좌표함수의 가우스곡률은

$$K = -\frac{\theta_{uv}}{\sin\theta}$$

임을 증명하여라. 여기서 θ는 좌표함수 $\mathbf{x}$의 편도함수 $\mathbf{x}_u$와 $\mathbf{x}_v$의 사이각을 나타낸다(도움말 : $F = \cos\theta$ 및 가우스곡률 방정식을 이용하여라).

6.3 가우스-보네(Gauss-Bonnet)의 정리

미분기하학에서 가장 중요한 정리 중의 하나인 가우스-보네의 정리는 옹골정칙곡면에서 가우스곡률을 적분한 값이 일정 하다는 것을 말해준다. 예를 들어, 단위구 S^2과 반지름의 길이가 r인 구 $S^2(r)$를 생각하면 가우스곡률은 각각 $K=1$, $K_r = \frac{1}{r^2}$이다. 그러나 가우스곡률을 적분한 값은 모두

$$\iint_{S^2} KdA = \iint_{S^2(r)} K_r dA = 4\pi$$

이다. 곡면의 내재적 성질인 곡선의 측지곡률을 이용하면 가우스-보네의 정리는 국소적으로도 나타낼 수 있다.

W가 정칙곡면 M에서 정의된 접벡터장이고 $\mathbf{v} \in T_{\mathbf{p}}M$이라 하면 공변미분 $\nabla_{\mathbf{v}} W$는 $T_{\mathbf{p}}\mathbb{R}^3$의 원소이다. 접평면 $T_{\mathbf{p}}M$은 $T_{\mathbf{p}}\mathbb{R}^3$의 2차원 부분공간이므로 $\nabla_{\mathbf{v}} W$는 $T_{\mathbf{p}}M$-방향의 성분 $(\nabla_{\mathbf{v}} W)^{\top}$ 와 수직인 성분, 즉 Z-방향의 성분 $(\nabla_{\mathbf{v}} W)^{\perp}$ 의 합으로 나타낼 수 있다. 다시 말해서,

$$\begin{aligned} \nabla_{\mathbf{v}} W &= (\nabla_{\mathbf{v}} W)^{\top} + (\nabla_{\mathbf{v}} W)^{\perp} \\ &= (\nabla_{\mathbf{v}} W)^{\top} + \langle \nabla_{\mathbf{v}} W, Z \rangle Z \end{aligned}$$

공변미분 $\nabla_{\mathbf{v}} W$에서 $T_{\mathbf{p}}M$-방향의 성분

$$(\nabla_{\mathbf{v}} W)^{\top} = \nabla_{\mathbf{v}} W - \langle \nabla_{\mathbf{v}} W, Z \rangle Z$$

를 곡면 M에서 정의된 **내재적 공변미분**(intrinsic covariant derivative)이라고 한다.

한편, $\alpha : (a, b) \to M$이 곡선일 때 $W(t) = W \circ \alpha(t)$로 놓으면 도움정리 4.2.4에 의해

$$W'(t) = \nabla_{\alpha'(t)} W$$

이다. 이 때 $\| W(t) \| = 1$이라 가정하면

$$\langle W'(t), W(t) \rangle = 0 \tag{6.3.1}$$

또

$$W'(t) = W'(t)^{\top} + W'(t)^{\perp}$$

이고 $\langle W'(t)^{\perp}, W(t) \rangle = 0$이므로 식 (6.3.1)로부터 $\langle W'(t)^{\top}, W(t) \rangle = 0$이 성립한다.

한편, $W'(t)^{\top}$는 $Z(\alpha(t)) = Z(t)$와 수직이므로 $W'(t)^{\top}$는 $Z(t) \times W(t)$와 평행하다. 특히, $\| Z \times W \| = 1$이므로

$$W'(t)^{\top} = \langle W'(t)^{\top}, Z(t) \times W(t) \rangle Z(t) \times W(t)$$

가 성립한다(그림 6.5). $Z \times W$는 곡면 M의 접벡터장이므로

$$\langle W'(t)^{\top}, Z \times W \rangle = \langle W'(t), Z \times W \rangle$$

따라서

(6.3.2) $$W'(t)^{\top} = (\nabla_{\alpha'(t)} W)^{\top} = \langle W'(t), Z(t) \times W(t) \rangle Z(t) \times W(t)$$

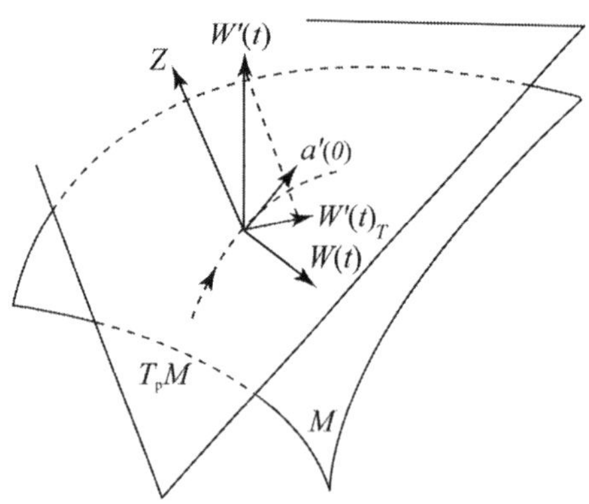

그림 6.5

$\alpha = \alpha(s)$가 곡면 M에서 정의된 단위속력곡선일 때, $W(s) = \alpha'(s)$로 놓고 위의 사실을 적용하면

(6.3.3) $$\alpha''(s)^{\top} = (\nabla_{\alpha'(s)} \alpha'(s))^{\top} = \langle \alpha''(s), Z(s) \times \alpha'(s) \rangle Z(s) \times \alpha'(s)$$

프레네 공식에 의해 $\alpha''(s)=\kappa(s)N(s)$이므로 식 (6.3.3)에 있는 계수 $\langle\alpha'', Z\times\alpha'\rangle$은 α의 곡률 κ에 대한 M의 접평면 방향의 성분을 나타낸다.

정의 6.3.1 $\alpha=\alpha(s)$가 곡면 M에서 정의된 단위속력곡선일 때, α의 **측지곡률**(geodesic curvature) κ_g는

(6.3.4) $$\kappa_g(s)=\langle\alpha''(s), Z(s)\times\alpha'(s)\rangle=\langle\kappa(s)N(s), Z(s)\times\alpha'(s)\rangle$$

로 정의되는 함수이다.

정리 4.1.13에 의해 $\alpha'(s)$-방향의 법곡률은

(6.3.5)
$$\begin{aligned}\kappa_n(\alpha'(s)) &= \mathrm{II}_{\alpha(s)}(\alpha'(s)) = -\langle dZ_{\alpha(s)}(\alpha'(s)), \alpha'(s)\rangle \\ &= \langle\alpha''(s), Z(s)\rangle = \langle\kappa(s)N(s), Z(s)\rangle\end{aligned}$$

이다. $\{\alpha', Z\times\alpha', Z\}$가 $\mathbb{R}^3$의 정규직교기저이고 $\langle\alpha', \alpha''\rangle=0$이므로 식 (6.3.4)와 (6.3.5)를 비교해 보면

(6.3.6) $$\alpha''(s)=\kappa(s)N(s)=\kappa_n(\alpha'(s))Z+\kappa_g(s)Z\times\alpha'(s)$$

가 성립한다. 따라서

(6.3.7) $$\kappa(s)^2=\kappa_n(\alpha'(s))^2+\kappa_g(s)^2$$

4장 3절에 의하면 가속도벡터가 주어진 곡면에 수직일 때 측지선이라고 한다.

정의 6.3.2 곡면 M에서 정의된 임의속력곡선 α에 대하여 가속도벡터 α''가 M에 항상 수직일 때, α를 M의 **측지선**이라고 한다.

다음 정리에 의하면 측지선은 측지곡률이 0이 되는 곡선을 말한다.

도움정리 6.3.3 곡면 M에서 정의된 단위속력곡선 α가 측지선일 필요충분조건은 $\kappa_g = 0$이다.

증명

정의에 의해 α가 측지선이면 α''이 단위법벡터장 Z와 평행하므로 식 (6.3.6)에 의해 $\kappa_g = 0$이다.

역으로 $\kappa_g = 0$이면 식 (6.3.6)에 의해 α''이 단위법벡터장 Z와 평행하므로 정의에 의해 α는 측지선이다.

임의속력곡선 α가 곡면 M의 측지선이면 $\langle \alpha'', \alpha' \rangle = 0$이므로 α는 상수속력을 갖는다(4장3절 참고).

보기 6.3.4 (원기둥면의 측지선) $M: x^2+y^2=r^2$을 원기둥면이라고 하면 M의 측지선은

$$\alpha(t) = (r\cos(at+b),\ r\sin(at+b),\ ct+d)$$

의 형태로 주어진다(단, a, b, c, d는 상수).

풀이. M의 곡선은

$$\alpha(t) = (r\cos\theta(t),\ r\sin\theta(t),\ h(t))$$

로 나타낼 수 있다. 또한 M의 접평면에 수직인 벡터는 세 번째 성분이 0이다. 따라서 곡선 α가 측지선이면 α''은 M에 수직이므로 $h''=0$이다. 그러므로

$$h(t) = ct+d \text{ (단, } c,\ d\text{는 상수)}$$

한편, 측지선은 상수속력을 가지므로

$$\begin{aligned} \|\alpha'\| &= (r^2\sin\theta(t)\cdot\theta'^2 + r^2\cos\theta(t)\cdot\theta'^2 + h'^2)^{\frac{1}{2}} \\ &= (r^2\theta'^2+h'^2)^{\frac{1}{2}} \end{aligned} \tag{6.3.8}$$

은 상수이다. 따라서 $h'=c$가 상수이므로 $\theta'=a$도 상수이다. 그러므로 $\theta(t)=at+b$이 성립한다(단, a, b는 상수).

측지선 α에 대하여 다음 성질이 성립한다.

(1) $a \neq 0$, $c \neq 0$이면 α는 원기둥나선($helix$)이다.

(2) $a=0$, $c \neq 0$이면 α는 z축과 평행한 직선이다.

(3) $a \neq 0$, $c=0$이면 α는 수면원, 즉 xy평면에서 중심이 원점이고 반지름의 길이가 r인 원과 평행한 원을 나타낸다.

좌표함수로 주어지는 곡선이 측지선이 되기 위해서는 일정한 형태의 미분방정식을 만족시켜야만 한다.

정리 6.3.5 $\mathbf{x}: D \subset \mathbb{R}^2 \to M$이 좌표함수일 때, 곡선 $\alpha(t) = \mathrm{x}(u(t),\ v(t))$가 측지선일 필요충분조건은

(6.3.9)
$$\frac{d^2u}{dt^2} + \Gamma_{11}^1\left(\frac{du}{dt}\right)^2 + 2\Gamma_{12}^1\frac{du}{dt}\frac{dv}{dt} + \Gamma_{22}^1\left(\frac{dv}{dt}\right)^2 = 0$$

(6.3.10)
$$\frac{d^2v}{dt^2} + \Gamma_{11}^2\left(\frac{du}{dt}\right)^2 + 2\Gamma_{12}^1\frac{du}{dt}\frac{dv}{dt} + \Gamma_{22}^2\left(\frac{dv}{dt}\right)^2 = 0$$

이다.

증명

연쇄법칙에 의해
$$\alpha' = u'\mathbf{x}_u + v'\mathbf{x}_v$$
이고
$$\alpha'' = u''\mathbf{x}_u + u'\frac{d}{dt}(\mathbf{x}_u) + v''\mathbf{x}_v + v'\frac{d}{dt}(\mathbf{x}_v)$$
연쇄법칙과 식 (6.2.1)-(6.2.6)을 적용하면
$$\begin{aligned}\frac{d}{dt}\mathbf{x}_u &= u'\mathbf{x}_{uu} + v'\mathbf{x}_{uv}\\ &= u'(\Gamma_{11}^1\mathbf{x}_u + \Gamma_{11}^2\mathbf{x}_v + eZ) + v'(\Gamma_{12}^1\mathbf{x}_u + \Gamma_{12}^2\mathbf{x}_v + fZ)\end{aligned}$$
이고
$$\begin{aligned}\frac{d}{dt}\mathbf{x}_v &= u'\mathbf{x}_{uv} + v'\mathbf{x}_{vv}\\ &= u'(\Gamma_{12}^1\mathbf{x}_u + \Gamma_{12}^2\mathbf{x}_v + fZ) + v'(\Gamma_{22}^1\mathbf{x}_u + \Gamma_{22}^2\mathbf{x}_v + gZ)\end{aligned}$$
따라서
$$\begin{aligned}\alpha'' &= (u'' + \Gamma_{11}^1u'^2 + 2\Gamma_{12}^1u'v' + \Gamma_{22}^1v'^2)\mathbf{x}_u\\ &\quad + (v'' + \Gamma_{11}^2u'^2 + 2\Gamma_{12}^2u'v' + \Gamma_{22}^2v'^2)\mathbf{x}_v + (u'^2e + 2u'v'f + v'^2g)Z\end{aligned}$$
곡선 α가 측지선이면 곡면 M에 수직이므로 접벡터 $\mathbf{x}_u$와 $\mathbf{x}_v$의 계수가 모두 0이다. 따라서
$$\frac{d^2u}{dt^2} + \Gamma_{11}^1\left(\frac{du}{dt}\right)^2 + 2\Gamma_{12}^1\frac{du}{dt}\frac{dv}{dt} + \Gamma_{22}^1\left(\frac{dv}{dt}\right)^2 = 0$$
$$\frac{d^2v}{dt^2} + \Gamma_{11}^2\left(\frac{du}{dt}\right)^2 + 2\Gamma_{12}^1\frac{du}{dt}\frac{dv}{dt} + \Gamma_{22}^2\left(\frac{dv}{dt}\right)^2 = 0$$

지금부터는 미분기하학에서 가장 중요한 정리 중의 하나인 가우스-보네 정리의 간단한 형태에 대하여 알아보기로 한다. 국소적 형태의 가우스-보네 정리는 곡면의 한 영역에서 가우스곡률을 적분한 값과 그 영역의 경계에 해당하는 곡선의 측지곡률을 적분한 값의 합이 일정하다는 것을 말해 준다. 가우스-보네의 정리를 증명하기 위해서는 위상학적 또는 기하학적 정리와 해석학적 정리가 필요하다. 좌표함수로 주어지는 곡선의 측지곡률을 구하는 공식과 영역의 경계를 곡선으로 이해했을 때, 미분불능점에 해당하는 각 꼭지점에서의 각의 변화량을 합한 값에 대한 등식이 필요하다. 한편, 2차원에서 미적분학의 기본정리라고 말할 수 있는 그린(Green)의 정리를 이해하면 가우스-보네 정리의 증명을 간단하게 할 수 있다.

이를 위하여 필요한 몇 가지 개념과 성질에 대하여 살펴보자.

정의 6.3.6 (1) 연속함수 $\alpha: [0, l] \to M$에 대하여 폐구간 $[0, l]$이 분할

$$0 = t_0 < t_1 < \cdots < t_{n-1} < t_n = l$$

이 존재하여 제한함수 $\alpha|_{[t_i,\, t_{i+1}]}$ $(i = 0, 1, \cdots, n-1)$이 정칙곡선일 때, α를 **조각별 정칙곡선**(piecewise regular curve)이라고 한다.

(2) 조각별 정칙곡선 α가 $\alpha(0) = \alpha(l)$이고 $t, t' \in [0, l)$, $t \neq t'$이면 $\alpha(t) \neq \alpha(t')$을 만족시킬 때, α를 **조각별정칙 단순폐곡선**(simple closed piecewise regular curve)이라고 하고, 이 경우 $\alpha(t_i)$, $i = 0, 1, \cdots, n-1$을 α의 **꼭지점**(vertex), $\alpha|_{[t_i,\, t_{i+1}]}$를 **호**(arc)라고 한다.

$\alpha: [0, l] \to M$이 조각별정칙 단순폐곡선으로 $[0, l]$의 분할 $0 = t_0 < t_1 < \cdots < t_{n-1} < t_n = l$에 대하여 $\alpha|_{[t_i,\, t_{i+1}]}$이 정칙곡선이면 $\alpha(t_0) = \alpha(t_n)$이고 $\alpha|_{[t_i,\, t_{i+1}]}$의 정칙성으로부터 각 꼭지점에서 α의 도함수의 좌극한과 우극한이 존재한다. 즉,

$$\lim_{t \to t_i - 0} \alpha'(t) = \alpha'(t_i^-) \neq 0$$

$$\lim_{t \to t_i + 0} \alpha'(t) = \alpha'(t_i^+) \neq 0$$

$\alpha'(t_i^-)$와 $\alpha'(t_i^+)$의 사이각을 꼭지점 $\alpha(t_i)$에서의 **외각**(exterior angle)이라고 하고 ϵ_i로 나타낸다.

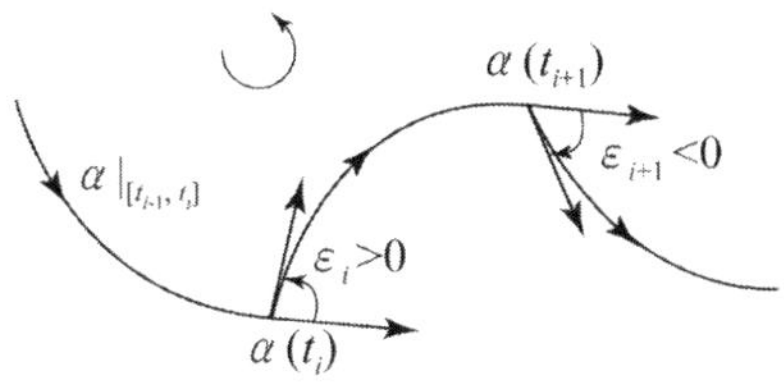

그림 6.6

$\alpha'(t_i^-) = -\alpha'(t_i^+)$을 만족시키는 꼭지점을 **뾰족점**(cusp)이라고 한다. 따라서 뾰족점에서의 외각은 $\pm\pi$이다. 꼭지점 $\alpha(t_i)$가 뾰족점이 아니고 순서기저

$$\{\alpha'(t_i^-),\ \alpha'(t_i^+),\ Z(\alpha(t_i))\}$$

가 $\mathbb{R}^3$의 양의 방향을 나타내면 외각 ϵ_i는 양의 각으로 $\alpha'(t_i^-)$와 $\alpha'(t_i^+)$ 사이의 각으로 정의 하고, 기저 $\{\alpha'(t_i^-),\ \alpha'(t_i^+),\ Z(\alpha(t_i))\}$가 $\mathbb{R}^3$의 음의 방향을 나타내면 외각 ϵ_i는 $\alpha'(t_i^-)$와 $\alpha'(t_i^+)$ 사이의 각에 음수 -1을 곱한 값으로 정의한다. $\alpha(t_i)$가 뾰족점이면 0에 가까운 양의 실수 $\eta > 0$을 택하여 순서기저 $\{\alpha'(t_i-\eta),\ \alpha'(t_i+\eta),\ Z(\alpha(t_i))\}$를 생각하자. 곡선이 단사함수이고 곡면이 정칙이므로 위의 순서기저는 꼭지점 근방에서 잘 정의되고 η가 0으로 수렴할 때 방향은 보존된다. 따라서 이 기저가 $\mathbb{R}^3$의 양의 방향을 나타내면 외각 ϵ_i는 양의 각 π로 정의하고 이 기저가 $\mathbb{R}^3$의 음의 방향을 나타내면 외각 ϵ_i는 음수인 $-\pi$로 정의한다.

다음에는 주어진 영역 R를 포함하는 좌표함수가 그 영역의 경계를 나타내는 곡선 ∂R과 이루는 각에 대하여 알아보자.

$\mathbf{x}: D \subset \mathbb{R}^2 \to M$을 M의 방향 Z와 일치하는 좌표함수라 하고 D는 평면에 놓여 있는 열린원판(open disk)과 위상동형이라 하자. $\alpha: [0,\ l] \to \mathrm{x}(D) \subset M$을 정칙단순 폐곡선이라 하고, $\alpha'(t)$와 $\mathbf{x}_u$의 사이각을 $\varphi = \varphi(t)$로 정의하자. 즉,

$$\varphi(t) = \angle\,(\alpha'(t),\ \mathbf{x}_u(\alpha(t)))$$

α가 정칙폐곡선이므로 φ의 미분 φ'을 곡선 α 위에서 적분하면 2π가 된다. 다시 말해서

$$\int_\alpha \frac{d\varphi}{dt}\,dt = 2\pi$$

$\alpha: [0, l] \to \mathbf{x}(D) \subset M$을 조각별정칙 단순폐곡선이라 하고, $\alpha(t_i)$ $(i=0, 1, \cdots, n)$을 꼭지점, ϵ_i를 그 꼭지점에서의 외각이라고 하자. 이 때 $\varphi_i: [t_{i-1}, t_i] \to \mathbb{R}$를 $\alpha'(t)$와 $\mathbf{x}_u$의 사이각으로 정의하자. 즉,

$$\varphi_i(\mathrm{t}) = \angle(\alpha'(\mathrm{t}), \mathbf{x}_{\mathrm{u}}(\alpha(\mathrm{t})))$$

그러면 각함수 φ의 미분을 α 위에서 적분하면 총변화율은 여전히 2π이다. 그러나 조각별 정칙곡선에 대한 적분에서는 각 꼭지점 $\alpha(t_i)$에서의 각의 변화율인 외각 ϵ_i가 측정되지 않으므로

$$\sum_{i=1}^{n} \int_{t_{i-1}}^{t_i} \frac{d\varphi_i}{dt} dt = 2\pi - (\epsilon_1 + \cdots + \epsilon_n)$$

으로 주어진다. 따라서 $\varphi_i(t_i)$와 외각 ϵ_i는 다음과 같은 관계식을 갖는다.

정리 6.3.7 조각별정칙 단순폐곡선 $\alpha: [0, l] \to \mathbf{x}(D) \subset M$에 대하여

$$\sum_{i=0}^{n-1} (\varphi_i(t_{i+1}) - \varphi_i(t_i)) + \sum_{i=1}^{n} \epsilon_i = 2\pi$$

여기서 곡선 α는 그것에 의하여 둘러싸인 영역을 반시계방향으로 움직인다는 것을 가정한다.

정리 6.3.7의 엄밀한 증명은 이 책의 수준을 벗어나므로 증명없이 받아들이기로 한다. 가우스와 보네는 이 성질을 증명없이 사실로 받아들여 사용하였다. 이 정리의 증명은 [11]에서 찾아볼 수 있다.

일반영역 $R \subset M$이 평면의 열린원판과 위상동형이고 경계 ∂R가 조각별정칙 단순폐곡선일 때, R를 **단순영역**(simple region)이라고 한다.

정리 6.3.8 (국소적 가우스–보네의 정리) $R \subset M$이 단순영역이고 경계 $\partial R = \alpha$는 단위속력을 갖는 조각별정칙 단순폐곡선이라고 하자. $\mathbf{x}: D \to M$이 $R \subset \mathbf{x}(D)$인 직교좌표함수이면

$$\sum_{i=1}^{n} \int_{s_{i-1}}^{s_i} \kappa_g(s) ds + \iint_R K dA + \sum_{i=1}^{n} \epsilon_i = 2\pi \qquad (6.3.11)$$

여기서 ϵ_i는 α의 꼭지점에서의 외각이다.

$\mathbf{x}: D \subset \mathbb{R}^2 \to M$이 좌표함수로 $R \subset \mathbf{x}(D)$이면

$$\iint_R K dA = \iint_{\mathbf{x}^{-1}(R)} (K \circ \mathbf{x}) \sqrt{EG - F^2}\, du dv$$

이 성립한다(그림 6.7).

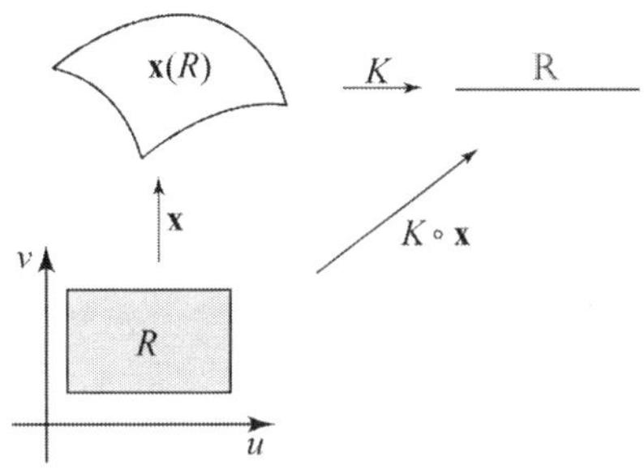

그림 6.7

한편, 직교좌표함수의 가우스곡률은 정리 6.2.3에 의해

$$K = -\frac{1}{2\sqrt{EG}} \left\{ \left(\frac{E_v}{\sqrt{EG}} \right)_v + \left(\frac{G_u}{\sqrt{EG}} \right)_u \right\} \tag{6.3.12}$$

이다. 국소적 형태의 가우스-보네 정리를 증명하기 위해서는 위의 두 가지 사실 이외에 다음의 두 도움정리가 필요하다.

정리 6.3.9 Green

평면 $\mathbb{R}^2$에서 영역 D의 경계 ∂D가 단순폐곡선이고 $P(u, v)$와 $Q(u, v)$가 D에서 정의된 C^1 함수이면

$$\int_{\partial D} P(u, v) du + Q(u, v) dv = \iint_D \left(\frac{\partial Q}{\partial u} - \frac{\partial P}{\partial v} \right) du dv$$

증명

[2]를 참고하여라.

다음 도움정리는 직교좌표함수로 주어지는 영역의 경계를 단위속력곡선으로 나타냈을 때의 곡률공식이다.

도움정리 6.3.10 $\mathbf{x}: D \subset \mathbb{R}^2 \to M$이 직교좌표함수이고 $\alpha(s) = \mathbf{x}(u(s), v(s)) \subset \mathbf{x}(D)$가 단위속력곡선이면 α의 측지곡률은

$$\kappa_g(s) = \frac{1}{2\sqrt{EG}}\left\{G_u \frac{dv}{ds} - E_v \frac{du}{ds}\right\} + \frac{d\varphi}{ds}$$

여기서 $\varphi(s)$는 $\alpha'(s)$와 $\mathbf{x}_u$가 이루는 각을 나타낸다.

증명

$F = \langle \mathbf{x}_u, \mathbf{x}_v \rangle = 0$이므로

$$V = \frac{\mathbf{x}_u}{\sqrt{E}}, \quad W = \frac{\mathbf{x}_v}{\sqrt{G}}$$

로 놓으면 V, W는 각각의 접평면에서 정규직교기저이고 $V \times W = Z$가 성립한다. α'과 $\mathbf{x}_u$가 이루는 각이 φ이므로

$$\alpha'(s) = \cos\varphi(s) V + \sin\varphi(s) W$$

로 나타낼 수 있다. 따라서

$$\alpha'' = \nabla_{\alpha'}\alpha' = -\sin\varphi \cdot \varphi' V + \cos\varphi \nabla_{\alpha'} V + \cos\varphi \cdot \varphi' W + \sin\varphi \nabla_{\alpha'} W$$

한편,

$$\begin{aligned} Z \times \alpha' &= Z \times (\cos\varphi V + \sin\varphi W) = \cos\varphi Z \times V + \sin\varphi Z \times W \\ &= \cos\varphi W - \sin\varphi V \end{aligned}$$

이므로 측지곡률은

$$\begin{aligned} \kappa_g &= \langle \alpha'', Z \times \alpha' \rangle \\ &= \sin^2\varphi \cdot \varphi' + \cos^2\varphi \langle \nabla_{\alpha'} V, W \rangle - \sin\varphi\cos\varphi \langle \nabla_{\alpha'} V, V \rangle \\ &\quad + \sin\varphi\cos\varphi \langle \nabla_{\alpha'} W, W \rangle - \sin^2\varphi \langle \nabla_{\alpha'} W, V \rangle \end{aligned} \tag{6.3.13}$$

다음에 $\langle V, V \rangle = 1 = \langle W, W \rangle$이므로

$$\langle \nabla_{\alpha'} V, V \rangle = \langle \nabla_{\alpha'} W, W \rangle = 0$$

이고 $\langle V, W \rangle = 0$이므로

$$\langle \nabla_{\alpha'} V, W \rangle = \langle \nabla_{\alpha'} V, W \rangle$$

이 두 식을 식 (6.3.13)에 대입하면

$$\kappa_g = \varphi'(s) + \langle \nabla_{\alpha'} V, W \rangle \tag{6.3.14}$$

한편, 연쇄법칙에 의해

$$\begin{aligned} \nabla_{\alpha'} V &= \frac{d}{ds}\left(\frac{\mathbf{x}_u}{\sqrt{E}}(u(s), v(s))\right) \\ &= \left(\frac{\mathbf{x}_u}{\sqrt{E}}\right)_u \frac{du}{ds} + \left(\frac{\mathbf{x}_u}{\sqrt{E}}\right)_v \frac{dv}{ds} \\ &= \left(-\frac{E_u}{2E\sqrt{E}}\mathbf{x}_u + \frac{\mathbf{x}_{uu}}{\sqrt{E}}\right)\frac{du}{ds} + \left(-\frac{E_v}{2E\sqrt{E}}\mathbf{x}_u + \frac{\mathbf{x}_{uv}}{\sqrt{E}}\right)\frac{dv}{ds} \end{aligned}$$

따라서 $F=\langle \mathbf{x}_u, \mathbf{x}_v \rangle = 0$이므로

$$\langle \nabla_{\alpha'} V, W \rangle = \left\langle \nabla_{\alpha'} V, \frac{\mathbf{x}_v}{\sqrt{G}} \right\rangle$$
$$= \frac{1}{\sqrt{EG}} \langle \mathbf{x}_{uu}, \mathbf{x}_v \rangle \cdot \frac{du}{ds} + \frac{1}{\sqrt{EG}} \langle \mathbf{x}_{uv}, \mathbf{x}_v \rangle \cdot \frac{dv}{ds}$$

끝으로

$$\langle \mathbf{x}_{uu}, \mathbf{x}_v \rangle = -\frac{1}{2} E_v, \quad \langle \mathbf{x}_{uv}, \mathbf{x}_v \rangle = \frac{1}{2} G_u$$

이므로

(6.3.15) $$\langle \nabla_{\alpha'} V, W \rangle = -\frac{E_v}{2\sqrt{EG}} \cdot \frac{du}{ds} + \frac{G_u}{2\sqrt{EG}} \cdot \frac{dv}{ds}$$

그러므로 식 (6.3.14)와 식 (6.3.15)에 의해

$$\kappa_g = \varphi'(s) + \frac{1}{2\sqrt{EG}} \left\{ G_u \frac{dv}{ds} - E_v \frac{du}{ds} \right\}$$

정리 6.3.8의 증명

도움정리 6.3.10에 의해

(6.3.16) $$\sum_{i=1}^{n} \int_{s_{i-1}}^{s_i} \kappa_g(s) ds = \sum_{i=1}^{n} \int_{s_{i-1}}^{s_i} \frac{1}{2\sqrt{EG}} \{G_u v' - E_v u'\} ds + \sum_{i=1}^{n} \int_{s_{i-1}}^{s_i} \frac{d\varphi_i}{ds}$$

식 (6.3.16)의 우변에 있는 첫 번째 항에 그린의 정리를 적용하면

$$\frac{1}{2} \int_{\partial \mathbf{X}^{-1}(R)} \left(\frac{G_u}{\sqrt{EG}} dv - \frac{E_v}{\sqrt{EG}} du \right)$$
$$= \frac{1}{2} \iint_{\mathbf{X}^{-1}(R)} \left\{ \frac{\partial}{\partial v} \left(\frac{E_v}{\sqrt{EG}} \right) + \frac{\partial}{\partial u} \left(\frac{G_u}{\sqrt{EG}} \right) \right\} du dv$$
$$= -\iint_{\mathbf{X}^{-1}(R)} \frac{-1}{2\sqrt{EG}} \left\{ \frac{\partial}{\partial v} \left(\frac{E_v}{\sqrt{EG}} \right) + \frac{\partial}{\partial u} \left(\frac{G_u}{\sqrt{EG}} \right) \right\} \sqrt{EG}\, du dv$$
$$= -\iint_R K dA$$

끝으로, 식 (6.3.16)에서 우변의 두 번째 항에 정리 6.3.7을 적용하면 식 (6.3.11)을 얻는다.

참고 6.3.11 식 (6.3.11)을 살펴보면 직교좌표함수 $\mathbf{x}$에 관한 식을 포함하지 않는다. 이것은 좌표함수 $\mathbf{x}$가 직교라는 가정 없어도 정리 6.3.8이 성립한다는 것을 의미한다. 실제로, 5장 4절에 의해 (국소적으로) 등온좌표함수가 존재하므로 주어진 단순영역 R를 직교좌표함수가 존재할 수 있는 작은 영역으로 나누어, 세분된 작은 영역에 주어진 정리의 증명을 적용하면 직교좌표함수의 가정 없이도 정리 6.3.8이 성립한다는 것을 알 수 있다. 정리 6.3.8에서 좌표함수가 직교라는 것을 가정한 것은 단순히 증명을 간단하게 하기 위함이다.

가우스-보네의 정리에 대한 원래의 가우스의 정리는 측지선으로 구성되어 있는 삼각형에 관한 것이다. $\triangle ABC$가 세 측지선으로 구성된 삼각형이라고 하면 내각(interior angle)은

$$\angle A = \pi - \epsilon_A, \quad \angle B = \pi - \epsilon_B, \quad \angle C = \pi - \epsilon_C$$

이다. 여기서 ϵ_A, ϵ_B, ϵ_C는 삼각형 $\triangle ABC$의 꼭지점 A, B, C에서의 외각을 나타낸다(그림 6.8). 따라서

$$2\pi - (\epsilon_A + \epsilon_B + \epsilon_C) = \angle A + \angle B + \angle C - \pi$$

가 성립한다.

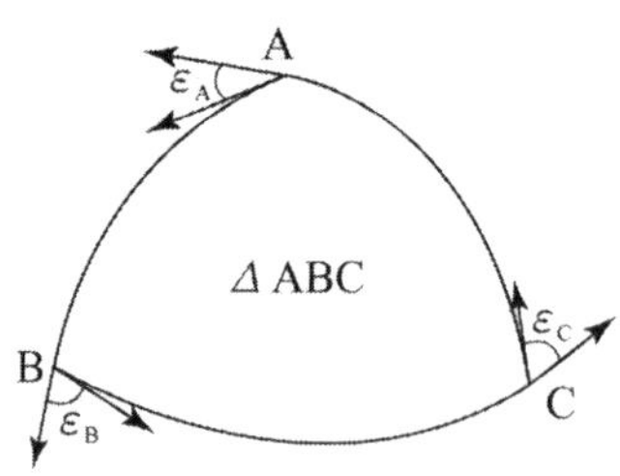

그림 6.8

정리 6.3.12 (가우스) $\triangle ABC \subset M$이 측지선분으로 구성된 삼각형이면

$$\iint_{\triangle ABC} K dA = \angle A + \angle B + \angle C - \pi$$

도움정리 6.3.13 평면에 놓여 있는 삼각형의 내각의 합은 π이다.

가우스-보네의 정리는 국소적 성질이다. 이를 이용하면 옹골정칙곡면의 경우 가우스곡률의 적분에 관한 대역적 성질을 얻을 수 있다. M이 가향 옹골정칙곡면이라고 하자.[13)]

정의 6.3.14 삼각형으로 구성되어 있는 집합 $\wp = \{\Delta_i \subset M | i = 1, \cdots, m\}$이 다음 두 조건을 만족시킬 때, $\wp$를 M의 **삼각분할**(triangulation)이라고 한다.

(i) $\bigcup_i \Delta_i = M$

(ii) $\Delta_i \cap \Delta_j \neq \phi$이면 $\Delta_i \cap \Delta_j$은 Δ_i와 Δ_j의 공통 변이거나 공통 꼭지점이다.

삼각분할이 존재할 때, 곡면 M이 **삼각분할가능하다**(triangulable)고 한다. 예를 들어, 사면체는 단위구 S^2의 삼각분할이라고 할 수 있다.

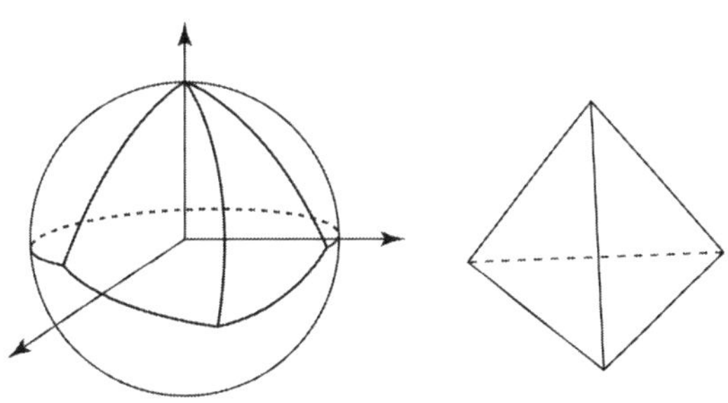

그림 6.9

다음 두 정리는 위상학적 개념으로 매우 중요하고 기본적인 정리이지만 증명은 이 책의 수준을 벗어나므로 생략하기로 한다.

정리 6.3.15 M이 폐곡면이면 M은 항상 삼각분할가능하다.

13) 이는 곡면 M의 경계 ∂M가 공집합임을 의미한다.

$\wp = \{\triangle_i \subset M | i = 1, \cdots, m\}$을 옹골정칙곡면 M의 삼각분할이라 할 때,

$\nu = \wp$에 있는 삼각형의 꼭지점(vertex)의 개수
$\varepsilon = \wp$에 있는 삼각형의 변(side)의 개수
$\mathrm{F} = \wp$에 있는 삼각형의 면(face)의 개수

로 정의한다. 그리고 $\nu - \varepsilon + \mathrm{F}$를 삼각분할 $\wp$의 **오일러표수**(Euler characteristic)라 하고, $\chi_{\wp}(M)$으로 나타낸다. 예를 들어, 단위구 S^2의 삼각분할인 사면체 $\wp$에서 $\nu = 4$, $\varepsilon = 6$, $\mathrm{F} = 4$이므로 $\chi_{\wp}(S^2) = 2$이다.

다음 정리에 의하면 폐곡면의 오일러표수는 삼각분할의 방법에 의존하지 않는 위상불변량이다.

정리 6.3.16 $\wp$, $\wp'$이 폐곡면 M의 삼각분할이면

(6.3.17) $$\chi_{\wp}(M) = \chi_{\wp'}(M)$$

정리 6.3.16에 의해 폐곡면의 오일러표수는 삼각분할에 의해 변하지 않으므로 식 (6.3.17)의 값을 $\chi(M)$로 나타내기로 한다.

정리 6.3.17 두 폐곡면 M과 $\overline{M}$이 위상동형이면

$$\chi(M) = \chi(\overline{M})$$

증명

$\Phi: M \to \overline{M}$를 위상동형사상이라 하고

$$\wp = \{\triangle_i | i = 1, \cdots, m\}$$

을 M의 삼각분할이라 하면

$$\Phi(\wp) = \{\Phi(\triangle_i) | i = 1, \cdots, m\}$$

은 $\overline{M}$의 삼각분할이다. 따라서

$$\nu_M + \varepsilon_M - \mathrm{F}_M = \nu_{\overline{M}} + \varepsilon_{\overline{M}} - \mathrm{F}_{\overline{M}}$$

다음 정리는 폐곡면에서 가우스곡률 함수 K의 적분값을 2π로 나눈 값은 항상 오일러표수가 된다는 것을 보여준다. 오일러표수는 삼각분할의 방법에 따라서 변하지 않으므로 임의의 삼각분할을 이용하여 이 정리를 증명할 수 있다.

정리 6.3.18 대역적 가우스-보네의 정리

M이 가향 폐곡면이고 $\wp$가 곡면 M의 삼각분할이면

$$\iint_M K dA = 2\pi\chi_{\wp}(M) = 2\pi\chi(M)$$

증명

$\wp = \{\triangle_i \subset M | i = 1, \cdots, m\}$을 M의 삼각분할이라 하자. 정리 6.3.13과 7장의 참고 7.6.15에 의해 필요하면 $\triangle_i$를 세분하여 각각의 삼각분할에 $F = f = 0$을 만족시키는 직교좌표함수가 존재한다고 가정해도 된다.

각각의 삼각형은 변의 개수가 3이고 각 변을 두 삼각형이 공유하므로

$$3\mathbb{F} = 2\varepsilon \tag{6.3.18}$$

가 성립한다. 각각의 삼각형 $\triangle_i$에 가우스-보네의 정리 6.3.8을 적용하면

$$\iint_{\triangle_i} K dA = \iota_1^i + \iota_2^i + \iota_3^i - \pi - \int_{\partial\triangle_i} \kappa_g(s) ds$$

여기서 ι_1^i, ι_2^i, ι_3^i는 $\triangle_i$의 내각이다.

삼각형 $\triangle_i$의 각 변은 다른 삼각형과 공유하면서 방향이 서로 반대이므로 측지곡률의 적분을 모두 합하면 서로 상쇄가 된다(그림 6.10). 즉,

$$\sum_{i=1}^{\mathbb{F}} \int_{\partial\triangle_i} \kappa_g(s) ds = 0$$

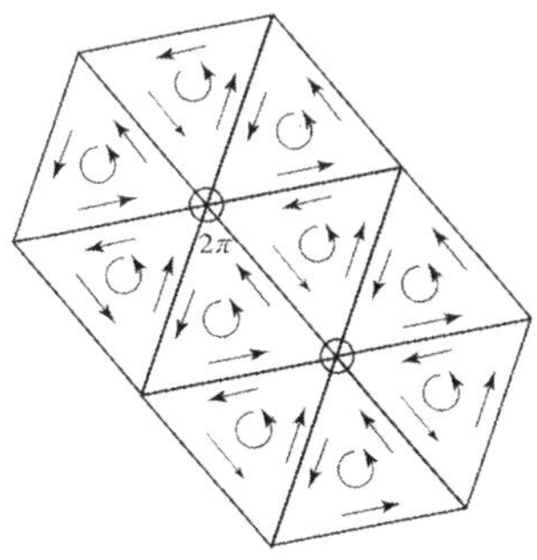

그림 6.10

한편, 각 꼭지점에서 내각의 합이 2π이므로

$$\sum_{i=1}^{\mathbb{F}} (\iota_1^i + \iota_2^i + \iota_3^i) = 2\pi\nu$$

따라서

$$\begin{aligned}\iint_M KdA &= \sum_{i=1}^{\mathbb{F}} \iint_{\triangle_i} KdA = 2\pi\nu - \pi\mathbb{F} \\ &= 2\pi\nu - \pi\mathbb{F} + \pi\,(3\mathbb{F} - 2\varepsilon) \qquad (\because (6.3.18)\text{에 의해}) \\ &= 2\pi(\nu - \varepsilon + \mathbb{F}) = 2\pi\chi(M)\end{aligned}$$

$\iint_M KdA$를 **가우스곡률 총합**(total Gaussian curvature)이라고 한다. 정리 6.3.17의 오른쪽항은 정리 6.3.18에 의하면 미분과는 상관이 없는 위상수학적 성질이다. 따라서 정리 6.3.17은 가우스곡률 총합이 곡면 M의 위상수학적 모양으로 결정되어진다는 것을 의미한다. 예를 들어, 단위구 S^2이나 반지름의 길이가 r인 구 $S^2(r): x^2+y^2+z^2=r^2$ 그리고 타원체면 $M: \dfrac{x^2}{a^2}+\dfrac{x^2}{b^2}+\dfrac{x^2}{c^2}=1$의 가우스곡률 K_{S^2}, $K_{S^2(r)}$, K_M을 주어진 곡면에서 각각 적분하면 모두 일정한 값 4π가 된다. 즉,

$$\iint_{S^2} K_{S^2} dA_{S^2} = \iint_{S^2(r)} K_{S^2(r)} dA_{S^2(r)} = \iint_M K_M dA_M = 4\pi$$

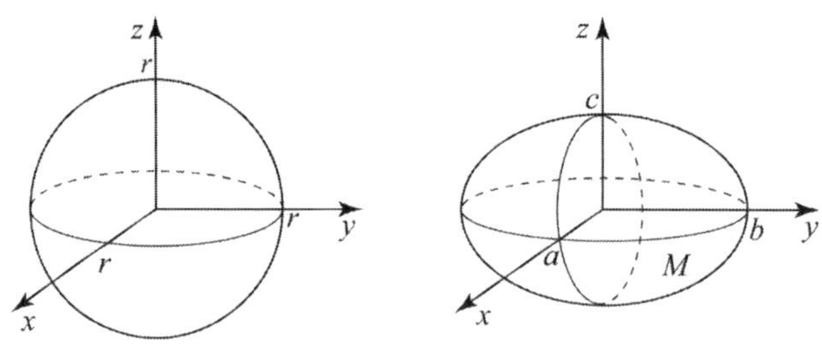

그림 6.11

다시 말해서, 가우스곡률 K_{S^2}, $K_{S^2(r)}$, K_M과 적분변수 dA_{s^2}, $dA_{s^2(r)}$, dA_M은 각각 다른 값을 갖더라도 적분을 하면 모두 같은 값을 갖는다. 해석학적 또는 기하학적 수식으로 이루어져 있는 값이 오일러표수라는 순수한 위상수학적 개념과 같다는 것을 생각해보면 매우 흥미로운 사실이라는 것을 알 수 있다.

끝으로, 두 폐곡면으로부터 새로운 폐곡면을 얻는 방법에 대하여 알아보자.

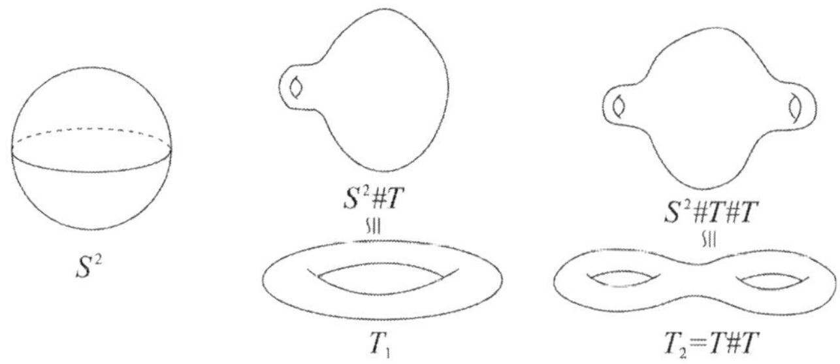

그림 6.12

원환면 T^2에서 작은 삼각형 $\triangle$을 제거한 부분 $T^2-\triangle$를 **자루**(handle, genus)라고 한다. 폐곡면 M에서 작은 삼각형 $\triangle$를 떼어내고 그 경계 $\partial\triangle$ 부분에 자루 $T^2-\triangle$를 붙인 다음 붙인 부분을 매끄럽게 하여 얻어지는 폐곡면을 생각하자. $T_1=T^2$는 자루가 1개인 곡면이고 $T_2=T^2\#T^2$은 자루가 두 개인 곡면으로 원환면 T^2에 $T^2-\triangle$를 붙임으로써 얻어지는 곡면이다(그림 6.12). 그리고 자루가 3개인 곡면 $T_3=T^2\#T^2\#$은 T_2에 $T^2-\triangle$를 붙임으로써 얻어지는 곡면이다. 구 S^2는 자루가 0개인 곡면으로 간주할 수 있다.

다음 정리에 의하면 폐곡면의 자루의 개수는 폐곡면을 위상적으로 분류하는 기준이 될 수 있다.

정리 6.3.19 폐곡면 M의 자루가 h이면 M은 T_h와 위상동형이다.

정리 6.3.19의 증명은 이 책의 수준을 벗어나므로 증명없이 받아들이기로 한다.

연습문제

01. $\mathbf{x}: D \subset \mathbb{R}^2 \to M$이 직교좌표함수이면 u-매개곡선 $u \to \mathbf{x}(u, v_0)$ (단, $v_0=$상수의 측지곡률 $(\kappa_g)_1$과 v-매개곡선 $v \to \mathbf{x}(u_0, v)$ (단, $u_0=$상수)의 측지곡률 $(\kappa_g)_2$은 각각

$$(\kappa_g)_1 = -\frac{E_v}{2E\sqrt{G}}, \ (\kappa_g)_2 = \frac{G_u}{2G\sqrt{E}}$$

임을 증명하여라(도움말 : $\beta(u) = \mathbf{x}(u, v_0)$라 할 때, β의 호길이함수는 $s = \int \sqrt{E}\,du$이므로 $\frac{du}{ds} = \frac{1}{\sqrt{E}}$이다. 또 가정에 의해 $\frac{\mathbf{x}_u}{\sqrt{E}}, \frac{\mathbf{x}_v}{\sqrt{G}}$는 M의 접평면의 정규직교기저이다).

02. α가 단위속력곡선이고 $\mathbf{x}: D \subset \mathbb{R}^2 \to M$이 $\alpha \subset \mathbf{x}(D)$인 직교좌표함수라 하자. $(\kappa_g)_1$과 $(\kappa_g)_2$를 각각 u-매개곡선과 v-매개곡선의 측지곡률이라 할 때, α의 측지곡률 κ_g는

$$\kappa_g = (\kappa_g)_1 \cos\varphi + (\kappa_g)_2 \sin\varphi + \frac{d\varphi}{ds}$$

임을 증명하여라. 여기서 $\varphi = \varphi(s)$는 $\alpha'(s)$와 $\mathbf{x}_u$의 사이각이다.

03. $R \subset M$이 단순영역으로 경계 $\partial R = \alpha$가 단위속력을 갖는 조각별 단순폐곡선이면서 측지선이면

$$\iint_R K dA = 2\pi - \sum_{i=1}^{n} \epsilon_i = (2-n)\pi + \sum_{i=1}^{n} \iota_i$$

임을 증명하여라. 여기서 n은 꼭지점의 개수이고 ϵ_i는 α의 꼭지점에서의 외각, ι_i는 내각을 나타낸다.

04. 원환면 T^2은 평면에 놓여 있는 직사각형을 마주보는 변끼리 서로 꿰매어 얻는 곡면이라고 생각할 수 있다. 다음 그림(그림 6.13)은 T^2의 한 삼각분할을 나타낸다. 이 삼각분할에 대하여 ν, ε, $\mathbb{F}$ 및 $\chi(T^2)$를 구하고 $\iint_T KdA$를 구하여라.

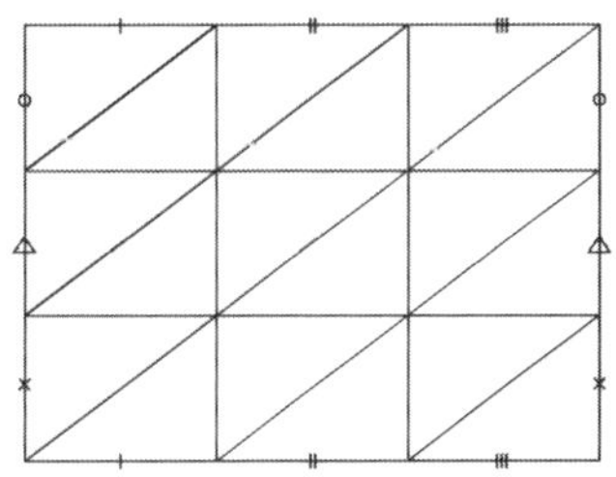

그림 6.13

05. S^2과 원환면 T^2에서 작은 삼각형 $\triangle$와 $\overline{\triangle}$를 각각 떼어내고 경계 $\partial\triangle$와 $\partial\overline{\triangle}$를 서로 붙인 다음, 그 부분을 매끄럽게 하여 만든 옹골정칙곡면 $S^2 \# T^2$의 오일러표수를 구하여라.

06. 두 개의 원환면 T와 $\overline{T}$에서 작은 삼각형 $\triangle$와 $\overline{\triangle}$를 떼어내고 그 경계 $\partial\triangle$와 $\partial\overline{\triangle}$를 서로 붙인 다음, 그 부분을 매끄럽게 만들면 새로운 곡면이 얻어진다. 이 곡면을 $T\#\overline{T}$라 할 때 $T\#\overline{T}$의 오일러표수를 구하고 $\iint_{T\#\overline{T}} KdA$를 구하여라.

07. 자루가 3개인 옹골정칙곡면 T_3의 오일러표수를 구하여라. 일반적으로 자루가 h인 T_h의 오일러표수를 구하고

$$\iint_{T_h} K_{T_h} dA$$

의 값을 구하여라.

08. 옹골정칙곡면 M이 구 S^2과 위상동형이 아니면 가우스곡률이 $K > 0$, $K < 0$, $K = 0$인 점이 각각 존재함을 증명하여라.

B를 $\mathbb{R}^3$의 유계인 영역이라 하자. 임의의 두 점 $\mathbf{p}$, $\mathbf{q} \in B$에 내하여 누 점을 연결하는 직선

$$(1-t)\mathbf{p} + t\mathbf{q}\ (0 \le t \le 1)$$

이 B에 포함될 때, B를 볼록영역(convex domain)이라고 한다. M이 옹골정칙곡면일 때, M의 내부[14]를 포함하는 가장 작은 볼록영역의 경계를 최소볼록집합(convex hull)이라고 한다. 일반적으로 최소볼록집합은 정칙곡면이 아닐 수도 있다.

(1) S^2과 타원체면 $M: \dfrac{x^2}{a^2} + \dfrac{x^2}{b^2} + \dfrac{x^2}{c^2} = 1$의 내부는 각각 볼록영역임을 증명하여라.

(2) 원환면의 최소볼록집합을 구하여라.

(3) M^*를 옹골정칙곡면 M의 최소볼록집합이라 할 때

$$\iint_{M^*} K_{M^*} dA_{M^*} \le \iint_{M^+} K_M\, dA_M$$

임을 증명하여라. 여기서 $M^+ = \{\mathbf{p} \in M : K(\mathbf{p}) \ge 0\}$이고 K_{M^*}는 가우스

14) 위상수학적 개념인 내점(interior)의 집합을 나타내지 않고 M에 의해 둘러싸인 유계인 영역을 나타낸다.

곡률이 정의되는 부분에서의 가우스곡률이다(도움말 : 정리 5.1.7).

(4) M이 옹골정칙곡면이고 가우스사상 $Z : M \to S^2$이 위상동형사상이면

$$\iint_M K_M \, dA_M = \iint_{S^2} K_{S^2} \, dA_{S^2} = 4\pi$$

임을 증명하여라.

(5) M이 옹골정칙곡면일 때,

$$\iint_{\{\mathbf{p} \mid K(\mathbf{p}) \geq 0\}} K dA \geq 4\pi$$

임을 증명하여라(도움말 : M의 최소볼록집합 M^*을 생각하고 (3)과 (4)를 이용하여라).

제 7 장 미분형식과 구조방정식

V를 유한차원 벡터공간이라 하고 $< \ , \ >$를 V의 내적이라 하자. 벡터 $v \in V$ (단, $v \neq 0$)에 대하여 함수 $v^*: V \to \mathbb{R}$를

$$\begin{cases} v^*(v) = 1 \\ v^*(w) = 0 \qquad (w \neq v \text{일 때}) \end{cases}$$

로 정의되는 선형사상이라 하자. 또, V에서 $\mathbb{R}$로 사상되는 선형사상 전체의 집합을 V^*로 나타내자. 위의 정의에 의하면 $v \neq 0$인 벡터 $v \in V$에 대하여 V^*의 원소 하나를 대응시킬 수 있다. 또, $v = 0$일 때 $v^* = 0$으로 정의하면 V^*도 벡터공간이 된다. 더욱이 $\{v_1, v_2, \cdots, v_n\}$이 V의 기저이면 $\{v_1{}^*, v_2{}^*, \cdots, v_n{}^*\}$는 V^*의 기저임을 쉽게 보일 수 있다. 이러한 이유 때문에 v^*를 v의 **쌍대벡터**(dual vector)라 하고 V^*를 V의 **쌍대공간**(dual space)이라고 한다. 쌍대공간 V^*의 구조를 살펴봄으로써 벡터공간 V의 구조를 파악할 수 있는 경우가 있으므로 벡터공간 이론에서 쌍대공간의 개념은 매우 중요하다.

쌍대공간에 관한 내용을 기하학적 관점에서 적용해보자. $\mathbb{R}^3$의 벡터장 X는 각각의 점 $\mathbf{p}$에서 접벡터 $X(\mathbf{p}) \in T_{\mathbf{p}}\mathbb{R}^3$을 대응시키는 함수이다. 접공간 $T_{\mathbf{p}}\mathbb{R}^3$은 $\mathbb{R}^3$으로부터 자연스런 내적을 제공받기 때문에 각 접벡터 $X(\mathbf{p})$에 대하여 $X(\mathbf{p})^* \in (T_{\mathbf{p}}\mathbb{R}^3)^*$를 얻는다. 따라서 벡터장 X의 쌍대벡터장 X^*는 각 점 $\mathbf{p} \in \mathbb{R}^3$에서 $X^*(\mathbf{p}) = X(\mathbf{p})^* \in (T_{\mathbf{p}}\mathbb{R}^3)^*$를 대응시키는 함수라고 생각할 수 있다.

정칙곡면에서 정의된 접벡터장에 대해서도 같은 이야기를 할 수 있다. 벡터장의 쌍대개념을 미분형식이라고 한다. 가우스곡률은 법벡터장의 미분으로 얻어지는 기하학적 개념이므로 그것의 쌍대개념인 미분형식을 이용하여도 가우스곡률을 정의하고 계산할 수 있다. 실제로, 미분형식을 이용하면 가우스곡률 뿐만 아니라 그 동안 해왔던 기하학 이론을 똑같이 전개할 수 있다. 7장에서는 미분형식을 이용한 접근방법에 대하여 알아보고 이로부터 앞에서 배웠던 내용을 다시 한번 살펴보기로 한다.

7.1 일차미분형식

고등미적분학에서 미분방정식을 풀기 위한 하나의 수단으로 함수의 '전미분'이라는 개념을 사용한다. 즉, 함수 f가 유클리드 공간 $\mathbb{R}^3$에서 정의된 함수일 때

$$df = \frac{\partial f}{\partial x}dx + \frac{\partial f}{\partial y}dy + \frac{\partial f}{\partial z}dz$$

를 함수 f의 **전미분**(total differential)이라고 한다. 함수의 미분에 관한 형식적 표현인 전미분에 대한 기하학적 의미를 살펴보자. $\mathbf{p}$가 $\mathbb{R}^3$의 점일 때 점 $\mathbf{p}$에서 $\mathbb{R}^3$의 접공간은

$$T_{\mathbf{p}}\mathbb{R}^3 = \{\mathbf{v}_{\mathbf{p}} | \mathbf{v} \in \mathbb{R}^3\}$$

로 정의되는 벡터공간으로 $\mathbb{R}^3$와 동형이다. 이러한 접공간들의 합집합을 $\mathrm{T}\mathbb{R}^3$으로 나타낸다. 즉,

$$\mathrm{T}\mathbb{R}^3 = \bigcup_{\mathbf{p} \in \mathbb{R}^3} \mathrm{T}_{\mathbf{p}}\mathbb{R}^3$$

집합 $\mathrm{T}\mathbb{R}^3$은 벡터다발(vector bundle)이라고 복잡한 구조를 가지고 있지만 이 책의 수준을 벗어나므로 그 구조에 관해서는 더 이상 언급하지 않고 단순히 접공간들의 합집합으로 생각하기로 한다.

정의 7.1.1 함수 $\omega: \mathrm{T}\mathbb{R}^3 \to \mathbb{R}$가 각각의 점에서 선형성질을 만족시킬 때, 즉 임의의 접벡터 $\mathbf{v}, \mathbf{w} \in \mathrm{T}_{\mathbf{p}}\mathbb{R}^3$과 실수 $a, b \in \mathbb{R}$에 대하여

(7.1.1) $$\omega(a\mathbf{v} + b\mathbf{w}) = a\omega(\mathbf{v}) + b\omega(\mathbf{w})$$

일 때, ω를 $\mathbb{R}^3$의 **일차미분형식**(differential 1-form)이라고 한다.

위의 정의에 의하면 $\mathbb{R}^3$의 접벡터 $\mathbf{v}$에 대하여 일차미분형식 ω의 값 $\omega(\mathbf{v})$는 실수이다. 또, $\mathbb{R}^3$의 각 점 $\mathbf{p}$에서 $\omega = \omega_{\mathbf{p}}: \mathrm{T}_{\mathbf{p}}\mathbb{R}^3 \to \mathbb{R}^3$은 선형사상이다.

ω와 η가 일차미분형식일 때, 미분형식의 합 $\omega+\eta$는 각각의 접벡터 $\mathbf{v}\in T_{\mathbf{p}}\mathbb{R}^3$에 대하여

$$(7.1.2)\qquad (\omega+\eta)(\mathbf{v})=\omega(\mathbf{v})+\eta(\mathbf{v})$$

로 정의한다. 또, f가 $\mathbb{R}^3$의 함수일 때, 함수곱 $f\omega$는 각각의 접벡터 $\mathbf{v}_{\mathbf{p}}$에 대하여

$$(7.1.3)\qquad (f\omega)(\mathbf{v}_{\mathbf{p}})=f(\mathbf{p})\omega(\mathbf{v})$$

로 정의한다. 한편, ω가 $\mathbb{R}^3$의 일차미분형식이고 X가 $\mathbb{R}^3$의 벡터장일 때, $\omega(X)$는 각 점 $\mathbf{p}\in\mathbb{R}^3$에 대하여

$$(7.1.4)\qquad \omega(X)(\mathbf{p})=\omega_{\mathbf{p}}(X(\mathbf{p}))$$

로 정의되는 함수이다.

f와 g를 함수, X와 Y를 벡터장, 그리고 ω와 η를 일차미분형식이라 하면, 정의 7.1.1과 (7.1.2)-(7.1.4)에 의해 다음 식이 성립하는 것을 쉽게 증명할 수 있다.

(i) $\omega(fX+gY)=f\omega(X)+g\omega(Y)$
(ii) $(f\omega+g\eta)(X)=f\omega(X)+g\eta(X)$

미분기하학에서 다루는 함수나 기하학적 개념들은 모두 미분가능하기를 기대한다. 일차미분형식 또한 이와 같은 성질을 갖기를 희망한다. 그러나 접공간의 집합 $T\mathbb{R}^3$에 어떠한 미분구조도 정의하지 않았기 때문에 그 집합 위에서 정의된 함수인 일차미분형식의 미분가능성을 정의할 수가 없다. 하지만 벡터장의 미분가능성이 어떤 의미인지를 알고 있기 때문에 식 (7.1.4)를 이용하여 다음과 같이 정의할 수 있다.

정의 7.1.2 ω가 $\mathbb{R}^3$의 일차미분형식이라고 하자. 미분가능한 임의의 벡터장 X에 대하여 함수 $\omega(X)$가 미분가능할 때 ω가 미분가능하다고 한다.

정의 7.1.2와 식 (i)-(ii)에 의해 ω와 η가 미분가능한 일차미분형식이고 f가 미분가

능한 함수이면 $\omega+\eta$와 $f\omega$는 미분가능한 일차미분형식이다. 앞으로 벡터장과 마찬가지로 일차미분형식은 모두 미분가능하다는 것을 가정하기로 한다.

정의 7.1.3 f가 미분가능한 함수일 때 전미분 df는 각각의 접벡터 $\mathbf{v_p}$에 대하여

$$df(\mathbf{v_p}) = \mathbf{v_p}[f]$$

로 정의되는 일차미분형식이다.

보기 7.1.4 (1) $x_1 = x$, $x_2 = y$, $x_3 = z$를 $\mathbb{R}^3$의 자연좌표함수라 하자. 정의에 의하여 전미분 dx_1, dx_2, dx_3은 $\mathbb{R}^3$의 일차미분형식이다. 더욱이 $\mathbf{v} = (v_1, v_2, v_3)$일 때,

$$dx_i(\mathbf{v_p}) = \mathbf{v_p}[x_i] = \sum_{j=1}^{3} v_j \frac{\partial x_i}{\partial x_j} = \sum_{j=1}^{3} v_j \delta_{ij} = v_i$$

가 성립한다.

(2) $\eta = f_1 dx_1 + f_2 dx_2 + f_3 dx_3$은 $\mathbb{R}^3$의 일차미분형식이다. 또, 임의의 접벡터 $\mathbf{v_p}$에 대하여

$$\eta(\mathbf{v_p}) = \left(\sum_{i=1}^{3} f_i dx_i\right)(\mathbf{v_p}) = \sum_{i=1}^{3} f_i(\mathbf{p}) dx_i(\mathbf{v}) = \sum_{i=1}^{3} f_i(\mathbf{p}) v_i$$

(3) X가 $\mathbb{R}^3$의 벡터장일 때, 임의의 접벡터 $\mathbf{v_p}$에 대하여 ω_X를

$$\omega_X(\mathbf{v_p}) = \langle X(\mathbf{p}), \mathbf{v} \rangle$$

로 정의하면 ω_X는 일차미분형식이다. 이때 ω_X를 벡터장 X의 **쌍대일차미분형식**(1-form dual to X)이라고 한다.

보기 7.1.4 (1)로부터 자연틀마당 U_1, U_2, U_3에 대하여

$$dx_i(U_j) = \delta_{ij}$$

이 성립한다. 다음 정리에 의하면 dx_1, dx_2, dx_3은 $\mathbb{R}^3$의 일차미분형식 공간의 기저가 된다.

도움정리 7.1.5 ω가 $\mathbb{R}^3$의 일차미분형식이면

$$\omega = \sum_{i=1}^{3} f_i dx_i$$

로 나타낼 수 있다. 여기서 $f_i = \omega(U_i)$이다.

증명

일차미분형식은 접공간에서 정의된 함수이므로 임의의 접벡터에 대하여 양변의 함수값이 같다는 것을 보이면 된다. $\mathbf{v_p}=(v_1, v_2, v_3)_\mathbf{p}\in T_\mathbf{p}\mathbb{R}^3$이면 보기 7.1.4에 의해

$$\left(\sum_{i=1}^{3} f_i dx_i\right)(\mathbf{v_p})=\sum_{i=1}^{3} f_i(\mathbf{p})v_i$$

한편, $\mathbf{v_p}=\sum_{i=1}^{3} v_i U_i(\mathbf{p})$이므로

$$\omega(\mathbf{v_p})=\omega\left(\sum_{i=1}^{3} v_i U_i(\mathbf{p})\right)=\sum_{i=1}^{3} v_i\omega(U_i(\mathbf{p}))=\sum_{i=1}^{3} v_i f_i(\mathbf{p})$$

따라서

$$\omega=\sum_{i=1}^{3} f_i dx_i$$

따름정리 7.1.6 f가 미분가능한 함수이면

$$df=\sum_{i=1}^{3}\frac{\partial f}{\partial x_i}dx_i$$

증명

$\mathbf{v_p}=(v_1, v_2, v_3)_\mathbf{p}$이면 도움정리 2.2.3에 의해

$$df(\mathbf{v_p})=\mathbf{v_p}[f]=\sum_{i=1}^{3} v_i\frac{\partial f}{\partial x_i}(\mathbf{p})$$
$$=\sum_{i=1}^{3}\frac{\partial f}{\partial x_i}(\mathbf{p})dx_i(\mathbf{v_p})$$

따름정리 7.1.6을 적용하거나 미분연산자 d를 이용하면 미분가능한 두 함수 f, g에 대하여

$$d(f+g)=df+dg$$

이 성립함을 쉽게 증명할 수가 있다. 또한 두 함수의 곱에 대하여 다음 식이 성립한다.

도움정리 7.1.7 f와 g가 미분가능한 함수이면

$$d(fg) = gdf + fdg$$

증명

따름정리 7.1.6에 의해

$$\begin{aligned} d(fg) &= \sum_{i=1}^{3} \frac{\partial(fg)}{\partial x_i} dx_i = \sum_{i=1}^{3} \left(\frac{\partial f}{\partial x_i} g + f \frac{\partial g}{\partial x_i} \right) dx_i \\ &= g\left(\sum_{i=1}^{3} \frac{\partial f}{\partial x_i} dx_i \right) + f\left(\sum_{i=1} \frac{\partial g}{\partial x_i} dx_i \right) = gdf + fdg \end{aligned}$$

보기 7.1.8 함수

$$f(x, y, z) = (x^2 - 2)y + (y^2 + 1)z$$

에 대하여 df를 구하고 $\mathbf{v} = (2, 1, -1)$과 $\mathbf{p} = (-1, 3, 2)$일 때, $df(\mathbf{v_p})$를 구하여라.

풀이. 정의에 의해

$$df = 2xydx + (x^2 + 2yz - 2)dy + (y^2 + 1)dz$$

이다. 따라서

$$\begin{aligned} df(\mathbf{v_p}) &= 2 \cdot (-1) \cdot 3 \cdot 2 + (1 + 2 \cdot 3 \cdot 2 - 2) \cdot 1 + (9 + 1) \cdot (-1) \\ &= -11 \end{aligned}$$

연습문제

01. $\mathbf{v} = (2, -1, 3)$, $\mathbf{p} = (1, 0, -2)$일 때, 다음 일차미분형식에 대한 $\mathbf{v}_\mathbf{p}$의 값을 구하여라.

(1) $\omega = z^2 dx$

(2) $\eta = y dx - x dy$

(3) $\xi = (y^2 - 1)dx + (z+1)dy + (x+y)dx$

02. $\omega = \sum_{i=1}^{3} f_i dx_i$가 일차미분형식이고 $X = \sum_{i=1}^{3} a_i U_i$가 벡터장이면

$$\omega(X) = \sum_{i=1}^{3} f_i a_i$$

임을 증명하여라.

03. $\omega = y^2 dx - (x + z^2) dy$에 대한 다음 벡터장의 값을 구하여라.

(1) $X = xU_1 + yU_2 + zU_3$

(2) $Y = xz(U_1 - U_2) - x(y^2 + x)(U_3 - U_1)$

(3) $zX + xY$

04. 다음 함수 f와 $\mathbf{v}$, $\mathbf{p}$에 대하여 $df(\mathbf{v}_{\mathbf{p}})$의 값을 구하여라.

(1) $f(x, y, z) = x^2y + xz^2$; $\mathbf{v} = (1, -2, 1)$, $\mathbf{p} = (-1, 1, 3)$

(2) $f(x, y, z) = e^x \cos y + y \tan x$; $\mathbf{v} = (1, -2, 1)$, $\mathrm{p} = \left(0, \dfrac{\pi}{4}, \dfrac{\pi}{4}\right)$

(3) $f(x, y, z) = \sin xz \cos yz$; $\mathbf{v} = (2, 3, 1)$, $\mathrm{p} = \left(\dfrac{\pi}{2}, \dfrac{\pi}{2}, 0\right)$

7.2 미분형식과 쐐기곱

$\mathbb{R}^3$의 접공간 $T\mathbb{R}^3$에서 정의된 선형사상을 일차미분형식이라고 하듯이 접공간 $T\mathbb{R}^3$을 곱한 곱공간 $T\mathbb{R}^3 \times T\mathbb{R}^3$에서 정의된 이중선형사상을 생각할 수 있다. 이와 같이 접공간을 곱한 곱공간에서의 다중선형사상을 생각하면 일차미분형식의 개념을 확장시킨 이차 및 삼차미분형식을 정의할 수 있다. 그러나 1절과 달리 여기서는 엄밀한 정의를 하지 않기로 한다. 다중선형(multilinear) 사상 등의 대수적 개념을 도입하면 미분형식을 엄밀하고 추상적으로 정의할 수 있지만 이보다는 직관과 약속을 통해 되도록 간단한 방법을 이용하여 미분형식을 다루고자 한다.

$\mathbb{R}^3$의 0차 미분형식은 미분가능한 함수 $f: \mathbb{R}^3 \to \mathbb{R}$ 를 말한다. $\mathbb{R}^3$의 일차미분형식은

$$dx = dx_1, \ dy = dx_2, \ dz = dx_3$$

의 결합으로 나타내어진다. 다시 말해서 $\{dx, dy, dz\}$는 $\mathbb{R}^3$에서 일차미분형식의 기저이다. 또, $dx_i(\mathbf{e}_j) = \delta_{ij}$가 성립이므로 dx_i는 $\mathbf{e}_i$의 쌍대기저이다. 여기서 $\{\mathbf{e}_1, \mathbf{e}_2, \mathbf{e}_3\}$는 $\mathbb{R}^3$의 표준기저를 나타낸다.

정의 7.2.1 함수 $\eta: T\mathbb{R}^3 \times T\mathbb{R}^3 \to \mathbb{R}$가 다음 두 조건을 만족시킬 때, $\mathbb{R}^3$의 **이차미분형식**(differential 2-form)이라고 한다.

(i) 각 점 $\mathbf{p} \in \mathbb{R}^3$에 대하여

$$\eta_{\mathbf{p}} = \eta: T_{\mathbf{p}}\mathbb{R}^3 \times T_{\mathbf{p}}\mathbb{R}^3 \to \mathbb{R}$$

은 이중선형사상이다. 즉, $\mathbf{u}, \mathbf{v}, \mathbf{w} \in T_{\mathbf{p}}\mathbb{R}^3$과 실수 $a, b \in \mathbb{R}$에 대하여

$$\eta(a\mathbf{u} + b\mathbf{v}, \mathbf{w}) = a\eta(\mathbf{u}, \mathbf{w}) + b\eta(\mathbf{v}, \mathbf{w})$$
$$\eta(\mathbf{u}, a\mathbf{v} + b\mathbf{w}) = a\eta(\mathbf{u}, \mathbf{v}) + b\eta(\mathbf{u}, \mathbf{w})$$

(ii) $\mathbf{v}, \mathbf{w} \in T_{\mathbf{p}}\mathbb{R}^3$에 대하여

$$\eta(\mathbf{v}, \mathbf{w}) = -\eta(\mathbf{w}, \mathbf{v})$$

정의 7.2.2 $\mathbb{R}^3$의 일차미분형식 dx_1, dx_2, dx_3과 $\mathbf{v}, \mathbf{w} \in T_{\mathbf{p}}\mathbb{R}^3$에 대하여 $dx_i \wedge dx_j$ $(1 \le i, j \le 3)$을

$$dx_i \wedge dx_j(\mathbf{v}, \mathbf{w}) = dx_i(\mathbf{v})dx_j(\mathbf{w}) - dx_i(\mathbf{w})dx_j(\mathbf{v})$$

로 정의하고 이를 **쐐기곱**(wedge product)이라고 한다.

$dx_i \wedge dx_j$는 이차미분형식임을 쉽게 보일 수 있다. 그리고 정의 7.2.2로부터 다음 사실이 성립하는 것을 쉽게 알 수 있다.

(i) $dx_i \wedge dx_i = 0 \ (i = 1, 2, 3)$

(ii) $dx_i \wedge dx_j = -dx_j \wedge dx_i \ (1 \leq i, j \leq 3)$

이와 같이 쐐기곱 연산자를 이용하면 일차미분형식으로부터 이차미분형식을 얻을 수 있다. 특히 성질 (i), (ii)에 의해 0이 아닌 이차미분형식은(부호를 무시하면) $dx_i \wedge dx_j$의 9개 중에서

$$dx_1 \wedge dx_2, \ dx_1 \wedge dx_3, \ dx_2 \wedge dx_3$$

3개뿐이다.

η와 ξ가 $\mathbb{R}^3$의 이차미분형식이고 f가 함수이면 합 $\eta + \xi$와 함수곱 $f\eta$를 일차미분형식과 같은 방법으로 정의한다. 다시 말해서, $\mathbf{v_p}$, $\mathbf{w_p} \in T_{\mathbf{p}}\mathbb{R}^3$에 대하여

$$(\eta + \xi)(\mathbf{v}, \mathbf{w}) = \eta(\mathbf{v}, \mathbf{w}) + \xi(\mathbf{v}, \mathbf{w})$$
$$(f\eta)(\mathbf{v_p}, \mathbf{w_p}) = f(\mathbf{p})\eta(\mathbf{v}, \mathbf{w})$$

로 정의한다. 한편, 이차미분형식 η와 두 벡터장 X와 Y에 대하여 $\eta(X, Y)$는

$$\eta(X, Y)(\mathbf{p}) = \eta(X(\mathbf{p}), Y(\mathbf{p})) \tag{7.2.1}$$

로 정의한다. 정의로부터 $\eta(X, Y)$는 $\mathbb{R}^3$의 함수를 나타냄을 알 수 있다.

일차미분형식과 마찬가지로 이차미분형식의 미분가능성은 식 (7.2.1)로 정의한다. 즉, 미분가능한 임의의 두 벡터장 X와 Y에 대하여 함수 $\eta(X, Y)$가 미분가능할 때 이차미분형식 η가 미분가능하다고 한다. 일차미분형식과 마찬가지로 앞으로 이차미분형식은 모두 미분가능하다는 것을 가정하기로 한다.

다음 정리에 의하면 이차미분형식 $dx_1 \wedge dx_2$, $dx_1 \wedge dx_3$, $dx_2 \wedge dx_3$은 $\mathbb{R}^3$의 이차미분형식 공간의 기저이다.

정리 7.2.3 η가 $\mathbb{R}^3$의 이차미분형식이면 함수 f, g, h에 대하여

$$\eta = f\,dx_1 \wedge dx_2 + g dx_1 \wedge dx_3 + h dx_2 \wedge dx_3 \tag{7.2.2}$$

로 나타낼 수있다. 여기서 $f = \eta(U_1, U_2)$, $g = \eta(U_1, U_3)$, $h = \eta(U_2, U_3)$이고 $\{U_1, U_2, U_3\}$은 자연틀마당이다.

증명

식 (7.2.2)의 우변을 ξ로 나타내자. 즉,

$$\xi = f dx_1 \wedge dx_2 + g dx_1 \wedge dx_3 + h dx_2 \wedge dx_3$$

그러면 η와 ξ는 모두 이차미분형식이므로 각 점 $\mathbf{p} \in \mathbb{R}^3$에서

$$\eta(U_i(\mathbf{p}), U_j(\mathbf{p})) = \xi(U_i(\mathbf{p}), U_j(\mathbf{p}))$$

임을 보이면 된다. 정의와 $dx_i(U_j(\mathbf{p})) = \delta_{ij}$임을 이용하면

$$\begin{aligned}\xi(U_1(\mathbf{p}), U_2(\mathbf{p})) &= (f dx_1 \wedge dx_2)(U_1(\mathbf{p}), U_2(\mathbf{p}))\\ &= f(\mathbf{p})\{dx_1(U_1(\mathbf{p}))dx_2(U_2(\mathbf{p})) - dx_1(U_2(\mathbf{p}))dx_2(U_1(\mathbf{p}))\}\\ &= f(\mathbf{p}) = \eta(U_1(\mathbf{p}), U_2(\mathbf{p}))\end{aligned}$$

같은 방법으로

$$\xi(U_1(\mathbf{p}), U_3(\mathbf{p})) = g(\mathbf{p}) = \eta(U_1(\mathbf{p}), U_3(\mathbf{p}))$$
$$\xi(U_2(\mathbf{p}), U_3(\mathbf{p})) = h\mathbf{p}) = \eta(U_2(\mathbf{p}), U_3(\mathbf{p}))$$

이므로 $\eta = \xi$가 성립한다.

dx_i의 쐐기곱과 마찬가지로 일반적인 일차미분형식의 쐐기곱도 정의할 수 있다.

정의 7.2.4 ω와 η가 $\mathbb{R}^3$의 일차미분형식이일 때, 임의의 접벡터 $\mathbf{v_p}$, $\mathbf{w_p} \in T_{\mathbf{p}}\mathbb{R}^3$에 대하여 ω와 η의 쐐기곱 $\omega \wedge \eta$를

$$(\omega \wedge \eta)(\mathbf{v_p}, \mathbf{w_p}) = \omega(\mathbf{v_p})\eta(\mathbf{w_p}) - \omega(\mathbf{w_p})\eta(\mathbf{v_p})$$

로 정의한다.

정의에 의해 $\omega \wedge \eta$는 이차미분형식이고 $\omega \wedge \eta = -\eta \wedge \omega$가 성립한다. 더욱이, $\omega = \sum_{i=1}^{3} f_i dx_i$이고 $\eta = \sum_{i=1}^{3} g_i dx_i$이면 분배법칙에 의해

$$\omega \wedge \eta = (f_1g_2 - f_2g_1)dx_1 \wedge dx_2 + (f_1g_3 - f_3g_1)dx_1 \wedge dx_3 + (f_2g_3 - f_3g_2)dx_2 \wedge dx_3$$

이 성립한다.

보기 7.2.5 $\omega = xdx - ydy$, $\eta = zdx + xdz$일 때 $\omega \wedge \eta$를 구하여라.

풀이. 정의에 의해

$$\omega \wedge \eta = x^2 dx \wedge dz + yzdx \wedge dy - xydy \wedge dz$$

미분가능한 함수 f의 전미분 df는 일차미분형식이다. 이와 비슷하게 일차미분형식과 미분연산자 d를 이용하여 이차미분형식을 얻을 수 있다.

정의 7.2.6 $\omega = \sum_{i=1}^{3} f_i dx_i$가 일차미분형식일 때 $d\omega$를

$$d\omega = \sum_{i=1}^{3} df_i \wedge dx_i$$

로 정의하고 이를 ω의 **외미분**(exterior derivative)이라고 한다.

정의에 의해 $d\omega$는 이차미분형식이다. 또 각 $i = 1, 2, 3$에 대하여

$$df_i = \sum_{j=1}^{3} \frac{\partial f_i}{\partial x_j} dx_j$$

이고

$$dx_i \wedge dx_i = 0, \ dx_i \wedge dx_j = -dx_j \wedge dx_i$$

이므로

$$d\omega = \left(\frac{\partial f_2}{\partial x_1} - \frac{\partial f_1}{\partial x_2}\right) dx_1 \wedge dx_2 + \left(\frac{\partial f_3}{\partial x_1} - \frac{\partial f_1}{\partial x_3}\right) dx_1 \wedge dx_3 + \left(\frac{\partial f_3}{\partial x_2} - \frac{\partial f_2}{\partial x_3}\right) dx_2 \wedge dx_3$$

가 성립한다.

보기 7.2.7 일차미분형식 $\omega = xydx + x^2dz$에 대하여 $d\omega$를 구하여라.

풀이. 정의로부터

$$\begin{aligned} d\omega &= xdy \wedge dx + 2xdx \wedge dz \\ &= -xdx \wedge dy + 2xdx \wedge dz \end{aligned}$$

정리 7.2.8 실수 $a, b \in \mathbb{R}$와 함수 f에 대하여 ω, η가 일차미분형식이면

(1) $d(a\omega + b\eta) = ad\omega + bd\eta$

(2) $d(fw) = df \wedge w + fdw$

증명

(1)은 외미분 연산자 d의 성질에 의해 성립하므로 (2)만 증명하기로 한다. $\omega = \sum_{i=1}^{3} h_i dx_i$ 로 놓으면 $f\omega = \sum_{i=1}^{3} fh_i dx_i$이므로 정의와 도움정리 7.1.7에 의해

$$\begin{aligned} d(f\omega) &= \sum_{i=1}^{3} d(fh_i) \wedge dx_i = df \wedge \left(\sum_{i=1}^{3} h_i dx_i\right) + f\sum_{i=1}^{3} dh_i \wedge dx_i \\ &= df \wedge \omega + fd\omega \end{aligned}$$

$\mathbb{R}^3$의 3차미분형식도 이차미분형식과 비슷한 방법으로 정의할 수 있다.

정의 7.2.9 함수 $\mu : T\mathbb{R}^3 \times T\mathbb{R}^3 \times T\mathbb{R}^3 \to \mathbb{R}$가 다음 두 조건을 만족시킬 때, $\mathbb{R}^3$의 **3차미분형식**(differential 3-form)이라고 한다.

(i) 각 점 $\mathbf{p} \in \mathbb{R}^3$에 대하여

$$\mu_{\mathbf{p}} : T_{\mathbf{p}}\mathbb{R}^3 \times T_{\mathbf{p}}\mathbb{R}^3 \times T_{\mathbf{p}}\mathbb{R}^3 \to \mathbb{R}^3$$

은 삼중선형사상이다. 즉, 각각의 성분에 대하여 선형성질을 만족시킨다.

(ii) 임의의 접벡터 $\mathbf{u}$, $\mathbf{v}$, $\mathbf{w}$에 대하여

$$\mu(\mathbf{u}, \mathbf{v}, \mathbf{w}) = -\mu(\mathbf{v}, \mathbf{u}, \mathbf{w}) = -\mu(\mathbf{u}, \mathbf{w}, \mathbf{v}) = -\mu(\mathbf{w}, \mathbf{v}, \mathbf{u}) = \mu(\mathbf{v}, \mathbf{w}, \mathbf{u})$$

정리 7.2.10 ω와 η가 각각 $\mathbb{R}^3$의 일차미분형식과 이차미분형식일 때, $\omega \wedge \eta$를

$$\omega \wedge \eta(\mathbf{u}, \mathbf{v}, \mathbf{w}) = \omega(\mathbf{u})\eta(\mathbf{v}, \mathbf{w}) - \omega(\mathbf{v})\eta(\mathbf{u}, \mathbf{w}) + \omega(\mathbf{w})\eta(\mathbf{u}, \mathbf{v})$$

로 정의하면 $\omega \wedge \eta$는 3차미분형식이다.

증명

$\mu = \omega \wedge \eta$로 놓으면 μ가 정의 7.2.9를 만족시킨다.

$\mathbb{R}^3$의 좌표함수로 주어지는 일차미분형식 $dx_1 = dx$, $dx_2 = dy$, $dx_3 = dz$에 대하여

$$dx_1 \wedge dx_2 \wedge dx_3 = dx_1 \wedge (dx_2 \wedge dx_3)$$

로 정의하면 $dx_1 \wedge dx_2 \wedge dx_3$은 3차미분형식이다. 정리 7.2.10을 적용하여 $dx_1 \wedge dx_2 \wedge dx_3$의 값을 구체적으로 나타내면, 임의의 접벡터 $\mathbf{u}$, $\mathbf{v}$, $\mathbf{w}$에 대하여

$$\begin{aligned}(dx_1 \wedge dx_2 \wedge dx_3)(\mathbf{u}, \mathbf{v}, \mathbf{w}) = {} & dx_1(\mathbf{u})dx_2(\mathbf{v})dx_3(\mathbf{w}) - dx_1(\mathbf{u})dx_2(\mathbf{w})dx_3(\mathbf{v}) \\ & + dx_1(\mathbf{v})dx_2(\mathbf{w})dx_3(\mathbf{u}) - dx_1(\mathbf{v})dx_2(\mathbf{u})dx_3(\mathbf{w}) \\ & + dx_1(\mathbf{w})dx_2(\mathbf{u})dx_3(\mathbf{v}) - dx_1(\mathbf{w})dx_2(\mathbf{v})dx_3(\mathbf{u})\end{aligned}$$

일반적으로 ω, η, θ을 일차미분형식이면

$$\begin{aligned}(\omega \wedge \eta \wedge \theta)(\mathbf{u}, \mathbf{v}, \mathbf{w}) = {} & \omega(\mathbf{u})\eta(\mathbf{v})\theta(\mathbf{w}) - \omega(\mathbf{u})\eta(\mathbf{w})\theta(\mathbf{v}) \\ & + \omega(\mathbf{v})\eta(\mathbf{w})\theta(\mathbf{u}) - \omega(\mathbf{v})\eta(\mathbf{u})\theta(\mathbf{w}) \\ & + \omega(\mathbf{w})\eta(\mathbf{u})\theta(\mathbf{v}) - \omega(\mathbf{w})\eta(\mathbf{v})\theta(\mathbf{u})\end{aligned}$$

이 성립한다.

μ, ν가 $\mathbb{R}^3$의 3차미분형식이고 f가 함수일 때, 합 $\mu + \nu$와 함수곱 $f\mu$는 이차미분형식과 같이 자명한 방법으로 정의한다. 그리고 3차미분형식 μ와 세 벡터장 X, Y, W에 대하여

$$\mu(X, Y, W)(\mathbf{p}) = \mu(X(\mathbf{p}), Y(\mathbf{p}), W(\mathbf{p}))$$

로 정의하고 이것으로 μ의 미분가능성을 정의한다.

정의에 의하면 $dx_i \wedge dx_j \wedge dx_k$는 3차미분형식이다. 일반적으로 세 개의 일차미분형식 ω, η, θ의 쐐기곱 $\omega \wedge \eta \wedge \theta$는 3차미분형식이다. $\mathbb{R}^3$의 변수는 x_1, x_2, x_3 세 개뿐이므로 $dx_i \wedge dx_j \wedge dx_k$ 형태의 3차미분형식 중에서 부호를 무시하면 0이 아닌 것은 $dx_1 \wedge dx_2 \wedge dx_3$뿐이다. 다음 정리에 의하면 이것이 3차미분형식의 기저가 됨을

알 수 있다.

정리 7.2.11 μ가 $\mathbb{R}^3$의 3차미분형식이면 함수 f가 존재하여

$$\mu = f dx_1 \wedge dx_2 \wedge dx_3$$

로 나타낼 수 있다. 여기서 $f = \mu(U_1, U_2, U_3)$이다.

증명

$\xi = f dx_1 \wedge dx_2 \wedge dx_3$, $f = \mu(U_1, U_2, U_3)$로 놓으면

$$\begin{aligned}\xi(U_1(\mathbf{p}), U_2(\mathbf{p}), U_3(\mathbf{p})) &= (f dx_1 \wedge dx_2 \wedge dx_3)(U_1(\mathbf{p}), U_2(\mathbf{p}), U_3(\mathbf{p})) \\ &= f(\mathbf{p}) dx_1(U_1(\mathbf{p})) dx_2(U_2(\mathbf{p})) dx_3(U_3(\mathbf{p})) \\ &= f(\mathbf{p}) = \mu(U_1(\mathbf{p}), U_2(\mathbf{p}), U_3(\mathbf{p}))\end{aligned}$$

다음 정리는 두 일차미분형식의 쐐기곱에 대한 외미분 공식이다.

정리 7.2.12 ω와 η가 $\mathbb{R}^3$의 일차미분형식이면

$$d(\omega \wedge \eta) = d\omega \wedge \eta - \omega \wedge d\eta$$

증명

다음과 같이 세 가지 경우로 나누어 증명하자.

경우 1 : $\omega = f dx$, $\eta = g dx$일 때

$$\omega \wedge \eta = fg dx \wedge dx = 0$$

이므로 오른쪽 항이 0임을 보이면 된다.

$$d\omega = df \wedge dx = \frac{\partial f}{\partial y} dy \wedge dx + \frac{\partial f}{\partial z} dz \wedge dx$$

이므로 각 항이 dx를 포함한다. 따라서 $d\omega \wedge \eta$에 dx가 반복해서 나타나므로

$$d\omega \wedge \eta = 0$$

같은 이유에 의해 $\omega \wedge d\eta = 0$이 성립한다.

경우 2 : $\omega = f dx$, $\eta = g dy$일 때

$$\begin{aligned}dw \wedge \eta &= \left(\frac{\partial f}{\partial y} dy \wedge dx + \frac{\partial f}{\partial z} dz \wedge dx \right) \wedge g dy \\ &= 0 + \frac{\partial f}{\partial z} g dz \wedge dx \wedge dy = g \frac{\partial f}{\partial z} dx \wedge dy \wedge dz\end{aligned}$$

같은 방법으로

$$\omega \wedge d\eta = f dx \wedge \left(\frac{\partial g}{\partial x} dx \wedge dy + \frac{\partial g}{\partial z} dz \wedge dy \right)$$

$$= f \frac{\partial g}{\partial z} dx \wedge dz \wedge dy = - f \frac{\partial g}{\partial x} dx \wedge dy \wedge dx$$

따라서

$$d\omega \wedge \eta - \omega \wedge d\eta = \left(g \frac{\partial f}{\partial z} + f \frac{\partial g}{\partial z} \right) dx \wedge dy \wedge dz$$

한편, $\omega \wedge \eta = fg dx \wedge dy$이므로

$$d(\omega \wedge \eta) = d(fg) \wedge dx \wedge dy = \frac{\partial (fg)}{\partial z} dz \wedge dx \wedge dy$$

$$= \left(g \frac{\partial f}{\partial z} + f \frac{\partial g}{\partial z} \right) dx \wedge dy \wedge dz$$

경우 3 : 일반적인 경우

경우 1과 경우 2에 의해 일차미분형식 ω와 η가 $fdu(u = x,\ y,\ z)$인 경우에는 성립한다. 모든 일차미분형식은 이러한 형태의 일차미분형식의 합으로 주어지고 외미분 연산자 d의 선형성질과 쐐기곱에 대한 분배법칙이 성립하므로 일반적인 경우에도 주어진 등식이 성립한다.

다음은 외미분 연산자 d를 두 번 시행할 때 생기는 현상에 대하여 알아보자. μ가 삼차미분형식이면 그것의 외미분은 dx_i 중의 하나가 반드시 반복해서 나타나므로 $d\mu = 0$이다. 따라서 η가 이차미분형식이면 $d\eta$는 삼차미분형식이므로 $d(d\eta) = 0$이 성립한다. 일반적으로 임의의 미분형식에 외미분 연산자 d를 두 번 시행하면 항상 0이 된다.

정리 7.2.13 f가 미분가능한 함수이고 ω가 일차미분형식이면

$$d(df) = 0,\ \ d(d\omega) = 0$$

증명

함수 f에 대하여 $d(df)$를 직접 계산하면 0이 됨을 알 수 있다. 또 ω가 $\omega = fdg$ 형태의 일차미분형식이면 $d(fdg) = df \wedge dg$이므로 일차미분형식 ω에 대하여 $d(d\omega) = 0$이 성립한다.

연습문제

01. $\mathbf{v}=(2, 0, 3)$, $\mathbf{w}=(-1, 1, 0)$, $\mathbf{p}=(0, -2, 1)$이고 $\eta = yzdx \wedge dy + ydx \wedge dz$ 일 때 $\eta(\mathbf{v}_\mathrm{p}, \mathbf{w}_\mathrm{p})$의 값을 구하여라.

02. $w = zdx + (x^2+y)dy + xydz$, $\eta = \cos z dx + \sin x dy$, $\xi = e^x dy + ydz$일 때, 다음을 구하여라.

(1) $\omega \wedge \eta$, $\eta \wedge \xi$, $\xi \wedge \omega$

(2) $d\omega$, $d\eta$, $d\xi$

03. $\mathbf{u}=(1, 0, 2)$, $\mathbf{v}=(1, 1, 5)$, $\mathbf{w}=(1, 2, -8)$, $\mathbf{p}=\left(\frac{\pi}{2}, 0, \pi\right)$이고

$$\mu = e^y \sin x \cos z \ dx \wedge dy \wedge dz$$

일 때, $\mu(\mathbf{u}_\mathrm{p}, \mathbf{v}_\mathrm{p}, \mathbf{w}_\mathrm{p})$의 값을 구하여라.

04. 위의 문제 2에서

$$d(\omega \wedge \eta),\ d(\eta \wedge \xi),\ d(\xi \wedge \omega)$$

를 구하여라.

05. (1) 원기둥좌표 $x = r\cos\theta,\ y = r\sin\theta,\ z = z$에 대하여 $dx,\ dy,\ dz$를 $dr,\ d\theta,\ dz$로 나타내어라. 그리고 $dx \wedge dy$를 $dr \wedge d\theta$로 나타내어라.

(2) 구면좌표 $x = \rho\sin\varphi\cos\theta,\ y = \rho\sin\varphi\cos\theta,\ z = \rho\cos\varphi$에 대하여 $dx,\ dy,\ dz$를 $d\rho,\ d\varphi,\ d\theta$로 나타내어라. 또한 $dx \wedge dy \wedge dz$를 $d\rho \wedge d\varphi \wedge d\theta$로 나타내어라.

06. η가 $\mathbb{R}^3$의 이차미분형식이고 X가 벡터장일 때, 각 점 $\mathbf{p} \in \mathbb{R}^3$에서 임의의 접벡터 $\mathbf{v_p} \in T_\mathbf{p}\mathbb{R}^3$에 대하여 $X \lrcorner\, \eta(\mathbf{v_p})$를

$$X \lrcorner\, \eta(\mathbf{v_p}) = \eta(X(\mathbf{p}),\ \mathbf{v})$$

로 정의하자.

(1) $X \lrcorner\, \eta$는 일차미분형식임을 증명하여라.

(2) $\eta = \varphi dx \wedge dy + \psi dy \wedge dz$이고 $X = f_1U_1 + f_2U_2 + f_3U_3$일 때, $X \lrcorner\, \eta$를 구하여라.

07. 일차미분형식 $\omega_1,\ \omega_2,\ \cdots,\ \omega_k$와 함수 $f_1,\ f_2,\ \cdots,\ f_k$에 대하여

$$『f_1w_1 + f_2w_2 + \cdots + f_k\omega_k = 0 \Rightarrow f_1 = f_2 = \cdots = f_k = 0』$$

을 만족시킬 때, $\omega_1,\ \omega_2,\ \cdots,\ \omega_k$를 일차독립(linearly independent)이라고 한다. 이차미분형식에 대해서도 똑같이 정의한다.

(1) $\omega_1 = dx + dy,\ \omega_2 = dy + dz$라 하면 $\omega_1,\ \omega_2$는 일차독립임을 증명하여라.

(2) $\mathbb{R}^3$의 일차미분형식 $\omega_1,\ \omega_2,\ \omega_3$가 일차독립이면 $\omega_1 \wedge \omega_2,\ \omega_1 \wedge \omega_3,\ \omega_2 \wedge \omega_3$도 일차독립임을 증명하여라.

(3) ω_1과 ω_2가 일차독립인 일차미분형식이고 일차미분형식 $\eta_1,\ \eta_2$가

$$\eta_1 \wedge \omega_1 + \eta_2 \wedge \omega_2 = 0$$

이면

$$\eta_j = \sum_{i=1}^{2} \varphi_{ij}\omega_i,\ \varphi_{ij} = \varphi_{ji}\ \ (j = 1,\ 2)$$

을 만족시키는 함수 φ_{ij} $(1 \le i,\ j \le 2)$가 존재함을 증명하여라(도움말 : 쌍대공간이 3차원이므로 일차미분형식 ω_3가 ω_1, ω_2와 일차독립이면

$$\eta_j = \sum_{i=1}^{2} \varphi_{ij}\omega_i + \varphi_{3j}\omega_3$$

로 나타낼 수 있다).

(4) $\mathbb{R}^3$의 일차미분형식 ω_1, ω_2, ω_3가 일차독립일 필요충분조건은

$$\omega_1 \wedge \omega_2 \wedge \omega_3 \neq 0$$

임을 증명하여라(도움말 : $w_i = \sum_{j=1}^{3} a_{ij}dx_j$이면 $\omega_1 \wedge \omega_2 \wedge \omega_3 = \det(a_{ij})dx_1 \wedge dx_2 \wedge dx_3$이다).

08. η가 이차미분형식이고 $X = aU_1 + bU_2$, $Y = cU_1 + dU_2$이면

$$\eta(X,\ Y) = (ad - bc)\eta(U_1,\ U_2)$$

임을 증명하여라.

7.3 틀마당 및 연결형식

2장 5절에서 벡터장의 방향도함수를 구하는 개념인 공변미분을 정의하였다. W가 $\mathbb{R}^3$의 벡터장이고 $\mathbf{v_p} \in T_\mathbf{p}\mathbb{R}^3$이 점 $\mathbf{p}$에서의 접벡터이면 공변미분 $\nabla_\mathbf{v} W$는

$$\nabla_\mathbf{v} W = \frac{d}{dt} W(\mathbf{p} + t\mathbf{v})\Big|_{t=0}$$

이다. 자연틀마당 U_1, U_2, U_3을 도입하면 벡터장 W를 $W = \sum_{i=1}^{3} w_i U_i$로 나타낼 수 있고, 이 경우 공변미분은

$$(7.3.1) \qquad \nabla_\mathbf{v} W = \sum_{i=1}^{3} \mathbf{v_p}[w_i] U_i(\mathbf{p})$$

으로 주어진다. 여기서 $\mathbf{v_p}[w_i] = dw_i(\mathbf{v_p})$이다.

이 절에서는 틀마당과 틀마당의 공변미분에 의해 얻어지는 연결형식에 대하여 알아보기로 한다.

정의 7.3.1	$\mathbb{R}^3$의 세 벡터장 E_1, E_2, E_3이 $$E_i \cdot E_j = \langle E_i, E_j \rangle = \delta_{ij} \ (1 \le i, j \le 3)$$ 을 만족시킬 때, $\{E_1, E_2, E_3\}$을 **틀마당(frame field)**이라고 한다.

정의 7.3.1에서 두 벡터장 V와 W의 내적은

$$V \cdot W(\mathbf{p}) = V(\mathbf{p}) \cdot W(\mathbf{p})$$

로 정의되는 함수를 나타낸다. 자연틀마당 U_1, U_2, U_3은 정의에 의해 $\mathbb{R}^3$의 틀마당이다. 또, E_1, E_2, E_3이 $\mathbb{R}^3$의 틀마당이면 정의로부터 각 점 $\mathbf{p} \in \mathbb{R}^3$에 대하여 $\{E_1(\mathbf{p}), E_2(\mathbf{p}), E_3(\mathbf{p})\}$는 $T_\mathbf{p}\mathbb{R}^3$의 정규직교기저이다.

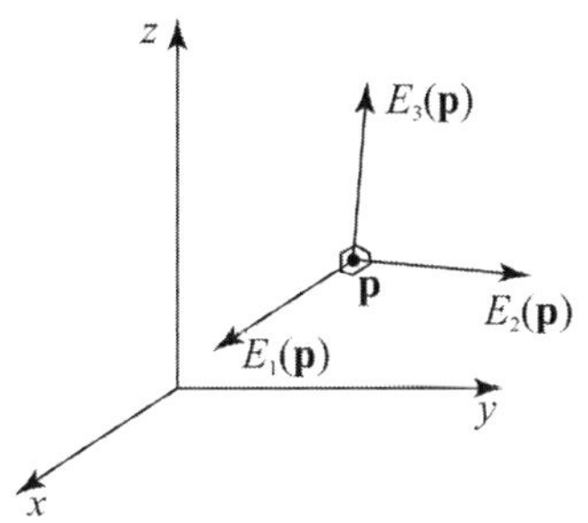

그림 7.1

보기 7.3.2 원기둥틀마당

r, θ, z를 원기둥좌표라고 하면 직교좌표 x, y, z에 대하여

$$x = r\cos\theta,\ y = r\sin\theta,\ z = z$$

을 만족시킨다. 이 때 E_1, E_2, E_3을

$$E_1 = \cos\theta U_1 + \sin\theta U_2$$
$$E_2 = -\sin\theta U_1 + \cos\theta U_2$$
$$E_3 = U_3$$

로 정의하면 $\{E_1, E_2, E_3\}$은 $\mathbb{R}^3$의 틀마당이다(그림 7.2). 실제로, $E_i \cdot E_j = \delta_{ij}$ 임을 쉽게 알 수 있다. 이것을 **원기둥틀마당**(cylindrical frame field)이라고 한다.

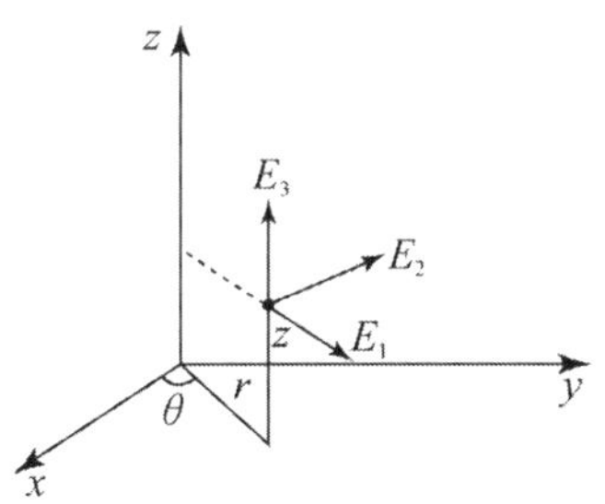

그림 7.2

보기 7.3.3 구면틀마당

원기둥틀마당과 비슷하게 구면좌표를 이용하여 틀마당을 만들 수 있다. ρ, φ, θ를 구면좌표라 하자. 즉,

$$x = \rho\sin\varphi\cos\theta,\ y = \rho\sin\varphi\sin\theta,\ z = \rho\cos\varphi$$

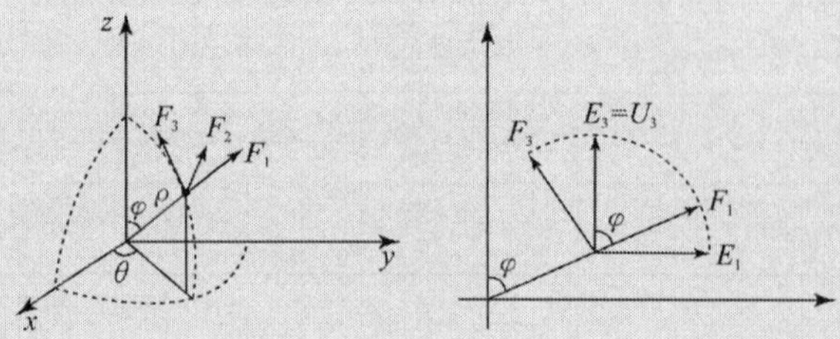

그림 7.3

이때 $F_2 = E_2$로 정의 하고

$$F_1 = \sin\varphi E_1 + \cos\varphi E_3, \quad F_3 = \cos\varphi E_1 - \sin\varphi E_3$$

로 정의하자. 여기서 $\{E_1, E_2, E_3\}$는 보기 7.3.2에 있는 원기둥틀마당이다. 따라서

$$F_1 = \sin\varphi\cos\theta U_1 + \sin\varphi\sin\theta U_2 + \cos\varphi U_3$$
$$F_2 = -\sin\theta U_1 + \cos\theta U_2$$
$$F_3 = \cos\varphi\cos\theta U_1 + \cos\varphi\sin\theta U_2 - \sin\varphi U_3$$

그러면 $\{F_1, F_2, F_3\}$은 $\mathbb{R}^3$의 틀마당이 되고 이를 **구면틀마당**(spherical frame field)이라고 한다.

E_1, E_2, E_3이 $\mathbb{R}^3$의 임의의 틀마당이고 $\mathbf{v}_\mathbf{p} \in T_\mathbf{p}\mathbb{R}^3$이면 각각의 $i = 1, 2, 3$에 대하여 공변미분 $\nabla_\mathbf{v} E_i$는 $T_\mathbf{p}\mathbb{R}^3$의 벡터이므로 $\{E_1(\mathbf{p}), E_2(\mathbf{p}), E_3(\mathbf{p})\}$의 일차결합으로 나타낼 수 있다. 더욱이,$\{E_1(\mathbf{p}), E_2(\mathbf{p}), E_3(\mathbf{p})\}$는 정규직교기저이므로

$$\nabla_\mathbf{v} E_1 = \langle \nabla_\mathbf{v} E_1, E_1(\mathbf{p}) \rangle E_1(\mathbf{p}) + \langle \nabla_\mathbf{v} E_1, E_2(\mathbf{p}) \rangle E_2(\mathbf{p}) + \langle \nabla_\mathbf{v} E_1, E_3(\mathbf{p}) \rangle E_3(\mathbf{p})$$
$$\nabla_\mathbf{v} E_2 = \langle \nabla_\mathbf{v} E_2, E_1(\mathbf{p}) \rangle E_1(\mathbf{p}) + \langle \nabla_\mathbf{v} E_2, E_2(\mathbf{p}) \rangle E_2(\mathbf{p}) + \langle \nabla_\mathbf{v} E_2, E_3(\mathbf{p}) \rangle E_3(\mathbf{p})$$
$$\nabla_\mathbf{v} E_3 = \langle \nabla_\mathbf{v} E_3, E_1(\mathbf{p}) \rangle E_1(\mathbf{p}) + \langle \nabla_\mathbf{v} E_3, E_2(\mathbf{p}) \rangle E_2(\mathbf{p}) + \langle \nabla_\mathbf{v} E_3, E_3(\mathbf{p}) \rangle E_3(\mathbf{p})$$

로 나타낼 수 있다.

정의 7.3.4 E_1, E_2, E_3이 $\mathbb{R}^3$의 틀마당이고 $\mathbf{v} \in T_\mathbf{p}\mathbb{R}^3$이 접벡터일 때, ω_{ij} $(1 \le i, j \le 3)$을

$$\omega_{ij}(\mathbf{v}) = \langle \nabla_\mathbf{v} E_i, E_j(\mathbf{p}) \rangle$$

로 정의하고, 이를 틀마당 E_1, E_2, E_3의 **연결형식**(connection form)이라고 한다.

도움정리 7.3.5	ω_{ij}는 일차미분형식이고 $\omega_{ij}=-\omega_{ji}$이다.

증명

정의에 의해 각각의 $\mathbf{v_p}\in T_\mathbf{p}\mathbb{R}^3$에 대하여 $\omega_{ij}(\mathbf{v})$는 실수이다. 또 공변미분은 선형성질을 만족시키므로 ω와 실수 a, b에 대하여

$$\begin{aligned}\omega_{ij}(a\mathbf{v}+b\mathbf{w}) &= \langle \nabla_{a\mathbf{v}+b\mathbf{w}}E_i,\ E_j(\mathbf{p})\rangle = \langle a\nabla_{\mathbf{v}}E_i+b\nabla_{\mathbf{w}}E_i,\ E_j(\mathbf{p})\rangle \\ &= a\langle \nabla_{\mathbf{v}}E_i,\ E_j(\mathbf{p})\rangle + b\langle \nabla_{\mathbf{w}}E_i,\ E_j(\mathbf{p})\rangle \\ &= a\omega_{ij}(\mathbf{v})+b\omega_{ij}(\mathbf{v})\end{aligned}$$

$\omega_{ij}=-\omega_{ji}$임을 보이기 위해 임의의 $\mathbf{v_p}\in T_\mathbf{p}\mathbb{R}^3$에 대하여 $\omega_{ij}(\mathbf{v})=-\omega_{ji}(\mathbf{v})$임을 보이면 충분하다. $\langle E_i,\ E_j\rangle=\delta_{ij}$이고 δ_{ij}의 미분은 0이므로 양변을 미분하면 정리 2.5.4에 의해

$$\begin{aligned}0 = \mathbf{v}[\delta_{ij}] &= \mathbf{v_p}[\langle E_i,\ E_j\rangle] \\ &= \langle \nabla_{\mathbf{v}}E_i,\ E_j(\mathbf{p})\rangle + \langle E_i(\mathbf{p}),\ \nabla_{\mathbf{v}}E_j\rangle \\ &= \omega_{ij}(\mathbf{v})+\omega_{ji}(\mathbf{v})\end{aligned}$$

도움정리 7.3.5에 의해 $\omega_{ij}=-\omega_{ji}$이므로 9개의 연결형식 ω_{ij} $(1\le i,\ j\le 3)$ 중에서 0이 아닌 것은 부호를 무시하면 단지 ω_{12}, ω_{13}, ω_{23} 세 개뿐이다. 한편, 연결형식을 행렬로도 나타낼 수 있다. 즉, 연결형식을 3×3행렬로 이해하면

$$\omega=\begin{pmatrix}\omega_{11} & \omega_{12} & \omega_{13}\\ \omega_{21} & \omega_{22} & \omega_{23}\\ \omega_{31} & \omega_{32} & \omega_{33}\end{pmatrix}=\begin{pmatrix}0 & \omega_{12} & \omega_{13}\\ -\omega_{12} & 0 & \omega_{23}\\ -\omega_{13} & -\omega_{23} & 0\end{pmatrix}$$

로 표현할 수 있다.

V와 W가 $\mathbb{R}^3$의 벡터장이면 공변미분 $\nabla_V W$는 각각의 점 $\mathbf{p}\in\mathbb{R}^3$에 대하여

$$(\nabla_V W)(\mathbf{p})=\nabla_{V(\mathbf{p})}W\in T_\mathbf{p}\mathbb{R}^3$$

로 정의되는 벡터장이다. 또한 ω가 일차미분형식이면 $\omega(V)$는 $\omega(V)(\mathbf{p})=\omega(V(\mathbf{p}))$로 정의되는 함수이다. 다음 정리는 틀마당을 벡터장으로 미분한 값은 연결형식에 의하여 주어진다는 사실을 보여준다.

정리 7.3.6 ω_{ij}가 틀마당 E_1, E_2, E_3의 연결형식이면 임의의 벡터장 V에 대하여

$$\nabla_V E_i = \sum_{j=1}^{3} w_{ij}(V) E_j \quad (1 \le i \le 3)$$

증명

$\mathbf{p} \in \mathbb{R}^3$에 대하여

$$\begin{aligned}(\nabla_V E_i)(\mathbf{p}) &= \nabla_{V(\mathbf{p})} E_i = \sum_{j=1}^{3} \langle \nabla_{V(\mathbf{p})} E_i, E_j(\mathbf{p}) \rangle E_j(\mathbf{p}) \\ &= \sum_{j=1}^{3} \omega_{ij}(V(\mathbf{p})) E_j(\mathbf{p}) = \left(\sum_{j=1}^{3} \omega_{ij}(V) E_j \right)(\mathbf{p})\end{aligned}$$

틀마당과 자연틀마당과의 관계식을 알아보자. E_1, E_2, E_3이 $\mathbb{R}^3$의 틀마당이면 E_i는 자연틀마딩 U_i의 일차결합으로 나타낼 수 있다. 즉,

$$\begin{aligned} E_1 &= a_{11} U_1 + a_{12} U_2 + a_{13} U_3 \\ E_2 &= a_{21} U_1 + a_{22} U_2 + a_{23} U_3 \\ E_3 &= a_{31} U_1 + a_{32} U_2 + a_{33} U_3 \end{aligned}$$

여기서 $\langle U_i, U_j \rangle = \delta_{ij}$이므로 $a_{ij} = \langle E_i, U_j \rangle$이다. 일차결합의 계수 a_{ij}로 만들어지는 3×3행렬 $A = (a_{ij})$를 틀미당 E_1, E_2, E_3의 **틀마당행렬**(attitude matrix)이라고 한다. $\langle E_i, E_j \rangle = \langle U_i, U_j \rangle = \delta_{ij}$이므로 틀마당행렬 A는 직교행렬이다. 또한 성분함수 a_{ij}는 일반적으로 상수가 아닌 함수이므로 A의 전미분 dA를 $dA = (da_{ij})$로 정의한다. 이때 연결형식과 틀마당행렬 A에 대하여 다음 식이 성립한다.

정리 7.3.7 $A = (a_{ij})$와 $\omega = (\omega_{ij})$를 각각 틀마당 E_1, E_2, E_3의 틀마당행렬과 연결형식이라고 하면

(7.3.2) $$w = dA \cdot A^t \text{ (행렬곱)}$$

증명

식 (7.3.2)는

$$\omega_{ij} = \sum_{k=1}^{3} a_{jk} \cdot da_{ik} \quad (1 \le i,\ j \le 3)$$

과 동치이므로 이 등식을 증명하면 된다. $\mathbf{v}$가 점 $\mathbf{p}$에서의 접벡터이면 정의에 의해

$$\omega_{ij}(\mathbf{v}) = \langle \nabla_{\mathbf{v}} E_i,\ E_j(\mathbf{p}) \rangle$$

A가 틀마당행렬이므로

$$E_i = \sum_{k=1}^{3} a_{ik} U_k$$

이고 따라서

$$E_j(\mathbf{p}) = \sum_{k=1}^{3} a_{jk}(\mathbf{p})\, U_k(\mathbf{p}) \tag{7.3.3}$$

또, 식 (7.3.1)에 의해

$$\nabla_{\mathbf{v}} E_i = \sum_{k=1}^{3} \mathbf{v}[a_{ik}]\, U_k(\mathbf{p})$$

이므로 식 (7.3.3)과의 내적을 택하면

$$w_{ij}(\mathbf{v}) = \sum_{k=1}^{3} \mathbf{v}[a_{ik}]\, a_{jk}(\mathbf{p})$$

한편, 방향도함수의 성질로부터

$$\mathbf{v}[a_{ik}] = da_{ik}(\mathbf{v})$$

이 성립하므로

$$\omega_{ij}(\mathbf{v}) = \sum_{k=1}^{3} a_{jk}(\mathbf{p})\, da_{ik}(\mathbf{v}) = \left(\sum_{k=1}^{3} a_{jk} da_{ik} \right)(\mathbf{v})$$

보기 7.3.8 보기 7.3.2에 있는 원기둥틀마당 E_1, E_2, E_3을 생각하자. 즉,

$$E_1 = \cos\theta U_1 + \sin\theta U_2$$
$$E_2 = -\sin\theta U_1 + \cos\theta U_2$$
$$E_3 = U_3$$

그러면 틀마당행렬 A는

$$A = \begin{pmatrix} \cos\theta & \sin\theta & 0 \\ -\sin\theta & \cos\theta & 0 \\ 0 & 0 & 1 \end{pmatrix}$$

이고

$$dA = \begin{pmatrix} -\sin\theta & \cos\theta & 0 \\ -\cos\theta & -\sin\theta & 0 \\ 0 & 0 & 0 \end{pmatrix}$$

따라서

$$w = dA \cdot A^t = \begin{pmatrix} 0 & d\theta & 0 \\ -d\theta & 0 & 0 \\ 0 & 0 & 0 \end{pmatrix}$$

즉, $\omega_{12} = d\theta$이고 나머지는 $w_{ij} = 0$이다.

연습문제

01. E_1, E_2, E_3을 $\mathbb{R}^3$의 틀마당이라 하자.

(1) V가 $\mathbb{R}^3$의 벡터장이면

$$V = \sum_{i=1}^{3} \langle V, E_i \rangle E_i$$

임을 증명하여라.

(2) $V = \sum_{i=1}^{3} f_i E_i$, $W = \sum_{i=1}^{3} g_i E_i$가 $\mathbb{R}^3$의 벡터장이면

$$\langle V, W \rangle = \sum_{i=1}^{3} f_i g_i$$

임을 증명하여라.

02. $\mathbb{R}^3$의 벡터장 V와 W가 일차독립이고 $\widetilde{W} = W - \langle W, E_1 \rangle E_1$일 때

$$E_1 = \frac{V}{\| V \|}, \ E_2 = \frac{\widetilde{W}}{\| \widetilde{W} \|}, \ E_3 = E_1 \times E_2$$

는 $\mathbb{R}^3$의 틀마당임을 증명하여라.

03. 미분가능한 함수 $f: \mathbb{R}^3 \to \mathbb{R}$에 대하여

$$E_1 = \frac{1}{\sqrt{2}}(\sin f U_1 + U_2 - \cos f U_3)$$

$$E_2 = \frac{1}{\sqrt{2}}(\sin f U_1 - U_2 - \cos f U_3)$$

$$E_3 = \cos f U_1 + \sin f U_3$$

는 $\mathbb{R}^3$의 틀마당임을 증명하여라. 그리고 이때 연결형식 ω_{ij}를 구하여라.

04. 구면틀마당에 대한 연결형식 ω_{ij}를 구하여라.

05. E_1, E_2, E_3이 틀마당이고 $W=\sum_{i=1}^{3} f_i E_i$일 때

$$\nabla_V W=\sum_{j=1}^{3}\left\{V[f_j]+\sum_{i=1}^{3} f_i \omega_{ij}(V)\right\}E_j$$

가 성립함을 증명하여라.

06. $\alpha=\alpha(s)\subset \mathbb{R}^3$가 단위속력곡선이고 E_1, E_2, E_3을 $\mathbb{R}^3$의 틀마당이라 하자. E_i를 곡선 α에 제한했을 때 E_1, E_2, E_3이 α의 프레네 틀마당 T, N, B이면

$$\omega_{12}(T)=\kappa,\ \omega_{13}(T)=0,\ \omega_{23}(T)=\tau$$

임을 증명하여라(도움말 : 도움정리 4.2.4).

7.4 구조방정식

정의 7.4.1 E_1, E_2, E_3을 $\mathbb{R}^3$의 틀마당이라 할 때, 각각의 접벡터 $\mathbf{v}_\mathbf{p} \in T_p\mathbb{R}^3$에 대하여 일차미분형식 θ_1, θ_2, θ_3을

$$\theta_i(\mathbf{v}) = \langle \mathbf{v},\ E_i(\mathbf{p}) \rangle$$

로 정의하고 이를 틀마당 E_1, E_2, E_3의 **쌍대일차미분형식**(dual 1-form)이라고 한다.

정의로부터 θ_i가 일차미분형식임을 쉽게 알 수 있다. 또, 자연틀마당 U_1, U_2, U_3의 쌍대일차미분형식은 다름이 아닌 dx_1, dx_2, dx_3임을 알 수 있다. 실제로, 보기 7.1.4에 의해

$$dx_i(\mathbf{v}) = v_i = \langle \mathbf{v},\ U_i(\mathbf{p}) \rangle$$

가 성립한다. 한편, E_1, E_2, E_3을 틀마당이라 하고 V를 임의의 벡터장이라 하면

$$V = \sum_{i=1}^{3} \langle V,\ E_i \rangle E_i = \sum_{i=1}^{3} \theta_i(V) E_i \tag{7.4.1}$$

로 나타낼 수 있다. 벡터장과 일차미분형식은 쌍대성(duality)을 가지고 있으므로 식 (7.4.1)에 대응하는 일차미분형식에 관하여 다음 정리가 성립한다.

도움정리 7.4.2 θ_i가 틀마당 E_1, E_2, E_3의 쌍대일차미분형식이면 임의의 일차미분형식 ω는 다음과 같이

$$\omega = \sum_{i=1}^{3} \omega(E_i)\theta_i$$

나타낼 수 있고, 이 표현은 유일하다.

증명

임의의 접벡터장에 대하여 두 일차미분형식의 값이 같다는 것만 보이면 된다. V를 접벡터장이라 하면

$$\left(\sum_{i=1}^{3}\omega(E_i)\theta_i\right)(V)=\sum_{i=1}^{3}\omega(E_i)\theta_i(V)$$
$$=\omega\left(\sum_{i=1}^{3}\theta_i(V)E_i\right)=\omega(V)$$

한편, 표현이 유일하다는 것을 증명하기 위하여 $\omega=\sum_{i=1}^{3}f_i\theta_i$로 놓으면

$$\omega(E_j)=\sum_{i=1}^{3}f_i\theta_i(E_j)=\sum_{i=1}^{3}f_i\delta_{ij}=f_j$$

도움정리 7.4.3 E_1, E_2, E_3을 틀마당이라 하고 $A=(a_{ij})$를

$$E_i=\sum_{j=1}^{3}a_{ij}U_j \ \ (1\leq i\leq 3)$$

을 만족시키는 틀마당행렬이라고 하면

$$\theta_i=\sum_{j=1}^{3}a_{ij}dx_j$$

증명

도움정리 7.4.2에 의해

$$\theta_i=\sum_{j=1}^{3}\theta_i(U_j)dx_j$$

로 나타낼 수 있다. 여기서

$$\theta_i(U_j)=\langle E_i,\ U_j\rangle=\left\langle\sum_{k=1}^{3}a_{ik}U_k,\ U_j\right\rangle=a_{ij}$$

이다.

정리 7.4.4 구조방정식15) θ_i와 ω_{ij}를 각각 틀마당 E_1, E_2, E_3의 쌍대일차미분형식과 연결형식이라고 하면 다음 방정식이 성립한다.

(1) $d\theta_i=\sum_{j=1}^{3}\omega_{ij}\wedge\theta_j \ \ (1\leq i\leq 3)$

(2) $d\omega_{ij}=\sum_{k=1}^{3}\omega_{ik}\wedge\omega_{kj} \ \ (1\leq i,\ j\leq 3)$

15) 영어로 structural equation이라고 한다.

증명

(1) 도움정리 7.4.3에 의해

$$\theta_i = \sum_{j=1}^{3} a_{ij}\, dx_j$$

이므로

$$d\theta_i = \sum_{j=1}^{3} da_{ij} \wedge dx_j \tag{7.4.2}$$

틀마당행렬 A가 직교행렬이므로 $A^{-1} = A^t$이다. 따라서 정리 7.3.7에 있는 식 (7.3.2)를 da_{ij}에 대하여 풀면

$$da_{ij} = \sum_{k=1}^{3} \omega_{ik} a_{kj}$$

그러므로

$$\begin{aligned} d\theta_i &= \sum_{j=1}^{3} \left\{ \left(\sum_{k=1}^{3} \omega_{ik} a_{kj} \right) \wedge dx_j \right\} \\ &= \sum_{k=1}^{3} \left\{ \omega_{ik} \wedge \sum_{j=1}^{3} a_{kj} dx_j \right\} \\ &= \sum_{k=1}^{3} \omega_{ik} \wedge \theta_k \end{aligned}$$

(2) 정리 7.3.7에 의해

$$\omega_{ij} = \sum_{k=1}^{3} a_{jk}\, da_{ik}$$

이므로

$$d\omega_{ij} = \sum_{k=1}^{3} da_{ik} \wedge da_{ik} = -\sum_{k=1}^{3} da_{jk} \wedge da_{jk} \tag{7.4.3}$$

식 (7.4.3)을 행렬로 나타내면

$$d\omega = -dA \cdot (dA)^t \tag{7.4.4}$$

식 $\omega = dA \cdot A^t$의 양변에 행렬 A를 곱하고 $A^t = A^{-1}$을 이용하면

$$dA = \omega A \tag{7.4.5}$$

따라서

$$(dA)^t = (\omega A)^t = A^t \omega^t \tag{7.4.6}$$

식 (7.4.4)에 식 (7.4.5)와 (7.4.6)을 대입하면

$$d\omega = -\omega A A^t \omega^t = -\omega\omega^t = \omega\omega$$

이 식을 행렬의 성분으로 나타내면

$$d\omega_{ij} = \sum_{k=1}^{3} \omega_{ik} \wedge \omega_{kj}$$

보기 7.4.5 구면틀마당의 구조방정식

보기 7.3.3에 있는 구면틀마당 F_1, F_2, F_3에 대하여 틀마당행렬 A는

$$A=(a_{ij})=\begin{pmatrix} \sin\varphi\cos\theta & \sin\varphi\sin\theta & \cos\varphi \\ -\sin\theta & \cos\theta & 0 \\ \cos\varphi\cos\theta & \cos\varphi\sin\theta & -\sin\varphi \end{pmatrix}$$

이고 따라서

$$dA=\begin{pmatrix} \cos\varphi\cos\theta d\varphi-\sin\varphi\sin\theta d\theta & \cos\varphi\sin\theta d\varphi+\sin\varphi\cos\theta d\theta & -\sin\varphi d\varphi \\ -\cos\theta d\theta & -\sin\theta d\theta & 0 \\ -\sin\varphi\cos\theta d\varphi-\cos\varphi\sin\theta d\theta & -\sin\varphi\sin\theta d\varphi+\cos\varphi\cos\theta d\theta & -\cos\varphi d\varphi \end{pmatrix}$$

그러므로

$$\omega=dA\cdot A^t=\begin{pmatrix} 0 & \sin\varphi d\theta & d\varphi \\ -\sin\varphi d\theta & 0 & -\cos\varphi d\theta \\ -d\varphi & \cos\varphi d\theta & 0 \end{pmatrix}$$

또,

$$dx=\sin\varphi\cos\theta d\rho+\rho\cos\varphi\cos\theta d\varphi-\rho\sin\varphi\sin\theta d\theta$$

$$dy=\sin\varphi\sin\theta d\rho+\rho\cos\varphi\sin\theta d\varphi-\rho\sin\varphi\cos\theta d\theta$$

$$dz=\cos\varphi d\rho-\rho\sin\varphi d\varphi$$

이므로

$$\theta_1=\sum_{j=1}^{3}a_{1j}dx_j=d\rho,\ \ \theta_2=\sum_{j=1}^{3}a_{2j}dx_j=\rho\sin\varphi d\theta$$

이고

$$\theta_3=\sum_{j=1}^{3}a_{3j}dx_j=\rho d\varphi$$

따라서

$$d\theta_1=0,\ \ d\theta_2=\sin\varphi d\rho\wedge d\theta+\rho\cos\varphi d\varphi\wedge d\theta$$

이고

$$d\theta_3=d\rho\wedge d\varphi$$

그러므로 첫 번째 구조방정식이 성립하는 것을 쉽게 보일 수 있다. 끝으로

$$d\omega_{12}=\cos\varphi d\varphi\wedge d\theta,\ \ d\omega_{13}=0,\ \ \omega_{23}=\sin\varphi d\varphi\wedge d\theta$$

이므로 역시 두 번째 구조 방정식을 만족하는 것을 쉽게 알 수 있다.

연습문제

01. $\theta_1,\ \theta_2,\ \theta_3$이 틀마당 $E_1,\ E_2,\ E_3$의 쌍대일차미분형식이고 일차미분형식 ω가 $\omega = \sum_{i=1}^{3} f_i\theta_i$ 이면

$$d\omega = \sum_{j=1}^{3}\left\{df_j + \sum_i f_i\omega_{ij}\right\} \wedge \theta_j$$

임을 증명하여라.

02. 원기둥틀마당 $E_1,\ E_2,\ E_3$에 대하여

(1) $\theta_1 = dr,\ \theta_2 = rd\theta,\ \theta_3 = dz$ 임을 증명하여라.

(2) $E_1[r] = 1,\ E_2[\theta] = \dfrac{1}{r},\ E_3[z] = 1$ 임을 증명하여라(도움말 : 위의 (1)을 이용하여라.)

(3) 원기둥좌표 $(r,\ \theta,\ z)$로 주어진 함수 $f = f(r,\ \theta,\ z)$에 대하여

$$E_1[f] = \frac{\partial f}{\partial r},\ E_2[f] = \frac{1}{r}\frac{\partial f}{\partial \theta},\ E_3[f] = \frac{\partial f}{\partial z}$$

임을 증명하여라.

03. $F: \mathbb{R}^3 \to \mathbb{R}^3$이 미분가능한 사상이고 ω와 η가 각각 $\mathbb{R}^3$의 일차미분형식과 이차미분형식일때, $F^*\omega$와 $F^*\eta$를

$$F^*\omega(\mathbf{v}) = \omega(dF(\mathbf{v}))$$

와

$$F^*\eta(\mathbf{v},\ \mathbf{w}) = \eta(dF(\mathbf{v}),\ dF(\mathbf{w}))$$

로 정의하면 $F^*\omega$와 $F^*\eta$는 각각 $\mathbb{R}^3$의 일차미분형식과 이차미분형식임을 증명하여라.

04. $F: \mathbb{R}^3 \to \mathbb{R}^3$을 등장사상이라 하자.

(1) E_1, E_2, E_3이 $\mathbb{R}^3$의 틀마당이면

$$dF(E_1),\ dF(E_2),\ dF(E_3)$$

도 $\mathbb{R}^3$의 틀마당임을 증명하여라.

(2) θ_1, θ_2, θ_3이 틀마당 E_1, E_2, E_3의 쌍대일차미분형식이면 $(F^{-1})^*\theta_1$, $(F^{-1})^*\theta_2$, $(F^{-1})^*\theta_3$은 틀마당 $dF(E_1)$, $dF(E_2)$, $dF(E_3)$의 쌍대일차미분형식임을 증명하여라.

7.5 곡면의 미분형식과 적분

3차원 유클리드 공간 $\mathbb{R}^3$의 미분형식에 대한 성질을 이용하여 정칙곡면에 미분형식을 정의하고 그것의 적분에 대하여 알아보자. $\mathbb{R}^3$에서와 같이 곡면 M에서 정의된 0차미분형식은 단순히 M에서 정의된 함수 $f: M \to \mathbb{R}$를 말한다. 또, $\mathbb{R}^3$에서와 같이 곡면 M의 각 점 $\mathbf{p} \in M$에서의 접평면 $T_{\mathrm{p}}M$을 합한 합집합을 TM으로 나타내자. 즉,

$$TM = \bigcup_{\mathrm{p} \in M} T_{\mathbf{p}}M$$

정의 7.5.1 (1) 사상 $\omega: TM \to \mathbb{R}$가 각각의 접평면에서 선형사상일 때 ω를 곡면 M의 **일차미분형식**이라고 한다. 즉, 임의의 점 $\mathbf{p} \in M$과 접벡터 $\mathbf{v}, \mathbf{w} \in T_{\mathbf{p}}M$, 그리고 실수 a, b에 대하여

$$\omega(a\mathbf{v}+b\mathbf{w}) = a\omega(\mathbf{v}) + b\omega(\mathbf{w})$$

(2) 사상 $\eta: TM \times TM \to \mathbb{R}^3$가 다음 두 조건을 만족시킬 때, η를 곡면 M의 **이차미분형식**이라고 한다.

(i) 각 점 $\mathbf{p} \in M$에 대하여 $\eta: T_{\mathbf{p}}M \times T_{\mathbf{p}}M \to \mathbb{R}$는 이중선형사상이다.

(ii) 임의의 접벡터 $\mathbf{v}$와 $\mathbf{w}$에 대하여 $\eta(\mathbf{v}, \mathbf{w}) = -\eta(\mathbf{w}, \mathbf{v})$

곡면 M의 일차미분형식 ω와 미분가능한 접벡터장 V에 대하여 함수 $\omega(V)$가 미분가능할 때 ω가 미분가능하다고 한다. 같은 방법으로 곡면 M의 이차미분형식 η와 미분가능한 접벡터장 V, W에 대하여 함수 $\eta(V, W)$가 미분가능할 때, 이차미분형식 η가 미분가능하다고 한다.

보기 7.5.2 평면 $\mathbb{R}^2$의 미분형식에 대하여 알아보자. $u_1 = u$, $u_2 = v$를 평면 $\mathbb{R}^2$의 자연좌표함수라 하고, U_1, U_2를 자연틀마당이라고 하자. 또, f를 함수, ω를 일차미분형식, η를 이차미분형식이라고 하면

(1) $w = f_1 du_1 + f_2 du_2$ (단, $f_i = w(U_i)$)

(2) $\eta = g du_1 \wedge du_2$ (단, $g = \eta(U_1, U_2)$)

(3) $\eta = g_1 du_1 + g_2 du_2$이면 $\omega \wedge \eta = (f_1 g_1 - f_2 g_2) du_1 \wedge du_2$

(4) $df = \dfrac{\partial f}{\partial u_1} du_1 + \dfrac{\partial f}{\partial u_2} du_2$

(5) $d\omega = \left(\dfrac{\partial f_2}{\partial u_1} - \dfrac{\partial f_1}{\partial u_2}\right) du_1 \wedge du_2$

곡면 또는 접평면은 2차원이기 때문에 $\mathbb{R}^2$의 미분형식을 생각하면 2보다 큰 차수의 미분형식은 존재하지 않는다는 것을 알 수 있다. 다시 말해서, 곡면 위에서 정의된 미분형식은 0차, 일차, 그리고 이차미분형식 뿐이다. 한편, 이차미분형식 η에 대하여

(7.5.1) $$\eta(\mathbf{v},\ \mathbf{v}) = 0$$

이 성립한다.

도움정리 7.5.3 η가 곡면 M의 이차미분형식이고, $\mathbf{v},\ \mathbf{w} \in T_{\mathbf{p}}M$일 때, 임의의 네 실수 $a,\ b,\ c,\ d$에 대하여

$$\eta(a\mathbf{v}+b\mathbf{w},\ c\mathbf{v}+d\mathbf{w}) = \det\begin{pmatrix} a & b \\ c & d \end{pmatrix}\eta(\mathbf{v},\ w)$$

증명

정의 7.5.1과 식 (7.5.1) 그리고 η가 이중선형사상이라는 사실로부터

$$\begin{aligned}\eta(a\mathbf{v}+b\mathbf{w},\ c\mathbf{v}+d\mathbf{w}) &= a\eta(\mathbf{v},\ c\mathbf{v}+d\mathbf{w}) + b\eta(\mathbf{w},\ c\mathbf{v}+d\mathbf{w}) \\ &= ac\eta(\mathbf{v},\ \mathbf{v}) + ad\eta(\mathbf{v},\ \mathbf{w}) + bc\eta(\mathbf{w},\ \mathbf{v}) + bd\eta(\mathbf{w},\ \mathbf{w}) \\ &= (ad-bc)\eta(\mathbf{v},\ \mathbf{w})\end{aligned}$$

정의 7.5.4 ω와 η가 곡면 M의 일차미분형식일 때 임의의 접벡터 $\mathbf{v},\ \mathbf{w} \in T_{\mathbf{p}}M$에 대하여 $\omega \wedge \eta$를

$$\omega \wedge \eta(\mathbf{v},\ \mathbf{w}) = \omega(\mathbf{v})\eta(\mathbf{w}) - \omega(\mathbf{w})\eta(\mathbf{v})$$

로 정의하고, 이를 ω와 η의 **쐐기곱**(wedge product)이라고 한다.

정의 7.5.4로부터 $\omega \wedge \eta$는 이차미분형식이다. 또, $\mathbb{R}^3$에서와 같이 $\omega \wedge \eta = -\eta \wedge \omega$가 성립한다.

미분형식에 관한 미분연산자인 외미분을 곡면에 적용하여 보자. f가 곡면 M에서 정의된 미분가능한 함수일 때, 임의의 접벡터 $\mathbf{v} \in T_{\mathbf{p}}M$에 대하여

$$df(\mathbf{v}) = \mathbf{v}[f] = (f \circ \alpha)'(0)$$

으로 정의한다. 여기서 α는 $\alpha(0) = \mathbf{p}$, $\alpha'(0) = \mathbf{v}$인 곡면 M의 곡선이다. 정의에 의해 df는 곡면 M의 일차미분형식임을 알 수 있다. 한편, 곡면의 일차미분형식에 대한 외미분은 좌표함수를 도입하여 다음과 같이 정의한다.

정의 7.5.5 곡면 M의 일차미분형식 ω와 임의의 좌표함수 $\mathbf{x}$에 대하여 $d\omega$를

(7.5.2) $$d\omega(\mathbf{x}_u, \mathbf{x}_v) = \frac{\partial}{\partial u}(\omega(\mathbf{x}_v)) - \frac{\partial}{\partial v}(\omega(\mathbf{x}_u))$$

로 정의하고, 이를 ω의 **외미분**(exterior derivative)이라고 한다.

정의 7.5.5에서 일차미분형식의 외미분을 좌표함수를 도입하여 정의하였기 때문에 일차미분형식의 외미분이 곡면 위에서 잘 정의된 이차미분형식이라는 것을 보이기 위해서는 외미분이 좌표함수의 선택에 무관하다는 사실을 보여야만 한다.

도움정리 7.5.6 ω가 곡면 M의 일차미분형식이고 $\mathbf{x}: D \to M$, $\mathbf{y}: \overline{D} \to M$이 $\mathbf{x}(D) \cap \mathbf{y}(\overline{D}) \neq \varnothing$인 M의 두 좌표함수이면, 이 교집합에서

$$d_{\mathbf{x}}\omega = d_{\mathbf{y}}\omega$$

이 성립한다. 여기서 $d_{\mathbf{x}}$와 $d_{\mathbf{y}}$는 각각 좌표함수 $\mathbf{x}$와 $\mathbf{y}$에 의해 결정되는 외미분 연산자이다.

증명

좌표함수 $\mathbf{x}$의 매개변수를 u, v로 나타내고 $\mathbf{y}$의 매개변수를 $\overline{u}$, $\overline{v}$로 나타내자. $\mathbf{x}_u$, $\mathbf{x}_v$가 각각의 점에서 일차독립이므로

(7.5.3) $$(d_{\mathbf{x}}\omega)(\mathbf{x}_u, \mathbf{x}_v) = (d_{\mathbf{y}}\omega)(\mathbf{x}_u, \mathbf{x}_v)$$

임을 보이면 된다. $\mathbf{x}(u, v) = \mathbf{y}(\overline{u}, \overline{v})$로 나타내면 연쇄법칙에 의해

(7.5.4) $$\mathbf{x}_u = \frac{\partial \overline{u}}{\partial u}\mathbf{y}_{\overline{u}} + \frac{\partial \overline{v}}{\partial u}\mathbf{y}_{\overline{v}}$$

(7.5.5) $$\mathbf{x}_v = \frac{\partial \overline{u}}{\partial v}\mathbf{y}_{\overline{u}} + \frac{\partial \overline{v}}{\partial v}\mathbf{y}_{\overline{v}}$$

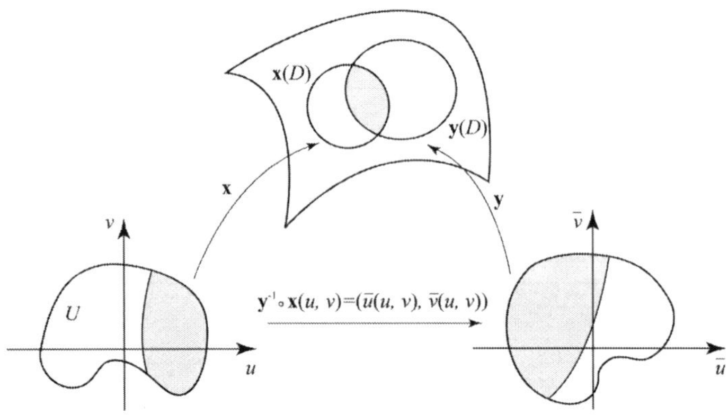

그림 7.4

도움정리 7.5.3에 의해

$$(d_{\mathbf{y}}\omega)(\mathbf{x}_u,\ \mathbf{x}_v) = \left\{\frac{\partial \bar{u}}{\partial u}\frac{\partial \bar{v}}{\partial v} - \frac{\partial \bar{u}}{\partial v}\frac{\partial \bar{v}}{\partial u}\right\}(d_{\mathbf{y}}\omega)(\mathbf{y}_{\bar{u}},\ \mathbf{y}_{\bar{v}}) \tag{7.5.6}$$

$J= \dfrac{\partial \bar{u}}{\partial u}\dfrac{\partial \bar{v}}{\partial v} - \dfrac{\partial \bar{u}}{\partial v}\dfrac{\partial \bar{v}}{\partial u}$ 로 놓을 때 식 (7.5.3)은

$$\frac{\partial}{\partial u}(\omega(\mathbf{x}_v)) - \frac{\partial}{\partial v}(\omega(\mathbf{x}_u)) = J\left\{\frac{\partial}{\partial \bar{u}}(\omega(\mathbf{y}_{\bar{v}})) - \frac{\partial}{\partial \bar{v}}(\omega(\mathbf{y}_{\bar{u}}))\right\} \tag{7.5.7}$$

와 동치이다. 식 (7.5.7)이 성립함을 보이자. 식 (7.5.5)에 미분형식 ω을 적용하면

$$\omega(\mathbf{x}_v) = \omega(\mathbf{y}_{\bar{u}})\frac{\partial \bar{u}}{\partial v} + \omega(\mathbf{y}_{\bar{v}})\frac{\partial \bar{v}}{\partial v}$$

따라서 미분하면 연쇄법칙에 의해

$$\begin{aligned}
&\frac{\partial}{\partial u}(\omega(\mathbf{x}_v)) \\
&\quad = \frac{\partial}{\partial u}(\omega(\mathbf{y}_{\bar{u}}))\frac{\partial \bar{u}}{\partial v} + \frac{\partial}{\partial u}(\omega(\mathbf{y}_{\bar{v}}))\frac{\partial \bar{v}}{\partial v} + \omega(\mathbf{y}_{\bar{u}})\frac{\partial^2 \bar{u}}{\partial u \partial v} + \omega(\mathbf{y}_{\bar{v}})\frac{\partial^2 \bar{u}}{\partial u \partial v} \\
&\quad = \left(\frac{\partial}{\partial \bar{u}}(\omega(\mathbf{y}_{\bar{u}}))\frac{\partial \bar{u}}{\partial u} + \frac{\partial}{\partial \bar{v}}(\omega(\mathbf{y}_{\bar{u}}))\frac{\partial \bar{v}}{\partial u}\right)\frac{\partial \bar{u}}{\partial v} \\
&\qquad + \left(\frac{\partial}{\partial \bar{u}}(\omega(\mathbf{y}_{\bar{v}}))\frac{\partial \bar{u}}{\partial u} + \frac{\partial}{\partial \bar{v}}(\omega(\mathbf{y}_{\bar{v}}))\frac{\partial \bar{v}}{\partial u}\right)\frac{\partial \bar{u}}{\partial v} \\
&\qquad + \omega(\mathbf{y}_{\bar{u}})\frac{\partial^2 \bar{u}}{\partial u \partial v} + \omega(\mathbf{y}_{\bar{v}})\frac{\partial^2 \bar{v}}{\partial u \partial v}
\end{aligned} \tag{7.5.8}$$

다음에 식 (7.5.4)에 미분형식 ω를 적용하여 v에 관해 미분하면

$$\frac{\partial}{\partial v}(\omega(\mathbf{x}_u)) = \left(\frac{\partial}{\partial \bar{u}}(\omega(\mathbf{y}_{\bar{u}}))\frac{\partial \bar{u}}{\partial v} + \frac{\partial}{\partial \bar{v}}(\omega(\mathbf{y}_{\bar{u}}))\frac{\partial \bar{v}}{\partial v}\right)\frac{\partial \bar{u}}{\partial u} + \left(\frac{\partial}{\partial \bar{u}}(\omega(\mathbf{y}_{\bar{v}}))\frac{\partial \bar{u}}{\partial v} + \frac{\partial}{\partial \bar{v}}(\omega(\mathbf{y}_{\bar{v}}))\frac{\partial \bar{v}}{\partial v}\right)\frac{\partial \bar{u}}{\partial u} + \omega(\mathbf{y}_{\bar{u}})\frac{\partial^2 \bar{u}}{\partial v \partial u} + \omega(\mathbf{y}_{\bar{v}})\frac{\partial^2 \bar{v}}{\partial v \partial u} \tag{7.5.9}$$

$\dfrac{\partial^2 \bar{u}}{\partial u \partial v} = \dfrac{\partial^2 \bar{u}}{\partial v \partial u}$ 이고 $\dfrac{\partial^2 \bar{v}}{\partial u \partial v} = \dfrac{\partial^2 \bar{v}}{\partial v \partial u}$ 이므로 식 (7.5.8)에서 식 (7.5.9)를 빼면

$$\frac{\partial}{\partial u}(\omega(\mathbf{x}_v)) - \frac{\partial}{\partial v}(\omega(\mathbf{x}_u)) = J\left\{\frac{\partial}{\partial \bar{u}}(\omega(\mathbf{y}_{\bar{v}})) - \frac{\partial}{\partial \bar{v}}(\omega(\mathbf{y}_{\bar{u}}))\right\} \tag{7.5.10}$$

곡면은 2차원이기 때문에 이차미분형식의 외미분은 자동으로 0이 된다. 또 $\mathbb{R}^3$에서와 같이 임의의 미분형식에 외미분 연산자 d를 두 번 시행하면 0이 됨을 알 수 있다.

정리 7.5.7 f가 곡면 M에서 정의된 미분가능한 함수이면 $d(df) = 0$이다.

증명

$\eta = df$로 놓고 임의의 좌표함수 $\mathbf{x}$에 대하여 $d\eta(\mathbf{x}_u, \mathbf{x}_v) = 0$임을 보이면 된다.

$$\eta(\mathbf{x}_u) = df(\mathbf{x}_u) = \mathbf{x}_u[f] = \frac{\partial}{\partial u}(f \circ \mathbf{x})$$

이고 같은 방법으로

$$\eta(\mathbf{x}_v) = \frac{\partial}{\partial v}(f \circ \mathbf{x})$$

따라서

$$d\eta(\mathbf{x}_u, \mathbf{x}_v) = \frac{\partial}{\partial u}(\eta(\mathbf{x}_v)) - \frac{\partial}{\partial v}(\eta(\mathbf{x}_u)) = \frac{\partial^2(f \circ \mathbf{x})}{\partial u \partial v} - \frac{\partial^2(f \circ \mathbf{x})}{\partial v \partial u} = 0$$

참고 7.5.8 곡면에서 정의된 두 미분형식이 같다는 것은 좌표함수를 도입하여 그것의 편미분들에 대한 미분형식의 값이 같을 때를 말한다. 즉,

(1) ω와 η가 곡면 M의 일차미분형식일 때, $\omega = \eta$일 필요충분조건은 임의의 좌표함수 $\mathbf{x}$에 대하여 $\omega(\mathbf{x}_u) = \eta(\mathbf{x}_u)$와 $\omega(\mathbf{x}_v) = \eta(\mathbf{x}_v)$이다.

(2) ξ와 ζ가 곡면 M의 이차미분형식일 때, $\xi = \zeta$일 필요충분조건은 $\xi(\mathbf{x}_u, \mathbf{x}_v) = \zeta(\mathbf{x}_u, \mathbf{x}_v)$이다.

정의 7.5.9 M과 $\overline{M}$를 두 정칙곡면이라 하고, $\Phi: M \to \overline{M}$를 미분가능한 사상이라 하자.

(1) ω가 $\overline{M}$의 일차미분형식일 때, $\mathbf{v} \in T_{\mathbf{p}}M$에 대하여 Φ^*w를

$$\Phi^*\omega(\mathbf{v}) = \omega(d\Phi(\mathbf{v}))$$

로 정의한다.

(2) η가 $\overline{M}$의 이차미분형식일 때, 임의의 두 접백터 $\mathbf{v}, \mathbf{w} \in T_{\mathbf{p}}M$에 대하여 $\Phi^*\eta$를

$$\Phi^*\eta(\mathbf{v}, \mathbf{w}) = \eta(d\Phi(\mathbf{v}), d\Phi(\mathbf{w}))$$

로 정의한다.

위의 정의로부터 Φ^*w는 곡면 M의 일차미분형식이고, $\Phi^*\eta$는 곡면 M의 이차미분형식임을 알 수 있다. Φ^*는 함수 Φ와 $\overline{M}$의 미분형식을 이용하여 M의 미분형식을 정의하는 연산자이므로 당김(pull-back) 연산자라고 한다.

미분형식의 연산에 대하여 당김 연산자는 다음과 같은 성질을 만족시킨다.

정리 7.5.10 미분사상 $\Phi: M \to \overline{M}$와 $\overline{M}$의 미분형식 ξ, η에 대하여

(1) $\Phi^*(\xi + \eta) = \Phi^*\xi + \Phi^*\eta$

(2) $\Phi^*(\xi \wedge \eta) = \Phi^*\xi \wedge \Phi^*\eta$

(3) $\Phi^*(d\xi) = d(\Phi^*\xi)$

증명

(1)과 (2)는 직접 계산을 하면 쉽게 보일 수 있으므로 여기서는 (3)만을 증명하기로 한다. ξ가 0차미분형식으로 $\xi = f$이면 정의에 의해 $\Phi^*f = f \circ \Phi$이므로

$$\begin{aligned}\Phi^*(df)(\mathbf{v}) &= df(d\Phi(\mathbf{v})) = d(f \circ \Phi)(\mathbf{v}) \\ &= d(\Phi^*f)(\mathbf{v})\end{aligned}$$

따라서 $\Phi^*(df) = d(\Phi^* f)$가 성립한다.

ξ가 일차미분형식이면 임의의 좌표함수 $\mathbf{x}$에 대하여

$$(d(\Phi^*\xi))(\mathbf{x}_u, \mathbf{x}_v) = (\Phi^*(d\xi))(\mathbf{x}_u, \mathbf{x}_v)$$

가 성립함을 증명하면 된다. $\mathbf{y} = \Phi \circ \mathbf{x}$로 놓으면

$$d\Phi(\mathbf{x}_u) = \mathbf{y}_u,\ \ d\Phi(\mathbf{x}_v) = \mathbf{y}_v$$

이므로 외미분 연산자 d와 Φ^*의 정의를 이용하면

$$\begin{aligned} d(\Phi^*\xi)(\mathbf{x}_u, \mathbf{x}_v) &= \frac{\partial}{\partial u}\{(\Phi^*\xi)(\mathbf{x}_v)\} - \frac{\partial}{\partial v}\{(\Phi^*\xi)(\mathbf{x}_u)\} \\ &= \frac{\partial}{\partial u}\{\xi(d\Phi(\mathbf{x}_v))\} - \frac{\partial}{\partial v}\{\xi(d\Phi(\mathbf{x}_u))\} \\ &= \frac{\partial}{\partial u}(\xi(\mathbf{y}_v)) - \frac{\partial}{\partial v}(\xi(\mathbf{y}_u)) \end{aligned}$$

$\mathbf{y}$가 좌표함수가 아닐지라도 위 등식의 마지막 항은 $d\xi(\mathbf{y}_u, \mathbf{y}_v)$와 같으므로

$$d\xi(\mathbf{y}_u, \mathbf{y}_v) = d\xi(d\Phi(\mathbf{x}_u),\ d\Phi(\mathbf{x}_v)) = (\Phi^*(d\xi))(\mathbf{x}_u, \mathbf{x}_v)$$

가 성립한다.

정리 7.5.10의 (2)에 의해 $\overline{M}$의 함수 $f : \overline{M} \to \mathbb{R}$와 미분형식 η에 대하여

$$\Phi^*(f\eta) = (f \circ \Phi)\Phi^*\eta$$

가 성립한다.

다음에는 미분형식의 적분에 대하여 알아보자.

실수의 폐구간에서 정의된 연속함수의 정적분 $\int_a^b f(x)dx$나 일반적으로 부정적분 $\int f(x)dx$의 적분인자 dx 또는 피적분함수를 포함하는 $f(x)dx$는 기하학적으로 보면 일차미분형식이다. 또 이변수함수의 중적분 $\iint f(x,y)dxdy$의 경우에는 적분인자 $dxdy$나 $f(x, y)dxdy$는 이차미분형식으로 생각할 수 있다. 따라서 곡면에서 정의된 일차미분형식이나 이차미분형식의 적분을 생각할 수 있다. 일차미분형식의 적분을 정의하기 위해서는 적분영역이 곡선 또는 곡선의 일부분에 해당하는 선분이어야 한다. 폐구간 $[a, b]$에서 곡면 M으로 사상되는 미분가능한 함수 $\alpha: [a, b] \to M$을 곡면 위에서 정의된 **선분(segment)**이라고 한다. 양 끝점에서의 미분가능성은 뉴턴몫의 우극한이나 좌극한으로 생각하거나 폐구간 $[a, b]$를 포함하는 개구간으로 선분 α를 확장시켜 1장에서 다루었던 곡선의 미분가능성으로 이해하면 된다. ω가 곡면 M의 일차미

분형식이면 ω의 α에 의한 당김 $\alpha^*\omega$는 폐구간 $[a, b]$에서 정의된 일차미분형식이므로 $f(t)dt$와 같이 나타낼 수 있다. 이 때 $\mathbb{R}$의 접벡터장을 $U(t) = 1_t$로 놓으면 도움정리 2.3.7에 의해

$$f(t) = (\alpha^*\omega)(U(t)) = \omega(\alpha_*(U(t))) = \omega(\alpha'(t))$$

이다. 따라서 일차미분형식의 적분은 다음과 같이 정의한다.

정의 7.5.11 ω가 곡면 M의 일차미분형식이고 $\alpha: [a, b] \to M$이 미분가능한 선분일 때, 선분 α 위에서 ω의 적분은

(7.5.11) $$\int_\alpha \omega = \int_{[a,b]} \alpha^*\omega = \int_a^b \omega(\alpha'(t))dt$$

로 정의하고 이를 **선적분**(line integral)이라고 한다.

정리 7.5.12 f가 곡면 M에서 정의된 미분가능한 함수이고 $\alpha: [a, b] \to M$이 $\alpha(a) = \mathbf{p}$, $\alpha(b) = \mathbf{q}$인 선분일 때,

$$\int_\alpha df = f(\mathbf{q}) - f(\mathbf{p})$$

증명

정의에 의해

$$\int_\alpha df = \int_a^b df(\alpha'(t))dt$$

또,

$$df(\alpha'(t)) = \alpha'(t)[f] = \frac{d}{dt}(f \circ \alpha)(t)$$

이므로 미적분학의 기본정리에 의해

$$\int_\alpha df = \int_a^b \frac{d}{dt}(f \circ \alpha)(t)dt = f(\alpha(b)) - f(\alpha(a)) = f(\mathbf{q}) - f(\mathbf{p})$$

이차미분형식의 적분을 정의하기 위해서는 적분영역이 직사각형 형태이어야 한다. R를 평면 $\mathbb{R}^2$의 닫힌 직사각형 $R = [a, b] \times [c, d]$라 할 때, R에서 정의된 함수 $\mathbf{x}: R \to M$을 **이차선분**(2-segment)이라고 한다. 선분과 마찬가지로 이차선분의 경계에서의 미분가능성은 닫힌 직사각형 R를 포함하는 개집합을 생각하고 그 집합에서의

미분가능성으로 생각하면 된다. η가 곡면 M의 이차미분형식이면 당김 $\mathbf{x}^*\eta$는 직사각형 R의 이차미분형식이므로 $h(u, v)dudv$의 형태로 나타낼 수 있고 함수 $h = h(u, v)$는

$$h(u, v) = (\mathbf{x}^*\eta)(U_1, U_2) = \eta(\mathbf{x}_* U_1, \mathbf{x}_* U_2) = \eta(\mathbf{x}_u, \mathbf{x}_v) \tag{7.5.12}$$

이다. 따라서 곡면에서 정의된 이차미분형식의 적분은 식 (7.5.12)를 이용하여 정의하면 된다.

정의 7.5.13 η가 곡면 M의 이차미분형식이고 $\mathbf{x}: R \to M$이 이차선분일 때, $\mathbf{x}$ 위에서 η의 적분은

$$\iint_{\mathbf{x}} \eta = \iint_R \mathbf{x}^*\eta = \int_c^d \int_a^b \eta(\mathbf{x}_u, \mathbf{x}_v)dudv$$

로 정의한다.

미분형식에 관한 스토크스(Stokes)의 정리는 일차미분형식의 외미분으로 주어지는 이차미분형식의 적분이 경계에서 일차미분형식을 적분한 값과 같다는 것을 말한다. 스토크스의 정리를 증명하기 위해 이차선분의 경계에 대하여 알아보자.

정의 7.5.14 $R = [a, b] \times [c, d]$를 닫힌 직사각형이라 하고 $\mathbf{x}: R \to M$을 이차선분이라고 하자. 이 때 $\mathbf{x}$의 경계선분(edges)은 다음과 같이 주어지는 네 개의 일차선분이다.

$$\alpha(u) = \mathbf{x}(u, c)$$
$$\beta(v) = \mathbf{x}(b, v)$$
$$\gamma(u) = \mathbf{x}(u, d)$$
$$\delta(v) = \mathbf{x}(a, v)$$

또, 이차선분 $\mathbf{x}$의 경계 $\partial\mathbf{x}$를 다음과 같이

$$\partial\mathbf{x} = \alpha + \beta - \gamma - \delta$$

형식적인 표현으로 정의한다.

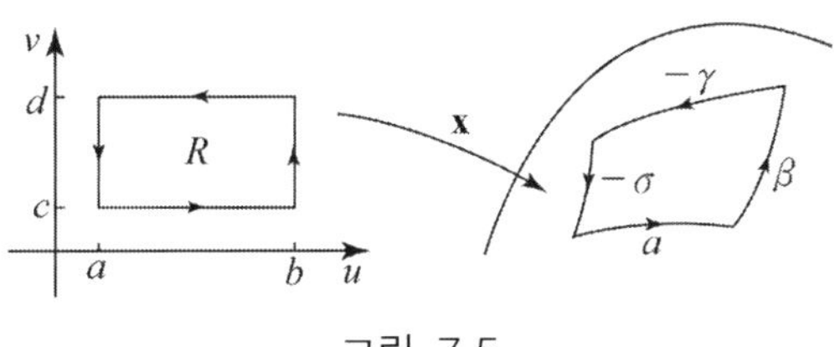

그림 7.5

ω가 곡면 M의 일차미분형식일 때 이차곡선 $\mathbf{x}$의 경계 $\partial\mathbf{x}$ 위에서의 적분은

$$\int_{\partial\mathbf{x}} \omega = \int_{\alpha} \omega + \int_{\beta} \omega - \int_{\gamma} \omega - \int_{\delta} \omega$$

로 정의한다. 그러면 다음과 같은 정리가 성립한다.

정리 7.5.14 스토크스

ω가 곡면 M의 일차미분형식이고 $\mathbf{x}: R \to M$이 이차선분이면

$$\iint_{\mathbf{x}} d\omega = \int_{\partial\mathbf{x}} \omega .$$

증명

정의에 의해

$$\begin{aligned} \iint_{\mathbf{x}} d\omega &= \iint_{R} (d\omega)(\mathbf{x}_u, \mathbf{x}_v)\, du dv \\ &= \iint_{R} \left(\frac{\partial}{\partial u}(\omega(\mathbf{x}_v)) - \frac{\partial}{\partial v}(\omega(\mathbf{x}_u)) \right) du dv \end{aligned} \tag{7.5.13}$$

$f = \omega(\mathbf{x}_u)$, $g = \omega(\mathbf{x}_v)$로 놓으면 식 (7.5.13)은

$$\iint_{\mathbf{x}} d\omega = \iint_{R} \frac{\partial g}{\partial u} du dv - \iint_{R} \frac{\partial f}{\partial v} du dv \tag{7.5.14}$$

직사각형 R를 $R = [a, b] \times [c, d]$라 하면 이중적분은 반복적분으로 나타낼 수 있다. 따라서

$$I(v) = \int_{a}^{b} \frac{\partial g}{\partial u}(u, v)\, du$$

로 정의하면

$$\iint_{R} \frac{\partial g}{\partial u} du dv = \int_{c}^{d} I(v)\, dv$$

미적분학의 기본정리에 의해 $I(v) = g(b, v) - g(a, v)$이므로

$$\iint_{R} \frac{\partial g}{\partial u} du dv = \int_{c}^{d} g(b, v)\, dv - \int_{c}^{d} g(a, v)\, dv \tag{7.5.15}$$

정의에 의해 $g(b, v) = \omega(\mathbf{x}_v(b, v))$이고 $\mathbf{x}_v(b, v)$는 직사각형 R이 오른쪽 변에 해당하는 곡선 β의 속도벡터 $\beta'(v)$이므로

$$\int_{c}^{d} g(b, v)\, dv = \int_{c}^{d} \omega(\beta'(v))\, dv = \int_{\beta} \omega$$

비슷한 방법으로 식 (7.5.15)의 오른쪽에 있는 둘째 항도 계산을 하면

$$\iint_R \frac{\partial g}{\partial u} dudv = \int_\beta \omega - \int_\delta \omega$$

가 성립한다. 같은 방법으로 변수 v에 대하여 먼저 적분을 하면

$$\iint_R \frac{\partial f}{\partial v} dudv = \int_\gamma \omega - \int_\alpha \omega$$

가 성립함을 보일 수 있다. 따라서

$$\iint_{\mathbf{x}} d\omega = \left\{\int_\beta \omega - \int_\delta \omega\right\} - \left\{\int_\gamma \omega - \int_\alpha \omega\right\} = \int_{\partial\mathbf{x}} \omega$$

도움정리 7.5.16 $\alpha(h) : [a, b] \to M$이 선분 $\alpha : [c, d] \to M$의 재매개곡선이면 임의의 일차미분형식 ω에 대하여

$$\int_{\alpha(h)} \omega = \begin{cases} \int_\alpha \omega & (h\text{가 방향보존사상일 때}) \\ -\int_\alpha \omega & (h\text{가 역방향사상일 때}) \end{cases}$$

증명

연쇄법칙에 의해 $\alpha(h)'(t) = \frac{dh}{dt}\alpha'(h(t))$이므로

$$\int_{\alpha(h)} \omega = \int_a^b \omega(\alpha(h)'(t))dt = \int_a^b \omega(\alpha'(h))\frac{dh}{dt}dt$$

h가 방향보존사상이면 $\frac{dh}{dt} > 0$이므로 $h(a) = c,\ h(b) = d$이다. 따라서

$$\int_{\alpha(h)} \omega = \int_c^d \omega(\alpha')du = \int_\alpha \omega$$

h가 역방향사상이면 $h' < 0$이므로 $h(a) = d,\ h(b) = c$이다. 따라서

$$\int_{\alpha(h)} \omega = \int_d^c \omega(\alpha')du = -\int_c^d \omega(\alpha')du = -\int_\alpha \omega$$

도움정리 7.5.16은 선분의 형식적인 음수부호에 대한 설명을 제공해준다. 다시 말해서, α가 선분일 때,

$$\int_{-\alpha} \omega = -\int_\alpha \omega$$

가 성립한다.

연습문제

01. 곡선 $\alpha : [-1, 1] \to \mathbb{R}^2$, $\alpha(t) = (t, t^2)$과 일차미분형식 $\omega = v^2 du + 2uv dv$에 대하여

$$\int_\alpha \omega$$

를 구하여라.

02. $\mathbb{R} - \{(0, 0)\}$의 일차미분형식 $\eta = \dfrac{udv - vdu}{u^2 + v^2}$에 대하여 다음 물음에 답하여라.

(1) $d\eta = 0$임을 증명하여라.

(2) $\beta : [0, 2\pi] \to \mathbb{R}^2 - \{(0, 0)\}$, $\beta(t) = (\cos t, \sin t)$일 때

$$\int_\beta \eta$$

를 구하여라.

03. $\Phi : M \to \overline{M}$가 미분가능한 사상일 때 다음 물음에 답하여라.

(1) α가 M의 일차선분이고 ω가 $\overline{M}$의 일차미분형식이면

$$\int_\alpha \Phi^* \omega = \int_{\Phi(\alpha)} \omega$$

임을 증명하여라.

(2) $\mathbf{x}$가 M의 이차선분이고 η가 $\overline{M}$의 이차미분형식이면

$$\iint_{\mathbf{x}} \Phi^* \eta = \iint_{\Phi(\mathbf{x})} \eta$$

임을 증명하여라.

04. $R=\left[0,\ \frac{\pi}{2}\right]\times\left[0,\ \frac{\pi}{2}\right]$이고 $\mathbf{x}: \mathrm{R}\rightarrow \mathrm{S}^2$이

$$\mathbf{x}(u,\ v)=(\sin v\cos u,\ \sin v\sin u,\ \cos v)$$

일 때, $\mathbf{x}(R)$의 경계선분 $\alpha,\ \beta,\ \gamma,\ \delta$를 구체적으로 나타내어라.

7.6 곡면의 구조방정식

$\mathbb{R}^3$의 틀마당에 대한 쌍대일차미분형식과 연결형식과의 관계식을 구조방정식이라고 하고 이러한 내용을 다루는 것을 틀마당이론(moving frame)이라고 한다. 틀마당이론을 곡면에 적용하면 앞에서 다루었던 기하학적 개념과 이론을 똑같이 설명하고 전개할 수 있다.

정칙곡면 M의 부분집합으로 유계이면서 연결된 열린 부분집합을 영역(domain)이라고 부른다. 3장에 의하면 특히 영역은 그 경계가 유한점을 제외하고는 원과 미분동형이 되어야 한다.

정의 7.6.1 E_1, E_2, E_3을 $\mathbb{R}^3$의 틀마당이라 하고 Ω를 정칙곡면 M의 영역이라 하자. E_3이 영역 Ω에서 항상 수직인 벡터장을 나타낼 때 E_1, E_2, E_3을 영역 Ω의 **맞춤틀마당**(adapted frame field)이라고 한다.

참고 7.6.2 E_1, E_2, E_3이 정칙곡면 M의 영역 Ω의 맞춤틀마당이면 E_3가 Ω에서 수직인 벡터장이므로 M의 가우스사상 Z와 평행하다. 따라서 이 경우에 $Z=\pm E_3$이다. 앞으로 맞춤틀마당을 이야기 할 때에는 필요하면 방향을 바꾸어 항상 E_3가 가우스사상 Z와 같다는 것을 가정하기로 하자. 즉, $Z=E_3$임을 가정한다.

도움정리 7.6.3 곡면 M의 영역 Ω에 맞춤틀마당이 존재할 필요충분조건은 Ω가 가향이고 Ω에 0이 아닌 접벡터장이 존재한다.

증명

Ω가 가향이라는 것은 정리 3.5.5에 의해 영역 Ω에 0이 아닌 법벡터장이 존재한다는 것과 동치이다. 따라서 E_1, E_2, E_3이 Ω의 맞춤틀마당이면 E_3은 Ω에 방향을 줄 수 있고, E_1, E_2는 단위 접벡터장이므로 특히 0이 아니다.

역으로, Z를 Ω에 방향을 주는 법벡터장이라 하고 V를 0이 아닌 접벡터장이라 하면

$$E_1=\frac{V}{\|V\|},\quad E_2=Z\times E_1,\quad E_3=Z$$

는 영역 Ω의 맞춤틀마당이다.

보기 7.6.4 맞춤틀마당

(1) $M: x^2+y^2=r^2$을 원기둥면이라고 하자. 함수 $g(x, y)=x^2+y^2$의 그래디언트가 M의 법벡터장이므로 단위법벡터장은

$$E_3=\frac{xU_1+yU_2}{r}$$

$E_1=U_3$는 M의 접벡터장이므로 $E_2=U_3\times E_3$ 또한 M의 접벡터장이다. 그러므로

$$E_1=U_3,\ E_2=\frac{-yU_1+xU_2}{r},\ E_3=\frac{xU_1+yU_2}{r}$$

는 원기둥면 M의 맞춤틀마당이다.

(2) $S^2(r): x^2+y^2+z^2=r^2$을 반지름의 길이가 r인 구라고 하면 밖으로 향하는 위치벡터가 법벡터이므로 단위법벡터장은

$$E_3=\frac{xU_1+yU_2+zU_3}{r}$$

으로 주어진다. 각각의 위도에서 동쪽을 향하는 벡터장인

$$V=-yU_1+xU_2$$

는 $S^2(r)$의 접벡터장이다. 그러나 이 벡터장은 북극점 $(0, 0, r)$과 남극점 $(0, 0, -r)$에서 영벡터가 된다. 그러므로

$$E_1=\frac{V}{\|V\|},\ E_2=E_3\times E_1,\ E_3=\frac{xU_1+yU_2zU_3}{r}$$

은 $S^2(r)-\{(0, 0, \pm r)\}$에서 정의되는 맞춤틀마당이다.

구와 같이 주어진 곡면이 가향곡면일지라도 곡면 전체에서 정의되는 맞춤틀마당이 항상 존재하는 것은 아니다. 그러나 좌표함수에 의해 국소적으로는 맞춤틀마당이 항상 존재한다. 따라서 E_1, E_2, E_3이 곡면 M의 맞춤틀마당이라는 말은 적당한 영역 Ω에서 정의되는 맞춤틀마당을 말하는 것으로 간주한다.

정리 7.3.6에 의해 다음 정리가 성립함을 쉽게 알 수 있다.

정리 7.6.5 E_1, E_2, E_3이 정칙곡면 M의 맞춤틀마당이고 $\mathbf{v}\in T_{\mathbf{p}}M$이면

$$\nabla_{\mathbf{v}}E_j=\sum_{i=1}^{3}\omega_{ij}(\mathbf{v})E_i(\mathbf{p}) \qquad (7.6.1)$$

따름정리 7.6.6 E_1, E_2, E_3이 곡면 M의 맞춤틀마당이고 $Z = E_3$이면 임의의 접벡터 $\mathbf{v} \in T_{\mathbf{p}}M$에 대하여

(7.6.2) $$dZ_{\mathbf{p}}(\mathbf{v}) = -\omega_{13}(\mathbf{v})E_1(\mathbf{p}) - \omega_{23}(\mathbf{v})E_2(\mathbf{p})$$

증명

$dZ_{\mathbf{p}}(\mathbf{v}) \in T_{\mathbf{p}}M$이고 $\{E_1(\mathbf{p}), E_2(\mathbf{p})\}$는 $T_{\mathbf{p}}M$의 정규직교기저이므로

(7.6.3) $$dZ_{\mathbf{p}}(\mathbf{v}) = \langle dZ_{\mathbf{p}}(\mathbf{v}), E_1(\mathbf{p})\rangle E_1(\mathbf{p}) + \langle dZ_{\mathbf{p}}(\mathbf{v}), E_2(\mathbf{p})\rangle E_2(\mathbf{p})$$

도움정리 4.2.4와 정의에 의해 $dZ_{\mathbf{p}}(\mathbf{v}) = \nabla_{\mathbf{v}}E_3(\mathbf{p})$이므로 $i = 1, 2$에 대하여

$$\begin{aligned}\langle dZ_{\mathbf{p}}(\mathbf{v}), E_i(\mathbf{p})\rangle &= \langle \nabla_{\mathbf{v}}E_3(\mathbf{p}), E_i(\mathbf{p})\rangle \\ &= \omega_{3i}(\mathbf{v}) = -\omega_{i3}(\mathbf{v})\end{aligned}$$

E_1, E_2, E_3이 $\mathbb{R}^3$의 틀마당일 때, 그것의 쌍대일차미분형식 θ_1, θ_2, θ_3은

$$\theta_i(\mathbf{v}) = \langle \mathbf{v}, E_i(\mathbf{p})\rangle$$

로 정의되어지는 미분형식이다. 따라서 E_1, E_2, E_3이 곡면 M의 맞춤틀마당이면 E_3은 법벡터장이므로 임의의 접벡터 $\mathbf{v} \in T_{\mathbf{p}}M$에 대하여

$$\theta_3(\mathbf{v}) = \langle \mathbf{v}, E_3(\mathbf{p})\rangle = 0$$

이다. 즉 θ_3은 곡면 M에서 항상 0이다. 그러므로 곡면에서 정의된 맞춤틀마당 E_1, E_2, E_3을 생각하면 기하학적 의미를 갖는 일차미분형식은 θ_1, θ_2와 ω_{12}, ω_{13}, ω_{23} 다섯 개 뿐이다.

정리 7.6.7 E_1, E_2, E_3이 곡면 M의 맞춤틀마당이면

(1) $\begin{cases} d\theta_1 = \omega_{12} \wedge \theta_2 \\ d\theta_2 = \omega_{21} \wedge \theta_1 \end{cases}$

(2) $\omega_{31} \wedge \theta_1 + \omega_{32} \wedge \theta_2 = 0$

(3) $d\omega_{12} = \omega_{13} \wedge \omega_{32}$

(4) $\begin{cases} d\omega_{13} = \omega_{12} \wedge \omega_{23} \\ d\omega_{23} = \omega_{21} \wedge \omega_{13} \end{cases}$

증명

정리 7.4.4와 $\theta_3 = 0$이라는 사실로부터 정리가 성립한다.

E_1, E_2, E_3이 곡면 M의 맞춤틀마당이면 E_1, E_2는 곡면 M에 접하는 벡터장이다. 따라서 E_1, E_2를 정칙곡면 M의 **접틀마당**(tangent frame field)이라고 한다. 앞으로 E_1, E_2를 곡면 M의 접틀마당이라고 이야기하는 경우에는 곡면 M에 항상 수직이 되는 벡터장 $Z = E_3 = E_1 \times E_2$가 있는 것으로 가정한다. 특히, V가 임의의 접벡터장이면 E_1, E_2가 단위직교벡터장이므로 V는

$$V = \langle V, E_1 \rangle E_1 + \langle V, E_2 \rangle E_2$$

로 나타낼 수 있다. 다음 도움정리는 곡면의 일차미분형식과 이차미분형식은 접틀마당의 쌍대일차미분형식과 그것의 쐐기곱으로 나타낼 수 있음을 보여준다.

도움정리 7.6.8 E_1, E_2가 곡면 M의 접틀마당이고 θ_1, θ_2가 E_1, E_2의 쌍대일차미분형식이라고 하자. ω와 μ가 각각 곡면 M의 일차미분형식과 이차미분형식이면

(1) $\omega = \omega(E_1)\theta_1 + \omega(E_2)\theta_2$

(2) $\mu = \mu(E_1, E_2)\theta_1 \wedge \theta_2$

증명

(1) $\eta = \omega(E_1)\theta_1 + \omega(E_2)\theta_2$로 놓고

$$\omega(E_1) = \eta(E_1), \quad \omega(E_2) = \eta(E_2)$$

가 성립함을 보이면 된다. 그런데 $\theta_i(E_j) = \delta_{ij}$이므로 $\omega = \eta$가 성립함을 쉽게 알 수 있다.

(2) 정의에 의해

$$\begin{aligned}\theta_1 \wedge \theta_2(E_1, E_2) &= \theta_1(E_1)\theta_2(E_2) - \theta_1(E_2)\theta_2(E_1)\\ &= 1 \cdot 1 - 0 \cdot 0 = 1\end{aligned}$$

따라서

$$(\mu(E_1, E_2)\theta_1 \wedge \theta_2)(E_1, E_2) = \mu(E_1, E_2)$$

정리 7.6.9 정칙곡면의 가우스곡률과 평균곡률은 다음 식을 만족시킨다.

(1) $\omega_{13} \wedge \omega_{23} = K\theta_1 \wedge \theta_2$

(2) $\omega_{12} \wedge \theta_2 + \theta_1 \wedge \omega_{23} = 2H\theta_1 \wedge \theta_2$

증명

따름정리 7.6.6에 의해

$$dZ(E_1) = -\omega_{13}(E_1)E_1 - \omega_{23}(E_1)E_2$$
$$dZ(E_2) = -\omega_{13}(E_2)E_1 - \omega_{23}(E_2)E_2$$

따라서 가우스사상의 미분사상 dZ를 행렬로 나타내면

$$\begin{pmatrix} -\omega_{13}(E_1) & -\omega_{13}(E_2) \\ -\omega_{23}(E_1) & -\omega_{23}(E_2) \end{pmatrix}$$

그러므로

$$\begin{aligned} K = \det(dZ) &= \omega_{13}(E_1)\omega_{23}(E_2) - \omega_{13}(E_2)\omega_{23}(E_1) \\ &= \omega_{13} \wedge \omega_{23}(E_1,\ E_2) \end{aligned}$$

$\theta_1 \wedge \theta_2(E_1,\ E_2) = 1$이므로

$$\omega_{13} \wedge \omega_{23} = K\theta_1 \wedge \theta_2$$

한편,

$$2H = -\mathrm{trace}(dZ) = \omega_{13}(E_1) + \omega_{23}(E_2)$$

또한,

$$\begin{aligned} (\omega_{13} \wedge \theta_2 + \theta_1 \wedge \omega_{23})(E_1,\ E_2) &= \omega_{13}(E_1)\theta_2(E_2) - \omega_{13}(E_2)\theta_2(E_1) \\ &\quad + \theta_1(E_1)\omega_{23}(E_2) - \theta_1(E_2)\omega_{23}(E_1) \\ &= \omega_{13}(E_1) + \omega_{23}(E_2) \end{aligned}$$

따라서

$$\omega_{13} \wedge \theta_2 + \theta_1 \wedge \omega_{23} = 2H\theta_1 \wedge \theta_2$$

따름정리 7.6.10 $d\omega_{12} = -K\theta_1 \wedge \theta_2$

증명

정리 7.6.7과 정리 7.6.9에 의해 성립한다.

보기 7.6.11 보기 7.3.3에 있는 구면틀마당 F_1, F_2, F_3을 생각하자. F_1이 구에 수직인 벡터장이므로

$$\overline{F_1}=F_2,\ \overline{F_2}=F_3,\ \overline{F_3}=F_1$$

로 첨자를 바꾸면 $\overline{F_1}$, $\overline{F_2}$, $\overline{F_3}$는 구의 맞춤틀마당이다. 이 맞춤틀마당에 대한 연결형식을 $\overline{\omega}_{ij}$, 쌍대일차미분형식을 $\overline{\theta}_i$로 놓으면 보기 7.4.5에 의해

$$\overline{\theta}_1=\theta_2=\rho\sin\varphi d\theta,\ \overline{\theta}_2=\theta_3=\rho d\varphi$$

이고

$$\overline{\omega}_{12}=\omega_{23}=-\cos\varphi d\theta$$
$$\overline{\omega}_{13}=\omega_{21}=-\sin\varphi d\theta$$
$$\overline{\omega}_{23}=\omega_{31}=-d\varphi$$

이다(여기서 ω_{ij}와 θ_i는 구면틀마당 F_1, F_2, F_3의 연결형식과 쌍대일차미분형식이다). 따라서

$$d\overline{\omega}_{12}=\sin\varphi d\varphi\wedge d\theta=-\sin\varphi d\theta\wedge d\varphi$$
$$\overline{\theta}_1\wedge\overline{\theta}_2=\rho^2\sin\varphi d\theta\wedge d\varphi$$

이 두 식을 비교하면 따름정리 7.6.10에 의해 반지름의 길이가 ρ인 구의 가우스곡률은

$$K=\frac{1}{\rho^2}$$

이다.

따름정리 7.6.10과 스토크스의 정리 7.5.15를 이용하여 가우스-보네의 정리 6.3.8을 증명할 수도 있다. 이를 위하여 우선 (국소적) 접틀마당이 정의된 곡면의 영역에서 주어지는 곡선의 측지곡률과 연결형식과의 관계식이 필요한데 다음 도움정리에 의하면 이 두 값의 차이는 곡선의 속도벡터와 접틀마당과의 사이각의 변화율로 주어진다는 것을 알 수 있다(도움정리 6.3.10 참고).

도움정리 7.6.12 E_1, E_2가 곡면 M의 접틀마당이고 $\alpha=\alpha(s)$가 단위속력곡선이라고 하자. $\varphi=\varphi(s)$를 E_1과 $\alpha'(s)$가 이루는 각이라고 하면

$$\omega_{12}=\kappa_g ds-d\varphi \tag{7.6.4}$$

이 성립한다. 즉, $\omega_{12}(\alpha')=\kappa_g-\dfrac{d\varphi}{ds}$이다.

증명

φ가 E_1과 $\alpha'(s)$가 이루는 각이므로

(7.6.5) $$T=\alpha'=\sin\varphi E_1+\sin\varphi E_2$$

로 나타낼 수 있다. 그러면

$$T'=\alpha''=-\sin\varphi\cdot\varphi' E_1+\sin\varphi\frac{d}{ds}E_1(\alpha(s))+\cos\varphi\cdot\varphi' E_2+\sin\varphi\frac{d}{ds}E_2(\alpha(s))$$

2장 5절의 연습문제 3에 의해

$$\begin{aligned}\frac{d}{ds}E_1(\alpha(s))&=\nabla_{\alpha'}E_1=\langle\nabla_{\alpha'}E_1,\ E_1\rangle E_1+\langle\nabla_{\alpha'}E_1,\ E_2\rangle E_2+\langle\nabla_{\alpha'}E_1,\ E_3\rangle E_3\\&=\omega_{12}(\alpha')E_2+\omega_{13}(\alpha')E_3\end{aligned}$$

이고

$$\frac{d}{ds}E_2(\alpha(s))=\nabla_{\alpha'}E_2=-\omega_{12}(\alpha')E_1+\omega_{23}(\alpha')E_3$$

이므로

(7.6.6) $$\begin{aligned}\alpha''=&-(\varphi'+\omega_{12}(\alpha'))\sin\varphi E_1+(\varphi'+\omega_{12}(\alpha'))\cos\varphi E_2\\&+(\omega_{13}(\alpha')\cos\varphi+\omega_{23}(\alpha')\sin\varphi)E_3\end{aligned}$$

한편, 가우스사상 Z는 $Z=E_3=E_1\times E_2$이고 정의에 의해 곡선 α의 측지곡률 k_g는

$$k_g(s)=\langle\alpha'',\ Z\times\alpha'\rangle$$

식 (7.6.5)에 의해

$$Z\times\alpha'=-\sin\varphi E_1+\cos\varphi E_2$$

이므로 식 (7.6.6)으로부터

$$k_g(s)=\langle\alpha'',\ Z\times\alpha'\rangle=\varphi'+\omega_{12}(\alpha')$$

정리 7.6.13 (가우스-보네) R가 곡면 M의 단순영역이고 그 경계 $\partial R=\alpha$가 조각별정칙 단순폐곡선이면

$$\iint_R K\theta_1\wedge\theta_2+\int_{\partial R}k_g ds=2\pi-\sum\epsilon_i$$

여기서 ϵ_i는 곡선 α의 미분불가능한 점에서의 외각을 나타낸다.

증명

따름정리 7.6.1와 스토크스의 정리 7.5.15에 의해

$$-\iint_R K\theta_1\wedge\theta_2=\iint_R Kd\omega_{12}=\int_{\partial R}\omega_{12}ds$$

도움정리 7.6.12에 의해

$$\int_{\partial R} \omega_{12}\, ds = \int_{\partial R} k_g ds - \int_{\partial R} d\varphi \tag{7.6.7}$$

한편,

$$\int_{\partial R} d\varphi = 2\pi - \sum(\pi - \iota_j) = 2\pi - \sum \epsilon_i$$

이므로 이 식을 식 (7.6.7)에 대입하면

$$\iint_R K\theta_1 \wedge \theta_2 + \int_{\partial R} k_g\, ds = 2\pi - \sum \epsilon_i$$

맞춤틀마당으로부터 구조방정식(정리 7.6.7)을 얻고 이로부터 가우스곡률 공식(정리 7.6.9)과 가우스-보네의 정리(정리 7.6.13)를 증명할 수 있음을 위에서 보았다. 이외에도 맞춤틀마당의 성질로부터 유도할 수 있는 기하학적 응용에 대하여 알아보자.

다음 정리에 의하면 배꼽점이 아닌 점 근방에서는 주곡률방향을 나타내는 맞춤틀마당이 항상 존재한다.

정리 7.6.14 $\mathbf{p} \in M$이 배꼽점이 아니면 $\mathbf{p}$ 근방에서 E_1, E_2가 주곡률방향이 되는 맞춤틀마당 E_1, E_2, E_3이 존재한다.

증명

F_1, F_2, F_3을 $\mathbf{p}$ 근방의 맞춤틀마당이라고 하자. $\mathbf{p}$가 배꼽점이 아니므로 필요하면 회전이동을 시켜 $F_1(\mathbf{p})$와 $F_2(\mathbf{p})$가 점 $\mathbf{p}$에서 주곡률방향이 아니라고 가정해도 된다. $k_1(\mathbf{p}) \neq k_2(\mathbf{p})$이므로 연속성에 의해 $\mathbf{p}$ 근방에서 $k_1 \neq k_2$이다.

$$s_{ij} = -\langle dZ(F_i),\ F_j \rangle \quad (1 \le i,\ j \le 2)$$

로 놓으면 가우스곡률과 평균곡률의 정의에 의해

$$s_{12} = s_{21},\quad s_{11}s_{22} - s_{12}^2 = K = k_1 k_2 \tag{7.6.8}$$

이고

$$k_1 + k_2 = s_{11} + s_{22} \tag{7.6.9}$$

이 성립한다. V_1과 V_2를 각각

$$V_1 = -s_{12}F_1 + (s_{11} - k_1)F_2 \tag{7.6.10}$$

$$V_2 = (s_{22} - k_2)F_1 - s_{12}F_2 \tag{7.6.11}$$

로 놓으면

$$\begin{aligned}
dZ(V_1) &= -s_{12}dZ(F_1) + (s_{11} - k_1)dZ(F_2) \\
&= -s_{12}\{\langle dZ(F_1), F_1\rangle F_1 + \langle dZ(F_1), F_2\rangle F_2\} \\
&\quad + (s_{11} - k_1)\{\langle dZ(F_2), F_1\rangle F_1 + \langle dZ(F_2), F_2\rangle F_2\} \\
&= -s_{12}(s_{11}F_1 + s_{12}F_2) + (s_{11} - k_1)(s_{12}F_1 + s_{22}F_2) \\
&= -k_1 s_{12}F_1 + (s_{11}s_{22} - s_{12}^2 + k_1 s_{22})F_2 \\
&= (-k_1)\{s_{12}F_1 + (k_s - s_{22})F_2\} \\
&= (-k_1)\{s_{12}F_1 + (s_{11} - k_1)F_2\} = -k_1 V_1
\end{aligned}$$

네 번째 등식과 다섯 번째 등식에서 식 (7.6.8)과 (7.6.9)를 이용하였다. 같은 이유에 의해

$$dZ(V_2) = -k_2 V_2$$

가 성립한다. V_1과 V_2가 dZ의 고유벡터이므로 주곡률방향이다.

한편,

$$s_{12} = 0 \Leftrightarrow dZ(F_1) = \langle dZ(F_1), F_1\rangle F_1$$

이고 $F_1(\mathbf{p})$와 $F_2(\mathbf{p})$가 주곡률방향이 아니므로

$$s_{12} = -\langle dZ(F_1), F_2\rangle(\mathbf{p}) \neq 0$$

따라서 연속성에 의해 $\mathbf{p}$ 근방에서 s_{12}는 0이 아니므로 식 (7.6.10)과 (7.6.11)에 의해 $\| V_1\|$과 $\| V_1\|$는 0이 아니다. 그러므로

$$E_1 = \frac{V_1}{\| V_1\|}, \quad E_2 = \frac{V_2}{\| V_2\|}, \quad E_3 = F_3$$

은 맞춤틀마당이고 E_1과 E_2는 주곡률방향이다.

참고 7.6.15 정리 7.6.14로부터 점 $\mathbf{p}$ 근방에서 $F = f = 0$을 만족시키는 좌표함수 $\mathbf{x}$의 존재성을 쉽게 증명할 수 있다. 실제로

$$\mathbf{x}_u = E_1, \quad \mathbf{x}_v = E_2 \tag{7.6.12}$$

를 만족시키는 함수 $\mathbf{x}$를 구하면 된다. $\mathbf{x}$의 매개곡선을 구하기 위해 위의 식 (7.6.12)를 적분하면 충분한데 이 때 조건 $\mathbf{x}_{uv} = \mathbf{x}_{vu}$가 필요하다.

E_1, E_2, E_3이 M의 맞춤틀마당으로 E_1, E_2가 주곡률방향이라고 하면

$$dZ(E_1) = -k_1 E_1, \quad dZ(E_2) = -k_2 E_2$$

를 만족시킨다. 따라서 따름정리 7.6.6에 의해

$$\omega_{13}(E_1) = k_1, \ \omega_{13}(E_2) = 0$$

와

$$\omega_{23}(E_1) = 0, \ \omega_{23}(E_2) = k_2$$

이 성립한다. 그러므로 도움정리 7.6.8에 의해

(7.6.13) $$\omega_{13} = k_1\theta_1, \ \omega_{23} = k_2\theta_2$$

정리 7.6.16 E_1, E_2, E_3이 M의 맞춤틀마당으로 E_1, E_2가 주곡률방향이면

(7.6.14) $$E_1[k_2] = (k_1 - k_2)\omega_{12}(E_2)$$

(7.6.15) $$E_2[k_2] = (k_1 - k_2)\omega_{12}(E_1)$$

증명

식 (7.6.13)과 구조방정식에 의해

(7.6.16) $$\begin{aligned} d(k_1\theta_1)d\omega_{13} &= \omega_{12} \wedge \omega_{23} \\ &= \omega_{12} \wedge k_2\theta_2 \end{aligned}$$

또 구조방정식 $d\theta_1 = \omega_{12} \wedge \theta_2$로부터

(7.6.17) $$\begin{aligned} \mathrm{d}(k_1\theta_1) &= \mathrm{d}k_1 \wedge \theta_1 + k_1\mathrm{d}\theta_1 \\ &= dk_1 \wedge \theta_1 + k_1(\omega_{12} \wedge \theta_2) \\ &= dk_1 \wedge \theta_1 + \omega_{12} \wedge k_1\theta_2 \end{aligned}$$

식 (7.6.16)과 (7.6.17)을 비교하면

(7.6.18) $$dk_1 \wedge \theta_1 = (k_1 - k_2)\omega_{12} \wedge \theta_2$$

식 (7.6.18)에 (E_1, E_2)를 대입하면

$$(dk_1 \wedge \theta_1)(E_1, E_2) = 0 - dk_1(E_2) = -E_2[k_1]$$
$$(k_2 - k_1)\omega_{12} \wedge \theta_2(E_1, E_2) = (k_2 - k_1)\omega_{12}(E_1)$$

따라서

$$E_2[k_1] = (k_1 - k_2)\omega_{12}(E_1)$$

구조방정식 $d\omega_{23} = \omega_{12} \wedge \omega_{13}$을 이용하면 같은 방법으로

$$E_1[k_2] = (k_1 - k_2)\omega_{12}(E_2)$$

가 성립하는 것을 보일 수 있다.

정리 5.1.9의 증명

$k_1(\mathbf{p}) > k_2(\mathbf{p})$이므로 $\mathbf{p}$는 배꼽점이 아니다. 따라서 정리 7.6.14에 의해 $\mathbf{p}$ 근방에서 E_1, E_2가 주곡률방향인 맞춤틀마당 E_1, E_2, E_3이 존재한다. 극대 및 극소의 성질에 의해 점 $\mathbf{p}$에서

$$E_1[k_2] = E_2[k_1] = 0$$

이고

$$E_1E_1[k_2] \geq 0, \ \ E_2E_2[k_1] \geq 0$$

$k_1(\mathbf{p}) > k_2(\mathbf{p})$이므로 정리 7.6.16으로부터

$$\omega_{12}(E_1)(\mathbf{p}) = \omega_{12}(E_2)(\mathbf{p}) = 0$$

이 성립한다. 따라서 연습문제 2에 의해 점 $\mathbf{p}$에서

$$K = E_2[\omega_{12}(E_1)] - E_1[\omega_{12}(E_2)] \tag{7.6.19}$$

한편, 정리 7.6.16에 있는 식 (7.6.14)를 미분하면

$$E_1E_1[k_2] = (E_1[k_1] - E_1[k_2])\omega_{12}(E_2) + (k_1 - k_2)E_1[\omega_{12}(E_2)]$$

점 $\mathbf{p}$에서 $E_1E_2[k_2] \geq 0$, $w_{12}(E_2) = 0$이고 $k_1(\mathbf{p}) > k_2(\mathbf{p})$이므로

$$E_1[\omega_{12}(E_2)](\mathbf{p}) \geq 0 \tag{7.6.20}$$

같은 방법으로 정리 7.6.16의 둘째 식 (7.6.15)를 미분하면

$$E_2E_2[k_1] = (E_2[k_1] - E_2[k_2])\omega_{12}(E_1) + (k_1 - k_2)E_2[\omega_{12}(E_1)]$$

$E_2E_2[k_1](\mathbf{p}) \leq 0$이므로

$$E_2[\omega_{12}(E_1)](\mathbf{p}) \leq 0 \tag{7.6.21}$$

그러므로 식 (7.6.19), (7.6.20), (7.6.21)로부터

$$K(\mathbf{p}) \leq 0$$

이 성립한다.

연습문제

01. 곡면 M의 단위속력곡선 α와 맞춤틀마당 E_1, E_2, E_3에 대하여 $E_1(\alpha) = T$라 하자. α가 측지선일 필요충분조건은 $\omega_{12}(T) = 0$임을 증명하여라.

02. 다음 정리를 단계별로 증명하여라.

> 정리 E_1, E_2가 곡면 M의 접틀마당이면 가우스곡률 K는
>
> (7.6.22) $$K = E_2[\omega_{12}(E_1)] - E_1[\omega_{12}(E_2)] - \omega_{12}(E_1)^2 - \omega_{12}(E_2)^2$$

(1) $\omega_{12} = f_1\theta_1 + f_2\theta_2$, $f_i = \omega_{12}(E_i)$로 놓으면

$$d\omega_{12} = df_1 \wedge \theta_1 + df_2 \wedge \theta_2 + f_1\omega_{12} \wedge \theta_2 + f_2\omega_{21} \wedge \theta_1$$

가 성립함을 증명하여라.

(2) $d\omega_{12}(E_1, E_2) = -df_1(E_2) + df_2(E_1) + f_1\omega_{12}(E_1) - f_2\omega_{21}(E_2)$가 성립함을 증명하여라.

(3) 위의 (2)와 따름정리 7.6.10를 비교하여

(7.6.23) $$-K = -E_2[f_1] + E_1[f_2] + f_1\omega_{12}(E_1) + f_2\omega_{12}(E_2)$$

가 성립함을 유추하여라. $f_i = \omega_{12}(E_i)$이므로 식 (7.6.22)와 (7.6.23)은 같은 식을 나타낸다.

7.7 곡면의 기본정리

1장 8절에 의하면 곡선의 곡률과 비틀림은 유클리드 공간 $\mathbb{R}^3$의 등장사상에 대하여 불변이고 또한 곡률과 비틀림이 같은 두 곡선은 서로 합동이다. 즉, 두 곡선의 곡률과 비틀림이 같으면 $\mathbb{R}^3$의 등장사상에 의해 한 곡선을 다른 곡선으로 옮길 수 있다. 곡면에 대해서도 이와 같은 성질이 성립한다. 예를 들어 가우스의 정리(정리 6.2.2)에 의하면 곡면의 가우스곡률은 곡면의 등장사상에 의해 보존된다. 한편, 곡면은 국소적으로 좌표함수의 제1기본형식 I와 제2기본형식 II의 계수 E, F, G와 e, g, f에 의해 결정된다. 이것은 미분방정식에 대한 해의 존재성 및 유일성으로부터 성립한다.

이 절에서는 틀마당이론을 이용하여 곡면의 기본정리를 증명하기로 한다. 다시 말해서, 두 곡면 M과 $\overline{M}$ 사이에서 정의된 등장사상 $\Phi : M \to \overline{M}$가 가우스사상의 미분사상 dZ를 보존하면 Φ는 유클리드 공간 $\mathbb{R}^3$의 등장사상으로부터 얻어진다.

도움정리 7.7.1 연결형식 $\omega_{12} = -\omega_{21}$은 제1구조방정식

(7.7.1) $$d\theta_1 = \omega_{12} \wedge \theta_2, \quad d\theta_2 = \omega_{21} \wedge \theta_1$$

을 만족시키는 유일한 일차미분형식이다.

증명

일차미분형식 ω가 식 (7.7.1)을 만족시키면 즉,

$$d\theta_1 = \omega \wedge \theta_2, \quad d\theta_2 = -\omega \wedge \theta_1$$

이면

$$\omega_{12}(E_1) = d\theta_1(E_1, E_2) = \omega(E_1)$$
$$\omega_{12}(E_2) = -\omega_{21}(E_2) = d\theta_2(E_1, E_2) = \omega(E_2)$$

따라서 $\omega_{12} = \omega$이므로 $\omega_{12} = -\omega_{21}$은 θ_1, θ_2에 의해 유일하게 결정된다.

정리 7.7.2 $\Phi: M \to \overline{M}$는 등장사상이고 E_1, E_2가 곡면 M의 접틀마당일 때, $\overline{E}_1 = d\Phi(E_1)$, $\overline{E}_2 = d\Phi(E_2)$라 하면

(1) $\theta_1 = \Phi^*(\overline{\theta}_1)$, $\theta_2 = \Phi^*(\overline{\theta}_2)$

(2) $\omega_{12} = \Phi^*(\overline{\omega}_{12})$

증명

(1) $1 \leq i,\ j \leq 2$에 대하여

$$\Phi^*(\overline{\theta}_i)(E_j) = \overline{\theta}_i(d\Phi(E_j)) = \overline{\theta}_i(\overline{E}_j) = \delta_{ij} = \theta_i(E_j)$$

(2) $\overline{M}$의 구조방정식 $d\overline{\theta}_1 = \overline{\omega}_{12} \wedge \overline{\theta}_2$에 Φ^*를 적용시키면 정리 7.5.10에 의해

$$d(\Phi^*\overline{\theta}_1) = \Phi^*(d\overline{\theta}_1) = \Phi^*(\overline{\omega}_{12}) \wedge \Phi^*(\overline{\theta}_2)$$

따라서 위의 (1)에 의해

$$d\theta_1 = \Phi^*(\overline{\omega}_{12}) \wedge \theta_2$$

다른 구조방정식 $d\overline{\theta}_2 = \overline{\omega}_{21} \wedge \overline{\theta}_1$에 같은 방법으로 Φ^*를 적용시키면

$$d\theta_2 = \Phi^*(\overline{\omega}_{21}) \wedge \theta_1$$

끝으로

$$\Phi^*(\overline{\omega}_{21}) = \Phi^*(-\overline{\omega}_{12}) = -\Phi^*(\overline{\omega}_{12})$$

이므로 도움정리 7.1.7에 의해

$$\omega_{12} = \Phi^*(\overline{\omega}_{12})$$

정리 7.7.2와 따름정리 7.6.10을 이용하면 가우스곡률은 등장사상에 의해 보존된다는 사실을 쉽게 증명할 수 있다.

정리 7.7.3 $\Phi: M \to \overline{M}$가 등장사상이면

$$K = \overline{K} \circ \Phi$$

증명

정리 7.7.2에 의해

$$\begin{aligned} d\omega_{12} &= d\Phi^*(\overline{\omega}_{12}) = \Phi^*(d\overline{\omega}_{12}) \\ &= \Phi^*(-\overline{K}\overline{\theta}_1 \wedge \overline{\theta}_2) \\ &= -(\overline{K} \circ \Phi)(\Phi^*\overline{\theta}_1 \wedge \Phi^*\overline{\theta}_2) \end{aligned}$$

그러므로

$$K = \overline{K} \circ \Phi$$

정의 7.7.4 두 정칙곡면 M과 $\overline{M}$에 대하여 $\mathbb{R}^3$의 등장사상 $F: \mathbb{R}^3 \to \mathbb{R}^3$이 존재하여 $F(M) = \overline{M}$을 만족시킬 때 M과 $\overline{M}$를 **합동**(congruent)이라고 한다.

정리 7.7.5 M과 $\overline{M}$를 두 정칙곡면이라 하고 $F: \mathbb{R}^3 \to \mathbb{R}^3$을 유클리드 등장사상이라고 하자. $F(M) = \overline{M}$이면 $\phi = F|_M: M \to \overline{M}$은 곡면의 등장사상이다. 또, Z가 M의 방향일 때, $\overline{M}$의 방향 $\overline{Z}$를 잘 선택하면 임의의 접벡터 $\mathbf{v} \in T_{\mathbf{p}}M$에 대하여

$$d\Phi(dZ_{\mathbf{p}}(\mathbf{v})) = d\overline{Z_{\Phi(\mathbf{p})}}(d\Phi(\mathbf{v})) \tag{7.7.2}$$

증명

제한사상 $\Phi = F|_M: M \to \overline{M}$는 미분가능하고 전단사함수이다. 또, 역함수 $\Phi^{-1} = (F|_M)^{-1} : \overline{M} \to M$도 미분가능하므로 Φ는 미분동형사상이다.
$\mathbf{v} \in T_{\mathbf{p}}M$에 대하여 $\alpha: (-\epsilon, \epsilon) \to M$을 $\alpha(0) = \mathbf{p}$, $\alpha'(0) = \mathbf{v}$인 곡선이라 하면 $\Phi = F|_M$이므로

$$\Phi \circ \alpha(t) = F \circ \alpha(t)$$

따라서

$$d\Phi(\mathbf{v}) = (\Phi \circ \alpha)'(0) = (F \circ \alpha)'(0) = dF(\mathbf{v})$$

그러므로 임의의 두 접벡터 $\mathbf{v}, \mathbf{w} \in \mathrm{T}_{\mathbf{p}}M$에 대하여

$$\langle d\Phi(\mathbf{v}), d\Phi(\mathbf{w}) \rangle = \langle dF(\mathbf{v}), dF(\mathbf{w}) \rangle = \langle \mathbf{v}, \mathbf{w} \rangle \tag{7.7.3}$$

다음에 Φ가 가우스사상의 미분사상을 보존하는 것을 보이자. 식 (7.7.3)에 의해 dF가 내적을 보존하므로 $dF(Z)$는 $F(M) = \overline{M}$에 수직인 단위법벡터장이다. 따라서 $\overline{Z} = dF(Z)$를 곡면 $\overline{M}$의 방향으로 택하면 식 (7.7.2)가 성립함을 알 수 있다. 실제로, $\mathbf{v} \in T_{\mathbf{p}}M$일 때 α가 $\alpha(0) = \mathbf{p}$, $\alpha'(0) = \mathbf{v}$인 M의 곡선이면 $F \circ \alpha$는 $(F \circ \alpha)'(0) = dF(\mathbf{v}) \in \mathrm{T}_{F(\mathbf{p})}\overline{M}$를 만족시키는 $\overline{M}$의 곡선이다. dF가 내적을 보존하므로

$$dF(dZ(\mathbf{v})) = dF(Z'(0)) = \overline{Z}'(0) = d\overline{Z}(dF(\mathbf{v}))$$

따라서

$$d\Phi(dZ(\mathbf{v})) = d\overline{Z}(d\Phi(\mathbf{v}))$$

정리 7.7.5의 역도 성립한다. 이를 곡면의 기본정리라고 한다. 이 사실을 증명하기 위하여 필요한 몇 가지 내용에 대하여 살펴보자. $\mathbb{R}^3$의 벡터장 E_1, E_2, E_3을 곡선 $\alpha: (a, b) \to \mathbb{R}^3$에 제한했을 때, $E_1(t) = E_1(\alpha(t))$, $E_2(t) = E_2(\alpha(t))$, $E_3(t) = E_3(\alpha(t))$가 각 점 $\alpha(t)$에서 $\mathrm{T}_{\alpha(t)}\mathbb{R}^3$의 정규직교기저일 때, E_1, E_2, E_3을 α의 틀마당이라고 한다. 예를 들면, $\mathbb{R}^3$의 틀마당은 임의의 곡선의 틀마당이 된다.

정리 7.7.6 정의역이 같은 두 곡선 α, $\beta: (a, b) \to \mathbb{R}^3$에 대하여 E_1, E_2, E_3을 곡선 α의 틀마당, F_1, F_2, F_3을 곡선 β의 틀마당이라고 하자. $\mathbb{R}^3$의 등장사상 $F: \mathbb{R}^3 \to \mathbb{R}^3$에 대하여 $F(\alpha) = \overline{\alpha}$, $dF(E_i) = \overline{E_i}$라 하자. $1 \le i,\ j \le 3$에 대하여

(7.7.4) $$\overline{\alpha}(0) = \beta(0),\ \langle \overline{\alpha}',\ \overline{E_i} \rangle = \langle \beta',\ F_i \rangle$$

이고

(7.7.5) $$\overline{E_i}(0) = F_i(0),\ \langle \overline{E_i},\ \overline{E_j} \rangle = \langle F_i',\ F_j \rangle$$

이면 $F(\alpha) = \overline{\alpha} = \beta$이다.

증명

식 (7.7.5)에 의해 $\overline{E_i}' = \sum_{j=1}^{3} a_{ij}\overline{E_j}$로 놓으면 $a_{ij} = \langle \overline{E_i}',\ \overline{E_j} \rangle = \langle F_i',\ F_j \rangle$이므로

$$F_i' = \sum_{j=1}^{3} a_{ij}F_j$$

가 된다. F가 등장사상이므로 $\langle \overline{E_i},\ \overline{E_j} \rangle = \delta_{ij}$이고, 이를 미분하면

$$\langle \overline{E_i}',\ \overline{E_j} \rangle + \langle \overline{E_i},\ \overline{E_j}' \rangle = 0$$

이므로

(7.7.6) $$a_{ij} + a_{ji} = 0$$

$f = \sum_{i=1}^{3} \langle \overline{E_i},\ F_i \rangle$로 놓으면

$$\begin{aligned}
f'(t) &= \sum_{i=1}^{3} (\langle \overline{E_i}',\ F_i \rangle + \langle \overline{E_i},\ F_i' \rangle) \\
&= \sum_{i=1}^{3} \left\langle \overline{E_i}',\ \sum_{j=1}^{3} \langle F_i,\ \overline{E_j} \rangle \overline{E_j} \right\rangle + \left\langle \sum_{j=1}^{3} \langle \overline{E_i}, F_j \rangle F_j,\ F_i' \right\rangle \\
&= \sum_{i,\ j=1}^{3} a_{ij} \langle F_i,\ \overline{E_j} \rangle + \sum_{i,\ j=1}^{3} a_{ij} \langle \overline{E_i},\ F_j \rangle \\
&= \sum_{i,\ j=1}^{3} (a_{ij} + a_{ji}) \langle F_i,\ \overline{E_j} \rangle = 0
\end{aligned}$$

$f(0) = 3$이므로 모든 $t \in (a, b)$에 대하여 $f(t) = 3$이다. 한편, 코시-슈바르츠 부등식에 의해

$$|\langle \overline{E_i},\ F_i \rangle| \le \|\overline{E_i}\| \|F_i\| \le 1$$

이므로 각각의 $i = 1, 2, 3$에 대하여 $|\langle \overline{E_i},\ F_i \rangle| = 1$이다. 즉, $\overline{E_i}$와 F_i는 평행한 벡터장이고 따라서 초기조건 $\overline{E_i}(0) = F_i(0)$에 의해

$$\overline{E_i} = F_i$$

끝으로, $\overline{\alpha}' = \sum_{i=1}^{3} \langle \overline{\alpha}', \overline{E_i} \rangle \overline{E_i}$이고 $\beta' = \sum_{i=1}^{3} \langle \beta', \overline{F_i} \rangle \overline{F_i}$이므로 식 (7.7.4)에 의해 $\overline{\alpha}'$와 β'도 평행하다. $\overline{\alpha}(0) = \beta(0)$이므로 1장 4절의 연습문제 3에 의해

$$F(\alpha) = \overline{\alpha} = \beta$$

도움정리 7.7.7 $\Phi: M \to \overline{M}$가 가우스사상 Z의 미분사상 dZ를 보존하는 등장사상이라고 하자. M의 접벡터장 E_1, E_2에 대하여 $d\Phi(E_i) = \overline{E_i}$ $(1 \leq i,\ j \leq 2)$로 놓고 $E_3 = Z$, $\overline{E_3} = \overline{Z}$라 하자. (ω_{ij})와 $(\overline{\omega}_{ij})$가 $\{E_i\}$와 $\{\overline{E_i}\}$의 연결형식이면

$$\Phi^* \overline{\omega}_{ij} = \omega_{ij} \quad (1 \leq i,\ j \leq 3)$$

증명

정리 7.7.2에 의해

$$\Phi^* \overline{\omega}_{12} = \omega_{12}$$

한편, 따름정리 7.6.6에 의해 $i = 1, 2$에 대하여

$$\begin{aligned}\Phi^* \overline{\omega}_{i3}(E_j) &= \overline{\omega}_{i3}(d\Phi(E_j)) = -\langle d\overline{Z}(d\Phi(E_j)),\ \overline{E_i} \rangle \\ &= -\langle d\Phi(dZ(E_j)),\ d\Phi(E_i) \rangle \\ &= -(dZ(E_j),\ E_i \rangle = \omega_{i3}(E_j)\end{aligned}$$

따라서

$$\Phi^* \overline{\omega}_{i3} = \omega_{i3}$$

정리 7.7.8 M과 $\overline{M}$가 각각 방향 Z와 $\overline{Z}$를 갖는 정칙곡면이고 $\Phi: M \to \overline{M}$를 등장사상이라고 하자. 임의의 접벡터 $\mathbf{v} \in T_{\mathbf{p}}M$에 대하여

$$d\Phi(dZ(\mathbf{v})) = d\overline{Z}(d\Phi(\mathbf{v}))$$

을 만족시키면 M과 $\overline{M}$는 합동이다. 즉, $\mathbb{R}^3$의 등장사상 $F: \mathbb{R}^3 \to \mathbb{R}^3$이 존재하여 $F|_M = \Phi$이다.

증명

(단계 1) 등장사상 F의 존재성

한 점 $\mathbf{p} \in M$을 고정하면 정리 1.8.11의 증명에서와 같이

$$F(\mathbf{p}) = \Phi(\mathbf{p})$$
$$dF(\mathbf{v}) = d\Phi(\mathbf{v}),\ \mathbf{v} \in \mathrm{T}_{\mathbf{p}}M \tag{7.7.7}$$
$$dF(Z(\mathbf{p})) = \bar{Z}(\Phi(\mathbf{p}))$$

을 만족시키는 $\mathbb{R}^3$의 등장사상 $F: \mathbb{R}^3 \to \mathbb{R}^3$이 존재한다.

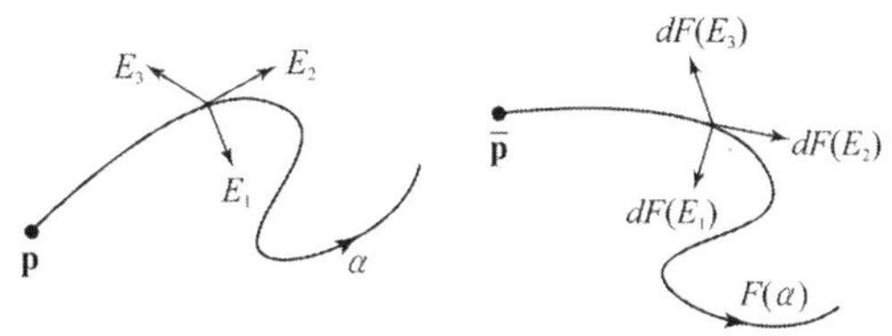

그림 7.6

(단계 2) 증명의 개요

$F|_M = \Phi$임을 증명하자. 임의의 점 $\mathbf{q} \in M$에 대하여 $F(\mathbf{q}) = \Phi(\mathbf{q})$임을 보이면 충분하다. $\mathbf{q} \in M$일 때 $\alpha: [0, 1] \to M$이 $\alpha(0) = \mathbf{p}$, $\alpha(1) = \mathbf{q}$인 곡선으로 $\alpha([0, 1])$이 M의 맞춤틀마당 E_1, E_2, E_3의 정의역에 놓여 있다고 가정하자(그림 7.6). 이 때 $F(\alpha) = \Phi(\alpha)$가 성립함을 보이자.

(단계 3) $F(\alpha)$의 성질

맞춤틀마당 E_1, E_2, E_3을 α에 제한하면 도움정리 4.2.4와 정리 7.3.6에 의해

$$E_i' = (E_i \circ \alpha)' = \nabla_{\alpha'} E_i = \sum_{j=1}^{3} \omega_{ij}(\alpha') E_j \tag{7.7.8}$$

선형사상 dF는 도함수를 보존하므로

$$(dF(E_i))' = dF(E_i')$$

이고 식 (7.7.8)에 의해

$$dF(E_i') = \sum_{j=1}^{3} \omega_{ij}(\alpha') dF(E_j)$$

이다. 따라서

$$(dF(E_i))' = \sum_{j=1}^{3} \omega_{ij}(\alpha') dF(E_j) \tag{7.7.9}$$

한편, F가 등장사상이므로 dF는 내적을 보존한다. 따라서 $dF(E_1)$, $dF(E_2)$, $dF(E_3)$는 $F(\alpha)$의 틀마당이고

$$\langle F(\alpha)', dF(E_i) \rangle = \langle dF(\alpha'), dF(E_i) \rangle = \langle \alpha', E_i \rangle \tag{7.7.10}$$

(단계 4) $\Phi(\alpha)=\bar{\alpha}$의 성질

$\bar{E}_i = d\Phi(E_i)$로 놓으면 E_1, E_2, E_3은 $\mathbb{R}^3$의 틀마당이고 $\bar{E}_1$, $\bar{E}_2$는 $\bar{M}$의 틀마당이므로 $\bar{E}_3$이 $\bar{M}$의 단위법벡터장이다. $\bar{E}_1$, $\bar{E}_2$, $\bar{E}_3$을 곡선 $\Phi(\alpha)=\bar{\alpha}$에 제한한 다음 t에 관해 미분하면 (단계 3)과 같이

(7.7.11) $$\bar{E}_i' = \sum_{j=1}^{3} \bar{\omega}_{ij}(\bar{\alpha}')\bar{E}_j \quad (1 \le i \le 3)$$

이다. 더욱이

(7.7.12) $$\langle \bar{\alpha}', \bar{E}_i \rangle = \langle \alpha', E_i \rangle$$

이 성립함을 보일 수 있다. 실제로 $i=1, 2$이면

$$\bar{\alpha}' = \Phi(\alpha)' = d\Phi(\alpha')$$

이고 $d\Phi = dF|_M$은 내적을 보존하므로

(7.7.13) $$\langle \bar{\alpha}', \bar{E}_i \rangle = \langle dF(\alpha'), dF(E_i) \rangle = \langle \alpha', E_i \rangle$$

끝으로 $i=3$이면 α'과 $\bar{\alpha}'$는 각각 M과 $\bar{M}$의 접벡터이고 E_3과 $\bar{E}_3$은 법벡터장이므로

$$\langle \bar{\alpha}', \bar{E}_3 \rangle = \langle \alpha', E_3 \rangle = 0$$

(단계 5) $F(\alpha)$와 $\Phi(\alpha)=\bar{\alpha}$의 비교

(단계 3)과 (단계 4) 및 도움정리 7.7.7에 의해

$$\Phi^* \bar{\omega}_{ij} = \omega_{ij} \quad (1 \le i \le 3)$$

따라서

$$\bar{\omega}_{ij}(\bar{\alpha}') = \bar{\omega}_{ij}(d\Phi(\alpha')) = \Phi^* \bar{\omega}_{ij}(\alpha') = \omega_{ij}(\alpha')$$

이 식과 식 (7.7.9), (7.7.11)에 의해

(7.7.14) $$\begin{aligned} \langle dF(E_i)', dF(E_j) \rangle &= \left\langle \sum_{k=1}^{3} \omega_{ik}(\alpha') dF(E_k), dF(E_j) \right\rangle \\ &= \omega_{ij}(\alpha') = \bar{\omega}_{ij}(\bar{\alpha}') = \langle \bar{E}_i', \bar{E}_j \rangle \end{aligned}$$

또 식 (7.7.10)과 (7.7.12)로부터

(7.7.15) $$\langle dF(\alpha)', dF(E_i) \rangle = \langle \bar{\alpha}', \bar{E}_i \rangle$$

이 성립한다. 끝으로, 초기조건을 나타내는 식 (7.7.7)에 의해 $\bar{\mathbf{p}} = \bar{\alpha}(0) = \Phi(\alpha(0))$이면

(7.7.16) $$dF(E_i)(\bar{\mathbf{p}}) = \bar{E}_i(\bar{\mathbf{p}})$$

이다. 따라서 식 (7.7.13)과 (7.7.14)-(7.7.16) 및 정리 7.7.6에 의해

$$F(\alpha) = \bar{\alpha} = \Phi(\alpha)$$

가 성립한다.

제 8 장 리만기하학

정칙곡면은 국소적으로 $\mathbb{R}^2$와 모양이 같은 3차원 유클리드 공간 $\mathbb{R}^3$의 부분집합을 의미한다. 그런데 4차원 유클리드 공간에서 정의된 다음과 같은 집합

$$\{M = \{(x,\ y,\ 0,\ 0) \in \mathbb{R}^4 | x,\ y \in \mathbb{R}\}$$

을 생각하면 이것은 $\mathbb{R}^3$의 xy평면과 기하학적으로 같은 곡면임을 직관적으로 알 수 있다. 그러나 주어진 집합이 놓여 있는 전체공간이 3차원이 아니라는 이유로 이러한 형태의 곡면은 다루지 않았다.

한편, 5장 1절에 의하면 $\mathbb{R}^3$의 옹골정칙곡면에는 반드시 가우스곡률이 양수인 점이 존재한다(정리 5.1.7). 따라서 $\mathbb{R}^3$에는 가우스곡률 K가 $K \leq 0$인 옹골정칙곡면이 존재하지 않는다. 그러나 가우스곡률이 상수 1인 $\mathbb{R}^3$의 단위구 S^2을 생각하면, 가우스곡률이 항상 0이거나 또는 상수 −1인 곡면의 존재성을 생각할 수 있다. 물론 위에서 언급했듯이 $\mathbb{R}^3$에는 이러한 곡면이 존재하지 않는다. 그러므로 가우스곡률이 항상 0이거나 상수 −1인 곡면의 존재성에 관한 고찰을 하기 위해서는 보다 추상적인 기하학적 대상을 생각해야만 한다.

이러한 관점에서 살펴보면, 곡면기하학에서 다루는 곡면이 집합적으로 반드시 유클리드 공간에 놓일 필요가 없다. 다시 말해서 미분을 이용한 기하학을 할 수 있도록 적당한 조건을 만족시키는 추상적인 집합이면 충분하다. 이와 같이 추상적인 집합을 기하학적 대상으로 삼아 기하학을 시작하면 그 동안 공부해 왔던 기하학을 포함하는 더욱더 일반화된 기하학을 할 수 있다. 이러한 일반화된 형태의 곡면을 추상곡면이라고 한다.

추상곡면에서 기하학을 할 수 있도록 하는 기본 조건을 찾기 위해서 $\mathbb{R}^3$의 정칙곡면을 생각하면 된다. $\mathbb{R}^3$의 정칙곡면은 국소적으로 $\mathbb{R}^2$의 원판과 위상동형이다. 그리고 곡면의 한 점 $\mathbf{p}$ 근방에서 서로 겹치는 두 좌표함수 $\mathbf{x}$, $\mathbf{y}$의 합성함수 $\mathbf{y}^{-1} \circ \mathbf{x}$는 미분동형사상이다. 추상곡면이 이 두 가지 성질만 갖추고 있으면 앞에서 공부하였던 기하학을 같은 방법으로 할 수 있다.

$\mathbb{R}^3$의 정칙곡면에 접평면을 도입하고 $\mathbb{R}^3$의 내적으로부터 접평면에 내적을 정의하였다. 그런 다음에 내적을 이용하여 가우스곡률과 같은 기하학적 개념들을 다루었다. 추상곡면에서도 같은 작업을 할 수 있다. 다만, 접평면에 $\mathbb{R}^3$의 유클리드 내적이 아닌 추상적인 내적을 정의하여야 한다. 각 접평면에 내적이 정의된 추상곡면을 리만곡면이라 하고 리만곡면을 다루는 기하학을 리만기하학이라고 한다.

1절에서는 추상곡면인 2차원 미분다양체를 정의하고 기하학을 할 수 있는 기본단위가 되는 좌표함수의 성질을 다룬다. 그리고 접벡터와 접평면, 벡터장에 대한 기본적인 성질을 이야기한다. 2절에서는 벡터장과 3절에서 다룰 리만계량을 포함하는 추상적이고 일반적인 개념인 벡터공간의 텐서에 대하여 언급한다. 3절에서는 2차원 미분다양체의 접평면에 주어지는 리만계량의 정의와 존재성에 관하여 다룬다. 리만계량은 $\mathbb{R}^3$의 정칙곡면에서 제1기본형식에 대응하는 개념이다. 4절에서는 벡터장의 미분에 해당하는 접속(공변미분)과 특별한 성질을 만족시키는 접속인 레비-치비타(Levi-Civita) 접속 그리고 그것으로부터 얻어지는 곡률텐서와 수면곡률을 정의한다. 5절에서는 리만곡면의 기준이 되는 모형공간(space form)에 대하여 논하고 끝으로 7절에서는 리만곡면의 측지선과 지수사상 그리고 완비성(completeness)에 관하여 이야기한다.

8.1 2차원 미분다양체

이 절에서는 추상곡면 또는 2차원 미분다양체를 정의하고 그 위에서 주어지는 함수의 미분가능성에 대하여 알아보기로 하자. 그리고 유클리드 공간 $\mathbb{R}^3$의 정칙곡면에서 다루었던 기하학적 개념들을 추상곡면에서 유용하도록 새롭게 정의하기로 한다. 추상곡면을 정의하기 위해서는 우선 위상수학적 개념이 필요하다. 위상(topology) 및 위상공간(topological space)의 정의는 모두 아는 것으로 간주한다. 그리고 위상공간에서의 기본적인 성질, 예를 들면 열린근방(open neighborhood), 하우스도르프(Hausdorff) 공간, 연결(connected)공간, 국소적 연결(locally connected)공간, 옹골집합(compact), 거리계량을 줄 수 있는 공간(metrizable space), 위상동형사상(homeomorhism) 등도 모두 알고 있는 것으로 가정한다. 필요하면 다른 위상수학책을 참고하기로 한다([6],[16]).

정의 8.1.1 하우스도르프 위상공간 M의 각 점 $p \in M$에 대하여 $\mathbb{R}^2$의 개부분집합 U와 위상동형사상 $\mathbf{x}: U \subset \mathbb{R}^2 \to \mathbf{x}(U) \subset M$, $p \in \mathbf{x}(U)$이 존재할 때, M을 **국소적 유클리드 평면**(locally Euclidean plane) 또는 간단히 국소적 평면이라고 한다(그림 8.1). 그리고 이 경우 $(\mathbf{x}, U)$을 **추상적 좌표함수**(local coordinate system) 또는 간단히 좌표함수라고 한다.[16)]

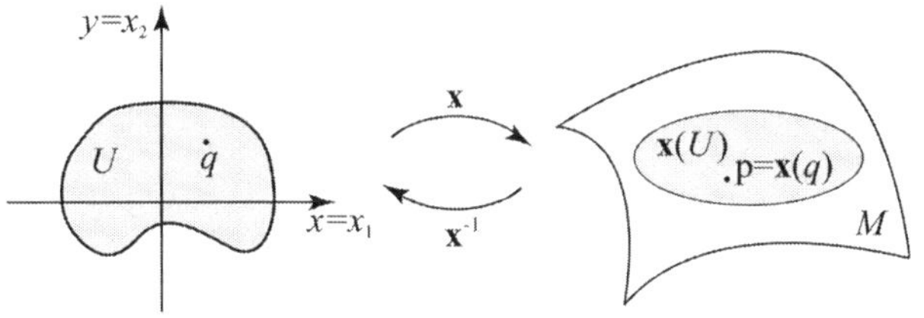

그림 8.1

정의에 의해 $\mathbf{x}(U)$는 점 p의 열린근방이다. 또, $\mathbf{x}$의 역함수 $\mathbf{x}^{-1}$을 성분함수로 나타내면

$$\mathbf{x}^{-1} = (x_1, x_2) \text{ 또는 } \mathbf{x}^{-1} = (x, y)$$

로 표현할 수 있다. 그리고 다른 개념과 혼동하지 않고 의미가 명확한 경우에 좌표함수 $\mathbf{x}: U \subset \mathbb{R}^2 \to \mathbf{x}(U) \subset M$을 간단히 $\mathbf{x}: U \to M$으로 나타내기로 한다.

정의 8.1.2 위상공간 M을 옹골부분집합의 가산(countable) 합집합으로 나타낼 수 있을 때, M을 **σ-옹골집합**(σ-compact)이라고 한다.

정의 8.1.3 연결집합이고 국소적 유클리드 평면인 하우스도르프 공간 M이 σ-옹골집합일 때, M을 2차원 **위상다양체**(topoligical manifold) 또는 추상적 위상곡면(abstract topological surface)이라고 한다.

다음정리는 연결집합이고 국소적 유클리드 평면인 하우스도르프 공간이 2차원 위상다양체가 되기 위한 동치조건을 열거한 것으로 증명은 생략하기로 한다.

16) 앞장까지는 곡면의 점을 굵은 문자 **p**, **q** 등으로 나타내었지만 이 장에서는 추상곡면이라는 의미로 굵은 문자 대신 소문자를 사용하였다.

정리 8.1.4 M을 연결집합이고 국소적 유클리드 평면인 하우스도르프 공간이라 하자. 그러면 다음은 서로 동치이다.

(i) M은 σ-옹골집합이다.

(ii) M은 파라컴팩트(paracompact)이다.

(iii) M은 거리를 줄 수 있는 공간(metrizable)이다.

(iv) M은 제2가산공리(second countable)을 만족시킨다.

증명

[1]을 참고하여라.

위상공간 M의 열린덮개(open covering)에 대하여 항상 국소적으로 유한개(locally finite)인 열린 세분덮개(open refinement)가 존재할 때 M을 파라컴팩트(paracompact)라고 한다. $\{O_i\}_{i\in\Lambda}$을 위상공간 M의 열린덮개라 할 때, 각 점 $p\in M$에 대하여 열린 근방 U가 존재하여 집합

$$\{i\in\Lambda\,|\,U\cap O_i\neq\phi\}$$

가 유한집합이면 $\{O_i\}_{i\in\Lambda}$를 국소적으로 유한개인 열린덮개라고 한다. 또, 개부분집합의 모임 $\{V_j\}_{j\in\Gamma}$의 각 j에 대하여 $V_j\subset O_i$를 만족시키는 $i\in\Lambda$가 존재할 때 $\{V_j\}_{j\in\Gamma}$를 $\{O_i\}_{i\in\Lambda}$의 열린세분이라고 한다.

위상공간 M에 제2가산기저(countable basis)가 존재할 때 M이 제2가산공리를 만족시킨다고 한다. 가산개의 개부분집합 $\{O_i\}$가 M의 위상구조를 생성할 때 $\{O_i\}$를 제2가산기저라고 한다.

정의 8.1.5 M이 2차원 위상다양체라고 하자.

(1) 좌표함수의 모임 $A=\{\mathbf{x}_\alpha: U_\alpha\to M\}$이

$$\bigcup_\alpha \mathbf{x}_\alpha(U_\alpha)=M$$

을 만족시킬 때, A를 M의 **좌표근방계**(atlas)라고 한다.

(2) 좌표근방계 $A=\{\mathbf{x}_\alpha: U_\alpha\to M\}$의 두 좌표함수

$$\mathbf{x}_\alpha: U_\alpha\to M,\ \mathbf{x}_\beta: U_\beta\to M$$

에 대하여 $\mathbf{x}_\alpha(U_\alpha) \cap \mathbf{x}_\beta(U_\beta) := W \neq \Phi$이면 합성함수

$$\mathbf{x}_\beta^{-1} \circ \mathbf{x}_\alpha : \mathbf{x}_\alpha^{-1}(W) \to \mathbf{x}_\beta^{-1}(W)$$

가 미분동형사상일 때, A를 **미분좌표근방계**(smooth atlas)라고 한다(그림 8.2).

(3) $A = \{\mathbf{x}_\alpha : U_\alpha \to M\}$을 M의 미분좌표근방계라고 하자. 사상 $\mathbf{x} : U \to M$과 $\mathbf{x}_\alpha \in A$에 대하여 $\mathbf{x}^{-1} \circ \mathbf{x}_\alpha$가 미분동형사상이면 $\mathbf{x} \in A$를 만족시킬 때 A를 **최대 미분좌표근방계**(maximal smooth atlas)라고 한다.

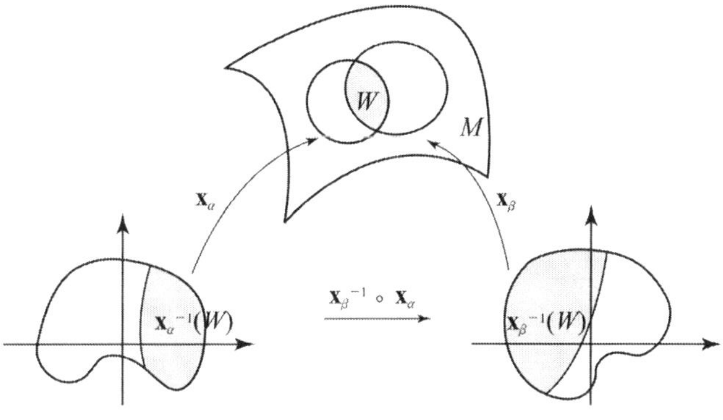

그림 8.2

다음 도움정리에 의하면 미분좌표근방계를 포함하는 최대 미분좌표근방계는 항상 존재하고 유일하다.

도움정리 8.1.6 A를 위상곡면 M의 미분좌표근방계라고 하면 A를 포함하는 최대 미분좌표근방계가 존재하고 또 유일하다.

증명

A'을 좌표함수 $\mathbf{y}: U \to M$의 모임으로 모든 A의 원소 $\mathbf{x}_\alpha : U_\alpha \to M$에 대하여 $\mathbf{y}^{-1} \circ \mathbf{x}_\alpha$와 $\mathbf{x}_\alpha^{-1} \circ \mathbf{y}$가 미분동형사상이라고 하자. 그러면 A'는 A를 포함하는 최대 미분좌표근방계이다. 또, A'의 정의로부터 최대 미분좌표근방계는 유일하다.

정의 8.1.7 (1) 위상곡면 M의 최대 미분좌표근방계를 M의 **미분구조**(smooth structure, differentiable structure)라고 한다.

(2) 미분구조를 갖고 있는 위상곡면을 **2차원 미분다양체**(smooth manifold of dimension 2) 또는 **추상정칙곡면**(abstract regular surface)이라고 한다. 2차원 미분다양체를 간단히 곡면(surface)이라고 한다.

보기 8.1.8 (1) $M \subset \mathbb{R}^3$이 정칙곡면이면 M은 2차원 미분다양체이다. 정의에 의해 각 점 $\mathbf{p} \in M$에 대하여 정의 8.1.5의 조건 (1)과 (2)를 만족시키는 좌표함수의 모임이 존재한다. 따라서 이 좌표함수의 모임을 포함하는 최대 미분좌표근방계인 미분구조가 존재한다.

(2) $M = \{(x, y, 0, 0) \in \mathbb{R}^4 | x, y \in \mathbb{R}\}$는 2차원 미분다양체이다. 좌표함수

$$\mathbf{x}: \mathbb{R}^2 \to M, \ \mathbf{x}(x, y) = (x, y, 0, 0)$$

를 포함하는 최대 미분좌표근방계를 택하면 M의 미분구조를 제공한다.

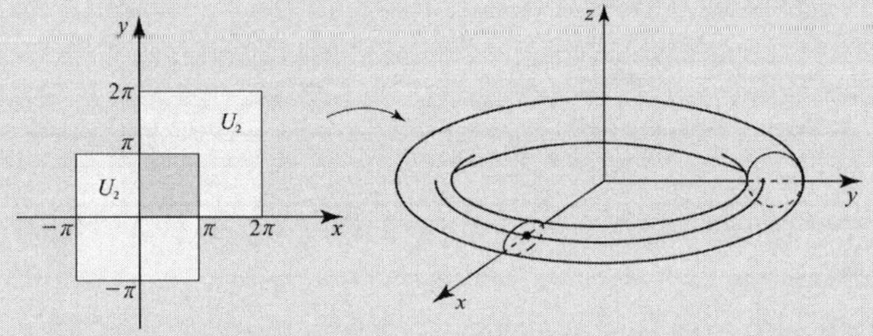

그림 8.3

(3) $S^1 = \{(x, y) \in \mathbb{R}^2 | x^2 + y^2 = 1\}$을 단위원이라 하면 $T^2 = S^1 \times S^1 \subset \mathbb{R}^4$은 2차원 미분다양체이다. $U_1 = (0, 2\pi) \times (0, 2\pi) \subset \mathbb{R}^2$, $U_2 = (-\pi, \pi) \times (-\pi, \pi) \subset \mathbb{R}^2$이라 하고

$$\mathbf{x}_1: U_1 \to \mathbb{R}^4, \ \mathbf{x}_1(x, y) = (\cos x, \sin x, \cos y, \sin y)$$

$$\mathbf{x}_2: U_2 \to \mathbb{R}^4, \ \mathbf{x}_2(x, y) = (\cos x, \sin x, \cos y, \sin y)$$

로 정의하면 $\mathbf{x}_1$, $\mathbf{x}_2$는 T^2의 좌표함수이다. $\mathbf{x}_1(U_1) \cap \mathbf{x}_2(U_2) = W$라 하면 W는 4개의 (연결)영역 W_1, W_2, W_3, W_4의 합집합이고 각 $i = 1, 2, 3, 4$에 대하여 $\mathbf{x}_2^{-1} \circ \mathbf{x}_1 : \mathbf{x}_1^{-1}(W_i) \to \mathbf{x}_2^{-1}(W_i)$와 $\mathbf{x}_1^{-1} \circ \mathbf{x}_2 : \mathbf{x}_2^{-1}(W_i) \to \mathbf{x}_1^{-1}(W_i)$는 $\mathbb{R}^2$의 평행이동사상이므로 미분동형사상이다. 따라서 $\mathbf{x}_1$, $\mathbf{x}_2$를 포함하는 최대 미분좌표근방계가 존재하므로 T^2는 2차원 미분다양체이다.

(4) M이 2차원 미분다양체이고 V가 M의 개부분집합이면 V 또한 2차원 미분다양체이다.

2차원 미분다양체 위에 접벡터, 접공간, 벡터장, 곡선 등 앞에서 다루었던 기본적인 기하학적 개념을 정의하자. 2차원 미분다양체가 유클리드 공간에 놓여 있지 않기 때문에 위의 모든 개념은 좌표함수를 이용하여 정의할 수밖에 없다. 미분기하학 이론이 복잡하고 어렵게 보이는 이유 중의 하나가 여기에 있다.

$f: M \to \mathbb{R}$ 를 2차원 미분다양체에서 정의된 함수라 하자. 점 $p \in M$ 근방의 좌표함수 $(\mathbf{x}, U)$에 대하여 합성함수 $f \circ \mathbf{x}$가 점 $\mathbf{x}^{-1}(p) \in U$에서 미분가능할 때, 함수 f가 점 p에서 미분가능하다고 한다(그림 8.4). 그리고 f가 M의 각 점에서 미분가능하면 f를 M 위에서 미분가능한 함수라고 한다. M에서 정의된 미분가능한 함수 전체의 집합을 $C^{\infty}(M)$으로 나타낸다.

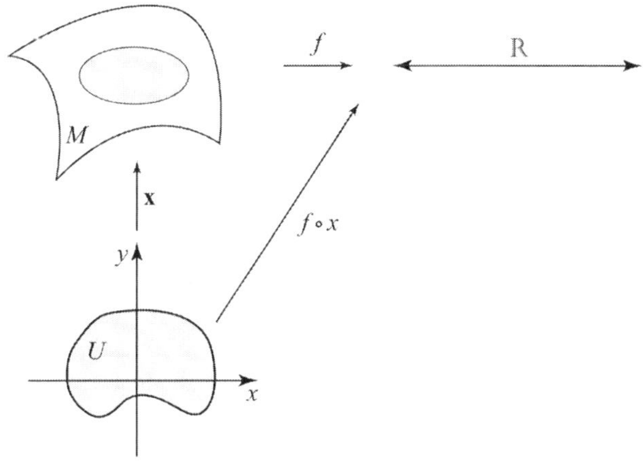

그림 8.4

$\Phi: M \to N$을 2차원 미분다양체 사이에서 정의된 사상이라 하자. 점 $p \in M$ 근방의 좌표함수 $(\mathbf{x}, U)$와 $\Phi(p)$ 근방의 좌표함수 $(\mathbf{y}, V)$에 대하여 합성함수 $\mathbf{y}^{-1} \circ \Phi \circ \mathbf{x}$가 점 $\mathbf{x}^{-1}(p) \in U$에서 미분가능할 때, Φ가 점 p에서 미분가능하다고 한다(그림 8.5). M의 각 점에서 Φ가 미분가능할 때, Φ는 M에서 미분가능하다고 한다. 또한, $V \subset M$이 개부분집합이고 $\Phi: M \to N$가 V의 각 점에서 미분가능할 때 Φ는 V에서 미분가능하다고 한다. 이것은 제한사상 $\Phi|_V: V \to N$가 미분가능하다는 것과 동치임을 알 수 있다.

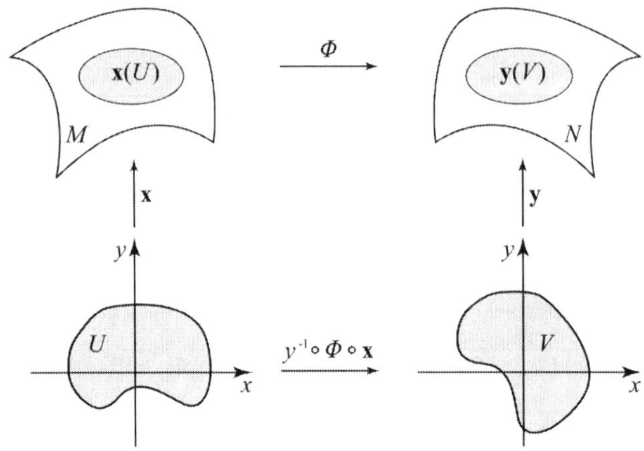

그림 8.5

곡면에서 정의된 실수값을 가지는 함수나 곡면 사이에서 정의된 사상의 미분가능성을 좌표함수를 도입하여 정의하기 때문에 다른 좌표함수를 가지고 정의하였을 때와의 차이점을 생각하여야만 한다. 그러나 다음 도움정리에 의하면 곡면에서 정의된 함수의 미분가능성은 좌표함수의 선택에 무관하게 잘 정의된 개념이다.

도움정리 8.1.9 함수 $\Phi: M\to N$의 미분가능성은 좌표함수의 선택에 무관하다.

증명

점 $p\in M$ 근방의 좌표함수 $(\mathbf{x},\ U)$와 점 $\Phi(p)\in N$ 근방의 좌표함수 $(\mathbf{y},\ V)$에 대하여 $\mathbf{y}^{-1}\circ\Phi\circ\mathbf{x}$가 점 $\mathbf{x}^{-1}(p)$에서 미분가능하다고 하고 $(\overline{\mathbf{x}},\ \overline{U})$와 $(\overline{\mathbf{y}},\ \overline{V})$가 점 p와 $\Phi(p)$의 임의의 좌표함수일 때, $\overline{\mathbf{y}}^{-1}\circ\Phi\circ\overline{\mathbf{x}}$이 점 $\overline{\mathbf{x}}^{-1}(p)$에서 미분가능하다는 것을 보이면 충분하다.

$\overline{\mathbf{y}}^{-1}\circ\mathbf{y}$와 $\mathbf{x}^{-1}\circ\overline{\mathbf{x}}$가 미분동형사상이고 $\mathbf{y}^{-1}\circ\Phi\circ\mathbf{x}$가 점 $\mathbf{x}^{-1}(p)$에서 미분가능하므로

$$\overline{\mathbf{x}}^{-1}\circ\Phi\circ\overline{\mathbf{x}}=(\overline{\mathbf{y}}^{-1}\circ\Phi\circ\mathbf{x})\circ(\mathbf{x}^{-1}\circ\overline{\mathbf{x}})$$

는 점 $\overline{\mathbf{x}}^{-1}(p)$에서 미분가능하다.

정의 8.1.10 $f: M \to \mathbb{R}$가 미분가능한 함수이고 $(\mathbf{x}, U)$가 M의 좌표함수라고 하자. $\mathbf{x}^{-1} = (x_1, x_2)$일 때 각 점 $p \in \mathbf{x}(U)$에서 함수 f의 편도함수 $\frac{\partial f}{\partial x_i}$는

$$\frac{\partial f}{\partial x_i}(p) = \left.\frac{\partial f}{\partial x_i}\right|_p = D_i(f \circ \mathbf{x})(\mathbf{x}^{-1}(p))$$

로 정의한다.

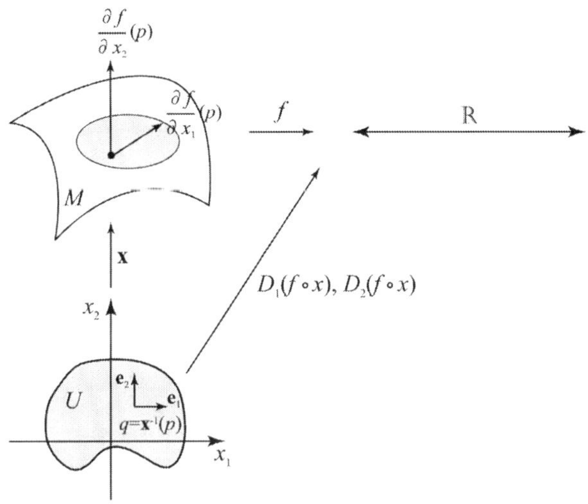

그림 8.6

함수 $g: \mathbb{R}^2 \to \mathbb{R}$에 대하여 점 $p = (p_1, p_2)$에서의 편도함수는

$$D_1 g(p) = \lim_{h \to 0} \frac{g(p_1 + h,\ p_2) - g(p)}{h}$$

$$D_2 g(p) = \lim_{k \to 0} \frac{g(p_1,\ p_2 + k) - g(p)}{k}$$

로 정의되는 함수이다.

실수의 개구간에서 M으로 사상되는 함수 $\alpha: (a, b) \to M$을 **곡선**이라고 한다. 또 $\alpha(a, b) \subset \mathbf{x}(U)$를 만족시키는 좌표함수 $(\mathbf{x}, U)$에 대하여 $\mathbf{x}^{-1} \circ \alpha: (a, b) \to U \subset \mathbb{R}^2$이 미분가능할 때 곡선 α가 미분가능한 곡선이라고 한다. 일반적으로 M의 좌표함수 $(\mathbf{x}, U)$에 대하여 $\alpha(a, b) \cap \mathbf{x}(U) \neq \varnothing$일 때, $\alpha(c, d) \subset \mathbf{x}(U)$를 만족시키는 임의의 $(c, d) \subset (a, b)$에서 $\mathbf{x}^{-1} \circ \alpha: (c, d) \to U \subset \mathbb{R}^2$이 미분가능할 때 α를 미

분가능한 곡선이라고 한다. $\mathbf{x}^{-1}$의 성분을 $\mathbf{x}^{-1}=(x_1,\ x_2)$로 나타내면 $\mathbf{x}^{-1}\circ\alpha(t)=(x_1\circ\alpha(t),\ x_2\circ\alpha(t))$이고 성분함수 $x_1\circ\alpha(t),\ x_2\circ\alpha(t)$가 미분가능할 때 α가 미분가능하다고 말할 수 있다. 앞으로 $\mathbf{x}^{-1}=(x_1,\ x_2)$일 때, $\mathbf{x}^{-1}\circ\alpha(t)=(x_1\circ\alpha(t),\ x_2\circ\alpha(t))$를 간단히 $\mathbf{x}^{-1}\circ\alpha(t)=(x_1(t),\ x_2(t))$로 나타내기로 한다. 앞으로 곡선은 항상 미분가능한 곡선을 나타내기로 한다.

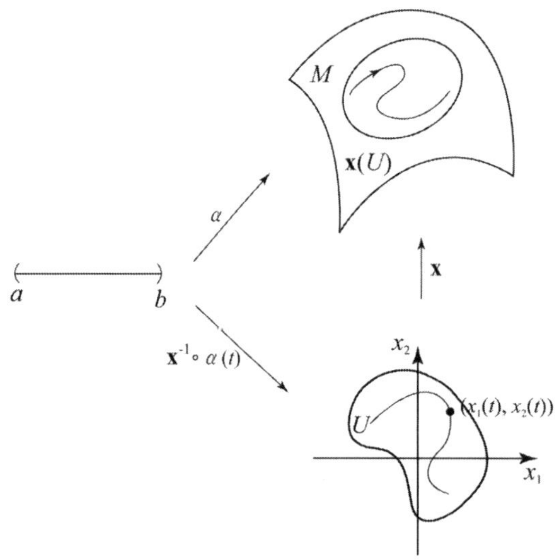

그림 8.7

도움정리 8.1.11 $(\mathbf{x},\ U)$가 점 $p\in M$ 근방의 좌표함수이고 $\mathbf{e}_1=(1,\ 0)$, $\mathbf{e}_2=(0,\ 1)$일 때, $i=1,\ 2$에 대하여 $\alpha_i:(-\epsilon,\ \epsilon)\rightarrow M$을

$$\alpha_i(t)=\mathbf{x}(\mathbf{x}^{-1}(p)+t\mathbf{e}_i)$$

로 정의하면 임의의 함수 $f: M\rightarrow\mathbb{R}$에 대하여

$$\frac{\partial f}{\partial x_i}(p)=(f\circ\alpha_i)'(0)=\lim_{h\rightarrow 0}\frac{f(\alpha_i(h))-f(p)}{h}$$

증명

$i=1, 2$에 대하여

$$\begin{aligned} D_i(f \circ \mathbf{x})(\mathbf{x}^{-1}(p)) &= \lim_{h\to 0}\frac{(f \circ \mathbf{x})(\mathbf{x}^{-1}(p)+h\mathbf{e}_i)-(f \circ \mathbf{x})(\mathbf{x}^{-1}(p))}{h} \\ &= \lim_{h\to 0}\frac{f(\mathbf{x}(\mathbf{x}^{-1}(p)+h\mathbf{e}_i))-f(p)}{h} \\ &= \lim_{h\to 0}\frac{f(\alpha_i(h))-f(p)}{h} \end{aligned}$$

좌표함수 $(\mathbf{x}, U)$에 대하여 $\mathbf{x}^{-1}=(x_1, x_2)$로 나타낼 때, 성분함수 x_1, x_2의 편도함수는

$$\frac{\partial x_i}{\partial x_j}(p)=\delta_{ij}=\begin{cases}1 & i=j \\ 0 & i\neq j\end{cases}$$

로 주어진다. 정의 8.1.10에서 보듯이 함수 $f: M\to\mathbb{R}$의 편도함수는 좌표함수 $(\mathbf{x}, U)$가 주어질 때마다 결정된다. 따라서 M의 다른 좌표함수 $(\mathbf{y}, V)$, $\mathbf{x}(U)\cap\mathbf{y}(V)\neq\varnothing$에 대한 편도함수를 생각할 수 있는데 연쇄법칙을 이용하면 이 두 좌표함수와 f의 편도함수에 대한 관계식을 알 수 있다.

정리 8.1.12 $f: M\to\mathbb{R}$가 미분가능한 함수이고 $(\mathbf{x}, U)$, $(\mathbf{y}, V)$가 $\mathbf{x}(U)\cap\mathbf{y}(V)\neq\varnothing$인 좌표함수라고 하자.
$\mathbf{x}^{-1}=(x_1, x_2)$, $\mathbf{y}^{-1}=(y_1, y_1)$로 나타내면 교집합 $\mathbf{x}(U)\cap\mathbf{y}(V)$에서

(8.1.1) $$\frac{\partial f}{\partial y_i}=\sum_{j=1}^{2}\frac{\partial f}{\partial x_j}\frac{\partial x_j}{\partial y_i}$$

증명

각 점 $p \in \mathbf{x}(U) \cap \mathbf{y}(V)$에서 연쇄법칙을 적용하면

$$\begin{aligned}\frac{\partial f}{\partial y_i}(p) &= D_i(f \circ \mathbf{y})(\mathbf{y}^{-1}(p)) = D_i([f \circ \mathbf{x}] \circ [\mathbf{x}^{-1} \circ \mathbf{y}])(\mathbf{y}^{-1}(p)) \\ &= \sum_{j=1}^{2} D_j(f \circ \mathbf{x})([\mathbf{x}^{-1} \circ \mathbf{y}](\mathbf{y}^{-1}(p))) \cdot D_i[\mathbf{x}^{-1} \circ \mathbf{y}]^j(\mathbf{y}^{-1}(P)) \\ &= \sum_{j=1}^{2} D_j(f \circ \mathbf{x})(\mathbf{x}^{-1}(p)) \cdot D_i[x_j \circ \mathbf{y}](\mathbf{y}^{-1}(p)) \\ &= \sum_{j=1}^{2} \frac{\partial f}{\partial x_j}(p) \frac{\partial x_j}{\partial y_i}(p)\end{aligned}$$

여기서 $[\mathbf{x}^{-1} \circ \mathbf{y}]^j$는 사상 $\mathbf{x}^{-1} \circ \mathbf{y}$의 j-번째 성분함수를 나타낸다.

식 (8.1.1)로부터 좌표함수의 편미분 연산자 $\dfrac{\partial}{\partial x_i}$, $\dfrac{\partial}{\partial y_i}$에 대하여

(8.1.2) $$\frac{\partial}{\partial y_i} = \sum_{j=1}^{2} \frac{\partial x_j}{\partial y_i} \frac{\partial}{\partial x_j}$$

로 나타낼 수 있다.

유클리드 공간이나 정칙곡면에서 접벡터와 접공간 및 접평면에 관한 개념을 다루었듯이 추상곡면에서도 같은 개념을 정의할 수 있다. M이 $\mathbb{R}^3$의 정칙곡면일 때 점 $p \in M$에서의 접벡터는 M으로 사상되는 곡선의 도함수(속도벡터)로 주어지는 벡터를 나타낸다. 그러나 M이 추상곡면이 경우에는 이러한 접벡터의 개념이 모호해진다. 즉, 곡선 $\alpha: (-\epsilon, \epsilon) \to M$이 미분가능할 때 도함수를 나타내는 기호 $\alpha'(0)$의 의미가 애매모호해진다. 이러한 문제를 해결할 수 있는 한 가지 방법은 곡선의 도함수를 함수공간에서 정의되는 선형사상으로 이해하는 것이다.

2차원 미분다양체의 점 $p \in M$ 근방에서 정의된 미분가능한 함수의 집합을 $C^\infty(p)$로 나타내자. 즉, f가 점 p 근방 V를 정의역으로 갖는 미분가능한 함수일 때 $f \in C^\infty(p)$라고 한다. 따라서 $f \in C^\infty(M)$이면 임의의 점 $p \in M$에 대하여 $f \in C^\infty(p)$이다.

$f, g \in C^\infty(p)$이면 점 p의 근방 U와 V가 존재하여 $f: U \to \mathbb{R}$, $g: V \to \mathbb{R}$가 미분가능한 함수이다. 이 때 $U \cap V$도 점 p의 근방이고 $q \in U \cap V$ 와 실수 $a \in \mathbb{R}$에 대하여

$$(f+g)(q)=f(q)+(g),\ (af)(q)=af(q) \tag{8.1.3}$$

로 정의하자. 그러나 정의역이 각각 U, V인 두 함수 f, $g\in C^{\infty}(p)$에 대하여 $U=V$가 성립하지 않으면 $f+(-f)\neq g+(-g)$이므로 $C^{\infty}(p)$는 벡터공간이라고 말할 수 없다. 동치관계와 동치류를 이용하면 이와 같은 현상을 배제하고 $C^{\infty}(p)$가 벡터공간이 되도록 할 수 있다.

정의 8.1.13 두 함수 f, $g\in C^{\infty}(p)$의 정의역이 각각 U, V라고 하자. p를 포함하는 근방 $W\subset U\cap V$가 존재하여 $f|_W=g|_W$를 만족시킬 때, f와 g가 $C^{\infty}(p)$에서 같다고 하고 $f\cong g$로 나타낸다.

두 함수 f, $g\in C^{\infty}(p)$에 대한 관계 $f\cong g$는 동치관계이다. f의 동치류를 $[f]$ 대신에 f로 나타내고 동치류의 모임 $C^{\infty}(p)/\cong$를 $C^{\infty}(p)$로 나타내면 연산 (8.1.3)에 대하여 $C^{\infty}(p)$는 벡터공간이다.[17)]

정의 8.1.14 $\alpha:(-\epsilon,\epsilon)\to M$이 $\alpha(0)=p$인 곡선일 때, $t=0$에서 α에 접하는 **접벡터** $\alpha'(0)$은 다음과 같이 정의되는 선형사상 $\alpha'(0):C^{\infty}(p)\to\mathbb{R}$을 나타낸다.

$$\alpha'(0)(f)=\frac{d}{dt}(f\circ\alpha)\Big|_{t=0}=(f\circ\alpha')(0) \tag{8.1.4}$$

식 (8.1.4)를 좌표함수로 나타내보자. $\mathbf{x}:U\to M$을 점 p 근방의 좌표함수로 $\alpha(-\epsilon,\epsilon)\subset\mathbf{x}(U)$라고 하자. $\mathbf{x}^{-1}=(x_1,x_2)$로 놓으면

$$\mathbf{x}^{-1}\circ\alpha(t)=(x_1(t),x_2(t)) \tag{8.1.5}$$

로 나타낼 수 있다. 그리고 $(x_1(0),x_2(0))=\mathbf{x}^{-1}\circ\alpha(0)=\mathbf{x}^{-1}(p)$를 만족시킨다.

$$(f\circ\alpha)(t)=(f\circ\mathbf{x})(\mathbf{x}^{-1}\circ\alpha)(t)=f\circ\mathbf{x}(x_1(t),x_2(t)) \tag{8.1.6}$$

17) f의 동치류 $[f]$를 점 p에서 매끄러운 함수의 싹(germ)이라고 한다.

이므로 연쇄법칙을 적용하면

$$
\begin{aligned}
(f \circ \alpha)'(0) &= D_1(f \circ \mathbf{x})(\mathbf{x}^{-1}(p))\frac{dx_1}{dt}(0) + D_2(f \circ \mathbf{x})(\mathbf{x}^{-1}(p))\frac{dx_2}{dt}(0) \\
&= \frac{\partial f}{\partial x_1}(p)x_1{}'(0) + \frac{\partial f}{\partial x_2}(p)x_2{}'(0)
\end{aligned} \tag{8.1.7}
$$

다음에는 $\alpha'(0)(f)$가 좌표함수의 선택에 무관하다는 사실을 보이자. 즉, 정의 8.1.14는 좌표함수와 관계없이 잘 정의되는 기하학적 개념이다. $\mathbf{y}\colon V \to M$이 점 p 근방의 다른 좌표함수로 $\alpha(-\epsilon, \epsilon) \subset \mathbf{y}(V)$ 라고 하자. $\mathbf{y}^{-1} = (y_1, y_2)$로 놓으면 정리 8.1.12에 의해

$$
\frac{\partial f}{\partial y_1} = \frac{\partial f}{\partial x_1}\frac{\partial x_1}{\partial y_1} + \frac{\partial f}{\partial x_2}\frac{\partial x_2}{\partial y_1} \tag{8.1.8}
$$

$$
\frac{\partial f}{\partial y_2} = \frac{\partial f}{\partial x_1}\frac{\partial x_1}{\partial y_2} + \frac{\partial f}{\partial x_2}\frac{\partial x_2}{\partial y_2} \tag{8.1.9}
$$

$\alpha'(0)(f)$를 좌표함수 $\mathbf{y}$로 나타내면 식 (8.1.7)에 의해

$$
(f \circ \alpha)'(0) = \frac{\partial f}{\partial y_1}(p)y_1{}'(0) + \frac{\partial f}{\partial y_2}(p)y_2{}'(0) \tag{8.1.10}
$$

한편 $\mathbf{x}^{-1} \circ \mathbf{y}(y_1, y_2) = (x_1, x_2)$이므로

$$
(x_1(t),\ x_2(t)) = \mathbf{x}^{-1} \circ \mathbf{y}(y_1(t),\ y_2(t))
$$

따라서 연쇄법칙에 의해

$$
\begin{pmatrix} x_1{}'(0) \\ x_2{}'(0) \end{pmatrix} = \begin{pmatrix} \dfrac{\partial x_1}{\partial y_1} & \dfrac{\partial x_1}{\partial y_2} \\ \dfrac{\partial x_2}{\partial y_1} & \dfrac{\partial x_2}{\partial y_2} \end{pmatrix} \begin{pmatrix} y_1{}'(0) \\ y_2{}'(0) \end{pmatrix} \tag{8.1.11}
$$

식 (8.1.11)을 식 (8.1.7)에 대입하고 식 (8.1.8)과 (8.1.9)를 이용하면

$$\begin{aligned}
&\frac{\partial f}{\partial x_1}(p){x_1}'(0)+\frac{\partial f}{\partial x_2}(p){x_2}'(0)\\
&\quad=\frac{\partial f}{\partial x_1}(p)\left(\frac{\partial x_1}{\partial y_1}{y_1}'(0)+\frac{\partial x_1}{\partial y_2}{y_2}'(0)\right)+\frac{\partial f}{\partial x_2}(p)\left(\frac{\partial x_2}{\partial y_1}{y_1}'(0)+\frac{\partial x_2}{\partial y_2}{y_2}'(0)\right)\\
&\quad=\frac{\partial f}{\partial y_1}(p){y_1}'(0)+\frac{\partial f}{\partial y_2}(p){y_2}'(0)
\end{aligned}$$

2차원 미분다양체 M의 점 p를 지나는 모든 곡선에 대한 접벡터의 집합을 **접평면**이라 하고 T_pM으로 나타낸다. $\alpha:(a,\ b)\to M$이 미분가능한 곡선이고 $\alpha'(0)\in T_pM$이면 $\alpha'(t)$는 점 $\alpha(t)$에서의 접벡터이다. 즉, $\alpha'(t)\in T_{\alpha(t)}M$이다. 실제로, $\overline{\alpha}(s)=\alpha(t+s)$로 정의하면 $\overline{\alpha}(0)=\alpha(t)$이고 $\overline{\alpha}'(0)=\alpha'(t)$이다.

접평면 T_pM에 덧셈과 실수곱을 다음과 같이 정의하자. $\alpha,\ \beta:(-\epsilon,\ \epsilon)\to M$이 $\alpha(0)=\beta(0)=p$인 곡선이고 $\mathbf{x}:U\to M$이 $\alpha(-\epsilon,\ \epsilon)\cup\beta(-\epsilon,\ \epsilon)\subset\mathbf{x}(U)$인 점 p의 좌표함수라고 하자. 이 때 $\gamma:(-\epsilon,\ \epsilon)\to M$을

$$\gamma(t)=\mathbf{x}(t((\mathbf{x}^{-1}\circ\alpha)'(0)+(\mathbf{x}^{-1}\circ\beta)'(0))+\mathbf{x}^{-1}(p))$$

로 정의하면 $\gamma(0)=p$이고

$$(\mathbf{x}^{-1}\circ\gamma)'(0)=(\mathbf{x}^{-1}\circ\alpha)'(0)+(\mathbf{x}^{-1}\circ\beta)'(0)$$

가 성립한다. 따라서 두 접벡터 $\alpha'(0)$와 $\beta'(0)$의 합을

$$\alpha'(0)+\beta'(0)=\gamma'(0)$$

로 정의한다. 또 $\delta(t)=(at(\mathbf{x}^{-1}\circ\alpha)'(0)+\mathbf{x}^{-1}(p))$로 정의할 때, 실수곱 $a\alpha'(0)$을

$$a\alpha'(0)=\delta'(0)$$

로 정의한다. 접벡터의 정의가 좌표함수의 선택에 무관하다는 사실로부터 위의 덧셈과 실수곱은 잘 정의된 개념이고, 이 연산에 대하여 접평면 T_pM은 벡터공간을 이룬다.

$\Phi: U \subset \mathbb{R}^2 \to M$이 미분가능한 사상이고 $q \in U \subset \mathbb{R}^2$, $\mathbf{e}_1 = (1, 0)$, $\mathbf{e}_2 = (0, 1)$일 때 $c_i(t) = q + t\mathbf{e}_i$로 정의하면 $c'_i(0) = \boldsymbol{e}_i \in T_q\mathbb{R}^2$이고 $\Phi \circ c_i: \mathbb{R} \to M$은 미분가능한 곡선이다. 따라서 정의에 의해

$$(\Phi \circ c_i)'(0) \in T_{\Phi(q)}M$$

이다. 이 접벡터를

$$(\Phi \circ c_i)'(0) = d\Phi_q(c'_i(0)) = d\Phi_q(\boldsymbol{e}_i)$$

로 나타내자. $(\mathbf{x}, U)$가 점 $p \in M$ 근방의 좌표함수이고 $\mathbf{x}^{-1}(p) = q$, $\mathbf{x}^{-1} = (x_2, x_2)$로 나타낼 때

(8.1.12) $$\left.\frac{\partial}{\partial x_1}\right|_p = d\mathbf{x}_q(\boldsymbol{e}_1) = d\mathbf{x}_q(1, 0)$$

(8.1.13) $$\left.\frac{\partial}{\partial x_2}\right|_p = d\mathbf{x}_q(\boldsymbol{e}_2) = d\mathbf{x}_q(0, 1)$$

로 정의하자(그림 8.8). 정의에 의해

$$\left.\frac{\partial}{\partial x_1}\right|_p, \left.\frac{\partial}{\partial x_2}\right|_p \in T_pM$$

이고 이 두 벡터는 일차독립임을 알 수 있다.

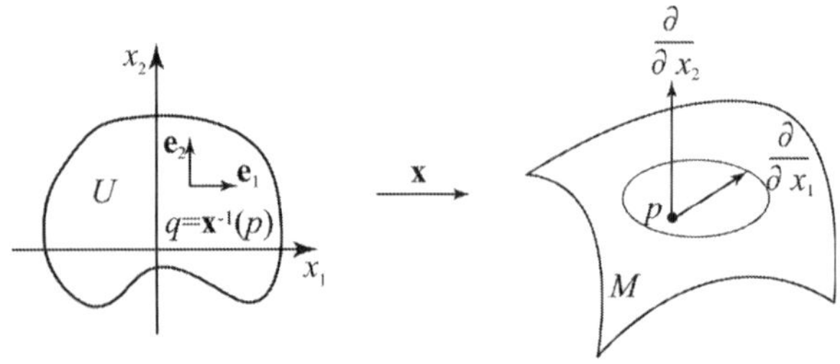

그림 8.8

실제로, $a,\ b \in \mathbb{R}$ 에 대하여

$$a\frac{\partial}{\partial x_1}\bigg|_p + b\frac{\partial}{\partial x_2}\bigg|_p = (0,\ 0)$$

이라 하면

$$(0,\ 0) = a d\mathbf{x}_q(1,\ 0) + b d\mathbf{x}_q(0,\ 1) = d\mathbf{x}_q(a,\ b)$$

이고 $\mathbf{x}$가 좌표함수므로 $(a,\ b) = (0,\ 0)$이어야만 한다. 또한, $f \in C^{\infty}(p)$에 대하여

$$\frac{\partial}{\partial x_i}\bigg|_p (f) = \frac{\partial f}{\partial x_i}(p) \quad (i = 1,\ 2) \tag{8.1.14}$$

가 성립한다. 실제로, $c_i(t) = q + t\boldsymbol{e}_i = \mathbf{x}^{-1}(p) + t\boldsymbol{e}_i$라 하면

$$\frac{\partial}{\partial x_i}\bigg|_p = (\mathbf{x} \circ c_i)'(0)$$

이므로 정의 8.1.14에 의해

$$\frac{\partial}{\partial x_i}\bigg|_p (f) = (f \circ \mathbf{x} \circ c_i)'(0)$$

한편, 도움정리 8.1.11에 의해

$$\frac{\partial f}{\partial x_i}(p) = (f \circ \mathbf{x} \circ c_i)'(0)$$

이 성립한다. 또한 접벡터 $\dfrac{\partial}{\partial x_1}\bigg|_p,\ \dfrac{\partial}{\partial x_2}\bigg|_p$ 는 라이프니츠 곱셈법칙을 만족시킨다. 즉, $f,\ g \in C^{\infty}(p)$에 대하여

$$\frac{\partial}{\partial x_1}\bigg|_p (fg) = f(p)\frac{\partial}{\partial x_1}\bigg|_p (g) + g(p)\frac{\partial}{\partial x_1}\bigg|_p (f) \tag{8.1.15}$$

$$\left.\frac{\partial}{\partial x_2}\right|_p (fg) = f(p)\left.\frac{\partial}{\partial x_2}\right|_p (g) + g(p)\left.\frac{\partial}{\partial x_2}\right|_p (f) \tag{8.1.16}$$

가 성립한다. $c(t) = \mathbf{x}^{-1}(p) + t\boldsymbol{e}_1$이라 놓고 $\alpha(t) = \mathbf{x} \circ c(t)$로 정의하면 $\alpha(0) = p$이고 $\alpha'(0) = \left.\frac{\partial}{\partial x_1}\right|_p$ 이므로

$$\begin{aligned}\left.\frac{d}{dt}((fg) \circ \alpha)\right|_{t=0} &= \frac{d}{dt}(f \circ \alpha(t)) \cdot (g \circ \alpha(t)) \\ &= \left.\frac{d}{dt}(f \circ \alpha(t))\right|_{t=0} \cdot g(\alpha(0)) + f(\alpha(0)) \cdot \left.\frac{d}{dt}(g \circ \alpha(t))\right|_{t=0} \\ &= g(p)\left.\frac{\partial}{\partial x_1}\right|_p (f) + f(p)\left.\frac{\partial}{\partial x_2}\right|_p (g)\end{aligned}$$

같은 방법으로 두 번째 식 (8.1.16)도 성립함을 쉽게 보일 수 있다. 따라서 다음성리가 성립한다.

정리 8.1.15 T_pM은 2차원 벡터공간이다. 또, $X \in T_pM$이면 $f, g \in C^{\infty}(p)$에 대하여

$$X(fg) = f(p)X(g) + g(p)X(f) \tag{8.1.17}$$

증명

$(\mathbf{x}, U)$, $\mathbf{x}^{-1} = (x_1, x_2)$를 점 p 근방의 좌표함수라 하면

$$\left.\frac{\partial}{\partial x_1}\right|_p, \ \left.\frac{\partial}{\partial x_2}\right|_p$$

는 일차독립이다. 또한, 곡선 $\alpha : (-\epsilon, \epsilon) \to M$과 함수 $f \in C^{\infty}(p)$에 대하여

$$\mathbf{x}^{-1} \circ \alpha(t) = (x_1(t), x_2(t))$$

라 하면 식 (8.1.7)과 (8.1.14)에 의해

$$\alpha'(0)(f) = \left[x_1'(0)\left.\frac{\partial}{\partial x_1}\right|_p + x_2'(0)\left.\frac{\partial}{\partial x_2}\right|_p\right](f) \tag{8.1.18}$$

가 성립한다. 다시 말해서 좌표함수의 접벡터 $\left.\frac{\partial}{\partial x_1}\right|_p, \left.\frac{\partial}{\partial x_2}\right|_p$ 는 T_pM의 접벡터를 생성하므로 기저이다 따라서 T_pM은 2차원 벡터공간이다. 식 (8.1.17)은 $\left.\frac{\partial}{\partial x_1}\right|_p, \left.\frac{\partial}{\partial x_2}\right|_p$ 가 기저라는 사실과 식 (8.1.15)와 (8.1.16)에 의해 성립한다.

다음에는 곡면 사이에서 정의된 미분가능한 사상의 도함수에 대하여 알아보자.

정의 8.1.16 미분가능한 사상 $\Phi: M \to N$과 M의 각 점 p에 대하여 $d\Phi_p: T_pM \to T_{\Phi(p)}N$을

$$d\Phi_p(\alpha'(0)) = \frac{d}{dt}(\Phi \circ \alpha(t))\Big|_{t=0} \tag{8.1.19}$$

로 정의하고 $d\Phi_p$를 점 p에서의 **미분(differential)**이라고 한다.

$\alpha: (-\epsilon, \epsilon) \to M$이 $\alpha(0) = p$인 곡선이고 $(\mathbf{x}, U)$가 $\alpha(-\epsilon, \epsilon) \subset \mathbf{x}(U)$를 만족시키는 점 p 근방의 좌표함수라고 하자. $\alpha(t) = \mathbf{x}(x_1(t), x_2(t))$로 놓으면

$$\alpha'(0) = x_1{}'(0)\frac{\partial}{\partial x_1}\Big|_p + x_2{}'(0)\frac{\partial}{\partial x_2}\Big|_p \tag{8.1.20}$$

또, $\mathbf{y}: V \to N$이 $\Phi(\mathbf{x}(U)) \subset \mathbf{y}(V)$인 점 $\Phi(p)$ 근방의 좌표함수이면

$$\Phi \circ \alpha(t) = \Phi \circ \mathbf{x}(x_1(t), x_2(t)) = \mathbf{y}(y_1(t), y_2(t)) \tag{8.1.21}$$

로 나타낼 수 있다. 따라서

$$d\Phi_p(\alpha'(0)) = (\Phi \circ \alpha)'(0) = y_1{}'(0)\frac{\partial}{\partial y_1}\Big|_{\Phi(p)} + y_2{}'(0)\frac{\partial}{\partial y_2}\Big|_{\Phi(p)} \tag{8.1.22}$$

식 (8.1.21)로부터 $(y_1, y_2) = \mathbf{y}^{-1} \circ \Phi \circ \mathbf{x}(x_1, x_2)$이므로 연쇄법칙에 의해

$$\begin{pmatrix} y_1{}'(0) \\ y_2{}'(0) \end{pmatrix} = \begin{pmatrix} \dfrac{\partial y_1}{\partial x_1} & \dfrac{\partial y_1}{\partial x_2} \\ \dfrac{\partial y_2}{\partial x_1} & \dfrac{\partial y_2}{\partial x_2} \end{pmatrix} \begin{pmatrix} x_1{}'(0) \\ x_2{}'(0) \end{pmatrix} \tag{8.1.23}$$

식 (8.1.22)와 식 (8.1.23)에 의해

$$d\Phi_P(\alpha'(0)) = \left(x_1'(0)\frac{\partial y_1}{\partial x_1} + x_2'(0)\frac{\partial y_1}{\partial x_2}\right)\frac{\partial}{\partial y_1}\bigg|_{\Phi(p)} + \left(x_1'(0)\frac{\partial y_2}{\partial x_1} + x_2'(0)\frac{\partial y_2}{\partial x_2}\right)\frac{\partial}{\partial y_2}\bigg|_{\Phi(p)} \tag{8.1.24}$$

여기서

$$\frac{\partial y_i}{\partial x_j} = \frac{\partial y_i}{\partial x_j}(q),\ \mathbf{x}(q) = p$$

이다. 한편, 식 (8.1.20)에 의해

$$d\Phi_p(\alpha'(0)) = d\Phi_p\left(x_1'(0)\frac{\partial}{\partial x_1}\bigg|_p + x_2'(0)\frac{\partial}{\partial x_2}\bigg|_p\right) \tag{8.1.25}$$

식 (8.1.24)와 식 (8.1.25)에 의해 $d\Phi_p$는 선형사상이다. 다시 말해서

$$\left\{\frac{\partial}{\partial x_1}, \frac{\partial}{\partial x_2}\right\},\ \left\{\frac{\partial}{\partial y_1}, \frac{\partial}{\partial y_2}\right\}$$

가 각각 접평면 T_pM와 $T_{\Phi(p)}N$의 기저이므로 식 (8.1.24)와 식 (8.1.25)로부터 $d\Phi$는

$$d\Phi_p\begin{pmatrix} x_1'(0) \\ x_2'(0) \end{pmatrix} = \begin{pmatrix} \frac{\partial y_1}{\partial x_1} & \frac{\partial y_1}{\partial x_2} \\ \frac{\partial y_2}{\partial x_1} & \frac{\partial y_2}{\partial x_2} \end{pmatrix}\begin{pmatrix} x_1'(0) \\ x_2'(0) \end{pmatrix} \tag{8.1.26}$$

로 나타낼 수 있다.

곡면에서 정의된 미분가능한 사상에 대하여 연쇄법칙이 성립한다. 즉, $\Phi: M \to N$, $\Psi: N \to P$가 미분가능하고 $p \in M$이면 연쇄법칙에 의해

$$d(\Psi \circ \Phi) = d\Psi_{\Phi(p)} \circ d\Phi_p$$

가 성립한다.

함수 $f: V \subset M \to \mathbb{R}$ 가 미분가능하고 $(\mathbf{x}, U)$를 $\mathbf{x}(U) \subset V$인 점 $p \in M$ 근방의 좌표함수라고 하자. $\mathbf{x}^{-1} = (x_1, x_2)$라 하면 접벡터

$$v = \sum_{i=1}^{2} a_i \frac{\partial}{\partial x_i}\bigg|_p \in T_pM$$

에 대하여 $v(f)$를

$$v(f) = \sum_{i=1}^{2} a_i \frac{\partial f}{\partial x_i}\bigg|_p$$

로 정의하고 이를 f의 점 p에서의 v-방향도함수라고 한다. $(\mathbf{y}, V)$가 점 p 근방의 다른 좌표함수로 $\mathbf{y}^{-1} = (y_1, y_2)$라고 하자. 좌표함수 $\mathbf{y}$에 대하여 벡터 v를

$$v = \sum_{i=1}^{2} b_i \frac{\partial}{\partial y_i}\bigg|_p, \ b_i \in \mathbb{R}$$

로 나타내자. 그러면 식 (8.1.2)에 의해

$$\frac{\partial}{\partial y_i} = \sum_{j=1}^{2} \frac{\partial x_j}{\partial y_i} \frac{\partial}{\partial x_j}$$

이므로

$$\begin{aligned} v = \sum_{j=1}^{2} a_j \frac{\partial}{\partial x_j}\bigg|_p = \sum_{i=1}^{2} b_i \frac{\partial}{\partial y_i}\bigg|_p &= \sum_{i=1}^{2} b_i \left(\frac{\partial x_j}{\partial y_i}(p) \frac{\partial}{\partial x_j}\bigg|_p \right) \\ &= \sum_{j=1}^{2} \left(\sum_{i=1}^{2} b_i \frac{\partial x_j}{\partial y_i}(p) \right) \frac{\partial}{\partial x_j}\bigg|_p \end{aligned}$$

따라서

$$a_j = \sum_{i=1}^{2} b_i \frac{\partial x_j}{\partial y_i}(p) \tag{8.1.27}$$

을 만족시킨다. 그러므로

$$\begin{aligned}\sum_{j=1}^{2} a_j \frac{\partial f}{\partial x_j}(p) &= \sum_{j=1}^{2}\left(\sum_{i=1}^{2} b_i \frac{\partial x_j}{\partial y_i}(p)\right)\frac{\partial f}{\partial x_j}(p) \\ &= \sum_{i=1}^{2} b_i \sum_{j=1}^{2} \frac{\partial f}{\partial x_j}(p)\frac{\partial x_j}{\partial y_i}(p) \\ &= \sum_{i=1}^{2} b_i \frac{\partial f}{\partial y_i}(p)\end{aligned}$$

따라서 방향도함수 $v(f)$는 좌표함수의 선택과는 무관하게 잘 정의된 개념이다.

$\alpha : (a, b) \to M$이 미분가능한 곡선이고 $a < t_0 < b$이면

$$\left.\frac{d}{dt}\right|_{t_o} \in T_{t_0}\mathbb{R}$$

이고

$$d\alpha\left(\left.\frac{d}{dt}\right|_{t_0}\right) \in T_{\alpha(t_0)}M$$

이다. 이 식을 간단히

$$d\alpha\left(\left.\frac{d}{dt}\right|_{t_0}\right) = \left.\frac{d\alpha}{dt}\right|_{t_0}$$

으로 나타낸다.

정의 8.1.17	M의 각 점 p에 대하여 $X(p) \in T_pM$을 대응시키는 사상 X를 **벡터장**이라고 한다.

벡터장의 정의는 국소적으로도 할 수 있다. $V \subset M$을 개부분집합이라 할 때, V의 각 점 $p \in V$에 대하여 $X(p) \in T_pM$을 대응시키는 사상을 V에서의 벡터장이라고 한다. 때때로 벡터 $X(p)$를 $X(p) = X_p$로 나타내기도 한다.

도움정리 8.1.18 X가 M의 벡터장이고 $(\mathbf{x}, U)$가 좌표함수로 $\mathbf{x}^{-1} = (x_1, x_2)$이면 각 점 $p \in U$에서

(8.1.28) $$X(p) = \sum_{i=1}^{2} a_i(p) \frac{\partial}{\partial x_i}\bigg|_p$$

를 만족시키는 함수 $a_1, a_2 : U \to \mathbb{R}$가 존재하고 유일하다.

증명

각 점 $p \in U$에서 $X(p) \in T_pM$이고 $\left\{\frac{\partial}{\partial x_1}, \frac{\partial}{\partial x_2}\right\}$는 T_pM의 기저이므로

$$X(p) = \sum_{i=1}^{2} a_i(p) \frac{\partial}{\partial x_i}\bigg|_p$$

을 만족시키는 $a_1(p)$, $a_2(p)$가 유일하게 존재한다.

식 (8.1.28)로부터 벡터장 X는 U에서

$$X = \sum_{i=1}^{2} a_i \frac{\partial}{\partial x_i}$$

로 나타낼 수 있다.

도움정리 8.1.19 X가 M의 벡터장이고 $(\mathbf{x}, U)$, $(\mathbf{y}, V)$를 $\mathbf{x}(U) \cap \mathbf{y}(V) \neq \varnothing$인 좌표함수라고 하자. $\mathbf{x}^{-1} = (x_1, x_2)$, $\mathbf{y}^{-1} = (y_1, y_2)$일 때

$$X = \sum_{i=1}^{2} a_i \frac{\partial}{\partial x_i}, \quad X = \sum_{j=1}^{2} b_j \frac{\partial}{\partial y_j}$$

이면

(8.1.29) $$b_j = \sum_{i=1}^{2} a_i \frac{\partial y_j}{\partial x_i}$$

증명

정리 8.1.12 또는 식 (8.1.2)에 의해

(8.1.30) $$\frac{\partial}{\partial x_i} = \sum_{j=1}^{2} \frac{\partial y_j}{\partial x_i} \frac{\partial}{\partial y_j}$$

따라서

(8.1.31) $$\begin{aligned} X &= \sum_{i=1}^{2} a_i \frac{\partial}{\partial x_i} \sum_{i=1}^{2} a_i \left(\sum_{j=1}^{2} \frac{\partial y_j}{\partial x_i} \frac{\partial}{\partial y_j} \right) \\ &= \sum_{j=1}^{2} \left(\sum_{i=1}^{2} a_i \frac{\partial y_j}{\partial x_i} \right) \frac{\partial}{\partial y_j} \end{aligned}$$

식 (8.1.31)과 (8.1.30)을 비교해보면

$$b_j = \sum_{i=1}^{2} a_i \frac{\partial y_j}{\partial x_i}$$

정의 8.1.20 M의 벡터장 X와 좌표함수 $(\mathbf{x}, U)$에 대하여 $\mathbf{x}^{-1} = (x_1, x_2)$이고

(8.1.32) $$X = \sum_{i=1}^{2} a_i \frac{\partial}{\partial x_i}$$

로 나타낼 때, 함수 a_1, a_2가 미분가능하면 X를 미분가능한 벡터장이라고 한다.

도움정리 8.1.19로부터 정의 8.1.20은 좌표함수의 선택에 관계없이 잘 정의되는 개념임을 알 수 있다. 실제로, 식 (8.1.32)에서 함수 a_i가 미분가능하면 식 (8.1.29)의 b_i도 미분가능하고 역도 성립한다.

X, Y가 곡면 M의 벡터장일 때 $X+Y$는

$$(X+Y)(p) = X(p) + Y(p)$$

로 정의하고 함수 $f: M \to \mathbb{R}$ 에 대하여 fX는

$$fX(p) = f(p)X(p)$$

로 정의한다.

도움정리 8.1.21	X, Y가 미분가능한 벡터장이고 $f: M \rightarrow R$이 미분가능한 함수이면 $X+Y$와 fX 모두 미분가능한 벡터장이다.

2차원 미분다양체 M의 미분가능한 벡터장 전체의 집합을 $\Gamma(M)$으로 나타낸다. 앞으로 2차원 미분다양체의 벡터장은 모두 미분가능하다는 것을 가정한다.

끝으로 2차원 미분다양체에는 미분가능한 함수가 매우 많이 존재한다는 사실과 특별한 조건을 만족시키는 함수의 존재성 그리고 단위분할에 대하여 살펴보자.

ξ: $\mathbb{R} \rightarrow \mathbb{R}$ 를

$$\xi(x)= \begin{cases} e^{-\frac{1}{x^2}} & x \neq 0 \\ 0 & x=0 \end{cases}$$

로 정의하면 ξ는 C^{∞} 함수이고 모든 자연수 n에 대하여 $\xi^{(n)}(0)=0$이다([20]).

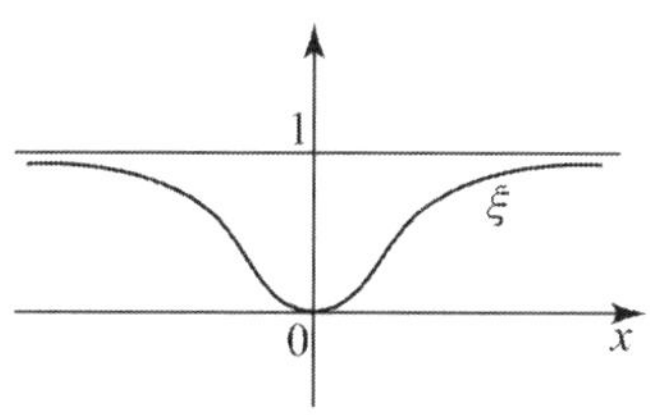

그림 8.9

따라서 η: $\mathbb{R} \rightarrow \mathbb{R}$ 를

$$\eta(x)= \begin{cases} \xi(x-1) \cdot \xi(x+1) & x \in (-1,\ 1) \\ 0 & x \notin (-1,\ 1) \end{cases}$$

로 정의하면 η 또한 C^{∞} 함수이다. 비슷한 방법으로 ξ를 이용하면 $(0,\ \delta)$에서 양수이고 $\mathbb{R}-(0,\ \delta)$에서 0인 C^{∞} 함수 η_δ를 만들 수 있다(그림 8.10). 실제로

$$\eta_\delta(x)= \begin{cases} \xi(x-\delta) \cdot \xi(x) & x \in (0,\ \delta) \\ 0 & x \notin (0,\ \delta) \end{cases}$$

로 정의하면 된다.

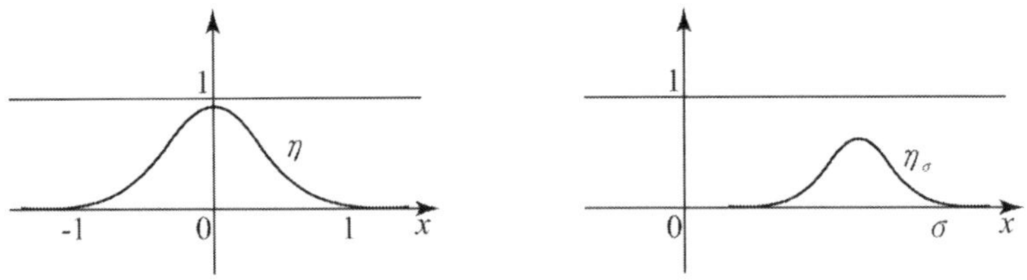

그림 8.10

이제 μ: $\mathbb{R} \to \mathbb{R}$ 를

(8.1.33)
$$\mu(x) = \frac{\int_0^x \eta_{\delta(t)dt}}{\int_0^\delta \eta_{\delta(t)dt}}$$

로 정의하면 μ는 C^∞ 함수이고 증가함수이다. 그리고 $x \le 0$이면 $\mu = 0$이고 $x \ge \delta$이면 $\mu = 1$을 만족시키는 것을 쉽게 알 수 있다(그림 8.11).

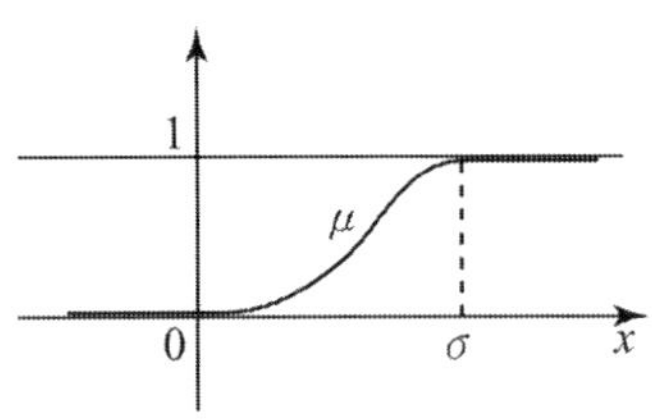

그림 8.11

한편, h: $\mathbb{R}^2 \to \mathbb{R}$ 를

(8.1.34)
$$h(x, y) = \eta\left(\frac{x}{\epsilon}\right) \cdot \eta\left(\frac{y}{\epsilon}\right)$$

로 정의하면 $h \in C^\infty(\mathbb{R}^2)$이고 $(-\epsilon, \epsilon) \times (-\epsilon, \epsilon)$에서 $h > 0$이고 $x \not\in (-\epsilon, \epsilon) \times (-\epsilon, \epsilon)$이면 $h = 0$이다.

도움정리 8.1.22	2차원 미분다양체 M의 옹골부분집합 Ω와 개부분집합 V에 대하여 $\Omega \subset V \subset M$이면 함수값이 Ω에서 1이고 $M-V$에서 0인 C^{∞} 함수 $f: M \to [0, 1]$가 존재한다.

아래 증명을 살펴보면 함수 f가 $M-V$ 에서 0인 것보다 더 강한 조건을 만족시킨다. 즉, $\operatorname{supp}(f) := \overline{\{x \in M: f(x) \neq 0\}} \subset V$이 되도록 함수 f를 정의할 수 있다.[18)]

증명

각 점 $p \in \Omega$ 근방의 좌표함수 $\mathbf{x}: U \subset \mathbb{R}^2 \to M$을 택하고 $\overline{\mathbf{x}(U)} \subset V$이고 $\mathbf{x}(0) = p$라 가정해도 된다. U가 개집합이므로 $(-\epsilon, \epsilon) \times (-\epsilon, \epsilon) \subset U$을 만족시키는 양수 $\epsilon > 0$이 존재한다. 식 (8.1.34)에 있는 함수 h와 $\mathbf{x}^{-1}$을 합성한 $h \circ \mathbf{x}^{-1}$는 $\mathbf{x}(U)$에서 미분가능하다. 이 때 함수 $h_p: M \to \mathbb{R}$를

$$h_p(x) = \begin{cases} h \circ \mathbf{x}^{-1} & x \in \mathbf{x}(U) \\ 0 & x \notin \mathbf{x}(U) \end{cases}$$

로 정의하면 h_p는 C^{∞}함수이다. 또 h_p는 점 p 근방에서 양수이고 $\operatorname{supp}(h_p) \subset V$이다. Ω가 옹골집합이므로 위의 성질과 다음 조건을 만족시키는 유한개의 함수 $h_{p_1}, \cdots, h_{p_n}$이 존재한다.

(i) $\Omega \subset \bigcup_{i=1}^{n} \{x | h_{p_i}(x) \neq 0\}$

(ii) $\operatorname{supp}(h_{p_1} + \cdots + h_{p_n}) \subset V$

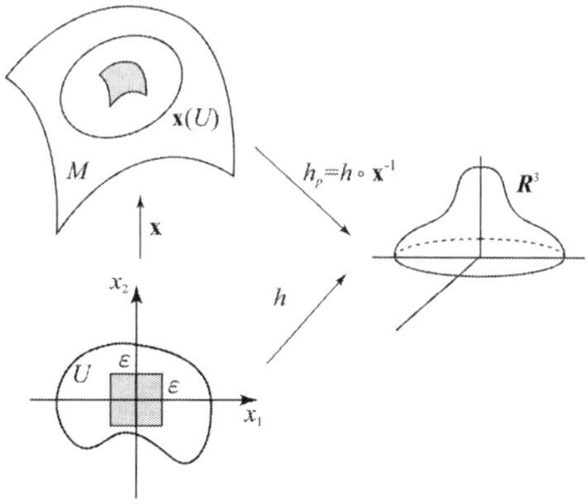

그림 8.12

함수 $h_{p_1} + \cdots + h_{p_n}$이 옹골집합 Ω에서 양수이므로 적당한 양수 $\delta > 0$이 존재하여 Ω에서

18) 기호 $\overline{A}$는 집합 A의 폐포(closure)를 나타낸다.

$$h_{p_1}+\cdots+h_{p_n} \geq \delta$$

를 만족시킨다. 따라서 함수 f를

$$f=\mu \circ (h_{p_1}+\cdots+h_{p_n})$$

으로 정의하면 주어진 조건을 모두 만족시키는 미분가능한 함수이다. 여기서 μ는 식 (8.1.33)에 주어진 함수이다.

정리 8.1.23 $\mathscr{I}$가 2차원 미분다양체 M의 국소적 유한피복(locally finite covering)이면 각각의 $V \in \mathscr{I}$에 대하여 다음 조건을 만족시키는 C^{∞} 함수 $\xi_V: M \to [0, 1]$이 존재한다.

(i) $\mathrm{supp}(\xi_V) \subset V$

(ii) 각 점 $p \in M$에 대하여

$$\sum_{V \in \mathscr{I}} \xi_V(p) = 1$$

증명

증명을 간단하게 하기 위하여 각각의 $V \in \mathscr{I}$에 대하여 $\overline{V}$가 옹골집합이라고 가정하자. $\overline{V}$가 옹골집합이 아닌 경우에는 위상수학적 정리를 이용하여 증명을 약간 수정하면 된다([20]).

$\overline{V'} \subset V \subset M$이고 $\bigcup V' = M$이 되는 V'을 택하자(이러한 V'은 항상 존재한다[21]).

$\overline{V'} \subset V \subset M$에 도움정리 8.1.22를 적용하면 C^{∞} 함수 $\eta_V: M \to [0, 1]$이 존재하여 $\overline{V'}$에서 $\eta_V = 1$이고 $\mathrm{supp}(\eta_V) \subset V$를 만족시킨다. $\bigcup V' = M$이므로

$$\sum_{V \in \mathscr{I}} \eta_V > 0$$

이다. 따라서

$$\xi_V = \frac{\eta_V}{\sum_{V \in \mathscr{I}} n_V}$$

로 정의하면 된다.

정리 8.1.23의 조건 (i), (ii)를 만족시키는 함수의 모임 $\{\xi_V\}_{V \in \mathscr{I}}$를 M의 **단위분할**(partition of unity)이라고 한다.

연습문제

01. $X \in \Gamma(M)$, $f \in C^{\infty}(M)$에 대하여 $X(f)$를

$$X(f): M \to \mathbb{R}, \; X(f)(p) = X(p)(f)$$

로 정의하자.

(1) M의 좌표함수 (x, U), $\mathrm{x}^{-1} = (x_1, x_2)$에 대해

$$X = \sum_{i=1}^{2} a_i \frac{\partial}{\partial x_i}$$

이라 하면

$$X(f) = \sum_{i=1}^{2} a_i \frac{\partial f}{\partial x_i}$$

임을 증명하여라.

(2) 두 벡터장 X, $Y \in \Gamma(M)$이 각 함수 $f \in C^{\infty}(M)$에 대하여 $X(f) = Y(f)$이면 $X = Y$임을 증명하여라.

02. $\Phi: M \to \overline{M}$가 곡면에서 정의된 미분가능한 사상이라 하자. M의 벡터장 X와 함수 $f: \overline{M} \to \mathbb{R}$에 대하여

$$X(f \circ \Phi) = d\Phi(X)(f)$$

임을 증명하여라.

03. $X,\ Y \in \Gamma(M)$에 대하여 $[X,\ Y]$을

$$[X,\ Y](f) = X(Y(f)) - Y(X(f)),\ f \in C^{\infty}(M)$$

로 정의하자.

(1) $[X,\ Y] \in \Gamma(M)$임을 증명하여라. 그리고 $[X,\ Y] = -[Y,\ X]$임을 확인하여라.

(2) 좌표함수 $(\mathbf{x},\ U)$, $\mathbf{x}^{-1} = (x_1,\ x_2)$에 대하여

$$X = \sum_{i=1}^{2} a_i \frac{\partial}{\partial x_i},\ \ Y = \sum_{i=1}^{2} b_i \frac{\partial}{\partial y_i}$$

라 하면

$$[X,\ Y] = \sum_{j=1}^{2}\left[\sum_{i=1}^{2}\left(a_i \frac{\partial b_j}{\partial x_i} - b_i \frac{\partial a_j}{\partial x_i}\right)\right]\frac{\partial}{\partial x_j}$$

임을 증명하여라.

(3) 임의의 세 벡터장 $X,\ Y,\ Z$에 대하여

$$[X,\ [Y,\ Z]] + [Y,\ [Z,\ X]] + [Z,\ [X,\ Y]] = 0$$

임을 증명하여라.

04. $\Phi: M \to \overline{M}$가 곡면에서 정의된 미분가능한 사상이라 하자. M의 벡터장 X와 $\overline{M}$의 벡터장 $\overline{X}$가 각 점 $p \in \Phi^{-1}(q)$에서

$$d\Phi(X)(p) = \overline{X}(q)$$

를 만족시킬 때, X와 $\overline{X}$가 Φ-관계라고 한다. $X,\ Y$가 M의 벡터장이고 $\overline{X},\ \overline{Y}$가 $\overline{M}$의 벡터장일 때, X와 $\overline{X}$, Y와 $\overline{Y}$가 Φ-관계이면 $[X,\ Y]$와 $[\overline{X},\ \overline{Y}]$도 Φ-관계임을 증명하여라.

8.2 미분형식과 텐서

벡터공간에서 정의되는 텐서대수(tensor algebra)는 수학의 모든 분야에서 매우 유용하고 필요한 개념이다. 특히, 기하학에서는 미분다양체의 접공간에 대한 구조를 설명하는데 있어서 텐서가 반드시 필요하다. 텐서는 여러 가지 개념을 포함하는 폭넓은 이론이지만 여기서는 앞으로 다룰 2차원 미분다양체의 접평면에서 정의되는 리만계량(Riemannian metric)을 설명하는데 필요한 기본적인 개념과 성질에 관해서만 설명한다. 벡터공간에는 벡터와 체(field)의 원소를 곱하는 연산자인 실수곱 또는 스칼라곱이 있는데 체의 형태에 따라 벡터공간을 유한체(finite field) 위에서의 벡터공간, 유리수체 위에서의 벡터공간, 실수체 위에서의 벡터공간, 복소수체 위에서의 벡터공간 등등 여러 가지가 있다. 앞으로 벡터공간을 이야기할 때에는 실수체 위에서의 벡터공간임을 가정하기로 한다.

벡터공간 V에서 실수의 집합 $\mathbb{R}$로 사상되는 선형함수 전체의 집합을 V의 **쌍대공간**(dual space)이라 하고 V^*로 나타낸다. 즉,

$$V^* = \{f : V \to \mathbb{R} \mid f\text{는 선형함수}\}$$

V가 n차원 벡터공간이고 $v_1, \cdots, v_n$이 V의 기저일 때, $v_i^* \in V^*$를

$$v_i^*(v_j) = \delta_{ij}$$

를 만족시키는 선형사상으로 정의하면 $v_1^*, \cdots, v_n^*$는 V^*의 기저이다. 따라서 V^* 또한 n차원 벡터공간이 된다. 또한, v_i와 v_i^*의 대응관계는 V와 V^*가 동형(isomorphic)임을 보여준다. v_i^*를 v_i의 **쌍대원소**(dual element)라고 한다.

$f : V \to W$가 벡터공간 사이에서 정의된 선형변환일 때, $f^* : W^* \to V^*$를

$$(f^*\lambda)(v) = \lambda(f(v)),\ \lambda \in W^*,\ v \in V$$

로 정의하면 f^*는 쌍대공간에서 정의된 선형변환이 된다. f^*을 f의 **수반사상**(adjoint)이라고 한다. $Id : V \to V$가 항등사상이면 $Id^* : V^* \to V^*$ 또한 항등사상이다. 또, $f : V \to W$, $g : U \to V$가 선형변환일 때, 합성함수 $f \circ g$에 대하여 $(f \circ g)^* = g^* \circ f^*$가 성립한다.

M이 2차원 미분다양체이고 X가 미분가능한 벡터장이면 각 점 $p \in M$에 대하여 $X(p) \in T_pM$이므로 $X(p)^* \in (T_pM)^*$이다. 이 사상을 미분형식이라 하고 X^*로 나타낸다.

정의 8.2.1	2차원 미분다양체 M의 각 점 p에 대하여 $(T_pM)^*$의 한 원소를 대응시키는 사상을 **일차미분형식**(differential 1-form)이라고 한다.

ω가 일차미분형식이면 각 점 $p \in M$에 대하여 $\omega(p) \in T_pM^*$이다. T_pM와 T_pM^*는 2차원 벡터공간으로 서로 동형이므로 각 점 p에서 $X^*(p) = \omega(p)$을 만족시키는 벡터장 X가 오직 하나 존재한다. X가 미분가능할 때 주어진 일차미분형식 ω가 미분가능한 미분형식이라고 한다. 앞으로 일차미분형식을 이야기할 때에는 항상 미분가능하다는 것을 가정하기로 한다.

ω가 2차원 미분다양체 M의 일차미분형식이고 X가 벡터장일 때 $\omega(X)$를

$$\omega(X) : M \to \mathbf{R},\ \omega(X)(p) = \omega(p)(X(p))$$

로 정의한다. 정의에 의해 $\omega(X)$는 미분가능한 함수이다.

정의 8.2.2	$f : M \to \mathbb{R}$가 미분가능한 함수일 때, df를 $$df(p)(v) = v(f) \in \mathbb{R},\ v \in T_pM$$ 로 정의하고 이를 f의 **전미분**(total differential)이라고 한다.

$(\mathbf{x}, U)$가 2차원 미분다양체 M의 좌표함수이고 $\mathbf{x}^{-1} = (x_1, x_2)$로 나타내면 각 점 $p \in U$에 대하여 $\left.\frac{\partial}{\partial x_i}\right|_p \in T_pM$이므로 그것의 쌍대원소는 $\left(\left.\frac{\partial}{\partial x_i}\right|_p\right)^* \in T_pM^*$이다. 이 쌍대원소를 $dx_i(p)$로 나타내자. 즉, $i = 1, 2$에 대하여

$$dx_i(p) = \left(\left.\frac{\partial}{\partial x_i}\right|_p\right)^*$$

그러면 $dx_1(p)$, $dx_2(p)$는

$$dx_i(p)\left(\frac{\partial}{\partial x}\bigg|_p\right) = \delta_{ij} \quad (1 \le i,\ j \le 2)$$

를 만족시키는 T_pM^*의 기저가 된다. 따라서 ω가 M의 일차미분형식이면 각 점 $p \in U$에서

(8.2.1)
$$\omega(p) = \sum_{i=1}^{2} f_i(p) dx_i(p)$$

를 만족시키는 (국소적) 함수 $f_1,\ f_2 : U \to \mathbb{R}$ 가 존재하고 유일하다. 식 (8.2.1)을 간단히

$$\omega = \sum_{i=1}^{2} f_i dx_i$$

로 나타낸다.

정리 8.2.3 $f : M \to \mathbb{R}$ 가 미분가능한 함수이고 $(\mathbf{x},\ U)$, $\mathbf{x}^{-1} = (x_1,\ x_2)$가 좌표함수이면 U에서

$$df = \sum_{i=1}^{2} \frac{\partial f}{\partial x_i} dx_i$$

이다.

증명

점 $p \in U$에서의 접벡터 $v \in T_pM$을

$$v = \sum_{i=1}^{2} a_i \frac{\partial}{\partial x_i}\bigg|_p$$

로 나타내면

$$\frac{\partial}{\partial x_i}\bigg|_p (x_j) = \frac{\partial x_j}{\partial x_i}(p) = \delta_{ij} \quad (1 \le i,\ j \le 2)$$

이므로

$$a_i = v(x_i) = dx_i(p)(v) \quad (i = 1,\ 2)$$

따라서

$$df(p)(v) = v(f) = \sum_{i=1}^{2} a_i \frac{\partial f}{\partial x_i}(p) = \sum_{i=1}^{2} \frac{\partial f}{\partial x_i}(p) dx_i(p)(v)$$

다음에서 텐서와 텐서곱에 대하여 알아보자.

정의 8.2.4 k개의 벡터공간 $V_1, \cdots, V_k$에 대하여 함수

$$T: V_1 \times \cdots \times V_k \to \mathbb{R}$$
$$(v_1, \cdots, v_k) \to T(v_1, \cdots, v_k)$$

이 각각의 성분 v_i에 대하여 선형성질을 만족시킬 때, T를 k-**다중선형변환** (multilinear transformation)이라고 한다.

두 k-다중선형변환 T, S의 합 $T+S$와 스칼라곱 aT를 자명한 방법으로 정의하면 k-다중선형변환 전체의 집합은 벡터공간이 된다. 특히, $V_1 = \cdots = V_k = V$일 때, k-다중선형변화 전체의 집합을 $\Lambda^k(V)$로 나타내고 그것의 원소를 k-텐서라고 한다. 정의에 의해 $\Lambda^1(V) = V^*$임을 쉽게 알 수 있다. $f: V \to W$가 선형변화일 때, $f^*: \Lambda^k(W) \to \Lambda^k(V)$를

$$f^* T(v_1, \cdots, v_k) = T(f(v_1), \cdots, f(v_k)),\ T \in \Lambda^k(W),\ v_i \in V$$

로 정의한다.

정의 8.2.5 $T \in \Lambda^k(V)$, $S \in \Lambda^l(V)$에 대하여 $T \otimes S \in \Lambda^{k+l}(V)$를

$$T \otimes S(v_1, \cdots, v_k, v_{k+1}, \cdots, v_{k+l}) = T(v_1, \cdots, v_k) \cdot S(v_{k+1}, \cdots, v_{k+l})$$

로 정의하고 이를 T와 S의 **텐서곱**(tensor product)이라고 한다.

일반적으로 두 텐서 S, T에 대하여 $T \otimes S$와 $S \otimes T$는 같지 않다. 그러나 텐서에 대하여

$$(S \otimes T) \otimes U = S \otimes (T \otimes U)$$

와

$$(S_1 + S_2) \otimes T = S_1 \otimes T + S_2 \otimes T$$

가 성립함을 쉽게 보일 수 있다.

한편, $v_1, \cdots, v_n$이 V의 기저이고 $v_1{}^*, \cdots, v_n{}^*$을 그것의 쌍대원소라 하면

$$\left\{v_{i_1}{}^* \otimes \cdots \otimes v_{i_k}{}^* \mid 1 \leq i_1, \cdots, i_k \leq n\right\}$$

은 $\Lambda^k(V)$의 기저이다(연습문제2). 따라서 벡터공간 V의 차원이 n일 때 $\Lambda^k(V)$의 차원은 n^k이다.

벡터공간의 쌍대개념을 미분다양체의 접평면에 적용하여 보자. $(\mathbf{x}, U)$, $\mathbf{x}^{-1} = (x_1, x_2)$가 2차원 미분다양체 M의 좌표함수이면 $dx_1(p)$, $dx_2(p)$는 T_pM^*의 기저이므로 k-텐서곱

$$dx_{i_1}(p) \otimes \cdots \otimes dx_{i_k}(p) \in \Lambda^k(T_pM),\ 1 \leq i_1, \cdots, i_k \leq 2$$

은 $\Lambda^k(T_pM)$의 기저이다. 각 점 $p \in M$에 대하여 $\Lambda^k(T_pM)$의 원소를 대응시키는 사상을 M의 **k-텐서**라고 한다. 따라서 $(\mathbf{x}, U)$, $\mathbf{x}^{-1} = (x_1, x_2)$가 M의 좌표함수이고 A가 M의 k-텐서이면 U에서 정의된 (국소적) 함수 $A_{i_1 \cdots i_k}$가 유일하게 존재하여

$$A(p) = \sum_{1 \leq i_1, \cdots, i_k \leq 2} A_{i_1 \cdots i_k}(p) dx_{i_1}(p) \otimes \cdots \otimes dx_{i_k}(p),\ p \in U \tag{8.2.2}$$

로 나타낼 수 있다. 식 (8.2.2)를 간단히

$$A = \sum_{1 \leq i_1, \cdots, i_k \leq 2} A_{i_1 \cdots i_k} dx_{i_1} \otimes \cdots \otimes dx_{i_k}$$

로 나타낸다. 이 때 함수 $A_{i_1 \cdots i_k}$가 미분가능하면 A를 미분가능한 텐서라고 한다. 앞으로 텐서를 이야기할 때에는 미분가능하다는 것을 가정하기로 한다.

k-텐서 A는 k개의 벡터장 위에서 정의되는 작용소로 이해할 수 있다. 즉, $X_1, \cdots, X_k$가 벡터장일 때 A는

$$A(X_1, \cdots, X_k)(p) = A(p)(X_1(p), \cdots, X_k(p))$$

로 정의되는 연산자로 이해할 수 있다. 그리고 $\Phi: M \to N$이 두 다양체 사이에서 정의된 미분가능한 사상이고 A가 N의 접평면에서 정의된 k-텐서일 때, Φ에 의한 A의 당김 $\Phi^* A$를

$$\Phi^*A(p)(X_1(p),\ \cdots,\ X_k(p)) = A(\Phi(p))(d\Phi(X_1(p)),\ \cdots,\ d\Phi(X_k(p)))$$

로 정의하면 Φ^*A는 M의 k텐서가 된다.

V가 유한차원 벡터공간일 때, 쌍대공간 V^*에서 정의된 k-다중선형변환 전체의 집합을 $\Lambda_k(V)$로 나타낸다. 곡면 M의 각 점 p에 대하여 $A(p) \in \Lambda_k(T_pM)$을 대응시키는 사상을 **쌍대 k-텐서**라고 한다. 예를 들면, $\Lambda_1(T_pM) = (T_pM^*)^*$이고 $(T_pM^*)^*$는 T_pM과 선형동형(linear isomorphism)이므로(연습문제) 두 집합을 같은 것으로 간주할 수 있다. 따라서 각 원소 $f \in (T_pM^*)^*$에 대하여 벡터 $X(p)$를 대응시킬 수 있다. 그러므로 각 점 $p \in U$에 대하여 $A(p) \in (T_pM^*)^*$를 대응시키는 사상은 벡터장으로 이해할 수 있고 곡면 M의 좌표함수 $(\mathbf{x},\ U)$, $\mathbf{x}^{-1} = (x_1,\ x_2)$를 도입하면

$$A = \sum_{i=1}^{2} A^i \frac{\partial}{\partial x_i}$$

로 나타낼 수 있다. 일반적으로 2차원 미분다양체 M의 좌표함수 $(\mathbf{x},\ U)$, $\mathbf{x}^{-1} = (x_1,\ x_2)$에서 정의된 쌍대 k-텐서 A는 다음과 같이

$$A = \sum_{i_1,\ \cdots,\ i_k} A^{i_1,\ \cdots,\ i_k} \frac{\partial}{\partial x_{i_1}} \otimes \cdots \otimes \frac{\partial}{\partial x_{i_k}}$$

나타낼 수 있다.

끝으로 텐서와 쌍대텐서가 같이 포함되어 있는 텐서곱에 대하여 알아보자. $T: V \times V^* \to \mathbb{R}$인 이중선형변환 전체의 집합을 $\Lambda_1^1(V)$로 나타내고 이를 (1,1)-**텐서**라고 한다. 2차원 미분다양체 M의 좌표함수 $(\mathbf{x},\ U)$, $\mathbf{x}^{-1} = (x_1,\ x_2)$에서 정의된 (1,1)-텐서 A는

$$A(p) = \sum_{i,\ j=1}^{2} A_i^j(p)\, dx_i(p) \otimes \left.\frac{\partial}{\partial x_j}\right|_p \qquad (8.2.3)$$

로 나타낼 수 있다. 식 (8.2.3)을 간단히

$$A = \sum_{i,\ j=1}^{2} A_i^j dx_i \otimes \frac{\partial}{\partial x_j}$$

으로 나타낸다. 벡터공간 V에 대하여 $(k+l)$-다중선형사상

$$T: \underbrace{V \otimes \cdots \otimes V}_{k} \times \underbrace{V^* \otimes \cdots \otimes V^*}_{l} \to \mathbb{R}$$

전체의 집합을 $\Lambda_l^k(V)$로 나타내고 이를 $(k,\ l)$-**텐서**라고 한다. A가 2차원 미분다양체 M의 $(k,\ l)$-텐서이고, $(\mathbf{x},\ U)$, $\mathbf{x}^{-1} = (x_1,\ x_2)$가 M의 좌표함수이면

$$A = \sum_{\substack{i_1,\ \cdots,\ i_k \\ j_1,\ \cdots,\ j_l}} A_{i_1 \cdots i_k}^{j_1 \cdots j_l} dx_{i_1} \otimes \cdots \otimes dx_{i_k} \otimes \frac{\partial}{\partial x_{j_1}} \otimes \cdots \otimes \frac{\partial}{\partial x_{j_l}}$$

으로 나타낼 수 있다.

연습문제

01. $(\mathbf{x},\ U)$, $(\mathbf{y},\ V)$가 $\mathbf{x}(U) \cap \mathbf{y}(V) \neq \varnothing$인 좌표함수로 $\mathbf{x}^{-1} = (x_1,\ x_2)$, $\mathbf{y}^{-1} = (y_1,\ y_2)$라고 하자. ω가 미분다양체 M의 일차미분형식으로

$$\omega = \sum_{i=1}^{2} f_i dx_i = \sum_{i=1}^{2} g_i dx_i$$

라 하면

$$g_j - \sum_{i=1}^{2} f_i \frac{\partial x_i}{\partial y_j}$$

임을 증명하여라.

02. $v_1,\ \cdots,\ v_n$이 V의 기저이고 $v_1^*,\ \cdots,\ v_n^*$를 그것의 쌍대원소라 하면

$$\left\{v_{i_1}^* \otimes \cdots \otimes v_{i_k}^* \mid 1 \le i_1,\ \cdots,\ i_k \le n\right\}$$

은 $\Lambda^k(V)$의 기저임을 증명하여라.

03. V가 유한차원 벡터공간일 때, $(V^*)^*$은 V와 선형동형임을 증명하여라(도움말: V가 n차원 벡터공간이면 $\mathbb{R}^n$과 선형동형이므로 내적을 정의할 수 있다. 이 내적을 이용하여라).

8.3 리만계량

유한차원 벡터공간의 내적과 앞절에서 배운 텐서를 이용하면 미분다양체의 접평면에서 정의되는 내적인 리만계량(Riemammian metric)을 정의할 수 있다.

정의 8.3.1 V를 유한차원 벡터공간이라 하자. 이중선형사상 $g = \langle\ ,\ \rangle : V \times V \to \mathbb{R}$가 다음 두 조건을 만족시킬 때, V의 **내적**(inner product)이라고 한다.

(i) 임의의 두 벡터 v, w에 대하여 $\langle v, w\rangle = \langle w, v\rangle$ (대칭성)

(ii) $v \neq 0$ 이면 $\langle v, v\rangle > 0$ (양의 성질)

보기 8.3.2 $\mathbb{R}^2$의 임의의 두 벡터 $\mathbf{a} = (a_1, a_2)$, $\mathbf{b} = (b_1, b_2)$에 대하여 $g(\mathbf{a}, \mathbf{b})$를

$$g(\mathbf{a}, \mathbf{b}) = \mathbf{a} \cdot \mathbf{b} = a_1b_1 + a_2b_2$$

로 정의하면 g는 $\mathbb{R}^2$의 내적이다.

텐서의 정의에 의해 벡터공간 V의 내적 $g = \langle\ ,\ \rangle$는 $\Lambda^2(V)$의 원소이다. 즉 g는 2-텐서 또는 (2, 0)-텐서이다. 또, $f : W \to V$가 두 벡터공간 사이에서 정의된 선형동형사상이면 $f^*g = f^*\langle\ ,\ \rangle$는 W의 내적이 된다. 즉, $f^*g \in \Lambda^2(W)$이다. f가 동형사상이 아니면 일반적으로 f^*g는 내적이 되지 않는다.

$v_1, \cdots, v_n$이 V의 기저이고 $v_1{}^*, \cdots, v_n{}^*$이 쌍대기저이면 $v_i{}^* \otimes v_j{}^*$는 $\Lambda^2(V)$의 기저이므로 임의의 내적 $g = \langle\ ,\ \rangle$은

$$g = \langle\ ,\ \rangle = \sum_{i,j=1}^{n} g_{ij} v_i{}^* \otimes v_j{}^* \qquad (8.3.1)$$

로 나타낼 수 있다. 여기서 $g_{ij} = \langle v_i, v_j\rangle$이다. 그리고 내적의 대칭성 $\langle v, w\rangle = \langle w, v\rangle$으로부터

$$g_{ij} = g_{ji}$$

가 성립한다.

도움정리 8.3.3 g가 유한차원 벡터공간의 내적이면 식 (8.3.1)에서

$$\det(g_{ij}) \neq 0$$

증명

$\alpha: V \to V^*$를 $\alpha(v)(w) = g(v, w)$로 정의하면 α는 선형사상이고 기저 $\{v_i\}$와 $\{v_i^*\}$에 대한 α의 행렬은 (g_{ij})이 된다. 따라서 g가 내적이면 양의 성질을 만족시키므로 (g_{ij})는 정칙행렬이다. 즉, $\det(g_{ij}) \neq 0$이다.

$g = \langle\ ,\ \rangle$가 벡터공간 V의 내적일 때, 임의의 벡터 v에 대하여 $\|v\|$를

$$\|v\| = \langle v, v\rangle^{\frac{1}{2}}$$

으로 정의하고 이를 벡터 v의 **크기**(norm)라고 한다. 다음은 $\|\ \|$의 기본적인 성질을 나타낸 것이다.

정리 8.3.4 $\langle\ ,\ \rangle$가 벡터공간 V의 내적일 때, 임의의 벡터 $v, w \in V$와 실수 $a \in \mathbb{R}$에 대하여

(1) $\|av\| = |a|\,\|v\|$

(2) $|\langle v, w\rangle| \leq \|v\|\,\|w\|$ (코시-슈바르츠 부등식)

(3) $\|v+w\| \leq \|v\| + \|w\|$ (삼각부등식)

증명

연습문제

정리 8.3.5 $\langle\ ,\ \rangle$가 벡터공간 V의 내적일 때, 임의의 벡터 $v, w \in V$와 실수 $a \in \mathbb{R}$에 대하여

(1) $\langle v, w\rangle = \dfrac{1}{2}\left[\|v+w\|^2 - \|v\|^2 - \|w\|^2\right]$

(2) $\langle v, w\rangle = \dfrac{1}{4}\left[\|v+w\|^2 - \|v-w\|^2\right]$

증명

연습문제

정리 8.3.6 $\langle\,,\,\rangle$가 n-차원 벡터공간 V의 내적이면

(8.3.2) $$\langle v_i, v_j \rangle = \delta_{ij}$$

를 만족시키는 기저 $\{v_1, \cdots, v_n\}$이 존재한다.

증명

연습문제

식 (8.3.2)를 만족시키는 기저 $\{v_1, \cdots, v_n\}$를 정규직교기저라고 한다. 임의의 기저로부터 정규직교기저를 구하는 방법을 그램-슈밋트(Gram-Schmit) 직교화라고 한다.

정의 8.3.7 2차원 미분다양체 M의 각 점 p에 대하여 T_pM의 내적 $\langle\,,\,\rangle_p$을 대응시키는 사상을 M의 리만계량이라고 한다.

$(\mathbf{x}, U)$가 M의 좌표함수이고 $\mathbf{x}^{-1} = (x_1, x_2)$라 하면 식 (8.3.1)에 의해 리만계량 g는 U에서

$$g = \langle\,,\,\rangle = \sum_{ij=1}^{2} g_{ij} dx_i \otimes dx_j$$

로 나타낼 수 있다. 여기서 g_{ij}는 각 점 $p \in U$에서

$$g_{ij}(p) = g\left(\frac{\partial}{\partial x_i}\bigg|_p, \frac{\partial}{\partial x_j}\bigg|_p\right)$$

로 주어지는 (국소적) 함수이다.

임의의 좌표함수에 대하여 g의 성분함수 g_{ij}가 미분가능할 때 리만내적 g가 미분가능하다고 말한다. 앞으로 리만내적을 이야기할 때에는 항상 미분가능하다는 것을 가

정하기로 한다.

보기 8.3.8 $\mathbb{R}^2 = \{(x_1, x_2) | x_i \in \mathbb{R}\}$에 대하여 다음과 같이 정의되는 리만내적을

$$g = \sum_{i=1}^{2} dx_i \otimes dx_i, \quad g_{ij} = \delta_{ij} \tag{8.3.3}$$

$\mathbb{R}^2$의 **평면리만내적**(flat Riemannian metric)이라고 한다. $x_1 = x$, $x_2 = y$로 놓으면 식 (8.3.3)은

$$g = dx \otimes dx + dy \otimes dy$$

로 나타낼 수 있다.

$\Phi : M \to N$이 2차원 미분다양체 사이에서 정의된 미분가능한 사상이고 h가 N의 접평면에서 정의된 리만계량일 때, $\Phi^* h$를

$$\begin{gathered} g = \langle\ ,\ \rangle = \sum_{i,j=1}^{n} g_{ij} v_i^* \otimes v_j^* \\ \Phi^* h(v, w) = h(\mathrm{d}\Phi_p(v),\ d\Phi_p(w)),\ v,\ w \in \mathrm{T}_p M \end{gathered} \tag{8.3.4}$$

로 정의하면 $\Phi^* h$는 M의 리만계량이 된다. $\Phi^* h$을 Φ에 의한 h의 **당김리만계량**(pull-back metric)이라고 한다.

다음 정리에 의하면 2차원 미분다양체에는 리만계량이 항상 존재한다. 미분다양체는 항상 연결집합(path connected)임을 가정한다.

정리 8.3.9 2차원 미분다양체는 항상 미분가능한 리만계량이 존재한다.

증명

$\{(\mathbf{x}_\alpha, U_\alpha)\}$를 M의 미분좌표근방계(atlas)라 하고 $\{U_\alpha\}$는 국소적 유한피복(locally finite covering)이라고 가정하자. $\mathbb{R}^2$의 내적 h를 택하여

$$g_\alpha = (\mathbf{x}^{-1})^* h$$

로 정의하면 g_α는 $\mathbf{x}_\alpha(U_\alpha)$에서 정리된 리만계량이 된다.

단위분할(partition of unity)을 이용하여 위의 국소적 리만계량을 곡면 전체로 확장시킬 수 있다. $\{\xi_\alpha\}$가 $\mathrm{supp}(\xi_\alpha) \subset \mathbf{x}_\alpha(U_\alpha)$를 만족시키는 M의 단위분할일 때,

$$g = \sum_\alpha \xi_\alpha g_\alpha$$

로 정의하면 g는 M의 리만계량이다. 실제로, $p \in M$이면 $\sum_\alpha \xi_\alpha(p) = 1$이므로 $\xi_0(p) > 0$을 만족시키는 ξ_0가 존재한다. $v \in \mathrm{T}_pM$, $v \neq 0$이면

$$g(v, v) = \sum_\alpha \xi_\alpha(p) g_\alpha(v, v) \geq \xi_0(p) g_0(v, v) > 0$$

---

g가 2차원 미분다양체 M의 리만계량일 때 (M, g)을 2차원 리만다양체 또는 간단히 **리만곡면**이라고 한다.

보기 8.3.10 $g = dx \otimes dx + dy \otimes dy$가 $\mathbb{R}^2$의 평면리만계량이고 (r, θ)가 $\mathbb{R}^2$의 극좌표일, g을 극좌표 (r, θ)로 나타내면

$$g = dr \otimes dr + r^2 d\theta \otimes d\theta$$

이다. 실제로, $x = r\cos\theta$, $y = r\sin\theta$이므로 연쇄법칙에 의해

$$\frac{\partial}{\partial r} = \cos\theta \frac{\partial}{\partial x} + \sin\theta \frac{\partial}{\partial y} \tag{8.3.5}$$

$$\frac{\partial}{\partial \theta} = -r\sin\theta \frac{\partial}{\partial x} + r\cos\theta \frac{\partial}{\partial y} \tag{8.3.6}$$

이다.

$$g = g_{11} dr \otimes dr + g_{12} dr \otimes d\theta + g_{21} d\theta \otimes dr + g_{22} d\theta \otimes d\theta$$

로 놓으면 $x = x_1$, $y = x_2$일 때,

$$g\left(\frac{\partial}{\partial x_i}, \frac{\partial}{\partial x_j}\right) = \delta_{ij} \ (1 \leq i, j \leq 2)$$

이므로

$$g_{11} = g\left(\frac{\partial}{\partial r}, \frac{\partial}{\partial r}\right) = 1$$

$$g_{12} = g_{21} = g\left(\frac{\partial}{\partial r}, \frac{\partial}{\partial \theta}\right) = 0$$

$$g_{22} = g\left(\frac{\partial}{\partial \theta}, \frac{\partial}{\partial \theta}\right) = r^2$$

따라서

$$g = dr \otimes dr + r^2 dr \otimes d\theta$$

연습문제

01. 정리 8.3.4를 증명하여라. 그리고 (2)에서 등호가 성립할 필요충분조건은 v와 w가 일차종속임을 증명하여라.

02. 정리 8.3.5를 증명하여라.

03. 정리 8.3.6을 증명하여라.

04. $(\mathbf{x},\ U)$, $(\mathbf{y},\ V)$가 $\mathbf{x}(U) \cap \mathbf{y}(V) \neq \varnothing$인 좌표함수이고 $\mathbf{x}^{-1} = (x_1,\ x_2)$, $\mathbf{y}^{-1} = (y_1,\ y_2)$일 때

$$g = \sum_{i,\ j=1}^{2} g_{ij}\, dx_i \otimes dx_j,\quad g = \sum_{i,\ j=1}^{2} \bar{g}_{ij} dy_i \otimes dy_j$$

라 하면

$$\bar{g}_{ij} = \sum_{k,\ l=1}^{2} \frac{\partial x_k}{\partial y_i} \frac{\partial x_l}{\partial y_j} g_{kl}$$

임을 증명하여라.

8.4 접속과 곡률텐서

2차원 미분다양체 M의 미분가능한 벡터장 전체의 집합을 $\Gamma(M)$으로 나타낸다.

정의 8.4.1 이중선형사상 $\nabla: \Gamma(M)\times\Gamma(M)\to\Gamma(M)$, $\nabla(X, Y)=\nabla_X Y$가 다음 두 조건을 만족시킬 때 ∇를 **접속**(connection)이라고 부른다.[19]

(i) $X, Y\in\Gamma(M)$, $f\in C^\infty(M)$에 대하여

$$\nabla_{fX}Y=f\nabla_X Y$$
$$\nabla_X(fY)=X(f)Y+f\nabla_X Y$$

(ii) $\nabla_X Y-\nabla_Y X=[X, Y]$

임의의 두 벡터 $X, Y\in\Gamma(M)$과 함수 $f\in C^\infty(M)$에 대하여 $[X, Y]$은

$$[X,Y](f)=XY(f)-YX(f)$$

으로 정의되는 벡터장으로 $[X, Y]=-[Y, X]$을 만족시킨다(1절 연습문제). $\nabla_X Y$를 벡터장 Y에 대한 X-방향으로의 공변미분(covariant derivative)이라고도 한다.

$X\in\Gamma(M)$이고 $v\in T_pM$일 때 $\nabla_v X$를 다음과 같이 정의하자. 점 p 근방의 좌표함수 $(\mathbf{x}, U)$, $\mathbf{x}^{-1}=(x_1, x_2)$을 택하여

$$X=\sum_{i=1}^{2}a_i\frac{\partial}{\partial x_i}$$

라 할 때

$$\nabla_v X=\sum_{i=1}^{2}v(a_i)\frac{\partial}{\partial x_i}\bigg|_p \tag{8.4.1}$$

여기서 $v(a_i)=da_i(v)$는 함수 a_i의 v-방향 도함수이다.[20] 그러면 $\nabla_v X$는 좌표함수

---

19) 기호 ∇는 2장에서 $\mathbb{R}^3$의 벡터장에 대한 공변미분 기호로 사용하였다. 실제로 공변미분 기호 ∇는 정의 8.4.1의 의미로 $\mathbb{R}^3$의 접속이 되므로 같은 기호를 사용하였다.

20) 2장에서는 방향도함수의 기호를 $v[a_i]$로 사용하였다.

$(\mathbf{x}, U)$의 선택에 무관한 잘 정의된 개념임을 보일 수 있다(연습문제).

$X, Y \in \Gamma(M)$에 대하여 $\nabla_X Y \in \Gamma(M)$을

$$(\nabla_X Y)(p) = (\nabla_X Y)_p = \nabla_{X(p)} Y \tag{8.4.2}$$

로 정의하면 $\nabla_X Y$는 정의 8.4.1의 조건을 모두 만족시키는 M의 접속이 된다.

정리 8.4.2 (M, g)가 리만곡면이면 임의의 세 벡터장 $X, Y, Z \in \Gamma(M)$에 대하여 다음 조건

$$X\langle Y, Z\rangle = \langle \nabla_X Y, Z\rangle + \langle Y, \nabla_X Z\rangle \tag{8.4.3}$$

을 만족시키는 접속 ∇가 유일하게 존재한다. 여기서 $g = \langle\ ,\ \rangle$이다.

증명

접속 ∇의 유일성을 증명하자. 내적이 있는 벡터공간에서 벡터는 내적에 의해 유일하게 결정되므로 $\langle \nabla_X Y, Z\rangle$가 정의 8.4.1과 식 (8.4.3)에 의해 주어진다는 사실을 보이면 충분하다. 접속 ∇가 식 (8.4.3)을 만족시키면

$$X\langle Y, Z\rangle = \langle \nabla_X Y, Z\rangle + \langle Y, \nabla_X Z\rangle \tag{8.4.4}$$

$$Y\langle X, Z\rangle = \langle \nabla_Y X, Z\rangle + \langle X, \nabla_Y Z\rangle \tag{8.4.5}$$

$$Z\langle X, Y\rangle = \langle \nabla_Z X, Y\rangle + \langle X, \nabla_Z Y\rangle \tag{8.4.6}$$

첫째 식과 둘째 식을 합한 다음 세 번째 식을 빼면

$$\begin{aligned} 2\langle \nabla_X Y, Z\rangle &= X\langle Y, Z\rangle + Y\langle X, Z\rangle - Z\langle X, Y\rangle \\ &\quad + \langle [X, Y], Z\rangle - \langle [X, Z], Y\rangle - \langle [Y, Z], X\rangle \end{aligned} \tag{8.4.7}$$

따라서 ∇는 유일하다. 한편, ∇의 존재성을 밝히기 위해 임의의 세 벡터 $X, Y, Z \in \Gamma(M)$에 대해 $\langle \nabla_X Y, Z\rangle$을 식 (8.4.7)로 정의하면 $\nabla_X Y$는 정의 8.4.1과 식 (8.4.3)을 만족시킨다.

정의 8.4.3 리만곡면 (M, g)에 대하여 식 (8.4.3)을 만족시키는 유일한 접속 ∇를 **레비-치비타(Levi-Civita) 접속**이라고 한다.

식 (8.4.7)을 **코줄공식**(Koszul formula)이라고 한다. 코줄공식은 리만곡면 (M, g)에서 레비-치비타 접속 ∇가 어떠한 형태인지 알지 못해도 $\nabla_X Y$를 계산할 수 있는 방법을 제공해 준다.

식 (8.4.1) 또는 (8.4.2)에서 정의한 ∇는 식 (8.4.3)을 만족시키므로 리만곡면 (M, g)의 레비-치비타 접속에 대한 방향도함수는 식 (8.4.1) 또는 식 (8.4.2)로 주어진다.

레비-치비타 접속 $\nabla_X Y$가 X와 Y에 의해 어떻게 결정되는지 알아보자. 정의 8.4.1의 첫 번째 성질에 의해 각 점 $p \in M$에서 $(\nabla_X Y)(p)$는 $X(p)$에 의존하지만 두 번째 성질에 의해 $\nabla_X Y$는 $Y(p)$에만 의존하지는 않는다. 다음 두 도움정리에 의하면 $\nabla_X Y$는 $X(p)$와 $\alpha(0) = p$, $\alpha'(0) = X(p)$을 만족시키는 곡선 α에 대한 Y의 값인 $Y \circ \alpha$에 의해 결정된다.

도움정리 8.4.4 ∇가 리만곡면 (M, g)의 레비-치비타 접속이고, $v \in \mathrm{T}_pM$이라 하자. 두 벡터장 Y와 Z가 점 p 근방 U에서 $Y = Z$이면

$$\nabla_v Y = \nabla_v Z$$

증명

U_0을 M의 부분집합으로 $p \in U_0$이고 폐포가 $\overline{U_0} \subset U$라 하자. 또, $M - U$에서 0이고 U_0에서 1인 미분가능한 함수 $\xi : M \to \mathbb{R}$를 택하면 M에서 $\xi Y = \xi Z$이다. $d\xi_p = 0$이고 $\xi(p) = 1$이므로

$$\begin{aligned}\nabla_v(\xi Y) &= \xi(p)\nabla_v Y + d\xi_p(v)\,Y(p)\\ &= \nabla_v Y\end{aligned}$$

따라서

$$\nabla_v Y = \nabla_v(\xi Y) = \nabla_v(\xi Z) = \nabla_v Z$$

도움정리 8.4.5 α가 $\alpha(0) = p$, $\alpha'(0) = v \in \mathrm{T}_pM$인 곡선일 때, 두 벡터장 Y와 Z가 $Y \circ \alpha = Z \circ \alpha$이면

$$\nabla_v Y = \nabla_v Z$$

증명

그램-슈밋트 직교화에 의해 점 p 근방에서 정규직교인 두 벡터장 $\{E_1, E_2\}$를 택하자.

$$Y=\sum_{i=1}^{2} a_i E_i, \quad Z=\sum_{i=1}^{2} b_i E_i$$

라 하면 $Y\circ\alpha = Z\circ\alpha$이므로

$$a_i \circ \alpha = b_i \circ \alpha$$

따라서 $a_i(p)=b_i(p)$이고 $\mathrm{d}a_i(v)=\mathrm{d}b_i(v)$이므로

$$\begin{aligned}\nabla_v Y &= \nabla_v\left(\sum_{i=1}^{2} a_i E_i\right)\\ &= \sum_{i=1}^{2}\left(a_i \nabla_v E_i + \mathrm{d}a_i(v)E_i(p)\right)\\ &= \sum_{i=1}^{2}\left(b_i \nabla_v E_i + \mathrm{d}b_i(v)E_i(p)\right)\\ &= \nabla_v Z\end{aligned}$$

다음 정리는 좌표함수를 이용하여 레비-치비타 접속 $\nabla_X Y$을 국소적으로 나타낸 식이다.

정리 8.4.6 ∇가 리만곡면 (M, g)의 레비-치비타 접속일 때, 좌표함수 $\mathbf{x}^{-1}=(x_1, x_2)$에 대하여 벡터장 X, Y와 리만계량 g를

$$g=\sum_{i,\,j=1}^{2} g_{ij}dx_i\otimes dx_j, \quad X=\sum_{i=1}^{2} a_i\frac{\partial}{\partial x_i}, \quad Y=\sum_{j=1}^{2} b_j\frac{\partial}{\partial x_j}$$

로 나타내면

$$\nabla_X Y=\sum_{i=1}^{2}\left(\sum_{j=1}^{2} a_j\frac{\partial b_i}{\partial x_j}+\sum_{j,\,k=1}^{2}\Gamma_{jk}^{i}a_j b_k\right)\frac{\partial}{\partial x_i}$$

여기서

$$\Gamma_{jk}^{i}=\frac{1}{2}\sum_{l=1}^{2} g^{il}\left(\frac{\partial g_{kl}}{\partial x_j}+\frac{\partial g_{jl}}{\partial x_k}-\frac{\partial g_{jk}}{\partial x_l}\right) \tag{8.4.8}$$

$$\nabla_{\frac{\partial}{\partial x_j}}\frac{\partial}{\partial x_k}=\sum_{i=1}^{2}\Gamma_{jk}^{i}\frac{\partial}{\partial x_i} \tag{8.4.9}$$

이다.

증명

정의에 의해

$$\begin{aligned}
\nabla_X Y &= \sum_{i=1}^{2} a_i \nabla_{\frac{\partial}{\partial x_i}} \left(\sum_{j=1}^{2} b_j \frac{\partial}{\partial x_j} \right) \\
&= \sum_{i=1}^{2} a_i \left[\sum_{j=1}^{2} \nabla_{\frac{\partial}{\partial x_j}} \left(b_j \frac{\partial}{\partial x_j} \right) \right] = \sum_{i=1}^{2} a_i \left[\sum_{j=1}^{2} \left(\frac{\partial b_j}{\partial x_i} \frac{\partial}{\partial x_j} + b_j \nabla_{\frac{\partial}{\partial x_i}} \frac{\partial}{\partial x_j} \right) \right] \\
&= \sum_{i,\, j=1}^{2} a_i \frac{\partial b_j}{\partial x_i} \frac{\partial}{\partial x_j} + \sum_{i,\, j,\, k=1}^{2} a_i b_j \Gamma_{ij}^{k} \frac{\partial}{\partial x_k} \\
&= \sum_{i,\, j=1}^{2} \left(a_j \frac{\partial b_i}{\partial x_j} \right) \frac{\partial}{\partial x_i} + \sum_{i=1}^{2} \left(\sum_{j,\, k=1}^{2} \Gamma_{jk}^{i} a_j b_i \right) \frac{\partial}{\partial x_i} \\
&= \sum_{i=1}^{2} \left(\sum_{j=1}^{2} a_j \frac{\partial b_i}{\partial x_j} + \sum_{j,\, k=1}^{2} \Gamma_{jk}^{i} a_j b_k \right) \frac{\partial}{\partial x_i}
\end{aligned}$$

네 번째 등식의 첫째 항에서는 첨자 i와 j을 맞바꿨고 둘째 항에서는 첨자를 $i \to j$, $j \to k$, $k \to i$로 바꾸었다.

한편,

$$\begin{aligned}
\left[\frac{\partial}{\partial x_i}, \frac{\partial}{\partial x_j} \right](f) &= \frac{\partial}{\partial x_i} \left(\frac{\partial}{\partial x_j}(f) \right) - \frac{\partial}{\partial x_j} \left(\frac{\partial}{\partial x_i}(f) \right) \\
&= \frac{\partial^2 f}{\partial x_i x_j} - \frac{\partial^2 f}{\partial x_j x_i} = 0
\end{aligned}$$

이므로 식 (8.4.7)에 의해

$$\begin{aligned}
&\left\langle \nabla_{\frac{\partial}{\partial x_j}} \frac{\partial}{\partial x_k}, \frac{\partial}{\partial x_l} \right\rangle \\
&= \frac{1}{2} \left[\frac{\partial}{\partial x_j} \left\langle \frac{\partial}{\partial x_k}, \frac{\partial}{\partial x_l} \right\rangle + \frac{\partial}{\partial x_k} \left\langle \frac{\partial}{\partial x_j}, \frac{\partial}{\partial x_l} \right\rangle - \frac{\partial}{\partial x_l} \left\langle \frac{\partial}{\partial x_j}, \frac{\partial}{\partial x_k} \right\rangle \right] \\
&= \frac{1}{2} \left[\frac{\partial g_{kl}}{\partial x_j} + \frac{\partial g_{jl}}{\partial x_k} - \frac{\partial g_{jk}}{\partial x_l} \right]
\end{aligned} \tag{8.4.10}$$

또

$$\left\langle \nabla_{\frac{\partial}{\partial x_j}} \frac{\partial}{\partial x_k}, \frac{\partial}{\partial x_l} \right\rangle = \left\langle \Gamma_{jk}^{i} \frac{\partial}{\partial x_i}, \frac{\partial}{\partial x_l} \right\rangle = \Gamma_{jk}^{i} g_{il} \tag{8.4.11}$$

2×2 행렬 (g_{ij})의 역행렬을 (g^{ij})로 나타내면

$$\sum_{i=1}^{2} g_{il} g^{il} = 1$$

이므로 식 (8.4.10)과 (8.4.11)을 비교해보면

$$\Gamma_{jk}^{i} = \frac{1}{2} \sum_{i=1}^{2} g^{il} \left(\frac{\partial g_{kl}}{\partial x_j} + \frac{\partial g_{jl}}{\partial x_k} - \frac{\partial g_{jk}}{\partial x_l} \right)$$

이 성립함을 알 수 있다.

식 (8.4.9)에 있는 함수 Γ_{ij}^{k}를 크리스토펠 기호(Christoffel symbol)라고 한다.

정의 8.4.7 (M, g)를 리만곡면, ∇을 레비-치비타 접속이라 하자. R를

(8.4.12) $$R(X, Y)Z = \nabla_X \nabla_Y Z - \nabla_Y \nabla_X Z - \nabla_{[X, Y]} Z$$

로 정의하고 이를 리만곡률텐서 또는 간단히 **곡률텐서**(curvature tensor)라고 한다.

정의에 의해

(8.4.13) $$R(X, Y)Z = -R(Y, X)Z$$

가 성립한다. 또, 함수 $f \in C^{\infty}(M)$에 대하여

$$R(fX, Y)Z = R(X, fY)Z = R(X, Y)(fZ) = fR(X, Y)Z$$

이 성립함을 알 수 있다. 따라서 곡률텐서 R는 (3, 1)-텐서임을 알 수 있다. 한편, 리만계량 $g = \langle\ ,\ \rangle$를 이용하여 곡률텐서 R를 다음과 같이

(8.4.14) $$R(X, Y, Z, W) = \langle R(X, Y)Z, W \rangle$$

정의하면 R를 (4.0)-텐서로 이해할 수도 있다. 리만곡면의 곡률텐서 R는 다음 성질을 만족시킨다.

정리 8.4.8 R가 리만곡면 (M, g)의 곡률텐서이면

(1) $R(X, Y, Z, W) = -R(Y, X, Z, W) = R(X, Y, W, Z)$

(2) $R(X, Y)Z + R(Y, Z)X + R(Z, X)Y = 0$

(3) $R(X, Y, Z, W) = R(Z, W, X, Y)$

증명

(1) 첫째 등식은 식 (8.4.13)에 의해 성립한다. 둘째 등식을 증명하기 위해 우선 $R(X, Y, Z, Z) = 0$임을 보이자.

$$\begin{aligned} R(X, Y, Z, Z) &= \langle R(X, Y)Z, Z\rangle \\ &= \langle \nabla_X\nabla_Y Z, Z\rangle - \langle \nabla_Y\nabla_X Z, Z\rangle - \langle \nabla_{[X, Y]}Z, Z\rangle \\ &= X\langle \nabla_Y Z, Z\rangle - \langle \nabla_Y Z, \nabla_X Z\rangle - Y\langle \nabla_X Z, Z\rangle \\ &\quad + \langle \nabla_X Z, \nabla_Y Z\rangle - \frac{1}{2}[X, Y]\langle Z, Z\rangle \ (\because \text{ 식 (8.4.3)에 의해}) \\ &= \frac{1}{2}XY(\langle Z, Z\rangle) - \frac{1}{2}YX(\langle Z, Z\rangle) - \frac{1}{2}[X, Y](\langle Z, Z\rangle) = 0 \end{aligned}$$

따라서

$$\begin{aligned} 0 = R(X, Y, Z+W, Z+W) &= \langle R(X, Y)(Z+W), Z+W\rangle \\ &= \langle R(X, Y)Z, Z\rangle + \langle R(X, Y)W, W\rangle \\ &\quad + \langle R(X, Y)Z, W\rangle + \langle R(X, Y)W, Z\rangle \\ &= \langle R(X, Y)Z, W\rangle + \langle R(X, Y)W, Z\rangle \end{aligned}$$

(2) 정의에 의해

$$\begin{aligned} &R(X, Y)Z + R(Y, Z)X + R(Z, X)Y \\ &= \nabla_X\nabla_Y Z - \nabla_Y\nabla_X Z - \nabla_{[X, Y]}Z + \nabla_Y\nabla_Z X - \nabla_Z\nabla_Y X - \nabla_{[Y, Z]}X \\ &\quad + \nabla_Z\nabla_X Y - \nabla_X\nabla_Z Y - \nabla_{[Z, X]}Y \\ &= \nabla_X(\nabla_Y Z - \nabla_Z Y) + \nabla_Y(\nabla_Z X - \nabla_X Z) + \nabla_Z(\nabla_X Y - \nabla_Y X) \\ &\quad - \nabla_{[X, Y]}Z - \nabla_{[Y, Z]}X - \nabla_{[Z, X]}Y \\ &= \nabla_X[Y, Z] + \nabla_Y[Z, X] + \nabla_Z[X, Y] - \nabla_{[Y, Z]}X - \nabla_{[Z, X]}Y - \nabla_{[X, Y]}Z \\ &= [X, [Y, Z]] + [Y, [Z, X]] + [Z, X, Y]] \\ &= 0 \ (\text{1절 연습문제 참고}) \end{aligned}$$

(3) 위의 (2)를 적용하면

$$\begin{aligned} R(X, Y, Z, W) + R(Y, Z, X, W) + R(Z, X, Y, W) = 0 \\ R(Y, Z, W, X) + R(Z, W, Y, X) + R(W, Y, Z, X) = 0 \\ R(Z, W, X, Y) + R(W, X, Z, Y) + R(X, Z, W, Y) = 0 \\ R(W, X, Y, Z) + R(X, Y, W, Z) + R(Y, W, X, Z) = 0 \end{aligned}$$

네 식을 모두 더하면 위의 (1)에 의해 첫째 식과 셋째 식의 세 번째 항과 둘째 식과 넷째 식의 세 번째 항만 남고 나머지는 모두 소약되므로

$$2R(Z, X, Y, W) + 2R(W, Y, Z, X) = 0$$

따라서

$$R(Z, X, Y, W) - R(Y, W, Z, X) = 0$$

좌표함수를 도입하여 곡률텐서 R를 국소적으로 나타내보자. $(\mathbf{x}, U)$가 리만곡면 (M, g)의 좌표함수로 $\mathbf{x}^{-1} = (x_1, x_2)$라 하자. 이때

(8.4.15) $$R\left(\frac{\partial}{\partial x_i},\ \frac{\partial}{\partial x_j}\right)\frac{\partial}{\partial x_k} = \sum_{l=1}^{2} R_{kij}^{l}\frac{\partial}{\partial x_l}$$

로 놓으면 리만계량 (g_{ij})의 역행렬 (g^{ij})을 이용하여

$$R_{kij}^{l} = \sum_{m=1}^{2} g^{lm}\left\langle R\left(\frac{\partial}{\partial x_i},\ \frac{\partial}{\partial x_j}\right)\frac{\partial}{\partial x_k},\ \frac{\partial}{\partial x_m}\right\rangle$$

임을 알 수 있다. R_{kij}^{l} 을 크리스토펠 기호 Γ_{jk}^{i} 로 나타내어 보자. 좌표함수에 의해 얻어지는 벡터장에 대해서는

$$\left[\frac{\partial}{\partial x_i},\ \frac{\partial}{\partial x_j}\right] = 0$$

이 성립하므로

$$\begin{aligned}
R\left(\frac{\partial}{\partial x_i},\ \frac{\partial}{\partial x_j}\right)\frac{\partial}{\partial x_i} &= \nabla_{\frac{\partial}{\partial x_i}}\nabla_{\frac{\partial}{\partial x_j}}\frac{\partial}{\partial x_k} - \nabla_{\frac{\partial}{\partial x_j}}\nabla_{\frac{\partial}{\partial x_i}}\frac{\partial}{\partial x_k} \\
&= \nabla_{\frac{\partial}{\partial x_i}}\left(\sum_{l=1}^{2}\Gamma_{jk}^{l}\frac{\partial}{\partial x_l}\right) - \nabla_{\frac{\partial}{\partial x_j}}\left(\sum_{l=1}^{2}\Gamma_{jk}^{l}\frac{\partial}{\partial x_l}\right) \\
&= \sum_{l=1}^{2}\left[\frac{\partial}{\partial x_i}(\Gamma_{jk}^{l})\frac{\partial}{\partial x_l} + \Gamma_{jk}^{l}\nabla_{\frac{\partial}{\partial x_i}}\frac{\partial}{\partial x_l}\right] - \sum_{l=1}^{2}\left[\frac{\partial}{\partial x_j}(\Gamma_{jk}^{l})\frac{\partial}{\partial x_l} + \Gamma_{ik}^{l}\nabla_{\frac{\partial}{\partial x_j}}\frac{\partial}{\partial x_l}\right] \\
&= \sum_{l=1}^{2}\Gamma_{jk}^{l}\sum_{m=1}^{2}\Gamma_{il}^{m}\frac{\partial}{\partial x_m} - \sum_{l=1}^{2}\Gamma_{ik}^{l}\sum_{m=1}^{2}\Gamma_{jl}^{m}\frac{\partial}{\partial x_m} + \sum_{l=1}^{2}\frac{\partial}{\partial x_i}(\Gamma_{jk}^{l})\frac{\partial}{\partial x_l} - \sum_{l=1}^{2}\frac{\partial}{\partial x_j}(\Gamma_{ik}^{l})\frac{\partial}{\partial x_l} \\
&= \sum_{l=1}^{2}\left(\sum_{m=1}^{2}\Gamma_{jk}^{m}\Gamma_{im}^{l}\right)\frac{\partial}{\partial x_l} - \sum_{l=1}^{2}\left(\sum_{m=1}^{2}\Gamma_{ik}^{m}\Gamma_{jm}^{l}\right)\frac{\partial}{\partial x_l} + \sum_{l=1}^{2}\left[\frac{\partial}{\partial x_i}(\Gamma_{jk}^{l}) - \frac{\partial}{\partial x_j}(\Gamma_{ik}^{l})\right]\frac{\partial}{\partial x_l}
\end{aligned}$$

이 식과 식 (8.4.15)를 비교해보면

(8.4.16) $$R_{kij}^{l} = \sum_{m=1}^{2}(\Gamma_{jk}^{m}\Gamma_{im}^{l} - \Gamma_{ik}^{m}\Gamma_{jm}^{l}) + \frac{\partial}{\partial x_i}(\Gamma_{jk}^{l}) - \frac{\partial}{\partial x_j}(\Gamma_{ik}^{l})$$

곡률텐서 R를 (4, 0)-텐서로 이해했을 때

$$\left\langle R\left(\frac{\partial}{\partial x_i}, \frac{\partial}{\partial x_j}\right)\frac{\partial}{\partial x_k}, \frac{\partial}{\partial x_m}\right\rangle = \left\langle \sum_{l=1}^{2} R_{kij}^{l} \frac{\partial}{\partial x_l}, \frac{\partial}{\partial x_m}\right\rangle \tag{8.4.17}$$

$$= \sum_{l=1}^{2} R_{kij}^{l} g_{lm} =: R_{kijm} \tag{8.4.18}$$

으라 놓으면 정리 8.4.8은 다음과 같이 나타낼 수 있다.

(1)' $R_{kijl} = -R_{kjil} = R_{ljik}$

(2)' $R_{kijl} + R_{ijkl} + R_{jkil} = 0$

(3)' $R_{kijl} = R_{iklj}$

정의 8.4.9 (M, g)가 리만곡면이고 R가 곡률텐서일 때, M의 각 점에서 일차독립인 두 벡터장 X, Y에 대하여

$$\frac{\langle R(X, Y)Y, X\rangle}{\langle X, X\rangle\langle Y, Y\rangle - \langle X, Y\rangle^2} \tag{8.4.19}$$

을 M의 **수면곡률**(sectional curvature)이라고 하고 가우스곡률과 같은 기호 K로 나타낸다.

리만곡률텐서는 국소적 벡터장에 대해서 정의되는 연산자이므로 수면곡률은 국소적으로도 정의 할 수 있다. 다음 정리에 의하면 수면곡률 K는 벡터장 X, Y의 선택과 무관하다.

도움정리 8.4.10 X, Y와 Z, W 가 각각 일차독립인 벡터장이면

$$\frac{\langle R(X, Y)X, Y\rangle}{\langle X, X\rangle\langle Y, Y\rangle - \langle X, Y\rangle^2} = \frac{\langle R(Z, W)Z, W\rangle}{\langle Z, Z\rangle\langle W, W\rangle - \langle Z, W\rangle^2}$$

증명

$Z = aX + bY$, $W = cX + dY$, $a, b, c, d \in C^{\infty}(M)$이라 하면

$$R(X, X) = R(Y, Y) = 0, \quad R(X, Y) = -R(Y, X)$$

이므로

$$R(Z, W) = R(aX + bY, cX + dY) = (ad - bc)R(X, Y) \tag{8.4.20}$$

다음에

$$\langle R(X,\ Y)X,\ X\rangle = \langle R(X,\ Y)Y,\ Y\rangle = 0$$

이므로 직접 계산을 하면

(8.4.21) $$\langle R(Z,\ W)Z, W\rangle = (ad-bc)^2\langle R(X,\ Y)X,\ Y\rangle$$

한편,

(8.4.22) $$\langle Z, Z\rangle\langle W,\ W\rangle - \langle Z,\ W\rangle^2 = (ad-bc)^2(\langle X, X\rangle\langle Y,\ Y\rangle - \langle X,\ Y\rangle^2)$$

따라서 등식이 성립한다.

수면곡률 K는 리만곡면 M에서 정의된 미분가능한 함수이다. 특히, X, Y가 일차독립이면서 각 접평면에서 정규직교이면 수면곡률 K는

$$K = \langle R(X,\ Y)Y,\ X\rangle$$

로 주어진다.

좌표함수를 도입하여 수면곡률을 국소적으로 나타내 보자. $(\mathbf{x},\ U)$, $\mathbf{x}^{-1} = (x_1,\ x_2)$가 M의 좌표함수이면 $\dfrac{\partial}{\partial x_1}$, $\dfrac{\partial}{\partial x_2}$는 일차독립인 벡터장이므로 $\mathbf{x}(U) \subset M$에서 수면곡률은

$$K = \frac{R_{1212}}{g_{11}g_{22} - g_{12}^2}$$

으로 주어진다.

보기 8.4.11 $\mathbb{R}^2$의 평면리만계량 $g = dx_1 \otimes dx_1 + dx_2 \otimes dx_2$를 생각하면 $g_{ij} = \delta_{ij}$이므로 $\Gamma^i_{jk} = 0$이다. 따라서

$$\nabla_{\frac{\partial}{\partial x_i}} \frac{\partial}{\partial x_i} = 0$$

이므로 $R = 0$이다. 특히, 수면곡률은 $K = 0$이다.

정리 8.4.12 리만 (M, g)가 리만곡면이면

$$K = k\ (\text{상수}) \Leftrightarrow R(X,\ Y)Z = k(\langle Y,\ Z\rangle X - \langle X,\ Z\rangle Y)$$

증명

$R(X,\ Y)Z = k(\langle Y,\ Z\rangle X - \langle X,\ Z\rangle Y)$라 가정하면

$$K = \frac{\langle R(X,\ Y)Y,\ X\rangle}{\|X\|^2\|Y\|^2 - \langle X,\ Y\rangle^2} = k$$

역으로, $K = k$ (상수)라고 가정하면

(8.4.23) $$\langle R(X,\ Y)Y,\ X\rangle = k(\|X\|^2\|Y\|^2 - \langle X,\ Y\rangle^2)$$

새로운 연산자 S를

(8.4.24) $$S(X,\ Y)Z = R(X,\ Y)Z - k(\langle Y,\ Z\rangle X - \langle X,\ Z\rangle Y)$$

로 정의하면 S는 (3,1)-텐서로 정리 8.4.8의 성질 (1)-(3)을 모두 만족시킨다. 따라서 식 (8.4.23)으로부터

(8.4.26) $$\begin{aligned}\langle S(X,\ Y)Y,\ X\rangle &= \langle R(X,\ Y)Y,\ X\rangle - k(\|X\|^2\|Y\|^2 - \langle X,\ Y\rangle^2)\\ &= 0\end{aligned}$$

다음에 식 (8.4.26)과 정리 8.4.8의 (3)에 의해

$$\begin{aligned}0 &= \langle S(X,\ Y+Z)Y+Z,\ X\rangle\\ &= \langle S(X,\ Y)Y,\ X\rangle + \langle S(X,\ Y)Z,\ X\rangle + \langle S(X,\ Z)Y,\ X\rangle\langle S(X,\ Z)Z,\ X\rangle\\ &= 2\langle S(X,\ Y)Z,\ X\rangle\end{aligned}$$

따라서 임의의 두 벡터장 X, Y 에 대하여

(8.4.27) $$S(X,\ Y)X = 0$$

식 (8.4.27)에 의해

$$\begin{aligned}0 &= S(X+Z,\ Y)(X+Z)\\ &= S(X,\ Y)X + S(X,\ Y)Z + S(Z,\ Y)X + S(Z,\ Y)Z\\ &= S(X,\ Y)Z + S(Z,\ Y)X\end{aligned}$$

한편, 비앙키항등식 (정리 8.4.8 (2))에 의해

$$S(X,\ Y)Z = -S(Y,\ Z)X - S(Z,\ X)Y$$

이므로

(8.4.28) $$2S(Z,\ Y)X = S(Z,\ X)Y$$

식 (8.4.28)에 X와 Y를 바꾸어 대입하면

$$2S(Z,\ X)Y = S(Z,\ Y)X$$

이므로 임의의 세 벡터장 X, Y, Z에 대하여

$$S(Z,\ Y)X = 0$$

즉, $S = 0$이다.

연습문제

01. $v \in T_pM$이고 $(\mathbf{x}, U)$, $(\mathbf{y}, V)$가 점 p의 좌표함수로 $\mathbf{x}(U) \cap \mathbf{y}(V) \neq \varnothing$ (empty set)라 하자. $\mathbf{x}^{-1} = (x_1, x_2)$이고 $\mathbf{y}^{-1} = (y_1, y_2)$일 때

$$X = \sum_{i=1}^{2} a_i \frac{\partial}{\partial x_i} = \sum_{i=1}^{2} b_i \frac{\partial}{\partial x_i}$$

라 놓자.

(1) $v\left(\dfrac{\partial y_i}{\partial x_j}\right) = 0$임을 증명하여라(도움말 : 방향도함수는 좌표함수의 선택에 무관하므로

$$v = \sum_{k=1}^{2} v_k \frac{\partial}{\partial y_k}\bigg|_p, \ v_k \in \mathbb{R}$$

로 놓을 수 있다).

(2) $\displaystyle\sum_{i=1}^{2} v(a_i) \frac{\partial}{\partial x_i}\bigg|_p = \sum_{i=1}^{2} v(b_i) \frac{\partial}{\partial y_i}\bigg|_p$임을 증명하여라.

02. (M, g)를 리만곡면이라 하고 ∇와 R를 각각 레비-치비타 접속과 곡률텐서라고 하자. 벡터장 X에 대하여 $\nabla_X R$를

$$(\nabla_X R)(Y, Z)W = \nabla_X (R(Y, Z)W) - R(\nabla_X Y, Z)W - R(Y, \nabla_X Z)W$$

로 정의하면

$$(\nabla_X R)(Y, Z)W + (\nabla_Y R)(Z, X)W + (\nabla_Z R)(X, Y)W = 0$$

이 성립함을 증명하여라.

8.5 모형공간

이 절에서는 리만곡면을 공부하는데 있어서 기준이 되는 모형공간(space form)에 대하여 알아보자.

$(x, y)=(x_1, x_2)$를 $\mathbb{R}^2$의 직교좌표라고 하고 $\lambda=\lambda(x_1, x_2)>0$을 $\mathbb{R}^2$의 미분가능한 양함수라 할 때, $\mathbb{R}^2$의 리만계량 g를

$$g=\frac{1}{\lambda^2}(dx_1 \otimes dx_1+dx_2 \otimes dx_2) \tag{8.5.1}$$

로 정의하자. 그러면 리만계량의 행렬은 $g_{ij}=\dfrac{1}{\lambda^2}\delta_{ij}$이고 그것의 역행렬은 $g^{ij}=\lambda^2\delta_{ij}$으로 주어진다.

$f=\log\lambda$라 할 때, 그것의 편미분을 각각 $\dfrac{\partial f}{\partial x_k}=f_k$, $\dfrac{\partial \lambda}{\partial x_k}=\lambda_k$로 나타내면

$$\frac{\partial f}{\partial x_k}=\frac{1}{\lambda}\frac{\partial \lambda}{\partial x_k} \quad (k=1, 2) \tag{8.5.2}$$

이므로

$$\frac{\partial g_{ij}}{\partial x_k}=-\frac{2}{\lambda^3}\frac{\partial \lambda}{\partial x_k}\delta_{ij}=-2\frac{f_k}{\lambda^2}\delta_{ij} \tag{8.5.3}$$

따라서 크리스토펠 기호는

$$\begin{aligned}\Gamma_{jk}^{i} &= \frac{1}{2}\sum_{l=1}^{2} g^{il}\left(\frac{\partial g_{jl}}{\partial x_k}+\frac{\partial g_{kl}}{\partial x_j}+\frac{\partial g_{jk}}{\partial x_l}\right) \\ &= \frac{1}{2}g^{ii}\left(\frac{\partial g_{ji}}{\partial x_k}+\frac{\partial g_{ki}}{\partial x_j}+\frac{\partial g_{jk}}{\partial x_l}\right) \\ &= \frac{\lambda^2}{2}\left(-2\frac{f_k}{\lambda^2}\delta_{ij}-2\frac{f_j}{\lambda^2}\delta_{ki}+2\frac{f_i}{\lambda^2}\delta_{jk}\right) \\ &= -f_k\delta_{ij}-f_j\delta_{ki}+f_i\delta_{jk}\end{aligned}$$

이다. 즉,

(8.5.4) $$\Gamma_{ii}^{i} = -f_i,\ \Gamma_{ij}^{i} = -f_j$$

(8.5.5) $$\Gamma_{ji}^{i} = -f_j,\ \Gamma_{jj}^{i} = -f_i\ \ (i \neq j)$$

이고 이 이외의 경우는 $\Gamma_{jk}^{i} = 0$이다. 리만곡률텐서는 식 (8.4.18)에 의해

$$R_{1212} = \sum_{l=1}^{2} R_{121}^{l}\, g_{l2} = \frac{1}{\lambda^2} R_{121}^{2}$$

이고 식 (8.4.16)에 의해

(8.5.6) $$R_{121}^{2} = \sum_{m=1}^{2} (\Gamma_{11}^{m}\Gamma_{2m}^{2} - \Gamma_{21}^{m}\Gamma_{1m}^{2}) + \frac{\partial}{\partial x_2}(\Gamma_{11}^{2}) - \frac{\partial}{\partial x_1}(\Gamma_{21}^{2})$$

$$\frac{\partial}{\partial x_2}(\Gamma_{11}^{2}) = f_{22} = \frac{\partial^2 f}{\partial x_2^2} = \frac{\partial^2 f}{\partial y^2}$$

$$\frac{\partial}{\partial x_1}(\Gamma_{21}^{2}) = -f_{11} = -\frac{\partial^2 f}{\partial x_1^2} = -\frac{\partial^2 f}{\partial x^2}$$

이다. 따라서

(8.5.7) $$R_{121}^{2} = f_{11} + f_{22} = \triangle f$$

여기서 $\triangle$는 라플라시안(Laplacian) 미분연산자이다. 그러므로

$$R_{1212} = \frac{\triangle f}{\lambda^2}$$

이고 수면곡률은

(8.5.8) $$K = \frac{R_{1212}}{g_{11}g_{12}} = \lambda^2 \triangle f$$

$f = \log\lambda$이므로

$$\Delta f = \frac{\lambda\Delta\lambda - (\lambda_x^2 + \lambda_y^2)}{\lambda^2}$$

그러므로

(8.5.9) $$K = \lambda\Delta\lambda - (\lambda_x^2 + \lambda_y^2)$$

보기 8.5.1 $\mathbb{R}^2$의 평면계량을 g_0이라 하자. 즉,

$$g_0 = dx \otimes dx + dy \otimes dy$$

이때 $\mathbb{R}^2$의 새로운 리만계량을

(8.5.10) $$g = \frac{1}{\left(1 + \frac{x^2 + y^2}{4}\right)^2} g_0$$

으로 정의하자. 함수 λ를

$$\lambda(x, y) = 1 + \frac{x^2 + y^2}{4}$$

라 하면

(8.5.11) $$\Delta\lambda = 1,\ \lambda_x^2 + \lambda_y^2 = \frac{x^2 + y^2}{4}$$

이다. 따라서 $(\mathbb{R}^2, g)$의 수면곡률은 식 (8.5.11)에 의해 $K = 1$이다.

식 (8.5.10)에 있는 리만계량 g는 단위구 S^2에서 $\mathbb{R}^2$으로 사상되는 입체사영(stereographic projection)에 의해 만들어지는 S^2의 리만계량이다. S^2을 중심이 (0, 0, 1)이고 반지름의 길이가 1인 단위구 $S^2 : x^2 + y^2 + (z-1)^2 = 1$이라 하자. $\pi : S^2 - \{(0, 0, 2)\} \to \mathbb{R}^2$을

$$\pi(p_1, p_2, p_3) = \left(\frac{2p_1}{2 - p_3}, \frac{2p_2}{2 - p_3}\right)$$

로 정의하면 π는 미분동형사상이고 π^{-1}은 S^2의 좌표함수가 된다. 따라서 π에 의해 유도되는 S^2의 리만계량은 $\pi^* g_0$이다. 유도리만계량 $\pi^* g_0$을 구체적으로 구하기 위해서

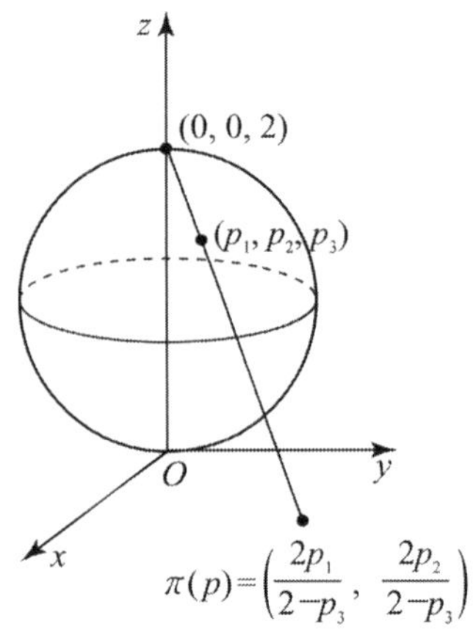

그림 8.13

$\mathbb{R}^2$의 좌표를 $(x,\ y)$라 할 때,

$$d\pi^{-1}\left(\frac{\partial}{\partial x}\right),\ d\pi^{-1}\left(\frac{\partial}{\partial y}\right)$$

의 값만 계산하면 된다. 실제로,

$$\pi^* g_0 = g_{11}dx\otimes dx + g_{12}dx\otimes dy + g_{21}dy\otimes dx + g_{22}dy\otimes dy$$

로 놓으면

$$g_{ij} = \left\langle d\pi^{-1}\left(\frac{\partial}{\partial x_i}\right),\ d\pi^{-1}\left(\frac{\partial}{\partial x_j}\right)\right\rangle,\ x_1 = x,\ x_2 = y$$

이다.

$$\pi^{-1}(x,\ y) = \frac{1}{x^2+y^2+4}(4x,\ 4y,\ 2x^2+2y^2)$$

이므로

$$d\pi^{-1}\left(\frac{\partial}{\partial x}\right) = \frac{\partial\pi^{-1}}{\partial x_j} = \left(\frac{-4x^2+4y^2+16}{(x^2+y^2+4)^2},\ -8xy,\ \frac{16x}{(x^2+y^2+4)^2}\right)$$

$$d\pi^{-1}\left(\frac{\partial}{\partial x}\right)=\frac{\partial \pi^{-1}}{\partial y}=\left(-8xy,\ \frac{-4x^2+4y^2+16}{(x^2+y^2+4)^2},\ \frac{16y}{(x^2+y^2+4)^2}\right)$$

따라서

$$g_{11}=\left\langle d\pi^{-1}\left(\frac{\partial}{\partial x}\right),\ d\pi^{-1}\left(\frac{\partial}{\partial x}\right)\right\rangle_{g_0}=\frac{16}{(x^2+y^2+4)^2}$$
$$g_{22}=\left\langle d\pi^{-1}\left(\frac{\partial}{\partial y}\right),\ d\pi^{-1}\left(\frac{\partial}{\partial y}\right)\right\rangle_{g_0}=\frac{16}{(x^2+y^2+4)^2}$$

이고 $g_{12}=g_{21}=0$이다. 그러므로

$$g=\frac{1}{\left(1+\frac{x^2+y^2}{4}\right)^2}(dx\otimes dx+dy\otimes dy)$$

M이 $\mathbb{R}^2$의 개부분집합이고 λ가 M에서 정의된 미분가능한 양함수라 하자. 이때 식 (8.5.1)과 같이 M의 리만계량 g를

$$g=\frac{1}{\lambda^2}(dx\otimes dx+dy\otimes dy)$$

로 정의하면 미분은 국소적 개념이므로 M의 수면곡률은 공식 (8.5.9)로 주어진다.

보기 8.5.2 $\mathbb{H}^2$을

$$\mathbb{H}^2=\{(x,\ y)\in\mathbb{R}^2|y>0\}$$

라 하고 λ를 $\mathbb{H}^2$에서 $\lambda(x,y)=y$로 정의하면

$$g_{-1}=\frac{1}{\lambda^2}g_0=\frac{1}{y^2}(dx\otimes dx+dy\otimes dy)$$

는 $\mathbb{H}^2$의 리만계량이다. $\Delta\lambda=0$이고 $\lambda_x^2+\lambda_y^2=1$이므로 식 (8.5.9)에 의해 $\mathbb{H}^2$의 수면곡률은 $K=-1$이다. $(\mathbb{H}^2,\ g_{-1})$을 쌍곡곡면(hyoperbolic surface)이라고 한다.

다음에는 옹골곡면(compact surface) 중에서 수면곡률이 0인 곡면의 예를 알아보자.

정의 8.5.3 G를 군(group)이라 하고 S를 집합이라 하자. 함수

$$\Phi: G \times S \to S, \ \Phi(a, x) = a \cdot x$$

가 다음 두 조건

(i) $e \cdot x = x$ ($e \in G$ 는항등원)

(ii) $(ab) \cdot x = a(b \cdot x)$, $a, b \in G$, $x \in S$

를 만족시킬 때, Φ를 **군작용**(group action)이라고 하고 G가 S에 작용한다고 한다.

군 G가 집합 S에 작용할 때 $x \in S$에 대하여 다음 집합

$$O_x = \{a \cdot x \mid a \in G\}$$

을 x의 **궤도**(orbit)라고 하고 궤도 전체의 집합을 S/G로 나타낸다. 즉

$$S/G = \{O_x \mid x \in X\}$$

S가 위상공간이면 S/G는 사영사상 $\pi: X \to S/G$, $\pi(x) = O_x$가 연속이 되는 위상구조를 S로부터 얻을 수 있다. 다시 말해서, $V \subset S/G$에 대하여 $\pi^{-1}(V)$가 S에서 개집합일 때 V를 S/G에서 개집합이라고 정의하면 S/G도 위상공간이 된다. S/G를 **몫공간**(quotient space)이라고 한다.

한편, M이 2차원 미분다양체인 경우에 M에 작용하는 군 G가 고정점을 갖지 않으면 M/G도 2차원 미분다양체가 된다. 또, M이 옹골집합이 아닌 경우에도 군 G의 성질에 따라 M/G는 옹골집합이 될 수도 있다.

보기 8.5.4 $\phi: \mathbb{Z} \times \mathbb{R} \to \mathbb{R}$를 $\phi(a, x) = a + x$로 정의하면 ϕ는 군작용이다. 즉, $\mathbb{Z}$는 $\mathbb{R}$에 작용한다. $x = 0$의 궤도는

$$O_0 = \{a + 0 \mid a \in \mathbb{Z}\} = \mathbb{Z}$$

이고 몫공간 $\mathbb{R}/\mathbb{Z}$는 위상학적으로 단위원 S^1과 같다.

$\Phi: (\mathbb{Z} \oplus \mathbb{Z}) \times \mathbb{R}^2 \to \mathbb{R}^2$을 $\Phi((a, b), (x, y)) = (a + x, b + y)$로 정의하면 Φ는 군작용이다. $\mathbb{R}^2$의 평면리만계량 $g_0 = dx \otimes dx + dy \otimes dy$는 $\mathbb{R}^2/\mathbb{Z}^2$의 리만계량이 된다. $\mathbb{R}^2$의 함수 f 중에서 $f(x + a, y + b) = f(x, y)$, $a, b \in \mathbb{Z}$ 를 만족시키는 함수는

$\mathbb{R}^2/\mathbb{Z}^2$의 함수로 생각할 수 있다. 특히, $\mathbb{R}^2$의 상수함수는 $\mathbb{R}^2/\mathbb{Z}^2$의 상수함수이므로 g_0은 $\mathbb{R}^2/\mathbb{Z}^2$의 리만계량이다. 따라서 $\mathbb{R}^2/\mathbb{Z}^2$은 수면곡률이 $K=0$인 리만계량을 갖는다. 위상학적으로 $\mathbb{R}^2/\mathbb{Z}^2$은 옹골집합인 원환면 $S^1\times S^1 = T^2$과 같다.

다음에는 유클리드 공간 $\mathbb{R}^3$의 부분집합인 정칙곡면 M의 가우스곡률과 $\mathbb{R}^3$의 내적으로 주어지는 M의 리만계량에 의해 얻어지는 수면곡률과의 관계에 대하여 알아보자.

$M\subset \mathbb{R}^3$이 정칙곡면이면 각 점 $p\in M$ 근방 V와 위상동형사상인 정칙사상 $\mathbf{x}: U\subset \mathbb{R}^2 \to V$가 존재한다. (u, v)을 $\mathbb{R}^2$의 좌표라 할 때, $\mathbf{x}_u$, $\mathbf{x}_v$는 각각 M의 (국소적) 접벡터장이다. 이 때 리만계량

$$g = Edu\otimes du + Fdu\otimes dv + Fdv\otimes du + Gdv\otimes dv$$

를 $\mathbb{R}^3$에서 유도된 M의 리만계량이라고 한다. 여기서 E, F, G는 제1기본형식의 계수이다. 즉,

$$E = \langle \mathbf{x}_u, \mathbf{x}_u\rangle,\ F = \langle \mathbf{x}_u, \mathbf{x}_v\rangle,\ G = \langle \mathbf{x}_v, \mathbf{x}_v\rangle$$

다시 말해서, g의 성분 g_{ij}는

$$(g_{ij}) = \begin{pmatrix} E & F \\ F & G \end{pmatrix}$$

이고 그것의 역행렬은

$$(g^{ij}) = \frac{1}{EG-F^2}\begin{pmatrix} G & -F \\ -F & E \end{pmatrix}$$

이다. 리만계량 (g_{ij})를 이용하여 M의 수면곡률을 직접 계산하는 것은 매우 복잡하므로 특별한 형태의 좌표함수를 도입하여 계산할 수밖에 없다.

$\mathbf{x}$가 등온좌표함수이면 $E=G$, $g_{12}=F=0$이므로 리만계량 g는

$$g = E(du\otimes du + dv\otimes dv)$$

이다.

$$\lambda = \frac{1}{\sqrt{E}},\ f = \log\lambda = -\frac{1}{2}\log E$$

로 놓으면, 식 (8.5.8)에 의해 수면곡률 K는

(8.5.12) $$K = \lambda^2 \triangle f = -\frac{\triangle(\log E)}{2E}$$

6장 2절에 있는 연습문제의 의하면 식 (8.5.12)는 등온좌표함수 $\mathbf{x}$의 가우스곡률이다. 따라서 $M \subset \mathbb{R}^3$인 경우, $\mathbb{R}^3$에서 유도된 M의 리만계량 g를 생각하면 수면곡률과 가우스곡률이 일치하는 것을 알 수 있다.

다음에 $\mathbf{x}$가 직교좌표함수라고 가정하면 $F = \langle \mathbf{x}_u, \mathbf{x}_v \rangle = 0$이므로 리만계량 g는

$$g = Edu \otimes du + Gdv \otimes dv$$

이다. 즉, 리만계량의 성분 g_{ij}는

$$g_{11} = E,\ g_{22} = G,\ g_{12} = g_{21} = 0$$

으로 주어진다. 크리스토펠 기호 Γ^i_{jk}을 계산하면

$$\Gamma^1_{11} = \frac{1}{2E}\frac{\partial E}{\partial u} = \frac{E_u}{2E}$$

$$\Gamma^1_{12} = \Gamma^1_{21} = \frac{1}{2E}\frac{\partial E}{\partial v} = \frac{E_v}{2E}$$

$$\Gamma^1_{22} = -\frac{1}{2E}\frac{\partial G}{\partial u} = -\frac{G_u}{2E}$$

$$\Gamma^2_{11} = -\frac{1}{2G}\frac{\partial E}{\partial v} = -\frac{E_v}{2G}$$

$$\Gamma^2_{12} = \Gamma^2_{21} = \frac{1}{2G}\frac{\partial G}{\partial u} = \frac{G_u}{2G}$$

$$\Gamma^2_{22} = \frac{1}{2G}\frac{\partial G}{\partial v} = \frac{G_v}{2G}$$

따라서 곡률텐서 R^2_{121}는

$$
\begin{aligned}
R_{121}^{2} &= \sum_{m=1}^{2}(\Gamma_{11}^{m}\Gamma_{2m}^{2}-\Gamma_{21}^{m}\Gamma_{1m}^{2})+\frac{\partial}{\partial v}(\Gamma_{11}^{2})-\frac{\partial}{\partial u}(\Gamma_{21}^{2}) \\
&= \frac{E_u}{2E}\frac{G_U}{2G}-\frac{E_v}{2E}\left(-\frac{E_v}{2G}\right)+\left(-\frac{E_v}{2G}\right)\frac{G_v}{2G} \\
&\quad -\frac{G_u}{2G}\frac{G_u}{2G}-\frac{\partial}{\partial v}\left(\frac{E_v}{2G}\right)-\frac{\partial}{\partial v}\left(\frac{G_u}{2G}\right)
\end{aligned} \tag{8.5.13}
$$

수면곡률 K는

$$
K=\frac{R_{1212}}{EG}=\frac{R_{121}^{2}}{E}
$$

이므로 식 (8.5.13)에 의해

$$
-E\cdot K=-R_{121}^{2}=\left(\frac{G_u}{2G}\right)+\left(\frac{E_v}{2G}\right)+\left(\frac{G_u}{2G}\right)^{2}+\frac{E_vG_v}{4G^{2}}-\frac{E_uG_u}{4EG}-\frac{E_v^{2}}{4EG} \tag{8.5.14}
$$

식 (8.5.14)는 6장 2절에 있는 정리 6.2.3의 증명에 있는 식과 같으므로 똑같은 계산을 하면

$$
K=-\frac{1}{\sqrt{EG}}\left\{\left(\frac{(\sqrt{G})_u}{\sqrt{E}}\right)_u+\left(\frac{(\sqrt{E})_v}{\sqrt{G}}\right)_v\right\} \tag{8.5.15}
$$

따라서 이 경우에도 수면곡률과 가우스곡률은 같다. 이로부터 다음 정리가 성립한다는 것을 알 수 있다.

정리 8.5.5 $M\subset\mathbb{R}^3$이 정칙곡면이고 g가 $\mathbb{R}^3$에 의해 유도된 M의 리만계량이면 가우스곡률과 수면곡률은 일치한다.

8.6 틀마당 표현

7장에 의하면 유클리드 공간에 놓여 있는 정칙곡면의 가우스곡률은 좌표함수를 이용하여 계산 할 수 있지만 접틀마당으로부터 얻어지는 쌍대일차미분형식과 연결형식으로부터도 가우스곡률을 계산할 수 있다. 추상적 리만곡면에서도 같은 방법으로 수면곡률을 계산할 수 있다.

정의 8.6.1 ω가 추상곡면 M의 일차미분형식일 때, **외미분**(extrior differential) $d\omega$는

(8.6.1) $$d\omega(X,\ Y)=X(\omega(Y))-Y(\omega(X))-\omega([X,\ Y])$$

로 정의한다. 여기서 X, Y는 곡면 M의 접벡터장이다.

정의로부터 $d\omega$는 이중선형사상이고 임의의 벡터장 X, Y에 대하여

$$d\omega(X,\ Y)=-d\omega(Y,\ X)$$

가 성립한다. 따라서 $d\omega$는 M의 이차미분형식이다.

도움정리 8.6.2 $(\mathbf{x},\ U)$가 곡면 M의 좌표함수로 $\mathbf{x}^{-1}=(x_1,\ x_2)$라 하자. $\omega=\sum_{i=1}^{2}f_i dx_i$이면

$$d\omega=\sum_{i=1}^{2}df_i\wedge dx_i=\left(\frac{\partial f_2}{\partial x_1}-\frac{\partial f_1}{\partial x_2}\right)dx_1\wedge dx_2$$

증명

정의로부터 $d\omega$가 이차미분형식이므로

$$d\omega=h dx_1\wedge dx_2$$

로 나타낼 수 있다. $\left[\frac{\partial}{\partial x_i},\ \frac{\partial}{\partial x_j}\right]=0$이므로 정의에 의해

$$\begin{aligned}h=d\omega\left(\frac{\partial}{\partial x_i},\ \frac{\partial}{\partial x_j}\right)&=\frac{\partial}{\partial x_1}\omega\left(\frac{\partial}{\partial x_2}\right)-\frac{\partial}{\partial x_2}\omega\left(\frac{\partial}{\partial x_1}\right)\\&=\frac{\partial f_2}{\partial x_1}-\frac{\partial f_1}{\partial x_2}\end{aligned}$$

M을 리만곡면이라 하고 ∇를 레비-치비타 접속이라고 하자. 또, E_1, E_2가 (국소적) 접틀마당이고 θ_1, θ_2가 각각 E_1, E_2의 쌍대일차미분형식일 때,

(8.6.2) $$\nabla_{E_i}E_j = \sum_{k=1}^{2} C_{ij}^{k} E_k$$

(8.6.3) $$R(E_i,\ E_j)E_k = \sum_{l=1}^{2} R_{kij}^{\ l} E_l$$

$$\omega_{ij} = \sum_{k=1}^{2} C_{kj}^{i}\theta_k$$

로 정의하자. 끝으로

$$[E_i,\ E_j] = \sum_{k=1}^{2} c_{ij}^{k} E_k$$

로 정의하면 $\nabla_{E_i}E_j - \nabla_{E_j}E_i = [E_i,\ E_j]$이므로

(8.6.4) $$c_{ij}^{k} = C_{ij}^{k} - C_{ji}^{k}$$

가 성립한다. 또한 리만곡률텐서의 정의로부터

(8.6.5) $$R_{kij}^{\ l} = -R_{kji}^{\ l}$$

도움정리 8.6.3

(1) ω_{ij}는 일차미분형식이고

(8.6.6) $$\omega_{ij} = -\omega_{ji}$$

(2) 임의의 벡터장 X에 대하여

(8.6.7) $$\nabla_X E_j = \sum_{j=1}^{2} \omega_{ij}(X) E_i$$

(3) 리만곡률텐서 $R_{ijk}^{\ l}$은

$$R_{kij}^{l} = \sum_{m=1}^{2}(C_{jk}^{m}C_{im}^{l} - C_{ik}^{m}C_{jm}^{l}) + E_i(C_{jk}^{l}) - E_j(C_{ik}^{l}) - \sum_{m=1}^{2} c_{ij}^{m} C_{km}^{l}$$

증명

(1) 정의에 의해 ω_{ij}는 일차미분형식이다. 그리고

$$C_{ij}^{k} = \langle \nabla_{E_i} E_j,\ E_k \rangle = -\langle E_j,\ \nabla_{E_i} E_k \rangle = -C_{ik}^{j}$$

이므로

$$\omega_{ij} + \omega_{ji} = \sum_{k=1}^{2} (C_{kj}^{i} + C_{ki}^{j})\theta_k = 0$$

(2) 정의에 의해

$$\omega_{kj}(E_i) = \sum_{l=1}^{2} C_{lj}^{k} \theta_l(E_i) = C_{ij}^{k}$$

이므로

$$\nabla_{E_i} E_j = \sum_{k=1}^{2} C_{ij}^{k} E_k = \sum_{k=1}^{2} \omega_{kj}(E_i) E_k \tag{8.6.8}$$

식 (8.6.7)의 양변이 모두 선형성질을 만족시키므로 식 (8.6.8)에 의해

$$\nabla_X E_j = \sum_{k-1}^{2} \omega_{kj}(X) E_k$$

(3) 식 (8.4.16)을 유도할 때와 같은 방법으로 계산을 하면 된다. 여기서는 일반적으로 $[E_i,\ E_j]$가 0이 아니다.

정의 8.6.4 ω_{ij}를 리만곡면 M의 **연결형식**(connection form)이라고 한다.

정리 8.6.5 구조 방정식

다음 항등식이 성립한다.

(1) $\mathrm{d}\theta_i = -\sum_{j=1}^{2} \omega_{ij} \wedge \theta_j$

(2) $\mathrm{d}\omega_{ij} = -\sum_{k=1}^{2} \omega_{ik} \wedge \omega_{kj} + \frac{1}{2} \sum_{k,\ l=1}^{2} R_{jkl}^{i} \theta_k \wedge \theta_l$

증명

(1) 정의에 의해

$$\begin{aligned} \mathrm{d}\theta_i(E_k,\ E_l) &= E_k(\theta_i(E_l)) - E_l(\theta_i(E_k)) - \theta_i([E_k,\ E_l]) \\ &= -\sum_{j=1}^{2} c_{kl}^{j} \theta_i(E_j) = -c_{kl}^{j} \end{aligned}$$

한편,

$$\sum_{j=1}^{2}\omega_{ij}\wedge\theta_j(E_k,\ E_l)=\sum_{j=1}^{2}\omega_{ij}(E_k)\theta_j(E_l)-\omega_{ij}(E_l)\theta_j(E_k)$$
$$=\omega_{il}(E_k)-\omega_{ik}(E_l)$$
$$=C_{kl}^{i}-C_{lk}^{i}=c_{kl}^{i}$$

(2) 도움정리 8.6.3의 (3)에 의해

$$\frac{1}{2}\sum_{k,\ l=1}^{2}R_{jkl}^{i}\theta_k\wedge\theta_l(E_m,\ E_n)$$
$$=R_{jmn}^{i}=\sum_{k=1}^{2}(C_{jn}^{k}C_{mk}^{i}-C_{mj}^{k}C_{nk}^{i})+E_m(C_{jn}^{i})-E_n(C_{jm}^{i})-\sum_{k=1}^{2}c_{kl}^{k}C_{jk}^{i}$$

한편, 정의로부터

$$\sum_{k=1}^{2}\omega_{ik}\wedge\omega_{kj}(E_m,\ E_n)=\sum_{k=1}^{2}(C_{jn}^{k}C_{mk}^{i}-C_{mj}^{k}C_{nk}^{i})$$

이고

$$d\omega_{ij}(E_m,\ E_n)=E_m(C_{jn}^{i})-E_n(C_{jm}^{i})-\sum_{k=1}^{2}c_{kl}^{k}C_{jk}^{i}$$

따라서

$$d\omega_{ij}=-\sum_{k=1}^{2}\omega_{ik}\wedge\omega_{kj}+\frac{1}{2}\sum_{k,\ l=1}^{2}R_{jkl}^{i}\theta_k\wedge\theta_l$$

참고 8.6.6 리만곡면의 차원이 2차원이고 $\omega_{ij}=-\omega_{ji}$이므로 구조방정식은 실제로 다음과 같다.

(1) $d\theta_1=-\omega_{12}\wedge\theta_2,\ d\theta_2=-\omega_{21}\wedge\theta_1$

(2) $d\omega_{12}=R_{212}^{1}\theta_1\wedge\theta_2$

보기 8.6.7 $M=\{(x,\ y)\in\mathbb{R}^2|x^2+y^2<1\}$이라 하고 리만계량 g가

$$g=\frac{4}{(1-(x^2+y^2))^2}(dx\otimes dx+dy\otimes dy)$$

이라 하자. 이 때 함수 λ를

$$\lambda=\frac{1-(x^2+y^2)}{2}$$

으로 정의하면 $E_1=\lambda\frac{\partial}{\partial x}$, $E_1=\lambda\frac{\partial}{\partial y}$는 M의 접틀마당이고 쌍대일차미분형식은

$$\theta_1=\frac{1}{\lambda}\mathrm{d}x,\ \theta_2=\frac{1}{\lambda}\mathrm{d}y$$

이다. 따라서

$$d\theta_1 = \lambda_y \theta_1 \wedge \theta_2, \ \ d\theta_2 = -\lambda_x \theta_2 \wedge \theta_1$$

구조 방정식의 (1)과 비교하면

$$\omega_{12} = -\lambda_y \theta_1 + \lambda_x \theta_2$$

이고 또, 외미분을 계산하면

$$d\omega_{12} = [\lambda(\lambda_{xx} + \lambda_{yy}) - (\lambda_x^2 + \lambda_y^2)]\theta_1 \wedge \theta_2$$

이므로

$$R^1_{212} = \lambda(\lambda_{xx} + \lambda_{yy}) - (\lambda_x^2 + \lambda_y^2) = -1$$

8.7 측지선과 지수사상

곡선 $\alpha:(a,\ b)\to M$에 대하여 각 점 $t\in(a,\ b)$에서 $X(t)\in T_{\alpha(t)}M$을 대응시키는 사상

$$X:(a,\ b)\to\bigcup_{p\in M}T_pM$$

을 곡선 α을 따라 움직이는 벡터장 또는 곡선 α의 벡터장이라고 한다. 예를 들어 α의 속도벡터 $\alpha'(t)$와 가속도벡터 $\alpha''(t)$는 α을 따라 움직이는 벡터장이다. X가 M의 벡터장이면 $X\circ\alpha(t)=X(\alpha(t))$는 곡선 α의 벡터장이다. M이 $\mathbb{R}^3$의 정칙곡면인 경우에는 벡터장 $X(t)$를

$$X(t)=(x(t),\ y(t),\ z(t))$$

와 같이 성분함수로 나타낼 수 있기 때문에 미분은 $X'(t)=(x'(t),\ y'(t),\ z'(t))$으로 주어진다. 그러나 추상곡면에서는 $\mathbb{R}^3$에서와 같은 성분으로 나타낼 수 있는 좌표가 존재하지 않기 때문에 X의 성분함수를 나타내기 위해서는 좌표함수를 도입하여 표현해야만 한다. 그리고 X의 미분도 좌표함수를 이용하여 정의할 수밖에 없다.

X가 곡선 $\alpha:(a,\ b)\to M$의 벡터장이고 $(\mathbf{x},\ U)$, $\mathbf{x}^{-1}=(x_1,\ x_2)$가 $\alpha(a,\ b)\subset\mathbf{x}(U)$인 M의 좌표함수이면 X를

$$X(t)=\sum_{i=1}^{2}a_i(t)\frac{\partial}{\partial x_i}\bigg|_{\alpha(t)} \tag{8.7.1}$$

로 나타낼 수 있다. 그리고 성분함수 $a_1(t)$, $a_2(t)$가 미분가능할 때 X가 미분가능한 벡터장이라고 한다.

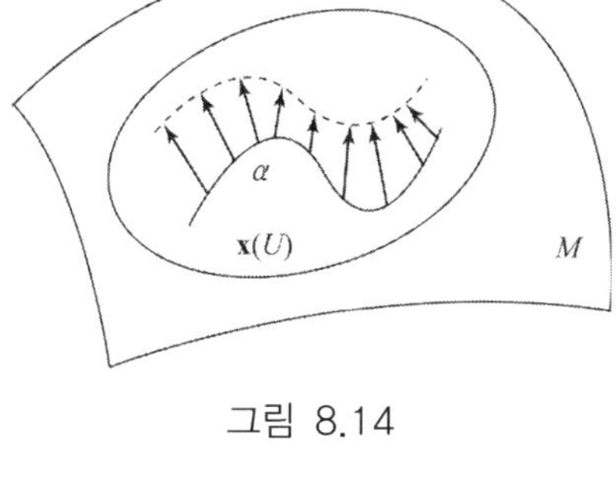

그림 8.14

(M, g)가 리만곡면이고 $\mathbf{x}^{-1} \circ \alpha(t) = (x_1(t), x_2(t))$일 때 식 (8.7.1)을 만족시키는 α의 벡터장 X에 대하여 $\frac{D}{dt}X = \frac{DX}{dt}$를

$$\frac{D}{dt}X(t) = \sum_{i=1}^{2}\left(a_i'(t) + \sum_{j,\,k=1}^{2} \Gamma_{jk}^{i} x_j'(t) a_k(t)\right)\frac{\partial}{\partial x_i}\Big|_{\alpha(t)} \tag{8.7.2}$$

로 정의한다. 식 (8.7.2)의 우변에 있는 두 번째 항을 살펴보면 $\frac{\partial}{\partial x_i}\Big|_{\alpha(t)}$를 벡터장 $\frac{\partial}{\partial x_i}$와 곡선 α를 합성한 것으로 이해하여, 연쇄법칙을 적용하여 t로 미분한 값으로 생각할 수 있다. 즉,

$$\begin{aligned}\frac{D}{dt}\left(\frac{\partial}{\partial x_i}\Big|_{\alpha(t)}\right) &= x_1'(t)\nabla_{\frac{\partial}{\partial x_1}}\frac{\partial}{\partial x_i}\Big|_{\alpha(t)} + x_2'(t)\nabla_{\frac{\partial}{\partial x_2}}\frac{\partial}{\partial x_\imath}\Big|_{\alpha(t)} \\ &= \sum_{j,\,k=1}^{2} x_{j'(t)}\Gamma_{ji}^{k}(\alpha(t))\frac{\partial}{\partial x_k}\Big|_{\alpha(t)}\end{aligned}$$

따라서 식 (8.7.1)로부터

$$\begin{aligned}\frac{D}{dt}X(t) &= \sum_{i=1}^{2} a_i'(t)\frac{\partial}{\partial x_i}\Big|_{\alpha(t)} + \sum_{i=1}^{2} a_i(t)\left(\sum_{j,\,k=1}^{2} x'(t)\Gamma_{ji}^{k}(\alpha(t))\frac{\partial}{\partial x_k}\Big|_{\alpha(t)}\right) \\ &= \sum_{i=1}^{2}\left[a_i'(t) + \sum_{j,\,k=1}^{2} a_k(t)x_j'(t)\Gamma_{jk}^{i}(\alpha(t))\right]\frac{\partial}{\partial x_i}\Big|_{\alpha(t)}\end{aligned}$$

$\frac{D}{dt}X$는 좌표함수의 선택과는 무관하게 잘 정의된 개념이다. 더욱이 레비-체비타 접속 $\nabla_X Y$는 각각의 점 p에서 $Y(p)$와 점 p에서의 접벡터가 $X(p)$인 곡선에만 의존하므로

$$\frac{D}{dt}X(t) = \nabla_{\alpha'(t)}X(t)$$

가 성립한다. 또한, $\frac{D}{dt}X(t)$는 접속이 갖는 성질을 모두 만족시킨다.

정리 8.7.1 (M, g)가 리만곡면이고 ∇를 레비-치비타 접속이라 하자. X, Y가 곡선 $\alpha: (a, b) \to M$ 의 벡터장이고 $f: (a, b) \to \mathbb{R}$ 가 미분가능한 함수이면

(1) $\frac{D}{dt}(X+Y) = \frac{D}{dt}X + \frac{D}{dt}Y$

(2) $\frac{D}{dt}(fX) = f'(t)x + f\frac{D}{dt}X$

(3) X가 M의 벡터장 $V \in \Gamma(M)$을 곡선 α에 제한하여 얻어진 벡터장이면, 즉 $X(t) = V(\alpha(t))$이면

$$\frac{D}{dt}X = \nabla_{\alpha'(t)}X$$

이다.

증명

(1), (2)는 쉽게 증명할 수 있으므로 독자에게 맡기고 (3)만을 증명하자. $\alpha(t_0)$ 근방의 좌표함수 $(\mathbf{x}, U)$에 대하여 $\mathbf{x}^{-1} \circ \alpha(t) = (x_1(t), x_2(t))$이고 $V = \sum_{i=1}^{2} v_i \frac{\partial}{\partial x_i}$라 하면

$$\alpha'(t) = \sum_{i=1}^{2} x'_i(t) \frac{\partial}{\partial x_i}\Big|_{\alpha(t)}$$

이고

$$X = \sum_{i=1}^{2} (v_i \circ \alpha)(t) \frac{\partial}{\partial x_i}\Big|_{\alpha(t)}$$

이다. 정의에 의해

$$\frac{D}{dt}X = \sum_{i=1}^{2}\left((v_i \circ \alpha)'(t) + \sum_{j,k=1}^{2} \Gamma^i_{jk} x_j'(t)(v_k \circ \alpha)(t)\right)\frac{\partial}{\partial x_i}\Big|_{\alpha(t)} \tag{8.7.3}$$

한편, 연쇄 법칙에 의해

$$\sum_{i=1}^{2} x_i'(t)\frac{\partial}{\partial x_i}\Big|_{\alpha(t)}(v_j) = (v_j \circ \alpha)'(t)$$

이므로

$$\begin{aligned}
\nabla_{\alpha'(t)}V &= \sum_{i=1}^{2} x_i'(t) \nabla_{\frac{\partial}{\partial x_i}\big|_{\alpha(t)}}\left(\sum_{j=1}^{2} v_j \frac{\partial}{\partial x_i}\right) \\
&= \sum_{i,j=1}^{2} x_i'(t)\left(\frac{\partial}{\partial x_i}\Big|_{\alpha(t)}(v_j)\frac{\partial}{\partial x_j}\Big|_{\alpha(t)} + (v_j \circ \alpha)(t)\nabla_{\frac{\partial}{\partial x_i}\big|_{\alpha(t)}}\frac{\partial}{\partial x_j}\right) \\
&= \sum_{i,j=1}^{2} x_i'(t)\left((v_j \circ \alpha)'(t)\frac{\partial}{\partial x_j}\Big|_{\alpha(t)} + (v_j \circ \alpha)(t)\sum_{k=1}^{2}\Gamma^k_{ij}\frac{\partial}{\partial x_k}\Big|_{\alpha(t)}\right) \\
&= \sum_{i=1}^{2}\left((v_i \circ \alpha)'(t) + \sum_{j,k=1}^{2}\Gamma^i_{jk}x_j'(t)(v_k \circ \alpha)(t)\right)\frac{\partial}{\partial x_i}\Big|_{\alpha(t)}
\end{aligned}$$

마지막 등식에서 첫째 항에서는 첨자 i와 j를 바꾸었고 둘째 항에서는 첨자를 $i \to j \to k \to i$로 바꾸었다.

리만곡면 (M, g)의 곡선 α을 따라 움직이는 벡터장 $X = X(t)$의 도함수는 다음과 같이

$$(\nabla_{\alpha'(t)} X)_{\alpha(t)}$$

이해한다. 여기서 ∇는 곡면 M의 레비-치비타 접속이다.

정의 8.7.2 곡선 $\alpha : (a, b) \to M$의 벡터장 X가

(8.7.4) $$\frac{D}{dt} X = 0$$

을 만족시킬 때 X를 **평행(parallel)**이라고 한다.

M의 좌표함수 $(\mathbf{x}, U)$에 대하여 $\mathbf{x}^{-1} \circ \alpha(t) = (x_1(t), x_2(t))$이고

$$X(t) = \sum_{i=1}^{2} a_i(t) \frac{\partial}{\partial x_i}\bigg|_{\alpha(t)}$$

로 놓을 때, 식 (8.7.4)를 좌표함수로 나타내면 식 (8.7.2)에 의해 일차선형 상미분방정식

(8.7.5) $$\frac{da_i}{dt} + \sum_{j,\, k=1}^{2} \Gamma_{jk}^{i} a_k \frac{dx_j}{dt} = 0 \quad (i = 1, 2)$$

으로 주어진다. 따라서 미분방정식의 기본정리인 해의 존재성과 유일성에 의해 초기조건, 즉 한 점에서의 접벡터가 주어지고 정의역의 구간이 매우 작으면 미분방정식 (8.7.5)의 해는 존재하고 유일하다. 더욱이, 선형성질에 의해 이 방정식의 해는 곡선 α의 정의역 (a, b) 전체에서 잘 정의되는 해로 확장된다. 그러므로 $\alpha : (a, b) \to M$이 미분가능한 곡선이고 $t_o \in (a, b)$에 대하여 $v \in T_{\alpha(t_0)}M$이면 $X(t_0) = v$를 만족시키는 α의 평행한 벡터장 X가 유일하게 존재한다. X, Y가 곡선 $\alpha : (a, b) \to M$의 벡터장

이면 평행한 벡터장의 존재성으로부터 다음 등식

$$\frac{d}{dt}\langle X,\ Y\rangle = \left\langle \frac{DX}{dt},\ Y\right\rangle + \left\langle X,\ \frac{DY}{dt}\right\rangle \tag{8.7.6}$$

가 성립함을 보일 수 있다. 또는 좌표함수를 도입하여 직접계산을 하면 위의 등식이 성립함을 알 수 있다. 식 (8.7.6)에 의해 X, Y가 곡선 α의 평행한 벡터장이면 $\langle X,\ X\rangle$와 $\langle X,\ Y\rangle$는 상수 값을 갖는다는 것을 쉽게 알 수 있다.

정의 8.7.3 (M, g)를 리만곡면이라 하고 ∇을 g의 레비-치비타 접속이라고 하자. 곡선 $\alpha \subset M$가

$$\nabla_{\alpha'}\alpha' = 0 \tag{8.7.7}$$

을 만족시킬 때 **측지선**(geodesic)이라고 한다.

측지선은 상수속력을 갖는다. 실제로, α가 측지선이면

$$\frac{d}{dt}\langle \alpha'(t),\ \alpha'(t)\rangle = 2\langle \nabla_{\alpha'}\alpha',\ \alpha'\rangle = 0$$

이 성립한다. 좌표함수를 도입하여 측지선을 나타내 보자. $\mathbf{x}^{-1} = (x_1,\ x_2)$를 좌표함수라 하고 곡선 α를 이 좌표함수로 나타낼 때, $\mathbf{x}^{-1} \circ \alpha(t) = (x_1(t),\ x_2(t))$라 하면

$$\alpha'(t) = \sum_{i=1}^{2} x'_i(t) \frac{\partial}{\partial x_i}\bigg|_{\alpha(t)}$$

이므로 측지선 방정식 $\nabla_{\alpha'}\alpha' = 0$을 계산하면

$$\frac{d^2 x_i}{dt^2} + \sum_{j,k=1}^{2} \Gamma^i_{jk}(\alpha(t)) \frac{dx_j}{dt}\frac{dx_k}{dt} = 0 \quad (i = 1,\ 2) \tag{8.7.8}$$

α가 측지선이면 임의의 상수 c에 대하여 다음과 같이

$$\gamma(t) = \alpha(ct)$$

정의된 곡선 γ도 식 (8.7.7)을 만족시키므로 다시 측지선이 된다.

정리 8.7.4 (M, g)가 리만곡면이고 $p \in M$이면 p의 근방 $U \subset M$과 양수 $\epsilon > 0$이 존재하여 다음 조건을 만족시킨다.
『각 점 $q \in U$와 $v \in T_qM$, $\|v\| < \epsilon$에 대하여

(8.7.9) $$\gamma_v(0) = q,\ \gamma'_v(0) = v$$

를 만족시키는 측지선 γ: $(-2, 2) \to M$이 유일하게 존재한다.』

증명

측지선 방정식 (8.7.9)는 비선형 이차상미분 방정식이다. 미분방정식의 기본정리인 해의 존재성과 유일성에 의해 p의 근방 V와 $\epsilon_1, \epsilon_2 > 0$이 존재하여 $q \in V$, $v \in T_qM$, $\|v\| < \epsilon_1$이면 $\alpha(0) = q$이고 $\alpha'(0) = v$인 측지선 $\alpha: (-2\epsilon_2, 2\epsilon_2) \to M$이 존재한다.
$0 < \epsilon < \epsilon_1\epsilon_2$인 ϵ을 택하고 $\|v\| < \epsilon$, $|t| < 2$이면

$$\left\| \frac{v}{\epsilon_2} \right\| < \epsilon_1,\ |\epsilon_2 t| < 2\epsilon_2$$

이므로 $\overline{\alpha}(0) = q$, $\overline{\alpha}'(0) = \dfrac{v}{\epsilon_2}$인 측지선 $\overline{\alpha}: (-2\epsilon_2, 2\epsilon_2) \to M$이 존재한다. 이 때 곡선 γ를

$$\gamma(t) = \overline{\alpha}(\epsilon_2 t)$$

로 정의하면 $\gamma(0) = q$이고

$$\gamma'(0) = \epsilon_2 \overline{\alpha}'(0) = v$$

을 만족시키는 측지선이다.

정의 8.7.5 리만곡면 (M, g)에서 각 점 $p \in M$과 $v \in T_pM$에 대하여 $\gamma_v(1) \in M$을 대응시키는 사상을 **지수사상**(exponential map)이라고 하고 이를 $\exp_p(v)$로 나타낸다. 여기서 γ는 식 (8.7.9)를 만족시키는 측지선이다.

정의에 의해 측지선 γ는

$$\gamma(t) = \exp_p(tv)$$

로 나타낼 수 있다.

한 점 $p \in M$을 고정하면 정리 8.7.4에 의해 p 근방의 점 q에 대하여 $v \in T_qM$, $\|v\| < \epsilon$일 때 $\exp_q(v)$가 잘 정의된다. 특히, $B_\epsilon(0)$을 반지름의 길이가 ϵ이고 중심이 원점 (p에 대응하는)인 T_pM의 열린원판이라 하면

$$\exp_p : B_\epsilon(0) \to M$$

은 잘 정의된 사상이다. T_pM은 2차원 백터공간이므로 $\mathbb{R}^2$과 똑같은 자연스런 미분구조를 갖는다. 따라서 측지선 방정식의 해는 각각의 접백터 $v \in B_\epsilon(0)$에 따라 매끄럽게 변하므로 $\exp_p$는 미분가능한 사상이다([4],[21]).

$v \in T_pM$에서 T_pM의 접평면 $T_v(T_pM)$은 평행이동에 의해 T_pM과 동일하게 볼 수 있다. 따라서 $\exp_p$의 미분사상은

$$(d\exp_p)_v : T_pM \to T_{\exp_p(v)}M$$

으로 주어지는 선형사상이다. 특히, $v = 0 \in B_\epsilon(0)$일 때,

$$(d\exp_p)_v : T_pM \to T_pM$$

은 항등사상이다. 실제로, $w \in T_pM = T_0(T_pM)$에 대하여 $\gamma(t) = tw$라 하면 γ는 $T_pM = \mathbb{R}^2$에서 측지선이고 $\gamma(0) = 0$, $\gamma'(0) = w$이다.

$$\exp_p \circ \gamma(t) = \exp_p(tw)$$

이므로

$$(d\exp_p)_0(w) = \frac{d}{dt}(\exp_p \circ \gamma(t))\Big|_{t=0} = \frac{d}{dt}(\exp_p(tw))\Big|_{t=0} = w$$

따라서 역함수의 정리에 의해 $\exp_p$는 국소적 미분동형사상이다. 그러므로 $\epsilon > 0$이 충분히 작으면

$$\exp_p : B_\epsilon(0) \subset T_pM \to \exp_p(B_\epsilon(0)) \subset M$$

은 미분동형사상이므로 $\exp_p$는 점 p 근방에서 M의 좌표함수가 된다. $\{\boldsymbol{e}_1, \boldsymbol{e}_2\}$가

T_pM의 정규직교기저이면 임의의 접벡터 $v \in T_pM$에 대하여 $v = x_1\boldsymbol{e}_1 + x_2\boldsymbol{e}_2$를 만족시키는 실수 x_1, x_2가 존재한다. 즉,

$$\exp_p(v) = \exp_p\left(\sum_{i=1}^{2} x_i\boldsymbol{e}_i\right)$$

는 좌표함수가 되고 $\exp_p^{-1} = (x_1, x_2)$이다. 이 좌표함수를 점 p에서 **정규좌표함수** (normal coordinates)라고 한다. $\gamma_i(t) = t\boldsymbol{e}_i$는 접평면 T_pM에서 원점 (p에 대응)을 지나는 직선이므로 측지선이다, 따라서 $\exp_p \circ \gamma_i(t)$는 M의 측지선이고

$$\frac{\partial}{\partial x_i} = d\exp_p(\boldsymbol{e}_i) = \frac{d}{dt}(\exp_p \circ \gamma_i(t))$$

이므로 특히, 점 p에서

(8.7.10) $$\nabla_{\frac{\partial}{\partial x_i}} \frac{\partial}{\partial x_i} = 0$$

그러므로 점 p 근방의 (국소적) 벡터장 X에 대하여

(8.7.11) $$\left(\nabla_X \frac{\partial}{\partial x_i}\right)(p) = 0$$

또, 식 (8.7.10) 또는 (8.7.11)에 의해 크리스토펠 기호가 $\Gamma_{jk}^i(p) = 0$이므로 정규좌표함수는 리만곡면의 곡률텐서나 수면곡률을 계산하는데 있어서 계산과정을 매우 간단하고 쉽게 만들어 주는 유용한 좌표함수이다.

(M, g)가 리만곡면이고 $\alpha : [a, b] \to M$이 미분가능한 곡선이라 하자. 양 끝점 a와 b에서 $\alpha'(t)$의 우극한과 좌극한이 존재한다고 가정하자. 즉,

$$\lim_{t \to a+0} \alpha'(t) = \alpha'(a), \quad \lim_{t \to b-0} \alpha'(t) = \alpha'(b)$$

이 때 a에서 b까지 곡선 α의 길이(length)를

(8.7.12) $$L(\alpha) = \int_a^b \|\alpha'(t)\| dt$$

로 정의한다.

$(\mathbf{x}, U)$가 M의 좌표함수이고 $\mathbf{x}^{-1} \circ \alpha(t) = (x_1(t), x_2(t))$라 하면

$$\alpha'(t) = \sum_{i=1}^{2} x'_i(t) \frac{\partial}{\partial x_i}\bigg|_{\alpha(t)}$$

이고

$$\|\alpha'(t)\| = \langle \alpha'(t), \alpha'(t) \rangle^{\frac{1}{2}} = \left(\sum_{i,j=1}^{2} x'_i(t) x'_j(t) g_{ij}(\alpha(t)) \right)^{\frac{1}{2}}$$

으로 주어진다. 연쇄법칙으로부터 곡선의 길이 $L(\alpha)$는 좌표함수의 선택과는 무관하게 잘 정의되는 개념임을 알 수 있다.

다음에 $\alpha: [a, b] \to M$이 연속이고 조각별 미분가능한 곡선이라 하자. 즉, 폐구간 $[a, b]$에 분할 $a = t_0 < t_1 < \cdots t_m = b$이 존재하여 각 $i = 1, 2, \cdots, m$에 대하여 $\alpha|_{[t_{i-1}, t_i]}$가 미분가능하다. 특히, 분할점에서의 우극한과 좌극한

$$\lim_{t \to t_i - 0} \alpha'(t) = \alpha'(t_i^-), \quad \lim_{t \to t_i + 0} \alpha'(t) = \alpha'(t_i^+)$$

가 존재한다. 이 때 α의 곡선의 길이를

$$L(\alpha) = \sum_{i=1}^{m} \int_{t_{i-1}}^{t_i} \|\alpha'(t)\| dt = \sum_{i=1}^{m} L(\alpha|_{[t_{i-1}, t_i]})$$

로 정의한다.

두 점 $p, q \in M$에 대하여 $\rho(p, q)$을

(8.7.13) $$\rho(p, q) = \inf{}_\alpha \{L(\alpha)\}$$

로 정의한다. 여기서 α는 p와 q을 연결하는 연속이고 조각별 미분가능한 곡선을 나

타낸다. 그러면 정의로부터 $\rho(p, q) \geq 0$이고 $\rho(p, p) = 0$임을 쉽게 알 수 있다. 또한 $p \neq q$이면 $\rho(p, q) > 0$이 성립하고 다음 정리에 의하면 삼각부등식

$$\rho(p, r) \leq \rho(p, q) + \rho(q, r)$$

도 성립함을 알 수 있다.

정리 8.7.6 M이 리만곡면이면 임의의 세 점 p, q, r에 대하여

$$\rho(p, r) \leq \rho(p, q) + \rho(q, r)$$

증명

임의의 양수 $\epsilon > 0$에 대하여 점 p, q와 q, r을 연결하는 곡선 중에서

$$L(\alpha) = \rho(p, q) + \frac{\epsilon}{2}, \quad L(\beta) = \rho(q, r) + \frac{\epsilon}{2}$$

을 만족시키는 곡선 α와 β가 존재한다.

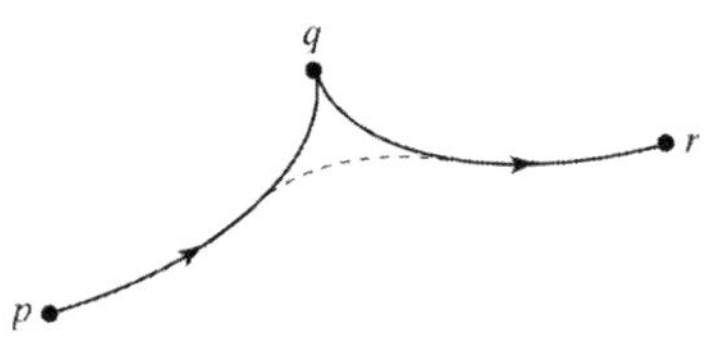

그림 8.15

그러면 $\gamma := \alpha \cup \beta$는 일반적으로 미분가능한 곡선은 아니지만 조각별 정칙곡선이다. 따라서

$$\rho(p, r) \leq L(\gamma) \leq \rho(p, q) + \rho(q, r) + \epsilon$$

$\epsilon > 0$이 임의의 양수이므로

$$\rho(p, r) \leq L(\gamma) \leq \rho(p, q) + \rho(q, r)$$

정리 8.7.6에 의해 식 (8.7.13)으로 정의된 ρ는 M의 거리계량(metric)이다. 더욱이 ρ는 M의 원래의 위상과 동치인 위상을 제공한다는 것이 알려져 있다([19], [21]).

임의의 두 점 $p, q \in M$에 대하여 p와 q를 연결하는 곡선 중에서 $L(\alpha) = \rho(p, q)$를 만족시키는 곡선의 존재성에 대하여 알아보자. $\alpha : [a, b] \to M$가 $\alpha(a) = p$, $\alpha(b) = q$인 정칙곡선이라고 하자. 즉, α는 미분가능하고 각점 $a \leq t \leq b$에 대해 $\alpha'(t) \neq 0$이라고 하자. 그러면 호길이함수

$$s(t) = \int_a^t \|\alpha'(u)\|\, du$$

를 이용하여 α가 단위속력을 갖는 곡선이라고 가정해도 된다.

$$h: [a, b] \times (-\epsilon, \epsilon) \rightarrow M, \ (t, s) \rightarrow h(t, s) = h_s(t)$$

가 미분가능 한 사상으로 $h_0(t) = h(t, 0) = \alpha(t)$라고 하자. 이러한 조건을 만족시키는 사상 $h(t, s)$를 곡선 α의 미분가능한 **변분**(variation)이라고 한다. 곡선 $h(t, s)$의 s에 대한 길이의 변화율을 구하여 보자.

$$T = dh\left(\frac{\partial}{\partial t}\right), \ V = dh\left(\frac{\partial}{\partial s}\right)$$

로 놓으면

(8.7.14)
$$\begin{aligned} \frac{d}{ds} L(h_s) &= \frac{d}{ds} \int_a^b \langle h'_s(t), h'_s(t) \rangle^{\frac{1}{2}} dt = \int_a^b V \langle T, T \rangle^{\frac{1}{2}} dt \\ &= \frac{1}{2} \int_a^b \langle T, T \rangle^{-\frac{1}{2}} V \langle T, T \rangle dt \\ &= \int_a^b \langle T, T \rangle^{-\frac{1}{2}} \langle \nabla_V T, T \rangle dt \end{aligned}$$

한편,

$$[T, V] = dh_s\left[\frac{\partial}{\partial t}, \frac{\partial}{\partial s}\right] = 0$$

이므로

$$\nabla_V T = \nabla_T V + [T, V] = \nabla_T V$$

따라서 식 (8.7.14)는

(8.7.15)
$$\frac{d}{ds}L(h_s)=\int_a^b \langle T,\ T\rangle^{-\frac{1}{2}}\langle \nabla_T V,\ T\rangle dt$$

$\|\alpha'(t)\|=1$이므로

(8.7.16)
$$\begin{aligned}\frac{d}{ds}L(h_s)&=\int_a^b \langle \nabla_T V,\ T\rangle dt\\ &=\int_a^b (T\langle V,\ T\rangle-\langle V,\ \nabla_T T\rangle)dt\\ &=[\langle V,\ T\rangle]_a^b-\int_a^b \langle V,\ \nabla_T T\rangle dt\end{aligned}$$

식 (8.7.16)을 **제1변분공식(first variational formula)**이라고 한다. α가 미분가능한 곡선이고 $h(t,\ s)=h_0(t)$가 α의 조각별 미분가능한 변분인 경우에도 식 (8.7.16)은 여전히 성립한다. h_s가 양 끝점 $a,\ b$에서 모두 같은 값은 갖는 변분이라면 $V(a,\ 0)=$이므 $V(b,\ 0)=0$로

(8.7.17)
$$\frac{d}{ds}L(h_s)\Big|_{s=0}=\int_a^b \langle V,\ \nabla_T T\rangle dt$$

α가 점 p와 q를 연결하는 곡선 중에서 길이가 가장 짧은 곡선이면 임의의 변분 $h(t,\ s)$에 대하여

$$\frac{d}{ds}L(h_s)\Big|_{s=0}=0$$

을 만족시킨다. 따라서 $V=\varphi(t)\nabla_T T$ (단, $\varphi(t)>0$)을 만족시키는 변분을 택하면 식 (8.7.17)로부터

$$\nabla_T T=\nabla_{\alpha'(t)}\alpha'(t)=0$$

이어야만 한다. 즉, α는 측지선이다.

$v\in T_pM$에 대하여 지수사상의 미분사상 $d\exp_p:\ T_pM\to T_{\exp_p(v)}M$은 일반적으로

내적을 보존하지 않는다. 그러나 다음 정리에 의하면 원점을 지나는 직선방향에 대해서는 내적을 보존한다.

도움정리 8.7.7 (가우스) $v \in T_pM$이고 $\exp_p(v)$가 정의된다고 가정하자. $w \in T_v(T_pM) \equiv T_pM$에 대하여 $\langle v, w \rangle = 0$이면

$$\langle d\exp_p(v), d\exp_p(w) \rangle = 0$$

증명

$\gamma(s) \subset T_pM$을 $\gamma(0) = v$, $\gamma'(0) = w$이고 $\|\gamma(s)\| = \|v\|$인 곡선이라고 하자. 또,

$$\gamma_s(t) = t\gamma(s),\ h(t, s) = h_s(t) = \exp_p(t\gamma(s))$$

로 정의하면 h는 측지선 $t \to \exp_p(tv)$의 변분이다. 지수사상 $\exp_p$와 h의 정의에 의해 곡선 $t \to h(t, s)$의 길이는 모두 같으므로 s에 대하여 상수함수이다. 따라서

$$\frac{d}{ds} L(\exp_p(t\gamma(s)))\Big|_{s=0} = 0$$

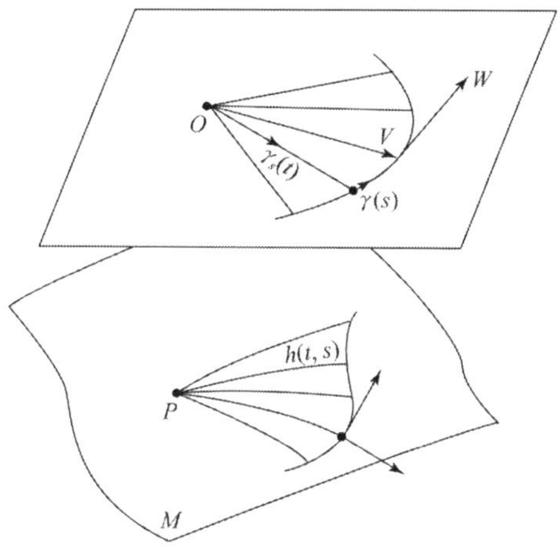

그림 8.16

또한

$$dh\left(\frac{\partial}{\partial s}\Big|_{(0,0)}\right) = 0,\ dh\left(\frac{\partial}{\partial s}\Big|_{(1,0)}\right) = d\exp_p(w)$$

따라서 제일변분공식에 의해

$$0 = \frac{d}{ds} L(\exp_p(t\gamma(s)))\Big|_{s=0} = \langle d\exp_p(v), d\exp_p(w) \rangle \tag{8.7.18}$$

위의 증명에서 보듯이 v와 w가 반드시 수직일 필요는 없다. 즉, 같은 조건에서

$$\langle v,\ w \rangle = \langle d\exp_p(v),\ d\exp_p(w) \rangle$$

가 항상 성립한다. 그리고 정리 8.7.7은 정규좌표함수가 정의되는 정의역에서 함수 $r = \sqrt{x_1^2 + x_2^2}$ 의 그래디언트가 $\dfrac{\partial}{\partial r}$ 이 된다는 사실과 동치이다. 함수 f의 그래디언트 ∇f는 임의의 벡터장 X 에 대하여 다음 조건

$$\langle \nabla f,\ X \rangle = df(X) = X(f)$$

을 만족시키는 유일한 벡터장이다.[21)]

$T_pM \equiv \mathbb{R}^2$의 극좌표 $(r,\ \theta)$를 사용하면 가우스의 도움정리는

$$\left\langle \frac{\partial}{\partial r},\ \frac{\partial}{\partial \theta} \right\rangle = 0$$

임을 의미한다. 따라서

$$X = a\frac{\partial}{\partial r} + b\frac{\partial}{\partial \theta}$$

가 임의의 벡터장이면

$$\left\langle \frac{\partial}{\partial r},\ X \right\rangle = a\left\langle \frac{\partial}{\partial r},\ \frac{\partial}{\partial r} \right\rangle = a = X(r)$$

또한 $T_pS = \{v \in T_pM \,|\, \|v\| = 1\}$이라 할 때 가우스의 도움정리는 리만계량 g를

(8.7.19) $$g = dr^2 + d\theta_r^2$$

으로 나타낼 수 있음을 보여준다. 여기서 $d\theta_r^2$은 반지름의 길이가 r인 원에 대한 지수사상의 치역 $\exp_p(rT_pS)$ 위에 g에 의해 유도되는 리만계량이다. $d\theta_r^2$은 반지름의 길이 r에 종속되어서 변하기 때문에 식 (8.7.19)로 주어지는 리만계량 g는 곱리만계량 (produt metric)은 아니다.

---

21) 함수에 대하여 레미-치비타 접속 ∇을 시행한 것이 그래디언트와 같으므로 똑같은 기호를 사용하였다.

가우스의 도움정리 8.7.7 또는 그것의 동치조건인

$$\nabla r = \frac{\partial}{\partial r}$$

를 이용하면 다음 정리를 증명할 수 있다([4]).

따름정리 8.7.8 $B_\epsilon(0) \subset T_pM$이고 $\exp_p: B_\epsilon(0) \to M$을 매장사상(embedding)이라고 하자.

(1) $v \in B_\epsilon(0)$에 대하여 $\gamma_v(t): [0, 1] \to M$은

$$L(\gamma) = \rho(p, \exp_p(v)) = \|v\|$$

을 만족시키는 유일한 곡선이다. 여기서 $\gamma_v(t)$는 $\gamma_v(0) = p$, $\gamma'_v(0) = v$를 만족시키는 측지선이다.

특히 곡선 α가 $L(\alpha) = \rho(\alpha(0), \alpha(1))$이면 α는 미분가능한 측지선이다.

(2) $q \not\in \exp_p(B_\epsilon(0)) = B_\epsilon(p)$이면 점 $q' \in \partial B_\epsilon(p)$이 존재하여 $\rho(p, q) = r + \rho(q, q')$을 만족시킨다. 특히 $\rho(p, q) \geq r$이다. 여기서 $\partial B_\epsilon(p)$는 $B_\epsilon(p)$의 경계(boundary)를 나타낸다.

가우스의 도움정리와 정규좌표함수를 이용하면 수면곡률의 기하학적 의미를 알 수 있다. 리만곡면 M의 점 $p \in M$에서 $\exp_p: B_\epsilon(0) \subset T_pM \to B_\epsilon(p) \subset M$을 미분동형사상이라고 하자. T_pM의 정규직교기저 $\{\mathbf{e}_1, \mathbf{e}_2\}$를 택하고 (r, θ)를 이 기저에 대한 극좌표라고 하자. 그리고 각 θ에 대하여 $v(\theta) = \cos\theta\mathbf{e}_1 + \sin\theta\mathbf{e}_2$라 할 때 함수 $\mathbf{x}$을

$$\mathbf{x}(r, \theta) = \exp_p(rv(\theta)) \tag{8.7.20}$$

로 정의하자. 이 좌표함수에 의해 얻어지는 M의 리만계량은

$$g = \langle \mathbf{x}_r, \mathbf{x}_r \rangle dr \otimes dr + \langle \mathbf{x}_r, \mathbf{x}_\theta \rangle dr \otimes d\theta + \langle \mathbf{x}_r, \mathbf{x}_\theta \rangle dr \otimes d\theta + \langle \mathbf{x}_\theta, \mathbf{x}_\theta \rangle d\theta \otimes d\theta$$

이고 가우스의 도움정리에 의해

$$E = \langle \mathbf{x}_r, \mathbf{x}_r \rangle = 1, \ F = \langle \mathbf{x}_r, \mathbf{x}_\theta \rangle = 0, \ G = \langle \mathbf{x}_\theta, \mathbf{x}_\theta \rangle \tag{8.7.21}$$

따라서 식 (8.5.15)로부터 다음 식

$$(\sqrt{G})_{rr} + K\sqrt{G} = 0 \tag{8.7.22}$$

을 얻는다. 이 식을 야코비 방정식(Jacobi equation)이라고 한다. 더욱이 G에 대하여 다음 식

$$\lim_{r \to 0} \sqrt{G}(r,\ \theta) = 0,\ \lim_{r \to 0} \frac{\partial \sqrt{G}}{\partial r}(r,\ \theta) = 1 \tag{8.7.23}$$

이 성립함을 증명할 수 있다. 실제로, r를 고정하고 곡선

$$\alpha : \theta \to \mathbf{x}(r,\ \theta) = \exp_p(rv(\theta))$$

을 생각하자. α는 T_pM에서 중심이 원점(p에 대응)이고 반지름의 길이가 r인 원

$$c_r(\theta) = r\cos\theta \mathbf{e}_1 + r\sin\theta \mathbf{e}_2$$

를 지수사상 $\exp_p$에 대입한 값이다. 즉,

$$\alpha(\theta) = \mathbf{x}(r,\ \theta) = \exp_p(c_r(\theta))$$

따라서

$$\mathbf{x}_\theta(r,\ \theta) = (d\exp_p)_{c_r(\theta)}(c_r{}'(\theta))$$

그러므로

$$\begin{aligned} \sqrt{G}(r,\ \theta) &= \langle \mathbf{x}_\theta(r,\ \theta),\ \mathbf{x}_\theta(r,\ \theta) \rangle^{\frac{1}{2}} \\ &= \left\langle (d\exp_p)_{c_r(\theta)}(c_r{}'(\theta)),\ (d\exp_p)_{c_r(\theta)}(c_r{}'(\theta)) \right\rangle^{\frac{1}{2}} \end{aligned} \tag{8.7.24}$$

정의에 의해

$$\lim_{r \to 0} c_r(\theta) = 0$$

이고 $(d\exp_p)_0$은 항등사상이므로

(8.7.25) $$\lim_{r\to 0}\sqrt{G}(r,\ \theta)=\lim_{r\to 0}\|c_r{}'(\theta)\|=\lim_{r\to 0}r=0$$

한편,

(8.7.26) $$\frac{\partial\sqrt{G}}{\partial r}=\frac{\dfrac{\partial G}{\partial r}}{2\sqrt{G}}$$

이고

$$\begin{aligned}\frac{\partial G}{\partial r}&=\frac{\partial}{\partial r}\langle (d\exp_p)_{c_r(\theta)}(c_r{}'(\theta)),\ (d\exp_p)_{c_r(\theta)}(c_r{}'(\theta))\rangle\\&=2\left\langle \frac{\partial}{\partial r}[(d\exp_p)_{c_r(\theta)}(c_r{}'(\theta))],\ (d\exp_p)_{c_r(\theta)}(c_r{}'(\theta))\right\rangle\\&=2r\left\langle \frac{\partial}{\partial r}[r(d\exp_p)_{c_r(\theta)}(w(\theta))],\ (d\exp_p)_{c_r(\theta)}(w(\theta))\right\rangle\\&=2r\langle (d\exp_p)_{c_r(\theta)}(w(\theta)),\ (d\exp_p)_{c_r(\theta)}(w(\theta))\rangle\end{aligned}$$

여기서 $w(\theta)=-\sin\theta\mathbf{e}_1+\cos\theta\mathbf{e}_2$이다. 따라서 이 식과 식 (8.7.25), (8.7.26)에 의해

$$\lim_{r\to 0}\frac{\partial\sqrt{G}}{\partial r}=\lim_{r\to 0}\frac{G_r}{\sqrt{G}}=\|w(\theta)\|^2=1$$

식 (8.7.20)에 의해 주어지는 좌표함수를 **측지선 극좌표함수**(geodesic polar coordinates)라고 한다. 식 (8.7.24)로부터 다음과 같은 유용한 정리를 얻는다.

도움정리 8.7.9 $\mathbf{x}(r,\ \theta)=\exp_p(rv(\theta))$가 측지선 극좌표함수이면

(8.7.27) $$\sqrt{G}(r,\ \theta)=r-\frac{K(p)}{6}r^3+O(r^4)$$

여기서 $O(r^4)$은 $\lim_{r\to 0}\dfrac{O(r^4)}{r^3}=0$을 나타낸다.

증명

θ를 고정하고 함수 f를 $f(r) = \sqrt{G}(r, \theta)$로 정의하면 테일러 전개에 의해

$$f(r) = f(0) + f'(0)r + \frac{f''(0)}{2}r^2 + \frac{f'''(0)}{6}r^3 + O(r^4)$$

식 (8.7.24)에 의해

$$f(0) = \lim_{r \to 0} \sqrt{G} = 0, \quad f'(0) = \lim_{r \to 0} (\sqrt{G})_r = 1$$

또, $\gamma(r) = \mathbf{x}(r, \theta)$라 하면 식 (8.7.22)에 의해

$$f''(r) + (K \circ \gamma)(r) f(r) = 0$$

따라서 r에 관하여 미분하면

$$f'''(0) = -(K \circ \gamma)'(0) f(0) - (K \circ \gamma(0)) f'(0) = -K(p)$$

이 값을 대입하면 식 (8.7.27)을 얻는다.

도움정리 8.7.10 충분히 작은 양수 $r > 0$에 대하여 곡선

$$C_r : \theta \to \mathbf{x}(r, \theta) = \exp_p(r\cos\theta \mathbf{e}_1 + r\sin\theta \mathbf{e}_2)$$

의 길이를 $L(C_r)$이라 하면

$$K(p) = \lim_{r \to 0} \frac{3}{\pi r^3}(2\pi r - L(C_r))$$

증명

C_r의 정의에 의해

$$\| C_r'(\theta) \| = \langle \mathbf{x}_\theta, \mathbf{x}_\theta \rangle^{\frac{1}{2}} = \sqrt{G}$$

이므로 도움정리 8.7.9로부터

$$\begin{aligned} L(C_r) &= \int_0^{2\pi} \sqrt{G}(r, \theta) d\theta \\ &= \int_0^{2\pi} \left(r - \frac{K(p)}{6} r^3 + O(r^4) \right) d\theta \\ &= 2\pi \left(r - \frac{K(p)}{6} r^3 + O(r^4) \right) \end{aligned}$$

따라서

$$\frac{\pi r^3}{3} K(p) = 2\pi r - L(C_r) + O(r^4)$$

정리 8.7.4에 의하면 점 $p \in M$에 대하여 $\exp_p$는 단지 매우 작은 원판

$B_\epsilon(0) \subset T_pM$에서만 정의되는 사상이다. 그러나 많은 경우에 지수사상 $\exp_p$는 T_pM 전체에서 정의될 수 있다. 그리고 이 경우 리만곡면 M의 임의의 두 점 p, q를 연결하는 곡선 중에서 길이가 $\rho(p,\ q)$와 같은 것이 항상 존재한다.

정의 8.7.11 리만곡면 $(M,\ g)$의 각 점 $p \in M$에서 지수사상 $\exp_p$가 접평면 T_pM 전체에서 정의될 때, $(M,\ g)$를 **측지완비곡면**(geodesically complete)이라고 한다.

리만곡면 M이 측지완비곡면이라는 것은 M의 임의의 측지선이 실수 전체로 항상 확장이 가능하다는 것을 의미한다.

보기 8.7.12 평면 $\mathbb{R}^2$과 평면리만계량 $g_0 = dx \otimes dx + dy \otimes dy$는 측지완비곡면이다. 그리고 반평 면 $\mathbb{H}^2 = \{(x,y) \in \mathbb{R}^2 \mid y > 0\}$과 쌍곡리만계량

$$g_{-1} = \frac{1}{y^2}(dx \otimes dx + dy \otimes dy)$$

도 측지완비곡면이다. 그러나 반평면 $\mathbb{H}^2$과 평면리만계량 g_0을 생각하면 이 곡면은 측지완비곡면이 아니다. 실제로, $\gamma(t) = (0,1,-t)$를 생각하면 이 선분은 반평면에서 평면리만계량 g_0로 측지선이다. 그러나 $t \geq 1$인 실수에 대하여 더 이상 확장이 가능하지 않다.

거리공간(metric space)에서 코시수열이 수렴할 때 주어진 거리공간을 완비공간이라고 한다. $(M,\ g)$가 리만곡이면 임의의 두 점 p, q에 대하여

$$\rho(p,\ q) = \inf_\alpha L(\alpha)$$

로 주어지는 ρ는 곡면 M의 거리계량(metric)이 된다는 사실을 앞에서 보았다. 이 거리계량 ρ를 가지고 M이 완비공간이 되기 위한 필요충분조건은 M이 측지완비곡면인 것이다.

정리 8.7.13 호프-리노우 Hopf-Rinow

리만곡면 (M, g)에 대하여 다음은 모두 동치이다.

(1) M은 완비거리공간이다.

(2) M은 측지완비곡면이다.

(3) 각 점 p에 대하여 $\exp_p$가 T_pM 전체에서 정의되는 사상이다.

(4) 적당한 점 $q \in M$가 존재하여 지수사상 $\exp_p$가 T_pM 전체에서 정의된다.

(5) M의 유계인 폐집합은 옹골집합이다.

증명

[4], [19], [20]을 참고하여라.

도움정리 8.7.14 옹골 리만곡면은 항상 측지완비곡면이다.

정리 8.7.15 M이 기하학적으로 완비곡면이면 임의의 두 점 p, q에 대하여 이 두 점을 연결하는 곡선 중에서 길이가 $\rho(p, q)$인 측지선이 존재한다.

증명

[4]를 참고하여라.

연습문제

01. ∇를 리만곡면 (M, g)의 레비-치비타 접속이라고 하자. $h: [a, b] \times (-\epsilon, \epsilon) \to M$ 이 미분가능한 사상으로 각 $s \in (-\epsilon, \epsilon)$에 대하여 $\alpha_s(t) = h(t, s)$가 측지선이라고 하자.

$$T = dh\left(\frac{\partial}{\partial t}\right), \ V = dh\left(\frac{\partial}{\partial s}\right)$$

라 하면

$$\nabla_T \nabla_T V = R(T, V)T$$

가 성립함을 증명하여라. 이 방정식을 야코비 방정식이라고 한다(도움말 : $[T, V] = dh\left[\frac{\partial}{\partial t}, \frac{\partial}{\partial s}\right] = 0$이고 $\nabla_T T = 0$이다).

02. $\{\mathbf{e}_1, \mathbf{e}_2\}$가 T_pM의 정규직교기저이고 $B_r(p)$가 곡선

$$C_r : \theta \to \mathbf{x}(r, \theta) = \exp_p(r\cos\theta \mathbf{e}_1 + r\sin\theta \mathbf{e}_2)$$

에 의해 둘러싸인 영역이라 할 때, 넓이는

$$A(B_r(p)) = \pi\left(r^2 - K(p)\frac{r^4}{12} + O(r^5)\right)$$

임을 증명하여라. 또한

$$K(p) = \frac{12}{\pi}\lim_{r \to 0}\left(\frac{\pi r^2 - A(B_r(p))}{r^4}\right)$$

임을 유도하여라.

부 록

A 대칭행렬, 고유값과 고유벡터

부록 A에서는 4장에서 증명 없이 사용하였던 대수적 성질인 대칭행렬의 고유값과 고유벡터에 관한 정리를 증명한다. 여기서 다루는 내용은 일반적으로 n차원 유클리드 공간에서 성립하는 성질이지만 정칙곡면의 접평면이 2차원이므로 2차원 유클리드 공간 $\mathbb{R}^2$에 국한해서만 이야기하기로 한다. 우선 미적분학이나 다변수해석학에서 나오는 내용으로 제한 영역에서 주어지는 미분가능한 함수의 최대값 또는 최소값을 구하는 방법인 라그랑주 배수법을 설명하기로 한다.

정리 A.1 라그랑주 배수섭

$f, g: \mathbb{R}^2 \to \mathbb{R}$를 미분가능한 함수라 하고 실수 c에 대하여 g의 등위선 $S: g(x, y) = c$이 공집합이 아니라고 가정하자. 함수 f를 집합 S에 제한했을 때, 점 (a, b)에서 극값(극대값 또는 극소값)을 가지면 다음 식

$$\nabla f(a, b) = \lambda \nabla g(a, b)$$

를 만족시키는 실수 λ가 존재한다(단, $\nabla g(a, b) \neq (0, 0)$).

증명

$\alpha: (-\epsilon, \epsilon) \to S$가 $\alpha(0) = (a, b)$인 S의 곡선이면 $(g \circ \alpha)(t) = c$이므로 t에 관해 미분하면

$$\nabla g \cdot \alpha'(t) = 0$$

특히, $\nabla g(a, b)$는 점 (a, b)에서 등위선 S에 수직인 벡터이다.

한편, 함수 f는 점 (a, b)에서 극값을 가지므로

$$\nabla f(a, b) \cdot \alpha'(0) = \frac{d}{dt}(f \circ \alpha)\Big|_{t=0} = 0$$

따라서 $\nabla f(a, b)$와 $\nabla g(a, b)$가 점 (a, b)에서 S에 수직하므로 벡터 $\nabla f(a, b)$와 $\nabla g(a, b)$는 서로 평행하다. 즉,

$$\nabla f(a, b) = \lambda \nabla g(a, b)$$

를 만족시키는 실수 λ가 존재한다.

$A=(a_{ij})$를 2×2 대칭행렬이라 할 때, 함수 $f:\mathbb{R}^2\to\mathbb{R}$를

$$f(x,\ y)=(x,\ y)A\begin{pmatrix}x\\y\end{pmatrix}=a_{11}x^2+2a_{12}xy+a_{22}y^2$$

로 정의하자. 그러면 f는 미분가능한 함수이고 그래디언트 $\nabla f(x,\ y)$는

$$\nabla f(x,\ y)=2A\begin{pmatrix}x\\y\end{pmatrix} \tag{A.1}$$

으로 주어진다.[22)]

$\mathbb{R}^2$의 단위원 $x^2+y^2=1$은 옹골집합이고 f는 연속함수이므로 f를 단위원에 제한하면 최대값과 최소값을 갖는다. $\mathbf{v}=(v_1,\ v_2)$에서 함수 f가 최대값을 갖는다고 하고 함수 g를 $g(x,\ y)=x^2+y^2$으로 정의하면 라그랑주 배수법에 의해

$$\nabla f(\mathbf{v})=\lambda\nabla g(\mathbf{v}) \tag{A.2}$$

를 만족시키는 실수 λ가 존재한다. $\nabla g(\mathbf{v})=2\mathbf{v}$이므로 식 (A.1)과 (A.2)로부터

$$A\mathbf{v}=\lambda\mathbf{v} \tag{A.3}$$

가 성립한다. 더욱이 이 경우

$$f(\mathbf{v})=\mathbf{v}^tA\mathbf{v}=\lambda\|\mathbf{v}\|=\lambda$$

다시 말해서 f의 최대값이 행렬 A의 가장 큰 고유값이 된다. 같은 방법으로 단위원에서 함수 f의 최소값을 생각하면

$$A\mathbf{w}=\mu\mathbf{w}$$

를 만족시키는 단위벡터 $\mathbf{w}$와 실수 μ가 존재하고 이 경우 $f(\mathbf{w})$는 행렬 A의 가장 작은 고유값이다.

끝으로, 고유벡터가 서로 수직이라는 것을 보이자. $\lambda=\mu$이면 f는 상수함수이고 A

---

22) 행렬 A가 대칭행렬이 아니면 함수 f의 그래디언트가 식 (A.1)로 주어지지 않고 약간 복잡한 식으로 주어진다.

의 고유값은 모두 같으므로 이 경우에는 고유벡터 $\mathbf{v}$와 $\mathbf{w}$를 서로 수직이 되도록 택할 수 있다. $\mu < \lambda$이면 함수 f는 상수함수가 아니고 행렬 A의 대칭성으로부터

$$\lambda\mathbf{v}\cdot\mathbf{w} = A\mathbf{v}\cdot\mathbf{w} = \mathbf{v}\cdot A\mathbf{w} = \mu\mathbf{v}\cdot\mathbf{w}$$

따라서

$$(\lambda - \mu)\mathbf{v}\cdot\mathbf{w} = 0$$

이므로

$$\mathbf{v}\cdot\mathbf{w} = 0$$

B 역함수의 정리와 음함수의 정리

부록 B에서는 2장 3절에서 언급하였던 역함수의 정리(정리 2.3.14)와 음함수의 정리(정리 2.3.15)에 대하여 설명하기로 한다. 여기서는 역함수의 정리와 음함수의 정리의 증명만 제시하고 이 정리의 응용이나 관련된 내용에 대해서는 다름 참고 문헌으로 대신하기로 한다([8],[13],[17] 등).

점 $\mathbf{p} = (p_1, \cdots, p_n) \in \mathbb{R}^n$에 대하여 $\|\mathbf{p}\|$를

$$\|\mathbf{p}\| = \sqrt{p_1^2 + \cdots + p_n^2}$$

으로 정의하고 이를 **유클리드 크기**(Euclidean norm)라고 한다. 또, $|\mathbf{p}|$를

$$|\mathbf{p}| = \max\{|p_1|, \cdots, |p_n|\}$$

으로 정의하고 이를 **최대값 크기**(sup norm)라고 한다. 이 두 크기에 대하여

(B.1) $$|\mathbf{p}| \le \|\mathbf{p}\| \le \sqrt{n}\,|\mathbf{p}|$$

가 성립함을 쉽게 보일 수 있다.

한편, 두 점 $\mathbf{p}, \mathbf{q} \in \mathbb{R}^n$에 대하여

$$d_e(\mathbf{p},\ \mathbf{q}) = \|\mathbf{p}-\mathbf{q}\|,\ d_s(\mathbf{p},\ \mathbf{q}) = |\mathbf{p}-\mathbf{q}|$$

로 정의하면 d_e, d_s는 각각 $\mathbb{R}^n$의 거리계량(metric)이다. 즉, 다음 조건을 만족시킨다.

(i) $d(\mathbf{p},\ \mathbf{q}) = d(\mathbf{q},\ \mathbf{p})$
(ii) $d(\mathbf{p},\ \mathbf{q}) \geq 0$이고 $d(\mathbf{p},\ \mathbf{q}) = 0 \Leftrightarrow \mathbf{p} = \mathbf{q}$
(iii) $d(\mathbf{p},\ \mathbf{r}) \leq d(\mathbf{p},\ \mathbf{q}) + d(\mathbf{q},\ \mathbf{r})$

d_e를 **유클리드 거리계량**(Euclidean metric)이라 하고 d_s를 **최대값 거리계량**(sup metric)이라고 한다. 부등식 (B.1)에 의해 d_e와 d_s는 서로 동치인 거리계량이므로 $\mathbb{R}^n$에 같은 위상구조를 생성한다. $\mathbf{a} \in \mathbb{R}^n$을 한 점이라 하고 $\delta > 0$이라 할 때,

$$B(\mathbf{a};\delta) = \{\mathbf{p} \in \mathbb{R}^n \mid \|\mathbf{p}-\mathbf{a}\| < \delta\}$$

로 정의하고, $B(\mathbf{a};\delta)$를 중심이 $\mathbf{a}$이고 반지름의 길이가 δ인 **열린공**(open ball)이라고 한다. 그리고 $C(\mathbf{a};\delta)$를

$$C(\mathbf{a};\delta) = \{\mathbf{p} \in \mathbb{R}^n \mid |\mathbf{p}-\mathbf{a}| < \delta\}$$

로 정의하고 이를 **열린입방체**(open cube)라고 한다. 두 집합 모두 $\mathbb{R}^n$의 개부분집합으로 위상구조의 기본을 이루고 있는 집합이다. 식 (B.1)에 의해

$$B(\mathbf{a};\delta) \subset C(\mathbf{a};\delta) \subset B(\mathbf{a};\sqrt{n}\,\delta)$$

이 성립한다.

$A = (a_{ij})$를 $m \times n$ 행렬이라 할 때 $|A|$를

$$|A| = \max\{|a_{ij}| : i = 1,\ \cdots,\ m,\ j = 1,\ \cdots,\ n\}$$

으로 정의한다. 그러면 $|A|$는 $m \times n$ 행렬 전체의 집합에서 정의된 **크기**(norm)가 된다. 더욱이 다음 정리가 성립한다.

도움정리 B.1 A가 $m\times n$행렬이고 B가 $n\times p$행렬이면

$$|A\cdot B|\le n|A||B|$$

증명

$A=(a_{ij})$, $B=(b_{kl})$이라 하면

$$AB=\left(\sum_{k=1}^{n}a_{ik}b_{kj}\right)_{m\times p}$$

삼각부등식에 의해

$$\left|\sum_{k=1}^{n}a_{ik}b_{kj}\right|\le\sum_{k-1}^{n}|a_{ik}||b_{kj}|\le|A|\sum_{k=1}^{n}|b_{kj}|\le n|A||B|$$

따라서

$$\begin{aligned}|AB|&=\max\left\{\left|\sum_{k=1}^{n}a_{ik}b_{kj}\right|: i=1,\cdots,m,\ j=1,\cdots,p\right\}\\&\le n|A||B|\end{aligned}$$

2장 3절의 본문에서는 다변함수의 미분을 기하학적 관점에서 살펴보았다. 여기서는 보다 더 해석학적인 관점에서 알아보자. D가 $\mathbb{R}^m$의 개집합일 때 이를 $D\subset\mathbb{R}^m$으로 나타내자. 함수 $F: D\subset\mathbb{R}^m\to\mathbb{R}^n$과 점 $\mathbf{a}\in D$에 대하여, $n\times m$ 행렬 A가 존재하여 $|\mathbf{h}|\to 0$일 때,

$$\frac{F(\mathbf{a}+\mathbf{h})-F(\mathbf{a})-A\cdot\mathbf{h}}{|\mathbf{h}|}\to 0 \tag{B.1}$$

을 만족시키면 F가 점 $\mathbf{a}$에서 미분가능하다고 하고, 이 때 점 $\mathbf{a}$에서 함수 F의 도함수를 $dF_{\mathbf{a}}=A$로 정의한다. D가 개집합이므로 $\mathbf{a}\in D$일 때 벡터 $\mathbf{h}$의 크기가 충분히 작으면 $\mathbf{a}+\mathbf{h}\in D$가 성립하므로 식 (B.2)는 잘 정의된다.

기하학적 관점에서 보면 접벡터 $\mathbf{v}\in\mathrm{T}_{\mathbf{a}}\mathbb{R}^n$에 대하여

$$dF_{\mathbf{a}}(\mathbf{v})=F_*(\mathbf{v})=A\cdot\mathbf{v}$$

이다. 즉, 함수 F가 점 $\mathbf{a}$에서 미분가능하면 도함수는 야코비행렬 $dF_{\mathbf{a}}=\mathfrak{J}F(\mathbf{a})$로 주어진다. 다변수함수에 대해서도 합성함수의 미분법인 연쇄법칙을 만족시키고 또한 다

음 정리도 성립한다.

정리 B.2 함수 $F: D \subset \mathbb{R}^n \to \mathbb{R}^n$이 1-1이고 $F(\mathbf{a}) = \mathbf{b}$라 하자. F가 점 $\mathbf{a}$에서 미분가능하고 역함수 $G: F(D) \to D$가 점 $\mathbf{b}$에서 미분가능하면

$$dG_{\mathbf{b}} = (dF_{\mathbf{a}})^{-1}$$

증명

각 점 $\mathbf{p} \in D$에 대하여

$$G \circ F(\mathbf{p}) = \mathbf{p}$$

이므로 연쇄법칙을 적용하면

$$dG_{\mathbf{b}} \circ dF_{\mathbf{a}} = I_n \ (n \times n \text{ 항등행렬})$$

역함수의 정리는 수학의 여러 분야에서 자주 쓰이는 매우 중요한 정리이다. 다변수 해석학 입장에서 보면 많은 이론을 필요로 하는 멋진 정리이기도 하다. 그러나 증명이 간단하지 않을 뿐더러 증명을 완벽하게 하기 위해서는 많은 수학적 지식이 필요하다. 저자의 생각으로는 증명을 완벽하게 할 수 있는 것도 중요하지만 역함수의 정리를 정확히 이해하고 필요한 경우에 이용할 수 있는 능력을 키우는 것이 더 중요하다고 본다.

지금부터는 역함수정리를 증명하기 위한 여러 가지 도움정리를 열거하고 증명하기로 한다.

도움정리 B.3 $F: D \subset \mathbb{R}^n \to \mathbb{R}^n$을 미분가능한 함수라 하자. 점 $\mathbf{a} \in D$에서 $dF_{\mathbf{a}}$가 정칙행렬이면 양수 $\epsilon > 0$, $\delta > 0$이 존재하여 $\mathbf{p}, \mathbf{q} \in C(\mathbf{a}; \delta)$이면

$$|F(\mathbf{p}) - F(\mathbf{q})| \geq \epsilon |\mathbf{p} - \mathbf{q}|$$

를 만족시킨다. 특히, F는 $C(\mathbf{a}; \delta)$에서 1-1함수이다.

증명

$A = dF_{\mathbf{a}}$로 놓으면 가정에 의해 $n \times n$ 행렬 A는 정칙행렬이므로 역행렬 A^{-1}이 존재한다. 도움정리 B.1에 임의의 $\mathbf{p},\ \mathbf{q} \in \mathbb{R}^n$에 대하여

(B.3) $$|\mathbf{p}-\mathbf{q}| = |A^{-1}(A\mathbf{p}-A\mathbf{q})| \le n|A^{-1}||A\mathbf{p}-A\mathbf{q}|$$

따라서 ϵ을

$$2\epsilon = \frac{1}{n|A^{-1}|}$$

로 택하면 식 (B.3)으로부터

(B.4) $$|A\mathbf{p}-A\mathbf{q}| \ge 2\epsilon|\mathbf{p}-\mathbf{q}|$$

이 때 함수 G를

$$G(\mathbf{p}) = F(\mathbf{p}) - A\mathbf{p}$$

로 정의하면 G는 미분가능한 함수이고 $dG = dF - A$이므로

$$dG_{\mathbf{a}} = dF_{\mathbf{a}} - A = A - A = 0$$

dG의 연속성에 의해 위에서 주어진 $\epsilon > 0$에 대하여 $\delta > 0$이 존재하여 $\mathbf{p} \in C(\mathbf{a};\delta)$이면

$$|dG_{\mathbf{p}}| < \frac{\epsilon}{n}$$

G의 i번째 성분함수 g_i에 중간값의 정리를 적용하면 $\mathbf{p},\ \mathbf{q} \in C(\mathbf{a};\delta)$에 대하여 $\mathbf{b} \in C(\mathbf{a};\delta)$가 존재하여

$$\begin{aligned} |g_i(\mathbf{p}) - g_i(\mathbf{q})| &= |dg_i(\mathbf{b}) \cdot (\mathbf{p}-\mathbf{q})| \le n|dg_i(\mathbf{b})||\mathbf{p}-\mathbf{q}| \\ &\le n|dG_{\mathbf{b}}||\mathbf{p}-\mathbf{q}| < \epsilon|\mathbf{p}-\mathbf{q}| \end{aligned}$$

즉,

$$|G(\mathbf{p}) - G(\mathbf{q})| = \max_{1 \le i \le n}\{g_i(\mathbf{p}) - g_i(\mathbf{q})\} \le \epsilon|\mathbf{p}-\mathbf{q}|$$

따라서 $\mathbf{p},\ \mathbf{q} \in C(\mathbf{a};\delta)$이면 식 (B.4)에 의해

$$\begin{aligned} \epsilon|\mathbf{p}-\mathbf{q}| &\ge |G(\mathbf{p}) - G(\mathbf{q})| = |(F(\mathbf{p}) - A(\mathbf{p})) - (F(\mathbf{q}) - A(\mathbf{q}))| \\ &\ge |A\mathbf{q} - A\mathbf{p}| - |F(\mathbf{q}) - F(\mathbf{p})| \ge 2\epsilon|\mathbf{q}-\mathbf{p}| - |F(\mathbf{q}) - F(\mathbf{p})| \end{aligned}$$

도움정리 B.4 $f: D \subset \mathbb{R}^n \to \mathbb{R}$이 미분가능한 함수이고 $\mathbf{a} \in D$가 f의 극점(극대점 또는 극소점)이면 $df_{\mathbf{a}} = 0$이다.

증명

극점의 정의와 미적분학을 이용하면 쉽게 증명할 수 있다.

다음 정리는 역함수의 정리를 증명하는데 있어서 결정적인 역할을 하는 중요한 정리로 정의역 불변정리(Invariance of Domain)라고 한다.

정리 B.5 미분가능한 1-1 함수 $F: D \subset \mathbb{R}^n \to \mathbb{R}^n$에 대하여 각 점 $\mathbf{p} \in D$에서 $dF_{\mathbf{p}}$가 정칙행렬이면 $F(D)$는 개집합이고 F의 역함수 $G: F(D) \to D$도 미분가능하다.

증명

(단계 1) $F(D)$는 개집합이다.

$\mathbf{b} \in F(D)$ 에 대하여 $Q = [a_1, b_1] \times [a_2, b_2] \times \cdots \times [a_n, b_n]$을 $\mathbf{a} = F^{-1}(\mathbf{b}) \in Q \subset D$인 n차원 입방체라고 하자. Q의 경계 ∂Q는 옹골집합이므로 유계인 폐집합이다. 따라서 치역 $F(\partial Q)$도 옹골집합이므로 유계인 폐집합이다. F가 1-1이므로 $\mathbf{b} \in F(Q)$이고 $\mathbf{p} \not\in F(\partial Q)$이다. $F(\partial Q)$가 폐집합이므로

(B.5) $$B(\mathbf{b}; 2\delta) \cap F(\partial Q) = \varnothing$$

을 만족시키는 $\delta > 0$가 존재한다. 이 때

$$B(\mathbf{b}; \delta) \subset F(D)$$

임을 보이자. 그러면 $F(D)$가 개집합이다.

$\mathbf{c} \in B(\mathbf{b}; \delta)$에 대하여 실함수 ϕ를

$$\phi(\mathbf{p}) = \| F(\mathbf{p}) - \mathbf{c} \|^2$$

으로 정의하면 ϕ는 미분가능하다. Q가 옹골집합이므로 ϕ는 Q에서 최소값을 갖는다.

$$\phi(\mathbf{p}_0) = \min\{\phi(\mathbf{p}) \mid \mathbf{p} \in Q\}$$

라 하고 $F(\mathbf{p}_0) = \mathbf{c}$임을 보이자.

$$\phi(\mathbf{a}) = \| F(\mathbf{a}) - \mathbf{c} \|^2 < \delta^2$$

이므로 $\phi(\mathbf{p}_0) < \delta^2$이다. $\mathbf{p}_0 \in \partial Q$이면 식 (B.5)에 의해

$$F(\mathbf{p}_0) \in F(D) - B(\mathbf{b}; 2\delta)$$

이므로 $\| F(\mathbf{p}_0) - \mathbf{c} \| \geq \delta$이다. 따라서 $\mathbf{p}_0 \in \mathrm{Int}(Q) = (\mathbf{a}_1, \mathbf{b}_1) \times \cdots \times (\mathbf{a}_n, \mathbf{b}_n)$이다.

ϕ가 Q의 내부에 속하는 점 $\mathbf{p}_0$에서 최소값을 가지므로 $\phi(\mathbf{p}_0)$은 극소값이고 따라서 $\mathbf{p}_0$에서 ϕ의 도함수가 0이다. $F = (f_1, f_2, \cdots, f_n)$, $\mathbf{c} = (c_1, c_2, \cdots, c_n)$으로 놓으면

$$\phi(\mathbf{p}) = \sum_{k=1}^{n} (f_k(\mathbf{p}) - c_k)^2$$

이므로

$$\frac{\partial \phi}{\partial x_j}(\mathbf{p}) = \sum_{k=1}^{n} 2(f_k(\mathbf{p}) - c_k) \frac{\partial f_k}{\partial x_j}(\mathbf{p})$$

따라서 식 $d\phi(\mathbf{p}_0)=\mathbf{0}$을 행렬로 나타내면

$$2(f_1(\mathbf{p}_0)-c_1, \cdots, f_n(\mathbf{p}_0)-c_n) \cdot dF_{\mathbf{p}_0} = 2(F(\mathbf{p}_0)-\mathbf{c}) \cdot dF_{\mathbf{p}_0} = \mathbf{0}$$

$dF_{\mathbf{p}_0}$가 정칙행렬이므로

$$F(\mathbf{p}_0)-\mathbf{c}=\mathbf{0}$$

(단계 2) $G: F(D) \to D$를 F의 역함수라 하면 G는 연속함수이다.
$U \subset D$를 개집합이라 하고 $G^{-1}(U)=V$라 하면 $F(U)=V$이고 (단계 1)에 의해 V는 개집합이다. 따라서 G는 연속함수이다.

(단계 3) G의 도함수 dG가 존재한다.
$\mathbf{b} \in F(D)$에 대하여 $G(\mathbf{b})=\mathbf{a} \in D$이고 $A=dF_{\mathbf{a}}$라 하자. G가 점 $\mathbf{b}$에서 미분가능하다는 것을 보이기 위해

$$H(\mathbf{k})=\frac{G(\mathbf{b}+\mathbf{k})-G(\mathbf{b})-A^{-1}\cdot\mathbf{k}}{|\mathbf{k}|}$$

가 $\mathbf{k} \to \mathbf{0}$일 때 0으로 수렴함을 보이면 된다. 이로부터 G가 점 $\mathbf{b}$에서 미분가능하고 $dG_{\mathbf{b}}=dF_{\mathbf{a}}=A^{-1}$임을 알 수 있다.
$\Delta\mathbf{k}=G(\mathbf{b}+\mathbf{k})-G(\mathbf{b})$로 정의할 때, 양수 $\epsilon>0$이 존재하여 $0<|\mathbf{k}|<\epsilon$이면

$$\frac{|\Delta\mathbf{k}|}{|\mathbf{k}|}$$

가 유계임을 보이자. 도움정리 B.3에 의해 $\mathbf{a}$의 입방체 $C=C(\mathbf{a};\delta)$와 $\lambda>0$이 존재하여 $\mathbf{p}, \mathbf{q} \in C$이면

$$|F(\mathbf{p})-F(\mathbf{q})| \geq \lambda|\mathbf{p}-\mathbf{q}| \tag{B.6}$$

를 만족시킨다. (단계 1)에 의해 $F(C)$는 점 $\mathbf{b}$의 열린근방이므로 충분히 작은 양수 $\epsilon>0$을 택하면 $|\mathbf{k}|<\epsilon$일 때 $\mathbf{b}+\mathbf{k} \in F(C)$이도록 할 수 있다. $\mathbf{p}=G(\mathbf{b}+\mathbf{k})$, $\mathbf{q}=G(\mathbf{b})$로 놓으면 식 (B.6)에 의해

$$|\mathbf{b}+\mathbf{k}-\mathbf{b}| \geq \lambda|G(\mathbf{b}+\mathbf{k})-G(\mathbf{b})|$$

즉,

$$\frac{1}{\lambda} \geq \frac{|\Delta\mathbf{k}|}{|\mathbf{k}|}$$

이제 $\mathbf{k} \to \mathbf{0}$일 때 $G(\mathbf{k}) \to 0$임을 보이자. $0<|\mathbf{k}|<\epsilon$이면

$$\begin{aligned} H(\mathbf{k}) &= \frac{\Delta\mathbf{k}-A^{-1}\mathbf{k}}{|\mathbf{k}|} \\ &= -A^{-1}\left[\frac{\mathbf{k}-A\Delta\mathbf{k}}{|\Delta\mathbf{k}|}\right] \cdot \frac{|\Delta\mathbf{k}|}{|\mathbf{k}|} \end{aligned}$$

(G가 1-1이므로 $\mathbf{k} \neq \mathbf{0}$이면 $\Delta\mathbf{k} \neq \mathbf{0}$이다)

A^{-1}은 고정된 행렬이고 $\dfrac{|\Delta\mathbf{k}|}{|\mathbf{k}|}$는 유계이므로 $\mathbf{k} \to \mathbf{0}$일 때

$$\frac{\mathbf{k}-A\Delta\mathbf{k}}{|\Delta\mathbf{k}|} \to \mathbf{0}$$

임을 보이면 된다.

$$\mathbf{b}+\mathbf{k}=F(G(\mathbf{b}+\mathbf{k}))=F(G(\mathbf{b})+\Delta\mathbf{k})=F(\mathbf{a}+\Delta\mathbf{k})$$

이므로

$$\frac{\mathbf{k}-A\Delta\mathbf{k}}{|\Delta\mathbf{k}|}=\frac{F(\mathbf{a}+\Delta\mathbf{k})-F(\mathbf{a})-A\Delta\mathbf{k}}{|\Delta\mathbf{k}|}$$

$\mathbf{k}\to\mathbf{0}$이면 G는 연속함수이므로 $\Delta\mathbf{k}\to\mathbf{0}$이고 따라서 F의 미분가능성에 의해

$$\frac{\mathbf{k}-A\Delta\mathbf{k}}{|\Delta\mathbf{k}|}\to 0$$

이다.

(단계 4) G는 미분가능하다.

G의 도함수 dG가 존재하므로 정리 B.2에 의해 각 점 $\mathbf{b}\in F(D)$에서

$$dG_{\mathbf{b}}=\left(dF_{G(\mathbf{b})}\right)^{-1}$$

따라서 dG는 다음 세 함수의 합성함수이다.

$$F(D)\xrightarrow{G}D\xrightarrow{dF}GL_n\xrightarrow{\sigma}GL_n$$

여기서 GL_n은 $n\times n$ 정칙행렬 전체의 집합을 나타내고 σ는 $A\in GL_n$에 대하여 $\sigma(A)=A^{-1}$으로 정의되는 사상이다. 특히, σ는 행렬 A의 유리함수로 주어지므로(행렬식) 미분가능하다. 따라서 F가 미분가능하므로 G도 미분가능하다.

정리 B.6 역함수의 정리

$F: D\subset\mathbb{R}^n\to\mathbb{R}^n$이 미분가능한 함수라고 하자. $\mathbf{a}\in D$에서 $dF_{\mathbf{a}}$가 정칙행렬이면 $\mathbf{a}$의 열린근방 $U\subset D$가 존재하여 제한사상

$$f|_U: U\to F(U)$$

는 미분동형사상이다.

증명

도움정리 B.3에 의해 $\mathbf{a}\in U_0\subset D$가 존재하여 $f|_{U_0}: U_0\to F(U_0)$은 1-1함수이다. $\det(dF_{\mathbf{a}})\neq 0$이고 $dF_{\mathbf{a}}$가 연속함수이므로 $\mathbf{a}$의 열린근방 $U_1\subset D$가 존재하여 $\mathbf{p}\in U_1$이면 $dF_{\mathbf{p}}\neq 0$을 만족시킨다. $U=U_0\cap U_1$으로 놓으면 정리 B.5에 의해

$$F|_U: U\to F(U)$$

는 미분동형사상이 된다.

정리 B.7
음함수의 정리

$f\colon \mathbb{R}^2\times\mathbb{R}\to\mathbb{R}$이 미분가능한 함수라고 하자. 점 $\mathbf{p}=(x_0, y_0, z_0)\in\mathbb{R}^3$에서 $f(\mathbf{p})=0$이고 $\dfrac{\partial f}{\partial z}(\mathbf{p})\neq 0$이면 $\mathbb{R}^2$에서 (x_0, y_0)의 근방 D와 미분가능한 함수 $g\colon D\to\mathbb{R}$가 존재하여 $z_0=g(x_0, y_0)$이고 $(x, y)\in D$에 대하여 $f(x, y, g(x, y))=0$을 만족시킨다.

증명

함수 $F\colon \mathbb{R}^2\times\mathbb{R}\to\mathbb{R}^3$을

$$F(x, y, z)=(x, y, f(x, y, z))$$

로 정의하면 F는 미분가능하고 $F(x_0, y_0, z_0)=(x_0, y_0, 0)$이다.

$$dF=\begin{pmatrix}1&0&0\\0&1&0\\f_x&f_y&f_z\end{pmatrix}$$

이므로

$$\det(dF_{\mathbf{p}})=f_z(\mathbf{p})=\frac{\partial f}{\partial z}(\mathbf{p})\neq 0$$

따라서 역함수의 정리에 의해 점 $\mathbf{p}$의 근방 $U\times V\subset\mathbb{R}^2\times\mathbb{R}$가 존재하여

$$F\colon U\times V\to F(U\times V):=W\subset\mathbb{R}^3$$

는 미분동형사상이 된다. 또 F의 역함수 $G\colon W\to U\times V$도 미분가능하다. 더욱이

$$F(\mathbf{p})=F(x_0, y_0, z_0)=(x_0, y_0, 0)\in W \tag{B.7}$$

$F(x, y, z)=(x, y, f(x, y, z))$이므로

$$(x, y, z)=G(x, y, f(x, y, z))$$

따라서 G는 F와 같이 앞의 두 좌표함수 x, y를 보존하므로 G를

$$G(x, y, z)=(x, y, h(x, y, z))$$

의 형태로 나타낼 수 있다. 여기서 $(x, y)\in\mathbb{R}^2$, $z\in\mathbb{R}$이고 $h\colon W\to\mathbb{R}$는 미분가능한 함수이다. (x_0, y_0)의 열린근방 $B\subset\mathbb{R}^2$을 충분히 작게 택하여 $B\times 0\subset W$이고 B는 연결집합이라고 가정해도 된다. $(x, y)\in B$이면 $(x, y, 0)\in W$이므로

$$G(x, y, 0)=(x, y, h(x, y, 0))$$
$$(x, y, 0)=F(x, y, h(x, y, 0))=(x, y, f(x, h(x, y, 0)))$$

따라서 $f(x, y, h(x, y, 0))=0$이다. $(x, y)\in B$에 대하여

$$g(x, y)=h(x, y, 0)$$

으로 정의하면 g는 미분가능하고 $f(x, y, g(x, y))=0$을 만족시킨다. 더욱이 (B.7)에 의해

$$(x_0, y_0, z_0)=G(x_0, y_0, 0)=(x_0, y_0, h(x_0, y_0, 0))$$

이므로

$$g(x_0, y_0)=z_0$$

이다.

참고 B.8 음함수의 정리에서 $f(x, y, g(x, y)) = 0$을 만족시키는 미분가능한 함수 g를 음함수라고 한다. 음함수는 국소적으로 (적어도 집합 B가 연결집합이면) 유일하다는 것을 보일 수 있다. g_0이 음함수의 정리의 결론을 모두 만족시키는 또 다른 음함수이면

$$g(x_0, y_0) = g_0(x_0, y_0) = z_0$$

이고 g_0이 연속함수이므로 (x_0, y_0)의 근방 $B_0 \subset B$를 V로 사상시킨다. $(x, y) \in B$에 대하여 $f(x, y, g_0(x, y)) = 0$이므로

$$F(x, y, g(x, y)) = (x, y, f(x, y, g_0(x, y))) = (x, y, 0)$$

따라서

$$(x, y, g_0(x, y)) = G(x, y, 0) = (x, y, h(x, y, 0)) = (x, y, g(x, y))$$

그러므로 B_0에서 $g_0 = g$이고 이것은 집합

$$B_1 = \{\mathbf{q} \in D \,|\, |g(\mathbf{q}) - g_0(\mathbf{q})| = 0\}$$

이 개집합이라는 것을 보여준다. 또, g와 g_0은 연속함수이므로 B_1은 폐집합이기도 하다. B가 연결집합이므로 $B_1 = B$가 성립하다. 따라서, $g = g_0$이다.

보기 B.9 $f: \mathbb{R}^3 \to \mathbb{R}$를 $f(x, y, z) = x^2 + y^2 + z^2 - 1$이라 정의하자. $\mathbf{p} = (0, 0, 1)$이라 하면 $f(\mathbf{p}) = 0$이고

$$\frac{\partial f}{\partial z}(\mathbf{p}) = f_z(\mathbf{p}) \neq 0$$

이므로 음함수의 정리에 의해 $(0, 0)$의 열린근방 D와 음함수 $g: D \to \mathbb{R}$가 존재하여 $g(0, 0) = 1$이고 $f(x, y, g(x, y)) = 0$을 만족시킨다. 실제로, 방정식 $x^2 + y^2 + z^2 - 1 = 0$을 풀면

$$z = \pm\sqrt{1 - x^2 - y^2}$$

이므로

$$g(x, y) = \sqrt{1 - x^2 - y^2}$$

이다. D는 단위원판 $\{(x, y) \in \mathbb{R}^2 | x^2 + y^2 < 1\}$로 택하면 된다.

C 상미분방정식과 나팔곡면의 생성곡선

5장 2절에서 회전곡면의 성질 중에서 회전곡면이면서 극소곡면인 것은 평면이나 현수면이라는 사실을 증명하였다. 증명을 완전하게 하기 위해서는 상미분방정식의 풀이가 필요한데 여기 부록 C에서 이와 관련된 상미분방정식의 풀이법에 대하여 알아보자. 그리고 나팔곡면의 생성곡선을 기초적인 방법으로 구하여보자.

문제 1. 다음 미분방정식

$$y\frac{d^2y}{dx^2} = 1 + \left(\frac{dy}{dx}\right)^2$$

의 해를 구하여라(도움말 : $\frac{dy}{dx} = u$로 놓고 차수를 일차로 낮추어서 생각한다).

답 : $y = a\cosh\left(\frac{x}{a} + b\right)$ (단, a, b, c는 상수)

[풀이] $\frac{dy}{dx} = u$로 놓으면

$$\frac{d^2y}{dx^2} = \frac{du}{dx} = \frac{du}{dy} \cdot \frac{dy}{dx} = u\frac{du}{dy}$$

따라서 주어진 방정식은

$$yu\frac{du}{dy} = 1 + u^2$$

과 동치이다. 변수분리방법을 이용하면

$$\frac{u}{1+u^2}du = \frac{1}{y}dy$$

각각의 변수로 적분하면

(C.1) $$\frac{1}{2}\ln(1+u^2) = \ln y + C \quad (\text{단, } C\text{는 상수})$$

$\frac{dy}{dx} = u$이므로 식 (C.1)은

$$\frac{dy}{dx} = u = \sqrt{c^2y^2 - 1}$$

여기서 $C = \ln c$이다. 변수분리방법을 이용하여 다시 한번 적분하면(삼각함수의 치

환적분 $cy = \sec\theta$을 이용한다)

$$x + B = \frac{1}{c}\ln|cy + \sqrt{c^2y^2 - 1}| = \frac{1}{c}\cosh^{-1}(cy)$$

따라서 $a = \frac{1}{c}$, $b = cB$로 놓으면

$$y = a\cosh\left(\frac{x}{a} + b\right)$$

문제 2. 함수 $y = h(x)$가 y축의 점 $(0, c)$ (단, $c > 0$)을 출발하여 그 함수의 접선이 정확히 c 만큼 떨어진 점에서 x축과 만나면 함수 $h(x)$는 다음 미분방정식

$$h'(x) = -\frac{h(x)}{\sqrt{c^2 - h(x)^2}}$$

를 만족시킴을 보여라.

[풀이] $(x_0, h(x_0))$을 주어진 곡선 위의 임의의 점이라 하면 그 점에서의 접선의 방정식은

$$y - h(x_0) = h'(x_0)(x - x_0)$$

이 접선의 x절편을 구하면 $y = 0$으로부터

$$x = x_0 - \frac{h(x_0)}{h'(x_0)}$$

따라서 점 $(x_0, h(x_0))$과 x절편 $\left(x_0 - \frac{h(x_0)}{h'(x_0)}, 0\right)$ 사이의 거리는

$$c^2 = \left(\frac{h(x_0)}{h'(x_0)}\right)^2 + h(x_0)^2 = h(x_0)^2\left(1 + \frac{1}{h'(x_0)^2}\right)$$

이 식을 $h'(x_0)$에 대하여 풀면

$$h'(x_0)^2 = \frac{h(x_0)^2}{c^2 - h(x_0)^2}$$

$h'(x_0) < 0$이므로

$$h'(x_0) = -\frac{h(x_0)^2}{\sqrt{c^2 - h(x_0)^2}}$$

x_0은 임의의 점이므로 함수 h는

$$h'(x) = -\frac{h(x)}{\sqrt{c^2 - h(x)^2}}$$

를 만족시킨다.

D 정답 및 도움말

1.1.5 함수 $f(t)$를 $f(t) = \|t\mathbf{p}+\mathbf{q}\|^2$으로 정의하면 이차함수 f는 항상 $f(t) \geq 0$이므로 판별식이 0보다 작거나 같다. 따라서 $f(t) = t^2\|\mathbf{p}\| + 2t\mathbf{p}\cdot\mathbf{q} + \|\mathbf{q}\|^2$이므로

$$D/4 = (\mathbf{p}\cdot\mathbf{q})^2 - \|\mathbf{p}\|^2\|\mathbf{q}\| \leq 0$$

1.4.7 (1) $\sigma'(t) = \mathbf{q}-\mathbf{p}$이므로 $L(\sigma) = \int_0^1 \|\sigma'(t)\|dt = \|\mathbf{q}-\mathbf{p}\|$

(2) $|\alpha'\cdot\mathbf{u}| \leq \|\sigma'\|\|\mathbf{u}\| = \|\alpha'\|$이므로

$$L(\alpha) = \int_a^b \|\alpha'\|dt \geq \int_a^b (\alpha'\cdot\mathbf{u})dt$$
$$= (\alpha(b)-\alpha(a))\cdot\mathbf{u} = \|\mathbf{q}-\mathbf{p}\|$$

(3) α가 임의의 곡선이면 $\alpha' = (\alpha'\cdot\mathbf{u})\mathbf{u} + Y$, $Y\cdot\mathbf{u} = 0$으로 나타낼 수 있다. 그러면

$\|\alpha'\|^2 = (\alpha'\cdot\mathbf{u})^2 + \|Y\|^2$이므로

$$\|\mathbf{q}-\mathbf{p}\| = L(\alpha) = \int_a^b \sqrt{(\alpha'\cdot\mathbf{u}) + \|Y\|^2}\,dt$$
$$\geq \int_a^b \alpha'\cdot\mathbf{u}dt = \|\mathbf{q}-\mathbf{p}\|$$

따라서 $Y = 0$이고 $\alpha = (\alpha'\cdot\mathbf{u})\mathbf{u}$이다. 즉, α는 직선을 나타낸다.

1.6.4 삼각함수의 사인법칙과 테일러의 정리에 의해

$$\|T(s+\triangle s) - T(s)\| = 2\sin\left(\frac{1}{2}\triangle\theta\right)$$
$$= 2\left(\frac{1}{2}\triangle\theta - \frac{1}{3!}\frac{1}{8}(\triangle\theta)^3 + \cdots\right)$$
$$= \triangle\theta - \frac{1}{4\cdot 3!}(\triangle\theta)^3 + \cdots$$

따라서

$$k = \left\| \lim_{\triangle s\to 0} \frac{T(s+\triangle s) - T(s)}{\triangle s} \right\|$$

$$= \left| \lim_{\triangle s \to 0} \left[\frac{\triangle\theta}{\triangle s} - \frac{1}{\triangle s}\left(\frac{1}{4 \cdot 3!}(\triangle\theta)^3 + \cdots \right) \right] \right|$$

$$= \left| \lim_{\triangle s \to 0} \frac{\triangle\theta}{\triangle s} \right|$$

$\triangle s \to 0$이면 $\triangle\theta \to 0$이므로

$$\lim_{\triangle s \to 0} \frac{(\triangle\theta)^k}{\triangle s} = 0\,(k \geq 2)$$

1.6.6 (1) $\|N\| = 1$이므로 $N' \cdot N = 0$이다. 따라서 $N' = (N' \cdot T)T$로 표현할 수 있다. $N \cdot T = 0$이므로 이를 미분하면 $N' \cdot T = -N' \cdot T' = -\kappa_p$이다.

(2) 가정에 의해 $\alpha'(s) = (\cos\varphi(s), \sin\varphi(s))$로 나타낼 수 있고 따라서 $N = (-\sin\varphi(s), \cos\varphi(s))$

그러므로

$$N' = (-\cos\varphi(s) \cdot \varphi'(s), -\sin\varphi(s) \cdot \varphi'(s)) = -\varphi'(s)T$$

이 식과 (1)의 식을 비교하면 $\kappa_p = -\varphi(s)$이다.

1.6.7 위의 문제 6에 의해 $\kappa_p = \varphi'(s)$이므로 $\varphi(s) = \int \kappa_p ds$ 이다. 또한

$$\alpha'(s) = (\cos\varphi(s), \sin(s)) = \left(\cos\left(\int \kappa_p ds\right), \sin\left(\int \kappa_p ds\right)\right)$$

이므로 $\Lambda(s) = \int \kappa_p ds$라 할 때, 곡선 $\alpha(s)$를

$$\alpha(s) = \left(\int \cos\Lambda(s)ds, \int \sin\Lambda(s)ds\right)$$

로 정의하면 된다.

1.6.8 (1) T, N, B가 $\mathbb{R}^3$의 정규직교기저이므로

$$\alpha - \mathbf{c} = ((\alpha - \mathbf{c}) \cdot T)T + ((\alpha - \mathbf{c}) \cdot N)N + ((\alpha - \mathbf{c}) \cdot B)B$$

로 나타낼 수 있다. $\|\alpha - \mathbf{c}\|^2 = r^2$이므로 미분하면

$$(\alpha - \mathbf{c}) \cdot T = 0$$

미분하고 프레네공식을 이용하면

$$(\alpha-\mathbf{c})\cdot N=-\frac{1}{\kappa}=-\rho$$

이 식을 미분하면

$$(\alpha-\mathbf{c})\cdot N'=(\alpha-\mathbf{c})\cdot(-\kappa T+\tau B)=-\rho'$$

이므로

$$(\alpha-\mathbf{c})\cdot B=-\frac{\rho'}{\tau}=-\sigma\rho'$$

위의 식을 첫째 식에 대입하면 주어진 식을 얻는다. 끝으로

$$\|\alpha-\mathbf{c}\|^2=\rho^2+(\rho'\sigma)^2=r^2$$

(2) $\rho^2+(\rho'\sigma)^2=r^2$을 미분하고 $\rho\neq 0$으로 나누어주면 $\rho+\sigma^2\rho''+\sigma\rho'\sigma'=0$이다. 다음에 $\gamma=\alpha+\rho N+\rho'\sigma B$를 미분하고 위의 식을 이용하면 $\gamma'=0$임을 보일 수 있다. 따라서 $\gamma=\mathbf{c}=$ (상수)이고

$$\|\mathbf{c}-\alpha\|^2=\rho^2+(\rho'\sigma)^2=r^2$$

1.6.9 (1) 테일러의 전개공식에 의해 곡선 α의 각 성분은

$$\alpha_i(s)=\alpha_i(0)+\alpha_i'(0)s+\frac{s^2}{2}\alpha_i''(0)+\frac{s^3}{6}\alpha_i'''(0)+O(s^4)$$

이므로

$$\alpha(s)=\alpha(0)+\alpha'(0)s+\frac{s^2}{2}\alpha''(0)+\frac{s^3}{6}\alpha'''(0)+O(s^4)$$

$\alpha'=T$, $\alpha''=T'=\kappa N$이고 $\alpha'''=\kappa'N+\kappa N'=\kappa'N+\kappa(-\kappa T+\tau B)$이므로 이 값을 위의 식에 대입하면 주어진 근사식을 얻는다.

2.2.6 $\alpha(t)=(x(t),\ y(t),\ z(t))=(x_1(t),\ y_1(t),\ z_1(t))$로 놓으면 $\alpha'(t)=(x'(t),\ y'(t),\ z'(t))$이고 도움정리 2.2.3에 의해 $\alpha'(t)[f]=\sum_{i=1}^{3}x_i'(t)\frac{\partial f}{\partial x_i}(\alpha(t))$이다. 한편, 연쇄법칙에 의해

$$(f\circ\alpha)'(t)=\sum_{i=1}^{3}\frac{\partial f}{\partial x_i}(\alpha(t))\cdot x_i'(t)$$

이므로 $\alpha'(t)[f]=(f\circ\alpha)'(t)$이다.

2.5.5 $W = \sum_{I=1}^{3} w_i U_i$, $\alpha(t) = (x_1(t),\ x_2(t),\ x_3(t))$로 놓으면 정리 2.5.3에 의해

$$\nabla_{\alpha'(t)} W = \sum_{i=1}^{3} \alpha'(t)[w_i]\, U_i(\alpha(t)) \in T_{\alpha(t)}\mathbb{R}^3$$

2장 2절 연습문제 2에 의해 각각의 $i = 1,\ 2,\ 3$에 대하여
$\alpha'(t)[w_i] = (w_i \circ \alpha)'(t)$이므로

$$\nabla_{\alpha'(t)} W = \sum_{i=1}^{3} (w_i \circ \alpha)'(t)\, U_i(\alpha(t)) = (W \circ \alpha)'(t)$$

4.1.1 (1) 원기둥면 M_C의 가우스사상은

$$Z(x,\ y,\ z) = \frac{1}{\sqrt{x^2 + y^2}}(x,\ y,\ 0)$$

이므로 $Z(M_C) = \{(x,\ y,\ 0) : x^2 + y^2 = 1\}$이다.

(2) $\alpha(t) = (x(t),\ y(t),\ z(t))$가 원뿔의 곡선이면 $z^2 = x^2 + y^2$을 만족시키므로 미분하면 $zz' = xx' + yy'$이다. 즉, $(x,\ y,\ -z) \cdot (x',\ y',\ z') = 0$이다.
따라서 $(x,\ y,\ -z)$가 수직방향이고 가우스사상 Z는

$$Z(x,\ y,\ z) = \frac{1}{\sqrt{x^2 + y^2 + z^2}}(x,\ y,\ z) = \frac{1}{\sqrt{2}}\left(\frac{x}{z},\ \frac{y}{z},\ -1\right)$$

그러므로 $Z(M) = \left\{z = -\frac{1}{\sqrt{2}}\right\} \cap S^2$

(3) $Z(M) = \left\{\left(\frac{1}{\sqrt{3}},\ \frac{1}{\sqrt{3}},\ \frac{1}{\sqrt{3}}\right)\right\}$ (한 점)

(4) $Z(M) = S^2$이고 특히, Z는 미분동형사상이다.

4.1.2 $\alpha(t) = (x(t),\ y(t),\ z(t))$가 $\alpha(0) = \mathbf{p} = (0,\ 0,\ 0)$인 곡선이면 $z = y^2 - x^2$이고 이를 미분하면

$$(x',\ y',\ z') \cdot (2x,\ -2y,\ 1) = 0$$

특히, $\alpha(0) = \mathbf{0}$이므로 $z'(0) = 0$ 즉, 원점에서의 접벡터는 세 번째 성분이 0이다. 그리고 위로부터 가우스사상 Z는

$$Z = \frac{1}{\sqrt{4x^2 + 4y^2 + 1}}(2x,\ -2y,\ 1)$$

임을 알 수 있다. $(Z \circ \alpha)'(0)$를 직접 계산하고 $\alpha(0) = \mathbf{0}$를 이용하면

$$dZ_{\mathrm{p}}(\alpha'(0)) = (Z \circ \alpha)'(0) = 2(x'(0), -y'(0), 0)$$

이다. 따라서 $(1, -1, 0)$과 $(-1, 1, 0)$이 고유벡터이고 고유값은 각각 2와 -2이므로 dZ_{p}를 행렬로 나타내면

$$dZ_{\mathrm{p}} = \begin{pmatrix} 2 & 0 \\ 0 & -2 \end{pmatrix}$$

4.1.3 각 점 $\mathbf{p} \in M$에 대하여 $K(\mathbf{p}) = \kappa_1(\mathbf{p})\kappa_2(\mathbf{p}) < 0$이면 $\kappa_1(\mathbf{p}) > 0 > \kappa(\mathbf{p})$이므로 $\mathbf{p}$는 배꼽점이 아니다. 또, $K(\mathbf{p}) = \kappa_1(\mathbf{p})\kappa_2(\mathbf{p}) \le 0$이고 $\kappa_1(\mathbf{p}) = \kappa_2(\mathbf{p})$이면 $\kappa_1(\mathbf{p})\kappa_2(\mathbf{p}) = \kappa_1(\mathbf{p})^2 \ge 0$이므로 실제로 $\kappa_1(\mathbf{p}) = 0$이어야만 한다. 따라서 $K(\mathbf{p}) = 0$이다.

4.1.4 정의에 의해 $\kappa_n(\alpha'(0)) = \langle \kappa N, Z \rangle$이다. $\kappa_1(\mathbf{p}) \ge \kappa_2(\mathbf{p}) > 0$이면 $\kappa_1(\mathbf{p}) \ge \kappa_n(\alpha'(0)) \ge \kappa_2(\mathbf{p})$이고 $\kappa_2(\mathbf{p}) \le |\langle \kappa N, Z \rangle| \le \kappa$이다. $\kappa_2(\mathbf{p}) \le \kappa_1(\mathbf{p}) < 0$이면 $\kappa_2(\mathbf{p}) \le \kappa_n(\alpha'(0)) = \langle \kappa N, Z \rangle \le \kappa_1(\mathbf{p}) < 0$이므로 $|\kappa_1(\mathbf{p})| \le |\langle \kappa N, Z \rangle| \le \kappa$이다.

4.1.5 $\mathbf{e}_1$, $\mathbf{e}_2$를 점 $\mathbf{p}$에서의 주곡률방향이라 하고 $\mathbf{v}$와 $\mathbf{e}_1$의 사이각을 θ로 나타내자. 그러면 $\mathbf{w}$는 $\mathbf{v}$와 수직이므로 $\mathbf{v} = \cos\theta\mathbf{e}_1 + \sin\theta\mathbf{e}_2$, $\mathbf{w} = -\sin\theta\mathbf{e}_1 + \cos\theta\mathbf{e}_2$로 나타낼 수 있다. 그러면 오일러의 공식과 같은 방법으로 계산을 하면

$$\kappa_n(\mathbf{v}) = \kappa_1\cos^2\theta + \kappa_2\sin^2\theta, \ \kappa_n(\mathbf{w}) = \kappa_1\sin^2\theta + \kappa_2\cos^2\theta$$

따라서 $\kappa_n(\mathbf{v}) + \kappa_n(\mathbf{w}) = \kappa_1 + \kappa_2 = 2H$이다.

4.1.6 오일러의 공식에 의해

$$\begin{aligned}\kappa_n(\theta) &= \kappa_n(\cos\theta\mathbf{e}_1 + \sin\theta\mathbf{e}_2) \\ &= \kappa_1\cos\theta + \kappa_2\sin^2\theta\end{aligned}$$

따라서 적분을 하면

$$\int_0^{2\pi} \kappa_n(\theta)d\theta = \int_0^{2\pi}(\kappa_1\cos\theta + \kappa_2\sin^2\theta)d\theta$$
$$= \pi(\kappa_1+\kappa_2) = 2\pi H$$

4.1.7 좌표함수 $\mathbf{x}(u, v) = (u, v, u^2+v^2)$을 이용하여 가우스사상 Z를 구하면

$$Z = -\frac{1}{\sqrt{4u^2+4v^2+1}}(2u, 2v, 1)$$

$\alpha(t) = (x(t), y(t), z(t))$가 $\alpha(0) = \mathbf{0}$인 포물면의 곡선이면 $z(t) = x(t)^2 + y(t)^2$이고 이를 미분하면 $z'(0) = 2x(0)x'(0) + 2y(0)y'(0) = 0$이다. 다음에

$$(Z \circ \alpha)'(0) = (-2x'(0), -2y'(0), 0) = -2\alpha'(0)$$

이므로 $-\langle dZ(\alpha'(0)), \alpha'(0)\rangle = 2(x'(0)^2 + y'(0)^2)$이다. 따라서 $\mathbf{v} - \frac{\alpha'(0)}{\|\alpha'(0)\|}$이라 하면 $\kappa_n(\mathbf{v}) = 2$이다.

4.1.8 $\kappa_1\kappa_2 = K$와 $\kappa_1 + \kappa_2 = 2H$를 연립하여 풀면 된다.

4.1.9 $H(\mathbf{p}) = 0$이고 $K(\mathbf{p}) \neq 0$이므로 $\kappa_1(\mathbf{p}) = -\kappa_2(\mathbf{p})$이고 $\kappa_1(\mathbf{p}) \neq 0$이다. $dZ(\mathbf{e}_1) = -\kappa_1\mathbf{e}_1$, $dZ(\mathbf{e}_2) = -\kappa_2\mathbf{e}_2$로 놓으면

$$\mathbf{v} = \langle \mathbf{v}, \mathbf{e}_1\rangle\mathbf{e}_1 + \langle \mathbf{v}, \mathbf{e}_2\rangle\mathbf{e}_2,\ \mathbf{w} = \langle \mathbf{w}, \mathbf{e}_1\rangle\mathbf{e}_1 + \langle \mathbf{w}, \mathbf{e}_2\rangle\mathbf{e}_2$$

로 나타낼 수 있다. 따라서

$$dZ(\mathbf{v}) = \kappa_1(-\langle \mathbf{v}, \mathbf{e}_1\rangle\mathbf{e}_1 + \langle \mathbf{v}, \mathbf{e}_2\rangle\mathbf{e}_2)$$

이고

$$dZ(\mathbf{w}) = \kappa_1(-\langle \mathbf{w}, \mathbf{e}_1\rangle\mathbf{e}_1 + \langle \mathbf{v}, \mathbf{e}_2\rangle\mathbf{e}_2)$$

그러므로

$$\langle dZ(\mathbf{v}), dZ(\mathbf{w})\rangle = \kappa_1^2(\langle \mathbf{v}, \mathbf{e}_1\rangle\langle \mathbf{w}, \mathbf{e}\rangle_1 + \langle \mathbf{v}, \mathbf{e}_2\rangle\langle \mathbf{w}, \mathbf{e}_2\rangle)$$
$$= K(\mathbf{p})\langle \mathbf{v}, \mathbf{w}\rangle$$

4.2.1 계산을 하면

$\mathbf{x}_u = (-r\sin u\cos v,\ -r\sin u\sin v,\ r\cos u)$

$\mathbf{x}_v = (-(a+r\cos u)\sin v,\ (a+r\cos u)\cos v,\ 0)$

$E = r^2,\ F = 0,\ G = (a+r\cos u)^2$

$Z = (-\cos u\cos v,\ -\cos u\sin v,\ -\sin u)$

$\mathbf{x}_{uv} = (-r\cos u\cos v,\ -r\cos u\sin v,\ -r\sin u)$

$\mathbf{x}_{uv} = (r\sin u\sin v,\ -r\sin u\cos v,\ 0)$

$\mathbf{x}_{uv} = (-(a+r\cos u)\cos v,\ -(a+r\cos u)\sin v,\ 0)$

$e = \langle \mathbf{x}_{uv}, Z \rangle = r,\ f = 0,\ g = (a+r\cos u)\cos u$

따라서

$$K = \frac{\cos u}{r(a+r\cos u)},\ H = \frac{a+2r\cos u}{2r(a+r\cos u)}$$

4.2.3 (1) $F = 0$이므로 $\frac{\mathbf{x}_u}{\sqrt{E}},\ \frac{\mathbf{x}_v}{\sqrt{G}}$는 M의 접평면의 정규직교기저이다. 따라서

$$dZ(\mathbf{x}_u) = \left\langle dZ(\mathbf{x}_u),\ \frac{\mathbf{x}_u}{\sqrt{E}} \right\rangle \frac{\mathbf{x}_u}{\sqrt{E}} + \left\langle dZ(\mathbf{x}_u),\ \frac{\mathbf{x}_v}{\sqrt{G}} \right\rangle \frac{\mathbf{x}_v}{\sqrt{G}}$$

같은 방법으로 $dZ(\mathbf{x}_u) = -\frac{f}{G}\mathbf{x}_u - \frac{g}{G}\mathbf{x}_v$임을 보일 수 있다.

4.3.1 u_0를 고정한 곡선 $\beta(v) = \alpha(u_0) + vW(u_0)$를 생각하면 β는 직선이므로 곡률은 $\kappa = 0$이다. 그러므로 법곡률은 $\kappa_n(\beta'(0)) = \langle \kappa N,\ Z \rangle = 0$이다. 즉, β는 점근곡선이다. 한편, 정리 4.3.5의 (1)에 의해 $K \le 0$이다.

4.3.2 $\alpha(v) = ((a+r)\cos v,\ (a+r)\sin v,\ 0)$이므로

$$\alpha'(v) = (a+r)(-\sin v,\ \cos v,\ 0)$$

2절의 연습문제1에 의해 원환면의 가우스사상은

$$Z = (-\cos u\cos u,\ -\cos u\sin v,\ -\sin u)$$

따라서 $(Z \circ \alpha)(v) = (-\cos v,\ -\sin v,\ 0)$이고 미분하면

$$(Z \circ \alpha)'(v) = dZ(\alpha'(v)) = (\sin v,\ -\cos v,\ 0)$$

그러므로

$$dZ(\alpha'(v)) = -(a+r)\alpha'(v)$$

이는 $\alpha'(v)$가 dZ의 고유벡터이므로 주곡률방향이라는 것을 의미한다. 한편, 비슷한 방법으로 계산을 하면 $(Z \circ \beta)'(v) = (0,\ 0,\ 0)$이고 이는 법곡률이 0이라는 것을 나타내므로 점근방향이다.

4.3.3 2절 연습문제 5에 의해

$$Z = \frac{1}{\sqrt{\varphi'^2 + h'^2}}(h',\ -\varphi'\cos v,\ -\varphi'\sin v)$$

생성곡선 $u \to (\varphi(u),\ h(u),\ 0)$이 상수속력이라고 가정해도 된다. 그러면 $\varphi'^2 + h'^2$이 상수이므로 $\varphi'\varphi'' + h'h'' = 0$이다. 즉, $\varphi'' = -\dfrac{h'h''}{\varphi'}$이다. 따라서

$$\begin{aligned}\alpha'' &= (\varphi'',\ h''\cos v_0,\ h''\sin v_0)\\ &= -\frac{h''}{\varphi'}(h',\ -\varphi'\cos v_0,\ -\varphi'\sin v_0) = -\frac{h''}{\varphi'\sqrt{\varphi'^2 + h'^2}}Z\end{aligned}$$

그러므로 정의에 의해 α는 측지선이다. 한편, $\beta'' = (0,\ -h\sin v,\ h\cos v)$이므로 β가 측지선이기 위한 필요충분조건은 $\beta''//Z$로부터 $h' = 0$임을 알 수 있다. 즉, $h = h_0 =$(상수)이다. 그러므로 생성곡선 $u \to (\varphi(u),\ h_0,\ 0)$은 x축과 평행한 직선이다. 그리고 이 경우에만 β가 측지선이다.

4.3.5 (1) $\mathbf{e}_1$과 $\mathbf{e}_2$를 점 $\mathbf{p}$에서의 주곡률방향이라 하고, 접평면 $T_{\mathbf{p}}M$에서 $\mathbf{e}_1$, $\mathbf{e}_2$에 대한 직교좌표와 극좌표를 각각 (x, y), (r, θ)로 나타내면

$$x = r\cos\theta,\ y = r\sin\theta$$

이고, 임의의 접벡터 $\mathbf{w}$는 $\mathbf{w} = \|\mathbf{w}\|(\cos\theta\mathbf{e}_1 + \sin\theta\mathbf{e}_2)$로 나타낼 수 있다. 따라서 오일러의 정리를 이용하면

$$\begin{aligned}\pm 1 = \mathrm{II}_{\mathbf{p}}(\mathbf{v}) &= \langle dZ(\mathbf{w}),\ \mathbf{w}\rangle\\ &= \|\mathbf{w}\|^2\langle dZ(\cos\theta\mathbf{e}_1 + \sin\theta\mathbf{e}_2),\ \cos\theta\mathbf{e}_1 + \sin\theta\mathbf{e}_2\rangle\\ &= \|\mathbf{w}\|^2(\kappa_1\cos^2\theta + \kappa_2\sin^2\theta)\\ &= \kappa_1 x^2 + \kappa_2 y^2\end{aligned}$$

이것은 접평면에서 이차곡선을 나타낸다.

(2) 점 $\mathbf{p}$가 타원점이면 $\kappa_1(\mathbf{p})\kappa_2(\mathbf{p}) > 0$이므로 $\kappa_1(\mathbf{p}) \geq \kappa_2(\mathbf{p}) > 0$이거나 $\kappa_2(\mathbf{p}) \leq \kappa_1(\mathbf{p}) < 0$이다. 따라서 (1)에 의해 $\kappa_1(\mathbf{p})x^2 + \kappa_2(\mathbf{p})y^2 = \pm 1$이다. 이는 타원을 나타낸다.

4.3.6 $\mathbf{v}$ 방향의 법곡률은

$$\kappa_n\left(\frac{\mathbf{v}}{\|\mathbf{v}\|}\right) = -\left\langle dZ\left(\frac{\mathbf{v}}{\|\mathbf{v}\|}\right), \frac{\mathbf{v}}{\|\mathbf{v}\|}\right\rangle = -\frac{1}{\|\mathbf{v}\|^2}\langle dZ(\mathbf{v}), \mathbf{v}\rangle$$

이다. $\|\mathbf{v}\|^2 = a^2E + 2abF + b^2G$이고

$$\begin{aligned}\langle dZ(\mathbf{v}), \mathbf{v}\rangle &= \langle adZ(\mathbf{x}_u) + bdZ(\mathbf{x}_v), a\mathbf{x}_u + b\mathbf{x}_v\rangle \\ &= ea^2 + 2fab + gb^2\end{aligned}$$

4.3.7 $\mathbf{v}$가 주곡률방향이면 $\mathbf{v}$는 dZ의 고유벡터이므로 $dZ(\mathbf{v}) = -k\mathbf{v}$를 만족시키는 실수 k가 존재한다. 따라서 $dZ(\mathbf{v}) \times \mathbf{v} = 0$이다. 역도 성립함을 알 수 있다. 정리 4.2.1(4장2절)의 증명에 있는 식 (4.2.4)를 이용하면

$$\begin{aligned}dZ(\mathbf{v}) &= adZ(\mathbf{v}) + bdZ(\mathbf{v}) = aZ_u + bZ_v \\ &= a(a_{11}\mathbf{x}_u + a_{21}\mathbf{x}_v) + b(a_{12}\mathbf{x}_u + a_{22}\mathbf{x}_v) \\ &= (aa_{11} + ba_{12})\mathbf{x}_u + (aa_{21} + ba_{22})\mathbf{x}_v\end{aligned}$$

따라서

$$\begin{aligned}dZ(\mathbf{v}) \times \mathbf{v} &= [(aa_{11} + ba_{12})\mathbf{x}_u + (aa_{21} + ba_{22}\mathbf{x}_v)] \times (a\mathbf{x}_u + b\mathbf{x}_v) \\ &= [b(aa_{11} + ba_{12}) - a(aa_{21} + ba_{22})]\mathbf{x}_u \times \mathbf{x}_v\end{aligned}$$

그러므로

$$b(aa_{11} + ba_{12}) - a(aa_{21} + ba_{22}) = 0$$

끝으로 식 (4.2.8), (4.2.9)로부터

$$\begin{aligned}0 &= b^2a_{12} + ab(a_{11} - a_{22}) - a^2a_{21} \\ &= b^2\left(-\frac{fG - gF}{EG - F^2}\right) + ab\left(-\frac{eG - fF}{EG - F^2} + \frac{-fF + gE}{EG - F^2}\right) - a^2\left(-\frac{-eF + fE}{EG - F^2}\right) \\ &= b^2 \cdot \frac{gF - fG}{EG - F^2} + ab \cdot \frac{eG + gE}{EG - F^2} a^2 \cdot \frac{fE - eF}{EG - F^2}\end{aligned}$$

$$= \det\begin{pmatrix} b^2 & -ab & a^2 \\ E & F & G \\ d & f & g \end{pmatrix}$$

5.1.2 점 $\mathbf{p}$에서 $\kappa_1 > \kappa_2$이고 $\kappa_1 + \kappa_2$가 상수이면 $\mathbf{p}$는 κ_1의 극대저인 동시에 κ_2의 극소점이 된다. 그러면 힐버트의 정리 (정리 5.1.9)에 의해 $K(\mathbf{p}) < 0$이 된다. 이것은 가정에 모순이므로 각 점에서 $\kappa_1 = \kappa_2$이다. 그러므로 따름정리 5.1.6에 의해 M은 반지름의 길이가 $\dfrac{1}{\sqrt{K}}$인 구이다.

5.2.3 $\mathbf{x}(r, \theta) = (r\cos\theta, r\sin\theta, h(r))$라 정의하면 $\mathbf{x}$는 곡면 $M: z = h(r)$의 좌표함수가 된다.

$\mathbf{x}_r = (\cos\theta, \sin\theta, h')$, $\mathbf{x}_\theta = (-r\sin\theta, r\cos\theta, 0)$

$\mathbf{x}_{rr} = (0, 0, h'')$, $\mathbf{x}_{r\theta} = (-\sin\theta, \cos\theta, 0)$, $\mathbf{x}_{\theta\theta} = (-r\cos\theta, -rsin\theta, 0)$

$E = 1 + h'^2$, $F = 0$, $G = r^2$

$Z = \dfrac{1}{\sqrt{1+h'^2}}(-h'\cos\theta, -h'\sin\theta, 1)$

$e = \dfrac{h''}{\sqrt{1+h'^2}}$, $f = 0$, $g = \dfrac{rh'}{\sqrt{1+h'^2}}$

따라서

$$K = \frac{h'h''}{r(1+h'^2)^2}$$

5.2.5 회전면의 좌표함수를 $\mathbf{x}(u, v) = (\varphi(u), h(u)\cos v, h(u)\sin v)$로 놓으면 평면이 아니므로 $\varphi' \neq 0$이다. 따라서 $\varphi(u) = u$, $\varphi'^2 + h'^2 = 1$이라 가정해도 된다. 그러면 가우스곡률은

$$K = -\frac{h''}{h} = 0$$

이므로 $h(u) = au + b$ (단, a, b는 상수)이다.

(i) $a = 0$이면 $\mathbf{x}(u, v) = (u, b\cos v, b\sin v)$이고 이는 원기둥면을 나타낸다(단, $b > 0$).

(ii) $a \neq 0$이면 $\mathbf{x}(u, v) = (u, (au+b)\cos v, (au+b)\sin v)$이고 생성곡선 $u \to (u, au+b, 0)$은 직선이므로 주어진 곡면은 원뿔이다.

5.3.3 모선 L_u가 점 $\mathbf{p}$를 지난다고 가정하자. 그러면 $\mathbf{x}(u, v) = \mathbf{p} + vW(u)$는 일반원뿔면의 좌표함수가 된다. 그러므로 기저곡선의 도함수가 0이고 따라서 정리 5.3.5에 의해 $K = 0$이다.

5.3.5 (2) $\| W \|^2 = 1$이므로 $\langle W, W' \rangle = 0$이다. 다시 한번 미분하면

(+) $$\| W' \|^2 = -\langle W, W'' \rangle$$

(1)의 (a)에 의해

$$\begin{aligned} W'' &= aW + bW' = \langle W''', W \rangle W + bW' \\ &= -\| W' \|^2 W + bW \end{aligned}$$

따라서

$$W' \times W'' = -\| W' \|^2 W' \times W = \| W' \|^2 W \times W'$$

그러므로

$$\| W' \times W'' \| = \| W' \|^3$$

W의 곡률 κ_W은

(++) $$\kappa_W = \frac{\| W' \times W'' \|}{\| W' \|^3} = 1$$

한편, $W'' = aW + bW'$를 미분하면 $W''' = (a' + ab)W + (a + b' + b^2)W'$ 이므로

$$W' \times W'' \cdot W''' = 0$$

그러므로

(+++) $$\tau_W = 0$$

식 (++)와 (+++)은 방향곡선 W가 평면곡선이면서 원임을 나타낸다. 그러므로 평행이동과 회전이동 등의 등장사상에 의해

(*) $$W(u) = (\cos u, \sin u, 0)$$

이라 놓아도 된다.

(3) 식 (5.3.13)에 의해 $\alpha' \times W = \lambda W'$이다. (1)의 (b)와 식 (*)에 의해

$$\langle W \times W',\ \alpha'' \rangle = \lambda \langle W' \times W'' \rangle$$

을 얻을 수 있고 이 식으로부터 $z'' = 0$임을 알 수 있다. 다음에 (1)의 (c)로부터 $x' = y' = 0$임을 보일 수 있다.

5.4.4 (1) 편각 arg는 $\arg(x+yi) = \tan^{-1}\left(\frac{y}{x}\right)$로 주어진다. 분모의 켤레복소수를 분자와 분모에 각각 곱하면

$$\begin{aligned}\frac{\zeta+i}{\zeta-i} &= \frac{u+(v+1)i}{u+(v-1)i} \cdot \frac{u-(v-1)i}{u-(v-1)i} \\ &= \frac{u^2+v^2-1}{u^2+(v-1)^2} + \frac{2u}{u^2+(v-1)^2}i\end{aligned}$$

이므로 $\arg\left(\frac{\zeta+i}{\zeta-i}\right) = \tan^{-1}\left(\frac{2u}{u^2+v^2-1}\right)$이다. 나른 값도 같은 방법으로 구할 수 있다.

(2) 편미분을 계산하면

$$\begin{aligned}\frac{\partial x}{\partial u} &= \frac{\partial}{\partial u}\tan^{-1}\left(\frac{2u}{u^2+v^2-1}\right) = \frac{-2u^2+2v^2-2}{(u^2+v^2-1)^2+4u^2} \\ &= \frac{-2(u^2-v^2+1)}{(u^2-v^2+1)^2+4u^2v^2}\end{aligned}$$

이고

$$\frac{\partial x}{\partial v} = \frac{-4uv}{(u^2-v^2+1)^2+4u^2v^2}$$

그러므로

$$\phi_1 = \frac{-2(u^2-v^2+1)}{(u^2-v^2-1)+4u^2v^2} + \frac{-4uv}{(u^2-v^2+1)^2+4u^2v^2}i$$

한편,

$$\frac{-2}{1+\zeta^2} = \frac{-2}{1+(u+vi)^2} = \frac{-2(u^2-v^2+1)+4uvi}{(u^2-v^2+1)^2+4u^2v^2}$$

(4) (1)에 의해 $\frac{2u}{u^2+v^2-1} = \tan x$이므로 $\cos x = \frac{u^2+v^2-1}{\sqrt{(u^2+v^2-1)^2+4u^2}}$이다.

같은 방법으로 계산을 하면 $\cos y = \frac{u^2+v^2+1}{\sqrt{(u^2+v^2-1)^2+4v^2}}$이므로

$$\frac{\cos y}{\cos x} = \sqrt{\frac{(u^2 - v^2 + 1)^2 + 4u^2v^2}{(u^2 - v^2 - 1)^2 + 4u^2v^2}}$$ 이다.

6.1.3 $\gamma(t) = (t, t, 0), -1 \le t \le 1$이라 놓고 $W = W(t)$를 $W(t) = \left(\cos \frac{\pi}{2} t\right)(-1, 1, 0)$으로 정의하자. 그리고 $s > 0$에 대하여 $\alpha_s(t) = \gamma(t) + sW(t)(-1 \le t \le 1)$로 정의하면 각 $s > 0$에 대하여 α_s는 $\mathbb{R}^2 - \{(0, 0, 0)\}$의 곡선이다. 곡선 α_s의 길이를 구하면

$$\begin{aligned} L(\alpha_s) &= \int_{-1}^{1} \|\alpha'_s(t)\| \, dt = \int_{-1}^{1} \sqrt{2} \sqrt{1 + s^2 \sin^2 t} \, dt \\ &= 2\sqrt{2} \int_0^1 \sqrt{1 + s^2 \sin^2 t} \, dt \end{aligned}$$

따라서

$$\lim_{s \to 0} L(\alpha_s) = 2\sqrt{2}$$

직선 γ의 길이 $2\sqrt{2}$가 $\mathbb{R}^2$에서 두 점 $(-1, -1, 0)$과 $(1, 1, 0)$ 사이의 거리를 나타내므로 $\mathbb{R}^2 - \{(0, 0, 0)\}$에서 그 두 점 사이의 거리는 $2\sqrt{2}$이다.

6.1.5 점 $(0, 0, 2)$와 임의의 점 $\mathbf{p} = (x, y, z)$를 연결하는 직선의 방정식은

$$(\mathbf{p} - (0, 0, 2))t + (0, 0, 2) \quad (t \in \mathbb{R})$$

이고 이 직선이 xy평면과 만나는 점은 세 번째 좌표인 z좌표가 0이어야만 한다. 즉,

$$(z - 2)t + 2 = 0 \Leftrightarrow t = \frac{2}{2 - z}$$

따라서 함수 Φ는

$$\Phi(x, y, z) = \left(\frac{2x}{2 - z}, \frac{2y}{2 - z}\right)$$

$\alpha(t) = (x(t), y(t), z(t))$가 구의 곡선이면

$$(\%) \qquad x(t)^2 + y(t)^2 + (z(t) - 1)^2 = 1$$

이고

$$(\#) \qquad x(t)x'(t) + y(t)y'(t) + (z(t) - 1)z'(t) = 0$$

$(\Phi \circ \alpha)(t) = \left(\dfrac{2x}{2-z}, \dfrac{2y}{2-z}\right)$이므로

$$(\Phi \circ \alpha)'(t) = \left(\frac{2x'}{2-z} + \frac{2xz'}{(2-z)^2}, \frac{2y'}{2-z} + \frac{2yz'}{(2-z)^2}\right)$$

식 (%)와 (#)으로부터

$$x^2 + y^2 = 1 - (z-1)^2 = 2z - z^2 = z(2-z), \; xx' + yy' = (1-z)z'$$

이므로 이를 이용하면

$$\begin{aligned} \| d\Phi(\alpha') \| = \| (\Phi \circ \alpha)'(t) \| &= \frac{4}{(2-z)^2}(x'^2 + y'^2 + z'^2) \\ &= \frac{4}{(2-z)^2} \| \alpha' \|^2 \end{aligned}$$

그러므로 Φ는 등각인수가 $\lambda = \dfrac{2}{2-z}$인 등각사상이다.

6.2.2 $E = 1$이면 $E_v = 0$이고 이 값을 정리 6.2.3에 있는 공식에 대입하면

$$K = -\frac{1}{2\sqrt{G}}\left(\frac{G_u}{\sqrt{G}}\right)_u = \frac{(G_u)^2 - 2GG_{uu}}{4G^2}$$

6.2.3 라플라스 연산자의 정의에 의해

$$\triangle \log E = \left(\frac{E_u}{E}\right)_u + \left(\frac{E_v}{E}\right)_v$$

$E = G$이므로 정리 6.2.3에 의해

$$K = -\frac{1}{2E}\left\{\left(\frac{E_v}{E}\right)_v + \left(\frac{E_u}{E}\right)_u\right\} = -\frac{\triangle \log E}{2E}$$

6.2.4 $E = G = 1$이므로

$$F = \langle \mathbf{x}_u, \mathbf{x}_v \rangle = \| \mathbf{x}_u \| \| \mathbf{x}_v \| \cos\theta = \cos\theta$$

여기서 $\theta = \theta(u, v)$이다. 식 (6.2.16), (6.2.17), (6.2.18)로부터

$$\Gamma_{11}^1 = \frac{\cos\theta}{\sin\theta}\theta_u, \; \Gamma_{11}^2 = -\frac{\theta_u}{\sin\theta}, \; \Gamma_{12}^1 = \Gamma_{12}^2 = 0$$

$$\Gamma_{22}^{1} = -\frac{\theta_v}{\sin\theta},\ \Gamma_{22}^{2} = \frac{\cos\theta}{\sin\theta}\theta_v$$

가우스 곡률방정식 (6.2.22)에 의해

$$-K = -(\Gamma_{11}^{2})_v - \Gamma_{11}^{2}\Gamma_{22}^{2} = \frac{\theta_{uv}}{\sin\theta}$$

6.3.1 $\beta(u) = \mathbf{x}(u_0,\ v_0)$라 놓으면, β의 호길이함수 $s = \int \|\beta'(u)\|\, du = \int \sqrt{E}\, du$이므로

$$\frac{du}{ds} = \frac{1}{\sqrt{E}}$$

이다. 따라서 $\overline{\beta}(s) = \beta(u(s))$로 정의하면 $\overline{\beta}$는 단위속력곡선이고 정의에 의해

$$(\kappa_g)_1 = \langle \overline{\beta}''(s),\ Z \times \overline{\beta}'(s) \rangle$$

$\mathbf{x}$가 직교좌표함수이므로 $\dfrac{\mathbf{x}_u}{\sqrt{E}},\ \dfrac{\mathbf{x}_v}{\sqrt{G}}$는 M의 접평면의 정규직교기저가 된다. 따라서

$$Z \times \overline{\beta}'(s) = \frac{\mathbf{x}_v}{\sqrt{G}}$$

한편, $\overline{\beta}''(s) = \dfrac{d^2u}{ds^2}\mathbf{x}_u + \left(\dfrac{du}{ds}\right)^2 \mathbf{x}_{uu}$이므로

$$(\kappa_g)_1 = \langle \overline{\beta}''(s),\ Z \times \overline{\beta}'(s) \rangle = \left(\frac{du}{ds}\right)^2 \frac{1}{\sqrt{G}} \langle \mathbf{x}_{uu},\ \mathbf{x}_v \rangle$$

$$= \frac{1}{E\sqrt{G}}\left(-\frac{1}{2}E_v\right) = -\frac{E_v}{2E\sqrt{G}}$$

같은 방법으로 $(\kappa_g)_2$도 계산할 수 있다.

6.3.2 도움정리 6.3.10에 의해

$$\kappa_g(s) = \frac{1}{2\sqrt{EG}}\left\{G_u \frac{dv}{ds} - E_v \frac{du}{ds}\right\} + \frac{d\varphi}{ds}$$

따라서 문제 1에 있는 $(\kappa_g)_1$과 $(\kappa_g)_2$를 식에 대입하면

(※) $$\kappa_g(s) = (\kappa_g)_1 \sqrt{E} \frac{du}{ds} + (\kappa_g)_2 \sqrt{G} \frac{du}{ds} + \frac{d\varphi}{ds}$$

한편, 가정에 의해 $\alpha' = u'\mathbf{x}_u + v'\mathbf{x}_v = \cos\varphi\dfrac{\mathbf{x}_u}{\sqrt{G}} + \sin\varphi\dfrac{\mathbf{x}_v}{\sqrt{G}}$ 이므로

$$u' = \frac{du}{ds} = \frac{\cos\varphi}{\sqrt{E}},\ v' = \frac{dv}{ds} = \frac{\sin\varphi}{\sqrt{G}}$$

이 값을 위의 식 (※)에 대입하면

$$\kappa_g = (\kappa_g)_1\cos\varphi + (\kappa_g)_2\sin\varphi + \frac{d\varphi}{ds}$$

6.3.3 경계 ∂R이 모두 측지선으로 구성되어 있으므로 측지곡률은 $\kappa_g = 0$이다. 따라서 가우스-보네의 정리(정리 6.3.8)에 의해

$$\iint_R K dA = 2\pi - \sum_{i=1}^{n} \epsilon_i$$

한편, 각 $i = 1, \cdots, n$에 대하여 $\epsilon_j - \pi \quad \iota_j$이므로

$\displaystyle\sum_{i=1}^{n}\epsilon_i = \sum_{i=1}^{n}(\pi - \iota_i) = n\pi - \sum_{i=1}^{n}\iota_i$이다.

6.3.4 $V = 9,\ E = 27,\ F = 18$이므로 $\chi(T^2) = 0$이고 따라서 가우스-보네의 정리에 의해

$$\iint_{T^2} K dA = 0$$

6.3.5 옹골정칙곡면의 오일러 특성수는 삼각분할에 의해 변하지 않으므로 Δ와 $\overline{\Delta}$가 포함되는 S^2와 T^2의 삼각분할 P와 $\overline{P}$를 택하자. S^2와 T^2의 꼭지점의 개수, 변의 개수 및 면의 개수를 각각 $V_1,\ E_1,\ F_1$과 $V_2,\ E_2,\ F_2$라 놓자. P와 $\overline{P}$로 만들어지는 $S^2 \# T^2$의 삼각분할을 생각하면

$$V = V_1 + V_2 - 3,\ E = E_1 + E_2 - 3,\ F = F_1 + F_2 - 2$$

를 만족시킨다. 따라서

$$\begin{aligned} V - E + F &= (V_1 - E_1 + F_1) + (V_2 - E_2 + F_2) - 2 \\ &= 2 - 2 = 0 \end{aligned}$$

6.3.6 문제 5와 같은 방법에 의해 $\chi(T\# \overline{T}) = 0+0-2$이므로

$$\iint_{T\# \overline{T}} KdA = -4\pi$$

6.3.7 $\chi(T_h) = \chi(T_{h-1}) - 2 = 2 - 2h$이므로

$$\iint_{T\# \overline{T}} KdA = 4\pi(1-h)$$

6.3.8 정리 5.1.7에 의해 $K(\mathbf{p}) > 0$인 점 $\mathbf{p} \in M$이 존재한다. 따라서 연속성에 의해 점 $\mathbf{p}$의 근방 U에서 $K|_U > 0$을 만족시킨다. 다음에 M이 구와 위상동형이 아니므로 정리 6.3.19에 의해 $\chi(M) \leq 0$이고 가우스-보네의 정리에 의해

$$\iint_M KdA = 2\pi\chi(M) \leq 0$$

$K|_U > 0$이므로 $K(\mathbf{q}) < 0$인 점 $\mathbf{q}$이 존재해야만 하고 끝으로 연속성에 의해 $K(\mathbf{r}) = 0$을 만족하는 점 $\mathbf{r}$이 존재한다.

6.3.9 (2) 두 평면 $P_{\pm} = \{(x, y, \pm r) | x, y \in \mathbb{R}\}$와 원환면의 일부인

$$\left\{\mathbf{x}(u, v) \middle| -\frac{\pi}{2} \leq u \leq \frac{\pi}{2},\ 0 \leq v \leq 2\pi\right\}$$

에 의해 둘러싸인 영역이다.

(3) $M^* - M$에서 $K = 0$이므로

$$\iint_{M^*} K_{M^*} dA = \iint_{M^* - M} KdA + \iint_M KdA$$
$$\leq \iint_{M^+} KdA$$

(4) Z가 위상동형사상이면 미분가능하므로 미분동형사상이된다. 따라서 변수변환공식에 의해

$$4\pi = \iint_{S^2} dA = \iint_{S^2} K_{S^2} dA$$
$$= \iint_M d(K_{S^2} \circ Z)\det(dZ)dA = \iint_M \det(dZ)dA = \iint_M K_M dA$$

(5) M^*를 M의 최소블록집합이라 하면 (3)에 의해

$$\iint_{M^*} KdA \leq \iint_{M^+} KdA$$

다음에 최소블록집합의 성질에 의해 $Z: M^* \to S^2$는 전사함수이고 적분값이 0인 부분을 제외하고는 미분가능하다. 따라서 (4)에 의해

$$\iint_{M^+} KdA = 4\pi$$

7.1.1 (1) $\omega(\mathbf{v_p}) = 8$

(2) $\eta(\mathbf{v_p}) = 1$

(3) $\zeta(\mathbf{v_p}) = -4$

7.1.3 문제 2를 이용하여라.

7.1.4 (1) $df(\mathbf{v_p}) = -1$

(2) $df(\mathbf{v_p}) = 3\frac{\sqrt{2}}{2} - 2 + \frac{\pi}{2}$

(3) $df(\mathbf{v_p}) = \frac{\pi}{2}$

7.2.1 $\eta(\mathbf{v}, \mathbf{w}) = -10$

7.2.3 $\mu(\mathbf{u}, \mathbf{v}, \mathbf{w}) = 6$

7.2.5 (2) $dx \wedge dy \wedge dz = \rho^2 \sin\varphi d\rho \wedge d\varphi \wedge d\theta$

7.2.6 (2) $V \lrcorner \eta = \eta(V, \ \cdot\ ) = \eta\left(\sum_{i=1}^{3} f_i U_i\right) = \sum_{i=1}^{3} f_i \eta(U_i, \ \cdot\ )$

$\eta(U_i, \ \cdot\ ) = \phi(dx(U_i) - dy(U_i)dx) + \psi(dy(U_i)dz - dz(U_i)dy)$

$\eta(U_1, \ \cdot\ ) = \phi dy, \ \eta(U_2, \ \cdot\ ) = -\phi dx + \psi dz, \ \eta(U_3, \ \cdot\ ) = -\psi dy$

이므로

$$V \lrcorner \eta = -\phi f_2 dx + (f_1\phi - \psi f_3) + \psi f_2 dz$$

7.2.7 (3) 일차미분형식 공간이 3차원이므로 ω_3을 ω_1, ω_2와 일차독립인 일차미분형식 이라 할 때, 함수 ϕ_{ij}가 존재하여 $\eta_j = \sum_{i=1}^{2} \phi_{ij}\omega_i + \phi_{3i}\omega_3$으로 나타낼 수 있다.

가정에 의해

$$\begin{aligned} 0 &= \eta_1 \wedge \omega_1 + \eta_2 \wedge \omega_2 \\ &= \sum_{i=1}^{2} \phi_{i1}\omega_i \wedge \omega_1 + \phi_{31}\omega_3 \wedge \omega_1 + \sum_{i=1}^{2} \phi_{i2}\omega_i \wedge \omega_2 + \phi_{32}\omega_3 \wedge \omega_2 \\ &= \phi_{21}\omega_2 \wedge \omega_1 + \phi_{31}\omega_3 \wedge \omega_1 + \phi_{12}\omega_1 \wedge \omega_2 + \phi_{32}\omega_3 \wedge \omega_2 \\ &= (\phi_{12} - \phi_{21})\omega_1 \wedge \omega_2 - \phi_{31}\omega_1 \wedge \omega_2 - \phi_{32}\omega_2 \wedge \omega_3 \end{aligned}$$

그러므로 $\phi_{12} = \phi_{21}$, $\phi_{31} = \phi_{32} = 0$이므로 $\eta_j = \sum_{i=1}^{2} \phi_{ij}\omega_i$, $\phi_{12} = \phi_{21}$이다.

7.3.3 $\omega_{12} = 0, \ \omega_{13} = \frac{1}{\sqrt{2}} df = \omega_{23}$

7.3.5 공변미분의 정의와 성질에 의해

$$\begin{aligned} \nabla_V W &= \sum_{i=1}^{3} \nabla_V (f_i E_i) = \sum_{i=1}^{3} (V[f_i]E_i + f_i \nabla_V E_i) \\ &= \sum_{i=1}^{3} V[f_i]E_i + \sum_{i=1}^{2} f_i \left(\sum_{j=1}^{3} \langle \nabla_V E_i, \ E_j \rangle E_j \right) \\ &= \sum_{j=1}^{3} \left\{ V[f_j] + \sum_{i=1}^{3} f_i \omega_{ij}(V) \right\} E_j \end{aligned}$$

7.3.6 정의에 의해

$$\begin{aligned}\omega_{12}(T) &= \langle \nabla_T E_1, E_2 \rangle = \langle \nabla_{\alpha'} E_1, E_2 \rangle = \langle \nabla_{\alpha'} \alpha', N \rangle \\ &= \langle \alpha'', N \rangle = \kappa \langle N, N \rangle = \kappa\end{aligned}$$

$$\omega_{13}(T) = \langle \nabla_{\alpha'} \alpha', B \rangle = \langle \alpha'', B \rangle = 0$$

$$\omega_{23}(T) = \langle \nabla_{\alpha'} N, N \rangle = \langle N', B \rangle = \langle -\kappa T + \tau B, B \rangle = \tau$$

7.4.2 (1) $\theta_1 = dr$, $\theta_2 = r d\theta$, $\theta_3 = dz$

(2) $E_1[r] = dr(E_1) = \theta_1(E_1) = 1$, $E_2[\theta] = d\theta(E_2) = \dfrac{1}{r}\theta_2(E_2) = \dfrac{1}{r}$

$E_3[z] = dz(E_3) = \theta_3(E_3) = 1$

(3) (2)에 의해

$$\begin{aligned} df &= \frac{\partial f}{\partial r} dr + \frac{\partial f}{\partial \theta} d\theta + \frac{\partial f}{\partial z} dz \\ &= \frac{\partial f}{\partial r} dr + \frac{1}{r}\frac{\partial f}{\partial \theta}\theta_2 + \frac{\partial f}{\partial z}\theta_3 \end{aligned}$$

이므로

$$E_1[f] = df(E_1) = \frac{\partial f}{\partial r}, \; E_2[f] = df(E_2) = \frac{1}{r}\frac{\partial f}{\partial \theta}, \; E_3[f] = df(E_3) = \frac{\partial f}{\partial z}$$

8.1.2 p를 M의 임의의 점이라 하고 곡선 α가 $\alpha(0) = p$, $\alpha'(0) = X(p)$를 만족시킨다고 하면 정의에 의해

$$\begin{aligned} X(f \circ \Phi)(p) &= X(p)(f \circ \Phi) = (f \circ \Phi \circ \alpha)'(0) \\ &= (f \circ (\Phi \circ \alpha))'(0) \end{aligned}$$

$\beta = \Phi \circ \alpha$로 놓으면 $\beta(0) = \Phi(p)$이고 $\beta'(0) = d\Phi_p(X(p))$인 $\overline{M}$의 곡선이다. 따라서

$$(f \circ (\Phi \circ \alpha))'(0) = d\Phi_p(X(p))(f) = d\Phi(X)(p)(f)$$

이므로 $X(f \circ \Phi) = d\Phi(X)(f)$이다.

8.1.4 문제 2에 의해 임의의 함수 $f : \overline{M} \to \mathbb{R}$ 에 대하여 $X(f \circ \Phi) = d\Phi(X)(f) = \overline{X}(f)$이다. 임의의 점 $p \in \Phi^{-1}(q)$에 대하여

$$d\Phi[X, Y](f) = [X, Y](f \circ \Phi) = (XY - YX)(f \circ \Phi)$$
$$= (\overline{X}\,\overline{Y} - \overline{Y}\,\overline{X})(f) = [\overline{X}, \overline{Y}](f)$$

8.7.2 가우스의 도움정리 또는 식 (8.7.21)에 의해 제1기본형식의 계수 E, F, G는

$$E = 1, \ F = 0, \ G = \langle \mathbf{x}_\theta, \mathbf{x}_\theta \rangle$$

로 주어진다. 따라서 도움정리 8.7.9에 의해

$$A(B_r(p)) = \int_0^{2\pi}\int_0^r \sqrt{EG - F^2}\,dtd\theta = \int_0^{2\pi}\int_0^r \sqrt{G}\,dtd\theta$$
$$= \int_0^{2\pi}\int_0^r \left(t - K(p)\frac{t^3}{6} + \mathrm{O}(r^5)\right)dtd\theta$$
$$= \pi\left(r^2 - K(p)\frac{r^4}{12} + \mathrm{O}(r^5)\right)$$

참고문헌

[1] 김홍종, 윤옥경, 미분다양체론 입문, Research Institute of Mathematics, Global Analysis Research Center, Lecture Note Series No. 10.

[2] T. Apostol, Mathematical Analysis, Addison-Wesley, 1967.

[3] L. Bers, Reimann Surfaces, New York University, Institute of Mathematical Sciences, 1957-1958.

[4] J. Cheeger and D. Ebin, Comparison Theorems in Riemannian Geometry, North-Holland, 1975.

[5] M. DoCarmo, Differential Geometry of Curves and Surfaces, Prentice Hall, 1976.

[6] J. Dugundji, Topology, Allyn and Bason, Inc., Boston, 1970.

[7] L. P. Eisenhart, A Treastise on the Differential Geometry of Curves and Surfaces, Ginn and Company, 1909.

[8] W. Fleming, Functions of Several Variables, Springer-Verlag, 1977.

[9] A. Goetz, Introduction to Differential Geometry, Addison-Wesley, 1968.

[10] H. W. Guggenheimer, Differential Geometry, Dover Publications Inc., 1963.

[11] H. Hopf, Über die Drehung der Tangenten und Sehnen ebener Kurven, Composito Mathematica, vol. 2, pp.50-62, 1935.

[12] Jürgen Jost, Compact Riemann Surfaces, An Introduction to Contemporary Mathematics, Universitext, Springer, 1997.

[13] S. Lang, Calculus of Several Variables, Springer-Verlag, 1987.

[14] M. M. Lipschutz, Differential Geometry, McGraw-Hill, Schaum's Outline Series, 1968.

[15] J. McCleary, Geometry from a Differential Viewpoint, Cambridge University Press, 1994.

[16] J. R. Munkres, Topology, A First Course, Prentice Hall, 1975.

[17] ____________, Analysis on Manifolds, Addison-Wesley, 1990.

[18] B. O'Neill, Elementary Differential Geometry, Academic Press, 1966.

[19] S. Gallot, D. Hulin and J. Lafontaine, Riemannian Geometry, 2nd edition, Springer-Verlag, 1990.

[20] M. Spivak, Calculus on Manifolds, Addison-Wesley, 1965.

[21] ________, A Comprehensive Introduction to Differential Geometry, vol. I, II. Brandeis University, 1970.

[22] D. J. Struik, Lectures on Classical Differential Geometry, Addison-Wesley, 1961.

[23] J. A. Thorp, Elementary Topics in Differential Geometry, Springer-Verlag, Undergraduate Texts in Mathematics, 1979.

[24] T. J. Willmore, An Introduction to Differential Geometry, Oxford University Press, 1959.

[25] A. Wintner, On the role of theory of the logarithmic potential in differential geometry, American Journal of Mathematics, vol. 75, pp.679-690, 1953.

[26] 윤갑진, 미분기하학, 경문사, 2004

찾아보기

ㄱ

가속도벡터 11, 14, 15, 23, 25, 192, 193, 261, 417

가우스곡률 149, 161, 162, 163, 164, 166, 169, 170, 172, 173, 174, 175, 176, 177, 178, 180, 181, 183, 184, 185, 194, 197, 201, 204, 205, 206, 207, 208, 209, 211, 212, 213, 214, 216, 219, 220, 221, 223, 224, 225, 226, 239, 249, 252, 253, 258, 259, 264, 267, 271, 273, 274, 278, 281, 332, 333, 335, 339, 340, 341, 347, 348, 399, 409, 410, 411, 412, 462

가우스곡률 방정식 252, 253, 258

가우스곡률 총합 274

가우스사상 150, 151, 152, 153, 154, 161, 162, 168, 171, 173, 174, 175, 176, 177, 180, 198, 220, 231, 279, 328, 332, 334, 340, 342, 344, 456, 458, 459

가향곡면 142, 143, 144, 145, 146, 147, 329

같은 방향을 갖는다 28

개집합 82, 105, 202, 322, 373, 408, 443, 446, 447, 450

거리 1, 3, 41, 42, 59, 111, 239, 350, 465

거리동형 239, 252

경계 136, 146, 197, 202, 228, 264, 265, 266, 267, 271, 275, 276, 277, 278, 322, 323, 324, 328, 334, 431, 446, 468

계수 86, 87, 107, 108, 135, 138, 139, 140, 155, 156, 170, 171, 173, 184, 185, 189, 206, 207, 220, 223, 229, 233, 241, 242, 243, 244, 249, 252, 253, 254, 255, 261, 263, 304, 340, 409, 473

곡률 1, 37, 38, 39, 41, 43, 44, 47, 49, 50, 52, 55, 56, 57, 58, 63, 64, 65, 149, 150, 156, 158, 163, 168, 226, 249, 261, 340, 463

곡률텐서 348, 391, 396, 397, 398, 399, 402, 410, 424

곡률함수 47, 204

곡선 1, 2, 9, 10, 11, 12, 14, 15, 16, 17, 18, 19, 20, 21, 22, 23, 24, 25, 26, 27, 33, 37, 38, 41, 42, 43, 44, 45, 46, 49, 50, 52, 54, 56, 57, 58, 63, 64, 65, 69, 80, 81, 82, 83, 84, 85, 86, 90, 103, 105, 111, 112, 113, 120, 127, 128, 129, 130, 131, 134, 135, 141, 149, 151, 152, 154, 156, 157, 163, 166, 170, 171, 175, 176, 186, 188, 189, 191, 192, 193, 194, 197, 198, 200, 201, 206, 211, 213, 215, 216, 217, 218, 219, 221, 222, 239, 242, 244, 245, 247, 248, 249, 259, 261, 262, 263, 264, 265, 266, 308, 317, 321, 322, 324, 326, 333, 334, 340, 342, 343, 345, 346, 353, 355, 356, 358, 359, 361, 362, 364, 365, 368, 393, 417, 418, 419, 420, 421, 422, 424, 425, 426, 427, 428, 429, 431, 432, 434, 435, 436, 437, 439, 452, 453, 454, 455, 456, 459, 465, 472

공변미분 71, 98, 99, 101, 175, 259, 300, 302, 303, 348, 391, 471

구면좌표계 111, 172

구면틀마당 301, 302, 308, 312, 333

구조방정식 281, 309, 310, 312, 328, 335, 337, 338, 341, 415

국소적 거리동형 240, 242, 243, 244, 253

국소적 등각동형 244

국소적 등각사상 244, 246
국소적 등장사상 240, 241, 242, 247, 252, 253
국소적 미분동형사상 89, 126, 147, 182, 423
국소적 유클리드 평면 349, 350
군작용 408
궤도 408
그래디언트 93, 115, 131, 141, 177, 329, 430, 440
극소곡면 197, 209, 210, 216, 227, 228, 230, 231, 232, 233, 234, 235, 236, 237, 451
극소곡면방정식 234
기저 4, 5, 7, 8, 28, 31, 91, 130, 142, 154, 160, 170, 171, 173, 249, 252, 265, 265, 281, 284, 289, 290, 294, 364, 366, 369, 377, 379, 381, 384, 385, 386, 387, 431
기저곡선 120, 217, 218, 221, 222, 224, 463
꼭시점 264, 265, 266, 270, 271, 272, 273, 277, 468

ㄴ

나선 10, 11, 19, 39, 50, 52, 54, 55, 120, 140
나선면 140, 183, 235, 243, 244, 253
나팔면 213, 215
내재거리 247, 248
내재적 공변미분 259
내적 3, 24, 25, 49, 62, 72, 73, 91, 132, 134, 174, 177, 241, 250, 281, 300, 305, 342, 345, 346, 348, 384, 385, 386, 387, 388, 392, 409, 429
내적을 보존한다 132, 345, 429

ㄷ

다중선형변환 380, 382
다중선형사상 289, 383
단위구 57, 105, 110, 111, 124, 135, 143, 150, 152, 159, 193, 202, 245, 259, 271, 272, 274, 347, 405
단위법벡터장 38, 44, 47, 144, 145, 146, 149, 150, 151, 156, 158, 162, 186, 231, 233, 262, 329, 342, 346
단위벡터 3, 4, 6, 31, 50, 51, 53, 68, 159, 196, 224, 440
단위분할 374
단위속력곡선 11, 19, 20, 25, 37, 38, 39, 41, 42, 43, 44, 45, 47, 51, 52, 57, 64, 155, 156, 157, 158, 203, 226, 260, 261, 262, 267, 268, 276, 308, 333, 339, 467
단위접벡터장 37, 44, 47, 50
단위종법벡터장 38, 41, 47
닫힌영역 136, 137
당김 연산자 320
당김리만계량 388
동치류 28, 142, 359
듀팡 지시곡선 195
등각동형 244
등각사상 239, 244, 245, 246, 248, 466
등각인수 244, 245, 248, 466
등온좌표함수 231, 232, 233, 234, 236, 237, 258, 270, 409, 410
등장사상 1, 59, 61, 62, 63, 64, 65, 67, 68, 163, 239, 240, 241, 242, 247, 248, 249, 314, 340, 341, 342, 343, 344, 345, 463

ㄹ

라이프니쯔 성질 25
라플라시안 232, 258, 404
레비-치비타 348, 392, 393, 394, 396, 402, 413, 419, 420, 421, 437
리만계량 348, 377, 385, 387, 388, 389, 394, 396, 398, 403, 405, 407, 408, 409, 410, 411, 415, 430, 431
리만곡률텐서 396, 399, 404, 413
리만곡면 348, 389, 392, 393, 394, 396, 397, 399, 400, 402, 403, 413, 414, 415, 418, 419, 420, 421, 422, 424, 426, 431, 435, 436, 437

ㅁ

마이나르디-코다찌 방정식 255

맞춤틀마당 328, 329, 330, 331, 333, 335, 336, 337, 338, 339, 345
모선 120, 217, 218, 219, 463
모형공간 348, 403
몫공간 408
뫼비우스 띠 146
미분가능하다 9, 23, 76, 81, 82, 106, 121, 122, 123, 124, 283, 284, 290, 315, 353, 354, 356, 371, 373, 378, 381, 387, 425, 443, 446, 447, 448, 449, 470
미분구조 283, 352, 423
미분동형 82, 124, 125, 136, 328
미분동형사상 81, 82, 87, 89, 117, 121, 122, 123, 124, 125, 126, 133, 143, 147, 181, 239, 240, 241, 244, 342, 347, 351, 352, 354, 405, 423, 431, 448, 449, 456, 469
미분사상 82, 83, 86, 107, 122, 149, 151, 152, 153, 154, 161, 162, 171, 173, 174, 175, 239, 240, 332, 340, 342, 344, 423, 428
미분좌표근방계 351, 388

ㅂ

발산 96
방향 1, 3, 20, 28, 31, 38, 49, 76, 98, 142, 144, 146, 150, 157, 158, 160, 161, 163, 164, 169, 182, 186, 187, 187, 201, 249, 261, 265, 273, 328, 342, 344, 461
방향도함수 76, 77, 79, 80, 81, 83, 84, 99, 300, 305, 367, 368, 391, 393, 402
방향벡터 120, 217, 218, 221, 224
방향보존 등장사상 68
배꼽점 159, 160, 168, 169, 191, 198, 199, 201, 202, 204, 335, 338, 457
법곡률 156, 157, 158, 159, 160, 161, 169, 170, 187, 188, 195, 198, 203, 261, 459, 460, 461
법벡터 131, 151, 192, 193, 329
법벡터장 131, 144, 145, 146, 151, 152, 153, 157, 177, 178, 198, 281, 328, 329, 330, 346
벡터 2, 3, 4, 5, 7, 8, 23, 24, 28, 29, 30, 31, 32, 33, 36, 37, 38, 41, 48, 61, 62, 71, 72, 76, 80, 81, 82, 86, 127, 128, 129, 131, 132, 142, 151, 153, 156, 157, 160, 166, 203, 217, 221, 262, 281, 302, 362, 367, 368, 377, 385, 386, 391, 392, 439, 443
벡터곱 1, 28, 29, 30, 31, 33, 39, 49, 73, 172, 173, 174, 177
벡터다발 282
벡터부분 71, 72, 98, 99
벡터장 1, 23, 24, 25, 26, 27, 33, 38, 41, 44, 51, 71, 90, 91, 92, 93, 94, 95, 96, 97, 98, 99, 100, 101, 102, 103, 115, 120, 131, 175, 197, 217, 218, 231, 281, 283, 284, 287, 290, 294, 298, 300, 303, 304, 307, 309, 328, 329, 331, 333, 342, 343, 348, 353, 368, 369, 370, 371, 375, 376, 378, 381, 382, 391, 392, 393, 394, 398, 399, 400, 401, 402, 412, 413, 417, 418, 419, 420, 421, 424, 430
벡터합 2, 72
변분 427, 428, 429
분포매개변수 224, 226
비가향곡면 142, 146, 147
비틀림 1, 37, 39, 39, 41, 43, 47, 49, 50, 52, 55, 56, 57, 63, 64, 65, 149, 249, 340
비틀림함수 39, 41, 47, 63
뾰족점 265
v-매개곡선 128, 129, 190, 191, 276

ㅅ

삼각부등식 4, 386, 426, 443
삼각분할 271, 272, 273, 277, 468
생성곡선 206, 207, 208, 210, 211, 212, 213, 214, 215, 451, 460, 463
선분 146, 321, 322, 325, 435
선적분 322
선직면 120, 194, 197, 217, 218, 219, 220, 221, 222, 223, 226, 227
선형사상 5, 60, 62, 83, 86, 87, 106, 107, 130, 149, 151, 154, 173, 239, 281, 282, 289, 315, 345, 358, 359, 366, 377, 386, 423
성분함수 10, 23, 25, 76, 81, 92, 98, 106, 115,

198, 234, 304, 349, 356, 357, 358, 387, 417, 445
셔크곡면 236
소행렬 107
속도벡터 11, 14, 15, 16, 23, 25, 37, 73, 128, 129, 192, 217, 324, 358, 417
속력 11, 14, 18, 26, 48, 192, 210
쇄기곱 289, 290, 291, 294, 295, 296, 316, 331
수면곡률 348, 399, 400, 404, 405, 407, 409, 410, 411, 412, 424, 431
수반사상 377
수직변분 228, 230, 231
순서기저 28, 142, 265
스칼라곱 2, 24, 29, 72, 377
스토크스의 정리 323, 333, 334
실수곱 91, 361, 377
싹 359
쌍곡곡면 407
쌍곡점 165, 166, 167, 190, 195
쌍곡포물면 119, 168, 184, 224
쌍곡포물선 184
쌍대공간 281, 299, 377, 382
쌍대벡터 281
쌍대원소 377, 378, 381, 384
쌍대일차미분형식 284, 309, 310, 313, 314, 328, 330, 331, 333, 412, 413, 415.
3차미분형식 293, 294, 295
σ-옹골집합 349, 350

ㅇ

안장곡면 184
압축곡선 222, 224, 226
야코비 방정식 432, 437
야코비행렬 86, 87, 89, 106, 110, 443
양의 방향 28, 31, 35, 38, 150, 160, 265
양의 재매개곡선 12
에네퍼곡면 183, 235
역방향 등장사상 68
역방향곡선 38
역함수의 정리 81, 87, 116, 117, 122, 423, 441, 444, 446, 448, 449
연결집합 135, 136, 143, 144, 145, 147, 198, 199, 200, 201, 202, 349, 350, 388, 449, 450
연결형식 300, 302, 303, 304, 308, 310, 328, 333, 340, 344, 412, 414
열린공 442
열린원판 178, 179, 228, 265, 266, 423
열린입방체 442
영벡터 2, 3, 329
영역 136, 140, 166, 181, 182, 200, 228, 264, 265, 266, 267, 270, 278, 328, 329, 333, 437, 439, 469
오일러의 공식 161, 272, 273, 274, 277, 278
외각 264, 265, 266, 270, 277, 334
외미분 292, 293, 295, 296, 316, 317, 319, 321, 323, 412, 416
외적 29
원기둥나선 50, 51, 52, 53, 55, 57, 195, 227, 262
원기둥틀마당 301, 302, 306, 313
원환면 275, 277, 409, 459, 469
원형나선 10
원환면 112, 139, 165, 166, 183, 194, 202, 208, 213, 234
위상다양체 349, 350
유계 136, 140, 179, 228, 230, 234, 278, 328, 436, 446, 447
유클리드 거리계량 442
유클리드 크기 441
음의 재매개곡선 12
음함수의 정리 81, 87, 115, 441, 449, 450
이엽타원쌍곡면 119
이차근사곡면 162, 164, 165, 166, 178
이차미분형식 289, 290, 291, 292, 293, 294, 296, 298, 299, 314, 315, 316, 317, 319, 320, 321, 322, 323, 326, 331, 412
이차선분 322, 323, 324, 326

일반영역 136, 266
일반원기둥면 218, 220, 221
일반원뿔 218, 226, 463
일엽타원쌍곡면 118
일차결합 4, 5, 49, 128, 129, 160, 171, 249, 255, 302, 304
일차독립 4, 5, 7, 8, 31, 32, 33, 36, 107, 128, 129, 132, 142, 173, 174, 176, 177, 178, 187, 199, 241, 298, 299, 307, 317, 362, 364, 399, 400, 471
일차미분형식 282, 283, 284, 285, 287, 289, 290, 291, 292, 293, 294, 295, 296, 298, 299, 303, 309, 310, 313, 314, 315, 316, 317, 320, 321, 322, 323, 324, 325, 326, 330, 331, 340, 378, 379, 384, 412, 413, 414, 471
일차종속 4, 7, 30, 187, 390
2차원 미분다양체 348, 352, 353, 358, 361, 371, 373, 374, 377, 378, 381, 382, 383, 387, 388, 389, 391, 408
u-매개곡선 128, 129, 190, 191, 276

ㅈ

자루 275, 278
자연좌표함수 90, 210, 211, 284, 315
자연틀마당 90, 91, 284, 291, 300, 304, 309, 315
작용점 71, 72
재매개곡선 12, 14, 17, 18, 19, 20, 21, 26, 44, 47, 50, 210, 325
전미분 282, 284, 292, 304, 378
점근곡선 186, 188, 189, 190, 192, 195, 459
점근방향 187, 188, 194, 460
접곡면 217
접공간 72, 73, 75, 195, 281, 282, 283, 285, 289, 353, 358, 377
접벡터 37, 54, 71, 72, 73, 74, 75, 76, 81, 82, 83, 84, 90, 98, 128, 129, 130, 131, 132, 134, 141, 151, 152, 153, 154, 156, 157, 158, 159, 160, 162, 164, 173, 174, 176, 177, 188, 192, 195, 196, 198, 199, 203, 239, 240, 263, 281, 282, 283, 284, 285, 291, 293, 294, 300, 302, 305, 309, 315, 316, 330, 342, 344, 346, 348, 353, 358, 359, 361, 362, 363, 364, 367, 379, 418, 424, 443, 456, 460
접벡터장 44, 131, 174, 175, 176, 177, 178, 259, 260, 281, 310, 315, 322, 328, 329, 331, 344, 409, 412
접속 348, 391, 392, 393, 394, 396, 402, 413, 418
접촉평면 38, 46
접틀마당 331, 333, 339, 340, 412, 413, 415
접평면 105, 128, 129, 131, 132, 133, 142, 151, 153, 154, 158, 159, 160, 164, 166, 167, 170, 171, 186, 199, 239, 259, 261, 262, 268, 276, 315, 316, 348, 358, 361, 366, 377, 381, 385, 388, 400, 423, 424, 435, 439, 459, 460, 467
정규좌표함수 424, 430, 431
정규직교기저 7, 38, 49, 62, 65, 67, 159, 160, 261, 268, 276, 300, 302, 330, 342, 387, 424, 431, 437, 454, 459, 467
정사영 8, 109, 117, 140, 156
정의역 불변정리 446
정칙 15, 108, 117, 265
정칙곡면 105, 108, 109, 110, 111, 112, 113, 114, 115, 116, 118, 119, 120, 121, 123, 124, 125, 131, 133, 134, 136, 141, 142, 143, 144, 145, 146, 147, 150, 155, 168, 169, 180, 197, 198, 201, 202, 204, 206, 209, 210, 223, 226, 228, 230, 231, 233, 247, 249, 252, 259, 278, 281, 315, 320, 328, 329, 331, 332, 341, 342, 344, 347, 348, 352, 358, 409, 411, 412, 417, 439
정칙곡선 11, 14, 15, 18, 20, 21, 22, 26, 47, 48, 50, 51, 55, 56, 64, 73, 120, 157, 168, 206, 210, 217, 217, 264, 426
정칙영역 136
정칙좌표함수 108, 109, 110, 111, 112, 113, 114, 115, 228, 229, 231, 235
제1기본형식 105, 134, 135, 138, 139, 140, 155, 170, 184, 185, 206, 220, 240, 241, 242, 243, 244, 252, 253, 340, 348, 409, 473

제1변분공식 428
제2가산기저 350
제2기본형식 154, 155, 156, 159, 170, 171, 173, 184, 189, 195, 207, 220, 223, 233, 249, 252, 340
제2기본형식 II의 계수 155, 340
조각별 정칙곡선 264, 266, 426
조각별정칙 단순폐곡선 264, 266
조화함수 232, 234
좌표근방계 350
좌표함수 97, 105, 108, 109, 111, 112, 114, 116, 117, 118, 119, 120, 121, 122, 123, 124, 125, 127, 128, 129, 130, 131, 134, 135, 136, 137, 139, 140, 141, 142, 143, 144, 145, 147, 149, 150, 153, 155, 156, 162, 165, 166, 170, 175, 181, 182, 183, 185, 189, 190, 191, 195, 196, 199, 200, 204, 206, 208, 210, 217, 222, 224, 225, 226, 227, 228, 230, 233, 235, 241, 242, 243, 244, 246, 249, 252, 253, 254, 255, 256, 258, 263, 264, 265, 266, 270, 294, 317, 319, 320, 321, 329, 336, 340, 347, 348, 349, 350, 351, 352, 353, 354, 355, 356, 357, 358, 359, 360, 361, 362, 363, 364, 365, 367, 368, 369, 370, 373, 375, 376, 378, 379, 381, 382, 383, 384, 387, 390, 391, 394, 397, 398, 400, 402, 405, 409, 412, 417, 418, 419, 420, 421, 423, 424, 425, 431, 433, 449, 458, 462, 463
주곡률 158, 161, 162, 164, 169, 183, 184, 186, 206, 207, 208, 213, 255
주곡률방향 158, 159, 160, 161, 163, 183, 186, 187, 188, 191, 195, 196, 198, 201, 203, 335, 336, 337, 338, 457, 460, 461
주곡률선 149, 186, 187, 189, 190, 191, 194, 204
주좌표함수 183
준선 217
지수사상 348, 417, 422, 428, 429, 430, 432, 435, 436
직교변환 60, 61, 62, 63, 64, 65, 67, 68, 69
직교좌표함수 183, 253, 258, 266, 267, 268, 270, 273, 276, 410, 467

ㅊ

차원 1, 2, 5, 71, 72, 75, 82, 83, 86, 87, 90, 129, 259, 264, 299, 315, 316, 319, 347, 348, 349, 350, 352, 353, 358, 361, 364, 371, 373, 374, 377, 378, 381, 382, 383, 384, 387, 388, 389, 391, 408, 415, 423, 439, 446, 471
최대 미분좌표근방계 351, 352
최대값 거리계량 442
최대값 크기 441
추상적 좌표함수 349
추상정칙곡면 352
측지곡률 239, 259, 261, 264, 268, 273, 276, 333, 334, 468
측지선 149, 186, 192, 193, 194, 195, 239, 261, 262, 263, 270, 276, 339, 348, 417, 421, 422, 423, 424, 428, 429, 431, 433, 435, 436, 437, 460, 468
측지완비곡면 435, 436

ㅋ

코시-리만 방정식 235
코시-슈바르츠 부등식 4, 27, 42, 179, 343, 386
코줄공식 393
크기 3, 11, 25, 48, 156, 386, 442, 443
크리스토펠 기호 249, 250, 251, 252, 253, 254, 396, 398, 403, 410, 424

ㅌ

타원점 165, 166, 167, 195, 461
타원체면 116, 118, 177, 178, 274, 278
타원포물면 119, 184
텐서곱 380, 381, 382
틀마당 300, 301, 302, 303, 304, 307, 308, 309, 310, 313, 314, 328, 330, 342, 343, 345, 346
틀마당행렬 304, 305, 306, 310, 311, 312

ㅍ

파라컴팩트 350

평균곡률 149, 161, 162, 169, 170, 172, 173, 174, 175, 176, 177, 183, 184, 197, 205, 209, 228, 230, 231, 332, 335

평균곡률벡터장 231

평면곡률 44, 45

평면곡선 9, 11, 41, 42, 44, 45, 55, 56, 58, 127, 129, 463

평면점 165, 166, 168, 169, 187, 188, 198

평행 23, 25, 26, 39, 41, 44, 51, 120, 151, 153, 186, 195, 198, 217, 218, 221, 224, 262, 343, 420, 421, 460

평행이동 19, 43, 59, 68, 111, 112, 212, 423, 463

평행하다 25, 72, 187, 193, 223, 231, 260, 328, 344

폐곡면 202, 204, 205, 271, 272, 273, 274, 275

포물점 165, 166, 195

표준기저 5, 7, 28, 62, 83, 289

프레네 근사 46

프레네 틀마당 38, 39, 43, 47, 49, 56, 64, 65, 66, 308

ㅎ

함수곱 24, 91, 283, 290, 294

합 3, 24, 28, 72, 91, 259, 264, 271, 283, 290, 294, 296, 380

합동 340, 341, 344

해석적 235

핵 86

현수면 184, 202, 209, 210, 228, 233, 243, 244, 253, 451

현수선 184, 209, 210, 243

호 264

회전 96, 112, 113, 184, 197, 206, 216, 243

회전면 112, 113, 140, 141, 184, 194, 197, 206, 208, 209, 210, 211, 212, 213, 214, 215, 216, 228, 251, 462

회전이동 44, 59, 68, 335, 463

개정판

미분기하학

지은이 윤갑진
펴낸이 조경희
펴낸곳 경문사
펴낸날 2004년 3월 10일 1판 1쇄
2020년 3월 2일 개정판 9쇄
등 록 1979년 11월 9일 제1979-000023호
주 소 04057, 서울특별시 마포구 와우산로 174
전 화 (02)332-2004 팩스 (02)336-5193
이메일 kyungmoon@kyungmoon.com
facebook facebook.com/kyungmoonsa

값 28,000원

ISBN 978-89-6105-045-6

★ 경문사 홈페이지에 오시면 즐거운 일이 생깁니다.
http://www.kyungmoon.com

한국과학기술출판협회 회원사